普通高等教育"十三五"规划教材

城乡规划原理

何　杰　主编

中国农业大学出版社
·北京·

内容简介

本书系统地阐述了城市乡村的发展过程，城乡规划的基本原理、规划设计的原则和方法，以及城乡规划涉及的城乡经济、产业、人口、社会形态、生态环境问题。包括城镇体系规划与区域规划、城市规划、镇规划，以及镇规划划分的城乡总体规划和详细规划，详细规划分为控制性详细规划和修建性详细规划，乡规划和村庄规划。

主要内容共分为 4 篇，共 20 章。

第 1 篇为本教材开篇重要内容，包括解读城市、乡村、城镇化、城市化，城乡规划思想发展，城乡规划体制与城市规划价值观，作为读者认知城市与乡村、城乡规划的普适内容。

第 2 篇为教材特色内容，包括影响城乡规划的要素及其分析方法，结合西部地区山地特色城市与乡村，探讨影响西部山地的城乡规划技术与方法。

第 3 篇为核心内容，包括城乡规划的类型与编制内容、城镇体系规划与区域规划、城镇规划、城乡用地分类及其适用性评价、乡镇规划与乡村设计（城乡总体规划，城乡居民点规划）、村庄规划与设计，控制性详细规划。

第 4 篇为综合性较强的城乡专项规划，广泛应用于各项专项规划，内容涵盖交通与道路系统 、城乡生态与环境规划、乡村工程系统规划、城乡交通与道路系统、乡村聚落文化遗产保护与乡村文化的复兴；城乡开发规划、城乡规划的实施监督与管理。

图书在版编目(CIP)数据

城乡规划原理 / 何杰主编. —北京：中国农业大学出版社，2017.8(2021.6 重印)
ISBN 978-7-5655-1863-8

Ⅰ.①城… Ⅱ.①何… Ⅲ.①城市规划-中国-教材 Ⅳ.①TU984.2

中国版本图书馆 CIP 数据核字(2017)第 188615 号

书　名 城乡规划原理
作　者 何杰　主编

策划编辑 梁爱荣　　**责任编辑** 梁爱荣　郑万萍
封面设计 郑　川　　**责任校对** 王晓凤
出版发行 中国农业大学出版社
社　址 北京市海淀区圆明园西路 2 号　　**邮政编码** 100193
电　话 发行部 010-62818525，8625　　**读者服务部** 010-62732336
编辑部 010-62732617，2618　　**出 版 部** 010-62733440
网　址 http://www.cau.edu.cn/caup　　**E-mail** cbsszs@cau.edu.cn
经　销 新华书店
印　刷 涿州市星河印刷有限公司
版　次 2017 年 8 月第 1 版　2021 年 6 月第 2 次印刷
规　格 889×1 194　16 开本　27.25 印张　740 千字
定　价 70.00 元

编 委 会

主　　编　何　杰

副 主 编　陈　桔　曾丽群

编写人员（按姓氏拼音为序）

车震宇（昆明理工大学）
陈　桔（昆明理工大学）
付而康（四川农业大学）
何　杰（成都理工大学）
胡　荣（昆明理工大学）
蒋　倓（云南师范大学文理学院）
阚瑷珂（成都理工大学）
赖治国（乐山市城镇规划设计院）
李　欢（成都理工大学）
马　聪（西南林业大学）
苗建青（西南大学）
王　江（西南林业大学）
王　颖（昆明理工大学）
吴　松（昆明理工大学）
徐　巧（成都理工大学）
杨　薇（成都理工大学）
叶惠珠（云南师范大学文理学院）
曾丽群（广西科技大学鹿山学院）
赵紫辰（云南师范大学文理学院）

前　言

过去60年，我国老一辈城乡规划人开启了新中国城市规划理论与实践的伟大事业；今天我们面临国家治理能力现代化，建立国家空间规划体系与城市发展方式转型的重任；城乡规划发展进入以人的宜居为目标，把粗放扩张性的规划转变为提高城市内涵质量的全新阶段。为此，城乡规划教育也将面临教学理念更新与教学手段的提升。

随着大数据时代的来临，各类信息技术高速发展，海量信息的共享与融合，为城乡规划学科的发展提供大量数据与技术手段支撑，将其带入海量信息空间读写与实际操作的纪元；同时，城乡规划原理正面临由工业化转变成信息社会前提下的城乡规划原理，城乡规划教材编写需要新的规划理念与规划技术手段去认知城乡规划、编制城乡规划和管理城乡空间；城乡规划教学需要结合自身专业领域的不同视角下新的发展理念去满足和适应广大读者热衷阅读的实用性。

本书是基于我国城乡规划前辈们丰富规划实践和规划教育经验的总结。主要特征体现在以下几个方面：

(1)教材建立在前辈系列教材基础上的进一步完善，与现行我国城乡规划体系接轨。

(2)加强城乡规划的新观点、新技术、新方法的引用，以实际案例解析国际国内城乡规划与城市设计实践。

(3)尝试性加强教材的信息化建设，拓展和丰富教材阅读内容与形式，丰富教材阅读方式，满足不同程度的读者教学与学习需要。

(4)教材坚持与城乡规划学科紧密联系，试图从培养学生不同学年训练不同思维方式入手。“城乡规划学”是城市规划学升为一级学科后的称呼，所设二级学科为区域发展与规划、城乡规划与设计、住房与社区建设规划、城乡发展历史与遗产保护规划、城乡生态环境与基础设施规划、城乡规划管理。相比城市规划学，城乡规划学作为一级学科，研究方向将更加明确，学科研究内容和解决问题方法更加专业精细。

教材第1篇通过基本概念学习，培养学生对城乡规划专业、学科以及城乡规划设计工作的认知思维，梳理城乡地理空间，树立正确的城乡规划价值观，以创造全新的城乡空间。

第2篇通过对影响城乡规划的各种因素的了解与学习，旨在培养学生建立逻辑思维框架的基础上，利用重要的新技术与新手段，研究城乡规划和编制城乡规划。

第 3 篇建立在认知我国城乡规划体系思维和科学的逻辑思维基础上，通过本篇学习与实践，意在培养学生体系思维能力。

第 4 篇重点在如何培养城乡规划应用思维的能力。

(5)教材建立在深刻解读我国城乡规划法基础之上。根据《中华人民共和国城乡规划法》，城乡规划是以促进城乡经济社会全面协调可持续发展为根本任务、促进土地科学使用为基础、促进人居环境根本改善为目的，涵盖城乡居民点的空间布局规划。

《中华人民共和国城乡规划法》中所称的城乡规划，包括城镇体系规划、城市规划、镇规划、乡规划和村庄规划。城市规划、镇规划分为总体规划和详细规划。详细规划分为控制性详细规划和修建性详细规划。城乡规划是一项全局性、综合性、战略性的工作，涉及政治、经济、文化和社会生活等各个领域。制定好城市规划，要按照现代化建设的总体要求，立足当前，面向未来，统筹兼顾，综合布局。要处理好局部与整体、近期与长远、需要与可能、经济建设与社会发展、城市建设与环境保护、进行现代化建设与保护历史遗产等一系列关系。通过加强和改进城市规划工作，促进城市健康发展，为人民群众创造良好的工作和生活环境。

编写本教材的用意如下：

(1)从“城市规划法”到“城乡规划法”“历时性”解读。城乡规划面临重大转型，城乡规划方法也面临升级与转型。首先，从城市规划到城乡规划，研究对象是从地理范围转移到地理区域。其次，规划编制前期的研究的技术手段，是从空间形态管控到区域形态管控。再次，规划工作方法与技术手段，从建筑学技术手段到地理学技术手段，协同研究各类空间技术与方法高强度的升级。是以自上而下的以“政府与专家”为评价体系的城市规划转变为自下而上的城乡规划思想意识。最后，从城市规划的理论与实践上升空间体系的整合，寻求更加完善的空间体系规划。

(2)城乡规划教育方式与方法，面临社会转型需求，需及时地更新理念与更新教学手段。

(3)信息社会城市规划教材创新与思考的任务迫在眉睫。利用网络信息资源学习是高校教材编写的大趋势，传统教材配备有延伸阅读的网络阅读内容，弥补纸质教材阅读所限，同时更好地展示文字描述的深度，与图像、视频资源的言简意赅，尤其针对城乡规划学科的特殊性，海量收集城乡规划原理课前预习、课堂学习、课后复习的电子阅读资源，并提供链接网络阅读资源。

(4)城市规划研究城市方法与城乡规划研究城市与乡村方法的差异。

本书秉承吴志强老师等主编的《城市规划原理》第 4 版知识结构框架，参考国内外相关出版物编辑而成，教材所反映的知识体系框架与培养和完善学生对城乡规划学的思维能力更加系统，教材知识点新颖，教材结构更加简明，教材阅读内容更加丰富。

本教材编写人员主要来自我国西部部分高等院校城乡规划专业和承担西部城乡规划设计编制的规划设计院，具有较强的西部地域性与人文独特性。教材编写大纲和统稿工作由主编何杰完成，具体编写任务分工如下：第 1 章、第 2 章由王颖编写；第 3 章由赵紫辰编写；第 4 章由吴松编写；第 5 章由苗建青编写；第 6 章由蒋俠编写；第 7 章、第 10 章由徐巧编写；第 8 章由阚瑗珂、何杰编写；第 9 章由曾丽群编写；第 11 章、第 12 章由付而康编写；第 13 章由叶惠珠、赖治国编写；第 14 章由马聪编写；第 15 章由何杰、杨薇编写；第 16 章由陈桔编写；第 17 章由王江编写；第 18 章由李欢编写；第 19 章由车震宇编写；第 20 章由胡荣编写。

本书为城乡规划学科专业教材，也可作为建筑学、风景园林专业、人文地理与城乡规划专业、资源环境与城乡规划管理、地理学专业及从事城市规划设计、城市设计和建筑设计与风景园林专业工作人员参考。

由于编者水平有限，书中难免出现错误或不妥之处，恳请广大读者批评指正。

编 者

2017 年 6 月

目　录

第1篇　解读乡村·城市·城乡规划

第2篇　影响城乡规划的要素及其研究方法

第3篇 城乡空间规划

第4篇 城乡专项规划

第1篇

解读乡村·城市·城乡规划

本篇从“城市的起源”入手，详细解读乡村与城市、城市化与新型城镇化内涵。梳理了东西方的古代城乡规划思想发展的脉络，重点剖析不同城乡规划思想的发展与演变历程，以及形成重要思想的理论流派，为城乡规划专业学习奠定城乡规划基本的理论素养，构建城乡规划学科核心认知思维框架，尤其针对不同城乡规划体制下形成的城乡规划价值观建立是本篇学习的重要基础。

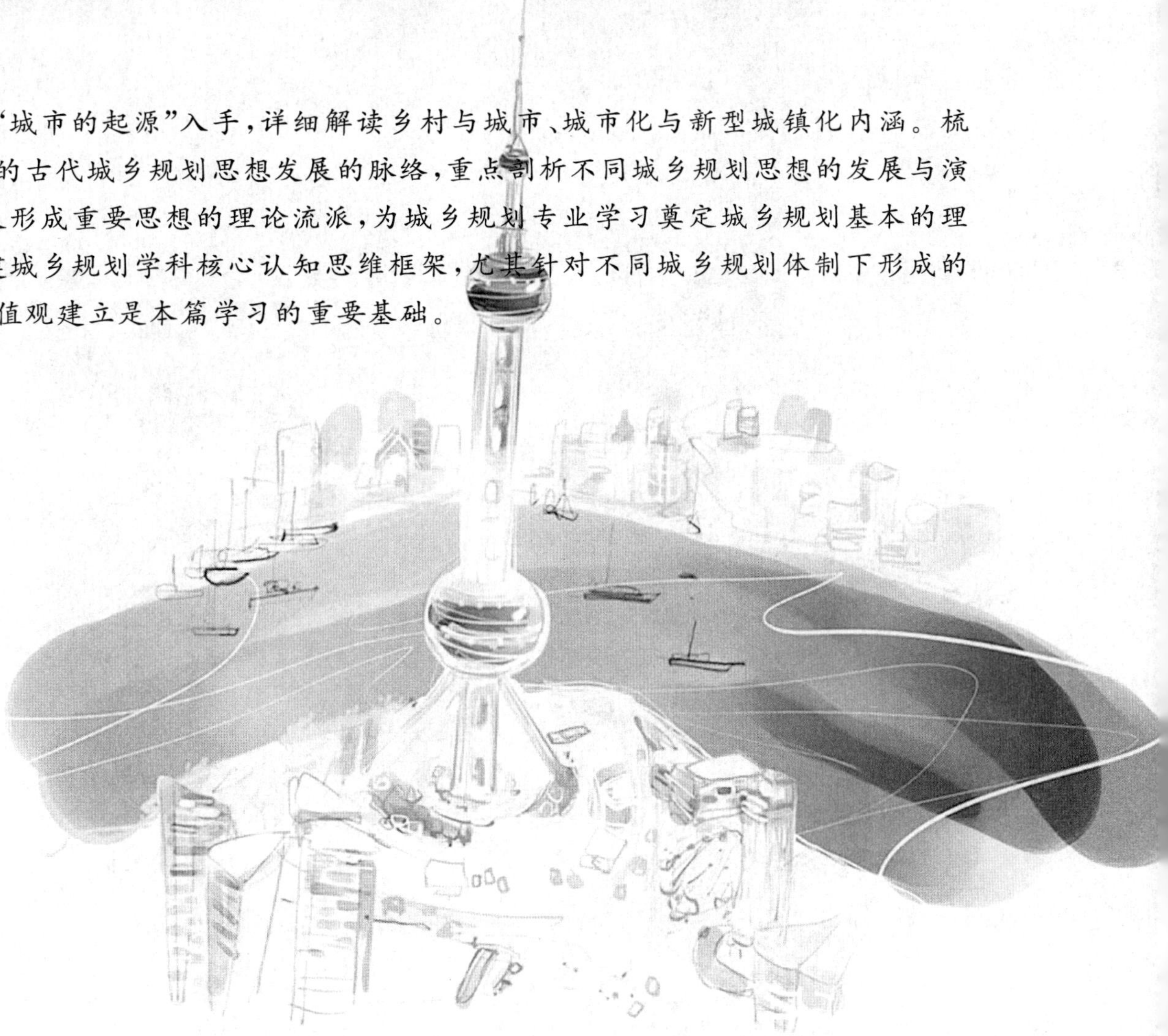

第1章 城市·乡村·城镇化·城市化

本章导读：本章从“城市的起源”入手，分析多种视野的城市起源说，在此基础上总结城市起源的主导要素，阐述乡村作为城市的雏形，从乡村到城市构筑了城乡关系演变的主要特征；并以此论述城市形成的标准及城乡关系的主要内容及特征，最后分析新型城镇化的内涵。

1.1 起源：从乡村到城市

1.1.1 城市的起源

城市起源是城市发展的起点，“要详细考察城市的起源，我们就必须首先弥补考古学者的不足之处：他们力求从最深的文化层中找到他们认为能以表明古代城市结构秩序的一些隐隐约约的平面规划。我们如果要鉴别城市，那就必须追溯其发展历史，从已经充分了解了的那些城市建筑和城市功能开始，一直回溯到其最早的形态，不论这些形态在时间、空间和文化上距业已被发现的第一批人类文化有多么遥远。远在城市产生之前就已经产生了小村落、圣祠和村镇；而在村庄之前则早已有了宿营地、贮物场、洞穴及石冢；而在所有这些形式产生之前则早已有了某些社会生活倾向——这显然是人类同许多其他动物物种所共有的倾向。”

多年以来，学者们普遍认为，有城墙，有集市，方为城市。陈立民在《城市公共空间信息导向系统设计——与空间的交流》中提到“城市是防卫的城和交易的市互相需要而成的”；陈南京在《环鄱阳湖城市群与生态区发展战略》中认为“城市是防卫城与交易市的集合”；陈萍在《城市经济发展——理论与实践》中则认为“只有防御功能没有交易功能就不能称为城市”；陈友华、赵民等认为城市是具有商品交易和防御职能的居民点；李其荣在其所著的《城市规划与历史文化保护》中认为城与市的结合促进了城市的产生。这一论点的主要依据是对古文献的研究。《墨子·七患》中言：“城”如“城者，所以自守也”，意指具有防御功能的城墙；《易·系辞下》则提到：“市”如“日中为市，致天下之民，聚天下之货，交易而退，各得其所”意指用于商品交易的集市。除此之外，中国古代文献中还有许多关于“城”、“市”的记载，如《吴越春秋》所载，夏鲧作城的“筑城以卫君，造廓以守民，此城廓之始也”，又如《毛诗正义》所载“文公乃徙居楚丘之邑，始建城，使民得安处，始建市，使民得交易”等等，其关于“城”与“市”的含义相同，这里不再一一列举。但这一论点近年来受到诸多质疑。有学者提出，城市不一定要有“城”，例如中国安阳殷墟没有城墙，但仍被看作城市。也有学者认为，城市也不一定要有“市”，因为如果将“市”作为是城市起源的标志，中国城市起源参照对城中集市遗址的考古发现只能追溯到春秋战国时期的秦国雍城，这显然是有问题的。因此，对于城市的起源，我们应该以综合的、多学科、多视角、全面地加以认知和解读。

1.1.1.1 多种视野的城市起源说

城市是如何起源的？关于这一问题，各门学科都从不同的学科视野出发，给予了多维度的解释。

基于社会学角度而言，城市是人类高级情感需求的产物。刘易斯·芒福德（Lewis Mumford）认为，城市的起源与人类的原始宗教情感有关，原始人类不仅为自然界的风雨雷电所震慑，也对生育、死亡和梦境等现象存在着难以解释的忧虑和恐惧，普遍形成了原始的宗教情感。旧石器时代，在人类游动性极强的狩猎生涯中，首先获得永久性固定居所的是死去的人，他们拥有单独或集体安葬的墓冢。于是，墓冢成为最早的人工构筑物，也演化为人们表达对祖先怀念、崇拜的主要地点。对于“死亡”的认识可以说是一切宗教文明的起源，人们害怕死亡才会聚在一起，从事某种宗教活动，于是宗教信仰和神灵崇拜在原始先民中产生了，大型的人类工程在宗教精神支持下也开始兴建。“人类最早的礼仪性汇聚地点，即各方人口朝觐的目标，就是城市发展最初的胚胎。”

从人类学的角度来看，城市的起源无疑是一种人类社会进化过程，它是伴随着人类文明不断向前演进而出现的。据已知的考古发掘，城市首先出现在古巴比伦文明（幼发拉底河、底格里斯河流域）、古埃及文明（尼罗河流域），古印度文明（印度河流域）和古中国文明（黄河流域）的诞生地。最早的城市之所以产生于这些大河流域，主要因为城市文明是以农业文明为基础的，而这些大河流域正是世界上最早的几大农业文明产生之地。

经济学领域则将商品经济视为城市起源的基本动因。恩格斯在《家庭、私有制和国家的起源》一书中提出，由于社会生产力和生产关系的发展，原始社会后期的人类历史上出现了三次大的产业分工。一是游牧部落从野蛮人群中分离出来；二是手工业与农业的分离；三是商人阶级的出现。分工不仅会形成不同产业结构，而且在空间上也会形成这种分工和协作的地理形式，因此，可以说分工演进直接导致了城市起源。经济学还认为，城市经济是空间集聚的经济。没有聚集经济，社会经济活动就没有必要采用空间集中的形式，城市也就没有必要产生和发展。以密尔斯-汉密尔顿的分析为例，他认为：具有规模经济活动特点的生产主体，为了获得规模经济就会聚集在某地进行大规模生产；在这些经济主体中的雇员，为了避免增加通勤成本，也会在生产地附近居住，从而引起人口的集中。进而一些没有规模经济的产业，如果销售他们的产品给这些厂商和在这些厂商中工作的人员，靠近他们就能获得比远离他们更多的利益。同理，聚集在一起的人口和经济活动所产生的聚集效应，又吸引一些相关甚至于与最初经济活动无关的人口和经济活动的进一步集聚，导致了城市的形成。因此，在经济学的观点中，城市起源从总体上说，是受聚集经济利益驱动而采取的一种有别于分散发展的空间发展方式。比利时历史学家亨利·皮雷纳是经济起源说的代表，他不仅用工商业发展解释中世纪欧洲城市的起源，而且把它当成是一切时代、所有地方城市起源的基本原因：“在任何一种文明中，城市生活的发展都必须依靠工商业。过去埃及、巴比伦、希腊、罗马帝国或阿拉伯帝国的城市是这种情况，今天欧洲、美洲、印度、日本或中国的城市也是这种情况。”

此外，城市的起源还可以从历史学、政治学、地理学和建筑学等各个方面加以解释。

几十年来，普遍为国内理论界接受的城市起源主流理论是以马克思、恩格斯的“生产力理论”及“社会大分工理论”为基础来诠释的，即主要从生产力的角度去考察城市起源问题。马克思主义认为，城市的产生和存在，其前提是生产的发展，特别是社会分工的发展。恩格斯指出：“物质劳动和精神劳动的最大一次分工，就是城市和乡村的分离。”

早在 20 世纪 50 年代，黄苇就提出城市的形成是社会生产力不断提高从而使人与人之间的经济交往得到一定程度发展的必然结果。具体形成过程为：因生产力发展而出现的三次社会大分工促成永久集市的产生，与此同时，生产力发展促成私有制、阶级的产生，统治阶级因防御需要筑造城墙，两者结合形成城市。这一说法多年来成为许多城市教科书对城市起源问题的标准解释。如：储传亨、王长升《城市科学概论》，梁远辉《城市管理概论》，姜杰、彭展、夏宁《城市管理学》等都直接照搬了这一解释，但这一论断仅能说明“社会生产力”仅仅是城市兴起的首要条件，而要说明城市形成的具体来源则需要学者们在争论之中进行更多的探索。

1.1.1.2 城市起源的主导要素

综上所述,我们可以看出,单纯地一味从某方面解释城市起源总会有失偏颇,不同城市因为不同的性质、不同的时代而有不同的兴起原因。还有人认为,城市兴起并不只有一个原因,而是贸易、政治、宗教等因素共同作用的结果。近年来,许多国内学者也比以往更加重视除生产力之外的其他作用力对城市形成的影响,并在评论中承认城市的形成是各种因素综合作用的结果。关于国内学者对防御说、社会分工说、私有制说、集市说、地理说等城市起源假说的介绍与评价可参阅:朱铁臻《城市发展研究》;连玉民《中国城市综合竞争力报告1》;董利民《城市经济学》。关于水力灌溉说、人口压力说、剩余产品说、贸易需求说、宗教原因说可参阅:陈恒《城市起源理论》《博览群书》。亚当斯(Adams,R.)认为城市起源与农业起源一样,是一种坡状的渐变而非阶梯状的飞跃。它应被视为一种发展的过程而不是一种突发的事件。因此,在总结学界关于城市起源论述的基础上,本书认为,城市的起源在其特定的时空状态下主要由以下四大要素主导而成。

1)军事要素

"在野蛮时代高级阶段,用石墙、城楼、雉堞围绕着石造或砖造房屋的城市,已经成为部落或部落联盟的中心,这是建筑艺术的巨大进步,同时也是危险增加和防卫需要增加的标志。这样,我们就走到文明时代的门槛了。"——恩格斯

军事(防御)要素是古代城市起源的一个重要主导要素,有关专家认为,根据考古的证实,可以确认中国在4 000年前的夏代就出现了最早期的城市。中国最早的城市传说和记载,从现有的史料看是鲧城和禹都。关于鲧城,史书上说,"昔者夏鲧作三仞之城,诸侯背之,以卫君,造郭以守民,此城郭之始也"(见《世本·作篇》《淮南子·原道训》《吕氏春秋·君守》《吴越春秋》等)。古汉语中,"城"是指有城墙围起来进行防卫的地方。正如《墨子·七患》中曰:"城者,所以自守也";《吴越春秋》中亦指出"筑城以卫君,造郭以守民"。最早的美索不达米亚文明的创造者苏美尔人,也在两河流域各部落的争斗中建设了许多城堡,用来防卫。公元前3000年时,苏美尔地区已经出现了12个独立的城市国家,其中的乌鲁克占地1 100英亩,人口达5万人([美]斯塔夫里阿诺斯《全球通史·1500年以前的世界》)。从中不难看出,城池作为一种制度出现,其中一个重要的功能的确是为了安全及防御。西方城市理论家韦伯(Mar Weber)认为,城市起源的典型过程是先出现要塞,然后在要塞后出现市场,最后两者合成城市。(The urban revolution, *The Town Planning Review*, Vol. ⅩⅪ, no,1,1950: 3-17.)

自古以来,有许多基于军事要素产生的城池,主要为军事堡垒与军事重镇等。这类城市通常是在十分荒凉的地方,由于军队的入驻及军事堡垒的建设形成人类居住的最初形式,此后在军事堡垒附近形成小的集镇进而在较大的和较长期的军事驻扎地形成城市。例如,欧洲许多大城市就是从古罗马营寨城发展而来的(如巴黎、伦敦等);中国有汉朝初年的武威、张掖、酒泉,明代的九边重镇(如辽东镇、蓟镇、宣府镇)等。

2)崇拜要素

"崇拜"(包括死亡崇拜和宗教神灵崇拜)在旧石器时代开始萌芽,并在后来的发展中成为城市起源的要素之一。

旧石器时代,在人类游动性极强的狩猎生涯中,首先获得永久性固定居所的是死去的人,他们拥有单独或集体安葬的墓冢。于是,墓冢成为最早的人工构筑物,也演化为人们表达对祖先怀念、崇拜的主要地点。对于"死亡"的认识可以说是一切宗教文明的起源,人们害怕死亡才会聚在一起,从事某种宗教活动,于是宗教信仰和神灵崇拜在原始先民中产生了,大型的人类工程在宗教精神支持下也开始兴建。"中国最早的城市"杨官寨遗址,其中心区即为宗教祭祀的场所;印加的城市都有一条通向死亡的大道,称"黄泉大道",其两边都是墓葬;古埃及人相信来生,认为死后的世界比生的时候更加漫长,"死者之城"规模远远大于"生者之城",金字塔墓葬群规模宏大,其中最大的金字塔要花20多年才能建成。以上案例都说明,崇拜要素作为城市起源的原始三要素之一,甚至决定了许多古代城市的布局与结构特征。这其中,宗教神灵崇拜对于城市的影响要更为深远。惠特利认为:"宗教在留给核心的城市制度的几个领

域中几乎是独一无二的，尽管城市的生活方式已经全部变化，但宗教作为必不可少的物质痕迹被或多或少地延续下来。”（R. J. 约翰斯顿《人文地理学词典》）。刘易斯·芒福德在《城市发展史》中也曾反复提到城市形成中“占据支配地位并起主导作用的则是宗教。”甚至在很多关于城市起源的传说中，传达了这样一种信息：神建城市。神或英雄创造城市的传说流行于很多地方。无数的城市为了强化城市共同体意识，以及为了从传统中寻求城市荣誉感，总是诉之于神灵的启示和英雄的开端这类故事，来描述城市的起源和历史。关于罗马城的起源就形成了好多种充满传奇色彩的说法。

3）环境要素

这里的环境要素主要指自然环境要素。人类定居点的选择同样与所处的自然环境息息相关。在新石器时代，人类已经懂得如何选择有利的聚居点：流水常年不断的清泉，坚实的高地，交通便利而又有河流或沼泽为保护的地点，濒临江口河湾，有丰富的鱼类、蚌类资源等——这些地点所发掘出的大量考古遗迹，就是这些永久性居住地的见证。

我国古代著名城市著作《管子》中，大量阐述了城市起源中环境要素的重要作用。《管子·乘马》主张城市规划布局应该：“凡立国都，非于大山之下，必于广川之上。高勿近阜而水用足，下勿近水而沟防省”；“因天材，就地利。故城郭不必中规矩，道路不必中准绳”；“故圣人之处国者，必于不倾之地，而择地形之肥饶者，乡山，左右经水若泽，内为落渠之泻，因大川而注焉。乃以其天材、地之所生，利养其人，以育六畜。天下之人，皆归其德而惠其义。此所谓因天之固，归地之利。内为之城，城外为之廓，廓外为之土。地高则沟之，下则堤之，名之曰金城。”即在建城选址时注意水用、交通、军事防御、地址、气候、防灾等，均有详细而科学的论述。这种结合具体环境的选址地利说强调了注重城市选址注重环境、因地制宜的求实用的城市规划思想。后来逐渐演化为能切实指导实践的相土、形胜①和风水说。《诗·大雅·公刘》篇描述周文王的十二世祖公刘，在公元前十五世纪带领族人迁徙移居豳地（今陕西旬邑县西南）的经过。公刘的这次迁徙，是周人寻找更理想的地理环境建城以满足部族进一步的发展。此一记录充分说明了先人在选择城址之时优先地考虑山水形势、气候等环境要素，辨别其对城市以后的发展所能起到的作用。

4）政治要素

除了以上各要素外，呼唤城市诞生的另一种要素被我们称之为“政治要素”——对分散的乡村实行集中领导或控制的需要。这是一种历史发展的自觉需要，耕种农业的兴起逐渐将人类历史推到产生阶级、国家的文明社会门槛上，也将城市推到历史的舞台上。以上所讲的数种变化产生了数种需要：管理公共水利工程的需要，调整、控制社会阶级矛盾的需要，建立军事指挥中心的需要等。这诸种需要在中国、西亚和欧洲的早期城市中都有反映，我们可以把上述的诸种需要归结成一种需要：建立公共权力的需要。因此，谋求以集中方式控制分散的地域的乡村这种政治要素是推动中外历史上早期城市诞生的直接动力。“当人们被迫将剩余的粮食交到统治者手中的时候，城市就开始兴起了”。在农业文明时代，政治权力缔造城市和城市体系的事例，最典型的莫过于罗马帝国时期推行的都会化运动。而那种认为只有中国早期城市才是政治的产物，欧洲早期城市却是经济贸易活动起飞的产物的说法是不妥的。当然，相较而言，东方城市（尤其是中国城市）的政治要素更为浓烈。中国历史上，西周分封的诸侯国的统治中心——首邑城市，实际上就是以城为中心连同周围田地居邑所构成的管理中心。马克思·韦伯认为：“中国城市的兴起，主要并不是靠城市居民在经济与政治上的冒险精神，而是有赖于皇室统辖的功能，特别是治河的行政管理。”

1.1.1.3 “乡村—城市”的雏形

对于人类与自然相互作用的历史，马克思、恩格斯深刻指出：“任何人类历史的第一个前提，无疑是有生命的个人的存在。因此第一个需要确定的具体

① 形胜与相土一样是我国古代城市重要的立地观，如《荀子·疆国》曰：“其固塞险，形孰变，山村川古美，天材之利多，是形胜也。”即将形胜环境特征归结为地势险要、便利、林水资源丰富、山川优美壮丽等。

事实就是这些个人的肉体组织，以及受肉体组织制约的他们与自然界的关系……任何历史记载都应当从这些自然基础以及它们在历史进程中由于人们的活动而发生的变更出发。”古典经济学的开创者亚当·斯密用“自然顺序”这个概念揭示乡村与城市的关系：即先有乡村，后有城市。

“自然顺序”理论得到了学界的广泛认可，有学者甚至称其为“斯密顺序”。

1 万年前，农业起源和农耕聚落是人类走向文明社会的共同起点。农业的出现使村落和乡村成为可能。目前所知的人类历史上，最早的永久型定居点出现于公元前 9000—前 8000 年的旧石器时代，主要集中在地中海东岸的黎凡特地区、安纳托利亚高原以及两河流域，如杰里科（现巴勒斯坦境内）、加泰土丘（现土耳其境内）、穆勒拜（现叙利亚境内）、卡尤努（现土耳其境内）等。公元前 7000 年的新石器时代，类似的定居点已经在这片广袤的土地上星罗棋布。这里成为世界上原城市化进程最先开始的地方。在这些定居点中聚集着猎人、采集者、商人、工匠、牧人、农民等各色人，其人口数目、居住密度与社会分工的复杂程度都远高于原始定居点。这样过渡性质的城市定居点许多学者将他们定义为村庄。

新石器时代开始大量出现村庄，稳定的村庄形式较之是一些由小型人口群落结成的松散的、游动性的联合形式，其一个很大的优点是：它能为人类的繁衍、营养和防卫提供最大的方便条件。远古时期的村庄通常被学者们称为城市的雏形，这是因为它们已经初具构成城市的主要特质。

1）军事要素的具备——安全防御设施的固化

在父系氏族社会向奴隶社会过渡的过程中，随着生产力的发展与氏族制的逐渐解体，私有财产开始出现，出于防御的需要，以村庄为基本单位的氏族部落已逐渐采用壕沟或围墙等较为稳固的安全设施来保卫家园，整个村落也已有一定的布局，这就是城市的萌芽，也可以说是都城的起源。“由于农业革命使人们开始定居，这使得人们所居住、使用的物质空间环境不再处于游离的状态之中，而是呈现出固化的形态，这就是村庄。城市的建筑和构造以及象征形式，很多都以原始形态出现在新石器时代的村庄中了，连城墙也是从古代村庄用以防御野兽侵袭的栅栏或土岗中演变而来的。”

以古代中国为例，郑州西山城址、河南睢阳平凉台等聚落遗址中，我们可以清晰地看到都有一个很明显的特征，即出现了城墙（图 1-1）。内蒙古包头阿善遗址的第三期文化遗存中，有长方形半地穴式房址，地面上还有砌石墙的房址，在村落周围，依地势修筑有石砌围墙。

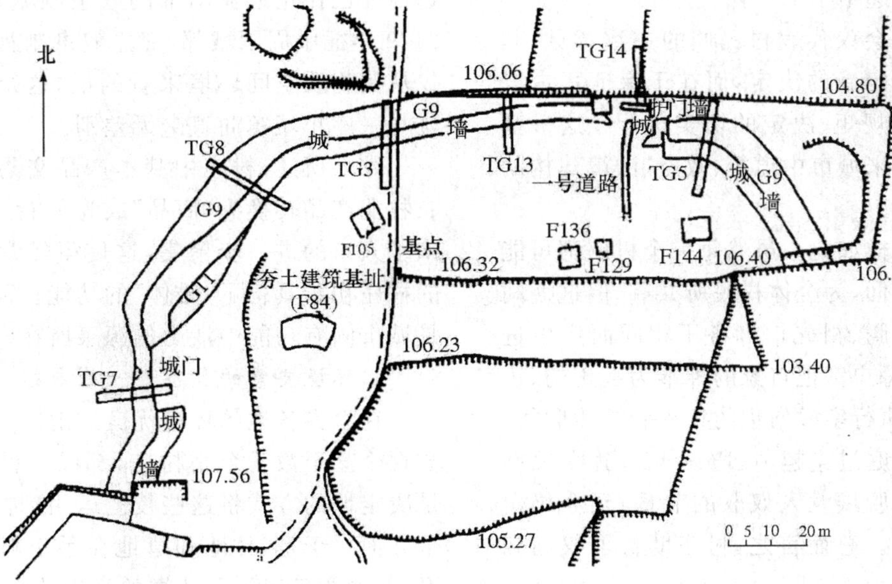

图 1-1 郑州西山城址平面图（国家文物局考古领队培训班．郑州西山仰韶时代城址的发掘．文物，1999（7），4-15 页）

2)政治要素的具备——基本社会生活结构与秩序的形成

(1)基本社会生活结构。大量考古研究证明,远古村庄都是由一些家庭结成的小群体,包含6～60户,每户都有自己的炉灶,自己的神龛,以及自家的坟墓(坟墓通常会在自家户内或某处公共墓地内)。在这样的地形、种族、农业生产状况、交通连接度、生态环境的同构状态下,人们用同一种语言交流,到同一地点集会,沿同一条小路外出耕作或放牧,过着同样的生活方式,有着较为简单的劳动分工。在这样产生的基本相同的生产生活功能性需求下,自然构成了最基本的社会结构,并成为后来城市社会结构的基础。"若无村庄这种成分,较大的城市社区便缺乏一个必要的基础,更无从形成它固定的环境和经久的社会。出身和住处的基本联系,血统和土地的基本联系,这就是村庄生活方式的主要基础。村庄的居住方式本身便有助于农业的自我补给循环。村庄的秩序和稳定性连同它母亲般的保护作用和安适感,后来都流传给了城市"。

(2)基本组织管理秩序。出生和住处的基本联系,血统和土地的基本联系,这些就是村庄生活方式的主要基础,而也正因为如此,村庄的社会结构保持着坚固性和经久性,这些东西为世代所珍视,并毫无改变地由前一代传递给了下一代。

村庄中的长老会议代表村民们的一致意见,其职能主要不在于制定新的决定,而在于保证亘古以来约定俗成的那些规矩、决定的切实执行。这一基本组织结构成为后来城市中道德、政府、法律建构的基石。

宗教本身也同样如此。虽然每一个村庄都可能有自己的圣祠和信仰,为全体村民所共有,但这期间宗教情感还会因图腾、祖先信仰各不相同而产生进一步的分化:因而每户都把自家的神奉为真正的、正宗的家世,由户主执行宗教僧侣的祭祀和祈祷职能;信奉正教的犹太家庭过逾越节(Passover,犹太民族纪念古希伯来人摆脱埃及人奴驭的节日)至今仍由家长执行这些职务。总而言之,村庄助长了权利和责任的分离。

村庄的秩序和稳定性,连同它们母亲般的保护作用和安适感,以及它同各种自然力的统一性,后来都流传给了城市:即使这些东西在城市的过度发展中整个地丧失了,它们也会仍然存在寓所内或邻里之间。我们如今称之为道德的东西即发端于古代村民们的民德和爱护生灵的习俗。城市正是吸收了这些村庄的习俗,它才形成了自身强大的活力和爱抚养育功能:正是在这样的基础上,人类的进一步发展才成为可能。

3)经济要素的具备——基本的产品交易场所

在新石器时代的村庄中,同种血缘的人们聚集在一起不仅可以有助于防御,形成稳固的社会关系及结构,还可以在共同的集会场所中交换产品和技艺。从外观形式上来看,新石器时代的村庄已经具有小型城市的许多特征,房舍、圣祠、蓄水池、公共道路、集会场地——此时尚未形成专门化的集市,这一切都形成于村庄环境之中——这样的基本物质空间环境和结构同样在将来漫长岁月的分化、丰富后成为现在城市的复杂物质结构与空间的雏形。城市中的武器库、银行、粮库、图书馆、商店都来源于村庄。此外,村庄内的各种灌溉沟渠、运河、水仓、壕堑、渡槽、供水排水管道等,也都是供自动运输或贮存用的容器。

例如,美索不达米亚地区的拉格什(Lagash,古达西亚巴比伦尼亚南部的奴隶制城邦,约于公元前2479年征服周围城邦,建立奴隶制神权统治),如果仅从其物质空间环境来看的话,这个大型村落的遗迹与一座小城镇简直毫无差别。

综上所述,村庄中基本产品交易场所的形成使农牧业产品转换为"商品"成为可能。产品交换还带来了人口的进一步聚集,这使得经常发生产品交易的村庄初步具备了"磁体"的功能。而"磁体"功能正是城市固有功能中活力的源泉所在。

4)环境要素的具备——基本组织与秩序的形成

在世界各地的环境优良的地区,从埃及到印度,数百个甚至数千个小村庄,都以一种从容不迫但又是决定性的方式将这些技艺运用到古代生活的每一个方面。于是,林地和草地在手工耕耘面前节节后退,在像约旦河平原这样的靠近沙漠的地区,一片片小绿洲开始出现了。若没有这样的基础,若没有这样的一种聚集过程，若没有这样的容纳能力和秩序，城市根本就无从设想。

城市是首先具备磁体功能，尔后才具备容器功能的。这是衡量城市固有活力的一个重要的依据。

农业和乡村的发展导致人口的大量增长，从而为城市乃至国家的产生打下了坚实的基础。对这一过程，斯塔夫里阿诺斯做了准确的表述："农业革命引发了城市化、阶级分化和社会分裂的连锁反应……随着农业革命的到来，所有这一切都起了变化。随着农业生产率的提高，人口不断增加，村庄拓展成城镇，城镇又扩张成拥有巨大的宫殿和庙宇以及聚敛来的财富的帝国。"

后世一系列的城市组织形式，从庙宇到天文观测，从剧场到大学，都发端于先古时代人类围绕着古冢或岩画，围绕着某处巨岩或圣树丛举行的那些古老集会之中。

1.1.1.4　从乡村到城市

综上所述，城市的许多成分已然潜伏于村庄之中，有些成分甚至明显可辨。"城市，作为一种明确的新事物，开始出现在旧-新石器文化的社区之中。不过，我们也要认识到，村庄就像一个未受精的卵，而不是已经开始发育的胚盘，它还有待于一个雄性亲本向它补给一套染色体方能进一步分化发育成更高更繁复的文化形式——城市"。

村庄向城市的过渡绝不仅仅是规模大小的变化，虽然包括规模大小变化在内；相反，这种过渡首先是方向和目的上的变化，体现在一种新型组织之中。

城市，作为一种明确的新事物（emergent），开始出现在旧-新石器文化（paleoneolithic）的社区之中。在发展进化过程中，一种新因素的介入，不仅会使原有物质的数量有所增加，而且会导致一场全面的变革，导致一次新的组合，从而使原有实体的性质发生变化。村庄文化后来发生的飞跃，就属于这种情况。

在新石器时代的远古村庄中，除了因为年龄和性别原因而造成的基本的劳动差异外，社会分工是不可能的。相反，集体劳动、共同使用相似的生产工具获取食物，这样的方式在一定程度上保证了集体的团结。共同的经济利益和追求成为团结的纽带，再通过共同的语言、风俗和信仰得以加强。这种统一性和生产的合作通常由单个宗族（他们认为他们由共同的祖先繁衍而来，或者通过宗教仪式具备了某一神秘先祖的血统）组成，或者由一群有着姻亲关系的宗族组成。血缘的情感再通过对共同祖先或者神秘场所的祭拜得以加强和补充。涂尔干（Durkheim，法国社会学家）称之为"机械纽带"。

大约5 000年前，尼罗河、底格里斯河-幼发拉底河和印度河等河谷地带，由于实施了水利灌溉种植（加上畜牧业和渔业），开始生产足够的社会盈余，可以供养一些本地的手工艺人，让他们从粮食生产中脱离出来。水路运输，加上在美索不达米亚平原和印度河谷有轮车，甚至在埃及有专门的从事运输的动物等，使得粮食很容易在几个中心集中起来。同时，依赖河水灌溉农作物限制了可耕地面积。开凿运河进行导流，避免每年的洪水暴发等需求促进了人口的集中。

这样就产生了最早的城市——人口规模是已知的新石器村庄的10倍大。可以说，旧大陆的所有城市都发端于埃及、美索不达米亚和印度河谷一带的早期城市。

在这发展过程中，古老的村庄文化便逐步向新兴的城市"文明"退让；在这人类文明的第一次大发展中，社会权利不是向外扩散，而是向内聚合（implosion）。社区的各种不同构成因素，以及许多的社会功能，在此之前是处于自发的、分散的、无组织状态中的，城市的兴起才逐渐将其聚拢到一个有限的地域环境内，进入了密闭围墙的围合下。由此，人类社区的各种组成部分才开始形成一种蓬蓬勃勃的紧张兴奋和相互感应的状态。这样一个复合体，几乎是由密闭的城墙严格地、封围形式所强制形成的，原始城市（pro-city）的各种早已发育成熟的基本因素——圣祠、泉水、村落、集市、堡垒等——就在这种复合体环境中开始发展、壮大、增多，并且在结构组成上进一步分化，最后各自形成城市文化的各种组成成分的雏形。成千上万的人，在集中统一的指挥下，开凿灌溉渠道、运河，构筑城台、宝塔、祭坛、庙宇、宫殿、金字塔，其规模之大是以前所不敢设想的。城市便是促成这种聚合过程的巨大容器，在这里，已经形成了复杂的社会机构和体系。

的确可以说,城市从其起源时代开始便是一种特殊的构造,它专门用来贮存并流传人类文明的成果;这种构造致密而紧凑,足以用最小的空间容纳最多的文明设施;同时又能扩大自身的结构,以适应不断变化的需求和社会发展更加反复的形式,从而保存不断积累起来的社会遗产。文字记载类的发明创造,就属于城市最典型和最古老的成就之一。公元前 2 000 多年,两河流域、尼罗河流域、印度河流域、地中海欧洲、黄河流域和中美洲地区开始率先成为世界上最早诞生城市的地区。

1.1.2 城市形成的标准

苏联学者古梁耶夫根据古代东方和中美洲的相关材料概括出城市形成的八项标准:一是出现了统治者及其王室居住的宫殿群;二是出现了宏大的寺庙和宗教区域;三是最重要的宫殿、寺庙建筑群与平民的房舍相隔离;四是宗教区域与住宅区明显不同;五是具有奢华的王陵和墓葬;六是产生了大型的艺术品;七是形成了文字(碑铭石刻);八是数量上的标志:大型广场、大量住宅和公用房屋,较密集的居民等。

英国考古学家柴尔德从考古学的角度提出了城市形成的十项标准:一是可容纳更为稠密人口的大型聚落的形成;二是人口构成与功能呈现多样化;三是纳税及其剩余财富的集中化;四是巨大的公共建筑的出现;五是出现了从事非体力劳动的统治阶级;六是发明了文字及精确的、实用的科学;七是几何学与天文学进一步精确化;八是形成了专职的艺术家;九是对外贸易已经出现;十是以地域而非以血缘为基础的政治经济共同体形成。

著名的社会学家马克斯·韦伯认为:“城市”原则上可用两种方式来阐明,即:

(1)一个封建领主的住处、首先是一个王公的住处作为中心点,为满足这个住处经济的或者政治的需要,行业进行生产专门化,并购进货物。

(2)在居民点地方存在一种不仅是偶尔的而且是经常的货物交换作为居住者的收益和需求满足的基本组成部分:存在着市场。

1.2 相关概念剖析

1.2.1 乡村

就前工业时代甚至是工业化的早期历史而言,城市与乡村的区别最多的是在物理学意义上的,即被城墙包围起来的是城市,墙外便是乡村。工业经济发展起来之后,工业和服务业的延伸,使得城市很难被包围起来,从生产主义(productivism)到后生产主义,从工业化到工业化后甚至从乡村到后乡村,乡村区域持续经历着物理空间和社会空间构成的转变,传统意义上农村内部诸多功能的变化使我们有理由以现代“乡村”的概念区别诠释传统农村。

“农村”、“乡村”都是来源于美国的“rural sociology”一词,但是二者的内涵是有所区别的。20 世纪 20 年代引入中国后按照当时的国情更多的翻译为“农村社会学”。美国社会学家吉勒特(Gillette)将农村社会概括为“居住在人口密度最低,面积最广的区域,从共同兴趣、工作与生活方式上,发生一种同类意识,他们在一种或多种事业上有共同兴趣,因此互相交通、彼此合作,他们的兴趣或在一处,或在多处,他们的主要实业就是农业收获,他们的社会组织和反应比较少而简,并且大多为空间和生产方式所支配,他们的主要社会单位是家庭”。就区域确定性来说,农村的概念在区域确定性上,显然是可大可小的,并且在空间尺度上很难与区域确定性很强的城市对应起来;从产业发展而论,早在 20 世纪 80、90 年代许多“工业村”、“商业村”、“建筑村”的出现,就已经突破了原有农村概念中“以农业为谋生手段”的产业发展内涵。就行政管理的社区化特征而言,农村的概念所表达的内涵是模糊的和不确定的。应该说,农村概念的应用反映了我国在城市化初期或者处于城市化程度较低区域对农村社会现实的一种反映,进入高度城市化的区域应该用“乡村”的概念取代“农村”可能比较准确和科学。

1.2.2 城镇

在我国,小城镇概念的产生与发展不过 40 余年时间，规划学、社会学、经济学、地理学等多个学科都对这一概念有界定和研究。在地理学中，城镇被视为城市的一种，是城市空间体系的组成部分。经济学更加强调城镇的经济功能，如“城镇是其所在地区的中心和人口集中点，是以非农业生产活动为主，并有一些非生产活动（行政、军事、文化等）的一种居民点（聚落）”。在行政管理学家看来，建制镇与非建制镇之间在行政体制、社会管理、财政税收等方面都存在着明显区别，因此，城镇通常只包括建制镇这一行政区划范畴。①

20 世纪 80 年代初期，费孝通在考察江苏乡镇的基础上发表了《小城镇，大问题》，提出小城镇是“一种比乡村社区更高一层次的社会实体”，“这种社会实体是以一批并不从事农业生产劳动的人口为主体组成的社区。他们都既具有与乡村相异的特点，又都与周围的乡村保持着不可缺少的联系”。小城镇在本质上“是个新型的正在从乡村性社区变成许多产业并存地向着现代化城市转变中的过渡性社区。它基本上已脱离了乡村社区的性质，但没有完成城市化的进程。”②由于这个定义较为全面、明确地阐述了小城镇的内涵，为后来的社会学家普遍继承，同时也被地理学、社会学、经济学、管理学、规划学等学科的诸多学者普遍认同。

综合来看，城镇的内涵可以囊括以下几个方面：①城镇是介于农村与城市之间，连接城乡且兼具二者功能的过渡性社区；②城镇是城镇体系的基本单元、重要组成部分；③城镇是农村地区的经济、政治、文化、科技和生活服务中心。

1.2.3　城市

城市的定义已经成为著名的难题，一直处于“百家争鸣”的状态，不同学科有其特有的重点：“城市是人群的生态体系系统”“城市是物质生产分配的空间”“城市是个力场（类似磁场的概念）”“城市是相互关联的决策系统”“城市是斗争的舞台”“城市是人性的产物”“城市是文明人类的生活环境”；著名的历史学家托因比说“城市是众多具有个性的人集中居住的地方。”芒福德（Lewis Mumford）有个更为富有想象力的描述：“城市是地理的织网的工艺品，是经济组织制度的过程，是社会行为的剧场，集中统一体的美的象征。一方面，它是一般家庭及其经济活动的基础，另一方面，它又是重大行为和表现人文高度文化和戏剧的舞台装置。城市在培育艺术的同时，它本身就是艺术；在创造剧场的同时，它本身就是剧场。”但是各学科大多注重城市复杂机体中的某些层面予以界定和研究，而忽视其他层面和内容。因而，它们对城市的研究和描述，都难以避免某些片面性。

《现代汉语词典》和《不列颠百科全书简本》都对城市有较好的界定。前者是这样定义的：“城市：人口集中，工商业发达，居民以非农业为主的地区，通常是周围地区的政治，经济和文化中心。”《大不列颠百科全书简明本》是这样定义的：“城市（city）是一个相对永久性的、高度组织起来的人口集中的地方，比城镇和村庄规模大，也更为重要。”结合前文中城市的起源及形成标准的阐述，我们还可以将城市定义为：“城市是以人为主体，以空间利用为特点，以聚集经济效益和人类社会进步为目的的一个集约人口、集约经济、集约科学文化的空间地域系统。”

1.3　城乡关系

1.3.1　城乡关系的内涵

城乡关系可分为以下内涵层次：①地理学意义上的城市乡村区位关系；②经济学意义上的工业和农业关系；③社会学意义上的市民与农民关系；④生态学意义上的斑块与基质关系。在本书中，城乡关

① 根据《中华人民共和国宪法》的规定，中华人民共和国的行政区域划分为：全国分为省、自治区、直辖市；省、自治区分为自治州、县、自治县、市；县、自治县分为乡、民族乡、镇。“镇”是同“省、市、县、乡”一样的国家行政区域划分中的一级行政建制。作为“县”以下层次的一级行政建制，其对应的行政管辖范围一般是面积达几十甚至几百平方千米的、包括大量农业用地和以农业人口居住为主的村庄在内的“镇域”。

② 费孝通．小城镇四记［M］．北京：新华出版社，1985:10.

系是广泛存在于城市和乡村之间相互作用、相互影响、相互制约的普遍联系和互动关系，是一定社会条件下政治关系、经济关系、阶级关系等诸多因素在城市和乡村两者关系的集中反映。

1.3.2 城乡关系的演变

城市的性质和城乡关系在根本上都取决于生产方式的性质。

1.3.2.1 西方发达国家的城乡关系演变历程

城乡关系演变的第一个阶段是前资本主义时代的“城市乡村化”。这一时期城市的商品来源仅限于农村，农村的生产力水平直接限定了城市的规模。城市在某种意义上仅仅是农村内在机制的延伸，经济结构也表现出强烈的农业自然经济的属性特征，成为农本经济的附庸。这就是马克思所谓的“城市乡村化”。

第二个阶段是封建主义向资本主义过渡时期的城市与农村对立。以西欧为例，随着中世纪后期欧洲的商业复兴、商人阶级的力量壮大和新兴城市的兴起，城市真正开始挣脱农村和地产的束缚，成为工商业经济的摇篮，与封建主义的农村经济相对立。这一时期，随着手工业、商业活动的频繁和规模的不断扩张，加速了商业资本的积累，使商人资本不仅控制影响了城市的手工业，而且也逐渐渗透到农村和农业，这表现为货币地租的出现和租地农场主的兴起。在马克思看来，现代地租是“将田园生活卷入历史运动的动力”，也就是说，在资本的推动下，农村被城市所征服，在这期间，国家强制力量发挥了重要的作用。

第三阶段是资本主义时代的城市统治农村。工业化的爆炸式发展催生了城市规模的迅速膨胀，从根本上颠覆了原来较为局限的生产和交往关系，大大加速了农村的城市化进程。由此，农村真正成为城市的附庸。就此观之，马克思所谓的“现代的历史是乡村城市化的历史”，在根本上是就乡村纳入资本的生产方式和普遍的交换价值体系而言的。工业化和城市化将从前隔绝于社会之外的农村和农民卷入社会历史进程，这一方面包括农业生产的社会化，“一切现代方法，如灌溉、排水、蒸汽犁、化学产品等，都应当广泛地用于农业。”

因此，西欧的近现代史既是城乡分工不断扩展的历史，同时也是市民社会发展史①，其具体历程可简述如下：“城市乡村化”→“乡村城市化”→工场手工业和城市的扩张→现代的大工业城市。

1.3.2.2 新中国的城乡关系演变阶段及特征

中国的现代城市化进程始于新中国建立。在改革开放以前，我国城乡关系的阶段特征为“城乡分治、以农补工”（即农业支持工业、农村支持城市），并采用高度集中的计划经济体制、统购统销等经济制度，全面地控制和支配了城乡分工和城市化，逐步建立了城乡分隔的“二元经济”体制，阻滞了城市化进程。

改革开放至20世纪末，中国逐步建立起社会主义市场经济体制，国家经济体制改革的重心向城市经济体制和社会管理方向转移，城市也被当作“再生产的客观条件”来加以建设。由此也进入了现代化和城市化进程的加速发展时期。但城乡二元经济结构的问题并未得到有效解决，反而随着城乡差距的逐渐扩大，矛盾也进一步突出。这一阶段的城乡关系特征为“城市主导，城乡分治”。

2000年至今，我国大城市经济在国民经济发展中已经占据了主导，成为经济发展的引擎；政府开始重视统筹城乡关系，使城市反哺农村。2004年中央经济工作会议强调我国总体上到了“以工促农、以城带乡”的发展阶段，应更加积极地支持“三农”发展。因此，2000年以来我国城乡关系已经进入了“城乡统筹，城乡一体”的新阶段。

自改革开放以来，中国用短短几十年的时间，实现了发达国家用上百年才达到的城市化水平，并走出了一条富有中国特色的城镇化道路，这是一项了不起的成就。但我们也应该认识到，我国城乡之间仍存在较大差距，大量城乡统筹的矛盾与问题还亟待我们破解。

---

① 马克思恩格斯选集．第1卷．北京：人民出版社，1995．104-115．

1.3.3　城市化与城镇化

1.3.3.1　城市化

城市化是指一个地区的人口在城镇和城市相对集中的过程。城市化也意味着城市用地扩展，城市文化、城市生活方式和价值观在农村地域的扩散过程、人类生产和生活方式由乡村型向城市型转化的历史过程，表现为乡村人口向城市人口的转化以及城市不断发展和完善的过程。

与城镇化或城市化相对应的英文词是 Urbanization。它指的是，一个地区不断地从乡转化为城的过程。不管是城镇化，还是城市化，通常都有这四方面的含义：一是产业结构从以农业为主转向以非农业为主；二是空间结构从分散转向相对集中；三是人口相对集中于某些特定的地域范围内；四是与外界的联系明显增强。英文词中“城”(urban)的概念，通常除了包括一个中心市（在美国，中心城市人口不能少于 5 万）以外，还包括人口密度超过一定标准（比如在美国是每英亩超过 1 000 人）的周边地区。

1.3.3.2　城镇化

城镇化是指农村人口转化为城镇人口的过程。它是人口持续向城镇集聚的过程，是世界各国工业化进程中必然经历的历史阶段。反映城镇化水平高低的一个重要指标为城镇化率，即一个地区常住于城镇的人口占该地区总人口的比例。《国家新型城镇化报告》指出，2015 年，我国城镇人口总量达到 77 116 万人，城镇化率达到 56.1%，比世界平均水平高约 1.2 个百分点。我国城镇人口不仅基数大，而且城镇化水平的地域差别较大，2015 年，上海市的城镇化率最高为 87.6%，西藏自治区最低仅为27.74%。2016 年我国城镇化水平（城市化）达到 57.35%。

“城镇化”一词出现很显然要晚于“城市化”，这是中国学者创造的一个新词汇，很多学者主张使用“城镇化”一词。1991 年，辜胜阻在《非农化与城镇化研究》中使用并拓展了“城镇化”的概念，在后来的研究中，他力推中国的城镇化概念，并获得一批颇有见解、影响较广的研究成果。

城镇化是一个历史范畴，同时，它也是一个发展中的概念。2001 年公布的《中华人民共和国国民经济和社会发展第十个五年计划纲要》中首次提出：“要不失时机地实施城镇化战略”。为统一说法，与国家公布的正式文件的提法相一致，建议都使用“城镇化”。在我国，以“城镇化”替换“城市化”，是有一些具体考虑的，也是更加符合我国国情的。应该说，这是针对我国长期以来过分重视城市，特别是大城市的发展，而忽略小城市，特别是忽视镇的发展，而做出的一种有意识的强调。它既有利于避免在发展过程中只想到市而忽略镇的思想误区，也能够促使国家政策更加注重将镇和市的发展放在同等重要的地位上。

城镇化与城市化，都是表示从乡到城不断转化的渐进的历史过程。但是，前者更加强调，在乡村城市转化过程中，“镇”作为一个重要的节点所发挥的作用。

1.3.3.3　新型城镇化

2012 年中央经济工作会议首次正式提出“把生态文明理念和原则全面融入城镇化全过程，走集约、智能、绿色、低碳的新型城镇化道路”，并将“新型城镇化”确立为未来中国经济发展新的增长动力和扩大内需的重要手段。2014 年，新华社发布《国家新型城镇化规划（2014—2020 年）》。该《规划》分规划背景、指导思想和发展目标、有序推进农业转移人口市民化、优化城镇化布局和形态、提高城市可持续发展能力、推动城乡发展一体化、改革完善城镇化发展体制机制、规划实施 8 篇。

“新型城镇化”是在“城镇化”概念的基础进一步延伸出来的，是指坚持以人为本，以新型工业化为动力，以统筹兼顾为原则，推动城市现代化、城市集群化、城市生态化、农村城镇化，全面提升城镇化质量和水平，走科学发展、集约高效、功能完善、环境友好、社会和谐、个性鲜明、城乡一体、大中小城市和小城镇协调发展的城镇化建设路径。新型城镇化的特色就是强调以人为核心，协调社会、环境、人的关系，由原来的“重城轻乡”、“城乡分治”，转变为经济、社会、环境和文化全面改善的城乡一体化发展。

本章小结

本章首先对乡村·城市的起源与发展进行了梳

理、剖析，总结了城市起源的四大主导要素；从乡村与城市起源要素的关联性入手，分析了从乡村到城市的演化逻辑，并在此基础上定位城市形成的标准；从而对农村、乡村、城市、城镇多个概念进行定义和解析。此外，本章解读了城乡关系的内涵，并阐述了西方发达国家及中国的城乡关系演变的历程与特征，并由此对城市化、城镇化、新型城镇化的概念进行定义和解析。

我国的城镇化已经进入了全新的阶段，新型城镇化道路的选择是我国城乡统筹发展的必然趋势。新型城镇化不是完全的工业化，也不是去乡村化；城乡一体化也不是城乡同质化；过分强调特大城市发展或过分强调小城镇的发展，都有失偏颇。如何在新型城镇化的进程中使传统的城乡二元格局的利益分配由失衡走向平衡，实现国民利益分配均等化和无歧视？如何以人为本，有效提升人口城镇化的速度和质量？如何创建有特色、低碳环保的新型城镇化体系？新型城镇化是一个漫长的过程，这些问题都需要规划者、建设者们在不远的将来，在新型城镇化成长的道路上逐步加以解决。

思考题

1. 城市起源的主导要素是什么？
2. 为什么说乡村是城市的雏形？
3. 我国城乡关系的演变特征是什么？
4. 试阐述西方发达国家城乡关系的演变特征。
5. 新中国成立后，我国城乡关系的演变特征是什么？
6. 试对城市、城镇、城市化、城镇化的概念进行解析。
7. 该如何理解新型城镇化？

第2章 城乡规划思想发展

本章导读：本章梳理了东西方的古代城乡规划思想，并重点阐述了城市规划思想的发展与演变历程，并介绍和分析了历程中重要的规划思想节点及经典城市案例，希望以史为鉴，知兴替明得失，更好地指引将来的城市规划，最终实现我们城市的可持续发展。

2.1 古代城乡规划思想

2.1.1 中国古代

中国古代城市的演进历史悠久，最早可追溯到夏商时期。中国最早的城市是从原始聚落向综合中心功能聚落如城邑、都邑演化而来的。在仰韶文化时期，聚落已有了合理的布局，可适应氏族的集体生活，具备防御其他部落进攻的功能，部分大型聚落还具有原始王陵和祖庙性质的崇祖中心。在漫长的中国封建社会时期，因社会经济结构稳定，城市没有产生新的生产力与生产关系，且在强大的中央集权和以儒家文化为代表的传统文化的影响下，城市格局和规划思想变化很小。总体来看，中国古代城市规划思想的发展具有连续性及贯通性特征，由此带来的城市格局也相对较为稳定。

中国古代城市的规划思想大致分为两类：第一，以“周礼”为基准，以王权为核心的，注重礼制的规划思想；第二，尊重地理环境，强调与自然和谐相处，“象天法地”、“天人合一”的规划思想。

2.1.1.1 以《周礼》为基准的礼制规划思想

《周礼》是理解我国古代城市规划制度的一把钥匙。“礼制”思想初步成型是在周代，据史料记载，周代的各种礼制都是由周公制定的，即《周礼》。孔子曾评价周礼：“周鉴于二代，郁郁乎文哉！”礼制主要是通过规定人与人之间的礼法关系，强化统治秩序中的等级观念，从而维护社会统治秩序的稳定，最终是为了达到巩固王权统治的目的。礼制文化对中国古代社会的影响极其深远，而各个朝代的都城大都体现了礼制思想，《周礼》中蕴含的礼制思想成为中国古代城市（尤其是都城）规划发展的主脉。

《周礼》的最后一章为《周礼·考工记》①。《周礼·考工记》“匠人”一段中，关于城郭的制度有一段著名的话：“匠人营国，方九里，旁三门，国中九经九纬，经涂九轨，左祖右社，面朝后市，市朝一夫。王宫门阿之制五雉，宫隅之制七雉，城隅之制九雉，经涂九轨，环涂七轨，野涂五轨。门阿之制，以为都城之制。宫隅之制，以为诸侯之城制。环涂以为诸侯经涂，野涂以为都经涂。”这些话代表了《周礼》礼乐体制在都城规划建设中的核心思想，是中国古代都城制度最

① 《周礼·考工记》记的是齐国百工，共记30个工种的作业内容，计为：攻木、金、土、石、兽、草六类。攻木之工分为七种，即：输、舆、弓、庐、匠、车、梓。匠人即是攻木之工的一种，它的规定作业内容是：城郭、道途和宫室。

早、最完整的记载。图 2-1 是周王城平面想象图。

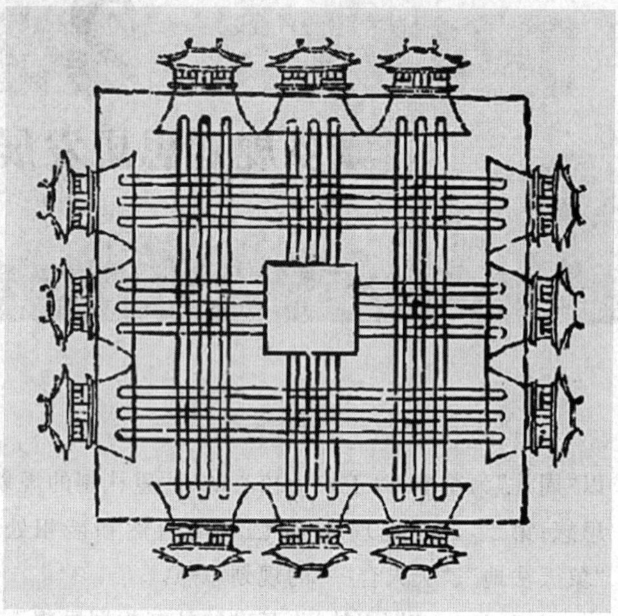

图 2-1　周王城平面想象图

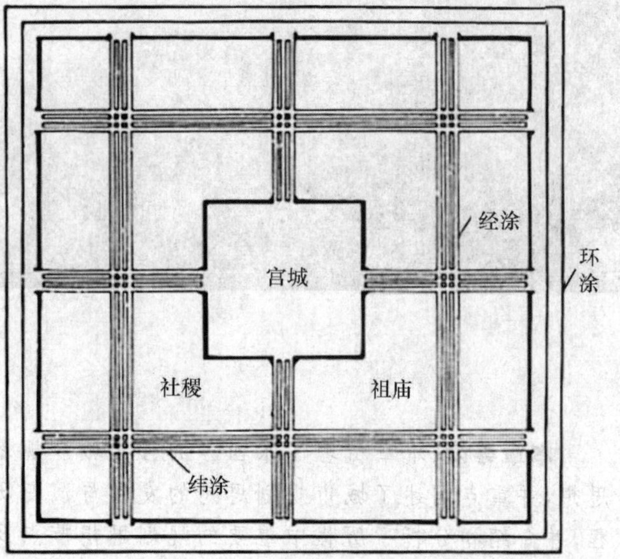

图 2-2　周王城形制

在《周礼·考工记》影响下，中国古代都城规划为体现皇权至上而采取的规划布局手法主要体现在以下几个方面。

1）宫城居中，主次分明

我国古代以中央方位为尊，儒家也提倡"居中不偏"、"不正不威"；在古代的方位尊卑观念中，以中央最为尊贵，其次是左侧，然后是右侧。从这种思维出发，我国古代的城市，尤其是都城，也逐渐演化为我国特有的"三套方城"、"宫城居中"及沿中轴线左右对称的布局方式：宫城往往位于城市中央，两侧则"左祖右社"，即皇族的宗庙建筑布置于中央宫殿的左侧，祭祀社稷坛则布置于宫城的右侧；社稷以南的位置同样尊贵，通常用来布置官署等政府部门；宫城的东、西、南方位地位又次之，因此布置大臣的府邸等；东北端容易受寒风吹袭，不重要，常予以设市；其他地区，远离宫城，地位最次，予以布置居民闾里，闾里是我国古代最基本的聚居单元，闾里内也按居民的职业等级进行划分，不允许杂处。面南背北，中轴对称（图 2-2）。

中国古人的文化、礼制观念是中轴线起源的根本原因。是中国在"以中为尊"中国传统文化观念中，"中轴"可以彰显最高地位和权力；加之自地面住宅的诞生以及古人朝南居住习惯的形成，中轴线建筑布局在我国出现甚早，在约 5 000 年前的大地湾仰韶文化晚期遗址即已有了极为中轴对称的建筑。有学者已指出单体宫殿建筑中轴对称的布局特点，夏商周三代一脉相承，并为后来历代都城所承继。其后，"中轴对称"的布局形式逐渐扩大到住宅群落、城市局部和城市整体。我国古代以北为尊，城市更多地采用了南北向的中轴线，以体现王权的威严。战国时期，一些都城的宫殿区仍显示出中轴线的布局。最明显的例子如赵邯郸故城和燕下都故城。前者的宫城所在"赵王城"即以西城中部偏南的龙台大型夯土建筑台基为主，与其北部的 2 号和 3 号两座夯土台形成一条南北中轴线。后者的东城北部为宫殿区所在，其布局即以主体宫殿建筑武阳台、望景台、张公台和位于城外的老姆台为轴心，形成南北中轴线。西汉长安城经过长期的考古勘查发掘，其中轴线布局已毋庸置疑：汉长安城是以未央宫为基准，由此而形成以横门至西安门的南北大道作为中轴线。对都城中轴线布局作严整的规划，到隋唐时可以说是达到了极致。隋唐长安以极其严整的中轴对称布局，为后代都城布局的规划树立了典范。

2)“术数”模数，以九为尊

阴阳术数理论的应用在中国古代城市规划的建设中俯拾皆是。邵雍《皇极经世书》有云：“天一地二，天三地四，天五地六，天七地八，天九地十。参伍以变，错综其数也。如天地之相衔，昼夜之相交也”，即一、三、五、七、九为天数阳数；二、四、六、八、十为地数阴数。阴阳和谐相交，衍生万物，天地相衔，昼夜相替，天地间的变化尽在其中。古代大多以阳数为吉，因而城市的边长数、道路数、城门数大都采用天阳之数。此外，在中国的历史上，九州的设想源远流长，《礼记・王制》中记载“凡四海之内九州，州方千里。”郑玄[①]云：“方三千里，三三而九；方三千里者，其一为县，其余八方立一州。”书中所描述的四海即是方框被井字格划分成九块的样子。而中国古代又以九为贵，“九”代表着最高的级别，在权力等级中则代表天和帝王。因此古代都城的规划布局对“九”更是推崇，在王城建设中广用九数。如唐朝长安皇城南纵列 9 坊，法周礼王城九逵之制；东西 4 坊象时，这些坊只开东西门，以防“冲城胭”；皇城东西纵列 13 坊，像一年有“闰”(运)(图 2-3)。北京天坛圜丘的台基、栏版都是九的倍数。元大都城门取“11”之数，一方面是取阳数的中位数“5”与阴数的中位数“6”相加而得“11”；另一方面则是因地理方位的关系，即南方为阳为天，所以取天阳之数“三”，开3门；北方为阴为地，所以取地阴之数“二”，开 2 门，以示天地相交，阴阳相合，衍生万物(图 2-4)。

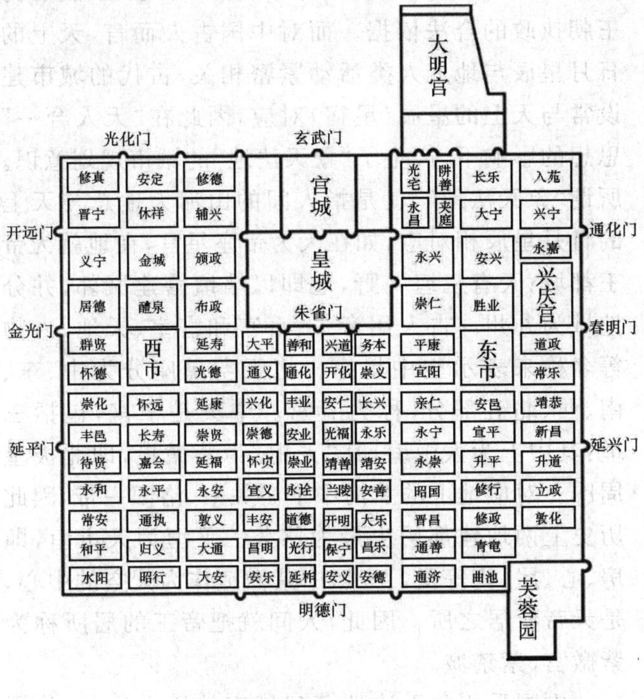

图 2-3　唐长安复原图

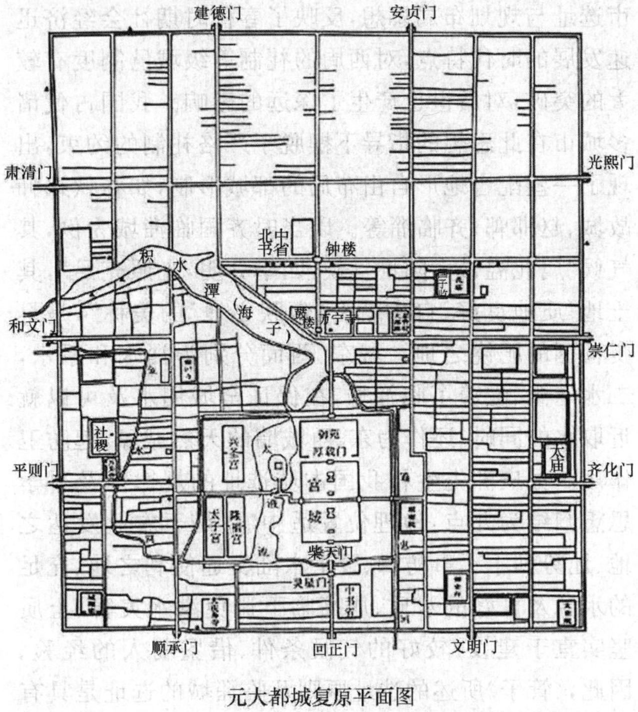

图 2-4　元大都复原图

《周礼・考工记》中所描述的城市布局模式，对西周以后的城市规划，都产生了深远的影响，像隋唐长安城、北宋东京开封城、金中都城、元大都城、明清北京城等都是其典型代表。

2.1.1.2　尊重自然，因地制宜的规划布局思想

虽然王权、传统文化作为中国古代城市规划的基本依据，但地理环境作为城市的自然底图依旧突出，可以认为“自然力和人为的力，自然和规划，交错

① 郑玄，东汉末年的经学大师，遍注儒家经典，以毕生精力整理古代文化遗产，使经学进入了一个“小统一时代”。

地对城市形态起作用”(齐康,2011)。中国古代城市一直有“道法自然”的规划思想,即人和自然交互作用的结果达到一致。

这一规划思想起源于管子。管仲在《管子·乘马》中说:“凡立国都,非于大山之下,必于广川之上。高勿近阜而水用足,下勿近水而沟防省。因天材,就地利,故城郭不必中规矩,道路不必中准绳。”他在《度地》中还说:“圣人之处国者,必于不倾之地,而择地形之肥饶者。乡山左右,经水若泽。”这些主张表明管仲在选址时很重视地利,强调都城的选址和建设应充分考虑地理环境,因地制宜与自然和谐共处,使城市既有险可依,得交通便利,又根植于富足的农业资源的基础上,有可靠的物质保证。管子提出的这一整套城市选址与规划布局思想,反映了春秋时期社会经济迅速发展的时代特点,对西周的礼制等级城邑制度有较大的突破,对后世也产生了深远的影响。我国古代诸多城市在此思想的指导下摆脱了严格礼制的约束,出现了一些配合地形自由布局的都城形制,如春秋郑韩故城、赵邯郸、齐临淄等。以当时齐国临淄城为例,其气候“属北温带大陆性气候,四季分明,光照充足”,其土地“质地良好,自古就有‘膏腴之地’的美称”,是足资营国的肥饶之地。城东、西面分别为淄水和系水,二水灌溉、滋养了临淄城,在保证全城用水及可以就近取水的同时,还作为东、西城墙的天然城壕,起防卫作用。吴庆洲先生将我国古城选址的规律性及科学思想归结为九点:地理位置适中、立足于农业发达之地、地势利于军事防御、置于水陆交通便利之地、充足的水源及良好的水质、居高临下避免洪水灾害、土质坚实宜于建设、较好的气候条件、借鉴前人的经验。因此,《管子》所述的选址原则及临淄城的选址是具有科学性和实践性的。

朱耀廷(2003)对中国古代定都原则的研究发现,古代都城多选址于“险、富、便、美”兼备之地,可见城市选址须满足诸多地理条件。此外,中国古代城市的发展讲求与自然的和谐,山川、河流、地势、资源禀赋等自然要素是城市建设和发展的重要支撑(田银生,1999),并有研究提出依山临水选址筑城,与自然山水“共存、共荣、共雅”是古代城市建设的传统追求(龙彬,2002)。城市与地理环境的相融还衍生出了中国古城仿生学文化,仿生学原理的运用使中国古代城市成为有体形气质、有灵魂个性的活体(于希贤等,2000)。

2.1.1.3 “天人合一、象天法地”哲学观的规划布局思想

“天人合一”是我国古代文化、哲学的基本精神,为我国古代哲学观中的重要一环。正如《周易·乾卦·文言》中记载:“夫大人者与天地合其德,与日月合其明,与四时合其序,与鬼神合其吉凶,先天而天弗违,后天而奉天时。”“天人合一”观念造就中国古代城市建设思想的突出特点之一,就是要“顺之以天理”,追求与天同源、同构,达成和谐统一的整体。古代王朝每自称“受命于天”,皇帝自称“天子”,而继统皇帝的权力得自于父祖,所以“敬天”、“法祖”就成为王朝执政的合法依据。而对中国古人而言,天上的日月星辰与地上人类活动紧密相关,古代的城市建设常与天上的星辰(星宿)对应,因此在“天人合一”思想的影响下,产生了“象天法地”的城市规划意识。所谓“象天法地”,就是指人间的山河大地总与天上的日月星辰相对应,如在天为帝座星宫,在地就为帝王都城;天有三垣九野,地即以墙垣营建城郭,并分地域为九州。古人用帝王、百宫和宫室、天地、人物等名称来表示空中星宿。将天空星座分为中、东、南、西、北五部分,称为五宫。中央是中宫,包括三垣:其中上为太微垣,其“天枢”为紫微星,即北极星周围。对应地上的黄河中下游关中、洛阳一带,因此历史上两地建都历史最为悠久。下垣为天市垣,即房、心、屋、箕等星。三垣中紫微垣作为天空的中心,是天帝所居之所。因此,人间就把帝王的居所称为紫微宫、紫禁城。

中国采用象天法地营建城市的历史悠久,从周武王“定天保,依天室”建都到楚国都邑、吴国阖闾大城(古苏州城)的建设,基本奠定了中国城市规划象天法地、仿制天象的传统(吴庆洲,1996)。《三辅黄图》中记述西汉长安城道:“城南为南斗形,北为北斗形,至今人呼汉京城为斗城是也。”西汉长安城正是古人模仿南斗、北斗的结果。南城墙安门位置的凸出处为天漩,西南建章宫北城墙东西两个拐点正好为开阳、摇光之所在,城墙西北曲折部分的拐点为太

子、勾陈所在，天矶、天枢与北极星三点一线，正好由东城墙与之对应。各星辰的连线，正好与城门相接的 8 条大道的连线相同，甚至大小比例也符合。这种模仿南斗、北斗在城市中布局的设计方法，无疑是天人合一、“象天法地”观念下的一种城市营建形式，期望获得上天的庇佑，使王朝统治长治久安。

除了“象天法地”建城之外，还有“象天立宫”等，这类规划实践是古人基于天、地、人之间“同形同构”关系的把握(赵立瀛，等，1997)，是传统文化中“天人合一”思想在城市规划的具体延伸(张岱年，1985)。在隋唐长安城的建设中，宇文恺将宫城布置于北部正中，并以北极星来对应宫城中心的太极殿，视为天下之中，皇城内的百官衙署象征围绕北极星的星垣，外郭城象征向北拱卫的其他群星。同时太极、两仪殿的命名也有深刻的含义，所谓“太极生两仪，两仪生四象，四象生八卦”，宫殿称太极、两仪，即是说宫城是全宇宙的中心，皇帝位于这个中心，将封建皇权提高到了至高无上的程度，体现了天子中心说的观点。

2.1.2　古埃及、两河流域

2.1.2.1　古代埃及

埃及是世界上最古老的文明古国之一，位于非洲东北部尼罗河的下游。埃及是沙漠绿洲，几乎全年无雨，尼罗河是唯一的水源。尼罗河每年的泛滥使得尼罗河流域土地肥沃，适宜农耕盛产。因此，尼罗河流域也自然成为古代文明的摇篮。

古代埃及城市规划思想的特点及其对后世的影响和成就有下述各个方面：

(1)“死者之城”大于“生者之城”　埃及城市不仅将死者的安息之地纳入城市之中；而且大都以“死者之城”——皇家陵墓群为城市的核心(功能核心、景观核心)来建造，为建造陵墓群而出现的庞大工匠住区也成为城市的重要部分。城市中人口不多，一般都没有城墙围护，城市中的基础设施也较为简陋，建筑材料十分简单(除陵墓之外)。除少数例外，埃及古代城市的复原非常困难。一些研究者(如 J·威尔逊)称埃及为一个“没有城市文明”的国家。

(2)城市选址的因地制宜　城市大多选址为靠近尼罗河的天然或人工高地上，有利于解决水源与交通运输。

(3)功能分区及棋盘式路网　古埃及的城市最早运用功能分区的原理，最早使用棋盘式路网。如卡洪城主要分三个区，阿玛纳分三个区，均体现了功能分区的原则。古埃及城市的棋盘式路网对其后古希腊希波丹姆规划形式的形成有重要影响。

(4)在建筑布局及城市景观方面对后世有重要影响　古埃及神庙的轴线及群体景观设计对西方建筑布局及城市景观影响深远。比如卡纳克与卢克索神庙的群体设计中，运用了 2 km 长的中轴线布局，两边布置约 1 000 具狮身人面像呈对称排列，神庙中密集的廊柱建筑可能与后来罗马城的建设有某种关联。在金字塔的轴线上，分布着神殿、甬道和祭祀建筑，还有密集的如棋盘状的工匠们的住宅群。规划运用了对称、序列、对比、主题、尺度等建筑构图手法。在阿玛纳城的建设中也采用了类似的规划手法。

2.1.2.2　古代两河流域

古代两河流域(幼发拉底河和底格里斯河及伊朗高原地区)处于亚非欧三大洲的交界处，濒临地中海和黑海，具有良好的文化交流和商业贸易条件。古代两河流域最著名的城市，就是迦勒底王国的首都新巴比伦城。著名的空中花园(古代世界七大奇迹之一)就位于城中。两河流域具有高度发达的古代城市文明，建筑的形态、建筑材料、城市的基础设施等都可以和现代城市之前的所有城市文明相媲美。

古代两河流域的城市规划思想有以下特点：

(1)城市的宗教特征浓郁　宗教在古代两河城市中有着至高无上的重要地位，神殿高大宏伟，建筑技艺精湛，往往位于城市的中心。

(2)城市功能与选址的商贸特点明显　两河流域的城市由于其优越的地理位置，大多因河而建，有自己的港口，往往兼为繁华的商业贸易中心。

(3)城市注重私密空间和城市防御　古代两河城市中，无论是神殿还是平民住宅，都拥有一个对内开放的中庭空间，以保证个人生活和祈祷神灵的私密性，这又是一大特点。而城墙则是这个概念的扩大，可以抵御外敌入侵、洪水袭击以及其他自然灾害等，同时也意味着生与死。因此两河流域城市的城墙往往厚重而坚实。

2.1.3 古代希腊、罗马

2.1.3.1 古希腊

古希腊地处希腊半岛，东南方向是爱琴海，一个拥有480多个岛屿的复杂海域，东面靠近博斯普鲁斯海峡，再过去就是东方国家的地域。希腊半岛被山峦和海湾分割成许多破碎、陡峭的狭小地块，几乎没有大片的平原，极不利于农业耕作，也不利于形成统一的集权政府。但希腊半岛临海的自然地理优势使希腊人不仅通过海洋贸易发展了工商业文明，还能从海对岸其他古代文明中汲取养分。独特的地理环境造就了独特的意识形态，古希腊思想与文明的特征为唯物主义的认识观与理性思辨的逻辑思维，再加之人文主义的思想与公正平等的政体观念，这样的文明特质铸就了独特而富有魅力的古希腊城市规划思想及城市文明成果。

1）自然主义——顺应自然的布局手法

在古希腊的诸多城市建设中，突出反映的特征是追求同自然环境的协调，顺应自然地形进行城市布局。以古城雅典为例，与其他许多古希腊的城市一样，并不追求平面视图上的平整、对称，而是乐于顺应、利用各种复杂的地形以构成活泼多变的城市、建筑景观，没有非常明确的强制性人工规划，整个城市由雅典卫城来统率全局。此外，雅典卫城在城内一个陡峭的高于平地70～80 m的山顶上，其建筑物的安排顺应地势，自由活泼，既照顾到从山下仰望它时的景观效果，又能照顾到人置身其间时的动态视觉美，堪称西方古典建筑群体组合的最高艺术典范，在城市规划史上有着非同寻常的艺术地位（图2-5）。

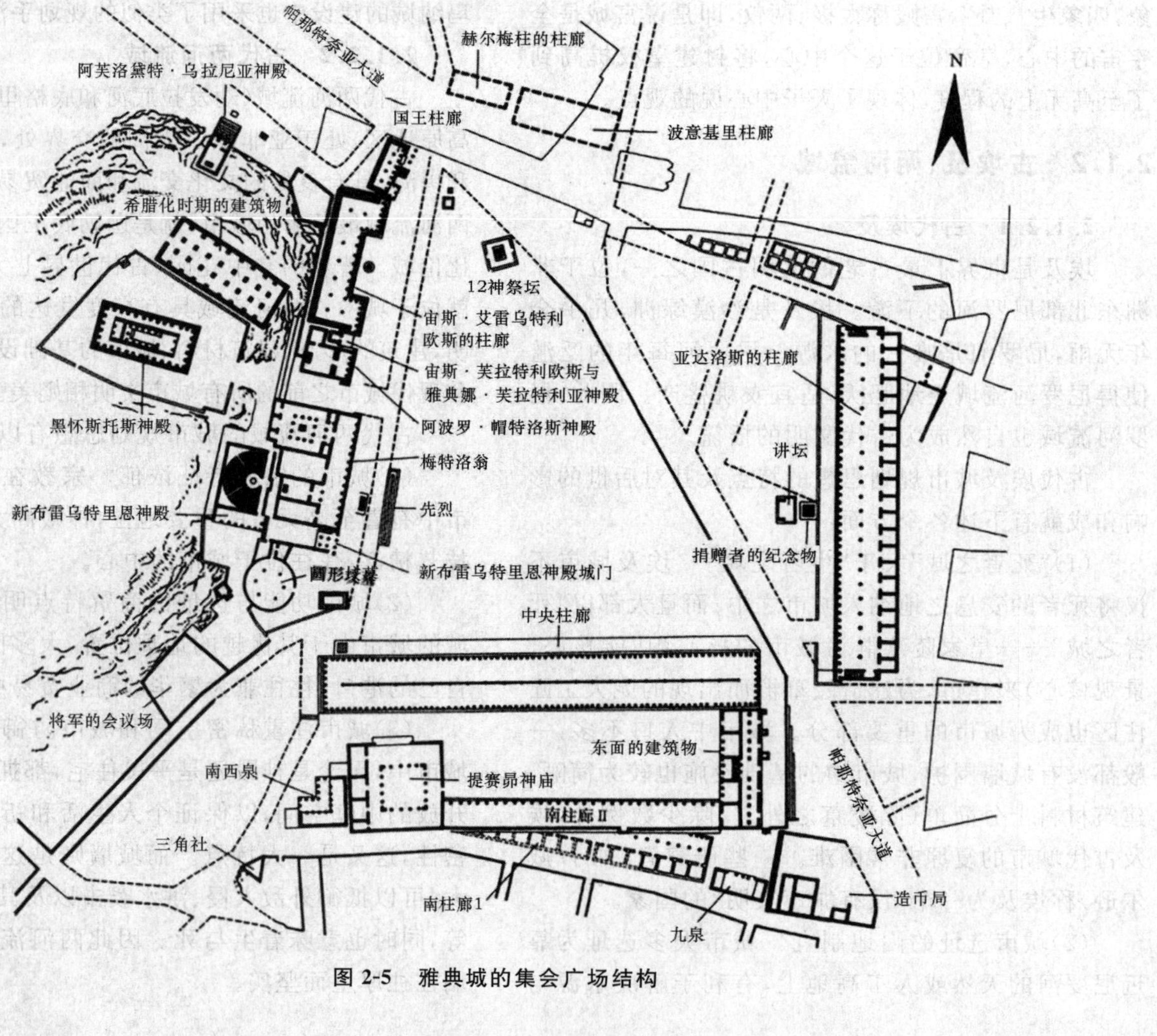

图2-5 雅典城的集会广场结构

2)人本主义——多样的城市公共空间体系

从整体而言,古希腊的思想是人文(人本)主义的。可以说,从"自然哲学"的研究到探求人的"社会哲学"是古希腊哲学思想路线的自然引申。在雅典城内,无论是通过柱廊所围合出的半公共场所,还是开敞的城市广场,各种各样的公共空间,一道构成了丰富且充满着诱人的魅力的城市公共空间体系,成为希腊人多姿多彩的户外生活的载体。许多城市广场承载着多项功能,如阿格拉广场(Agora)既是市场也是市民的活动中心,成为雅典城的核心城市要素之一。

3)理性主义——希波丹姆斯模式

古希腊本土城市一般而言缺乏整体规划,但殖民城市基本都是按棋盘式路网模式进行统一规划与建设。这样的城市布局特征表现出强烈的几何秩序及数的和谐,体现了希腊人注重自然科学和理性思维的特征,也符合柏拉图、亚里士多德等人有关社会秩序的理想。这类城市规划中最为著名和有代表性的就是"希波丹姆斯模式"。公元前 5 世纪,法学家希波丹姆斯提出了希波丹姆斯模式,他因而也被誉为"西方古典城市规划之父"(又称"城市规划之父")。

希波丹姆斯模式遵循古希腊哲理,探求几何与数的和谐,强调以棋盘式的路网为城市骨架并构筑明确、规整的城市公共中心,以求得整体的城市秩序和美,古希腊的海港城市米利都城,就是这一模式的典型代表(图 2-6)。在历史上,希波丹姆斯模式被

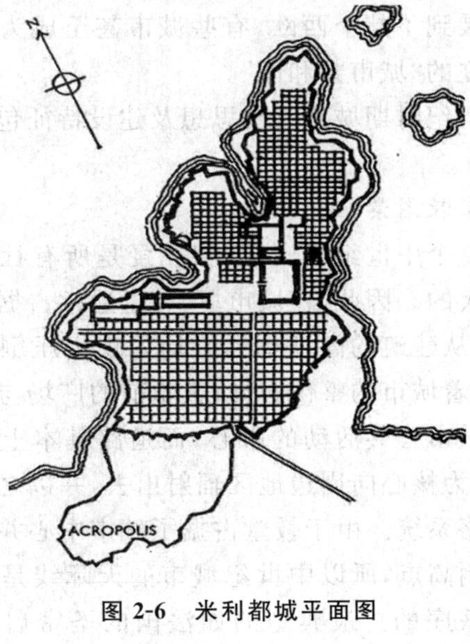

图 2-6 米利都城平面图

大规模地应用于希波战争后城市的重建与新建以及后来古罗马大量的营寨城等,甚至影响了近代西方许多殖民城市的规划形态。

2.1.3.2 古罗马

古罗马指从公元前 9 世纪初在意大利半岛(即亚平宁半岛)中部兴起的文明。意大利半岛位于通达欧、亚、非三洲的要冲之地,为古罗马文明的崛起和后来的扩张提供了十分有利的条件。在许多研究西方哲学与思想史的文献中,古希腊与古罗马基本是被列为一个等同的文化体系的概念。但是,如果从更为深刻的角度观察,这两种文化形态之间仍然存在着巨大的思想差异,并明显地表现在两者截然不同的规划理念与建设活动之中。古代的罗马国家先后经历了城邦时代、共和时代和帝国时代。在此过程中,古罗马文明一方面充斥着伦理化、快乐主义与个人主义,一方面有着宗教唯心化的倾向与"超级国家"的思想。

古罗马的城市建设特征与城市规划思想为以下几点。

1)君权化——凸显永恒的秩序思想

到了罗马共和国后期以及帝国建立后,城市成为统治者、帝王歌功颂德的工具。为凸显帝王的权威与功绩,古罗马采用对城市中开敞空间的创造以及对城市整体明确"秩序感"的建立。罗马城是君权化特征最为集中表现的地方,重要公共建筑的布局、城市中心的广场群乃至整个城市的轴线体系,通过形体对比、强调,透视、数学模数,空间层次组合等设计手法,使这一轴线空间序列壮观、宏大,震撼人心。古罗马的许多广场、斗兽场、公共浴室、宫殿等都达到了超人的空间尺度与规模。远远超过了其实际使用功能的需要。

2)军事化——专用军事城镇

古罗马是一个极富侵略性的帝国,为了应对战争和防御的需要,其城市规划、建设同样带有强烈的军事化色彩,这从维特鲁威(Vitruvius)所描绘的理想城市形态中可以非常明显地看出来。在横跨欧亚大陆的广袤疆土上,古罗马建筑了大量专用军事城镇——"罗马营寨城",并在全国开辟了大量的道路以便于这些城镇之间的沟通与防御。罗马人还利用

其卓越的建筑技术，修建了坚固的城墙、大跨度的桥梁和远程运输水道等战略设施。

3）实用主义与世俗化——繁荣背后的“罗马病”

古罗马人不像希腊人那样尊重自然、善于利用地形，而是倾向于强力地改造着地形，并以此来显示力量的强大与财富的雄厚。在城市规划上，罗马人更强调以直接实用为目的，而并非像古希腊人那样将建筑视为雕塑而彰显其纯粹审美的艺术追求。罗马的城市规划、建设在极限的满足少数统治者奢靡与享乐生活的同时，却对广大市民的实际生活没有多大的改善。

客观地说，在城市建设、市政技术乃至城市管理等方面，罗马的成就均大大地超越了希腊。但罗马人却忽视了城市的文化与精神功能，忽视了城市环境所应具有熔炼人、塑造人的特质要求。在当今许多现代城市的规划设计中，对城市功能的认识上也常常存在同样的误区，因而我们常常将它们称为不幸地遗传了“罗马病”。

4）维特鲁威与《建筑十书》

维特鲁威（Vitruvius）是古罗马杰出的规划师、建筑师，公元前27年其撰写的《建筑十书》力求依靠当时的唯物主义哲学和自然科学的成就，共分十章，分别总结了自古希腊以来的城市规划、建筑经验，对城址选择、城市形态、城市布局、建筑建造技术等方面提出了精辟的见解，是一本百科全书式的成果。《建筑十书》奠定了欧洲建筑科学的基本体系，在文艺复兴以后更作为西方建筑学的基本教材达300余年之久。

关于城址选择，他指出必须占用高爽地段，不占沼泽、病疫滋生地；必须有利于避浓雾、强风和酷热，要有良好的水源供应，有丰富的农产资源以及便捷的公路或河道通向城市。

关于建筑物选址，他探讨了建筑物的性质，同城市的关系，地段四周的现状、道路、地形、风向、阳光、水质、污染等。

关于街道的布置，他研究了街道与常风向的关系，与公共建筑位置的关系。对广场的设计，他提出了建设性的意见，以及研究当地动物内脏实验的方法进行饮用水试验等。

维特鲁威继承了古希腊许多哲学思想和城市规划的理论，提出了他的理想城市模式。在这个理想城市模式中，他强调建筑物整体、局部以及各个局部之间和整体之间的比例关系，并且充分考虑了城市防御和方便使用的需要。

维特鲁威的理想城市模式对西方文艺复兴时期的城市规划、建设有着极其重要的影响。

2.1.4 欧洲中世纪

欧洲自公元476年西罗马帝国灭亡至公元1500年的1 000年间被称为中世纪，这个时期历来被认为是欧洲最为黑暗的时期。相对于古代希腊、罗马的城市文明和社会文化而言，中世纪的欧洲不仅社会文化和经济十分落后，而且在5～10世纪期间，西欧的城市建设基本停滞。因此，这一时期通常被称为“黑暗的中世纪”。在这一时期，基督教的思想占据了绝对的统治地位，教堂是城市的中心，建筑高度凌驾于其他任何建筑之上，控制着城市的总体布局。

从公元9～10世纪，中世纪农业经济得到了显著发展，手工业和商业开始恢复活力，于是在一些交通要道的节点、城堡附近，从聚集人口（主要是一些手工业者和商人）进行经济交换→建设固定交易场所→围绕交易场所修建固定居民点→形成城市，真正意义上的城市开始普遍兴起。许多城市逐渐摆脱了城市对封建领主与教会的依附关系，获得了不同程度的自治。这种城市自治运动最早始于意大利，而后扩展到了整个西欧，有些城市甚至成为实际意义上独立的“城市共和国”。

中世纪时期城市规划思想及建设特征包括以下4个方面。

1）宗教图景

在整个中世纪欧洲，教权无疑是所有社会力量中最强大的。因此，在城市里，教堂通常占据着核心的位置，从建筑的高度到体量均呈现出压倒性的优势，控制着城市的整体布局；教堂前的广场与之一起构成了城市公共活动的中心；而道路基本上是以教堂、广场为核心向周边地区辐射出去，并以之为主干形成道路系统。由于教堂占据了城市中心并构成了绝对的制高点，所以中世纪城市的天际线是非常优美而有秩序的。最典型的如法国的圣密启尔山城

(Mont S Michel)，其位于山顶的教堂——庞大的体量和高耸的塔尖，凸显了整个山城巍峨险峻的气势。

2)“自然主义”及有机发展

早期中世纪的城镇一般是从一个修道院或城堡周围的一个村子或一簇村子发展起来的。这类城镇的发展常常更加符合地形，随时代的变迁而缓慢增长，它们的平面布局的特点往往不是人们有意选择的，而仅仅是过去历史中偶然形成的。

中世纪的西欧由于各个国家、各个城邦之间连绵不断的战争，客观上强化了城堡防御的需要，城堡一般都选址于水源丰沛、粮食充足、易守难攻、地形高爽的地区。10 世纪后围绕这些城堡或交通节点发展起来的城市，总体形态也多以环状、放射环状为多。这种形态既体现了城市本身自发生长的空间特征，同时也是为了有利于防御和节约筑城的成本。

城镇的规模很大程度上取决于其周围的土地所能提供的粮食以及维持自给自足人口的能力。几乎在中世纪所有的城市中，教堂一般都占据了城市的中央，但城市的总体布局结构非常自然，城镇景观美好、朴素而雅致。

中世纪形成这种自然的城市整体艺术景观并不是有意识规划的结果，而是城市自发演化导致的产物。所以从这个意义上讲，中世纪也是西方城市规划历史上难得的“自然主义”(非人为干预)盛行时期。“自然生长，有机发展”的城镇常常被认为是唯一真正中世纪的典型。

3)商业特性

在中世纪中后期，几乎所有的中世纪城市都同时成为商业的提供者与消费者，城市的商业性特征毋庸置疑。

为了发展商业，很多中世纪城市都对罗马城镇的网格式街道进行了改造，密度增加而幅度减小，所以在今天看来，很多中世纪城市的中心区都比较狭窄，道路弯曲，方向性不明确。出于商业利益的考虑，中世纪城市的很多商店都把建筑物扩建到道路上，或者干脆悬挑出来，比如阳台或者凸出的窗台，因此城市不得不再发布禁令以保持道路的畅通。

城市的空间分配也重点体现出了商业的价值。那些比较强大的行会往往占据了市中心，市中心广场周围总是挤满了各种公共建筑，包括教堂和多层的会所。一些重要的商业城市为了垄断商品，还修建了高大、封闭的交易所建筑。城市里有不同行业的商业街区，其建筑的风格成为中世纪城市的标志。特别是那些高大的富商店铺一般有 4～6 层，底部经商，中部居住，阁楼是贮藏商品的地方。这些建筑的正面一般都不宽，但纵深很长，对城市空间进行了不规则的切割。一些特殊的职业，比如屠宰、医院等，往往位于远离中心的地方，占据的空间也相对狭小。

中世纪城市本质是商业性的，一切活动都围绕着商业利益来进行，但文化活动的核心却是宗教。直到进入公元 12、13 世纪后，随着市民经济和政治力量的成长，这样的情况才有所改变。

4)落后的市政建设

就市政建设而言，中世纪城市一般都没有很好的排水、卫生设备，基础设施不齐备，建筑拥挤，既没有古罗马时代那样的公共娱乐设施，也没有体现希腊城市精神的卫城和市民交际的广场等。这样的环境条件为“黑死病”的大规模传播创造了温床：从公元 3 世纪后叶到 16 世纪，欧洲城市的人口几乎减少了 1/3。

2.2　近代城乡规划思想

2.2.1　文艺复兴

文艺复兴作为一个历史术语，既代表着一场文化运动，又代表着一个历史阶段(始于公元 320 年，延续到 1600 年前后)，被广泛地理解为中世纪末期西方文明中的一个新时代，对西方世界乃至整个人类的历史都具有关键意义。文艺复兴的发展也意味着人类社会迈入近代化——现代化进程的第一步。

文艺复兴时期的城市规划及思想的特征主要为：

1)对“理想城市”的追求

在文艺复兴时期，西欧的城市规划设计思想愈来愈重视所谓的科学、理性和规范。阿尔伯蒂继承了古罗马维特鲁威的思想，是文艺复兴时期用理性原则考虑城市规划设计的第一人，他撰写的《论建筑》是当时第一部完整的建筑理论著作，强调对秩序、几何规则的“理想城市形态”的追求。

公元1464年，费拉瑞特在他的著作《理想的城市》中向人们呈现出一个理想城市的设计方案，这个方案也被称作用文艺复兴思想设计的第一幅理想城市图景。正是由于费拉瑞特的理想城市设计，才使得欧洲出现了诸如星状外形、设置外凸棱堡防御城墙的城市。因此，现今的人们常将棱堡式防御城墙作为判别文艺复兴以后建造或扩建城市的标志之一。另一个标志则是新的大型公共建筑如市政厅、广场等占据了城市的中心地带，城市景观发生了根本的变化。

公元1593年，威尼斯人根据斯卡莫奇的设计，在乌迪内(Udine)附近建造了一座防御性的卫城——帕尔玛诺瓦城(Palmanova)。直到今天，这座小城依旧保持着完整的城市风貌。

文艺复兴时期大量的关于理想城市形态、格局的整体探索，影响了整个欧洲的城市规划思潮，尤其是对后来的古典主义和巴洛克风格产生了直接推动作用。

2)精英化、艺术性的营造思维

文艺复兴时期产生的资产阶级新文化，一方面在同封建文化进行着对立的斗争，另一方面也开始逐渐脱离市民大众。这一时期的建筑学被视为如科学和文学那样自由、深刻、高雅的艺术。从事建筑设计、城市营造的城市规划者们往往兼有艺术家的身份(如阿尔伯蒂、达芬奇、米开朗基罗、拉斐尔等)，他们大多聚集在权贵和教皇的宫廷中，精英化、艺术性的城市营造思维贯穿于这一时期的城市建设中。以罗马改建为例，采取了全城性结构规划的新概念，通过修直道路、改建广场和建设喷泉，运用中轴线方尖碑等为整个城市建立起了强烈的视觉系统，将高大的纪念性建筑物作为城市中的关键地标。

因此，从严格意义上讲，文艺复兴时期的人文主义也是一种精英主义思维下的高雅主义，它后来发展为巴洛克主义并催生了法国古典文化的兴起，也就成为顺理成章的必然。

3)尊重历史文化的“后继者原则”

文艺复兴时期的建筑和城市规划者们，自始至终地遵守“后继者原则”，即非常珍惜和慎重对待前任留下的艺术作品(包括建筑和整座城市)，经年累月地恪守城市和谐与整体的艺术法则。

以罗马圣彼得大教堂及其广场为例，历时120年，历经几代建筑师才得以建成。此外，佛罗伦萨的城市中心、威尼斯的圣马可广场等，都是在数百年间一代一代地持续进行改建，既保存了优秀的建筑历史文明，又在此基础上完善与适度创新，从而最终成为历史上最有名的广场和建筑群。

2.2.2 巴洛克

一般认为，早期文艺复兴只是对西欧中世纪城市进行了适度的局部修改，而真正对西方城市产生决定性影响并改变其城市格局的则是16世纪后的巴洛克主义。

从17世纪起，意大利转向一个天主教反改革运动的时期，在罗马教廷中开始兴起了巴洛克风格。从表面上看，巴洛克是文艺复兴的一个支流和变形，但其设计思想却与文艺复兴所提倡的人文主义截然不同：他善于运用夸张的手法以产生特殊的视觉效果，来烘托教会的力量和权威。

巴洛克城市规划首次将城市作为一个空间系统来加以考虑，采用几何美学构图及空间透视的手法，通过建立整齐、具有强烈秩序感的城市轴线系统，通过创造富有动感的城市空间序列，强调突出了君权、神权。因此巴洛克的城市道路格局通常采取的是“环形＋放射”的模式，并在空间序列的重要节点处用纪念碑或标志性建筑作为空间的过渡和视觉的引导。这样的规划设计手法不但有利于把不同时期、风格的建筑链接为一个整体的环境，也满足了当时以教皇、君主、贵族和新兴资产阶级等为主流的豪华盛大的生活方式(盛大阅兵、铺张奢华生活以及社交仪式等)。

不同于两者在建筑风格上的截然差异，其在城市规划领域，巴洛克风格与古典主义风格却难以区分，多是以“巴洛克＋古典主义”的混合形式出现。“巴洛克＋古典主义”的规划思想曾经对西方的城市建设产生了重要的影响，例如19世纪拿破仑三世时期巴黎行政长官欧斯曼(Haussmann)主持的巴黎改建规划，美国首都华盛顿的城市规划设计、澳大利亚新首都堪培拉的设计等，都明显体现出了这种风格特征。

2.2.3　绝对君权时期的古典主义

一般认为，从英国的资产阶级革命(1640)到普法战争、巴黎公社运动(1871)是西欧社会结构发展演变的一个重要分水岭和转折时期，在欧洲很多国家(以法国为代表)中出现了一段封建君权异常强盛的时期，通常被称为西方"绝对君权"时代。1655年法国国王在法兰西学院的基础上成立了"皇家绘画与雕刻学院"，并于1671年又成立了建筑学院，专门用来培养御用规划师、建筑师。学院的任务是为建筑学说建立起一个规范。这种"规范"就是高雅的古典主义秩序。这一城市规划思想的特点为：

1)强调几何美学与唯理秩序

古典主义的建筑师与规划师们将古典主义园林中规整、平直的道路系统和圆形交叉点的美学潜力运用到整个城市的空间体系中，这种设计思想得到了君主们的大力支持。最早运用这种思想的是C. Richelien和造园大师André Le Nôtre在巴黎郊外设计的许多新城堡，将巴黎城市与郊区的宫殿、花园、公园和城镇等共同组成了一个大尺度的景观综合体，他们首次把城市作为"完整的园林"进行了设计(将自然环境引入城市的做法也成为当时规划者追求的主要目的之一，这种思想一直延续到今天。)

2)首次将城市看作一个空间系统

把城市作为君权的象征，对城市形态有了整体上的设想，对今后的城市设计规划理论和实践的发展有着深远的影响意义。

3)重视街道景观，忽视城市的居住等其他功能

在新的规划中，城市空间受新的交通运输方式的影响，城市规划的基本单位不再是居住区域，而是街道。大部分城市的市场活动都沿着交通线绵延展开。这样对城市形式景观大于一切的追求造成了经济上的极大浪费。

2.3　现代城乡规划思想

2.3.1　19世纪初至20世纪城市规划思潮

2.3.1.1　田园城市

霍华德(P. Hall，1850—1928)、盖迪斯(P. Geddes，1854—1932)与芒福德被并称为西方近现代三大"人本主义"规划思想家。这其中，以霍华德关于田园城市的构想影响最为深远。

1898年，霍华德出版了《明天—— 一条引向改革的和平道路》，正式提出田园城市的城市规划设想。1891年，霍华德对种种社会问题如土地所有制、税收、城市贫困、城市膨胀、生活环境恶化等，都进行了深入的调查与思考，并成为其"社会(田园)城市"中所关注和试图解决的核心。

1)思想内核——社会改革

霍华德自始至终倡导的都是一种全面社会改革的思想，他更愿意用"社会城市"而不是"田园城市"这个词语来表达他的思想。霍华德对"田园城市"在性质定位、社会构成、空间形态、管理模式等方面都进行了全面探索。他甚至认为城市中所有的土地应归全体居民集体所有，使用土地必须交付租金。城市的收入全部来自租金，在土地上进行建设、集聚而获得的增值仍归集体所有。

2)空间模式——城乡磁体

霍华德提出了一个有关建设田园城市的论据，即著名的三种磁力的图解，由此他提出了"城乡磁体"(Town Country Magnet)的概念，"城市和乡村的联姻将会迸发出新的希望、新的生活、新的文明"，融生动活泼的城市生活优点和美丽、愉悦的乡村环境为一体的'田园城市'将是一种磁体，兼有城与乡的优点，这个城乡结合体即为田园城市。

(1)单个田园城市。城市人口规模为32 000人，占地400 hm^2，外围有2 000 hm^2农业生产用地作为永久性绿地。城市由一系列同心圆组成。6条各36 m宽的大道从圆心放射出去，把城市分为6个相等的部分。城市用地的构成是以花园为中心，围绕花园四周布置大型公共图书馆、画廊和医院。其外围环绕一周是公园，公园外侧是向公园开放的玻璃拱廊——水晶宫，作为商业、展览用房。住宅区位于城市的中间地带，城市外环布置工厂、仓库、市场、煤场、木材厂等工业用地，城市外围为环绕城市的铁路支线和永久农业用地——农田、菜园、牧场和森林(图2-7)。

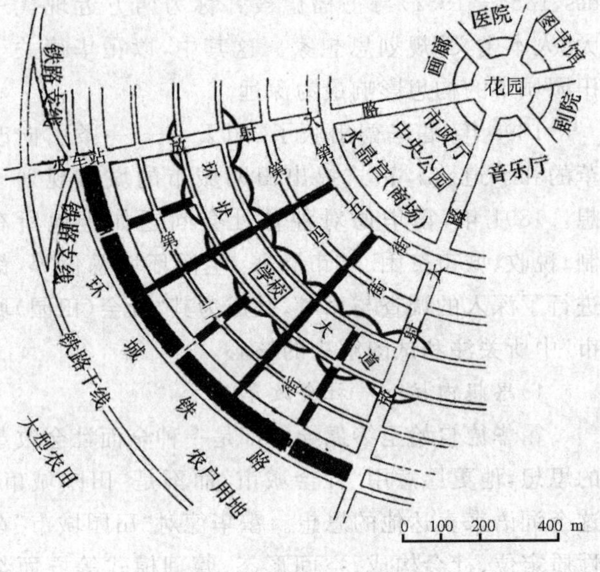

图 2-7　1/6 片段的田园城市示意图

(2)田园城市的群体组合。“田园城市”思想认为任何城市达到一定规模时都应该停止增长，其过量的部分应由邻近的另一城市来接纳，并由此构筑“联盟城市”形式的城市群体组合模式。联盟城市的地理分布以“行星体系”为特征(在建设好一个32 000人口规模的田园城市后，继续建设同样规模的城市，用六个城市围绕这一个55 000人口规模的中心城市，形成总人口规模约25万人的城市联盟)；各城市与中心城市之间以便捷的交通相连接，政治、文化方面密切连接而在经济上相对独立，呈现出“多中心”的城镇集聚区。这种城市联盟的结构。“田园城市”理论认为，可以通过控制单个城市的规模，把城市与乡村两种几乎是对立的要素统一成一个相互渗透的区域综合体。

3) 田园城市与卫星城的辨析

从田园城市构建的城市建设目标、城市规模、功能关系等角度看，它和“卫星城”有着本质的区别。“卫星城”并不像“田园城市”那样谋求通过类似“细胞增殖”方式来控制城镇规模，营造多中心的城镇群体来取代特大城市的发展道路，而是主张以发展靠近中心城市，与“中心城市”体量悬殊，承担人口、功能疏散功能作用的“卫星城”来继续推进特大城市的发展，更没有触及“田园城市”中关于社会改革方面的实质。

4)“田园城市”的历史贡献

霍华德的“田园城市”学说设想了一种带有先驱性的城市模式，对其后出现的城市规划理论如有机疏散理论。卫星城市理论起到了思想启蒙的作用，对现代城市规划思想发展具有里程碑般的意义(图2-8)。

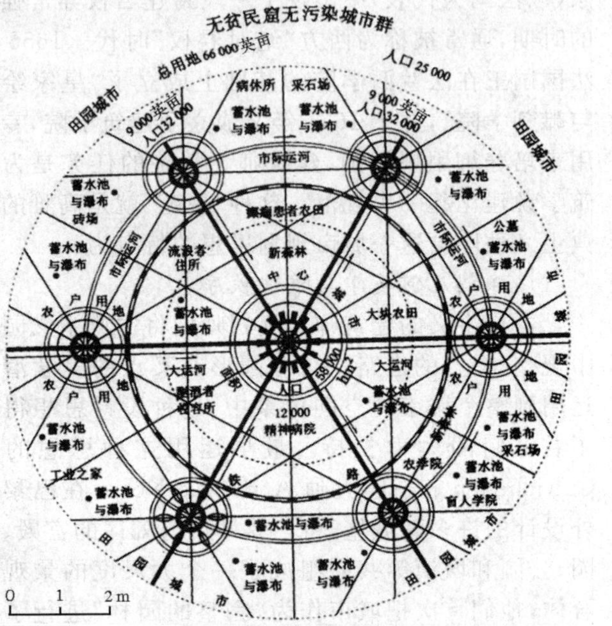

图 2-8　霍华德构思的城市组群

2.3.1.2　带形城市

1882年西班牙工程师马塔(A. S. Mata)提出了带形城市(linear city)的概念。理论主要内容为城市沿一条高速度、高运量的轴线向前发展，以一条宽阔的道路作为脊椎，其宽度限制在50 m范围内，长度可无限延伸。沿道路脊椎可布置一条或多条电气铁路运输线，可铺设供水、供电等多种地下工程管线，最理想的方式是沿道路两边进行建设。

1882年，马塔在西班牙的马德里外围建设了一个4.8 km长的带形城市，后于1892年又在马德里周围设计一条有轨交通线路，联系两个原有城镇、长度约58 km的马蹄状带形城市。居民在1912年时达到2 000人(图2-9)。

带形城市对以后西方的城市分散主义思想有一定的影响。虽然带形城市创造了一种使城市与自然始终可以保持亲密的接触而又无限扩展规模的新型模式，但是却忽略了商品经济的基本规律，使得这一模式在具体城市实践中很难实现。①

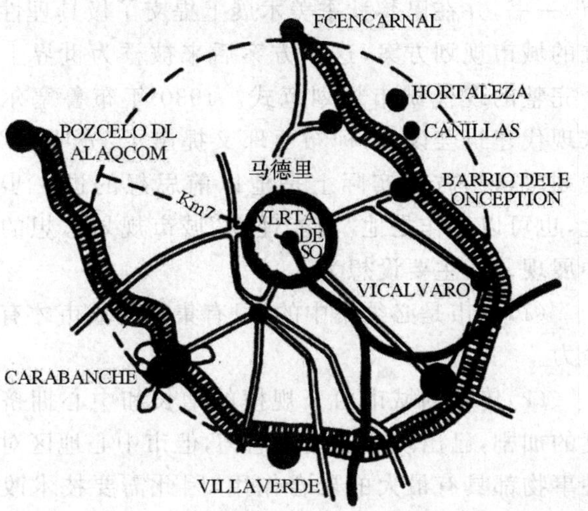

图 2-9 马塔在马德里周围规划的马蹄带形城市方案

来源:沈玉麟. 外国城市建设史. 北京:中国建筑工业出版社,1989.

2.3.1.3 工业城市

法国建筑师戈涅在1901年提出了他的工业城市(industrial city)思想。戈涅理想的"工业城市"人口为35 000人,针对大工业发展所带来的现代城市布局要求,构想了城市不同功能区块和城市组群的布置模式。图2-10是戈涅"工业城市"方案。

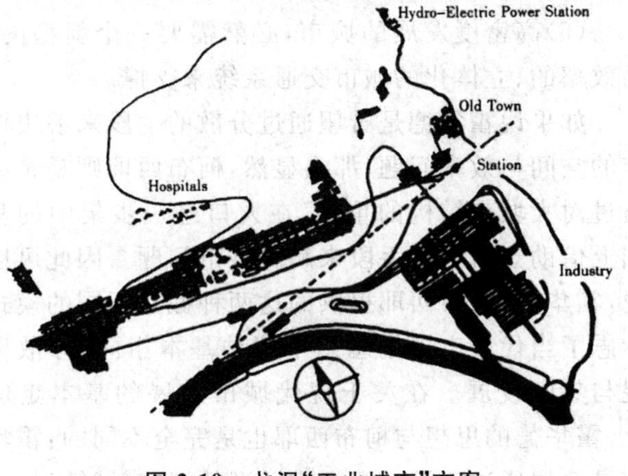

图 2-10 戈涅"工业城市"方案

来源:沈玉麟. 外国城市建设史. 北京:中国建筑工业出版社,1989.

规划中,距离居住区较远的地段布置对环境影响大的工业;而对环境影响较小的工业则可布置在居住区附近;工业区中应有大量的绿地;居住街坊应为长条形,生活服务设施可以和住宅建筑相结合,形成一定范围内相对自足的服务设施;应满足居住建筑的日照和通风要求,并预留一定的公共绿地;城市街道联系各区,按照交通特性可划分不同红线宽度的断面,所有的道路均种植行道树以美化环境。

戈涅比较注重规划的灵活性,给城市各功能要素留有发展余地。戈涅工业城最独特的贡献在于实行了城市的功能分区和适度分离,以最先进的交通方式加强城市各部分的联系,并且为城市急需的发展提供了广阔的空间,对大工业发展所引起的功能分区、城市组群都进行了精辟的分析。戈涅的功能分区思想直接孕育了《雅典宪章》所提出的功能分区原则。

2.3.1.4 城市美化运动与城市形态的探索

1)城市美化运动

作为一项普遍的"城市美化运动"(city beautiful movement),主要指19世纪末、20世纪初欧美许多城市中针对日益加速的郊区化趋向,为恢复市中心的良好环境和吸引力而进行的景观改造活动。特别是在美国形成的城市美化运动催生了后来景观建筑学(landscape architecture)、园林规划和城市绿地规划的兴起和发展。正如 Mcologhin(1968)所说,这时"对未来规划的构思,应多从园艺学而非建筑学中去寻找启迪"。

作为一种明确的思潮和运动,城市美化运动首先是以伯恩海姆(D. Burnham)所做的"芝加哥规划"(1909)为开始,1901年哥伦比亚议会成立了三人专家小组来研究芝加哥的"美化问题"。这三人小组就包括伯恩海姆和景观建筑大师老奥姆斯特德(F. L. Olmsted)。1859年,老奥姆斯特德建设的

① 如1930年苏联规划师米留申(N. A. Milutin,1889—1942)在20世纪30年代主持规划设计的斯大林格勒和马格尼托格尔斯克两座城市中,采用了多条平行功能来组织城市。第二次世界大战后哥本哈根(1948)、华盛顿(1961)、大巴黎地区(1965)、斯德哥尔摩(1966)等地规划中,也都显露出带形城市的痕迹,甚至到了20世纪90年代马来西亚吉隆坡的外围区仍然在规划建设带形城市。

纽约中央公园成为史上第一个现代意义的城市开敞空间，这一城市建设方式不仅改善了城市功能，而且创造了城市中人与自然相融合的城市景观新概念。

城市美化运动持续了40年，在第二次世界大战以后基本退去。运动的目的是期望通过创造一种景观品质优良的物质空间形象和秩序，以恢复城市中由于工业化的蔓延扩张、无序发展而失去的和谐美好生活环境。然而这个运动并未达到理想效果，它被认为是“特权阶层为自己在真空中作的规划”，“这项工作对解决城市的要害问题帮助很小，装饰性的规划大都是为了满足城市的虚荣心，而很少从居民的福利出发，考虑在根本上改善布局的性质。它并未给予城市整体以良好的居住和工作环境”(E.沙里宁)。

2)城市形态研究

1889年奥地利建筑师、历史文化教授西谛出版了著名的《建筑艺术》(*The Art of Building Cities*)一书，针对当时工业大发展时代中城市建设单调、极端规则化、无序空间等问题，提出了以“确定的艺术方式”形成城市建设的艺术原则，主张通过研究历史城市空间以寻求“美”的因素。西谛强调人的尺度和环境尺度的和谐关系，人的活动及他们感受；强调向自然学习，强调空间之间的视觉关系和透视关系，从而建立起丰富多彩富有活力的城市空间。

在当时西方城市规划界普遍强调机械理性的主体思潮中，西谛关于城市形态的研究，为近现代城市设计思想的发展奠定了重要的基础。

2.3.2 20世纪初至第二次世界大战：以建筑学和工程学为主体的城市规划

2.3.2.1 柯布西耶的“集中主义”城市规划思想

柯布西耶不仅是20世纪现代建筑运动激进派理论的主将，也是“集中主义”城市规划思想的典型代表。他的城市规划思想又可划分为“功能理性”和“形式理性”两个阶段，对西方乃至全世界的城市规划发展产生了持续而极其深远的影响。

1)“功能理性”的规划思想

这一阶段柯布西耶的城市规划思想集中体现了“功能主义”和“理性主义”的思想精髓，通常简称为“功能理性”，代表作为“光明城”概念和“明日城市”的理想规划模式。1922年柯布西耶发表《明日城市》一书，并在巴黎秋季美术展上提交了极具理性思维的城市规划方案，这一方案后来被誉为世界上首个完整的现代城市规划范式。1930年布鲁塞尔国家现代建筑会议上，柯布西耶又提出了“光明城”的规划。这一方案实际上是他以前思想的进一步深化，也可以看作是他“功能理性”城市规划思想的集中展现。其主要设想为：

(1)城市是必须集中的，只有集中的城市才有生命力。

(2)传统的城市由于规模的增长和中心拥挤程度的加剧，已出现功能性的老朽，但市中心地区对各种事物都具有最大的聚合作用，因此需要技术改善以完善它的集聚功能。

(3)拥挤的问题可以用提高密度来解决。高层建筑是柯布西耶心目中关于现代社会的图腾，从技术上讲也是“适应人口集中趋势、避免用地紧张、提供充足的阳光与绿地，提高城市效率的一种极好的手段。

(4)集中主义的城市并不是要求处处高度集聚发展，而主张应该通过用地分区来调整城市内部的密度分布，使人流、车流合理地分布于整个城市。

(5)高密度发展的城市，必然需要一个新型的、高效率的、立体化的城市交通系统来支撑。

如果说霍华德是希望通过分散的手段来解决城市的空间与效率问题，那么显然，柯布西耶则是希望通过对大城市结构的重组，在人口进一步集中的基础上借助于新技术手段来解决城市问题。因此可以说，霍华德、柯布西耶提供的这两种截然不同的模式标志了当代城市规划思想中两种基本指向：分散发展与集中发展。在关于现代城市发展的基本走向上，霍华德的思想与柯布西耶也是完全不同的：霍华德是希望通过建设一组规模适度的城市(城镇群)来解决大城市模式可能出现的问题，遏制大(特大)城市的出现；而柯布西耶则希望通过对既有大城市内部空间的集聚方式与功能改造，使这些大(特大)城市能够适应现代社会发展的需要。

2)“形式理性”的规划思想

随着现代建筑运动在第二次世界大战后向“国

际主义风格”(international style)的演化，柯布西耶的规划设计思想在其内核保持不变的情况下也发生了新的形式变化。1950年印度总理委托柯布西耶设计昌迪加尔(Chandigarh)城市和政府建筑。柯布在这座城市的规划中将“形式理性”的规划思想发挥得淋漓尽致，昌迪加尔城市规划同时也开创了现代城市规划史上形而至上的代表。事实上，将各种复杂的城市功能装载到某种所谓可掌控的、有秩序的城市象形形态中(如人体、机器等)，正是“功能主义”+“象征主义”(表达纪念性、理性主义色彩等)或者说是“形式理性主义”的体现。

柯布西耶的形式理想主义极具影响力(甚至直到现在)，20世纪50年代的巴西利亚(Brasilia)规划就是一个典型的案例，体现了强烈的功能象征与形式象征主义的色彩。这样“形式理性”的城市规划由于过分追求宏大、完美的平面构图，而往往容易忽略城市的社会文化与经济规律，成为单一的“人工构筑物和纪念碑”。

2.3.2.2 《雅典宪章》——功能主义城市规划的宣言

20世纪20年代末在国际现代建筑会议(CIAM)第一次会议的宣言中，表明了对城市发展的基本认识：“城市化实质是一种功能秩序”。1933年CIAM召开的第四次会议主题是“功能城市”，通过了由柯布西耶倡导和亲自起草的《雅典宪章》。

《雅典宪章》的思想基础是物质空间决定论。认为可以通过控制物质空间环境来控制和解决社会、经济、政治问题，促进城市的发展和进步。宪章提出了城市的“功能分区思想”，将城市中的诸多活动划分为居住、工作、游憩和交通四大城市功能，采用问题—对策的分析方法，系统的提出了科学制定城市规划的思想和方法论。宪章的主要观点和主张有：

(1)认为工业社会中城市的存在、发展及其规划有赖于所存的区域(城市规划的区域观)；

(2)居住、工作、游憩、交通是城市的四大功能；

(3)居住是城市的首要功能，必须改变不良的现状居住环境，采用现代建筑技术，确保所有居民拥有安全、健康、舒适、方便、宁静的居住环境；

(4)以工业为主的工作区须依据其特性分门别类地进行布局，与其他城市功能之间避免干扰，且保持便捷的联系；

(5)确保各种城市绿地、开敞空间及风景地带；

(6)依照城市交通(机动车交通)的要求，区分不同功能的道路，确定道路宽度；

(7)保护文物建筑与地区；

(8)改革土地制度，兼顾私人与公共利益；

(9)以人为本，从物质空间形态入手，处理好城市功能空间之间的关系，是城市规划者的职责。

《雅典宪章》提出的功能分区思想不仅对传统的城市规划思想(例如古典形式主义)和方法进行了重大突破(不再单纯追求平面构图与空间景观)，也确实可以起了缓解和改善当时城市问题的作用。

但也应该看到，《雅典宪章》作为建筑师应对现代城市工业化的方法和策略有一定局限性：首先，城市规划的物质空间形态被作为城市规划的主要内容；仿佛适宜的城市物质形态可以解决城市发展中的大部分问题。此外，《雅典宪章》虽然明确提出以人为本的指向，但其通篇理论建立在“设计决定论”的基础上，规划的精英路线昭然若揭，作为城市真正主人的广大市民仅仅是规划的受众。

事实证明，《雅典宪章》并没有能够有效地解决现代城市的种种问题，其根源在于对理性主义思想的过分强调。所以到了20世纪60年代末以后，《雅典宪章》的主体思想受到了越来越多的怀疑和批判，并最终导致了《马丘比丘宪章》1977年的产生。《雅典宪章》虽然有时代认识的局限性，但其主要思想和原则至今仍具有深远的影响。

2.3.2.3 “广亩城市”和“有机疏散”

1)极度分散主义规划师莱特及其广亩城市的思想

美国建筑师莱特是一位纯粹的自然主义者，厌恶“集中化”，他认为分散居住是一种“天赋人权”。他提出了“广亩城市”(broadacre city)的思想，即人类的居住单元分散布置，每一户周围都有一英亩(4 050 m^2)的土地来生产供自己消费的食物和蔬菜，每一个人都能在10～20 km选择其生产、消费、自我实现和娱乐的方式；道路系统遍布广阔的田野和乡村，把集中的城市重新分布在一个地区性农业的网格网上。莱特认为这种体现极度分散主义思想的城市才是"真正的文明城市"。莱特有关极度分散主义的规划思想集中反映在他1935年发表的《广亩城市:一个新的社区规划》(*Broadacre City*:*A New Community Plan*)之中。

广亩城市的思想成为后来欧美中产阶级郊区化运动的根源。但是,广亩城市以小汽车作为通勤工具来支撑的城市发展方式,对世界上大多数国家而言是无法模仿的;而这样美国式低密度蔓延、极度分散的城市发展模式在20世纪90年代后成为"新城市主义"(New-Urbanism)思想所批判的主要对象。

2)沙里宁的有机疏散理论

沙里宁的"有机疏散"理论体系及原理集中在他1943年出版的《城市:它的发展、衰败与未来》一书中。沙里宁认为城市是有机的集合体,其发展是一个漫长的过程,在其中必然存在着两种趋向——生长与衰败。有机疏散理论认为,城市是一个有机体,是和生命有机体的内部秩序一致的,因此不能任其自然地凝聚成一大块,而要把城市的人口和工作岗位分散到可供合理发展的离开中心的地域上去。

他将城市活动划分为日程活动和偶然性活动,认为"对日常活动进行功能性的集中"和"对这些集中点进行有机的分散"这两种组织方式,是使原先密集城市得以实现有机疏散所必须采用的两种最主要的方法。他指出,前一种方法能给城市各个部分带来适于生活和安静的居住条件,而后一种方法则可以给整个城市带来功能秩序和工作效率。

1918年沙里宁按照有机疏散的原则制定了大赫尔辛基规划,主张在赫尔辛基附近建立一些半独立的城镇,以控制城市的进一步扩张。有机疏散思想对以后特别是第二次世界大战后欧美各国改善大城市功能与空间结构问题,尤其是通过卫星城建设来疏散、重组特大城市的功能与空间,起到了重要的指导作用。

2.3.2.4 城市人文生态学研究

20世纪初,一批以社会学家为主体的学者们开始关注到复杂的社会文化问题对城市发展、规划的影响,主要代表为芝加哥学派。1925年伯吉斯的同心圆模式,被认为是城市"社会生态学"研究的开始。在此之后,"芝加哥学派"又提出了许多不同的空间模式,其中最具代表性的是霍伊特(H. Hoyt)的扇形模式(1939)以及哈里斯(C. Harris)与乌尔曼(E. Ullman)的多核心模式(1945),它们被称为城市社会空间结构的三大经典模型。这些源自城市社会空间研究的成果,后来被许多学科(如城市地理学、城市规划学、土地经济学等)、许多学者所阐释并发展。1938年芝加哥学派的沃尔斯又发表了《作为生活方式的城市化》(*Urbanism as a Way of Life*)一文,正式奠定了城市社会学在城市规划理论中的里程碑地位。

除了芝加哥学派,还有一位在20世纪城市规划领域中最具影响力的人文主义大师——芒福德。1937年芒福德发表了著作*What is a City*,1938年出版了著名的《城市文化》(*The Culture of Cities*)一书,这本书与《城市发展史:起源、演变和前景》一起并称为芒福德生平最重要、最有影响力的两部著作。芒福德的城市社会学思想对后来的城市规划理论与实践发展产生了重要而深远的影响。

2.3.2.5 社区、邻里单位理论

1929年,美国建筑师佩里(C. Perry,1872—1944)明确提出了"邻里单位"的概念(neighbourhood unit),使得它不仅是一种实用的规划设计概念,而且成为一种经过深思熟虑的"社会工程"(social engineering)。

佩里将邻里单位作为构成居住区乃至整个城市的细胞。以一个不被城市道路分割的小学服务范围作为邻里单位的基本空间尺度,以维持一个小学所需的人口(6 000~10 000人)作为一个社区建立的规模标准,并在区内配备相应的生活服务设施,为此可以解决儿童和老人穿越街区出行的安全隐患问题。这种邻里单位强调内聚的居住情感,强调社区的文化认同感和归属感。1933年美国建筑师C. Stein设计的雷德朋(Radburn)新镇大街坊采用了人车分离的道路系统以创造出积极的邻里交往空间。在后来的规划理论中,将这种对一个地域进行整体规划设计以形成居住社区的做法,统称为"Radburn体系",并广泛地运用到美国郊区化进程中的"绿带城"规划中。

邻里单位模式对后来直至今天世界各国的居住区规划、城市规划都产生了重大的影响。第二次世

界大战后，首先在伦敦外围的卫星城中采用了邻里单位的理念。著名的哈罗新城由四个居住区组成，每个居住区划分 2～4 个邻里单位，全城共有 13 个邻里单位。以后世界各地纷纷效仿。巴黎周围的 5 个新城都是吸收邻里单位的基本原则发展起来的。70 年代美国兴建的哥伦比亚新城仍然遵循邻里单位原则，各个社区下分为若干邻里。该新城有城、村、邻里单位三级组成，围绕城中心布置有 7 个村和 23 个邻里单位。

2.3.2.6 区域规划思想

区域规划思想奠基于盖迪斯、芒福德等人的理论努力，1938 年 L·芒福德的《城市文化》更被称作区域规划的"圣经"。1929—1932 年的西方经济大衰退后，一些规划思想家认识到：城市对区域的影响类似于磁场效应，随着社会经济的发展，城市与区域的关系也愈加密不可分，应该通过国家/区域规划来进行必要的发展调控，把城市与其影响、依托的区域一起统筹规划。

德国地理学家克里斯泰勒（W. Christaller）于 1933 年发表的"中心地"理论，揭示了区域内诸多城市空间布局秩序之间的内在数理关系。经济地理学者廖什（A. Losch）从企业区位的角度亦纯理论推导的方法完成了对不同等级市场中心地数目的研究，揭示了城市影响地域及相互作用的理论形态。贝瑞（B. Berry）等结合城市功能的相互依赖性、城市区域的观点、对城市经济行为的分析和中心地理论等，逐步形成了城市体系（urban system）理论。

20 世纪 50 年代以后，经济学界和地理学界的学者在对区域经济、空间发展提出了许多有关城市—区域发展的理论（最著名的如增长极理论、空间扩散理论、核心边缘理论以及苏联的地域综合体理论等，使区域空间结构与社会经济结构的研究得到了统一，并由此而兴起"区域科学"这样一个学科群，为城市和区域规划的开展提供了必要的基础。

2.3.3 第二次世界大战后至 20 世纪 60 年代末

2.3.3.1 系统规划思想

最早运用系统思想方法进行的规划研究应当始于美国 1950 年代末的运输—土地使用（transport-land use）规划，这些研究突破了物质空间规划对建筑空间形态的过分关注，而将重点转移至发展的过程和不同要素间的关系以及要素的调整与整体发展的相互作用之上。受系统论的影响，20 世纪 60 年代，规划研究人员开始将城市当作一系列特殊空间子集的复杂系统，因而城市规划成为一项系统性规划。20 世纪 60 年代中后期至 20 世纪 70 年代，麦克劳林（J. B. Mcloughlin）、恰得威克（Chadwick）等在理论上的努力和广大规划师在实践中的自觉运用，促成了系统方法在西方城市规划领域中运用的高潮，主要体现在对城市复杂性的认识和系统把握；运用系统论思想将城市规划看成为一个动态的适应性调整过程；运用数学方法来分析、模拟城市等方面。

2.3.3.2 城市生态环境科学思想

20 世纪 50 年代以后，随着城市的扩张与蔓延带来了严重的环境问题，人们开始对于城市生态环境进行关注。1959 年首先在荷兰规划界产生了"整体主义"（Holism）和整体设计（Holistic design）的思想，提出要把城市作为一个整体环境，以全面地分析人类生活的环境问题。1958 年希腊成立了"雅典技术组织"，在 Doxiadis 的领导下建立了研究人类居住科学、人类环境生态学的新兴交叉学科——人类聚居学（Ekistics）。1969 年麦克·哈格（L. Mcharg）出版了《设计结合自然》（Design with Nature），通过美国许多城市的规划实例，运用现代生态学理论，研究了人类与大自然的依存关系，强调人工环境和自然环境之间的适应性问题，"不管规划要求的特点是什么，要系统地编制一个大城市地区的规划，就应该了解自然的演进过程，规划必须和自然相结合"。这本书被视为城市生态环境学方面的奠基性学术著作。

2.3.3.3 特大城市空间的疏散和新城运动

1）卫星城理论

"卫星城"模式是霍华德当年的两位助手恩温和帕克对田园城市中分散主义思想的发展。1912 年恩温和帕克在合作出版的《拥挤无益》（*Nothing Gained by Over Crowding*）一书中，进一步阐述、发展了霍华德田园城市的思想，进而总结归纳为"卫星城”的理论。1922年恩温出版《卫星城市的建设》(*The Building of Satellite Towns*),正式提出了“卫星城”的概念,指出卫星城是防止城市规模过大和不断蔓延的一个重要方法,从此,“卫星城”便成为一个国际上通用的概念:“卫星城是一个经济上、社会上、文化上具有现代城市性质的独立城市单位”,但同时又是从属于某个大城市(母城)的派生产物。卫星城理论虽然在20世纪20年代就已提出,但是其价值的真正发挥还是在第二次世界大战以后,特别是被广泛地应用于伦敦等大城市战后空间与功能疏解以及新城建设之中。1944年艾伯克隆比在其主持的大伦敦规划中,就计划在伦敦周围建立8个卫星城,以达到疏解伦敦的目的。在第二次世界大战以后至20世纪70年代之前的经济、城市快速发展时期,西方大多数国家都进行了不同规模的卫星城建设,其中尤以英国最为典型(一般也称为新城运动)。卫星城的思想广泛影响了欧洲、美国乃至全世界诸多国家,包括苏联等社会主义国家,1921—1924年苏联就制定了莫斯科卫星城规划。

2)艾伯克隆比的大伦敦规划

1944年,为了解决伦敦人口过于密集的问题,伦敦国土委员会(Country Council)采纳了由艾伯克隆比与福尔肖编制的大伦敦规划,并准备在战后立即按照此方案重建和重组伦敦。

在“大伦敦规划”中,艾伯克隆比吸收了霍华德田园城市理论中分散主义的思想,盖迪斯的区域规划思想,以及恩温的卫星城建设模式,将伦敦城市周围较大的地域作为整体规划考虑的范围。

规划体现了分散工业与人口的中心思想,从伦敦密集地区迁出工业和100万人,在距伦敦中心城区48 km的半径范围内划分四个圈层并配合放射状的道路系统。这个规划还最早明确体现了“分区管制”的思想,控制并降低中心内圈层的密度,并通过绿地圈实行强制隔离以阻止建成区连片蔓延的局面。

大伦敦规划总体上是成功的,有效地控制了伦敦无序蔓延的势头。伦敦由1951年的820万人口减少到目前的660万人口。但是后来的实践发现,大伦敦同心圆封闭式的布局模式也造成了许多问题,如人口疏散效果不明显、外围卫星城镇功能欠缺而缺乏引力,通勤距离过大,配套不足,新城投资巨大,环路交通负荷过大等。

除了英国,还有荷兰兰斯塔德地区的规划,丹麦大哥本哈根的指状规划,20世纪50～60年代华盛顿的放射长廊规划,70年代莫斯科总体规划以及60年代开始的大巴黎规划等,这些都是有机分散主义思想在特大城市空间、功能优化的经典案例。

3)新城(New Town)运动

第二次世界大战以后的“新城运动”几乎被英国政府视为一项国策,获得了国家行政、法律与经济方面的全力支持。英国的新城运动主要发生在战后至20世纪70年代中期以前,先后经历了三代卫星城的建设过程,其中在1946—1955年建设的是第一代新城,1955—1966年间建设的是第二代新城,1967年后建设的是第三代新城。

英国新城建设的主要目标是:建设一个既能生活又能工作的、平衡的和独立自主的新城,新城不是单一阶级的社会,应吸收各种阶级和阶层的人来此居住和工作。卫星城的概念强化了其与中心城市(母城)的依赖关系,功能上强调通过卫星城的分散作用以实现对中心城的疏解,因此其往往被视作中心城市某一功能疏解的接受地(如居住新城、工业新城、教育新城、科技新城等)。

1946年在英国开始的新城运动,对西方国家随后到来的郊区化高潮产生了广泛的影响。第二次世界大战以后,卫星城(新城)已经成为分散大城市过于集聚的功能和人口,在更大的区域范围内优化城市空间结构、解决环境问题、实现功能协调的重要手段。然而,在这些新城市里,如何维系与创造传统城市中人们向往的“邻里关系”“社区氛围”,以尽快让人们产生认同感并消除隔膜,却是直至如今所有卫星城建设中难以解决的一个问题。

2.3.3.4 战后的历史环境保护运动

第二次世界大战后,人们认识到保护历史就是实现本地区、本民族文化的延续。西方很多城市开始重视古城、古建筑等历史环境的保护,例如伦敦、巴黎、华沙、波恩、纽伦堡、罗马等。这其中以意大利为代表。1947年意大利建立了保护古迹的法律,在城市历史文化保护方面成效卓著:在城市总体规划上，采取了避开古城另建新城的规划手法。如为了保护塞利纳斯(Selinus)古城，在它的东部隔一段距离，另建新城。又如为了保护古罗马，同样采纳了避开古罗马建设新罗马的城市总体规划。因而，古罗马城保护得十分完整。意大利古城保护还采用区别主次、分级分群的保护模式，在古建筑群的四周临近或相互之间不准随意插建别的建筑，以免混淆古建筑群的个性和特色，破坏古建筑的环境。

20 世纪 60 年代末，70 年代初，对古建筑和城市遗产的保护已经逐步成为世界性的共识。1964 年《国际古迹保护与恢复宪章》(威尼斯宪章)系统而明确地提出了文化古迹保护的概念、原则和方法。1972 年联合国通过了《保护世界文化与天然遗产公约》，成立了世界遗产委员会。1976 年《内罗毕建议》系统而明确地提出了历史地区保护的广泛范畴。1977 年的《马丘比丘宪章》将保护传统建筑文化遗产提到了更重要的高度。1982 年国际古迹遗址理事会通过了《佛罗伦萨宪章》，强调了对历史园林的保护。1987 年的《华盛顿宪章》，进一步强调历史城镇和城区保护的意义、作用、原则、方法等。

2.3.3.5　Team 10 的“人际结合”规划思想及理论

1954 年现代建筑协会(CIAM)中的第 10 小组(Team 10)在荷兰发表了《杜恩宣言》，明确地对《雅典宪章》的精神进行了批评，提出以人为核心的“人际结合”思想，基本出发点是对人的关怀和对社会的关注。

Team 10 的代表人物英国的史密森夫妇(Smithson)提出了极富“后现代”(当时还没有这个词)的新城市形态概念——簇群城市(cluster city)，这种城市的发展充分体现了流动、生长、变化的思想。他们认为，任何新的东西都是从旧机体中生长出来的，城市需要固定的记忆，并应该以此作为城市发展变化评价的基准参照，每一代人仅能选择对整个城市结构最有影响力的方面进行规划和建设，而不是重新组织整个城市。用“簇群城市”的生长思想来改建旧城，可以保持旧城的生命韵律，使它在不破坏原有复杂关系的条件下不断得以更新。

2.3.4　20 世纪 70～90 年代

2.3.4.1　规划思想的第二次根本转型

20 世纪 60 年代，随着西方工业文明的发展达到了顶峰，许多按现代主义理性规划思想营建的城市中，大量城市问题也开始涌现。以洛杉矶为例，城市中充斥着种族隔离和贫富悬殊、犯罪率高、人际关系淡漠和隔绝、为汽车人而设计等问题。80 年代在美国甚至出现了“洛杉矶学”并形成后现代城市规划理论，M 戴维斯的《石英城市》以及 N 克莱因的《失忆史》是代表性的成果。1961 年美国学者 J. Jacobs 出版的《美国大城市的生和死》要求城市规划者重新思考现代主义城市规划制度化的合理性，这是战后城市规划开始由工程技术向关注社会问题转型的重要标志，这本书也被形容为给当时的西方规划界带来了一次“大地震”。

20 世纪 60 年代末以后，在对现代主义的反思和批判过程中，城市规划思想开始进入史上第二次根本转型：由单纯的物质空间塑造逐步转向对城市社会文化的探索；由城市景观的美学考虑转向对具有社会学意义的城市公共空间及城市生活的创造；由巴洛克式的宏伟构图转向对普遍环境感知的心理研究。总之，开始从社会、文化、环境、生态等各种视角，对城市规划进行新的解析和研究。

1) 文脉主义与拼贴城市(collage city)

在后现代城市规划理论中最突出的是关于文脉(context)主义的理论。简单地说，文脉就是人和建筑的关系、建筑和城市的关系，整个城市与其文化背景之间的关系，它们相互之间存在着内在的、本质的联系。城市规划的任务就是要挖掘、整理、强化城市空间与这些内在要素之间的联系。在文脉主义的城市研究中，最具代表性的是凯文·林奇(K. Lynch)于 1960 年出版的《城市意象》，探讨了如何通过城市形象使人们对空间的感知能够融入城市文脉中去的过程。A. Rossi 的《城市的建筑》提出城市的意义存在于人们重复产生的记忆，“城市象征什么比它能够提供什么更重要”，城市中复杂的矛盾统一性使城市充满了生机和文化内涵。

这一时期美国的学者罗威·科勒提出的"拼贴城市"同样也受到了文脉主义思想的影响。这个理论认为城市的生长、发展应该是由具有不同功能的部分拼贴而成，它反对现代城市规划按照功能划分区域、割断文脉和文化多元性的做法。这正如文丘里在《向拉斯维加斯学习》一文中所论述的：城市规划设计应该具有多元性、多样性、矛盾统一性，而不是现代主义式的单一的、刻板的、隔离的、非人格化的。

2)"场所"(Place)理论

舒尔茨(C. Norberg-Schulz)指出：建筑与规划的实质目的是探索和最终寻找到这种精神内涵，在地点上建造出符合特定人群需求的构造来。后现代主义规划师则认为：城市形式并不是一种简单的构图游戏，在空间形式的背后蕴涵着某种深刻的含义，这种含义与城市的历史、文化、民族等一系列主题密切相关。这些主题赋予城市空间以丰富的意义，而且还有精神上的意义，当空间中一定的社会、文化、历史事件与人的活动及所在的地域特定条件发生联系时，也就获得了某种文脉意义，空间也就成为"场所"。1972 年 O. Neumann 在《可防卫的空间》一书中，将居住环境分为私有、半私有、半公共、公共领域，可以说是对场所思想的一个具体运用。

2.3.4.2　现代城市设计的思想

20 世纪 60 年代随着西方城市中大规模物质空间建设运动的结束，随着人们对空间内在的社会、文化、精神方面要求的提高，在美国出现了现代城市设计(urban design)的概念。现代城市设计将城市视作一个包括时间变化在内的四维空间，强调人与空间的内在互动，强调景观设计对人们活动、心理感知的重要意义。然而正如当时城市设计的提出者所言："城市设计的出现并不是为了创造一门新的学科，而是对以前忽视空间人性关怀的一种弥补。"按照场所精神与文脉主义的主张，从人的文化心理出发，研究人在城市空间与城市环境中的经历和意义并以此作为城市设计的根本出发点，这就构成了现代城市设计的思想的基本原则。

E. Bacon 的《城市设计》对城市空间运动学的研究也突破了对物质空间本身的认识，认为城市的空间、形式是市民生活参与的结果，市民的活动是城市美不可舍弃的部分，并指出城市设计者的任务就是去了解大众艺术的构成，然后使城市建设与大众艺术相结合，应该通过对市民城市经历的寻找，去设计一种普遍的城市环境来满足他们的官能与感性要求。R. Crier 的《城市空间》则运用类型学的思想建立了城市设计的分组归类方法体系，将具有相似结构特征的建筑和环境归纳分类，并提出了各种空间类型组合变化的方式。

1960 年凯文·林奇出版了在西方城市设计领域具有深远影响的著作《城市意象》。他认为城市美不仅要求构图与形式方面的和谐，更重要的是来自于人的生理、心理的切实感受，因此他将城市分解为人类可感受的各种空间特征，建立了空间环境与人的知觉意象之间的关系并提出了著名的"城市认知地图"概念，强调要通过路径(path)、边界(edge)、区域(district)、节点(node)、标志(mark)来组织人们对城市的意象体系。

凯文林奇从人的环境心理出发，通过人的认知地图和环境意象来分析城市空间形式，强调了城市结构和环境的可识别性以及可意象性，使得城市结构清晰、个性突出，而且使不同层次、不同个性的人都能接受。这种独特的城市设计思想区别于传统城市设计的精英意识和傲慢的姿态，在于它真正关注人的心理感知，重视人的切实需求，体现了人本主义的规划原则。

2.3.4.3　《马丘比丘宪章》

1977 年国际建协(IUA)在秘鲁利马的玛雅文化遗址地马丘比丘召开会议，制定了著名的《马丘比丘宪章》。这是一个在新背景下以新的思想方法体系来指导城市规划的纲领性文件。与《雅典宪章》认识城市的基本出发点不同，《马丘比丘宪章》强调世界是复杂的，人类一切活动都不是功能主义、理性主义所能覆盖的，因此其主要观点是：

(1)强调个性与多样性，提出"保护"的理念；

(2)强调交通、景观空间整合；

(3)强调规划实施的动态性；

(4)强调"人文"特征。

2.3.5 20世纪90年代至今

2.3.5.1 城市与区域管治思潮，新区域主义

管治作为一种全方位的社会思潮正在西方政治、经济、社会的各个方面展开，在城市规划领域也无可回避"管治"的渗透。城市与区域管制是一种地域空间管治的概念，它是将经济、社会、生态等的可持续发展以及资本、土地、劳动力、技术、信息、知识等生产要素综合包容在内的整体地域管治概念，既涉及中央元(AC)又涉及地区元(LG)，也涉及非政府组织元(NGO)等多组织元的权力协调，其中政府、公司、社团、个人行为对资本、土地、劳动力、技术、信息、知识等生产要素的控制、分配、流通的影响起着十分关键的作用。

随着社会经济环境的变革，传统的城市与区域规划及管理中所奉行的单一、纵向的空间资源控制方式已越来越难以付诸实施，必然需要系统而明确地引入"管治"的思维。毫无疑问，以"空间管制思维"为核心的城市与区域规划及管理，是广泛"社会管治"的重要组成内容和基本实现渠道之一。

2.3.5.2 新城市主义

新城市主义思想的核心，是以现代需求改造旧城城市中心的精华部分，使之衍生出符合当代人需求的新功能，但是强调要保持旧的面貌，特别是旧城市的尺度，最典型的案例是美国的巴尔的摩、纽约时报广场、费城"社会山"以及英国道克兰地区等的更新改造。但是需要注意的是，新城市主义与简单的"文物保护"项目不同，它具有发展、改造、提供新的内涵等更为明确、更为宽泛的动机。而在城市的郊区，新城市主义则提倡采取一种有节制的、公交导向的"紧凑开发"模式。20世纪90年代以后，"紧凑城市"(compact city)被西方认为是一种可持续的城市增长形态。从侧重于小尺度的城镇内部街坊角度，Andres Duany和Elizabeth Zyberk夫妇提出了"传统邻里发展模式"(traditional neighborhood development，TND)；从侧重于整个大城市区域层面的角度，Peter Calthorpe则提出了"公交主导发展模式"(transit oriented development，TOD)。TND、TOD是新城市主义规划设计的最基本特点：紧凑、适宜步行、功能复合、可支付性以及珍视环境。总之，新城市主义成功地把多样性、社区感、简朴性和人性尺度等传统价值标准与当今的现实生活环境有机地结合起来。

新城市主义提出了三个方面的核心规划设计思想：

(1)重视区域规划，强调从区域整体的高度来看待和解决问题；

(2)以人为中心，强调建成环境的宜人性以及对人类社会规划设计与自然、人文、生活的支持性；

(3)尊重历史和自然，强调规划设计与自然、人文、历史环境的和谐性。

如今新城市主义在城市与区域规划的各个领域中都已形成了广泛的影响。

2.3.5.3 精明增长与增长原理

受到生态主义和新城市主义等思想的影响，1997年美国马里兰州州长P. N. G. Lendening首先提出了精明增长(smart growth)的概念，并在后来被戈尔副总统作为总统竞选纲领——21世纪的可居议程(New Livability Agenda for the 21st Century)中的重要内容。简单地说，实现精明增长是目标，实施增长管理是手段。1999年，美国规划师协会(APA)在联邦政府资助下花了8年时间，完成了对精明增长的城市规划立法纲要。到了2000年包括佛罗里达州(1985)、佛蒙特州(1988)、华盛顿州(1990)等在内，已经有20个州建立了增长管理计划或制定了各自的"精明增长法"(smart growth act)与"增长管理法"(growth management act)。

一般认为精明增长的主要目的有三个：①通过城市增长采取可持续、健康的方式，使得城乡居民中的每个人都能受益；②通过经济、环境、社会可持续发展之间的相互耦合，使得增长能够达到经济、环境、社会的公平；③新的增长方式应该使新、旧城区都有投资机会以得到良好的发展。因此，精明增长特别强调对城市外围有所限制，而更要注重发展现有城区。

精明增长的基本做法主要有如下一些方面：

(1)保持良好的环境,为每个家庭提供步行休憩的场所。扩展多种交通方式,借鉴新城市主义思想,强调以公共交通和步行交通为主的开发模式;

(2)鼓励市民参与规划,培育社区意识。鼓励社区间的协作,促进共同制定地区发展战略;

(3)通过有效的增长模式,加强城市的竞争力,改变城市中心区衰退的趋势;

(4)强调开发计划应最大限度地利用已开发的土地和基础设施,鼓励对土地采取"紧凑模式",鼓励在现有建成区内进行"垂直加厚";

(5)打破绝对的功能分区思想和严格的社会隔离层面,提倡土地混合使用,住房类型和价格的多样化。

2.3.5.4 生态城市的规划思想

"生态城市"虽然是20世纪80年代后才迅速发展起来的一个"概念",但实际上其"思想"已经十分久远:霍华德的"田园城市"、欧美国家的城市美化运动等都萌生了有关生态城市的思想;而盖迪斯更是早在1915年就将生态学原理和方法运用到了城市规划中,成为生态城市探索的先驱;20世纪50年代西方现代生态学科的崛起,对生态城市的规划、建设也起到了有力的推动作用。1987年可持续发展理念的提出为生态城思想提供了基础支撑,1992年联合国环境与发展大会发表的《全球21世纪议程》,标志着可持续发展开始成为人类的共同行动纲领,这一思想包含了当代和后代的需求、国家主权、国际公平、自然资源、生态承载力、环境与发展相结合等诸多重要内容。"可持续发展"一经提出即在世界范围内迅速得到认同并成为大众媒介使用频率最高的词汇之一,这反映了人类对今后选择的发展道路和发展目标的憧憬和向往。1992年M. Wacknnaged和W. Ress提出了"生态足迹"(ecological footprint)的概念,提醒人们应该有节制地开发有限的空间资源。1993年英国城乡规划协会发表了Planning for a Sustainable Environment,提出应该将自然资源、能源、污染和废弃物等环境要素管理纳入各层次的空间发展规划。

2.3.5.5 人文主义的城市规划取向

自工业革命以来,以经济高速增长为核心目标、通过技术发展来主导生活的发展模式对城市人文精神的建树构成了极大的威胁与挑战。近现代城市规划的发展历史,从某种意义上说,就是人类在工业社会中重新发现自身价值、领悟城市发展的真谛。

20世纪尤其是60年代以来,现代非理性的人文主义思潮在城市及区域科学领域得到了迅速的发展。著名的城市人文学者芒福德早在1930年就呼吁"发展走向生活指向的技术";20世纪60年代他著《城市发展史:起源、演变和前景》一书,批判了包括大都市带在内的、以极其功利主义的思想采取的对人类未来种种不负责任的发展方式,而引起人们的深思。

哲人告诫我们:人类是地球的花朵。而人类远不是成熟的果实。古往今来,领导过历史潮流的各个阶段几乎都犯过同样的错误,那就是过早地宣布了自己的成熟。往往过程才开始,便站在假想的终点上进行裁决。具有巨大科技潜能的现代人在几乎不可能中止的科学技术发展中,应将视野延展到对终极幸福本身追求的品质之进化保持一致。此外,对由于经济全球化而导致的文化全球性趋同、城市个性的丧失等世界性问题,我们也应该有清醒的认识。

人文城市的核心是对具有各种自然、社会、经济背景的人们予以尊重,表现与内涵的多元性是其重要特征。因此,未来城市的重要职责之一就是充分发展地区的、文化的多样性和个性,最优化的城市经济、社会形态应该是关怀人、陶冶人。

本章小结

如今,我们已经无可避免地进入了"城市时代"(city era)。这是最好的时代,可以预见在不久的将来,作为全球经济社会发展的主要引擎,城市对人类的生活将起到越来越具有决定性的影响作用;作为推动21世纪世界进步的两大动力之一,中国的城市化正在以一种不可思议的速度蔓延和扩张。这又是最坏的时代,面对快速而不可阻挡的城市化进程,面对层出不穷的各类城市问题,面对城市环境与文化危机,我们许多城市仍处于一片迷茫之中。因此,正本清源,回溯历史,客观而理性地认知城市规划的发展历程,有助于我们以理论为武器,以实践为基础,才能厘清思路，少走弯路，在当前充满挑战、城市发展面临转折的时刻，努力实现在成本效益双赢的基础上的“城市可持续发展”。

思考题

1. 中国古代城乡规划思想的主要特点是什么？

2. 简述古代希腊和罗马的城市布局的异同点。

3. 简要阐述欧洲中世纪时期城市规划思想及建设特征。

4. 近代西方城乡规划思想主要包括哪三方面？请分别说出它们的主要特征。

5. 现代城乡规划思想历程至今一般分为几个阶段？

6. 柯布西耶的集中主义城市规划思想主要内容是什么？影响如何？

7. 分析论述霍华德的“田园城市”规划思想，并简要说明这一思想的影响。

8. 城市规划思想的第二次根本转型发生在何时？主要内容和特点是什么？

第3章 城乡规划体制与城乡规划价值观

本章导读：城乡规划作为一项政府管理职能及干预手段，主要是通过土地利用、城市空间布局及各项建设项目的综合部署来实现城乡经济、社会、环境发展目标。由于城乡规划综合性强、涉及面广，其各项活动的正常运转需要健全、完善的制度保障，城乡规划体制应运而生。通常一个国家城乡规划体制的形成会受各国资源条件、社会经济发展状况、政治体制和历史文化等多种因素的作用，各国城乡规划体制虽不尽相同，但总体而言均由四个基本系统构成，即：规划法规系统、规划行政系统、规划技术系统和规划运作系统。本章对四个基本系统进行系统描述，重点介绍我国现行的城乡规划体制所遵循的法律法规系统、规划行政系统、规划技术系统以及规划运作系统。并就城乡规划可持续发展的价值观判断做简要说明。

3.1 规划法规系统

3.1.1 规划法规系统概述

规划法规系统是一个国家规划体制的基础，规划体制的产生和发展，往往伴随着规划法规系统的逐步完善和不断变革。1909 年英国颁布了世界上第一部城市规划法，标志着城市规划成为一项政府的法定职能而发挥作用，而每部新的城市规划法的形成则代表着城市规划体制又进入了一个新的阶段。在现代城市规划体制内，规划法规系统为规划行政系统、规划技术系统和规划运作系统提供了法定依据和法定程序，是各项子系统的法律固化总和，规划法规系统可看作是整个规划体制的核心所在。

规划法规系统按构成特点可分为横向体系和纵向体系两类。从横向体系看，规划法规系统由主干法及其从属法、专项法和相关法几部分构成，从纵向体系看，规划法规系统由从中央到地方各级政府按其立法职权所制定的法律法规、规章条例等规范性文件所构成。由于各国政治制度不同，政府组织形式、行政机构设置差异较大，各国纵向体系的规划法规构成差异较大，而从横向体系来看，各国规划法规体制的构成基本相似（图 3-1），因此，规划法规系统主要以横向体系为主展开概述。

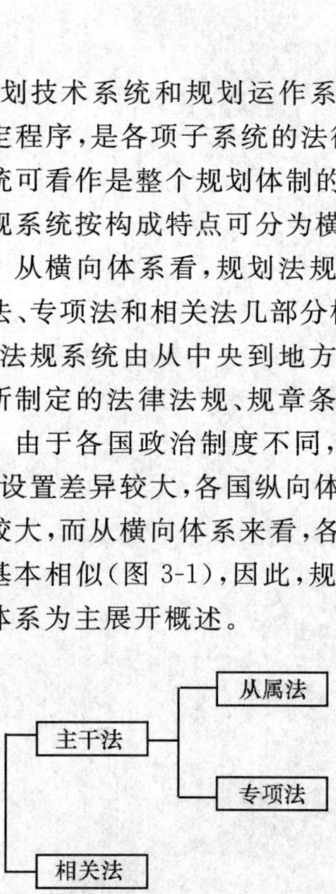

图 3-1　规划法规横向体系基本构成

3.1.1.1 主干法

主干法又称为基本法，由国家立法机构予以制定，是规划法规体系的核心，在规划法规系统中具有最高法律效力。其主要内容是界定规划活动运转的空间，制定有关规划行政、规划编制和开发控制的法律条款，尽管各国规划法规系统中主干法的名称、编制机构、详略程度等都存在一定差异，但都具有极强的纲领性和原则性。

世界上第一部城乡规划法，是 1909 年英国颁布的《住房和城市规划诸法》(*Housing, Town Planning etc Act*)，它标志着规划正式成为一项政府行政管理职能，1932 年的《城乡规划法》则为英国制定了更为全面的规划法规，并将规划活动范围从城市扩展到了乡村地区，直至 1947 年以前该法律作为主干法一直保持着核心地位。第二次世界大战后，面对繁重的战后重建工作，英国政府出台 1947 年《城乡规划法》，为英国现代规划体系奠定了基础。20 世纪 60 年代末，为了适应社会经济发展条件，英国颁布了新的《城乡规划法》(1968)，该法案的颁布确立了由结构规划和地方规划所组成的两层次发展规划体系，这一体系经 1971 年《城乡规划法》进一步得到巩固。经过不断修改和完善，英国现行的规划法规系统主干法由 1990 年《城乡规划法》和 2004 年的《规划和强制性收购法》共同构成。

在英国颁布世界上第一部城市规划法后，世界上大部分国家也相继制定并颁布了本国的规划法，如日本 1919 年颁布的《城市规划法》(也称旧法)、法国 1919 年颁布的《土地指导法》、美国(纽约)1961 年的《区划条例》等，这些国家均以主干法为基础在第二次世界大战后分别形成了各国不同的规划体系(表 3-1)。

表 3-1　各国和地区的城市规划法及现代城市规划体系的形成

国家或地区	第一部规划法的诞生，标志着城市规划成为政府行政管理的法定职能	第二次世界大战以后的规划法为现代城市规划体系奠定了基础
英国	1909 年《住房和城市规划诸法》	1947 年《城乡规划法》
德国	只有地方性法规	1960 年《联邦建设法》
日本	1919 年《城市规划法》	1968 年《城市规划法》
新加坡	1927 年《新加坡改善条例》	1959 年《规划条例》
中国香港	1939 年《城市规划条例》	1947 年《城市规划条例》
美国(纽约)	1916 年《区划条例》	1961 年《区划条例》

注：美国没有联邦立法；新加坡和中国香港当时为殖民地，只能制定条例。

资料来源：唐子来，吴志强. 若干发达国家的城市规划体系评述. 规划师，1998，3：95-100。

3.1.1.2　从属法

从属法主要是明确主干法有关部分的实施细则，由法律所授权的政府部门予以制定。由于主干法具有纲领性和原则性的特征，不可能对规划过程中涉及的各项细节做出明确规定，因此，需要一系列的从属法规对主干法的有关条款和实施细则进行阐明，尤其是在规划编制和开发控制方面，其形式多样，包括条例、通则、通告、规定、细则等，可灵活根据社会经济发展状况、政府组织体系等具体情况的变化而更新。

例如，英国目前执行的《土地使用分类规则》(*Use Classes Order*，2012)《一般许可开发规则》(*General Permitted Development Order*，2015)、《国家规划政策框架》(*National Planning Policy Framework*)等多项附属法规，就是对现行主干法的进一步阐明。

3.1.1.3　专项法

专项法是针对城乡规划中某些特定议题所颁布的法规。规划法规系统中主干法及其从属法具有普遍适用性，对规划过程中的特定议题(特定规划对象或特定时期)无法涉及，专项法作为对主干法的补充，为特定议题的规划行政、规划编制和实施等提供了相应的法定依据。例如，英国对新城的规划建设颁布了《新城法》(*New Town Act*)，目前执行的《登录建筑和保护区管理规定》(*Listed Buildings and Conservation Area Regulations*,2009)则是针对建筑遗产及历史保护区的规划专项法,除此以外,还有《国家公园法》、《地方政府、规划和土地法》等。

3.1.1.4 相关法

相关法是指会对城乡规划产生重要影响的相关立法。城乡规划从规划行政到规划编制及实施涉及多方面、多领域、多环节的问题,综合性极强,某些领域的立法虽然并不直接针对城乡规划,但却会对其产生重要影响。例如,美国的联邦政府并不具有规划立法职能,但联邦政府制定的《海滨地区管理法》鼓励各州政府对环境敏感地区(海滨地区)的开发活动实行特别许可制度,而联邦的《国家环境政策法》则要求大型发展项目需进行环境影响评估,这些环境方面的立法使联邦政府对各州的城市开发产生了间接影响。可见,这些相关法也是规划法规体系的重要组成部分。

3.1.2 我国现行的城乡规划法规系统

《中华人民共和国城市规划法》(以下简称《城市规划法》)是新中国在城市规划、建设和管理方面的第一部专业法律,自1990年颁布实施后,经过20多年的不断完善,我国基本形成了以该法为主干法的多层次规划法规体系,为现代城市规划体系构建提供了法律依据。21世纪,面对经济发展全球化、城市体系多极化趋势,为进一步加强我国城乡规划管理,协调城乡空间布局,促进经济可持续发展,我国于2007年通过了《中华人民共和国城乡规划法》(以下简称《城乡规划法》),形成了适应新时期发展形势的规划法规系统。

3.1.2.1 主干法

《中华人民共和国城乡规划法》是我国现行规划法规体系的主干法,由国家立法机构——全国人民代表大会及其常务委员会制定并通过,于2008年1月正式执行,2015年4月修订。从我国法规系统的构成来看(图3-2),其法律效力仅次于《中华人民共和国宪法》。在城乡规划领域,《城乡规划法》是约束城乡规划行为的准绳,是我国城乡规划行政、规划编制和实施必须遵守的行为准则,它为下一层次的规划法规、规章和技术规范的制定确立了基本的法律框架,其下位法规的制定不得突破或违背《城乡规划法》中确定的各项原则和规范。

- 中华人民共和国宪法
- 法律
- 行政法规
- 地方性法规
- 部门规章
- 地方政府规章
- 技术标准(规范)

约束力逐渐降低

图3-2 我国法规系统构成

《城乡规划法》是在总结1990年颁布实施的《城市规划法》和《村庄和集镇规划建设管理条例》等法律法规实践的基础上,根据新形势需要而制定的,体现了城乡统筹和可持续发展观。该法主要从城乡规划的制定、实施和修改以及监督检查和法律责任几个维度展开:城乡规划的制定,清晰界定了各项法定规划的主要内容、编制主体和审批程序;城乡规划的实施强调了城市、镇、乡、村庄建设和发展要点,城市新区开发建设、旧城区改建(含历史文化名城、名镇、名村保护)要点,说明了国有土地使用权出让方式,“一书两证”的申请条件及办理流程;城乡规划的修改则规定了法定规划的修改前提和审批程序;监督检查主要规定了城乡规划过程中各环节的监督检查主体及违法行为的处理措施;法律责任,主要阐述了违反本法相关规定的组织和责任人应当承担的法律责任。

3.1.2.2 从属法及专项法

我国现行的城乡规划法规系统的从属法及专项法是由一系列的行政法规、部门规章和技术标准(规范)共同组成。这一系列法规中行政法规和部门规章,主要是从城乡规划管理、城乡规划编制与审批、城乡规划实施管理与监督检查、城市规划行业管理几方面对《城乡规划法》进行细化、落实和补充(表3-2)。

表3-2　我国现行城乡规划主干法、从属法和专项法

类别		名称	施行日期
法律		中华人民共和国城乡规划法	2008.01.01
行政法规		村庄和集镇规划建设管理条例	1993.11.01
		风景名胜区条例	2006.12.01
		历史文化名城名镇名村保护条例	2008.07.01
部门规章与规范性文件	城乡规划编制与审批	城市规划编制办法	2006.04.01
		省域城镇体系规划编制审批办法	2010.07.01
		城市总体规划实施评估办法(试行)	2009.04.17
		城市总体规划审查工作原则	1999.04.05
		城市、镇控制性详细规划编制审批办法	2011.01.01
		历史文化名城保护规划编制要求	1994.09.05
		城市绿化规划建设指标的规定	1994.01.01
		城市综合交通体系规划编制导则	2010.05.26
		村镇规划编制办法(试行)	2000.02.14
		城市规划强制性内容暂行规定	2002.08.29
	城乡规划实施管理与监督检查	建设项目选址规划管理办法	1991.08.23
		城市国有土地使用权出让转让规划管理办法	1993.01.01
		开发区规划管理办法	1995.07.01
		城市地下空间开发利用管理规定	1998.01.01
		城市抗震防灾规划管理规定	2003.11.01
		近期建设规划工作暂行办法	2002.08.29
		城市绿线管理办法	2002.11.01
		城市紫线管理办法	2004.02.01
		城市黄线管理办法	2006.03.01
		城市蓝线管理办法	2006.03.01
		建制镇规划建设管理办法	1995.07.01
		市政公用设施抗灾设防管理规定	2008.12.01
		停车场建设和管理暂行规定	1989.01.01
		城建监察规定	1996.09.22
	城市规划行业管理	城市规划编制单位资质管理规定	2001.03.01
		注册城市规划师执业资格制度暂行规定	1999.04.07

资料来源:本书编写组根据城乡规划博客(ChinaUP.info)整理。

3.1.2.3　相关法

城乡规划相关领域的一系列法律、法规,是城乡规划活动在相关领域运转时的重要法律依据,因此,在我国,相关法不仅覆盖了规划法规体系的各个层面,还涉及土地利用与农田保护、自然资源环境、文化遗产保护、工程管理、房地产开发等多个领域(表3-3),这些法律法规的出台进一步健全及完善了我国规划法规系统。

表 3-3　我国现行城乡规划相关法规

内容	法律	行政法规	部门规章
土地利用与农田保护	土地管理法	土地管理法实施办法 城镇国有土地使用权出让和转让暂行条例 外商投资开发经营成片土地暂行管理办法 基本农田保护条例	
自然资源与环境保护	环境保护法 矿产资源法 森林法 水法 环境影响评价法	建设项目环境保护管理条例 自然保护区条例	城市地下水开发利用保护规定
自然与文化遗产保护	文物保护法	风景名胜区条例 历史文化名城、名镇、名村保护条例 自然保护区条例	文物保护法实施细则
城镇建设工程管理	建筑法 公路法 测绘法 广告法 标准化法	中外合作设计工程项目暂行规定 城市道路管理条例 城市绿化条例 城市供水条例 城市市容和环境卫生管理条例 公共文化体育设施条例	工程建设标准化管理规定 城市地下水开发利用保护规定 城市排水许可管理办法 城市生活垃圾管理办法
房地产开发管理	城市房地产管理法	城市房地产开发经营管理条例 城市房屋拆迁管理条例 城镇个人建造住宅管理办法	城市新建住宅小区管理办法
城乡防灾减灾	人民防空法 防灾减灾法 消防法		
军事与保密管理	军事设施保护法 保守国家秘密法		
行政法律关系	立法法 行政许可法 行政复议法 行政诉讼法 行政处罚法 国家赔偿法 公务员法		

资料来源：全国城市规划执业制度管理委员会. 城市规划管理与法规. 北京：中国计划出版社，2011。

3.2　规划行政系统

3.2.1　规划行政系统概述

规划行政系统是城市规划作为一项政府管理职能的外显，主要指规划管理部门的机构设置、相互关系及权责界定。世界各国由于国家结构形式和政治体制不同，规划行政系统也不尽相同，大致可以分为三种类型，中央集权型、地方自治型以及介于以上二者之间的折中型。

中央集权型的规划行政系统主要以英国(英格兰地区)为代表。英国由英格兰、威尔士、苏格兰和北爱尔兰组成，中央政府仅负责英格兰地区的城乡规划事务，北爱尔兰、威尔士、苏格兰的规划事务由各地区自主负责。目前，英国城乡规划事务直接由副首相进行领导，住房政策、规划政策制定均由成立于 2001 年的副首相办公室负责。就英格兰地区而言，其规划行政系统就属于典型的中央集权型，中央政府对该地区 6 个都市郡、39 个非都市郡的规划行为具有较大影响力，英格兰地区城市发展和住房用地均归副首相办公室负责，除相关政策法规的制定、指导地方政府的规划工作外，中央政府规划管理部门的权限（副首相办公室）还包括受理规划上诉、审批郡政府的结构规划（区域空间战略）、干预地方政府的地方规划及开发控制。

美国的规划行政系统是地方自治型的代表。美国的国家结构形式属于联邦制，即各联邦成员先于联邦国家存在，在联邦国家成立前，是单独享有主权的政治实体，加入联邦后，在联邦宪法规定范围内有自己的宪法和法律，是一种高度分权的地方自治制度。美国联邦政府被赋予的权力非常有限，且并不具有城市和住宅领域的相关权限，联邦政府只能通过一些财政补助方式和相关法律对城市规划活动产生间接影响。在美国，城市规划基本上是由各州和自治市负责，地方政府的机构构成和规划行政管理职能均由州（自治市）立法授权，因此，各州（自治市）的规划行政系统自成体系。

大多数国家的规划行政体制属于折中型，就是在中央集权型和地方自治型之间结合本国国情、政治体制形成适合的规划行政体制。例如，日本规划行政机构设置和政府行政体系一致，实行中央政府、都道府县、区市町村三级设置，中央和地方都设有城市规划委员会，负责规划审议，中央政府的规划行政部门建设省，主要负责协调全国和区域层面的土地资源配置和基础设施建设，制定城市规划相关政策、组织修订，对相关法规进行详细界定和解释等，除此之外，中央政府还可以通过财政手段影响地方政府的规划与建设活动；地方政府（都道府县、区市町村）具有规划决定权，负责相应的规划事务，地方政府的规划主管部门在城市规划法规定的职能范围内的行使各自的规划行政管理职能，其权限包括组织规划编制及修订、建筑审批和基础设施建设。

3.2.2　我国现行的城乡规划行政系统

根据我国行政制度框架，除特别行政区外，现行规划行政系统采取自上而下分级设置的原则，由不同层次的城乡规划行政主管部门组成。国家层面城乡规划行政主管部门为中华人民共和国住房和城乡建设部（以下简称住房和城乡建设部），城乡规划工作由其内设城乡规划司负责；省（自治区）规划行政主管部门为住房和城乡建设厅（或城乡建设委员会），其内设机构城乡规划处负责具体规划事务，直辖市规划行政主管部门为规划局，直辖市规划局与省、自治区住房和城乡建设厅属于同级机构；地级市、自治州规划行政主管部门为规划局（或建设局）；县、县级市规划行政主管部门为住房和城乡建设局；镇和乡为我国最基层的行政机构，其城乡规划工作主要由镇（乡）政府内设的规划建设办公室或专人负责。

横向上看，城乡规划行政主管部门为各级政府的组成部门，对同级政府负责，且各级城乡规划主管部门都拥有以下职权：行政决策权，如核发一书两证；行政决定权，依法处理权和对未明确规定事项的规定权；行政执行权。纵向上看，上级城乡规划行政主管部门主要对下级城乡规划行政主管部门进行业务指导、规划审批和监督，中央政府的国家住房和城乡建设部的城乡规划司，主要负责制定国家层面的城乡规划政策、规章制度和标准，组织编制和监督实施全国城镇体系规划，指导城乡规划编制，负责城市总体规划、省域城镇体系规划的审查报批和监督实施；县级以上地方政府的城乡规划行政主管部门的职能主要为负责规划编制、修改，展开城乡规划管理和规划、实施的监督检查（图 3-3）；乡、镇人民政府的城乡规划主管部门主要负责相应的规划编制。

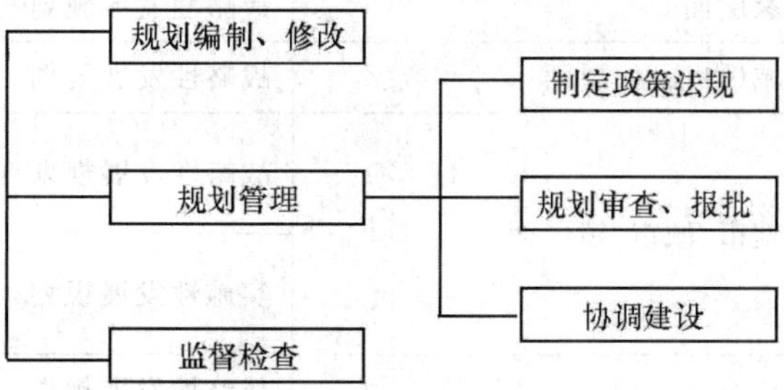

图 3-3　我国城乡规划行政主管部门职能

3.3 规划技术系统

3.3.1 规划技术系统概述

规划技术系统指城乡物质空间环境形成过程中的一系列规划应达到的目标、包含的内容、完成的任务和作用，以及各层面上规划之间的相互关系、规划编制的技术标准（规范）和理论方法，也就是说规划技术系统为城乡规划体系框架的建立提供了技术保障。

规划技术系统所涉及的一系列规划主要由法定规划和非法定规划两部分构成。法定规划，也称为发展规划，即城乡规划法（主干法）明确规定需要完成的规划，是城乡规划体系框架的核心，有确定的编制主体（国家或地方政府），规定的编制内容、编制程序和审批流程；非法定规划是对法定规划的一种补充，灵活性较强，成果形式多样，包括规划、导则、开发要点等。各国各地区在规划编制的技术规范、理论方法、非法定规划的类型等诸多方面虽然有所不同，但法定规划（发展规划）的基本组成大致相同，可细分为两个层面，分别是战略性的发展规划和实施性的发展规划（或称实施性的开发控制规划）。

战略性的发展规划主要针对区域或城市这一宏观层面，主要任务是制定区域或城市中长期战略发展目标，以及土地利用、交通管理、环境保护和基础设施等方面的发展准则和空间策略，为下一层次的实施性发展规划的编制提供指导框架。如英国的区域空间战略（region spatial strategy）、法国的总体规划（SDAU）、新加坡的战略规划（concept plan）、美国的综合规划（comprehensive plan）都属于战略性的发展规划。

实施性的发展规划（实施性的开发控制规划）是以战略性的发展规划为依据，针对城市、镇的各个分区或重点地段而制定的规划，是开发控制的法定依据。如英国（苏格兰地区）的地方规划（local plan）、法国的地方城市规划（PLU）、新加坡的开发指导规划（development guide plan）、美国的区划条例（zoning regulation）都属于实施性的发展规划。

3.3.2 我国现行的城乡规划技术系统

3.3.2.1 现行城乡规划体系

《中华人民共和国城乡规划法》第二条规定了我国现行法定规划的类型："本法所称城乡规划，包括城镇体系规划、城市规划、镇规划、乡规划和村庄规划。城市规划、镇规划分为总体规划和详细规划。详细规划分为控制性详细规划和修建性详细规划。"根据以上法定规划的规划属性划分，城镇体系规划、城市规划、镇规划、乡规划均属于战略性发展规划，城市（镇）的控制性详细规划和修建性详细规划、村庄规划属于实施性发展规划（表 3-4）。

表 3-4 我国法定城乡规划类型

层面	规划属性	规划名称
国家层面	战略性发展规划	全国城镇体系规划
省域（自治区）层面	战略性发展规划	省域（自治区）城镇体系规划
直辖市、城市、镇层面	战略性发展规划	城市总体规划 镇总体规划
	实施性发展规划	控制性详细规划 修建性详细规划
乡、村层面	战略性发展规划	乡规划
	实施性发展规划	村庄规划

非法定规划是对现行法定规划的补充和深入，与法定规划形成了相辅相成的紧密关系，非法定规划的出现，使我国现行规划体系更为完整、全面，促进了我国城乡物质空间环境的完善。由于非法定规划具有相当的灵活性和适应性，其类型及数量受社会经济发展需求影响较大，目前，我国非法定规划类型主要有：城镇群规划、概念规划、总体规划纲要、近期建设规划、分区规划、城市设计和专项规划，这些非法定规划的作用及与现行法定规划的补充关系各不相同（表3-5）。

表3-5　我国主要非法定规划

名称	与法定规划的关系及作用
城市（镇）群规划	对城镇体系规划的进一步落实，注重协调城市之间和城乡之间空间发展、产业布局、设施共享及环境整治
概念规划	弥补城市总体规划在空间功能一体化方面的局限性
总体规划纲要	弥补法定规划在编制与审批时间上过长、过复杂的问题，作为一种暂定规划
近期建设规划	弥补总体规划时效性差、灵活性欠缺的问题，明确发展时序，并对总体规划的近期建设内容具体化、详细化
分区规划	对城市总体规划的具体化、详细化，是总体规划阶段和详细规划阶段之间的衔接
城市设计	弥补法定规划在物质空间环境设计方面的局限性，并对法定规划的一部分内容的深化

3.3.2.2　现行城乡规划技术标准（规范）

我国现行城乡规划技术标准（规范）体系是编制城乡规划的重要技术性依据，也是依法规范城乡规划编制单位行为、规划实施和监督检查的重要依据。技术标准分为国家标准、行业标准和地方标准三种，根据《中华人民共和国标准化法》第六条规定：“对需要在全国范围内统一的技术要求，应当制定国家标准。对没有国家标准而又需要在全国某个行业范围内统一的技术要求，可以制定行业标准。在公布国家标准之后，该项行业标准即行废止。对没有国家标准和行业标准而又需要在省（自治区、直辖市）范围内统一的工业产品的安全、卫生要求，可以制定地方标准。”

在城乡规划领域目前已颁布了大量的国家和行业技术标准（规范），主要涉及城乡规划编制标准、城市居住区规划、城市道路交通规划、城市公共设施规划、城市专项工程规划、城市历史文化名城保护规划、城市抗震防灾规划等有关内容（表3-6）。地方标准则根据各地具体情况由省（自治区、直辖市）城乡规划行政主管部门制定。

表3-6　现行城乡规划技术标准（规范）

<table>
<tr><th>标准层次</th><th>标准类型</th><th>标准名称</th><th>现行标准</th></tr>
<tr><td rowspan="6">基础标准</td><td>术语标准</td><td>城市规划基本术语标准</td><td>GB/T 50280—98</td></tr>
<tr><td>图形标准</td><td>城市规划制图标准</td><td>CJJ/T 97—2003</td></tr>
<tr><td rowspan="4">分类标准</td><td>城市用地分类与规划建设用地标准</td><td>GBJ 137—90</td></tr>
<tr><td>城市用地分类代码</td><td>CJJ 46—91</td></tr>
<tr><td>城市规划基础资料搜集规程与分类代码</td><td></td></tr>
<tr><td>村镇规划基础资料搜集规程</td><td></td></tr>
</table>

续表 3-6

标准层次	标准类型	标准名称	现行标准
通用标准	城市规划	城市人口规模预测规程	
		城市用地评定标准	CJJ 123—2009
		城市环境保护规划规范	
		城市能源规划规范	
		城市规划工程地质勘查规范	CJJ 57—94
		历史文化名城保护规划规范	GB 50357—2005
		城市地下空间规划规范	
		城市水系规划规范	GB 50513—2009
		城市用地竖向规划规范	CJJ 83—99
		城市工程管线综合规划规范	GB 50289—98
		城市综合防灾规划规范	
	村镇规划	镇规划标准	GB 50188—2007
		村镇体系规划规范	
		村镇用地评定标准	
专用标准	城市规划	城市居住区规划设计规范	GB 50180—93
		城市工业用地规划规范	
		城市仓储用地规划规范	
		城市公共设施规划规范	GB 50442—2008
		城市环境卫生设施规划规范	GB 50337—2003
		城市防地质灾害规划规范	
		城市消防规划规范	
		城市绿地设计规范	GB 50420—2007
		风景名胜区规划规范	GB 50298—1999
		城市岸线规划规范	
		区域风景与绿色系统规划规范	
		城市老年人设施规划规范	GB 50437—2007
		城市给水工程规划规范	GB 50282—98
		城市排水工程规划规范	GB 50318—2000
		城市电力规划规范	GB 50293—1999
		城市通信工程规划规范	
		城市供热工程规划规范	
		城市燃气工程规划规范	
		防洪标准	GB 50201—94

续表 3-6

标准层次	标准类型	标准名称	现行标准
		城市照明规划规范	
		城市加油(气)站规划规范	
		城市道路交通规划设计规范	
		城市公共交通规划规范	
		城市停车设施规划规范	
		城市轨道交通线网规划编制标准	GB/T 50546—2009
		城市客运交通枢纽及广场交通规划规范	
		城市对外交通规划规范	
		城市步行交通规划规范	
		城市自行车交通规划规范	
		城市道路绿化规范与设计规范	CJJ 75—97
		建设项目交通影响评价技术标准	CJJ/T 141—2010
		城市道路交叉口规划规范	GB 50647—2011
		城市快速公交(BRT)规划规范	
	村镇规划	村镇居住用地规划规范	
		村镇生产与仓储用地规划规范	
		乡镇集贸市场规划设计标准	CJJ/T 87—2000
		村镇绿地规划规范	
		村镇环境保护规划规范	
		村镇道路交通规划规范	
		村镇公用工程规划规范	
		村镇防灾规划规范	

资料来源:城乡规划博客(ChinaUP. info)整理。

3.4　规划运作系统

3.4.1　规划运作系统概述

城乡规划运作系统指的是规划实施操作机制的总和,包括法定规划运作和开发控制两个方面。法定规划运作主要涉及各个层面的法定规划由谁编制、编制的前提条件、如何编制以及编制程序,编制过程中的公众参与,规划终稿的审议,规划成果的审查批准程序等;开发控制主要涉及规划实施的政策制定,土地开发建设的规划审批程序,规划实施的监督机制,规划上诉,规划修订程序等。

目前,各国对于规划实施的开发控制方式可以分为通则式和判例式两种。通则式是以法定规划作为开发控制的唯一依据,规划行政管理部门在审理开发申请时没有自由量裁权,具有透明、确定的特点,但欠缺灵活性和适应性,美国、德国和法国等国家的开发控制都采用这种方式;判例式开发控制方式中,法定规划只是作为开发控制的主要依据,除有规划授权的开发建设活动外,任何开发建活动都需要申请规划许可,规划行政管理部门享有一定的自由量裁权，在审理开发申请时可以附加特定的规划条件或在必要情况下修改法定规划的某些内容，这种开发控制方式具有灵活性和针对性，但透明性较差。

通则式和判例式的开发控制方式各有利弊，目前，部分国家已经开始形成通则式和判例式相结合的开发控制体系，例如英国小型开发项目采用通则式的开发控制方式，只需符合《一般开发规则》即可运作实施，不需要申请规划许可；对于较大型或对周边地区具有一定影响的开发项目采用判例式开发控制方式，必须提出规划申请，规划部门在审理规划申请时享有较大的自由量裁权，获得规划许可后方可运作实施。

3.4.2 我国现行的城乡规划运作系统

3.4.2.1 法定规划运作

我国现行法定规划运作主要采用分层编制、分级审批的制度。分层编制，即不同层面的规划由不同层次的政府机构负责组织编制，如全国城镇体系规划由国务院城乡规划主管部门会同国务院有关部门组织编制；省域城镇体系规划由省（自治区）人民政府组织编制，直辖市城市总体规划由直辖市人民政府组织编制；城市总体规划由市政府组织编制，镇总体规划（县政府所在地镇的总体规划除外）由镇政府组织编制；乡、村庄规划由乡、镇政府组织编制等（表 3-7）。分级审批指除特别规定的规划外［如省（自治区）政府所在地的城市人口 100 万以上的城市以及国务院确定的城市的总体规划报国务院审批］，不同类型的规划通常报编制单位的上一级人民政府审批，根据《中华人民共和国城乡规划法》第二十六条规定：“城乡规划报送审批前，组织编制机关应当依法将城乡规划草案予以公告，并采取论证会、听证会或者其他方式征求专家和公众的意见。公告的时间不得少于 30 日。组织编制机关应当充分考虑专家和公众的意见，并在报送审批的材料中附具意见采纳情况及理由。”

表 3-7 我国城乡规划编制与审批

规划阶段		编制单位	审批单位	备注
城镇体系规划	全国城镇体系规划	国务院城乡规划主管部门会同国务院有关部门	国务院	
	省域城镇体系规划	省（自治区）政府	国务院	
总体规划	直辖市的城市总体规划	直辖市政府	国务院	
	省（自治区）政府所在地的城市人口 100 万以上的城市以及国务院确定的城市的总体规划	市政府	省（自治区）政府审查同意后，报国务院审批	
	其他城市的总体规划	市政府	城市政府报省（自治区）政府审批	
	县政府所在地镇的总体规划	县政府	上一级政府审批	
	其他镇的总体规划	镇政府	上一级政府审批	
	近期建设规划	城市、县、镇政府	报总体规划审批机关备案	根据城市总体规划、镇总体规划、土地利用总体规划和年度计划以及国民经济和社会发展规划制定

续表 3-7

规划阶段		编制单位	审批单位	备注
控制性详细规划	城市的控制性详细规划	城市政府城乡规划主管部门	经本级政府批准后，报本级人大常委会和上一级政府备案	根据城市总体规划的要求组织编制
	县政府所在地镇的控制性详细规划	县政府城乡规划主管部门	经县政府批准后，报本级人大常委会和上一级政府备案	根据镇总体规划的要求组织编制
	镇的控制性详细规划	镇政府	报上一级政府审批	根据镇总体规划的要求组织编制
修建性详细规划	重要地块的修建性详细规划	政府城乡规划主管部门和镇政府	城市、县政府城乡规划主管部门	应符合控制性详细规划
	一般地块的修建性详细规划	建设单位	城市、县政府城乡规划主管部门	依据控制性详细规划及城乡规划主管部门提出的规划条件
乡规划、村庄规划	乡规划、村庄规划	乡、镇政府	报上一级政府审批	报送审批前，应当经村民会议或者村民代表会议讨论同意

3.4.2.2　开发控制制度

我国的城乡规划开发控制制度基本属于判例式开发控制方式，任何开发活动都需要提出规划许可申请，规划审批人员享有一定的自由量裁权，具有较大的灵活性和针对性。

控制性详细规划作为城市规划管理的依据，是规划管理和审批的主要依据，但具有一定的原则性，且直接为规划管理人员服务，因此在开发建设控制过程中，审批人员可视具体情况，综合考虑其他相关因素进行个案审理，经相关部门批准、核准、备案后核发建设项目选址意见书、建设用地规划许可证、建设工程规划许可证，即“一书两证”。乡（村庄）规划提出申请后，则由乡（镇）人民政府报城市（县）人民政府城乡规划主管部门，规划审批人员参考上位规划、土地利用规划及相关规划部门管理规定进行审批，并核发乡村建设规划许可证。

3.5　城乡规划价值观

3.5.1　价值观与城乡规划目标

从个体层面看，价值观是个体在一定思维之上对客观世界（人、事、物）和自身行为所做出的认知、理解、评价或判断，是个体认定事物、辨明是非的一种思维或价值取向，具有相对稳定性和持久性。例如，在周围环境不变的前提下，一个人对同一事物的评判或看法是不会改变的。价值观决定人们的自我认知，和对客观事物的认识及需求状况，因此，价值观对人的行为动机有重要影响，客观条件相同的情况下，不同的价值观决定了不同个体的行为模式及对事物的理解、判断，即价值观决定人的行为动机，并引导人的行为。

从社会层面看，价值观属于社会意识形态的范畴，受社会经济基础的影响和制约。社会作为由许多个体汇集而成的相互合作的群体，众多复杂多样的个体价值观经长期反复磨合，最终就形成了体现一个社会价值取向及理念的价值体系，它是该社会价值观的集合体，是建立在社会基本政治、经济制度上的意识形态，也是该社会政策目标的形成基石。换而言之，价值观决定社会政策目标的制定、实施，政策活动的开展及结果走向，它是任何社会存在和发展强有力的支撑。

自19世纪末随城市美化运动产生以来，城乡规划作为一项公共政策，价值观的确立对城乡规划目标的形成具有重要意义，而作为保证城乡规划目标实现的城乡规划体制，价值观的影响更是贯穿其四大组成系统（规划法规体系、规划行政体系、规划技术系统、规划运作系统）的各个环节和所有阶段。城乡规划从诞生之日起，始终致力于以技术手段及政策制定化解城市危机，保证城乡空间的有序运转，长期以来一直以维护公众利益、协调空间布局为其基本价值观，城乡规划学科发展基本目标即为“城乡空间中居民生命财产的安全保障”。由此可见，从城乡规划目标、城乡规划体制的制定到学科发展，均不能脱离价值观而单独存在。

3.5.2 现代城乡规划价值观

基于特定社会经济背景，不同时期城乡规划价值观亦有不同。自20世纪90年代以来，受全球化浪潮以及对全球生态环境保护和人居环境的重视，可持续发展已成为城乡规划近20年来的基本价值观。

可持续发展的概念最早是在1972年于斯德哥尔摩举行的联合国人类环境研讨会上正式展开讨论的。1987年，世界环境与发展委员会出版了报告《我们共同的未来》，报告中将可持续发展定义为：“既能满足当代人的需要，又不对后代人满足其需要的能力构成危害的发展。”该定义简明扼要地阐述了可持续发展，是目前被广为接受的定义。城市，作为人类社会发展到一定阶段的产物，是人类经济、社会、文化等活动最为集中的地域，从某种程度上说，城市发展史，就是一部人类文明史，城乡规划的可持续发展，是全社会可持续发展的核心环节。可持续的城乡发展要求着眼大局、长远考虑，从全局利益出发，在发展的同时综合考虑社会利益、经济利益和环境利益，即要通过技术手段及政策导向推动城市发展，又不能突破生态系统的承受范围，既要充分利用资源，又不能以牺牲生态环境为代价。最近几十年来，世界各国都相继将可持续发展作为城乡规划的价值观，将绿色生态、集约、低碳融入城乡规划全过程，在实践中予以践行。

总体来看，我国城镇化发展相比西方国家起点低、发展迅速。新中国成立以来，我国城市建设发展经历了起步及快速发展两大阶段，1949—1978年我国城市建设发展缓慢，城镇化水平仅增长了不到10%，改革开放后，伴随城乡空间快速拓展，我国城镇常住人口从1.7亿人增加到7.3亿人，城镇化率由17.9%提高到53.7%，城市（镇）数量和规模成倍数增长（表3-8），发展极为迅速。回顾前30年的城乡规划及城市发展，主要以空间拓展为特征的增量发展模式为主，尤其是近20年来，我国城市扩张速度极为迅猛，1990年中国城市建成区面积为1.22 km^2，到2010年，城市建成区面积增长到4.05 $km^2$①，是1990年的3.3倍。

表3-8 我国城市（镇）数量和规模变化情况 个

	1978年	2010年
城　市	193	658
1 000万以上人口城市	0	6
500万～1 000万人口城市	2	10
300万～500万人口城市	2	21
100万～300万人口城市	25	103
50万～100万人口城市	35	138
50万以下人口城市	129	380
建制镇	2 173	19 410

注：2010年数据根据第六次全国人口普查数据整理。

① 王雷，李丛丛，应清，等．中国1990—2010年城市扩张卫星遥感制图[J]．科学通报，2012，16．

经过近30年的高速发展，在城市面积大规模扩展的背后，是中国城市建成区使用效率的降低，通过与《中国城市统计年鉴》、《中国城市建设统计年鉴》等统计文件中人口和GDP的计算，中国城市的人口密度每平方公里从2000年的0.99万人下降到2009年的0.89万人。随着内、外部环境的深刻变化，我国目前已进入经济转型升级、城镇化深入发展的关键时期，2013年《中央城镇化工作会议》已明确指出，城市规划要由扩张性规划逐步转向限定城市边界、优化空间结构的规划。该会议表明，我国城乡发展已进入了一个以提升质量为主的转型发展新阶段，要求更加可持续的发展模式，即以增量发展模式向存量空间资源的可持续发展模式转变。在可持续发展观的引导下，未来我国城乡规划不仅仅需要着眼于新增土地，更应侧重于对现有城乡空间存量资源（即城乡建设用地中的闲置土地、空闲土地、批而未供土地）的规划利用及限定城市边界、优化空间结构，应把以人为本、尊重自然、传承历史、绿色低碳的可持续发展观融入现代城乡规划的全过程，推动社会和谐发展。

2016年，举世瞩目的第三次联合国住房和可持续发展大会（简称人居三，H III）在厄瓜多尔的基多举行，来自世界各地的国家元首、专业精英、企业领袖、民间人士45 000人汇聚一堂，共同探讨全球快速城镇化面临的挑战和解决方案，这个20年召开一次的全球峰会通过一份重要的里程碑式政策文件：《新城市议程》(*New Urban Agenda*)。标志着可持续发展理论是全球共同关注城乡规划价值观。同年，南非开普敦大学的学者Vanessa Watson发表了题为《新城市议程中城市可持续发展目标的规划定位》的理论性学术论文，围绕新修订的零号草案(Revised Zero Draft)，研究其可行性，探究了新的城市可持续发展目标是否能按预期实现的问题①，为此，《新城市议程》成为现代城乡规划价值观的延伸，并将进入新的历史时期。

本章小结

城乡规划体制是城乡规划工作的前提，也是城乡规划活动提供遵循的规则。城乡规划体制与一定时期的社会背景、技术条件等总是密切相关。我国的城乡规划体制有4个子系统，分别是：城乡规划法规系统、城乡规划行政系统、城乡规划的技术系统以及城乡规划的运作系统。针对我国现行规划体制，规划师应密切关注规划的法规系统的动态性，以确保对城乡规划体制的全面认知，以确保规划工作中的合理合法性。

如何在我国现行规划体制中从事城乡规划编制、实施与管理，去体现城乡规划的价值观？这是一个值得我们深远研究的问题，本章做了简明扼要的说明，以期待读者深入研究。

思考题

1.我国现行城乡规划法规体系由哪几部分构成？

2.思考我国城乡规划体制与规划价值观之间关系？

3.从城市规划到城乡规划的根本目标是什么？

---

① VanessaWatson. Locating planning in the New Urban Agenda of the urban sustainable development goal, Planning Theory, 2016, Vol. 15(4) 435 - 44 DOI:10.1177/1473095216660786

第2篇

影响城乡规划的要素及其研究方法

城市是一个庞大而复杂的系统，乡村在城市的制约下发展，形成更复杂的城乡系统，如何研究制约城乡发展的空间要素？空间规划就变得日益重要。城乡空间是城乡社会、经济、生态、文化以及技术发展等要素在空间上的投影，如何让这些复杂的要素在空间上呈现最佳的组合关系而形成良性互动？如何借助不同学科领域理论模型研究成果和技术发展的优势，深入研究城乡规划各要素的基本内涵和规律，以体系思维的构建方式，构建城乡规划发展思维新的空间关系，是本篇学习的核心内容。

本篇详细论述城乡生态与城乡环境、城乡经济与产业发展、城乡人口与城乡社会构建、城乡历史与乡村文化变迁，重点阐述影响城乡系统的结构、动态关系与运行规律，为寻求城乡规划的客观规律以及城乡规划的各要素之间关系，重点借助信息技术、大数据城乡规划的重要影响，探讨整体推进城乡空间可持续发展的城乡规划分析方法。

通过本篇的学习和延伸阅读，可以帮助读者认识城乡规划的复杂性与技术性，以不同理论发展与技术结合形成的不同方法剖析城乡规划研究与各个阶段的城乡编制中不同阶层的不同诉求，为后续空间规划提供空间体系思维分析方法。

第4章 城乡生态与城乡环境

本章导读：本章重点是关于城乡生态系统及城乡环境的概念特征介绍。从城乡生态系统的基本内容和内涵入手，阐述了城乡生态系统的结构、功能特征、运行规律，并从城乡环境特征的关联性分析，指出了城乡统筹规划的生态必要性。

知识点拓扑关系图说明：

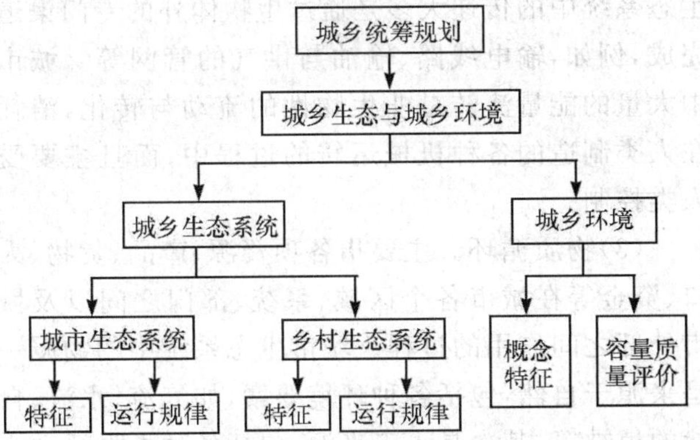

4.1 城乡生态

4.1.1 城市生态系统

4.1.1.1 城市生态系统特点

城市生态系统是城市居民与周围生物、非生物环境相互作用而形成的具有一定功能的网络结构，也是在改造和适应自然环境的基础上人类所建立起来的特殊人工生态系统，由自然系统、经济系统、社会系统复合而成，三大系统之间通过高度密集的物质流、能量流和信息流相互联系，而人类的管理和决策起着决定性的调控作用。因此，城市生态系统通常表现为以下四个特点。

(1)人工性。城市中一切设施都是人为制造，人类活动对城市生态系统发展起着重要的支配作用，且具有一定的可塑性和调控性。具体表现为自然生态系统中作为生产者角色的绿色植物在城市生态系统中所占比重很少，消费者主要是人类，而不是野生动物，此外，分解者微生物的活动受到抑制，分解功能不强。

(2)高度开放性。城市中人口密集，维持城市生态系统需要大量的物质和能量，包括城市中工业、建筑业、交通等需要的物质和能量都需要从系统外的其他生态系统中输入；城市生活和生活产生的废弃物，特别是有害气体类物质必然会飘散到城市以外的空间，污水和固体废弃物绝大部分无法通过城市中自然系统的净化能力得到净化和分解，要人类通过各种措施进行人工分解，否则就会造成环境污染。

(3)不完整性。城市自我稳定性差，自然系统的自动调节能力有限，容易出现环境污染等问题；城市生态系统的营养结构简单，对环境污染的自净能力远远不如自然生态系统。按照现代生态学观点，尽管城市具有自然生态系统的某些特征、有植物和动物、具有某种相对稳定的生态功能和生态过程，但城市生态系统在生态系统组成的比例和作用方面发生了变化，因此，城市生态系统的正常进行，必须与周围的自然生态系统发生各种联系。

(4)脆弱性。城市生态系统需求的大部分能量和物质,需要从其他生态系统,如农田生态系统、森林生态系统、草原生态系统、湖泊生态系统、海洋生态系统等人为输入,同时,城市中人类在生产活动和日常生活中所产生的大量废物,由于不能完全在本系统内分解和净化,必须输送到其他生态系统中去,所以,城市生态系统对其他生态系统产生干扰,最终也影响城市自身的生存和发展。

由于中国地势呈三大阶梯的梯度规律变化,山脉、水系的走向在不同地理区位的纬向、经向、垂向的不同组合形成了水热条件复杂的地域差异性和生物多样性特征,因此,山地城市生态系统特征有别于其他地理环境中的城市生态系统。

山地的地形地貌、地区气候、水文、土壤、生物植被等自然因素不仅直接对山地城市生态系统产生影响,而且,这些自然环境要素又受到山地城市人类活动的严重干扰,导致城市地区的自然物理环境出现重大变化。

此外,山地城市生态系统的复杂性与多样性还反映在山地城市生态系统结构与功能中。由山地城市地域差异性所导致的山地城市自然生态系统的特殊性,特别反映在城市空间结构的多样性、交通结构的多样性、产业结构的多样性、文化地域的多样性与景观结构的丰富多样,进而影响到山地城市生态系统的服务功能,物质、能量的传输与转换等,并形成自身特点。

4.1.1.2 城市生态系统运行规律

1)城市生态系统的结构

不同于自然生态系统,城市生态系统的结构除了自然系统本身的结构外,还包括了以人类为主体的社会、经济等方面的结构。对城市生态系统结构的研究通常根据其系统特色划分不同的领域,包括经济结构、社会结构、生物群落结构、物质空间结构等。

针对城市经济子系统的结构研究涉及城市的能源结构、物质循环、经济实体构成等众多方面;针对城市社会子系统的结构研究涉及年龄结构、性别结构、职业结构、素质结构、社会关系等众多方面;针对城市自然子系统的结构研究涉及物种构成、空间组织结构等。这些子系统的结构关系相互作用、相互制约、通过各种复杂的网络联系为一个独特的整体。

2)城市生态系统的功能

(1)生产功能。分为生物生产和非生物生产两种类型。生物生产是指在该生态系统中的所有生物(包括人、动物、植物、微生物)从体外环境吸收物质、能源,并将其转化为自身内能和体内有机组成部分,以及繁衍后代、增加种群数量的过程。非生物生产是城市生态系统所特有的,指人类利用各种资源生产人类社会所需的事物,包括物质生产(人类衣食住行所需物质产品的生产)和非物质生产(各种艺术、文化、精神财富的创造)。城市生态系统具有强大的生产力,并以非生物性生产为主导。

(2)能量流动。能量流动分析可以从输入和输出两个方面入手。能量输入方面,不同于依赖太阳辐射的自然生态系统,城市生态系统的能量来源呈现出多样化的特征。表现为有太阳能、地热能、原子能、潮汐能等多种类型。在能量输出机制方面,城市生态系统中的传递大多是通过生物体外的专门渠道完成,例如,输电线路、输油与供气的管网等。城市中大量的能量流转是非生物性的流动与转化,消耗在人类制造的各种机械运转的过程中,而且主要受人类控制。

(3)物质循环。主要指各项资源、产品、货物、人口、资金等在城市各个区域、系统、部门之间以及城市外部之间作用的过程。城市生态系统中的物质一是来源于自然,包括各种环境要素,如气流、水流、自然的植被等;其次是人工来源,包括各种人类活动产生或无意排出的,以及从城市之外输入的物质,例如食品、原材料、废物等。

(4)信息传播。作为以人类为主导的生态系统,其最突出的特点之一是各类信息汇集的焦点。在认识自然和社会发展规律的同时,人类积累和创造着更多信息。因为城市是人口密集、生产密集、生活集中的场所,这些信息汇集和储存于城市。处理信息是城市的重要功能之一,因而,城市是信息处理的重要基地,也是高水平信息处理人才汇集的重要场所。城市生态系统信息传播具有总量巨大、信息构成复杂、通过各类传递媒介进行传递并依赖辅助设施进行处理和储存、在信息传递和处理过程中存在大量信息歧义现象等特点。

4.1.1.3 城市生态系统运行特征

1)城市生态系统的流态

城市生态系统功能的发挥是靠系统中连续不断和密集的物质流、能量流、信息流、人口流和资金流等生态流来实现和维持的,正是这些生态流以物质循环、能量流动和信息传递的运动方式和过程,实现了城市的支持、生产、消费和还原功能,因此,这些生态流是城市生态系统的功能过程和动态表现。

2)城市生态系统的运行特点

城市生态系统的各要素是组成系统的基础,是系统运行结构的基本功能单元,称为生态元。各生态元之间通过相互联系、相互作用,行使着支持、生产、消费和还原的功能,形成了一个完整的系统。城市生态系统的生态元之间的连接,构成了一种链状的运行结构,链与链之间又耦合成为网状结构,最后由链与网、网与网之间相互作用耦合成为具有一定时间性的复杂的立体网络结构。因此,城市生态系统的运行结构是由“元一链一网”耦合而成的复杂运行体系。链状运行结构是城市生态系统各生态元的直接耦合,体现着系统内各生态元之间的物质流动、能量转化和信息传递等关系,它是城市生态系统运行的基础。城市生态系统网络结构是人工网和自然网的结合,是由城市物理网络、经济网络、社会网络等构成的,是一种多维的立体的网络体系。

4.1.2 乡村生态系统

以第一性物质产品生产、提供生态服务功能为基本特征的乡村生态系统,是人类社会存在和发展的基础。目前,我国乡村生态系统用占世界7%的耕地养活了占世界22%的人口,不仅为乡村居民提供了居住和生活的场所,也为城乡社会经济的快速发展提供了良好的生态基础,并在维护文化多样性、传承传统优秀文化、缓解现代人生活压力等方面都发挥了不可或缺的作用。

乡村生态系统涉及乡村环境中所有因素,包括村落内部结构和组成以及它们之间的关系、村落用地之间的关系、人与乡村环境之间的关系等。

4.1.2.1 乡村生态系统特点

乡村生态系统表达为乡村区域内由人类、资源、各种环境因子(包括自然环境、社会环境和经济环境)通过各种生态网络机制而形成的一个社会、经济、自然的复合体。乡村生态系统既具有与自然生态系统相类似的生态过程和生态功能,又具有鲜明的人类影响的特性。

1)受人类干预

乡村生态系统是一个受人类干预的半人工生态系统,是一个以自然为主,与人工混合的整体。其系统功能既包括自然生态功能,也包括满足人类需要的生产功能。乡村的森林、草地、山地、水域等自然要素是乡村生态系统的主要构成元素,同时乡村生态系统也包括了经人类改造的半自然元素,如农田、人工林地、园地等,还包括乡村聚落建筑、道路、桥梁、管道等人工构筑物以及乡村政治、经济、文化、民俗等非物质形态元素。

2)自我满足和自我维持

乡村生态系统中自然生态子系统占了绝对比重,自然生态子系统的组分、结构和功能没有根本性改变,系统的物质循环和能量流动过程基本在系统内部实现,因此,乡村生态系统是一个基本实现自我满足和自我维持的封闭系统。较强的自我恢复和调节功能,使乡村生态系统在受到外来干扰时,能够依靠本身内部的机制再返回稳定、协调的状态。

3)维持人类生存与发展

乡村生态系统为人类生存和发展提供必需的物质产品,维持人类的繁衍,同时也是城市生态系统存在和发展的保证。众所周知,自然生态系统对人类的承载力十分有限,即使在初级生产力较高的温带森林生态系统中,所支持的人群密度也只是1人/km^2左右,而目前世界上平均人群密度已经超过这个数值,之所以能够维持这种远超越于自然生态系统的人群容量,其根本原因是人类建立的乡村生态系统的高产出支持。

乡村生态系统是目前为人类提供初级产品和次级产品最主要的生态系统,它是人类社会存在和发展的基础。现代社会经济发展的重心在城市,但离开了乡村生态系统的第一性物质产品的生产,没有乡村提供的粮食、蔬菜等，就不可能有城市二、三产业生产的发展，城市社会的任何进步都不可能得到实现。

4)受人类社会经济发展多种因素制约

自然生态系统基本不受人为干扰，其存在和发展主要受自然规律支配，乡村生态系统的发展和深化过程除了受自然生态系统演化规律支配之外，人在其中发挥着重要的作用，它服从于人类社会经济发展的需求，受人类社会经济发展多种因素的制约，如乡村生产结构的变化、生活水平的提高、价值观念的变化等都直接影响着乡村生态系统的发展和演化过程。

4.1.2.2 乡村生态系统运行规律

乡村生态系统是一个庞大的对立统一整体，在一定的时间、空间和相对稳定的条件下，各组成部分的结构和功能及物流和能流处于相互适应与协调的动态平衡之中。由于系统中各个组成部分是彼此牵制相互关联的，因此，所发生的生态问题都存在一定的内在联系、彼此相关甚至是"连锁性"的。

1)乡村生态系统的结构

图4-1所示乡村生态系统不仅受约于自然环境，而且受诸如风俗、风水、家庭、伦理、经济行为的影响。一方面，作为乡村生态系统子系统的村落，就居住功能而言，村落是与城市生态系统属同一层次且对应的生态系统，人在系统中处于核心地位。在乡村生态系统结构中，村落与林草、水体、畜牧、农田等生态系统的明显区别在于它具有突出的景观和复杂的人文特征，它们之间进行复杂的物质循环和能量流动。另一方面，乡村与城市最显著的区别在于它与土地具有密切的关系。如果乡村的产业性质由农业为主转变为工商业为主，且人口超过一定数量，乡村就转变为集镇，集镇是乡村与城市的过渡生态系统类型。

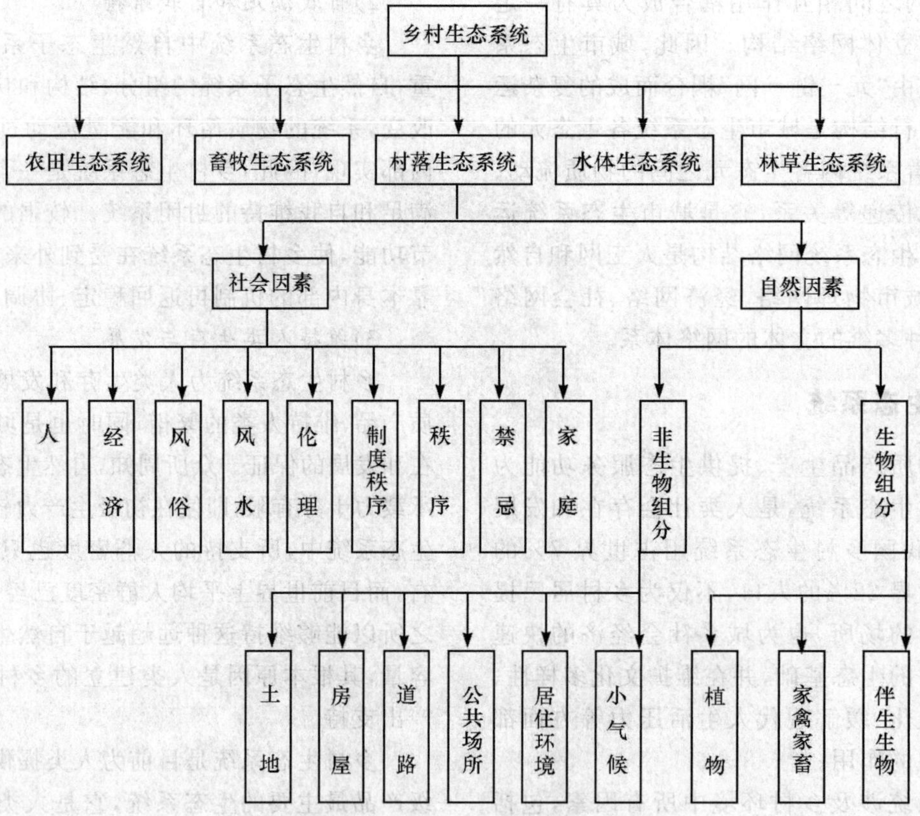

图4-1 乡村生态系统的层次结构

2)乡村生态系统的功能

乡村生态系统的功能与乡村结构、农作生产密切相关。人是功能的主体，乡村生态系统的功能表现为栖息、繁衍等居住功能和社会经济活动的生产功能。其中，村落是乡村生态系统物质循环、能量流动的中心环节。村落与农田进行物质循环。在播种季节，村落内有机物、化肥、种子运至农田；收获季节，农产品、秸秆运入村落。在调控乡村生态系统过程中，要促使农业生产与人类生活的稳定与协调。庭院经营是经济功能的具体表现，当前世界各地实施的“庭院农业”“农户园田”“村落园地”“园田种植”等形式的农户庭院及农户邻近园田的开发，构成大规模食物生产系统的一个子系统，在改善乡村生态环境的同时，增加了乡村收入。

(1)生产功能。物质生产是乡村生态系统最基本的功能。乡村生态系统的生产除了满足自然生态系统的生存和演化要求外，还直接满足人类社会发展的需求。所提供的初级生产和次级生产的产品，除满足系统内乡村居民的生活需要外，同时也是城市生态系统赖以发展的物质基础。在我国，乡村生态系统巨大的生产能力不仅保证了我国城乡居民的基本生活需求，同时也为相关工业生产发展供应了大量的原材料，为社会经济快速发展提供了重要的物质基础。

(2)生活功能。乡村生态系统为乡村居民提供生活居住空间，使居民享受绿色生活，是乡村文化和经济发展的重要依托。乡村作为一个社区单元，是乡村居民安居乐业的场所，截至2016年末，我国乡村人口占总人口总数的42.65%。除了本村居民外，乡村也开始吸纳外来人口入住，乡村丰富的旅游资源，乡村独特的生产方式、自然景观、风土人情对城市人群及不同地域的人群具有强烈的吸引力，成为当代旅游业发展的新途径。

(3)生态功能。乡村生态系统的生态功能是指乡村生态系统在保障区域生态安全、提供生态服务的功能，如调节气候、控制侵蚀、涵养水源、保持水土、净化环境、分解各类污染物、提供清新空气、清洁水源等。我国乡村地区面积除了生产世界上最多的粮食和各类农产品，乡村生态系统还发挥了巨大的生态服务功能，据中国21世纪议程管理中心可持续发展战略研究组的相关研究，我国乡村地区的森林、草地、耕地以及水面等4种土地类型每年的生态效益合计达3.21×10^{12}元，相当于我国国内生产总值的近半数，对国家的生态安全具有重要意义。

(4)文化功能。传统村落的首要现象是社会群居性，而人文特征的主要表现包含了住宅结构及其文化现象，因而，传统村落集中反映了多样的文化现象。而随着时代的发展，现代乡村系统不仅在维持人类文化的多样性和特有性，传统文化的传承上发挥着作用，同时，在现代知识体系和教育体系的构建、发挥美学价值、提供灵感来源以及为都市生活提供休闲娱乐等方面都发挥着巨大的作用。

4.1.2.3　乡村生态系统运行特征

乡村环境的变化既有乡村自下而上的影响，也有来自城市发展自上而下的影响。特别是城市化进程对乡村生态环境产生了巨大影响。城市建设用地的扩张从空间上表现为对乡村空间的直接挤压，乡村的大量土地被征为它用。城市功能的外溢，使乡村成为承接城市迁出工业、仓储、大型基础设施和填埋场的天然大容器。此外，乡村劳动力涌入城市，乡村人口减少，直接导致乡村社会空心化和空间废墟化。城市和区域之间的大型基础设施肢解和分隔了乡村社区，对乡村水系、道路、景观，以及生产和生产环境造成了巨大的影响，城市成为乡村发展的目标，城市成为乡村现代化文明的唯一标志，乡村传统的地域文化逐步消失。

除了城市化的影响，乡村工业化对乡村生态环境也产生了影响，工业化和伴随着工业化的城镇化同样改变了乡村的空间格局，乡镇企业异军突起就是重要的特征。乡村工业化改变的产业和就业结构，一方面增加了村民的收入，使其在收入增加后即有条件进行房屋翻新和新建住房，1959—1979年20年间乡村新的一代人成长起来，乡村住房建设需求迸发出来，在随后的30年来乡村住房建设20年一轮回变为常态化，其结果就是乡村生活环境始终处于剧烈的变化中。另一方面，传统村落的建设与发展通常具有自我约束的机制，但是，现代化导致了常规状况的变化，指导村落规划的人员越来越多失去了引导村民建房的话语权，居屋建设成为个人私事。因此，在乡村工业化带来的村民兼业化、身份多元化和分工化的同时，传统的长者制瓦解，密切的家族血缘关系正逐渐被来源所取代，传统的乡村空间结构受到冲击。表4-1分析了村落生态系统与城市生态系统的区别。

表4-1 村落生态系统与城市生态系统的区别

分析因素	村落生态系统	城市生态系统
结构	相对简单	复杂
功能	居住、生产	居住、政治、经济、社会活动
规模	小	大
分布	广泛	局部、特定地理位置
持续性	短	长
恢复性	快	慢
人口密度	小	大
产业性质	以农林业的第一产业为主	第二、三产业为主
与土地关系	密切	相对不密切
经济	弱	强
文化	单调	丰富
环境对其影响力	大	相对较小

4.2 城乡环境

4.2.1 城乡环境概念及特征

4.2.1.1 城市环境

1)概念

城市环境是指影响城市人类活动的各种自然条件(如地形地貌、气候、水体、植被等)及人工外部条件。广义的城市环境除了物理环境还包括社会环境、经济环境及美学环境。狭义的城市环境主要指对城市发展和人类聚居环境建设具有重要影响的物理环境，不同的自然地理条件及自然生态要素的影响强度、作用方式和作用结果，导致水乡城市、平原城市、山地城市有其特有的自然地理环境，相应的城市生态系统结构形态、功能运转及演变过程都有所不同。

以山地城市为例，其生态环境的脆弱性主要体现在自然属性的地质地貌活动以及人类在土地上的经济技术活动等，这些都极易诱发地基的动摇和破坏，因而山地城市容易出现地质灾害，此外，一些陡坡崖区因特殊的地理条件及雨水的作用，会发生滑坡、塌方及泥石流。据调查表明，长江上游干线两岸山地无一例外受到滑坡、泥石流、冲沟、崩塌、水土流失的影响和破坏。

此外，粗放型经济发展也使得山地城市的污染与平原城市、海滨城市相比要严重许多。如重庆这样的山地城市，其地表阻力小、风速小，加上来自山坡的下沉气流，往往会在地表形成高浓度的大气污染，极易形成多雾多雨的天气。在逆温条件下，加上二氧化碳、氮氧化物等复合下，就会形成酸雨和酸雾，对居民的健康和财产造成危害。

山地城市地貌丰富、景观独特，城市周边的山林常常成为城市的外围天际线与街区的背景或标志。那些满眼葱郁的青山更成为城市居民的重要休闲活动场所，因此，山地城市建设中对环境问题的关注极为重要。

2)特征

(1)物质性。城市中的物理环境、社会环境、经济环境以及美学环境是基本组成元素，均具有明显的物质的、实体的属性。因此，物质性是城市环境的基础特征。

(2)复合性。由于城市环境构成中自然要素(自然环境)与人工要素(基础设施、社会经济和美学环境)的复合作用,导致城市环境在运行及演替方面必然受自然规律及人为作用的双重影响和制约。

(3)空间性。城市环境是城市人类生产、生活的空间场所,具有一定的空间形态和空间结构。空间形态表达为城市环境所呈现的一定的平面和竖向特征;空间结构反映城市中各物质要素在地理空间分布中所呈现出的分异特点。

(4)层次性。作为地域综合体的城市环境,根据呈现出的以不同活动为中心事物的物质环境的地域分异,可以划分出与一定活动相联系的地域子环境。按功能有居住环境、工业环境、商业环境等;按空间区位分,可以表达为城市中心区、边缘区、郊区等。不同类型的城市环境的地域子环境间存在复杂的有机联系,并构成城市环境整体。

4.2.1.2　乡村环境

1)概念

乡村和城市是人类居住场所的两个基本类型。与城市不同,乡村主要是农业人口聚居的场所,一般都具有较为固定的聚居模式与稳定的生活观念。风格各异的民居村落和观念独特的生活方式,往往与其所处地域的空间特征具有高度的相融性,逐渐地形成一种自然朴素的乡村环境文化,呈现出自然生态系统与人文社会系统交融共生的生动格局。

按照地理区域的划分,城市和城镇以外的地域即指乡村,包括了自然经济和第一产业的乡村发展空间和乡村聚落两种地域类型,其中,乡村聚落的发展对乡村社会、经济、资源环境产生直接影响,是乡村发展的重要与关键内容。因此,乡村环境不完全是一个自然空间,而是人类自农业文明以来对自然不断认识,通过利用太阳能进行空间化种植形成的耕地,通过驯化野生动物的牧场,以及人类为自身生存对自然改造形成的生产和生活空间(系长浩司,2012)。与高度人工化的城市空间相比,乡村空间是依托自然环境而生成,对自然环境的利用和资源管理形成的空间,是人与自然在高度相关时空中显现的一种动态空间。图4-2 为理想生态乡村的模式。

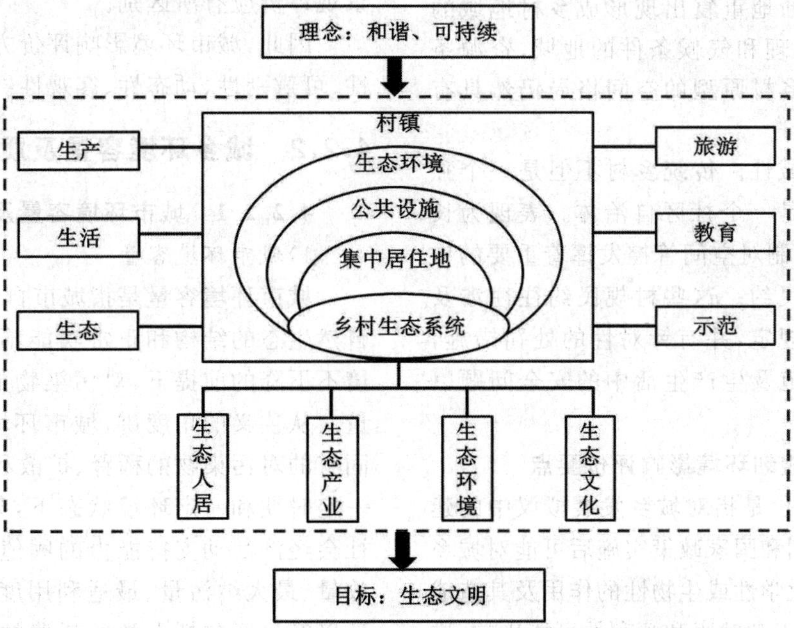

图 4-2　生态乡村理想模式

2)特征

(1)物质性。基于传统农业自有的耕作和生产方式的传统乡村,是通过利用周边资源自然逐步发展而形成的,其空间格局由山、水、田、村、宅等基本物质空间要素构成的。

(2)复合性。乡村空间所表现的本土化空间特征反映为农业生产空间、生活空间高度复合。此外,密切的血缘和地缘关系所构成的相对封闭和自给自足的社会文化体系,也体现了乡村生产生活和自然环境所构成的复合性,这是一个不断适应环境和各种变化的自组织空间。如村庄中的打谷场,在收获季节可以作为生产场地,平时是集会的场所。村民住宅不但承载着日常起居的生活功能,还具有农产品加工和家禽饲养等生产功能。

(3)空间格局相似性。由于农业的劳动效率存在明显的距离衰减,传统乡村空间往往形成以宅基地为中心的圈层式土地利用结构,以住宅为中心由内向外依次为家禽养殖、提供蔬菜的园地、高产耕地、中低产耕地,再向外为位于耕作半径之外的牧地、林地等非耕地。随着人口增加和家庭内部分解,以及农业生产效率的提高,在适合耕作地区出现乡村群落,同一区域的乡村空间仍然表现出相似的圈层式结构,并连绵不断地重复出现形成乡村地域的景观。即使在不同地理和气候条件的地域,资源条件和农业类型不同,乡村原型的空间格局仍然具有一定的相似性。

(4)社区性和领域性。传统乡村不但是一个独立运作的生命体,也是一个社区自治体。表现为长者制和协商制。协商制对空间管控发挥着重要的作用,通常表现为村规民约。这些村规民约往往涉及明确的宜建、禁建区规定,并有针对性的处罚措施,此外,还涉及行为规范及生产生活中的安全问题以及处罚措施等。

4.2.1.3 城乡规划环境影响评价要点

城乡环境影响评价是指对城乡发展拟议中的建设项目、区域开发计划和国家政策实施后可能对城乡环境产生的物理性、化学性或生物性的作用及其造成的城市环境变化和对人类健康和福利的可能影响,进行系统地识别、预测和评估,并提出减少这些影响的对策,从而达到人类行为与环境之间的协调发展。

城乡规划不同于建设项目,因而评价原则、评价内容、评价方法和评价程序等都有所不同,同时,城乡规划环境影响评价也应包含针对城乡规划程序和工作方法带来的影响。

(1)城乡特点对规划环境影响评价的影响。此类影响主要指规划空间及规划时限两个方面。城市空间上不仅应包括规划实施区域,还应该包括实施区域以外的受影响区域;规划时限上不仅应包括规划实施阶段的环境影响,还应包括规划实施后的长期环境影响。

(2)规划环境影响技术方案的科学制定。规划环境影响评价的技术方案应根据规划的性质,以及规划对象所在地域的特点及生态环境的敏感性程度等来确定;应针对规划的内容、规划实施的方式、规划环境效应的复杂性、影响程度、影响方式等,采用适宜的规划环境影响评价方法。

(3)对城乡发展政策的环境影响评价。城市政策是城市发展的纲领,城市政策上的随意性,是造成城市生态环境问题的重要原因之一。源头上的失控将导致城乡生态环境问题的扩大。城市对周边地区的不利影响有宏观、中观、微观之分,对其进行环境景观评价应有所区别。

因此,城市环境影响评价方法具有综合性、可比性、可辨别性、动态性、客观性。

4.2.2 城乡环境容量及质量评价方法

4.2.2.1 城市环境容量及质量评价方法

1)城市环境容量

城市环境容量是指城市自然环境或环境要素在自然生态的结构和正常功能不受损害、居民生存环境不下降的前提下,对污染物的容许承受量或负荷量。从狭义的角度讲,城市环境容量是指环境要素固有的对污染物的稀释、扩散和净化能力,或是指在一定时期和一定环境状态下,某一区域环境对人类社会经济活动支持能力的阈值,通常表达为允许排放量、最大纳污量、最适利用度等。广义而言,城市环境容量还包括人类所耗费的财力、劳力获取的容量扩大的部分,如通过污水处理厂和空气净化系统等,可以扩大人类防治污染的能力。

城市环境容量的大小取决于城市环境功能的作用与市域的自然条件、社会经济条件和所选取的环境质量标准。由于城市是人口、社会生产最集中、经济活动最频繁的地方，城市环境容量对城市社会经济活动的支持程度是有限的。如表 4-2 所示，从生态系统的角度看，环境可分为大气环境、水环境、土壤环境、社会经济环境，其环境容量可分为标准时空容量、污染物极限容量、人口极限容量、生态容量（环境占用和资源消耗）四个方面。对城市发展而言，环境标准时空容量是目标容量，污染物极限容量和人口极限容量是控制容量，生态占用量是城市开发利用容量。

表 4-2 环境容量分解研究

环境容量	标准时空容量	污染物极限容量	人口极限容量	生态容量
大气	大气质量分级	大气环境容量	大气人口容量	大气生态容量
水	水环境质量分级	水环境容量	水人口容量	水资源生态容量
土壤	土地质量分级	土地环境容量	土地人口容量	土地资源生态容量
社会	社会发展四个层次	社会污染源排放总量	经济人口容量	社会基础设施生态容量

2）城市环境质量评价方法

城市环境质量评价是城市生态环境规划与管理的一项基础工作，其目的是正确认识规划管理区的环境质量现状、环境质量的地区差异和环境质量的变化趋势。

由于城市环境容量具有客观性、稳定性、可控性、可变性、地域性、周期性，因此，可以通过反映特定城市环境容量内涵的各级指标，对城市环境质量进行评价。其指标至少应包含两种类型，一类是环境工程类指标，如国家环境保护总局 2004 年 6 月颁布的《城市大气环境容量核定技术报告编制大纲》中相关大气环境容量指标；另一类是从城市规划与城市建设角度出发的指标，如蒲向军（2001）提出的城市环境容量指标体系框架。

城市环境质量评价方法多种多样，本书列举如下几种常用方法。

指数法，污染物在环境中监测值与标准值的比。

层次分析法，是一种定性与定量分析相结合的评价方法，通过系统规划和评价将复杂现象和决策思维过程系统化、模型化、数量化。

因子贡献率法，采用因素与标准值比较的方法得到权重，适用于对标准的指标的赋权。这个方法是在上述层次分析法中用来确定评价因子权重的。

灰色系统分析方法，该理论用于区域环境承载力的定量化方法。利用已知信息将灰色系统淡化、白化，将聚类对象在不同聚类指标下进行归纳，最终达到评价结果。

在对城市环境容量分析中，环境容量的“可能度”与“合理度”的概念可以作为一种分析构架。以城市用地为例，如果以每个城市人口占有城市用地面积的指标说明单位城市用地容纳城市人口的各种可能性的话，各城市的数据差异既可反映城市环境容量所具有的“可能度”特点，即城市建设发展所蕴含的各种可能性，从而在规划工作中有一定的“自由度”，而“合理度”的分析则在一定程度上使决策可控在一定的合理范围内进行。

此外，人口环境容量失衡度分析也是一种重要的容量分析方法。该指标反映的是某一地区的现有人口数量与该地区人口环境容量之间所存在的不合理状态。孙希华等（2005）对青岛市人口环境容量失衡度的计算及分析反映了具体的分析过程。

4.2.2.2 乡村环境容量及质量评价方法

1）乡村环境容量

乡村环境与城市环境差异较大。由于生活条件、生产力水平等诸多历史原因，目前乡村乱倒、乱堆、乱放垃圾现象普遍，露天厕所、猪圈臭气熏人，水生植物、漂浮物塞满河道，河水污染严重。根据我国近年来新农村的建设经验，乡村环境容量与乡村基础设施息息相关，尤其是乡村工程型基础设施，包括乡村生产基础设施、乡村生活基础设施、生态环保基础设施。

有别于城市环境，这些基础设施不一定有非常明确的分界或区别，一些生产基础设施，如小型水利设施、水电站、塘坝等，可以位于村庄附近，为农村生活提供服务，反之也可以。许多乡村生态环保设施设置在农业生产区域或乡村居民点内，与生产、生活基础设施从功能和空间上紧密相连，因此，乡村基础设施在功能上具有明显的综合性，对环境容量的考虑可以从供需两个方面进行考虑。

2）乡村环境质量评价方法

乡村生态环境建设包括自然生态、农业生态和社区环境建设。自然生态建设包括自然资源管理、生物多样性保护等。农业生态建设是指要加强农田基本建设（农田林网、道路、节水灌溉设施），提高生产资料、资源的利用效率，采用新技术新品种，减少化肥、农药施入，推广节水农业，保护农业生态环境；农业废弃物做到资源化利用，进行秸秆还田、堆肥、气化、食用菌生产等处理方法，畜禽粪便生产沼气、堆肥、有机肥，使用可降解农膜或农膜回收再利用。社区环境建设是指对固体废弃物实行集中堆放、垃圾分类回收、资源化利用（生产堆肥、有机肥）、无害化处理，用生物塘、湿地法、沼气污水净化池等处理生活污水，建设生态厕所及雨水收集再利用系统。

乡村环境是城乡发展的重要生态基础，涉及经济、社会、资源、生态等方面。乡村环境质量评价指标通常选取基础设施、公共服务、能源消费、居住条件与环境卫生5个一级指标。乡村环境质量的提升与能源使用的高效性及面源污染的有效控制关系密切；而排水系统、环卫系统将是处理乡村污染排放的主要基础设施系统；供水系统、供电系统、通信系统也成为减小乡村环境影响的技术措施。在乡村建设中，基础设施与城市基础设施差异较大，对乡村规划建设产生影响。

4.3 城乡生态环境与城乡统筹规划

城乡统筹战略的提出，是我国破除城乡二元制结构，科学配置城乡资源，调整城乡关系的契机。城乡统筹发展模式，已成为当今社会各界的共识，2008年颁布实施的《中华人民共和国城乡规划法》明确要求编制城乡规划要做到“改善生态环境，促进资源、能源节约和综合利用”“防止污染和其他公害”；建设部《关于加强城市总体规划工作意见的通知》也提出“要积极开展对人口、土地、水资源、能源和环境等城市发展基本要素的专项政策研究，根据人口、资源情况和环境承载能力，合理确定城市规模和性质”。

2009年8月17日，国务院发布了《规划环境影响评价条例》，自2009年10月1日起施行。这项措施意味着，一方面有力推动我国规划环评制度的落实，另一方面，对城乡规划的编制和实施产生影响。城乡规划作为我国规划体系中一种重要的法定规划，一旦通过审批将成为协调城乡空间布局、引导和调控城乡建设、保护和管理城乡空间资源的法律依据，其科学性和有效性直接关系城乡能否实现协调持续发展。

居于山地的城市和城镇，由于山地形的复杂性和山水环境的交融性，城市建设环境和自然用地往往交织在一起，不同于平坦用地的城市。这种特点在山区，从区域、城市、街区、建筑组群都显现出来，人工建设环境与自然环境相互交织，因此，城乡统筹和协调发展，应该是山地城镇化发展的特点之一，不仅适应山地城市和乡村形态，也适用于山地区域的城乡统筹政策和制度，有效破除山地城镇人环境建设的“二元结构”屏障，建立新型的城乡平等关系。从区域层面，可提出群城市、带状城市、多中心城市的结构式，体现山水城市、生态城市、森林城市的集群特征，使城市和乡村融合发展。从城市和城镇个体的层面，需要提倡用地布局的有机性、灵活性和自由性，强调山水空间的多维性和生态特征，凸显山水城市的景观特征和宜居价值。从城市街区和建筑簇群的层面，强调山地城市的三位空间特点，地下空间的有机利用，城市小气候的利用和城市人性化空间的利用和处理。从城市规划和建设技术层面，需要充分考虑地形的三维变化，基础设施建设的地形利用，空间集约和节约，地方规划建设技术的应用和发展。

本章小结

本章主要介绍城乡生态环境对城乡规划的影响。城市和乡村生态系统的结构及功能有不同之处，也有类似之处，当地域环境发生变化时，生态系统的特征又受地形地貌及其他自然环境的影响，本章据此特征，分别从城市及乡村两个方面分别介绍了城市及乡村生态系统各自的构成及功能及对城市规划的影响，在此基础上，从城乡环境的不可分割性阐述了城乡环境的特征及城乡环境容量及质量评价的方法，从而明确了城乡统筹规划的重要性。

思考题

1. 说明城市生态系统与乡村生态系统在结构功能上的差异。

2. 结合你家乡所在城镇或乡村，从城镇发展的角度，思考生态环境变化的原因及各阶段的特征。就目前的发展，在物质空间中可以做哪些改进？

3. 除了本章介绍的分析方法外，当前还有哪些创新的城乡统筹规划的分析方法以及基于城乡生态环境的规划方法？

第5章 城乡经济与产业发展

本章导读：本章介绍了从新型城镇化背景下的城乡产业发展的现状及特点，产业结构的内涵及分类方法，区域产业结构演变的规律及城乡产业规划的分析方法，系统地介绍了城乡规划中的产业经济学理论及相关理论和方法在城乡产业规划中的运用。

知识点拓扑关系图说明：

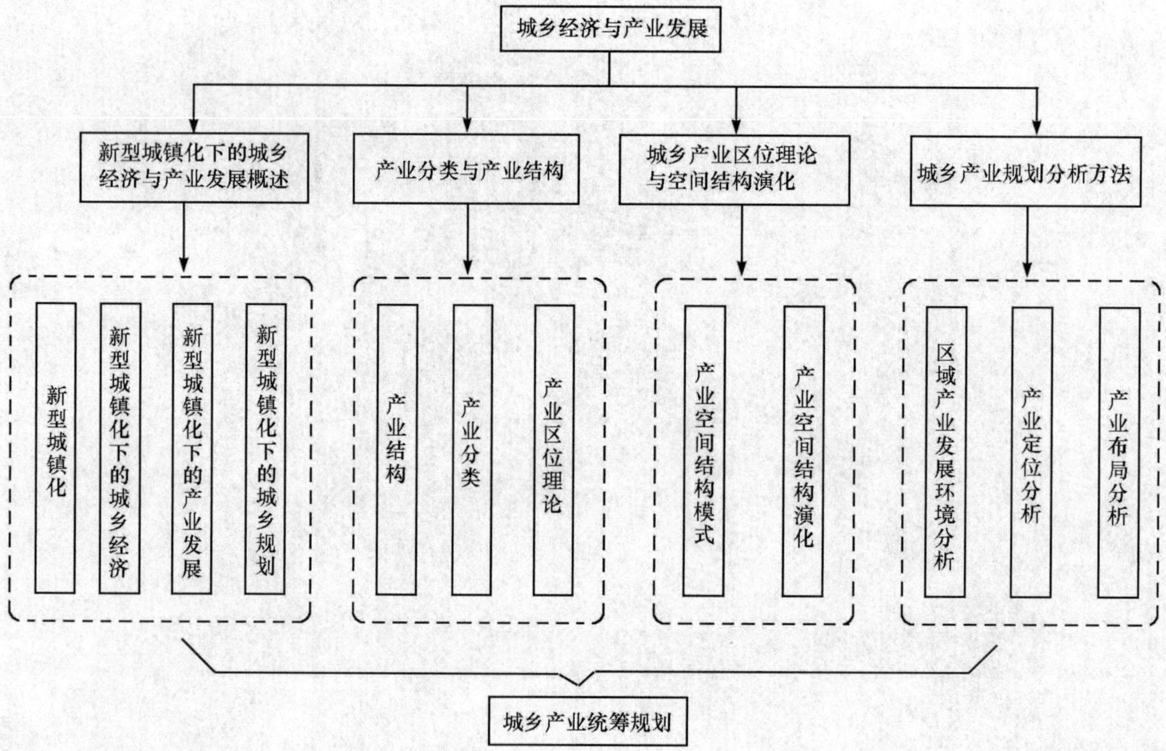

5.1 新型城镇化背景下的城乡经济与产业发展概述

5.1.1 城镇化与新型城镇化

1)新型城镇化的内涵

新型城镇化是以城乡统筹、城乡一体、产业互动、节约集约、生态宜居、和谐发展为基本特征的城镇化,是大中小城市、小城镇、新型农村社区协调发展、互促共进的城镇化。城镇化是指人口向城镇集中的过程。这个过程表现为两个方面,一方面是城镇数目的增多;另一方面是城市人口规模不断扩大。城镇化进程中,第一产业比重逐渐下降,第二、第三产业比重逐步上升,同时伴随着人口从农村向城市流动这一结构性变动。

新型城镇化的核心在于不以牺牲农业和粮食、生态和环境为代价,着眼农民,涵盖农村,实现城乡基础设施一体化和公共服务均等化,促进经济社会发展,实现共同富裕。

2)新型城镇化与传统城镇化的区别

新型城镇化与传统城镇化的最大不同,在于新型城镇化是以人为核心的城镇化,注重保护农民利益,与农业现代化相辅相成。实现城乡统筹和可持续发展,最终实现"人的无差别发展"。

新型城镇化的要求是不断提升城镇化建设的质量内涵。与传统提法比较,新型城镇化更强调内在质量的全面提升,也就是要推动城镇化由偏重数量规模增加向注重质量内涵提升转变。长期以来,我们习惯于粗放式用地、用能,提出新型城镇化后必须从思想上明确走资源节约、环境友好之路的重要性;过去我们主要依靠中心城市带动,提出新型城镇化后更应该强调城市群、大中小城市和小城镇协调配合发展的必然性。

著名城市生态专家、中国科学院生态环境研究中心研究员王如松院士:李克强总理曾经指出,城镇化不是简单的城市人口比例增加和面积扩张,而是要在产业支撑、人居环境、社会保障、生活方式等方面实现由"乡"到"城"的转变。"新型"城镇化的"新",是指观念更新、体制革新、技术创新和文化复新,是新型工业化、区域城镇化、社会信息化和农业现代化的生态发育过程。"型"指转型,包括产业经济、城市交通、建设用地等方面的转型,环境保护也要从末端治理向"污染防治—清洁生产—生态产业—生态基础设施—生态政区"五同步的生态文明建设转型。

5.1.2 新型城镇化背景下的城乡经济

中国城市化进程的特点为起步水平较低,速度快。根据中国六次人口普查数据,历次人口普查城市化水平依次为:12.84%,17.58%,20.43%,25.84%,35.39%,49.68%。与发达国家相比,发达国家城市化水平大多在75%以上,特点为起步早,水平高,出现逆城市化现象。

当前,我国新型城镇化总体进展情况良好,突出表现在:一是农民工融入城镇的政策在不断完善;二是中小城市和城市群的建设扎实有序推进;三是新型城市建设加快推进;四是新型城镇化综合试点初见成效。交通运输服务业迅速发展,同时电子商务服务业及医疗卫生服务业也得到了迅速发展。

5.1.3 新型城镇化背景下的产业发展

1)新型城镇化中的第一产业发展趋势

改革开放以来,我国第一产业比重持续下降,但产业内部结构得以改善,正逐步实现农业现代化。城镇化与农业现代化相辅相成,农业的发展是新型城镇化的基础,农业的现代化发展有助于城镇化的建设。新型城镇化将农民工市民化和棚户区改造作为城镇化推进的重点工作。新型城镇化建设的近期任务是要着重解决好现有"三个1亿人"的问题,要合理引导人口流动,有序推动农业转移人口市民化;加大对中西部地区城镇化的支持,引导约1亿人在中西部地区就近城镇化;加大棚户区和城中村改造力度。

大量的外出农民工转移到城镇生活,会使得农村的劳动力人口减少,因此需要发展现代农业。我国农林牧渔业产值逐年增加,农用机械设备数量也在逐年增加,这说明我国农业的现代化发展,促进了我国经济增长，但是我国农业的生产率水平仍远远落后于经济发达国家。我国农业用地占比高于美国和日本，但是人均农业增加值却远低于美国和日本，这说明我国农业现代化需要进一步重视和发展。农业现代化的过程，意味着农业生产方式由粗放型向集约型转变，生产效率和质量的提高；意味着现代农业经营体系的构建，农用地和建设用地的有序流转；意味着农民合作社、专业大户、产业化龙头企业等农业适度规模化生产经营的扩大；意味着生态保护、独具文化传统的现代农业的出现。

2)新型城镇化中的第二产业发展趋势

改革开放 30 多年来，我国第二产业发展基本保持稳定态势。工业化和城镇化具有高度相关性。

传统制造业产业属于劳动密集型产业，附加值比较低。高技术制造业行业的未来需求空间较大，技术含量较高，进口替代或增加出口能力较强，并且吸纳就业能力强。这些行业有可能成长为新的主导产业集群。对于第二产业，要转到生产率水平更高，核心竞争力更强的高技术制造业上来。

高技术制造业大多数行业的利润率以及投资增速都将处于较高水平，且有上升趋势，传统优势制造业处于适中平稳状态。这说明城镇化的发展需要高度重视制造业发展，尤其是高技术产业，需要加强科技创新，培育企业核心能力，依靠高技术制造业来创造更多的就业机会，促进全社会全行业劳动生产率的提高。随着我国工业经济由依靠高耗能的重化工业转为依靠高科技的新型产业，我国城镇化滞后状况得以缓解，并且城镇化与工业化逐步进入协调发展时期。未来新型城镇化的进一步发展更是需要高技术制造业的支撑。

3)新型城镇化中的第三产业发展趋势

第三产业是城镇化发展的可持续力量，据统计除了设备修理和公共管理的固定资产投资是负增长以外，其他行业的固定资产增速都比较快。其中，增速较高的行业主要是生产性和社会服务业。

从趋势上看，这些行业的固定资产投资增速不断增加。这说明，新型城镇化的发展促进了我国服务业，交通、物流、教育、商务服务等现代服务业得到了快速发展。而金融业和信息技术等新兴行业由于是高技术知识密集型行业，对经济增长贡献率更大，我国对其的相应投资仍有很大发展余地。

从产业结构变动看，第三产业发展迅速，我国产业结构得以升级优化。但是，与发达国家经济相比，仍有不少差距，我国第三产业占 GDP 的比重，不仅远低于高收入国家 70% 以上的水平，也低于中等收入国家 50% 以上的水平，这说明我国现代服务业潜力巨大、前景广阔。尤其是生产性服务业这种能够带来更多就业机会的知识密集型行业，更是具有很大的发展潜力。现代服务业的发展更需要城市提供良好的基础设施等社会公共服务，以及高水平的消费性服务，并且需要大力发展教育及培训机构，提高劳动生产率。

从服务消费状况看，我国服务消费滞后。我国城镇化发展需要进一步改变消费结构，提高服务消费水平。从城镇各单位吸纳就业人员状况看，服务业吸纳劳动力能力比较强，服务业吸纳就业人员的比例可以随着城镇化进一步提升。

因此，城镇化的发展需要服务业提供就业保障，需要鼓励增加服务消费，需要政府支持社会力量兴办各类服务机构，重点发展交通、物流、健康医疗、信息技术、文化、服务。

5.1.4 新型城镇化背景下的城乡规划

1)以人为核心的城乡规划

快速增长的城市规模在促进社会经济发展的同时也带来了如效率、环境、交通、宜居等一系列城市问题。改革开放初期，城市规模较小，城市规划一般通过以需求为导向的各种技术手段进行城市规模预测，这种城市扩张的模式，就整体而言符合当时社会发展规律，因此也促进了城市的发展。现在，经过近 40 年的改革开放，经济持续快速增长，城市规模不断扩大。据统计，在全球有 28 个超千万人口的城市，其中我国就占了 6 个。在此大环境下，我们遵循的规划模式已不再适应需求，它的弊端愈加明显。城市在发展中加剧了社会资源集聚，乡村发展动力相对减弱。因此，城乡规划需要反思和研究，新型城镇化战略给出了今后关注的重点和方向。城乡规划实践中，应在统揽全局的基础上，考虑实际建设中的各个层次和要素，充分考虑在新型城镇化背景下各区域不同的经济发展水平、城市基础设施条件和发展需求，以综合效益为导向，将城与乡放在全域空间来规划，通过规划的调控手段，科学划定城市增长边界，处理好城乡发展关系；合理预测城市数量和规模，提高产业和人口集聚效率。

2)理性包容的城乡规划

理性包容追求是城乡规划在制定之初，主动考虑到因为规划所带来的各种社会包容问题：如环境治理、土地使用、居民搬迁、农民失地进城等。在制定规划的同时制定好方针策略，通过政策扶持、利益补偿、资源优化等方式及时解决社会包容问题，使居民能够获得归属感、认同感。理性包容是主动包容而不是被动包容，不是出现社会危机问题规划者才意识到该如何去缓解进而解决危机。在新型城镇化背景下，城乡规划要体现理性包容，要求更注重公平，而非效率优先；为社会弱势群体考虑；鼓励全民参与，公共服务优先。首先，如果继续提倡效率优先，往往会造成城乡规划难以很好地顾及社会公平，社会贫富差距、区域不平衡等社会问题会日益加剧。注重公平可以缓解这些现象，人们处于公平社会环境时，市场规则更加明晰，市场效率也会得以提高，两者之间并不是完全对立的。其次，城乡规划往往被政府、精英阶层影响，同样生活在城乡的弱势群体因为自身能力限制，无法表达自己对城乡规划的期望，没有话语权。社会经济发展已经具备坚实基础，具有面对问题的能力，城乡规划应该考虑到弱势群体需要，在文化教育、医疗卫生、就业、交通和居住等民生方面予以体现。

3)问题导向的城乡规划

要深入研究本区域城乡长远发展目标定位问题，规划好不好，首先看规划对城市未来发展目标定位是不是科学合理、清晰明确。不能脱离自身历史、现实、基础和优势，必须符合国家、区域层面发展要求。在要素约束方面要深入研究城市发展基础性要素约束问题，城乡规划管不管用、能不能实施，关键看对城乡发展的基础性要素有没有全面考量，对未来城乡发展用地总量和结构有没有全面认识，对生态环境有没有全面科学评估。在基础设施方面要以推进公共服务实施、市政基础设施规划建设为重点，完善城乡公共服务体系，提升设施服务水平，实现基本公共服务均等化和一体化。

5.2 产业分类与产业结构

5.2.1 产业分类

“产业”是指在国民经济中以社会分工为基础，在产品和劳务的生产和经营上具有某些相同特征的企业或单位及其活动的集合。产业分类就是为了进行产业研究和管理，按照一定的标准，把具有不同特点的产业划分成各种不同的类型。

1) 三次产业分类法

(1)新西兰经济学家费歇尔根据人类经济活动发展的三个阶段划分了第一、第二和第三次产业。英国经济学家和统计学家克拉克继承和发展了费歇尔的研究成果。这种分类方法从深层次反映了社会分工深化与产业结构演进的关系。费歇尔和克拉克被公认为三次产业分类法的创始人。

(2)三次产业分类法更多地以经济活动与自然界的关系为标准将全部经济活动划为三大类：第一次产业指直接从自然界获取产品的物质生产部门(广义农业：种植业、畜牧业、渔业、狩猎业和林业)；第二次产业指加工取自自然界的物质生产部门(广义上的工业：制造业、采掘业和矿业、建筑业以及煤气、电力和供水等)；第三次产业指从第一、二次产业的物质生产活动中衍生出来的非物质生产部门(广义服务业：运输业、通信业、仓储业、商业贸易、金融业、房地产业、旅游业、饮食业、文化、教育、科学、新闻、传播、公共行政、国防、娱乐和生活服务等)。

2)关联方式分类法

关联方式分类法具有某种相同或相似关联方式的企业经济活动组成一个集合的分类方法。它又可以根据不同的关联方式分为多种分类法。

(1)技术关联分类法。按照企业生产技术或制作工艺方面的相似性，生产工具、生产流程和管理技术相似性归类。如制造业、建筑业、冶炼业、运输业等产业。

(2)原料关联分类法。按照企业使用具有相同或类似的原材料,进行归类。例如,棉纺工业、化纤工业、钢铁业、木材业、卷烟业等。

(3)用途关联分类法。将具有相同或相似商品用途的企业经济活动组成一个集合的分类方法。例如自行车制造业、造船业、汽车制造业、仪器工业、软饮料业、烟草业、制药业、橡胶轮胎业等。

(4)方向关联分类法。以产业间的关联方向为标准对产业进行分类。包括单向关联、双向关联、环向关联等。

(5)战略关联分类法。按照在一国产业政策中的不同战略地位划分产业。按照不同战略地位划分的产业主要有:主导产业,先导产业,支柱产业,重点产业,先行产业(狭义和广义)。

3)生产要素分类法

按劳动、资本、知识等生产要素的比重或对各生产要素的依赖程度对产业分类。主要有:劳动密集型产业、资本密集型产业、知识密集型产业,它反映了经济发展水平高低,产业结构的高度化趋势。可以根据产业结构变化的这种趋势制定相应的产业发展政策。理论基础是要素创造价值论。

4)两大部类分类法

(1)马克思的分类方法。理论基础是劳动创造价值,社会各部门分为物质生产部门和非物质生产部门。物质生产部门创造物质财富。

(2)根据产品在再生产过程中的不同作用,社会总产品物质上分为生产生产资料的第Ⅰ部类和生产消费资料的第Ⅱ部类,价值形成上分为不变资本C、可变资本V和剩余价值M三大部分。通过两大部类的市场交换和各部类内部分部类之间的市场交换,各部门同时实现再生产所需要的物质补偿和价值实现。

5)国家标准分类法

国家标准分类法一国(或一地)政府为了统一该国(或该地)产业经济研究的统计和分析口径,以便科学地制定产业政策和对国民经济进行宏观管理,并根据该国(或该地)的实际而编制和颁布的划分产业的一种国家标准。

由一国或一地的政府或其技术标准管理部门编制和颁布,具有整体性、广泛性和权威性的特征。世界上许多国家都有各自的国家标准分类法。

6)国际标准分类法

(1)联合国为了统一世界各国的产业分类于1971年编制和颁布的《全部经济活动的国际标准产业分类索引》。国际标准产业分类法同三次产业分类法一致,但比后者更细致。

(2)国际标准产业分类法将全部经济活动分为大、中、小、细四个层次,并规定了相应的统计编码。它先将全部经济活动分成10个大项,再将各个大项细分为若干个中项,然后将各个中项细分为若干个小项,最后将各个小项细分为若干个细项。

7)其他产业分类法

(1)钱纳里-泰勒分类法。在考察生产规模较大和经济比较发达的国家的制造业内部结构的转换和原因时,将不同经济发展时期对经济发展起主要作用的制造业部门划分为初期产业、中期产业和后期产业。

(2)农轻重产业分类法。以物质生产部门创造财富的理论为基础,产业分成农业、轻工业、重工业三大部门。只适合于工业化程度较低的发展阶段,不适合于工业化程度较高的发展阶段。

(3)产业发展阶段分类法。按照产业发展所处的不同阶段进行产业分类。判断的主要条件:规模和成本大小、技术成熟程度和老化深度、市场需求规模的扩张和缩小。主要类型:幼小产业、新兴产业、朝阳产业、夕阳产业、衰退产业、淘汰产业等。

5.2.2 产业结构

5.2.2.1 产业结构演化

1)产业结构演进规律

(1)马克思的产业按比例协调发展规律。在社会化大生产条件下,国民经济中存在许多产业部门,各产业部门只有配置必要的生产资料和劳动力,才能进行生产,而且生产资源只有按一定比例恰当配置,才能使得各产业部门的产品正好能满足本部门和其他产业部门生产或生活的需要。只有这样,产业与产业之间的关系才协调,才能在产业层次上优化资源配置,产业结构才合理,社会再生产才能顺利进行，国民经济才能协调高效发展。国民经济的各产业部门都要保持一定的比例关系，是马克思社会资本再生产理论揭示的社会化大生产的客观必然性，是产业结构变动的普遍规律之一。

(2)配弟-克拉克与库兹涅茨的三次产业比重变动规律。由英国经济学家克拉克和美国经济学家库兹涅茨先后提出。随着经济发展，人均收入水平的进一步提高，劳动力首先由第一产业向第二产业转移，进而向第三产业转移。同时，第一产业的国民收入在整个国民收入中的比重不断下降，第二产业和第三产业的国民收入相对比重的基本趋势是不断上升的。

(3)霍夫曼的工业化过程中的重工业化规律。资本品与工业品的比例称为霍夫曼比例，根据霍夫曼比例变化的趋势，把工业化过程划分为四个发展阶段。第一阶段，消费品工业占统治地位，资本品工业不发达，霍夫曼比例为 5 左右；第二阶段，资本品工业的增长快于消费品工业的增长，但消费品工业的规模仍然比资本品工业的规模大，霍夫曼比例为 2.5 左右；第三阶段，资本品工业继续比消费品工业更快地增长，资本品工业的规模达到甚至超过消费品工业的规模，霍夫曼比例在 1 左右；第四阶段，资本品工业的净产值已经超过消费品工业的净产值，已经处于主体地位，霍夫曼比例在 1 以下。霍夫曼定理只适用于工业化初期，而到了工业化较高的阶段，由于工业化的内涵发生了变化，霍夫曼系数就趋于稳定了。

2)产业结构变动的趋势

(1)生产要素密集型产业地位变动趋势。劳动密集型产业、资本密集型产业、知识技术密集型三种不同类型的产业在产业结构或国民经济中所处的地位并不相同，也不是一成不变的，并且会形成不同类型的产业结构并且会发生变动，存在着产业结构先是以劳动密集型产业为主，然后转向以资本密集型产业为主，最后变为以知识技术密集型产业为主的演变规律。

(2)产业结构高加工度和高附加值化趋势。工业结构表现为以原材料工业为中心转向加工、装配工业为中心的发展趋势。原材料工业增长速度慢，比重下降，加工工业增长速度快，比重上升。各种不同的产业，对劳动对象的加工程度有高低的不同，通过加工新增加的价值也有大小的差别。产业结构的演变存在产业的加工度提高和附加值增加，高加工度和高附加值产业在产业结构中越来越占优势地位、起主导作用的规律。

(3)产业结构由低级向高级演进的趋势。初级结构、中级结构、高级结构三个不同等级的类型，存在逐步由初级结构向中级结构，再向高级结构演变的客观必然性。这些产业结构演变的规律，集中表现为产业结构由低级向高级演进的规律。

总趋势是：在三次产业中，第一产业比重不断下降，第二、三产业比重上升。但到一定阶段后，第二产业比重呈下降趋势，而第三产业则上升。

5.2.2.2　产业结构优化

1)产业结构优化的内涵

产业结构优化是指人为地推动产业结构高级化和产业结构合理化发展的过程，是实现产业结构与资源供给结构、技术结构、需求结构相适应的状态。它是指产业与产业之间协调能力的加强和关联水平的提高，主要依据产业技术经济关联的客观比例关系，遵循再生产过程比例性需求，促进国民经济各产业间的协调发展，使各产业发展与整个国民经济发展相适应。它遵循产业结构演化规律，通过技术进步，使产业结构整体素质和效率向更高层次不断演进的趋势和过程，通过政府的有关产业政策调整，影响产业结构变化的供给结构和需求结构，实现资源优化配置，推进产业结构的合理化和高级化发展。

2)产业结构高级化与合理化

产业结构高级化又称高度化，是指产业总体发展水平不断提高的过程，或者说是产业结构由低水平状态向高水平状态发展的过程。产业结构高级化的标志是：高加工度化、高附加值化、技术集约化、知识化和服务化。

产业结构合理化是指产业之间的经济技术联系和数量比例关系趋向协调平衡的过程。要求在一定的经济发展阶段上根据科学技术水平、消费需求结构、人口基本素质和资源条件，对起初不合理的产业结构进行调整，实现生产要素的合理配置，使各产业协调发展。

产业结构优化具体包括：供给结构的优化、需求结构的优化、国际贸易结构的优化、国际投资结构的优化。

5.3 城乡产业区位理论与空间结构演化

5.3.1 产业区位理论

区位是指人类行为活动的空间。具体而言，区位除了解释为地球上某一事物的空间几何位置，还强调自然界的各种地理要素和人类经济社会活动之间的相互联系和相互作用在空间位置上的反映。区位就是自然地理区位、经济地理区位和交通地理区位在空间地域上有机结合的具体表现。产业区位理论包括第一产业区位理论、第二产业区位理论、第三产业区位理论。

5.3.1.1 第一产业区位理论

杜能农业区位理论是19世纪初由杜能提出。杜能农业区位理论给定了以下六个假定条件：肥沃的平原中央只有一个城市；马车是唯一的交通工具；土质条件一样；距城市50英里之外是荒野；人工产品供应仅来源于中央城市，而城市的食物供给则仅来源于周围平原；矿山和食盐坑都在城市附近。

农业生产方式的空间配置，一般随着距城市距离的增加，则种植相对于农产品的价格而言运费小的作物。在城市的周围，将形成在某一圈层以某一种农作物为主的同心圆结构。随着种植作物的不同，农业的全部形态随之变化，将能在各圈层中观察到各种各样的农业组织形式。以城市为中心，由里向外依次为自由式农业、林业、轮作式农业、谷草式农业、三圃式农业、畜牧业这样的同心圆结构。

杜能农业区位理论在现实中也存在局限性。在工业化、城市化迅速发展的城市地区，由期待地价上升的投机者、开发商以及农民的开发而形成的“无秩序开发状况”随处可见；在城市附近的农民，由于农地可以随时转化为住宅等城市用地，对农地的资本和劳动投入会减少并有可能放弃耕种或者仅进行临时性耕作；而远离城市的农民，则由于农地难以转换成城市用地，对农地的投入较多，并从事相对集约度高、农业利用价值大的土地经营。

5.3.1.2 第二产业区位理论

韦伯工业区位论是德国经济学家韦伯（Alfred Weber）于1909年创立了的。那时近代工业有了较快发展，韦伯从经济区位的角度，探索资本、人口向大城市移动背后的空间机制。

韦伯分成三个阶段逐步构建其工业区位论。第一阶段：不考虑运费以外的一般区位因子，即韦伯工业区位论中的运费指向论。由运费指向形成地理空间中的基本工业区位格局；第二阶段：将劳动费用作为考察对象，即考察运费与劳动费合计为最小时的区位。即韦伯工业区位论中的劳动费指向论；第三阶段：将集聚与分散因子作为考察对象，即为韦伯工业区位论中的集聚指向论。

韦伯进一步研究了集聚利益对运费指向或劳动费指向区位的影响。他认为，集聚节约额比运费（或劳动费）指向带来的生产费用节约额大时，便产生集聚。一般而言，发生集聚指向可能性大的区域是多数工厂互相临近的区域。

5.3.1.3 第三产业区位理论

1）中心地系统的空间模型

克里斯泰勒认为中心地的空间分布形态，受市场因素、交通因素和行政因素的制约，形成不同的中心地系统空间模型。在三原则中市场原则是基础，而交通原则和行政原则可看作是对市场原则基础上形成的中心地系统的修改。他认为，市场原则适用于由市场及其市场区域构成的中世纪的中心地的商品供给情形。

克氏进一步强调，高级中心地对远距离的交通要求大。因此，高级地按交通原则布局，中级中心地布局行政原则作用较大，低级中心地的布局用市场原则解释较合理。

2）廖什的中心地理论

廖什的中心地理论的理论部分涉及区位、经济区域和贸易三部分。他的区位理论从经济区位论的观点来看，是以最大利润原则代替了韦伯的最低费用原则为特点，标志着区位论研究由古典区位论发展为近代区位论。

廖什推导出的单一职能的中心地模型与克里斯泰勒的模型非常相似。而在多种职能供给情况下，廖什的中心地系统与单一职能的均衡不同，同克里斯泰勒模型差异较大，这主要因为前提条件假设不同。

3)服务业区位论

服务业在空间上集聚主要是追求企业间商务交流和合作的便利性和互补性，以及高度熟练的劳动市场。服务业区位选择的因素如下：

(1)服务企业对不同城市的选择因素。该企业能够接受企业服务的规模和规范；服务区的人口数量和消费偏好；总体消费能力和消费量的分配状况；不同服务行业的总体消费潜力；其他竞争者的数量、规模和质量；竞争程度等。

(2)服务业对城市内特定区域的选择因素。服务区和具体服务设施对顾客的吸引力；竞争企业的量与质；到达该服务设施的交通通达性；该区域的居民特性和风俗习惯；该区域的空间扩展方向；该区域的基本概况等。

(3)服务业对具体区位地点的选择因素。经过该地点的交通状况和交通发展潜力；相邻企业的基本情况；停车场的充足性；在该地点布局的综合费用等。

5.3.2　产业空间结构模式

在不同的区域和发展阶段，区域空间结构既表现出一定的共性，也存在差异，呈现出各种模式。区域空间结构有以下几种较典型的模式。

5.3.2.1　极核式空间结构

在区域发展的早期，虽然内部的经济发展水平差异不很显著，但是各地区之间的资源禀赋是不相同的。如果有个别经济发展比较好的点得到了良好的发展机遇(例如，区域的行政机关设立于此，开辟了通往区外的交通线路)，那么，它的经济发展将步入“快车道”，在若干个点中异军突起，实现经济快速增长。最终，它发展到经济规模和居民点规模都明显超过其他点时，它就成了区域的增长极。

增长极一经形成，就会对区域内的经济活动分布格局产生重大影响。由于增长极的投资环境优于区域中的其他地方，投资的收益率高，发展的机会多，因此，就对周围地区的资金、劳动力、技术等要素产生越来越大的吸引力，这些要素为追求高收益和寻找更好的发展机会而向增长极集聚。它们的集聚必然伴随区域内各种自然和人文资源的集聚。于是，就产生区域要素流动的极化过程。在极化过程中，区域的资源和要素不断向增长极集聚，各种经济组织、社会组织和人口也向增长极集中，从而导致区域的空间分异。增长极成为区域经济和社会活动的极核，对其他地方的经济和社会发展产生着主导作用。

5.3.2.2　点轴式空间结构

点轴式空间结构有时也称之为点轴系统，它是在极核式空间结构的基础上发展起来的。在区域发展的初期，虽然出现了增长极，但是也还存在其他的点，这些点也是经济活动相对集中的地方。在增长极与周围点的交往中，就必然产生越来越多的商品、人员、资金、技术和信息等的运输要求。从供需关系看，就意味着增长极与周围的点之间建立起了互补关系。为了实现它们之间的互补性，就会建设连接它们的各种交通线路、通信线路、动力供给线路等。这些线路的建成，一方面更加有利于增长极和相关点的发展，另一方面又改善了沿线地区的区位条件，刺激了沿线地区的经济发展。于是，沿线地区就逐渐发展成区域的经济活动密集区，成了区域发展所依托的轴线。

轴线形成后，位于轴线上的点将因发展条件的改善而使发展加速。这时，会出现如下情况：增长极和轴线上点的规模不断增大，轴线的规模也随之扩大，它们又会向外进行经济和社会扩散，在新的地区与新的点之间再现上述点轴形成的过程。这样，就在区域中形成了不同等级的点和轴线，它们相互连接构成了分布有序的点轴空间结构。

5.3.2.3　网络式空间结构

网络式空间结构是点轴系统发展的结果。在点轴系统的发展过程中，位于轴线上的不同等级的点之间的联系会进一步加强，一个点可能与周围的多个点发生联系，以满足获取资源和要素、开拓市场的需要。相应地,在点与点之间就会建设多路径的联系通道,形成纵横交错的交通、通信、动力供给网络。网络上的各个点对周围农村地区的经济和社会发展产生组织和带动作用,并通过网络而构成区域的增长中心体系。同时,网络沟通了区域内各地区之间的联系,在全区范围内传输各种资源和要素,于是就构成了区域的网络空间结构。

网络空间结构是区域经济和社会活动进行空间分布与组合的框架。依托网络空间结构,充分利用各种经济社会联系就能够把区域内分散的资源、要素、企业、经济部门及地区组织成为一个具有不同层次、功能各异、分工合作的区域经济系统。

5.3.3 产业空间结构演化

区域空间结构是在一定的发展时期和条件下区域内各种经济组织进行空间分布与组合的结果。随着时间的推移,它也在不断地发生演变。这里介绍几种较有影响的区域空间结构演变理论。

5.3.3.1 弗里德曼的区域空间结构演变理论

美国学者弗里德曼把区域空间结构的演变划分为四个阶段。

(1)前工业阶段的区域空间结构。这个阶段代表了工业化之前的时期。区域空间结构的基本特征是区域空间均质无序,区域内部各地区之间相对封闭,彼此很少联系。

(2)过渡阶段的区域空间结构。这个阶段是工业化的初期。在工业化的进程中,经济快速增长,发展到一定程度就成了区域经济的中心。该中心以其经济发展的优势吸引外围地区的要素不断向它集聚,而外围地区则更趋向落后,从而致使区域空间结构日趋不平衡。

(3)工业化阶段的区域空间结构。在工业化阶段,随着经济活动范围的扩展,在区域的其他地方产生了新的经济中心。这些新经济中心与原来的经济中心就形成了区域的经济中心体系。在这个时期,区域空间结构趋向复杂化和有序化,并对区域经济的增长有着积极的影响。

(4)后工业化阶段的区域空间结构。在这个时期,经济发展达到了较高的水平,区域内各地区之间的经济交往日趋紧密和广泛。随着中心与外围地区界线的逐渐消失,区域将最终走向空间一体化。

5.3.3.2 唐富藏的区域空间结构演变理论

唐富藏认为区域空间结构的演变一般要经过早期发展的集中阶段、集中后分散阶段和分散后地方中心成长阶段三个阶段。每个阶段的基本情况如下,

(1)早期发展的集中阶段。这个阶段反映的是产业革命前和进入产业革命后的区域空间结构的变化情况。在产业革命之前,区域中少数地方由于区位条件,成了区域内人口的聚集中心。开始产业革命之后,随着经济的快速发展,区域中的人口和产业活动便不断地向这些人口聚集中心聚集,区域的中心城市就因此而产生。其结果是扩大了区域空间结构中的各要素差异程度。

(2)集中后分散阶段。在不断增强的集聚效应的作用下,中心城市的经济力量日益强大。通过产生对外部的需求和向外部扩散技术知识,受其影响,区域中的次级中心兴起。这些次级中心又会通过同样的集聚过程,增强自己的集聚力量,同时,也向周围扩散影响,从而刺激更低一级中心的兴起。

(3)分散后地方中心成长阶段。中心城市扩张到一定的限度后,由于市区内的距离相对过大,于是就出现了集聚不经济现象。这就迫使中心城市的部分要素和经济活动向外迁移,中心城市的成长速度逐步减缓,甚至低于次级中心的成长速度。这时,区域内空间成长的差异将缩小,并趋于空间均衡成长。

5.3.3.3 陆大道的区域空间结构演变理论

陆大道提出四个阶段组成的区域空间结构演变过程的观点。

(1)社会经济结构中以农业占绝对优势的阶段。在此阶段,区域的总体生产力水平低下,社会生产和生活封闭性明显,区域内的居民点呈散布状态。区域空间结构总体上处于低水平的“平衡状态”,且比较稳定。

(2)过渡阶段。由于受到内部社会变革和外部条件变化的影响,区域经济开始呈现较快的增长。区域经济增长主要发生在城市,因而导致区域内部的空间不平衡,远离城市的边缘地区仍然处于极不

发达状态。

(3)工业化和经济起飞阶段。在技术进步和社会变革的推动下,社会生产力得到进一步的解放,区域经济开始进入强烈动态增长期。经济由"中心—边缘"结构逐步演变为多核心的结构。城乡之间、城市之间的交流日趋活跃,在这个过程中城市的等级体系开始形成,边缘落后地区也因此而得到一定程度的开发。

(4)技术工业和高消费阶段。在这个时期,区域社会生产力因科学技术的高速发展和广泛应用而得到高度发展,现代交通运输和通信网络形成,区域空间结构在较高的水平上重新达到"平衡"状态。

5.4 区域产业规划分析方法

5.4.1 区域产业发展环境分析

产业的发展不仅受到自身禀赋的影响,也受到外部环境如人文社会背景、政策制度等的影响,因此对区域产业发展环境的分析,需要从外部和内部环境两方面进行。

5.4.1.1 外部环境分析

1)时代背景研究

产业发展的时代背景主要从宏观方面进行分析,把握好当前的国际及国内的政治经济形势,具体要从宏观形势,产业发展的趋势及重大事件方面进行分析。①宏观形势主要分析当前国际国内社会经济发展的主旋律,如经济全球一体化,国内可持续发展理念及城乡统筹发展等,从而找出对规划区产业规划的有利因素和不利因素。②产业趋势方面主要分析国际国内及相关地区最新的产业发展方向,及最新的技术革新动向,如信息技术、高技术产业及互联网金融等,从而挖掘出规划区新的产业发展方向或理念。③重大事件分析是指与规划区相关的重大基础设计、重大的项目等,如北京奥运会、上海世博会等,以便对宏观形势做更全面的分析。

2)区位背景研究

区域背景分析是指从中观层层面分析规划区所在的城市或城镇状况、所在行政区城市(城镇)的发展战略,及周边地区的社会发展状况及规划区自身的发展战略等。主要从行政区划区位、经济地理区位两方面分析。

行政区划区位分析是指从规划区所在的行政区的社会经济发展状况及行政区规划方面,分析所在行政区的产业发展趋势,从而得出规划区的产业发展任务和错位,规划区的发展要与所在上级行政区的规划保持同步和衔接,从而使行政区内产业协调发展。

经济地理区位的分析,主要从所属经济地理区域的社会经济发展的现状和规划分析入手,研究大区域的城市和产业发展趋势,并得出规划区的相应发展的新理念及模式,达到与周边其余分工协作的协调发展模式。

5.4.1.2 内部条件分析

区域内部条件主要从产业发展条件及产业发展现状两方面进行分析。能否准确认识规划区内部条件,关系到产业规划编制是否具有针对性和可行性。

1)产业发展条件

产业发展条件分析是指对规划区产业发展条件的全面分析,主要从规划区的地理区位、资源禀赋、基础设施、人居环境、生产要素、技术创新、政府服务、经济基础、规划条件等方面进行资料的搜集、调查和分析,发掘出规划区产业发展的优势条件、劣势条件、发展的机遇及挑战,另外要找出规划区的特色经济要素,规划区产业规划要围绕特色经济要素进行合理规划,最大限度地发挥规划区的资源要素优势,形成规划区特色产业带或者产业链。

2)产业发展现状

产业发展现状分析主要从规划区产业发展的经济表现、产业结构现状、重点企业状况、产业布局等方面进行深入的研究和调查,为科学合理地做出产业规划提供必要条件。产业发展现状的全面分析能够发现规划区现有产业发展中存在的重大问题及不合理的地方,从而找到规划区产业规划的切入点。

5.4.1.3 区域产业发展环境分析方法

本部分内容主要介绍区域产业发展环境分析中市场结构的分析方法,以便在规划区的产业规划中测量产业进入和退出壁垒,而其他部分的环境分析多采用定性分析。

1)单个企业垄断势力的测量

(1)勒纳指数。勒纳指数 I_L 由美国学者勒纳提出,它度量的是价格 P 与边际成本 MC 的偏离率。其计算公式是:

$$I_L=(P-\mathrm{MC})/P$$

由于 $P\geqslant \mathrm{MC}>0$,所以 $0\leqslant I_L\leqslant 1$。$I_L$ 值越大,表明垄断势力越大。在完全竞争条件下,$P=\mathrm{MC}$,$I_L=0$,在存在垄断的情况下,I_L 值会大些,但不会超过1。但是,采用勒纳指数测量的数据较难获得,且没有反映企业潜在的垄断力量。

(2)贝恩指数。贝恩指数是产业组织理论的奠基者之一,贝恩提出的测量市场结构的指标。贝恩主张以企业为产品所定价格 P 比其平均成本 AC 高出的幅度作为衡量企业垄断势力的标准。以 I_B 表示贝恩指数,其计算公式是:

$$I_B=(P-\mathrm{AC})/P$$

由于 $P\geqslant \mathrm{AC}>0$,所以 $0\leqslant I_B<1$,I_B 越大,表明垄断势力越大。该指数实际是根据绩效来测量垄断势力,它计量的是企业获取超额利润的($P-\mathrm{AC}$)程度。但是,贝恩指数把超额利润等同于垄断,超额利润的获取也可能是由于技术水平的提高。

2)行业垄断和竞争程度的测量

(1)市场集中度。集中度(CR)是测量产业竞争性和垄断性的最简单易行与最常用的指标,产业集中度一般以产业内规模最大的若干家厂商的有关指标值 X(产量、销售额、资产额、增加值、职工人数)占整个市场或行业的份额来衡量。该产业 m 家企业中前 n 位企业的集中度 CR 的计算公式是:

$$\mathrm{CR}_n=\sum_{i=1}^{n}X_i/\sum_{i=1}^{m}X_i$$

在分析各产业的集中度时,通常以最大的4家或8家厂商的指标份额来计量,分别称为"4厂商集中度"和"8厂商集中度"。但是,该指标并不能反映产业内部的竞争程度、市场份额和产品差异程度的变化情况等。

(2)洛伦茨曲线和基尼系数。洛伦茨曲线和基尼系数最初用于测量居民收入分配均匀状况,产业组织理论借用这两个概念从整体全貌上反映产业集中状况,可以在一定程度上弥补市场集中度指标的不足。产业组织理论中,洛伦茨曲线可以反映产业中由小到大企业数量的累计百分比与其规模份额的累积百分比之间的关系。

基尼系数则是一个建立在洛伦茨曲线基础上的度量指标,它能够把洛伦茨曲线所反映的不均匀度用量化指标体现出来。基尼系数取值介于0~1,厂商规模分布越不均匀,基尼系数越大。如果所有厂商规模相等,基尼系数为0;如果独家厂商垄断,基尼系数等于1。

$$\text{基尼系数}=\frac{\text{均等分布线与洛伦兹曲线围成的面积}}{\text{均等分布线下的三角形面积}}$$

(3)赫芬达尔指数。赫芬达尔指数是赫芬达尔提出的一种测量产业集中度的综合指数。如果产业中有 n 个企业,X_i 为第 i 个企业的规模,T 为产业的总规模,赫芬达尔指数 I_R 可用如下公式表示:

$$I_R=\sum_{i=1}^{n}\left(\frac{X_i}{T}\right)^2$$

赫芬达尔指数是产业市场集中度测量指标中较好的一个,包含了所有企业的规模信息,反映出行业集中度无法反映的集中度的差别,兼有绝对集中度和相对集中度指标的优点,因为 I_R 值对规模较大的上位企业的市场份额反应比较敏感,能够真实反映市场中企业之间规模的差距的大小,但是数据的搜集成本较高。

(4)熵指数。熵指数是借用信息理论中熵的概念,它具有平均信息量的含义,可用如下公式表示:

$$EI=\sum_{i=1}^{n}S_i\log(1/S_i)$$

式中:S_i 为产业中第 i 位企业的市场份额,n 为企业数。反映了市场中所有企业的规模情况,都是企业的市场份额之和。熵指数分配给各个企业市场份额的权数不同,对大企业分配了较高的权数,但重要程度有所不同。

(5)交叉弹性。不同产品间的交叉价格弹性可以反映有关产业成产业间的替代性和互补性，替代性越强，竞争性就越强。交叉弹性可用如下公式表示：

$$\text{供给的交叉价格弹性}=\frac{x\text{生产者提供的}x\text{产品数量变动百分数}}{y\text{产品的价格变动百分数}}$$

如果 y 的价格降低（或提高），x 的数量增加（或减少），即交叉价格弹性为负数，表明 y 与 x 具有互补性。如果 y 的价格降低（或提高），x 的数量减少（或增加），即交叉价格弹性为正数，表明 y 与 x 具有替代性。一般来说，交叉弹性越大，y 与 x 之间的替代性越，竞争性也越强。

5.4.2　规划区产业定位分析

5.4.2.1　产业定位的内涵

产业定位是指规划区根据所处的社会经济发展阶段及自身具有的综合优势和独特优势、产业发展现状以及各产业的运行特点，合理地进行产业发展规划和布局，确定主导产业、相关产业及配套产业的过程。主导产业是指在某一经济发展阶段中，对产业结构和经济发展起着较强的带动作用以及广泛、直接或间接影响的产业部门，它能迅速有效地利用先进技术和科技成果满足不断增长的市场需求，具有持续的高增长率和良好大发展潜力，处于生产联系链条中的关键环节，是区域经济发展的核心力量。产业定位的具体内容包括主导产业选择、产业组合方案的确定，辅助产业的确定，从而制定规划区的产业选择策略。

5.4.2.2　产业定位的原则

（1）关联性原则。产业的选择需要依据规划区主导产业选择进行开展，发挥优势产业，带动关联产业发展，提高产业间及产业内部的协作，推动产业、企业形成配套发展、错位发展、互补发展的良性格局，提升企业市场适应能力、反应能力和竞争能力。

（2）集聚发展原则。产业规划应强化规划区的产业配套能力、基础社会及政策市场环境建设等，加快生产性服务业的发展，从而增强规划区产业对规划区周边地区的吸纳、集聚和辐射带动能力，扩大规划区的规模经济和范围经济效益，促进规划区的全面发展。

（3）集约发展原则。规划区产业规划应进行合理定位和布局，形成优势产业集聚，建立成链闭环发展的循环经济发展模式，有效保护环境，实现资源节约利用、综合利用、循环利用，推进工业发展方式。

（4）合作发展原则。规划区产业定位应该保持开放的态度，与周边地区协调发展。

5.4.2.3　规划区产业定位类型

一般说来，开发区产业定位主要有以下几种类型：

（1）地理定位型。地理定位型也称为区位型产业，指的是依据规划区的地理条件选择合适的产业发展，从而构建产业带或产业群。

（2）资源定位型。依据规划区的资源优势进行产业选择。

（3）市场定位型。依据市场供求状况及需求弹性进行产业选择。

（4）中心城市或经济区配套定位型。依据中心城市或经济区的特殊地位，配套构筑并完善上下游产业带。

5.4.2.4　城乡规划产业定位分析方法

1）经济基础模型

经济基础理论的基本内容是：任何地区的经济活动都可以根据产品销售市场的特征分为基础产业与非基础产业两大类。基础产业影响并决定着地区的总体发展，而非基础产业只是总体发展的条件与结果。两者间存在着一种稳定的关系。

假设：令 C 为区内本地产品的消费倾向，Z 为非基础产业产值，X 为基础产业产值，Y 为区域总产值，则由 $C=\frac{Z}{Y}$ 可得：

$$Y=\frac{1}{1-C}\times X$$

利用这一公式可以预测产业变化对区域经济产生的乘数影响。经济基础模型结构简单、所需数据少、成本低等优点。但是不能科学地反映消费倾向的变化等。

2）投入产出模型

投入产出理论认为，任何经济活动都是与其他经济活动互相依存、互为条件的。一种产业的变化会引起一系列产业的变化。投入产出分析就是通过编制反映这种依存关系的投入产出表，建立投入产出模型以研究各种经济活动、社会在生产环节数量依存关系的方法。其一般模型为：

$$\boldsymbol{X}=(\boldsymbol{I}-\boldsymbol{A})^{-1}\boldsymbol{Y}$$

式中：$\boldsymbol{X}$ 为总产值列向量；$\boldsymbol{I}$ 为单位矩阵；$\boldsymbol{A}$ 为直接消耗系数矩阵；$\boldsymbol{Y}$ 为最终产品列向量。

在该式的基础上，可建立多种实用的投入产出模型，如区域投入产出型、区域间投入产出模型等。投入产出分析模型还可用于分析各产业间的关联度及依赖度。但该模型存在产业与产品划分、资料收集与系数不变等问题。

3)线性规划模型

线性规划模型可用于解决两类问题：资源在空间上的最优分配和最优利用问题。线性规划模型由目标函数和约束条件两部分构成。一般线性规划模型可表示为：

$$\max(\min) f=\sum_{j=1}^{n} C_j X_j$$

$$\begin{cases}\sum a_{ij}X_j < b_i, & i=1,2,\cdots,m\\ X_j \geqslant 0, & j=1,2,\cdots,n\end{cases}$$

以上的目标函数和约束条件含义为：某种经济活动，其共同利用 m 种有限资源 $b_i(i=1,2,\cdots,m)$，每单位 j 活动需占用或消费 i 资源的量为 a_{ij}，每单位 j 活动的产出(或成本)为 C_j，X_j 表示经济活动水平，模型的求解变量为 $X=(X_1,\cdots,X_j,\cdots,X_n)^{-\mathrm{T}}$。

线性规划模型体现了效益原则，模型的具体形式有很大的灵活性，形式简单，易于理解，有通用的解法等；但不能研究非线性问题、多目标问题、动态问题等。

5.4.2.5 城乡规划产业定位战略分析方法

1)PEST 模型

PEST 分析法是产业综合分析的基本工具，它通过政治的(political)、经济(economic)、社会的(social)和技术的(technological)角度或四个方面的因素分析，从总体上把握宏观环境，并评价这些因素对产业规划战略的影响。规划区产业规划发展战略的制定，可应用 PEST 模型分析区域产业发展的环境分析，如前文所述，可将宏观环境分为时代因素和区位因素，具体行业或产业的分析也可用 PEST 模型。

2)钻石模型

“钻石模型”由美国哈佛商学院著名的战略管理学家迈克尔·波特提出，用于分析一个国家或地区某种产业为什么会在国际上或区域有较强的竞争力。“钻石模型”提供了产业竞争力分析的框架，在进行产业定位是要充分考虑影响产业发展的因素，除了波特提出的需求因素、生产要素、辅助行业和企业战略等因素外，政府层面的因素也很重要，综合考虑钻石模型中的这些因素，可以科学地进行产业战略选择。

3)SWOT 模型

SWOT 分析法是由旧金山大学的管理学教授韦里克于 20 世纪 80 年代初提出来的，是一种能够较客观而准确地分析和研究一个单位现实情况的方法。SWOT 分析可以全面地分析规划区或者产业发展的内外部环境，在进行具体分析时，可构造 SWOT 矩阵或者图表，将各种因素进行综合分析，发挥优势因素，克服弱点因素，利用机会因素，化解威胁因素。

5.4.3 城乡规划产业布局

5.4.3.1 产业布局的概念

产业布局指的是产业在一定地域空间的分布组合，具体来讲就是指各种要素如企业组织、生产要素及生产能力在地域空间上的集中和分散情况。狭义的产业布局是指工业布局，广义的产业布局指包括所有产业在一定地区空间的分布与组合。产业的空间布局主要包括两个方面，一是整体区域的产业布局，二是具体产业的区域布局。整体产业布局是指整体性的产业功能区划，具体产业的区域布局描述了各个产业在空间上的分布情况，具体产业的区域布局将会对规划区的规划起到积极的指导作用。

5.4.3.2 产业布局的原则

(1)效率优先，兼顾公平原则。从经济效益出发，择优确定产业区位．就是产业布局的效益优先原则。同时，产业布局要考虑到人民群众的需要，扶持弱势地区，公平合理的进行产业区位选择。

（2）全局原则。在全国规划的基础上，规划区依据自身的特点，进行产业布局，不能不顾整体利益，而只顾规划区自身的利益，一味地发展自己的优势产业。

（3）分工协作原则。由于不同地域的自然、经济和社会条件的不同，因此不同地域适合不同产业的发展，规划区的产业布局应根据规划区的具体状况，和综合条件进行合理布局，发挥规划区优势。

（4）可持续发展原则。可持续发展要求同时兼顾经济效益、生态环境效益与社会效益的平衡，正确处理三者之间的对立统一关系，这就是产业布局的可持续发展原则。

（5）公众参与原则。确保规划区的群众参与到产业布局决策中来，“以人为本”为公众提供更多的参与渠道，公众参与能够提高产业布局的合理性，保证公众的权力。

（6）集聚与分散原则。产业在空间上的凝聚表现为集中与分散两种趋势，集聚经济的作用要求产业向条件较好的区位集中，以获得规模经济效益和聚集效益，集聚不经济的作用要求产业向其他条件较好的区位分散，以降低成本。因此，产业布局应根据集聚导向的要求在产业发展的不同阶段实施不同的布局。

5.4.3.3　产业布局的影响因素

（1）地理因素。地理位置是影响国家和地区经济发展的因素，它能加速或延缓地区经济的发展。因为地理位置不仅关系到自然条件，而且还关系到交通、信息和一系列社会经济条件。

（2）自然因素。自然因素包括自然条件和自然资源两个方面。自然条件是人类赖以生存的自然环境，包括未经人类改造、利用的原始自然环境，也包括经过人类改造利用后的自然环境。自然资源是指自然条件中被人利用的部分。自然因素是产业布局形成的物质基础和先决条件。

（3）人口因素。人既是生产者，又是消费者。这两方面的属性对产量布局有着深刻的影响。人口数量对市场规模和资源开发程度有较大影响。一般来说，充足的人口，特别是充足的劳动力资源可以充分开发利用自然资源，发展生产。人口质量的高低是与一定的生产力水平相联系的。人口的消费状况对产业布局也有明显的影响。各个地区人口数量、民族构成和消费水平的差异，要求产业布局与人口的消费特点、消费数量相适应。

（4）社会经济因素。影响产业布局的社会经济因素主要有历史基础、商业条件、国家的政策法律、宏观调控、国际政治条件、价格与税收等。

（5）科学技术因素。科学技术是构成生产力的重要组成部分，是影响经济发展与产量布局的重要条件之一。技术进步不断地拓展人们利用自然资源的深度和广度，使自然资源获得新的经济意义。随着科技的发展，产业结构的变动，从而对产业布局产生影响。

5.4.3.4　城乡规划产业布局方法

（1）因地制宜法。产业布局过程中，要根据规划区的自然资源条件及经济状况，城镇化和城市空间发展的历史规律，充分考虑与周边地区统筹协调发展的要求，进行合理的产业布局。

（2）实地调查法。实地调查包括现场踏勘、资料收集、访问座谈、问卷调查等内容，城乡产业布局需要全面地了解规划区的产业发展的环境、现状及条件，因此调查的全面性关系到规划的质量深度。

（3）综合分析法。依据搜集到的资料对规划区发展的环境、条件和现状进行综合分析，以便进行科学合理的规划区产业布局。通常可以使用系统法、传统综合法、比较法、数学模拟法等。系统法通常由三个基本环节构成，即问题形成、系统分析、系统评价，每一个环节都有一系列定性和定量的具体方法可供利用。传统综合方法是系统分析相反的逆向思维方法。综合平衡法是传统综合方法中的一种，也是国际上区域规划方法中最基本、使用得最广泛的一种。比较法具体包括选择比较对象，确定比较标准，分析评价。数学模拟法一般建立数学模型进行分析。

产业布局中不仅要考虑规划区内的各地区的发展条件，更要注意规划区与周边的协调及相应功能区的配套设施的建设，进行合理的规划。

本章小结

本章主要从四个部分论述了城乡经济与产业发展的内容，分析了在新型城镇化背景下，城乡产业发展的现状及趋势，第二节和第三小节主要介绍了在城乡规划中涉及的产业结构及产业结构演化的理论知识，城乡规划一定要符合产业结构演变的规律和促进产业结构的优化方向；第四小节则介绍了城乡产业规划的具体方法，城乡产业规划需要全面地对规划区现有的条件及现状进行分析，以便做出科学合理地产业规划。

思考题

1. 试述目前我国城乡经济发展的现状以及你对目前我国这种发展现状的认识。

2. 产业空间结构模式有哪些？

3. 为自己感兴趣的一个地区做产业规划应从哪些方面进行？使用哪些方法？涉及哪些理论？

第6章 城乡人口与城乡社会的构建

本章导读：本章介绍城乡规划中人口及社会要素对城乡一体化社会构建的影响，从人口及城乡社会构建的基本内容和内涵入手，讨论人口对城乡社会合理构建的影响及意义，并重点阐述城乡人口结构分析、城乡人口统计方法、城乡人口预测等。

6.1 城乡人口与社会要素的定义

6.1.1 城乡人口

1)城乡人口的定义

城乡人口包括城市(镇)人口和乡村人口两个部分。

以城市规划的视角来看，城市(镇)人口是指居住在城市(镇)区内，共享城市的公共设施及相关配套服务，主要从事非农生产的，与居住、生产、休憩、交通等城市主要活动有密切联系的人群。这些人口从事城市的社会、经济和文化等活动，是城市经济发展的推动力量，是城市建设的直接参与者，也是城市服务的对象，城市的一切设施与物质供应、活动场所必须考虑容纳这些人口，为他们提供相应的服务。而城市(镇)人口规模对城镇地区的界定及人口统计口径起到直接影响。

从城镇化的角度来看，乡村人口是指居住在农村或农村聚落等非城市型聚居点的总人口。以从事农业生产为主的农民为主体，也包括为他们服务的农村其他人员，如医生、教师、商业人员等。与城市(镇)人口相比，其主要特征为：人口生育率较高；早婚现象比较普遍；年龄构成中的少年儿童和老年人比重较大；分布较为零散；职业构成简单，并以从事农业生产为主；文化教育水平偏低。

随着社会经济的发展，乡村人口正不断流入城市(镇)，乡村的生产方式、生活方式、社会意识也不断受到城市的冲击，城市(镇)化业已成为世界各国经济及社会发展的必然过程。

2)城乡人口统计的范围

各国依据本国生产力发展水平及当时的社会、政治条件，把通过法律确认的城镇地区的常年居住人口称为城镇人口，而各国对城市人口的统计更着重于用来对城市化地区的界定。我国的城镇化地区包括城区和镇区两个范围，根据《统计上划分城乡的规定》(国函[2008]60号批复)指出，城区是指在市辖区和不设区的市，区、市政府驻地的实际建设连接到的居民委员会和其他区域。镇区是指在城区以外的县人民政府驻地和其他镇，政府驻地的实际建设连接到的居民委员会和其他区域，且与政府驻地的实际建设不连接，且常住人口在3 000人以上的独立的工矿区、开发区、科研单位、大专院校等特殊区域及农场、林场的场部驻地视为镇区。乡村则是该规定划定的城镇以外的区域。

因此，城乡人口统计范围主要是指以城区、镇区为主要类型的城市型聚居区和以乡村为主要类型的非城市型聚居区的广袤地区。

3)城乡人口的统计口径

城市(镇)人口是指城区(镇区)的常住人口,即停留在该城市(镇)半年以上,使用各项城市设施的实际居住人口。常住人口统计包括户籍常住人口、非户籍常住人口、居住半年以上的流动人口及居住半年以上的暂住人口几个部分组成。

乡村人口是指常住农村或农村聚落人口。包括农业人口和一部分非农业人口。中国现行统计制度规定:乡村人口包括:①国营农场户数中的常住人口。②乡村户数中的常住人口。其中包括常住农村的外出民工、工厂临时工、户口在农村的外出学生,但不包括户口在农村的国家职工。

6.1.2 城乡社会要素的定义

1)城乡社会要素界定

城乡社会是指以城市和乡村为主体的社会空间组织的集合,而城市和乡村社会空间组织的集合,简单地说就是城乡社会结构在空间上的投影。不同学科都紧密关注着城乡社会空间,如建筑学、城乡规划学、地理学、经济学和社会学等。建筑学和城乡规划学主要强调实体空间的演变;经济学实际上偏重于解释城乡空间格局形成的经济机制;地理学和社会学主要强调土地利用结构,以及人的行为、经济和社会活动在空间上的表现。而城乡社会要素是指人类社会赖以存在的各种条件或因素,包括居民、自然环境、生产劳动、语言等构成社会的基本要素,其包括城市和乡村中的各种社会问题、社会结构、生活方式、社会组织、社会心理、社会发展规律等。

2)城乡社会要素的分析

人是构成社会群体的主体,没有一定数量的人口,村庄、聚落就难以形成,也不会有城市的出现。居民是城市、乡村生产活动和其他各种社会活动的承担者,是城市、乡村发展的实践者和推动者。

不同地域自然环境的不同导致各个城市及乡村拥有不同的社会属性,从而导致当地居民的社会行为、习惯的不同,进而影响到区域城乡经济行为(产业结构)、生活方式的不同。

生产劳动的方式是人类文明发展和变革的决定力量,其变化影响着城市形态、社会经济的发展。人类的第一次劳动大分工,完成了农业与畜牧业的分工,并逐渐产生了固定的聚居点;人类的第二次劳动大分工,商业与手工业从农业中分离出来,导致原来的居民点也发生了分化,其中以农业为主的就是农村,以商业与手工业为主的就是城市。生产劳动是人和自然环境两要素发生交互作用,把城乡经济要素转变为城乡财富的必要条件,是城市和乡村最基本和最重要的活动。

语言水平(指区域城乡语言文化含量、语言科技含量、语言情感含量、语言复杂程度、语言表达方式、语言交流方式等)也决定和反映了区域城乡的发展水平。

6.2 城乡人口与社会发展规律

6.2.1 城乡人口发展规律

城乡人口在发展过程中逐步形成具有组织和规律的整体,人口规律逐渐形成用以反映人口发展过程中各个主要方面的联系及变化趋势,从社会生活的不同领域来揭示反映人口发展过程各个不同方面的人口规律,不应离开历史上各种不同的社会结构形式抽象地研究人口规律,但也不能忽视自然因素的影响。人口规律包括人口经济规律、人口再生产规律、人口的社会变动规律、人口的地区变动规律、人口的自然变动规律等。

6.2.2 城乡社会发展规律

社会发展规律就是人的实践活动的规律,是“人们自己的社会行动的规律”。与自然规律相比,社会发展规律的特点是:①从社会规律的形成机制看,它形成于人的实践活动之中;②从社会规律起作用的方式看,它要通过人的有目的有意识的活动才能体现出来;③从社会规律的表现形式看,它主要表现为统计规律。尽管社会规律有其特殊性,但它仍与自然规律一样,有其客观性。社会规律的客观性表现为它是无数创造历史的个人相互作用的“合力”,它不以任何人的意志为转移。

6.3　人口与社会要素的影响

如今社会发展一直向着城市(镇)化进程推进,随着产业结构的变化、生产力的发展、工业和交通日益现代化,人类的物质生活与精神生活不断提高,人口不断向城镇集聚。因此,城镇人口的增长必须要有合理的引导与分布。然而人口与社会要素在很大程度上决定了城镇发展对自然资源、土地、基础设施城镇设施和城镇服务设施的需求,此外他们决定的城镇对自然资源需求的基础,是造成环境压力的最主要根源。

6.3.1　人口要素对于城乡规划的影响

人口要素对于城乡规划的影响主要从规模、结构和空间分布三个维度的要素体现。

(1)人口规模是决定未来城镇化发展的最基本标杆。通过人口规模可以估算城镇用地规模,所需的公共设施总量,并以此进一步规划城镇配套基础设施建设的容量,生产、生活设施建设的容量等等。

(2)人口结构同样具有高度的相关性。根据特定组群的比重,例如年龄、性别、家庭类型(如单身、有子女)、种族、文化、社会经济水平和健康状况等来规划各项城镇用地和相关建设用地的比例,以此来服务并满足不同群体在城镇发展过程中生产、生活的需求。

(3)人口及就业的空间分布是影响城乡规划的第三个重要维度因素。在城镇发展的过程中,人口及就业空间的分布影响着生产、生活、娱乐与交通的规划、空间布局与结构;通过不断优化城镇居住、工作、游憩、交通等基本功能的用地布局,来满足人们在城镇中活动的各种基本需求,而在城乡一体化发展过程中,也可以通过规划的手段使人口在空间上进行合理的分配和有序的流动。

6.3.2　社会要素对于城乡规划的影响

城市在发展过程中会对人类社会赖以存在的各种条件或因素构成的社会基本要素产生影响,规划需尽可能实现社会公共利益的最大化,以满足不同群体的需求。同时,社会要素也在对城市规划产生相应促进作用,这主要体现于规划需强调在城市发展过程中多方利益的互动和协调,以达到利益平衡的目的,以此保障社会公平,推动社会整体品质的提高。

城乡规划中的主要社会目标包括:一是物质供给与社会需求的协调。尽可能实现城乡物质资源供应的多元化和适应性,规划过程应即时、密切地应对社会各群体、各阶层的需求,并提供多样性和开放性的选择机会,通过规划手段满足空间资源的划分及多元利益群体的需求。二是社会群体内部公共资源的公平分配。在规划过程中尽可能保证住房、教育、休闲、就业和公共交通等社会资源的分配过程和分配结果的公正性与均衡性,对社会各阶层群体需一视同仁,以保证多元利益群体所需的社会资源的分配公正。三是保障社会底层群体的基本生活空间。城乡规划过程中,不能仅专注城市发展而忽略乡村的发展,不能仅专注于上层社会群体的需求而忽略了社会底层群体的需求,要为社会弱势群体提供必要的基本生存空间和公共服务设施,以保证城乡可持续发展的稳定性,更好地推进社会结构向更稳定形态的转型。四是改进空间环境满足精神文化需求。创造宜人的城市景观和安全的城市环境,维护好乡村地带的绿水青山,为整个社会的永续发展提供良好支持的空间环境,优化城市人居环境同样也是城乡规划过程中的主要目标。五是社会与经济,生态系统的统筹发展。在城市和乡村空间资源分配和调整的过程中,规划需强调将社会要素与经济、生态等方面共同纳入城乡区域发展的目标和绩效的考核,在城市管理的过程中通过对区域可持续发展的检测、评价与调控来对社会要素的成本和收益进行全面的核算和合理的评价。六是规划制定与实施中的民主决策。规划期间,规划人员应动员各社会多元利益群体参与规划和建设活动的并尊重他们的参与意愿与建议,为他们提供反映利益诉求的渠道及平等协商的平台空间,以强调规划的公众参与和公平性。

总的来说,城乡规划作为一种公共政策,其根本目的在于实现社会公共利益的最大化。因此,社会要素对于城乡规划最本质的影响在于城乡区域发展中多方利益的互动和协调，以保障社会公平，推动社会整体生活品质的提高。

6.4 城市人口的分析与预测

人口规模的分析和预测是城乡规划中影响全局的关键问题所在。在规划的前期阶段，必需准确、有效地搜集人口基础资料，通过与城乡区域发展相适应的人口预测方法来比较准确合理地预测出城镇、乡村的人口规模，并按照人口规模预测城乡区域未来发展的人口基数，做出切实可行的规划方案。在快速城镇化发展的当前阶段，乡村人口正在大量地向用工地带迁徙，许多外地人口到城镇中定居或暂居，使城镇的人口规模迅速扩大，但外来暂住人口的准确信息是较难全面掌握的，从而增大了科学预测城镇人口规模的难度。但在城乡发展过程中，人口因素决定了社会发展的走向，社会指标的制定往往都是根据人口条件来决定的。所以，城镇、乡村人口规模的科学预测决定了城乡规划的总体格局，并对城乡区域规划的合理性提供了必要的前提条件。

6.4.1 城乡人口分析方法

6.4.1.1 城乡人口统计

1)城乡人口静态统计

人口的统计在我国有对应的人口统计制度，并由相关的统计单位来共同协助完成，其中包括统计局、公安局、计生办等。在人口普查的过程中，统计单位将从户籍人口、流动人口、暂住人口、常住人口、非农业人口、农业人口等多方面进行人口的统计核查，并对人口各项变化趋势有全面的了解。在预测人口规模时，应了解这些人口统计的概念，才能科学地对城镇区域人口总数及变化数量做出判断。

(1)户籍人口。户籍人口是指公民依照《中华人民共和国户口登记条例》已在其经常居住地的公安户籍管理机关登记了常住户口的人。这类人口不管其是否外出，也不管外出时间长短，只要在某地注册有常住户口，则为该地区的户籍人口。户籍人口目前可以区分为城镇户籍人口(非农业人口)和农村户籍人口(农业人口)。对一个人口流动较少的城镇，其城镇户籍人口是该城镇人口的重要组成部分；而对于一个流动人口较多的城镇，其城镇户籍人口是该城镇人口的一部分，甚至是一小部分(如深圳)。近年来随着我国户籍制度改革的推进，建立城乡统一的户口登记制度，由传统的城乡分割的二元户籍制度，过渡和改革为城乡统一的一元户籍制度，打破“农业人口”和“非农业人口”的户口界限，取消农业户口与非农业户口性质区分和由此衍生的蓝印户口等户口类型，统一登记为居民户口，使公民获得统一的身份，因此在统计城市人口的时候需特别注意人口信息的变化。

(2)常住人口。常住人口是指经常居住在某一地区的人口，它包括常住该地而临时外出的人口，不包括临时寄住的人口。常住人口是国际上进行人口普查时常用的统计口径之一。目前世界上大多数国家都把居住半年以上作为判别常住人口的时间标准。我国第六次全国人口普查的常住人口包括：居住在本乡镇街道且户口在本乡镇街道和户口待定的人；居住在本乡镇街道且离开户口所在的乡镇街道半年以上的人；户口在本乡镇街道且外出不满半年和在境外工作学习的人。常住人口在统计上包括满足居住时限的户籍人口、流动人口中居住半年以上的流入人口和在外地不满半年的流出人口。

(3)流动人口。流动人口是指离开户口所在地县域，以工作、生活为目的异地居住的成年流动人口和随其一起流动的未成年人。但是不包括下列人员：①婚嫁人员；②区县内流动；③因出差、就医、上学、旅游、探亲、访友等短时期不迁移户口人员；④服军役、上中等以上学校等长期人户分离人口。流动人口可以分为流入人口和流出人口，流入人口是指那些来到该地区的非本地户籍人口，流出人口是指离开该地区到其他地方居住的本地户籍人口。对流动人口的统计一般依据大规模人口普查或人口抽样调查数据得来。

(4)暂住人口。暂住人口是指离开常住户口所在地的市、县到其他地区从事经商、务工和其他经济活动以及外出探亲、访友、参观、旅游、学习、治病、出差等需要在该地区暂时居住的公民。因此暂住人口相当于流动人口中的流入人口。公安部门在暂住人口的统计上依据暂住时限的不同进行分类统计。

2)城乡人口动态统计

城乡人口的变化主要来自两种数据的变化:自然增长和机械增长。两者之和便可以反映一个地区人口的增长值。

(1)自然增长。自然增长是指人口再生产的变化量,即出生人数与死亡人数的净差值。而自然增长率是反映人口发展速度和制定人口计划的重要指标,也是计划生育统计中的一个重要指标,它表明人口自然增长的程度和趋势。指在一定时期内(通常为一年)人口自然增加数(出生人数减去死亡人数)与该时期内平均人数(或期中人数)之比,一般用千分率表示。

自然增长数=本年出生人口数－本年死亡人口数

$$自然增长率=\frac{本年出生人口数－本年死亡人口数}{年平均人数}\times 1\,000‰$$

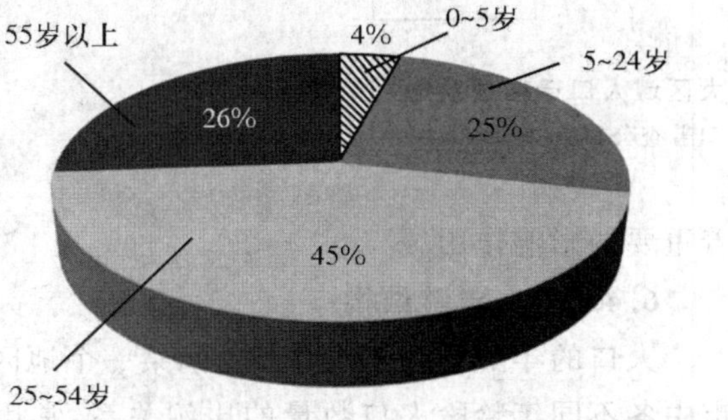

图 6-1　中国人口年龄占比

数据来源:全国第六次人口普查公布数据

(2)机械增长。人口机械变动也称作人口迁移,是指人口在空间上的一切移动,包括改变定居地点的永久性移动和暂时性移动。机械增长是指由于人口迁移所形成的变化量。即一定时期内,迁入城市的人口与迁出城市的人口的净差值。人口机械增长率是指一年内城市人口因迁入和迁出因素的消长,导致人口增减的绝对数量与同期该城市年平均总人口数之比,一般用千分率表示。引起人口机械变动的决定因素是社会的经济政治的原因,人口机械变动使人口的地区分布发生了变化。城市人口机械增长率是反映城市人口因迁入和迁出等社会因素引起人口增减变化的指标。

自然增长率的高低受到以下几个方面的影响:①生物学规律。根据育龄妇女(15～49 岁)的比重及生育率来判断出生人口规模及其未来数量变化的趋势及走向(图 6-1,图 6-2)。②经济基础。一个城镇区域的经济发达程度、文化教育水平、医疗卫生条件及妇女就业状况等和城市人口的自然率的变化有着密切关系。③上层建筑。随着城市的逐步发展与进步,新兴的婚姻生育观、宗教信仰、风俗习惯、国家人口政策变化等因素也在逐步影响着人口增长率的变化。④战争、自然灾害及自然环境的变化同样对区域人口数量的变化有着影响作用。总之,影响人口增长快慢的根本原因就是由生产力的发展水平高低决定的,而社会经济、技术、国家人口政策等因素是影响人口数量变化的主要因素。城市性质与规模不同的城市,增长率一般小城市高于大城市,新城市高于老城市,经济次发展的城市高于经济发达、文化程度高的城市。

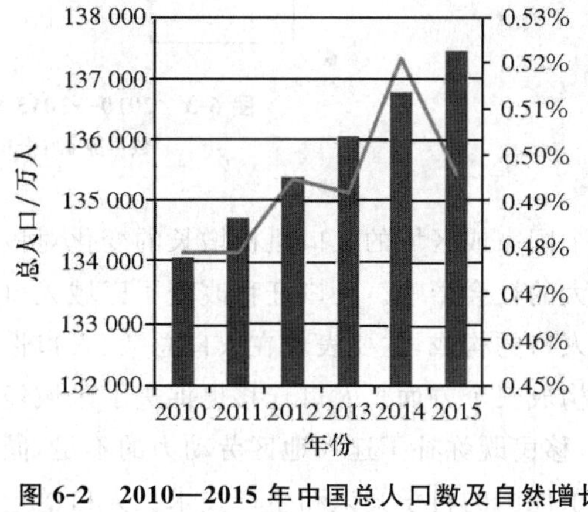

图 6-2　2010—2015 年中国总人口数及自然增长率

数据来源:全国第六次人口普查公布数据

机械增长数=本年迁入人口数－本年迁出人口数

$$机械增长率=\frac{本年迁入人口数－本年迁出人口数}{年平均人数}\times 1000‰$$

人口机械变动有两种基本形式:人口迁移和人口流动。人口迁移是指人口在地区之间迁出和迁入，而发生居住地的永久性或长期性（1 年）改变而需变更户籍的人口移动现象。人口流动是指因工作、学习、旅游、探亲等原因临时或短期离开居住地外出活动，而不变更户籍的人口移动现象。

人口机械增长的幅度受到自然环境因素、城市的建设和发展条件、社会经济发展速度、交通和通信发展速度、文化教育事业发展、婚姻和家庭观念变化、国家对城市的发展方针政策等因素的影响。在社会经济发展过程中，一个国家或地区在一定时间内（通常为一年）人口迁入数量与迁出数量的差值会随着地区的经济发展及国家政策变化而变化。经济发达的地区人口机械增长速度快，而经济落后的地区则慢，甚至是负增长。而在城市发展过程中，人口的迁移表现往往是从经济落后的地区向经济发达的地区进行迁移（图 6-3）。对于城市来说，其建设发展的水平及条件是机械增长的重要因素，尤其是新建城市，初期人口的增长一般以机械增长为主。

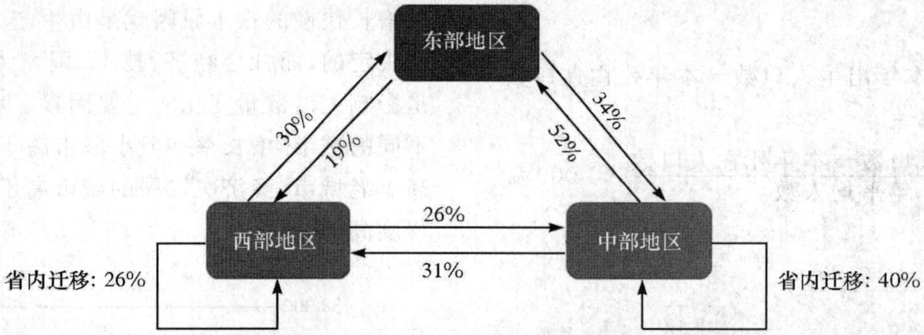

图 6-3　2010—2015 年中国各大区域人口迁移关系图

数据来源：全国第六次人口普查公布数据

一个国家或区域的人口机械增长的变化对该地区有很大的社会影响。人口迁移改变了区域人口的分布和人口的构成，主要表现在人口总数、人口性别及年龄构成三个方面。人口迁移也促进了区域经济的发展，移民既弥补了迁入地区劳动力的不足，同时还带来了他国的科学知识和生产技术。人口的迁移也促进了经济、文化的交流，有利于提高迁入地区的生产力水平，促进全社会科学技术及文化的发展和现代文明的建设。

6.4.2　城乡人口构成

城乡人口的状态是不断变化的，可以通过对一定时期城乡人口的各种现象，如年龄、寿命、性别、家庭、婚姻、劳动、职业、文化程度、健康状况等方面的构成情况加以分析，在城乡规划中，人口的年龄、性别、家庭、劳动、职业等构成要素对未来城乡规划有着重要的影响作用。

6.4.2.1　年龄结构

人口的年龄结构是指在某时间某一个地区或城市中各不同年龄段人口数量的比例关系，常用各个年龄组人口在其总人口中所占的比重加以表示。

人口年龄分组有多种方法，最常见的包括：一岁年龄组、常见年龄组、主要年龄组、特殊年龄组。亦可将年龄分成六组：托儿组（0～3 岁）、幼儿组（4～6 岁）、小学组（7～11 岁），中学组（12～17 岁），成年组（男：18 或 19～60 岁，女：18～55 岁）和老年组（男：61 岁以上，女：56 岁以上）。为了便于研究，常根据年龄统计做出人口宝塔图和年龄构成图（图 6-4）。其中 20～64 岁劳动力代表目前经济实力，0～19 岁人口则代表今后发展潜力，65 岁及以上人口比例太高则意味着经济后劲乏力。

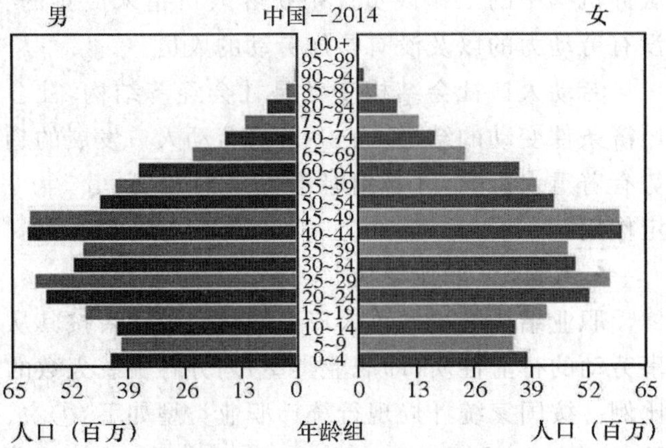

图 6-4　中国年龄构成图

数据来源：全国第六次人口普查公布数据

研究一个国家或地区的人口年龄结构的意义在于：①通过成年组人口数和就业人数的比较，可以推测该区域就业情况及劳动力潜力。②根据 0～19 岁人口区间数量的变化可掌握劳动后备军的数量，这对研究未来经济发展的起着重要的作用。③在城市规划过程中，托儿，幼儿及中小学等公共服务设施的规划指标及布局与学龄儿童的数量及发展趋势有密切联系。④社会福利服务设施的规划指标的制定与城市老年组的人口数量、比重以及未来城市老龄化水平有重要关系。⑤分析年龄结构，可以判断城乡人口自然增长变化趋势：分析育龄妇女人口数量，是预测人口自然增长的主要依据(图 6-5)。

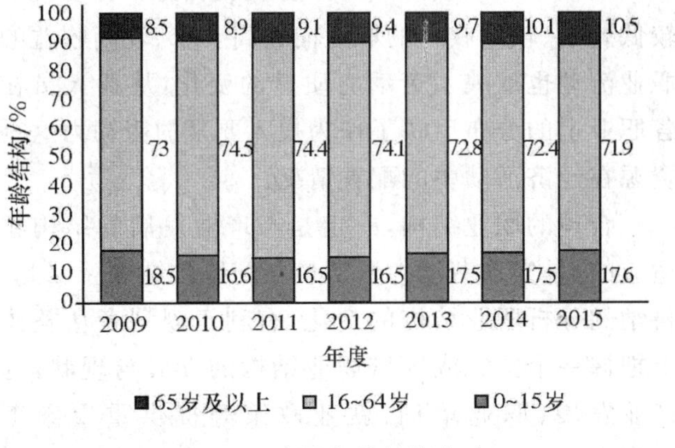

图 6-5　中国年龄结构变动

数据来源：全国第六次人口普查公布数据

6.4.2.2　性别结构

性别构成反映了男女人口之间的数量和比例关系，它直接影响人口的结婚率、育龄妇女生育率和就业结构。人口性别结构是衡量一个国家或地区人口发展水平的重要指标，合理的性别结构、协调的两性发展是社会公正的重要体现，是构建和谐社会与实现人口可持续发展的重要基础(图 6-6)。

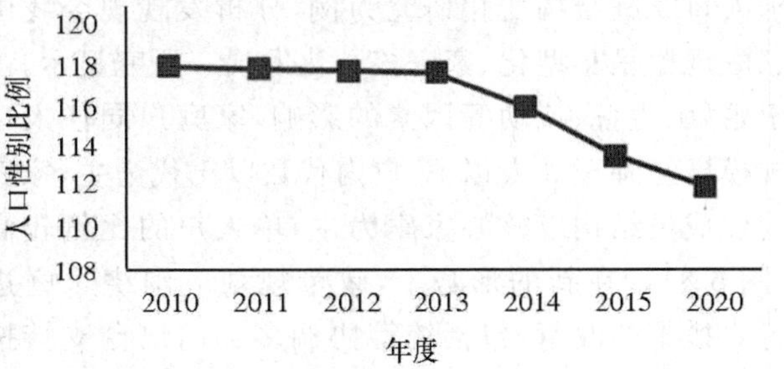

图 6-6　中国出生人口性别比例

数据来源：全国第六次人口普查公布数据

人口性别结构受生理因素、自然环境、社会、经济及文化等因素的共同制约，同时又会对社会和谐、家庭稳定以及经济发展产生重要影响。人口年龄性别结构的变化是过去生育率、死亡率变化的结果体现，也在很大程度上决定了未来人口变化趋势。例如我国第六次人口普查数据看，不同年龄组的性别差异较大，体现在低龄年龄组性别比明显高于高龄年龄组性别比，现阶段少年儿童性别比严重偏高，代表着在没有大规模迁移或能改变人口结构的分性别死亡率的情况下，这一批少年儿童进入婚龄之后，将会造成明显的婚姻挤压现象(图 6-7)。

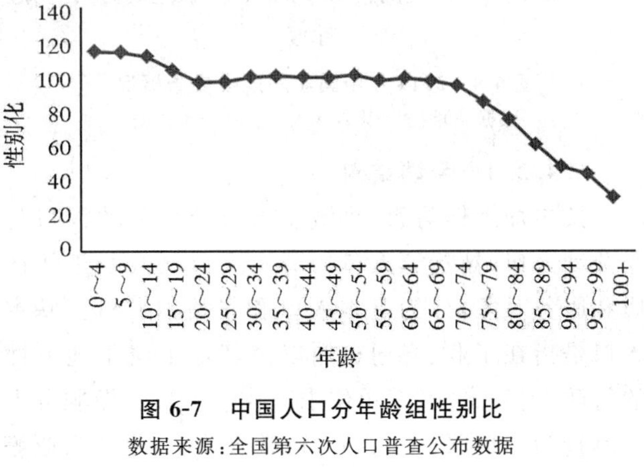

图 6-7　中国人口分年龄组性别比

数据来源：全国第六次人口普查公布数据

6.4.2.3　家庭结构

家庭结构反映了的一个家庭的人口数量、性别、辈分等组合情况。它对于住宅类型的选择，城乡配套生活和文化设施的配置，城市生活居住区的组织等都有密切联系。家庭结构的变化对城乡社会生活方式、行为、心理等多方面都有着直接的影响，从而对城市物质要素的需求也会有变化。以 2014 年中国人口家庭结构变化研究为例，分析发现现今我国家庭规模呈小型化、家庭核心化发展。研究显示，由于婚姻、生育、流动等因素的影响，家庭户同住人口规模已经降至 3 人以下，户内代数以 1 代为主，家庭同住成员结构以核心家庭为主，单人户的比例较高(图 6-8)。在新的形势下，政策规划应围绕家庭进行一揽子的改革，包括统筹协调多部门出台支持按政策生育的激励措施、建立健全的家庭服务体系，推进家庭发展工作。

家庭结构的变动对人口的影响体现在以下几个方面：①家庭生育观念、生育行为变动对生育率会有直接影响。生育的意愿，生育性别的偏好都会对生育率的变化产生直接作用。②家庭生活水平的变动对孩子数量和素质的也有着重要影响。家庭生活水平提高有利于孩子素质的提高，孩子素质的提高有利于抑制父母对孩子数量的追求。

图 6-8　2014 年中国家庭规模成长概况

数据来源：全国第六次人口普查公布数据

6.4.2.4　劳动结构

按参加工作与否，将城乡人口分为劳动人口与非劳动人口(被抚养人口)，劳动人口又按照工作性质和服务对象，分为基本人口和非基本人口。基本人口是指在工业、交通运输以及其他不属于地方性的行政、财经、文教等单位中工作的人口。而服务人口是指为当地服务的企业、行政机关、文化和商业等服务机构中的工作人员。被抚养人口指未成年的、没有劳动力的以及没有参加劳动的人员。

劳动人口社会结构变动是社会经济结构，社会经济条件变动的结果。它不仅对劳动人口发展的趋势有着重大影响，并且对社会经济的发展也产生一定作用。

6.4.2.5　职业结构

职业结构是指城乡人口中的社会劳动者按其从事劳动的行业性质(即职业类型)划分各占总人数的比例。按国家统计局现行统计职业类型如下：①农、林、牧、渔业；②采矿业；③制造业；④电力、燃气及水的生产和供应业；⑤建筑业；⑥交通运输、仓储和邮政业；⑦信息传输、计算机服务和软件业；⑧批发和零售业；⑨住宿和餐饮业；⑩金融业；⑪房地产业；⑫租赁和商务服务业；⑬科学研究、技术服务和地质勘察业；⑭水利、环境和公共设施管理业；⑮居民服务和其他服务业；⑯教育；⑰卫生、社会保障和社会福利业；⑱文化、体育和娱乐业；⑲公共管理和社会组织；⑳国际组织。

按三次产业分类，以上第 1 类属第一产业；第 2～5 类属第二产业；第 6～20 类属第三产业。产业结构与职业结构的构成可以反映城市性质、经济结构、现代化水平城市设施社会化程度、社会结构的合理协调程度，它是制定城乡区域发展政策与调整规划定额指标的重要依据。职业结构的变化可以侧面反映出一个国家或区域的产业发展状况。劳动者从较低要求、较低收益的职业向较高要求、较高收益的职业流动也反映了劳动力质量的变化，从业人员在各职业上的分布反映了作为投入要素的劳动力这一资源在经济活动中的配置情况。

合理的职业结构，一定是与产业发展的结构相适应的，是实现劳动力资源最佳配置的结构。因此，科学的分析职业结构的变化，有利于规划者从整体上把握一个国家或区域职业结构的发展与现状，为产业发展、职业培训、就业政策等提供重要参考依据。

6.4.2.6　地区结构

人口的地区结构是以人口的居住地区为标志来

分析的人口结构，包括人口的自然地理结构、行政区划结构及城乡结构三方面。研究人口的自然地理结构，对于国土开发、经济建设、生产布局和人民生活安排有重要意义。对人口行政区划结构的研究，对各区域人口和制订经济发展计划、加强行政管理都有重要的指导意义。人口的城乡结构是指在城市和乡村居住的居民在总人口中的比重，它反映人口在城市和乡村的分布状况，是生产力发展水平的重要标志之一。

6.4.2.7　文化教育结构

文化教育结构是衡量乡镇人口素质高低的主要标志之一，人口科学文化素质的高低能够反映出地区发展水平的高低与潜力，以便乡镇规划制定符合实际的目标。

6.4.3　城乡人口规模的预测方法

人口规模的分析与预测，是城乡总体规划的重要内容。人口规模是各类规划的基本参数，其变化对规划布局的结构、各类设施的数量和标准、交通方式的选择有着重要影响作用，人口规模同时也是判断城市区域地位的重要指标。结合对历史人口发展趋势及未来影响因素的分析，研究社会、经济发展的战略目标及发展的有利条件和制约因素，预测城乡人口的发展，确定城乡人口发展规模。估算人口发展规模主要有以下几种方法。

6.4.3.1　综合增长率法

综合增长率法是以预测基准年上溯多年的历史平均增长率为基础，预测规划目标年城市人口的方法。根据人口综合年均增长率预测人口规模，公式如下：

$$P_t = P_0(1+r)^n$$

式中：P_t 预测目标年末人口规模；P_0 为预测基准年人口规模；r 为人口综合年均增长率；n 为预测年限（$t_n - t_0$）。

在实际工作中，有时多年数据中会有缺失，有时年数过少，这对该方法的预测值都有较大误差。而人口综合年均增长率又会受到多方面的影响（图 6-9），所以该方法适用于人口增长率相对稳定的城市，对于新建或发展外部条件影响较大的城镇则不适用。

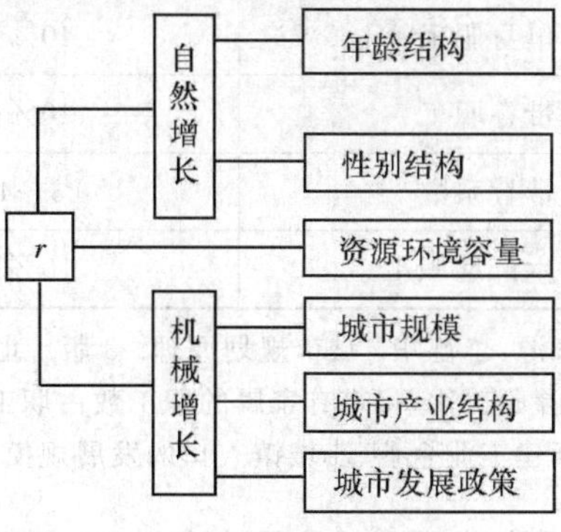

图 6-9　人口年龄增长率影响因子

6.4.3.2　劳动平衡法

劳动平衡法是依据城市经济学理论，将城镇人口划分为基本、非基本人口两大部分组成。在计划经济体制下，国有经济占主导地位，国家和地方政府根据社会经济发展计划进行项目分配。在此背景下，城市基本、非基本经济活动的划分是相对确定的。因此，采用劳动平衡法就能较好的地预测城镇人口规模。其预测方法是以社会经济发展计划的基本人口数、服务人口数及总人口的比例关系来确定人口规模，公式如下：

$$城市人口发展规模 = \frac{基本人口的规划人数}{基本人口的百分比}$$

$$城市人口发展规模 = \frac{基本人口的规划人数}{1-(服务人口的百分比+被抚养人口的百分比)}$$

劳动平衡法适用于将有较大发展、国民经济发展计划比较具体落实、人口统计资料比较齐全的中小城市和新兴工业区。

6.4.3.3　职工带眷系数法

带眷系数法是根据职工人数与部分职工带眷情况来计算城市人口发展的规模，公式如下，在运用公式时，对带眷系数的确定可参考表 6-1。

规划总人口数＝带眷职工人数×（1＋带眷系数）＋单身职工数＋城市其他人口数

表 6-1 职工带眷有关指标

类　别	占职工总数比重	备　注
单身职工	40%～60%	带眷职工比要根据具体情况而定。独立工业城镇采用上限，靠近旧城采用下限；迁厂采用上限；建设初期采用下限，建成后采用上限。单身职工比相应变化。带眷系数已考虑了双职工因素。双职工比例高的采用下限，比例低的采用上限。
带眷职工	40%～60%	
带眷系数	3～4，1～3	
非生产性职工	10%～20%	

资料来源：李德华．城市规划原理．3 版．北京：中国建筑工业出版社，2001：183.

注：带眷职工比，指带有家属的职工数占职工总人数的比例。带眷系数，指每个带眷职工所带眷属的平均人数。这对于估算新建工业企业、小城镇人口的发展规模以及确定住户形式都可提供依据。

带眷系数法更多地应用在新建工矿城镇的人口规模估算中。其社会经济背景是计划下的项目基本建设程序和严格的户籍管理制度。带眷职工和单身职工的划分、职工数量的确定都带着明显的计划经济和户籍管理时代的特征。

6.4.3.4　时间序列法

时间序列法是对一个城市的历史城市人口数据的变化进行趋势分析，直接预测规划期城市人口规模的方法。它通过建立城市人口与年份之间的相关关系来预测未来人口的规模，公式如下：

$$P_t = a + bY_t$$

式中：P_t 为预测目标年末城市人口规模；Y_t 为预测目标年份；a，b 为参数。

时间序列法要求城市人口需有长时间序列统计数据，人口数据起伏不大。该方法适用于相对封闭、历史长、影响发展因素缓和，未来发展趋势不会有较大变化的城市。

6.4.3.5　环境容量法

根据自然环境的供给能力、生态环境合理容量和乡镇基础设施的支持能力，计算乡镇的最大极限人口。

$$P_{max} = \min(P_{1max}, P_{2max}, \cdots\cdots P_{imax})$$

式中：P_{max} 为乡镇总人口极限数；P_{imax} 为某项基础设施的支持能力或自然资源供给的最大值。

上述几种类型的预测方法可根据人口发展特征及预测需要，选取不同的预测方法，针对不同类型、不同地区及不同时段的人口分布进行规模预测。当在规划范围内不同地区之间发展不平衡、人口增长模式存在显著差异时，宜分别针对不同地区进行人口规模预测，再汇总得到总体人口规模数。

本章小结

本章主要介绍人口与城乡社会的构建的关系。着重讨论了城乡规划中人口对社会要素构成的影响，指出城乡人口的规模、结构与布局与城乡规划之间的密切联系。本章重点介绍了人口的分析方法，包括城乡人口的统计、城乡人口的结构分析、城乡人口预测等。

思考题

1. 在中国城镇化进程快速发展的今天，大量农村人口向城市流动，这样会对农村居民点规划产生哪些影响？

2. 结合书中介绍的人口规模预测方法，预测中国 2030 年人口数量及人口结构的变化。

3. 人口和社会要素对于城乡规划的影响主要体现在哪些方面？

第7章 城乡历史与文化变迁

本章导读：本章主要介绍了影响城乡规划的历史和文化要素。从城市及乡村历史的基本内容和内涵入手，阐述了城市和乡村历史的意义，介绍了城市文化和乡村文化的结构和类型，以及城市文化和乡村文化的作用，指出了中国城乡文化的发展关系。中国的城乡发展是包括城乡文化一体化的协调发展。

知识点拓扑关系图说明：

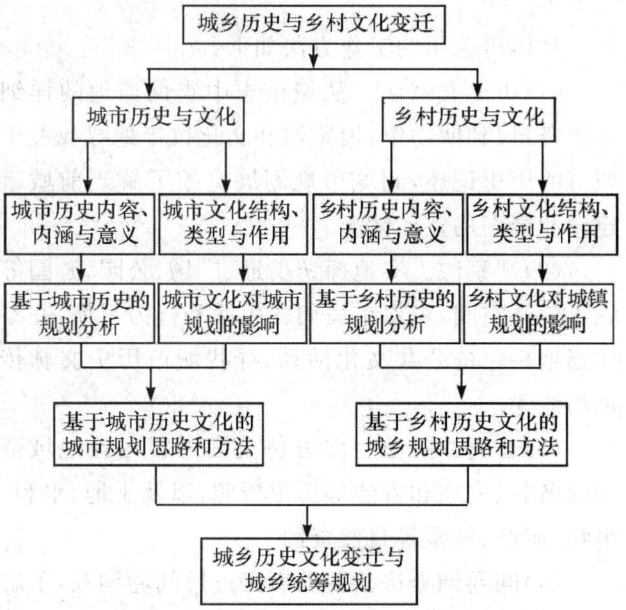

7.1 城市历史与文化

7.1.1 城市历史

7.1.1.1 城市历史的内容与内涵

"城市"先于"国家"而产生，它是人类最早的群落形式。在原始社会向奴隶制社会的过渡时期，随着商业和手工业逐渐从农业中分离出来，原始居民点中分化出了具有商业和手工业职能的居民点，即"城市"和"镇"。

城市历史以一个城市、区域城市、城市群、城市类型为对象，包含了它们的结构和功能、城市作用、地位和发展过程，各城市之间、城乡之间的关系及变化，以及城市发展的规律等。对于城市历史而言，城市是一个有机生命体，其研究的范围并不局限在城市的地域之内。从广义的角度来说，城市历史在纵向上主要表现为城市形成、发展、脉络的阶段性(详见本书第1章"城市·乡村·城镇化·城市化")，原始社会、农耕社会、工业社会、后工业社会中的城市形态和发展状况及其历史特点(详见本书第2章"城乡规划思想发展")；横向上与城市环境(详见本书第4章"城乡生态与城乡环境")、城市经济生活(详见本书第5章"城乡经济与产业发展")、城市人口和城市阶层(详见本书第6章"城乡人口与城乡社会构建")等内容相联系。

7.1.1.2　城市历史的意义

城市的历史是城市不同时期社会文化内涵的总和，代表着城市居民的社会行为习惯与文化价值观点，体现着城市居民的社会生活状态。城市的规划和建造从来都不是在白纸上进行的，而是在历史的渐进和积淀产生的城市背景上进行的。城市的历史不仅直接影响当时的城市建设和社会生活，而且还以保留至今的城镇或历史街区，及不同风格的建筑和历史古迹，构成了现代城市发展的基础，为现代及未来的城市建设提供借鉴和启迪。

历史上的欧洲城市与中国城市的差距很大，虽然表面上看，很多建筑和历史现象的时间都差不多，但是从社会历史的发展经验来看，两者深层次的差距则难以同日而语。与西方相比，中国封建社会城市的形成基础不同，特色也不同，形成了独特的体系。中国现有 600 多座设市城市(包括直辖市、地级市和县级市)，1 800 多座县城，还有上万个建制镇。其中，大城市的比重相对较少，中小城市却占大多数。近代以来，大城市的发展始终引领着中国城市的发展趋向，但中小城市有其自身的发展规律，大城市的发展代替不了中小城市的发展。因此，加强对中小城市发展历史的研究，有其特殊的意义。这些城市的绝大多数，都是依托历史已有城镇、集市、村落而发展演变过来的。这种历经时间变化而自然生成的城市形态，比完全由外界强加的人工秩序更有生命力，也更能形成人们对自己所栖居场所的依恋。

通观人类城市发展的全过程，城市营建、管理的成功与失败案例并存。只有尊重历史，吸取城市历史的经验教训，才能厘清城市发展与时代特征、社会文化、经济、人口、环境等要素间的关系，总结出城市发展的一般规律。只有认识、利用这些规律，才能使当前和未来的城市建设发展避免之前的弯路，使城市向着健康正确的方向发展。

7.1.1.3　基于城市历史的规划分析

城市历史对城市规划的影响涉及方方面面，最直接的规划手段反映在城市文化遗产保护规划和城市复兴的过程中，其基本内容包括历史文化名城的保护规划、历史文化街区保护规划和历史建筑的保护利用等(详见本书第 19 章“城乡文化遗产保护与旅游开发规划”)。

此外，基于城市历史的规划研究是城市规划的编制基础，对于正确指导一座城市的发展建设具有重要作用。规划者和决策者应以城市结构和功能发展演变为基本研究内容，进而全面认识城市历史对城市规划的影响。在对城市历史环境条件的分析中，规划师和决策者需同时关注城市发展演变的自然条件和历史背景，以及在此基础上形成的城市空间格局和文化遗产。主要可包括几个方面的内容：①对城市历史沿革的认识和分析，包括城市历史的发展、演进以及城市发展的脉络。②对城市格局演变的分析，包括城市的整体形态、功能布局、空间要素(如道路街巷、城市轴线)等。③对城市历史的自然与社会条件的分析，包括政治、经济、文化、交通、气候、景观等内容。物质性的历史要素包括文物古迹、革命史迹、历史遗址、墓葬坟冢、传统街区、特色街巷、传统码头、传统堤岸、名胜古寺、古井、古木等；非物质性的历史要素包括历史人物、历史故事、名人诗词、历史事件、体现地方特色的岁时节庆、俚语方言、传统风俗、宗族传统、乡约乡规、传统饮食、文化艺术等。

具体可采用的工作方法如下：

(1)历史文献法。从城市志中查询当地的详细历史资料；到博物馆、展览馆和文化馆等地寻找关于城市的历史记述，到城市规划展览馆了解当前城市建设和规划的整体情况。

(2)观察法。实地探访街道、广场、公园、游园等城市公共空间，观察市民们的生活和行为习惯，并参加当地特色的公共文化活动，寻找城市历史文脉传承的线索。

(3)普遍调查法。多方位全面考察当地地域范围的名胜、古迹和古建等历史资源，以及土地、水利、生物、矿产、气候等自然资源。

(4)问卷调查法。面向市民进行问卷调查，了解普通当地人的历史记忆和感受。

(5)访谈法。拜访当地的文化名人、老人和规划建设部门的干部，向他们请教城市发展的历史过程。

7.1.2　城市文化

7.1.2.1　城市文化的结构与类型

城市文化是一个契约社会的文化，因为互相不认识的人们从不同的地方源源不断地来到城市，城市的人口密度不断增加，如何规范和约束个体的言行，以保障公共的秩序就显得十分重要。所以，契约文化讲究效率、公平、法治，崇尚创新、富有活力、尊重个性。文化是城市的生命，城市文化的形成和发展必然要和这个城市的人口、工业、商业、交通、旅游、生活等方面发生互动，从而形成城市文化的不同层面和结构。

城市文化主要呈现出四个层面的结构：第一，从活动方式层面看，城市文化由三种文化行为所构成，包括群众性的文化行为、专业性的文化行为和商业性的文化行为；第二，从教育层面看，把城市文化分为自然科学知识和社会科学知识；第三，从物质条件层面看，城市文化由三类文化设施所构成，包括公共性的文化设施、团体性的文化设施和家庭型文化设施；第四，从动态过程层面看，包括扩张性的文化生活和削减性的文化生活。所谓扩张性的文化生活就是反映文化的发展方向、符合人类文化需求的文化生活；而削减性的文化生活则相反，会随着城市社会和文化的发展而逐渐地萎缩和减少，直至消亡。

城市文化按照外在形式可分为城市物质文化和城市非物质文化两大类。城市物质文化主要包括城市形态、城市文化设施、街区风貌、历史遗迹、城市景观文化和城市标志等方面；城市非物质文化主要包含市民文化、商业文化、旅游文化、居民闲暇文化等内容。

7.1.2.2　城市文化的作用

城市是文化的容器。而且，这容器所承载的生活比这容器自身更重要。在城市发展的历史长河中，前人留下了丰富的历史文化遗产：古建筑、古雕塑、古街道、古镇、古城遗址等，都是古代文化思想观念、科学技术和社会风貌的遗存。它们就像一面镜子，可以折射出某个历史时代的文明特点，并成为城市建设进一步发展演变和迈向未来的借鉴和基础。

城市文化在现代城市建设中发挥着重要的作用，主要表现为：城市文化是形成城市个性的基本条件；城市文化是构建城市公共心理的基础；城市文化本身就是经济力量，可以为城市的发展提供经济支撑；城市文化直接影响着城市的综合竞争力。同时，城市文化也起着保存城市记忆、明确城市定位、决定城市品质、展示城市风貌、塑造城市精神的作用。

7.1.2.3　城市文化对城市规划的影响

城市文化是形成城市独特个性的本源，是城市规划的基本立足点。城市的地域文化是历史文化的积淀，是城市不可再生的宝贵资源。内在的文化是城市的灵魂，一个城市如果没有了文化特质，就没有了内在的动力和前进的方向，而赋予城市独特个性的正是其内在的文脉。城市的建筑格局、景观风貌、民风民俗以及各个时期的文化遗存诉说着城市的成长经历，构成了城市的特色和个性，蕴含着回味与思考，激起市民的浓烈的归属感。遗憾的是，在中国城市化进程中，在一些城市的决策和规划中，忽视了文化的传承与表达，在商业利益下大拆大建，割裂了城市的历史脉络，破坏了城市的文化传承，导致了大量城市文化符号的消亡和千城一面的尴尬境地。

城市文化对构建城市的精神起着决定性作用，为城市规划中彰显城市文化活力、提升文化品质提供源泉。城市的精神与气质是一个长期形成的过程，地域文化的缺失会导致城市居民失去对这座城市的认同感，在城市规划建设中应整合地域文化，使之成为构建城市精神的重要部分，从而促使市民增加对自身城市的认同感，理解其中的文化精神，增强市民的凝聚力和自豪感。

城市文化在发展城市经济方面也发挥着重要作用，为城市规划中的文化产业规划奠定了基础。文化也是生产力，文化产业化是现代城市发展的重要策略，是城市经营的一种重要方式。文化产业被誉为未来最具潜力的产业之一，正在成为世界经济强国崛起的重要支柱产业。中国历史悠久，文化源远流长，具有得天独厚的优势。许多城市文化积淀丰厚，是文化出版、文化娱乐、文化旅游、文化传播、文博会展的理想场所。在城市规划中应充分挖掘城市当地丰富的民族文化资源，以培育地域文化，形成城市名片和新的支柱产业。以文化带动经济，从而极大地促进城市的经济发展。在当前的城市规划建设中,不少城市已经认识到城市文化的重要性,城市的“文化定位”已经成为不少城市发展战略的组成部分。

7.1.3 基于城市历史文化的城市规划思路和方法

自改革开放特别是 20 世纪 90 年代以来,在全球化背景和“赶超”情结下,各地具有民族风格和地域特色的城市风貌正在消失,取而代之的是千篇一律的高楼大厦。中国地方传统文化的生存语境遭到极大破坏。导致广域城镇文化趋同、个性式微与湮灭,以及“生活方式雷同”和“认同危机”等问题。贮存文化、流传文化和创造文化是城市的三个基本使命,对历史文化的继承与保护是现代城市建设和发展的基础。因而,在城市规划中,应立足本土意识和人文精神,强调对本土历史文化的尊重、保护、传承及创新发展。

在过去十几年的大量旧城改造城市更新规划项目实践中,面对多元文化的碰撞,尤其是当地历史文化和消费文化的冲突,不少规划只注重建筑单体的保护和对历史场景的复原,将历史风貌区、历史街区视为旅游资源。甚至存在不惜代价将老房子全部拆除,改建为商业街的案例也屡见不鲜。在更新改造过程中文化保护观念狭隘,缺乏对当地文化的深入研究和深刻理解,缺少与当地居民的充分沟通,往往难以得到居民的认同,甚至引起流血抗争事件。学术界也开始反思大拆大建模式对城市历史文化的毁灭性破坏,开始探索能够建立文化自信、再续历史脉络的新型更新改造模式,以建立起良性循环的城市文化体系,多元文化共生共存,并整合形成保护传承与开放创新并存的城市文化。

基于城市历史文化的城市规划,其本质在于对城市物质空间所承载的人文特色和文化精神的理解和传承。中国城市间的个体差异很大,不同区域的城市有着差异,同一区域的城市之间也有着差异。在城市丰富的文化特征类型中,只有那些恒久地影响其成长、壮大的特征才能构成该城市的个性。因而,规划者应重视对明显影响城市历史文化的内因和外因的探析,并对城市历史文化发展的模式有一个确切的认识,并抓住其最主要的个性特征,才能把握城市发展的脉搏,揭示城市发展的规律。

基于城市历史文化的城市规划,在对城市文化研究分析时,不应单纯地就城市论城市,而应从更大区域范围来认识城市文化,把城市与其腹地及与其相关的其他城市,视为一个相互联系的整体,从而把城市文化赖以存在的空间上升到地域层面。任何一个城市,不论其规模大小,都会对其腹地内的较次城市、村镇和周边区域产生影响。城市越发展,这种影响力就会越强,作用范围也会越广。反之,该城市腹地内的较次城市、村镇和周边区域的历史文化变迁也会促进或阻碍该城市的发展。因此,在规划中,应将城市本身内部的历史进程与该城市在全国或区域城市体系、城市网络中的地位和作用的发展变化联系起来。

基于城市历史文化的城市规划,应深度挖掘和把握地域文化的宏观特征,在新的生活形态和新的技术水平下,继承和发扬地域文化的精神内涵。对于旧城的更新改造和复兴,应在尊重城市复杂性与矛盾性的基础上,把断裂的历史文脉重新修复。即通过丰富的叠加混合方式,将现实的、过去的和所在区域的城市建设和社会发展相结合,创造出凸显历史文脉意义的多元、包容的城市空间;对完全新建的城市而言,其规划构思、选址布局、建设标准、建筑风格等,也都会受到过去城市及其地域范围历史的深刻影响,故仍需在掌握城市及其所在区域历史文化脉络的基础上,进行新城市或城市新区的规划。

基于城市历史文化的城市规划,应积极推动适应城市规划的文化规划编制体系的形成,以推动形成文化自尊、文化自觉及文化自强的社会共识和行动准则。把文化规划引入城市规划体系,可根据城市规划的地域空间范围,从宏观、中观和微观等层面展开衔接,将文化规划划分为区域(宏观)文化规划、城市(中观)文化规划、社区(微观)文化规划三层,促使文化规划与城市规划互补、相融。

在文化规划内容方面(表 7-1),区域(宏观)文化规划应侧重于对区域文化发展格局、演化过程、发展方向、战略定位、发展目标和策略抓手等宏观性、政策性成果的规划研究;城市(中观)文化规划应侧重于对城市文化发展目标、演化过程与格局、总体空间结构体系设计、文化分区和片区发展规划、文化设施和工程项目设计等，强调突出城市文化空间布局规划，特别是文化分区、文化片区、文化设施、文化产业空间布局和文化景观风貌保护与延续等；社区（微观）文化规划由于尺度小、社区发展条件和文化需求的高度异质性，导致其文化规划编制内容的差异性，但都应以满足社区成员文化需求、塑造社区特色和推动社区和谐发展为核心，因而，其规划内容应突出社区文化资源利用和发展现状、文化供需分析、发展目标与策略、文化空间规划及文化活动策划等。

表 7-1 基于规划地域空间范围的文化规划类型

文化规划类型	规划内容与特点	规划实例
社区（微观）文化规划	侧重于文化场所和文化活动安排，鼓励公众参与等，目的在于提高“社区共同体”文化意识与文化自主性，激发社区活力和塑造社区文化特色，培育社区文化自主发展能力，提升社区整体生活品质等	• 桃源居社区文化发展规划纲要 • 重庆市万州区乌龙池社区文化规划
城市（中观）文化规划	通过城市发展过程中对文化资源整体性及策略性的运用，提升城市的整体竞争力、适宜性、地方文化影响力、居民文化福利及其生活质量和凝聚力等	• 深圳市实施文化立市战略规划纲要 • 珠海市建设文化盛市规划纲要
区域（宏观）文化规划	通过区域文化资源的整合与有效布局，推动区域文化发展合理分工与协作，促进区域文化整体联动与共赢发展，增强区域综合竞争力和文化影响力	• 广东省和河北省建设文化大省规划纲要 • 山西省建设文化强省发展规划纲要

基于城市历史文化的城市规划，应在社区层面，力求唤醒居民的文化认同感和自豪感，引导社区居民参与社区的规划和建设。应首先引导社区居民认识自身的文化。通过言谈、歌曲、故事和各种视觉的方式帮助其深入理解约定俗成的、饱含历史文脉的在地文化。在建立文化自信的基础上，引导居民分辨、发现社区的现实问题，帮助其学习和掌握理性反映自身需求的途径和方法，从而改善被动接受外来文化的尴尬局面，继而能够以更宽容、积极和理性的态度面对在地文化和外来文化的交融，并加入自己的力量以形成新的城市社区文化。

7.2 乡村历史与文化

7.2.1 乡村历史

7.2.1.1 乡村历史的内容与内涵

“乡村”与“农村”属于同一概念，都是指以从事农业生产为主的居民点，但两者的角度不同。“农村”是从产业关系的角度来看，强调的是农耕文明和工业文明的对比；而“乡村”是从城乡关系的角度和文化的范畴来看，是一个包含着“乡里”、“家乡”含义的有独特社会结构和价值系统的社会构成，更能体现出质朴的乡情与乡愁。故此，除政府政策用语外，本章均采用“乡村”来进行表述。

20 世纪初，在废除科举、兴办学堂的大环境下，大量乡村士绅和一些民间艺人逐渐涌入城市。乡村精英和乡土文人才的流失，导致传统的乡村社会生活总体上呈现出衰落的趋势。

20 世纪二三十年代，基于“三农”（农业、农村、农民）问题的重要性和严峻性，各种社会力量掀起了一场颇具声势的中国乡村建设运动。其中，规模大、持续时间长、影响较大的主要有：以梁簌溟为代表的乡村文化建设实验，以陶行知为代表的乡村文化生活改造实践，以晏阳初为代表的平民文化教育实践，和以卢作孚为代表的现代化乡村建设实验。这场乡村建设运动波及中国中、东部的广大地区，在一定程度上改变了乡村社会的面貌，为乡村社会的变革起到一定的推动作用。

中国共产党成立伊始，通过开办农民运动讲习所、农民夜校等多种方式，引导乡村文化，改造农民思想。在土地革命时期，中国共产党通过教育、宣传、文艺等多重方式，使民族的、科学的、大众的文化思想深入到乡村文化中，多种形式的文艺活动为农民大众服务，文艺工作者创造出了一批贴近乡村生活、富含乡土文化的文艺作品，从而改变了许多乡村的社会陋习和愚昧思想，重塑了乡村文化。新中国建立初期，通过开展乡村办学、推广农业技术、知识青年下乡等多种方式，有效的改变了乡村农民知识结构水平、丰富了乡村文化。

改革开放后，乡村的改革与城镇化不断加速发展，2000—2010年，中国的自然村落从360万个锐减到270万个，10年间消失了90万个村庄，每一天都有约250个的村庄在消失。这样，中国乡村传统的农耕形态进一步被打破，多种文化思潮涌入中国乡村社会，商品经济意识和农民固有的乡土观念发生了激烈的碰撞，农民的思想和社会生活也发生了深刻的变革。

一方面，在对城市周边乡村征地拆迁过程中，推行乡村人口转移市民化政策，使城市附近郊区农民的房子和土地快速升值，让其得到了比较大的实惠和利益，但却难以保证失地村民原有文化精神生活的延续和提升；另一方面，地处偏远、缺乏区位优势、资源优势和交通优势的乡村，大多饮水困难、村道建设落后，文化、教育、卫生、医疗等方面的问题突出，使得农民越发向往和追求城市的生活。许多青壮年农民逐步到城市打工，只剩下丧失了劳动力的老人、劳动技能较弱的妇女以及儿童留守乡村，这类乡村的文化也随之发生了衰落。

伴随着乡村社会流动性不断加剧，其内部的社会分化日益明显，村民们从传统意义上的单一农民角色向现代意义的多重身份转变，乡村文化也随之进入多元化的时期。但是，中国社会之根在乡村，乡村的历史文脉需要复兴、传承与发展。为了构建和谐的乡村社会，使乡村朝向生态、和谐的理想社会模式转变，国家在新时期提出了进行“社会主义新农村建设”和“美丽乡村建设”的重大举措，通过对乡村科学文化知识的普及、媒体的宣传、乡村基础设施及文化娱乐设施的建设，以及与城市的沟通和互动，逐渐破除旧有的城乡二元结构，帮助乡村形成开放型、知识型的社会体系。

7.2.1.2 乡村历史的意义

与西方相比，中国乡村在家族体系、地域文化、乡村管理模式等方面都不相同。透过中国乡村发展变迁的历史，回顾与思考中国乡村历史的内涵，对于规划建设者了解和把握乡村历史发展的脉络非常重要。从历史的长时程看，当下在中国全面铺开的社会主义新农村建设，实际上是近代以来连绵不绝的乡村建设实践，在新的时代条件下的延伸和接续。因此，近代乡村建设的路径选择和经验教训诸如重构乡村组织、重视乡村教育、发挥农民的主体作用、知识分子的积极参与、因地制宜开展乡村建设等，便构成了今天新农村建设的传统资源和有益借鉴，对于社会主义新农村建设的路径选择具有启示和指导意义。

只有尊重乡村建设发展的历史，才能有效利用乡村规划的途径，营造和建设充满地域特色的新农村，使乡村朝着符合乡土民情的方向永续发展，更有效的解决中国的“三农”问题，从而推动城乡一体化的长足发展。

7.2.1.3 基于乡村历史的规划分析

乡村历史对城乡规划的影响深远，最直接的规划手段反映在城市历史文化名村保护规划和传统村落保护规划（详见本书第19章“城乡文化遗产保护与旅游发展规划”）中，其基本内容涉及特色民居村的保护规划、特色民俗村的保护规划和历史古村的保护规划等。

同时，基于乡村历史的规划研究是城乡规划编制的重要基础，对于正确指导城乡一体化发展建设具有重要的作用。规划者和决策者应以乡村变迁历程和功能发展演变为基本研究内容，进而全面认识乡村历史对村镇和城市规划的影响。在对乡村历史环境条件的分析中，规划师和决策者需同时关注乡村发展演变不同阶段的自然条件和历史背景，以及在此基础上形成的乡村聚落空间格局，及其文化遗产。主要可包括如下几个方面的内容：

(1)对乡村历史沿革的认识和分析，包括乡村历史的发展、演进以及发展的脉络。

(2)对乡村聚落空间结构演变的分析,包括村落地域结构、社会结构、产业结构、土地利用结构及文化结构等因素,具体指聚落的区位、分布形态、职能规模、演变的动力因素及模式、内部结构特征、景观外貌、类型、群体结构及乡村文化与地域环境的关系。

(3)对乡村历史的自然与社会条件的分析,包括治理模式、经济、文化、交通、气候、景观等内容。物质性的历史要素包括文物古迹、革命史迹、历史遗址、墓葬坟冢、历史建筑、传统风貌建筑、古井、古树名木等;非物质性的历史要素包括历史人物、历史故事、名人诗词、历史事件、体现地方特色的岁时节庆、地方语言、传统风俗、传统饮食、文化艺术和古风俗等。

具体可采用的工作方法如下:

(1)历史文献法。从地方志查询当地乡村的详细资料,到博物馆和展览馆寻找乡村的历史记述,并了解当地政府近三年的发展规划。

(2)观察法。经常去乡村各处走走,观察村民们的生活习惯,并参加乡民村民的民俗活动,亲身体验当地的乡风民俗,寻找乡村历史脉络传承的线索。

(3)普遍调查法。多方位考察当地地域范围的遗址、古建、名胜等历史资源,以及土地、水利、生物、矿产、气候、生物等自然资源。

(4)访谈法。拜访当地的文化名人、老人和规划建设部门的干部,向他们请教乡村发展变迁的历史渊源。

7.2.2　乡村文化

7.2.2.1　乡村文化的结构与类型

中国传统乡村文化是在人、社会、自然的长期互动中衍生而出的,指的是以乡村为地域,农民所创造的由自然环境、植被作物、生产方式、社会组织、风俗习惯、村落格局、民居建筑、语言器具等组成的一切物质与非物质的成果。

中国传统乡村的文化结构由以下几个层次构成:第一为物质文化层,包括乡村生产工具,主要是用于农耕的锄头、耙子、犁、刀等人力或畜力工具,物质生活自给自足,生产性和生活性基础设施相对于城市来说比较落后;第二为制度文化层,传统乡村是由宗族组织、士绅地主、私塾学校等构成熟人社会,依靠祠堂、族规和乡约,形成特有的“衿绅自治”“乡约自治”或“宗族自治”模式,即以血缘关系和地缘关系为基础的“差序格局”模式;第三为精神文化层,传统乡村作为价值认同和道德内聚的小“共同体”,倡导敬天畏地、敬祖敬老、惜物惜面和崇文尊农的价值观,其突出特点在于互助和谐、邻里守望、诚实守信、集体意识,注重传统、富有包容性。这是传统乡村文化的核心组成部分。

乡村文化也分为物质文化和非物质文化两种类型。乡村的物质文化由外部景观和内部结构共同构成。乡村文化的外部景观包括人(村民、农民)、房屋、田地、牲畜、树木、山水、动物等。乡村文化的内部结构由个人、家庭,乃至家庭之上的宗族构成,并以宗族为核心。由宗族向外延伸,即由亲戚、邻里、村社共同体构成。乡村的非物质文化包括以独特的组织管理形式构成的制度文化,和以独特的审美观念、思维方式、风俗习惯、情感志趣、心理素质等构成的精神文化。

7.2.2.2　乡村文化的作用

1)乡村文化对社会的作用

乡村文化在社会文化发展和交流方面,发挥着十分重要的作用。第一,乡村文化体现在乡村社会生活的各个方面,是一个村庄的所有情感、价值、知识、趣味的综合体。第二,乡村文化作为社会公共品,人人都可以使用。所以,乡村文化在乡村社会生活当中起着整合社会、加强交流、加强各阶层的沟通、凝聚乡村社会等作用。第三,乡村文化是中华民族文化的根脉。古语有言“礼失求诸野”,中国的文化是由农耕文明发展起来的,乡村文化是传统文化的基因库,故而乡村文化是中国社会文化的根脉。根脉与主干有很大的不同,根脉长出来的枝叶也许不同于原来的形态,但所有的枝叶都源于此。所以,乡村文化是中国社会文化的源泉所在。当前,乡村已经成为中国传统文化与现代文化碰撞对话的交汇点,在保护中国文化多样性和促进社会发展方面发挥着极其重要的作用。

2)乡村文化对城市文化的作用

乡村文化是城市文化的滋养地和稳定器,其对城市文化的重要性远远超过城市所给予乡村的全部。首先，乡村文化为城市建设和工业化发展源源不断地提供了原材料、粮食、土地和劳动力。改革开放以后，中国有近 3 亿的农民工进城务工，为中国城市的工业化和现代化提供了最强有力的支持。第二，乡村文化对农产品生产安全提供保障。当前食品安全已经成为令国人十分头疼的问题，尤其是化肥、农药的残留以及农产品质量安全等问题，影响着每一位城市居民。乡村文化在为城市提供安全、健康的食品方面至关重要。第三，乡村文化中宜居的生活环境和田园风光为城市居民提供了亲近自然、返璞归真的场所。每逢周末和假日，不少城市家庭都会驾车前往市郊和乡村度假休闲。因而，乡村文化丰富了市民的休闲生活和文化体验。第四，乡村文化也为维持城市稳定的社会秩序提供保障。中国历史上任何一次农民起义，都是因为乡村不稳定、城市和乡村的关系极度恶化，导致社会动荡不安而造成的。历史已经表明，没有乡村的和谐与稳定，就没有城市乃至国家的稳定与繁荣。

3）乡村文化对中国社会主义新农村建设的作用

乡村文化在中国社会主义新农村建设中发挥着重要的作用，主要表现为：乡村文化是形成乡村个性和特色的基本条件；乡村文化为构建和谐新农村提供文化条件和思想基础；乡村文化为构建文明新农村提供精神支撑。同时，乡村文化也是延续淳朴民风和弘扬民族精神的有效载体，并为发展乡村经济提供有力的保障。

7.2.2.3 乡村文化对城镇规划的影响

乡村给城市的存在与发展提供着各方面资源的供给和保障。乡村和城市的关系，并不是单方向的城市文化促进乡村的反哺问题，而在于城市文化和乡村文化应是对等的、平等的关系。所以，应把乡村文化和城镇文化看成是两种不同的文明形态，在规划时注重双方的优势互补、资源共享。

在现阶段，乡村文化的延续是中国城镇化不走弯路的重要保障。在城镇规划中，应认识到乡村文化对城镇化产生着非常重要的影响。第一，城镇需要乡村文化作为稳定器、大本营；第二，当城镇失去文化，失去方向的时候，乡村是指南针；第三，在城镇能源枯竭时，乡村文化是创新的源头活水；第四，在城镇面貌趋同时，多样化的乡村文化又可以为城镇规划和建设提供形态丰富的样本。

7.2.3 基于乡村历史文化的城乡规划思路和方法

基于乡村历史文化的城乡规划理念应有别于城乡二元化下的城市规划，应体现“城市反哺农村”的基本思路，更多关注乡村规划的“基点”作用，从城乡线性因果发展转到城乡多维协调发展，最终实现统筹城乡一体化发展。同时，乡村规划应冲破“就乡村论乡村”的禁锢，实行包括乡村全地域在内的全覆盖规划。可借鉴日本的经验，拓展乡村规划的范围，从“个体”式的“点”规划走向“乡村地域”的“面”规划，避免各自为政的乡村建设带来的千村一面及恶性竞争。

基于乡村历史文化的城乡规划，应在规划中充分尊重村庄、村民的“主导”作用。如前文所述，乡土社会的生活是富于地方性的，乡村社会是一个明显的“熟人社会”，有较大的封闭性、稳定性和传统的承继性。因而，乡村规划应涉及村民生产生活的方方面面，关涉村民内生需求的各个要素，村民才是乡村建设的主体。在观念上应树立“主导”意识，采用参与式方法，引导村民自觉参与到规划建设的全过程中。从根本上保障乡村规划建设的顺利和持续进行。因此，规划人员要在充分理解各乡村历史脉络、文化传统、环境与资源等基础上，为村民提供全面化、通俗化的乡村规划建设咨询服务，并结合对话、谈判、协商的方式，以协助者而非主导者的身份参与村庄的规划。

基于乡村历史文化的城乡规划，应在规划调研过程中，通过“驻村体验”式的深度调查，熟悉农民的语言和交往方式，削减技术交流壁垒，深入了解乡村的文化和历史，培养对乡村的深厚情感，从无灵魂的村庄材料中认识有灵魂的、生动的村庄肌体，为乡村规划注入人文气息。其中，应特别关注对村头水口林荫树下、村内场院与晒谷场、寺庙与祠堂、小集市等乡村公共空间的观察、重整与营造。这些承载着乡村自治管理、文化景观、宗教信仰、民俗休闲等特殊功能的公共空间，彰显着乡村的精神与特色风貌，表达着乡村最易识别和记忆的文化特质，维系着村民的认同感与归宿感。应以此为重要依托，通过规划来帮助村民改善其物质生活和精神文化状态。

与城市规划不同，由于认知水平和对规划的理解程度相对较低，在普通城市规划引导公众参与的常用方法（如问卷调查、规划模型展示、方案公示、座谈会等）在乡村规划过程中常常难以奏效，村民或对乡村规划漠不关心，或只关心自家利益，使规划最终变成“纸上画画、墙上挂挂”的形式。所以，应根据不同乡村村民的特点，创新乡村公众参与的方法，唤起村民参与乡村规划的热情。

较之于看起来专业技术性很强的规划蓝图，及文字枯燥无味的说明书和文本，村民们往往更倾向于以自身的需求和意愿为任务的规划设计任务书，倾向于规划内容的直观表达。为此，可采用“行动计划”的形式，按重要性和时间排序分解成村民易懂、易接受、易操作的多个行动规划，并在行动规划上，明确表述近期村庄建设与整治的项目内容、进程、实施主体、投资概算与经费来源。这样，当首个行动计划实施后，村民看到其良好的效益，得到真正的实惠后，将会接受并支持下一个行动计划的进行，逐步推进规划建设的顺利开展。

基于乡村历史文化的乡村规划，应是由若干具体的、针对性强的“行动计划”构成的动态的规划过程。乡村规划的实质是集“建设、文化、生活生产、艺术为一体”的综合体，其总体规划和建设规划编制过程应是紧密联系、互相渗透、不可简单分割的。因此，应在每个行动计划实施后，应在仔细考察、评价其绩效和反馈的基础上，再确定下一阶段的行动计划，形成“分析—计划—行动（实施）—反馈—评价”的体系，从而动态地推进乡村的规划和建设。

当前中国乡村发展呈现出极为明显的非均衡性。近 100 年来，中国乡村建设运动和实践的重要成果主要集中在东部和中部地区，但对于西部地区，尤其是地形地貌、气候水热条件更为复杂，且少数民族数量最多、人口分布最广的西南地区，其乡村在生态环境、经济基础、人口构成等方面，都与东部和中部地区的村庄存在明显的差异。

平原地区成功的乡村规划经验，不一定满足于丘陵和山区的需要；汉族聚居区的乡村规划经验，不能完全适用于少数民族聚居或汉少杂居的乡村；经济发达地区的乡村规划经验，也难以解决贫困地区乡村的实际问题。因此，乡村规划应从乡村文化特质出发，乡村、村庄的规划必须实事求是、因时因地因人制宜，立足于各乡村特有的历史文化脉络，提出有针对性的规划方案。

针对发达地区的乡村和大城市郊区的乡村规划，应依托其良好的文化和经济基础，重点优化产业结构和提高产业水平，实现农业现代化，并加大村容村貌的规划整治力度，藉此积极推进乡风文明建设和民主建设；而对于经济欠发达地区的乡村，特别是西部贫困地区，则应在规划中帮助其修复文化、重振精神，重点解决农民生存困难和致富的问题。

对于传统村落的规划，应重点结合对文化遗产和历史文化名村方面的保护规划进行；对于传统文化特色缺乏、又深受现代城市文明影响的乡村，可挖掘其时代特点，结合产业规划和环境整治，形成现代新村规划。农业部从 2010 年起，开始组织“中国最有魅力休闲乡村”的评选活动。在开展该评选的前四年里，整个西南地区只有 7 个村庄入选，但是从 2014 年起，在短短两年时间里，就有 36 个村庄榜上有名（表 7-2）。体现出西南地区乡村建设实践取得了一定的成效。2014 年入选的西南乡村，其规划建设主要挖掘了乡村民居和民俗的文化特色，并展现了一些现代新村的文化特质；2015 年入选的西南乡村，以展现现代新村的特色为主，其次为展现乡村民居和古村的历史特色。显示出规划对新时代乡村文化发展和利用的重视。

表 7-2 2010—2015 年西南地区“中国最有魅力休闲乡村”统计

		四川	重庆	云南	贵州	西藏	广西
2010					贵定县音寨村		
2011				普洱市澜沧县惠民乡芒景村	毕节市黔西县洪水乡解放村		
2012			九龙坡区白市驿镇高峰寺村			林芝县林芝镇卡斯木村	恭城瑶族自治县莲花镇竹山村
2013		成都市郫县农科村					
2014	①特色民居村	苍溪县文家角村	巴南区集体村	巍山县东莲花村	黄果树县滑石哨村		灌阳县小龙村
	②特色民俗村	南充市顺庆区青山湖村		弥勒县可邑村	兴义市下纳灰村		灵山县大芦村
	③现代新村	武胜县庐山村	璧山区天池村	武定县狮山村	安顺市西秀区桃子村		
	④历史古村	成都市龙泉驿区双槐村	万州区凤凰村	宁洱哈尼族彝族自治县那柯里村			
2015	①特色民居村	成都市温江区幸福村	城口县兴田村	保山市隆阳区坡脚村、永仁县太平地村	兴义市楼纳村、安顺市西秀区浪塘村		
	②特色民俗村				从江县加车村	堆龙德庆县桑木村	宜州市流河社区
	③现代新村	崇州市五星村、蒲江县金花村	垫江县毕桥村、巫溪县观峰村	建水县团山村		江孜县班觉伦布村	阳朔县凤楼村
	④历史古村			云龙县诺邓村	惠水县好花红村	林芝县珠曲登村	灵川县江头村
数量/个		8	7	9	9	4	6

注：①数据来源：中国农业部网站 http://www.moa.gov.cn/。

②从 2014 年开始，“中国最有魅力休闲乡村”评选活动改为“中国最美休闲乡村”评选。

7.3 城乡历史文化变迁与城乡统筹规划

中国是一个有着悠久历史和灿烂文化的文明古国，其城市与乡村的历史文化变迁过程既有着密不可分的联系，也存在着明显的差异。

城市历史是城市在不同历史时期（原始社会、农耕社会、工业社会、后工业社会）社会文化内涵的总和，因而，城市的规划和建造是在历史的渐进和积淀产生的城市背景上进行的。中国城市发展的速度和水平不均衡，大城市的比重相对较少，中小城市占大多数。加强对中小城市发展历史的研究，对中国的城市规划意义重大。而相比城市的发展历史，中国乡村的历史发展特点更为突出，历经近代各种社会力量倡导的中国乡村建设实践、中国共产党领导的土地改革、乡村改革与城镇化、社会主义新农村建设和美丽乡村建设等历史时期，乡村社会流动性不断加剧，乡村文化也已进入了多元化发展的时期。

近年来，中国的城市建设常为“特色”问题所困扰，但单纯形式上的标新立异和崇洋、尚古都不可能改变城市特色衰微的现象。而城市文化恰是形成城市独特个性的本源，应是城市规划的基本立足点。在对城市历史环境条件的分析中，规划师和决策者需同时关注城市发展演变的自然条件和历史背景，以及在此基础上形成的城市空间格局和文化遗产。城市的地域文化是历史文化的积淀，是城市不可再生的宝贵资源，对构建城市的精神起着决定性作用，为城市规划中彰显城市文化活力、提升文化品质提供源泉。同时，城市文化也为城市规划中的文化产业规划奠定基础，在城市经济发展方面发挥着重要作用。

基于城市历史文化的城市规划，其本质在于对城市乃至其所处的更大区域范围内物质空间所承载的人文特色和文化精神的理解和传承；应深度挖掘和把握地域文化的宏观特征，在新的生活形态和新的技术水平下，继承和发扬地域文化的精神内涵，积极推动适应城市规划的文化规划编制体系的形成，以推动形成文化自尊、文化自觉及文化自强的社会共识和行动准则。同时，还应在社区层面，力求唤醒居民的文化认同感和自豪感，引导社区居民参与社区的规划和建设。

乡村和城市的关系，并不是单方向的城市文化促进乡村的反哺问题，而在于城市文化和乡村文化应是对等的、平等的关系。乡村文化不仅对中国乡村社会文化的发展和交流，以及中国社会主义新农村建设和美丽乡村建设发挥着重要的作用，也是城市文化的滋养地和稳定器，给城市的存在与发展提供了食品、工业原材料、土地、劳动力、田园风光等各方面资源的供给和保障。因此，在城乡统筹规划中，应把乡村文化和城镇文化看成是两种不同的文明形态，注重双方的优势互补和资源共享。

在对乡村历史环境条件的分析中，需同时关注乡村发展演变不同阶段的自然条件和历史背景，以及在此基础上形成的乡村聚落空间格局，及其文化遗产，对于正确指导城乡一体化发展建设具有重要的作用。中国乡村发展呈现出极为明显的非均衡性，应针对其不同特点（如现代新村、特色民居村、特色民俗村、历史古村等），有针对性地采取不同的规划策略和方法。

基于乡村历史文化的城乡规划，其理念应有别于城乡二元化下的城市规划，从城乡线性因果发展转到城乡多维协调发展，并实行包括乡村全地域在内的全覆盖规划，最终实现统筹城乡规划发展。应在规划中充分尊重村庄、村民的“主导”作用；注意削减与村民的技术交流壁垒，通过“驻村体验”等方式，深入了解和认识乡村的文化和历史，为乡村规划注入人文气息；协助村民们，形成具体的、针对性强的“行动计划”，以动态推动乡村规划的实施过程。

中国城乡社会的发展历程已经证明，中国社会之根在乡村，乡村文化是中国社会文化的精神源泉。因此，只有尊重乡村建设发展的历史文脉，注重城乡的优势互补，才能有效落实城乡规划的目标，营造和建设充满地域特色的新城市、新农村和美丽城乡，使中国城乡向着符合地域文化、乡土民情的方向永续发展，从而更有效的解决中国的“三农”问题和城市发展问题，推动城乡一体化的长足发展。如何在目前有限的城乡统筹发展实践经验基础上，充分实现城乡规划对中国各地历史文化的传承、发展与复兴，依然任重而道远。

本章小结

本章主要介绍城乡文化与历史对城乡规划的影响。文化与历史概念的内涵和外延极为广泛，当以城市为主体时，表现为城市的精神和文化内涵，在城市规划建设中起到至关重要的作用；当以乡村为主体时，表现为传统乡村的文化、精神和价值内涵。本章立足于此，介绍了城市历史和乡村历史各自的影响，城市文化和乡村文化的结构、类型和作用，及对城市规划的影响，分别归纳了基于城市历史和乡村历史的规划分析内容。在此基础上，介绍了基于城市历史文化的城市规划方法，以及基于乡村历史文化的城乡规划方法。

思考题

1. 编制你熟悉城镇或乡村的历史年表。

2. 结合你家乡所在城镇或乡村的历史文脉，思考其性格特点。对其表现出的问题，在物质空间中可以做哪些改进？

3. 除了本章介绍的分析方法外，还有哪些可能创新的城市和乡村历史分析方法？以及基于历史文化的城乡规划方法？

第8章

城乡规划信息与技术

本章导读：随着科技创新加快，大数据时代来临，计算机及网络技术、现代通信与信息处理技术已成为社会发展的重要驱动力，新技术带来的变革促使传统数据分析方式发生转变，提高了各行业的工作效率。信息技术向规划研究和规划编制领域快速渗透，改变了城乡规划的工作模式，特别是对空间规划问题解决能力的提升，推动了城乡规划方法技术体系走向自我完善。本章简述城乡规划方法中有关信息技术的概念、特点和应用方法，重点介绍现代空间信息技术的应用，最后讨论了新技术的发展趋势。

8.1 城乡规划信息技术概述

人类社会的进步与发展历经传统的农耕文明、工业文明、信息社会、生态文明四个过程，每一过程中技术进步都深刻地影响城市与乡村的建设与发展，不同时期表现特征不一。科技的进步不断改变城市的形态和城市发展的速度，也改变了人类社会的沟通与交往途径。技术的发展影响了城市中人类的生活组织形式，影响了城乡经济、产业结构、城乡形态与生态环境，这些影响最终会在地球表面留下它的空间投影。

20世纪60年代后，城市规划引入系统规划理论，城镇规划工作被定义为系统控制的一种形式，这一思想带来了规划技术的重大变革。首先，需要了解城市这一复杂系统是怎样运行的；其次，一旦城市被看成是不同区域位置功能活动相互联系和作用的系统，那么一个局部所发生的变化将会引起其他局部的相应变化；第三，认识到城市处于不断变化过程中，城市规划被视为一个在不断变化的情形下持续地监视、分析、干预的过程；第四，把城市看作一个相互关联的功能活动系统整体，规划需要处理的范围更广，规划结果的影响更加深远。在这种认识论基础之上，大量相关学科技术被引入城市规划领域，极大地丰富了城市规划编制的技术手段。同时，计算技术的快速发展也催生了大量可用于城乡规划数据获取、大数据分析的计量模型和计量软件。

进入21世纪，新技术的进步对城乡规划领域的影响主要表现在以下方面：①城乡规划中的计量模型用于软件实现，带来城乡规划工作的效率提升；②城乡规划环节的可视化互动与规划成果的虚拟展示技术，极大地改善了规划步骤中交流、沟通与成果的仿真模拟效果；③城乡规划动态监督与智能化管理能力随着技术进步大幅度提高；④从大数据中得到的反馈，更加有利于城乡规划方案的完善和城乡规划的实施成效检验，更能直接反映公众的意见。

互联网时代，信息传递的速度越来越快，信息交流受到的环境制约越来越少，知识生产呈几何级数增长，尤其通过网络技术形成的各类平台相互对接；“自媒体时代”的人们能更方便地向社会表达自己的意愿，从而促使公众参与到城乡规划等公共事务管理之中。信息技术最终会影响人类创建宜居城市与乡村生活的方式，以及实现生态文明社会的愿景。

未来的城乡规划应当主动应对技术进步所带来

的新问题和新挑战，高效、合理地利用新技术去创建美好的城市与乡村空间。

8.1.1 城乡规划编制的技术选择

现代城市与乡村构成了一个复杂而庞大的系统，也是一个持续演化发展的有机体，需要科学规划，有效实施，精准管理。现代城市与乡村离不开对城乡系统准确的认识，这就必须借助现代科学的手段。今天，规划行业对技术方法的运用已经能够覆盖城乡基础研究、发展前景预测、规划方案拟订、规划成果评估，乃至规划方案编制的全过程。

总体来说，城乡规划编制的技术选择须覆盖以下四个阶段。

(1)发现和描述的地理学阶段：发现并描述城市与乡村的历史、现状、政策和决策的规则；监控、记录和解释城乡的时空变化。

(2)精准的预测阶段：预测城乡发展的未来。

(3)分析与评估科研阶段：诊断城乡规划和开发中的问题，评估供需平衡，模拟其变化的关系、影响和成本。

(4)展示与交流沟通阶段：传达清晰和可靠的信息给决策者、相关利益者以及公众；建立不同学科专家的协同工作平台。

这些方面都有相应的核心技术手段供选择，但需要指出的是，一项技术在城乡规划中的应用并不是固定在单一的某个方面，同样也可能应用于多个方面。规划师与城市设计工作者应当在规划编制过程中根据不同阶段的不同需求，恰当选择、灵活运用，并且综合不同的技术手段，服务于规划编制的分阶段目标。本书所列举的技术手段也远远不是城乡规划所涉及的全部，应当结合规划编制的具体情况，选择更加精准的技术手段和更为优化的技术组合，强调规划编制过程的理性思考，并考虑技术实现路径的可行性。

8.1.2 CAD 和 GIS 技术

早期计算机技术在城乡规划领域的应用多限于对土地利用统计，人口规模、经济发展速度预测等数值计算和计算机辅助设计(computer aided design, CAD)为代表的图形处理方面。随着计算机图形图像处理技术的进步，目前，CAD 技术已广泛运用于规划设计与矢量制图，常用 CAD 软件有 AutoCAD、MicroStation 等，其中 AutoCAD 是目前国内规划制图使用最普遍的软件。

CAD 软件虽然制图技术成熟，但是难以支撑空间性问题(同时关联属性)的计算，无法直接完成空间关系分析，没有对复杂空间问题的建模和流程化解决能力，而这些恰好是地理信息系统(geographical information system, GIS)的功能特色。GIS 和 CAD 技术基本原理迥异，尽管两者都有坐标系统，但 CAD 把世界看成一个立方体，GIS 可以根据处理的空间大小，将世界看成一个立方体或球面。CAD 的主要优点是图形编辑功能非常强大，可以方便地对图形对象进行拉伸、裁剪、复制等操作。相对而言，GIS 的矢量编辑制图功能较弱，侧重面向对象的要素编辑及地理专题制图。

从 CAD 技术的局限性上来看，GIS 与 CAD 技术的差异性主要体现在以下方面：

(1)GIS 制图的规范性更强。GIS 适用于基于测绘的空间数据管理，制图时须遵守空间数据模型，因而数据冗余小、数据质量高；而 CAD 对数据质量没有过多限制，关注的是最终的图面效果，而不是数据本身的空间属性。

(2)GIS 具有很强的空间分析功能，依靠软件自身可完成大量的空间量算、空间分析、空间统计操作，而 CAD 几乎没有这样的功能。

(3)GIS 可以良好地管理非空间数据，而 CAD 在这方面较弱。例如对于一块用地，GIS 可以存储这块地的权属、面积、编码等各种非空间属性的结构化数据，而 CAD 实现起来比较复杂。

(4)GIS 可以制作丰富的规划专题地图。GIS 的数据内容和数据表达方式是分离的，GIS 的一个空间要素通常对应多个属性(如街道边界对应街道人口、经济状况、设施数量等)，因此可以对一个要素生成多张专题地图(如人口图、经济状况图、设施数量图等)。而 CAD 的数据内容和表达方式是绑定的，一份数据对应一张图纸。

(5)GIS 具备拓扑分析功能，提供了一种对数据执行完整性检查的机制，此外，还可以使用拓扑规则为要素之间的空间关系建模，为多种分析(如查找相邻要素、处理要素之间的重叠边界)提供支持，而CAD 自身没有提供表达图形拓扑关系的功能，不具备拓扑分析能力，只能经二次开发后才可使用。在实际应用中，CAD 作为基础资料输入，结合 ArcGIS 的拓扑分析功能，对图形中的对象组织进行空间拓扑关系分析。

CAD 技术与 GIS 技术有各自鲜明的特色，二者在功能上形成优势互补才是突破各自局限的可行之路。ESRI 公司开发的 ArcGIS 软件已经通过多种途径实现 GIS 和 CAD 的融合，包括采用通用的存储环境等。在 ArcGIS 中可以直接使用 CAD 数据，并不需要把 CAD 文件转换为 GIS 文件。GIS 和 CAD 文件之间也可以进行双向转换。

8.1.3　BIM 技术

BIM(building information modeling)诞生于1975 年，一般译为“建筑信息模型”。相较于传统设计工具和工作方法，BIM 具有以下四个特点：可视化、协调性、模拟性、优化性。BIM 可在项目设计阶段优化设计、指导施工、运营维护相关专业模型，同时还能对一个已存在的设施项目通过数字表达其物理和功能特性。

目前，BIM 较多地应用在项目设计及工程项目的三大目标管理中，如上海老港再生能源利用中心、北京奥运会水立方、成都环球中心等，均有效利用了BIM 的优势条件。随着智慧城市的发展，BIM 逐渐与 GIS 相结合，其包含了精准的城市三维建模，发达的城市传感网络，实时的城市人流监控，使城市中人们的生活更加智能和便捷，在交通建设、三维导航、智能出行、协调设计及城乡规划管理等领域带来技术性的变革。

1)日照分析子系统

建立修建性详细规划的建筑物信息模型，通过模型计算建筑各个立面的日照时间，分析建筑物被遮挡的情况，对详细建筑报建方案进行满窗日照分析。

(1)满窗日照分析；

(2)任意日期、任意时间的建筑物遮挡日照时间分析；

(3)建筑物的采光权分析；

(4)日照图、指标表、视频生成和输出；

(5)兼容导入 3d Max 模型、SketchUp＋VRay 模型等。

2)风环境模拟子系统

采用计算流体力学软件，结合气象数据，对规划建筑群进行风环境模拟，通过风环境模拟能对建筑群的热岛效应、风速云图进行综合分析，从而对建筑群的空间关系给出合理的空间布局建议。

通过气象数据和空气质量数据，能对区域内空气质量进行模拟，对大气污染源扩散进行模拟，得出详细的指标参数，如空气悬浮颗粒的浓度，沉降物沉降速度等。

(1)对风通过建筑群后的风速云图、温度云图进行分析；

(2)热岛区分析解析，也可以对建筑物表面风压载荷云图进行分析；

(3)风速云图、温度图、污染物颗粒沉降图、指标表生成和输出；

(4)可叠加风环境成果图。

3)热工分析子系统

对区域内在日照条件下的温度场云图能做准确的模拟，在建筑物材质的影响下，进行建筑物得失热量的分析，通过规划建筑体量和规划数据能预测建筑的能耗，并统计区域内各个规划单元的基本能耗。

(1)区域内地块、绿地、水系、铺地、交通在日照情况下的温度场分布；

(2)结合风环境温度分布，分析区域内热岛分布；

(3)成果图、视频动画、指标表格输出；

(4)支持导入 BIM 模型，调节用地属性热工系数；

(5)支持模型边界条件设置。

4)景观可视度分析子系统

模拟地标性建筑在指定区域内的空间可视度分析，通过遮挡分析，分析地标性建筑物在指定区域内各个可视空间的可视面积大小。

(1)地标建筑或景观在指定区域内的视觉通透性分析；

(2)建筑物内某点对外指定区域的景观视觉通透性分析；

(3)指标图生成和输出；

(4)支持可视区域边界条件设置。

5)光环境模拟子系统

通过BIM模型模拟规划区域内在自然光条件下的建筑物空间天光照度分析，从而为规划区域内的照明布置做出合理建议，能分析规划区域内建筑物各个立面的采光权。通过对高层建筑的玻璃幕墙进行光环境模拟，能得出建筑物表面对周边造成的光污染数据。

6)噪声分析子系统

通过调查区域内噪声污染源和交通噪声数据，模拟噪声源污染对周边建筑的实际影响，通过模拟结果能确定建筑物的噪声污染能否满足规划规范，为建筑物隔音和交通减噪提供辅助数据。

(1)噪声源对目标建筑群的噪声影响衰减模拟分析；

(2)噪声云图，噪声影响视频，表格生成和输出；

(3)支持噪声源数据导入。

8.1.4 空间句法理论及应用

8.1.4.1 空间句法理论

1)什么是空间句法

“空间句法”概念始于20世纪70年代末，由英国伦敦大学学院比尔·希列尔(Bill Hillier)教授提出，借用语言学上的一个术语，即句法来表示空间之间的关系。空间句法是对空间本身的研究，可以有效地以量化的方式揭示空间的结构；认为建筑及城镇的空间布局会对人类活动、社会交往的方式及强度产生影响，进而揭示空间组织与人类活动之间的关系。

空间句法作为一种描述城市空间结构的计算语言，不仅可以用来描述城市和建筑结构，还可用来解释人在空间的活动，包括人在复杂城市系统中的空间认知行为。这些应用建立在一个基本假设基础上，即人的空间活动和行为在很大程度上受空间形态和结构的影响。

空间句法提供了一种对城市形态结构的精确表示方法，它可以集成到GIS中以提供分析和预测功能，也可以进一步发展成为新的空间模型。空间句法已成为研究城乡物质环境与建成空间的理论范式，在世界范围内的城市研究中发挥着重要的作用。

2)空间句法基本原理及分析方法

“组构”或“组织构成”是空间句法的核心概念，表示为一组整体性关系，其中任一关系取决于其他与之相关的所有关系；“空间组构”则是指相互关联的空间构成整个建筑或者城市的空间布局。举例用a、b、c三个建筑平面来解释(图8-1)，由图可知，三个建筑平面形状几乎一样，只有内部隔墙开门略有不同，但从空间组构上来讲存在巨大差异。从第三列的建筑内部空间结构图解可知(圆圈，即节点来表示各个建筑内部的矩形空间，短线表示相互之间关联关系；内部有“十字”的圆圈表示空间组构分析的终点)，建筑a是很深的“链形”结构，建筑b是相对较浅的“树形”结构，而建筑c是套接起来的两个“环形”结构，这三个建筑有着完全不同的空间组构。

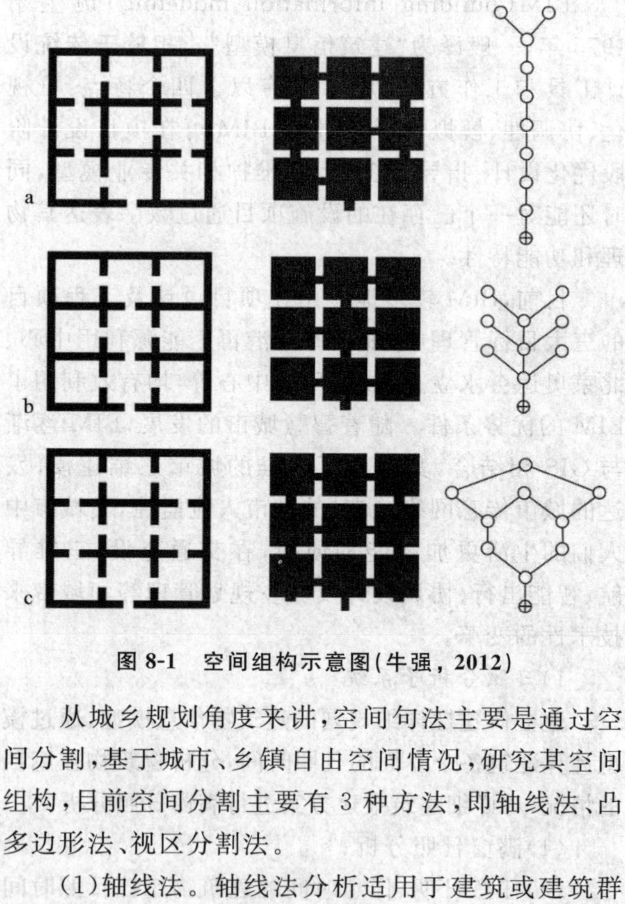

图8-1 空间组构示意图(牛强，2012)

从城乡规划角度来讲，空间句法主要是通过空间分割，基于城市、乡镇自由空间情况，研究其空间组构，目前空间分割主要有3种方法，即轴线法、凸多边形法、视区分割法。

(1)轴线法。轴线法分析适用于建筑或建筑群体较为密集的区域，对城市道路网的空间形态进行分析。轴线即从空间中一点所能看到的最远距离，每条轴线代表沿一维方向展开的一个小尺度空间。同时，沿轴线方向行进也是最经济、便捷的运动方式，所以轴线与凸状一样，也具有视觉感知和运动状态的双重含义(图 8-2)。

空间句法规定，用最少且最长的轴线覆盖整个空间系统，并且穿越每个凸状空间，然后把每条轴线当作一个节点，根据它们之间的交接关系，便可转化为相关关系图解。

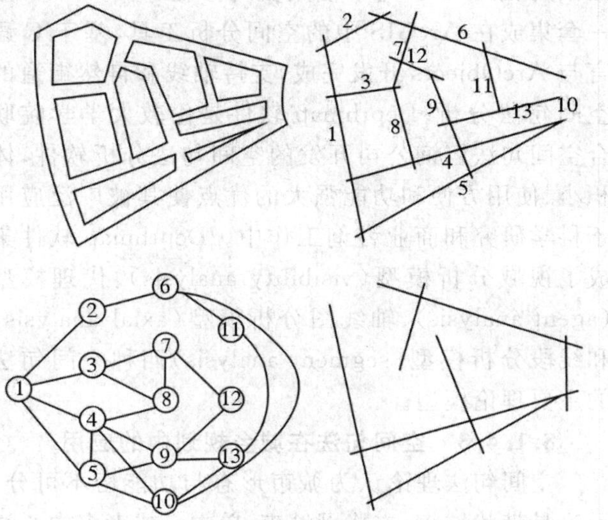

图 8-2　轴线分析过程及拓扑关系图(江斌等，2002)

(2)凸多边形法。凸多边形法一般用于沿二维平面展开可感知的一个小尺度空间，如果连接空间中任意两点的直线，皆处于该空间中，则该空间就是凸状(图 8-3)。因此，凸状是“不包含凹的部分”的小尺度空间。从认知意义来说，凸状空间中的每个点都能看到整个凸状空间。这表明，处于同一凸状空间的所有人都能彼此互视，从而达到充分而稳定的了解和互动。

空间句法规定，用最少且最大的凸状覆盖整个空间系统，然后把每个凸状当作一个节点，根据它们之间的连接关系，可转化为相关关系图解。

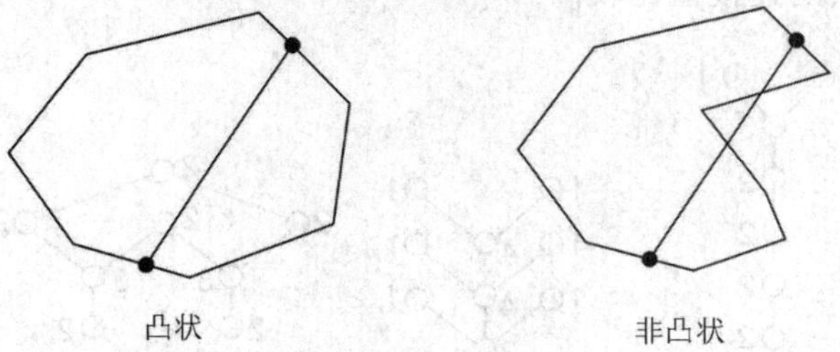

图 8-3　凸状与非凸状空间组构示意图

(3)视区分割法。简单地说，视区就是从空间中某点所能看到的区域，是从该点可视的点集合构成。用视区方法进行空间分割，首先在空间系统中选择一定数量的特征点，一般选取道路交叉口和转折点的中心作为特征点，因为这些地方在空间转换上具有战略性地位；接着求出每个点的视区，然后根据这些视区之间的交接关系，转化为关系图解(图 8-4)。

基于视区的空间组构分析适用于建筑内部空间和城市公共空间的形态分析。

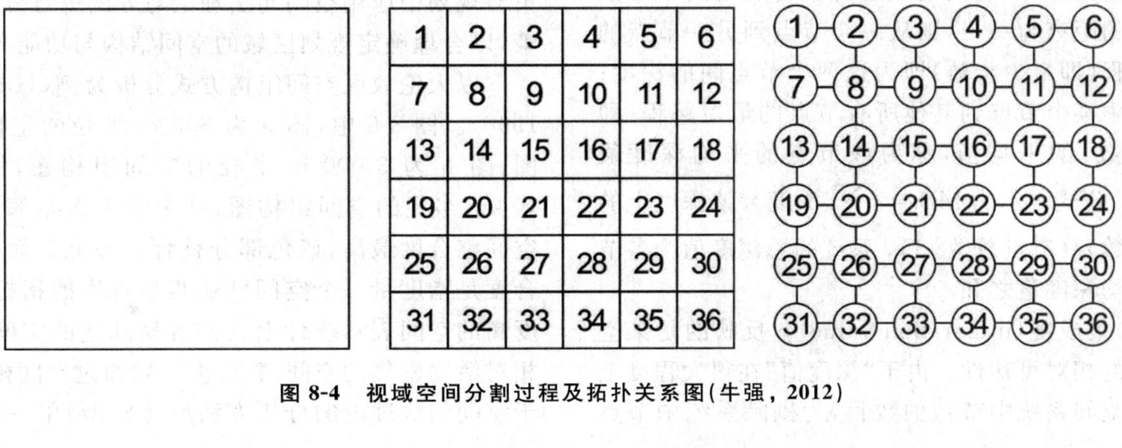

图 8-4　视域空间分割过程及拓扑关系图(牛强，2012)

3)空间句法定量描述

空间句法将空间之间的相互联系抽象为连接图，再按图论的基本原理，对轴线或特征各自的空间可达性进行拓扑分析，最终导出一系列的形态分析变量，主要包括连接值、控制值、深度值与集成度四种。

(1)连接值(connectivity value)。与某节点邻接的节点个数即为该节点的连接值，代表空间渗透性，连接值越高，渗透性越好。图 8-5 显示，三个建筑平面中各个节点的连接值相比较，b 建筑中部节点的连接值比较高。

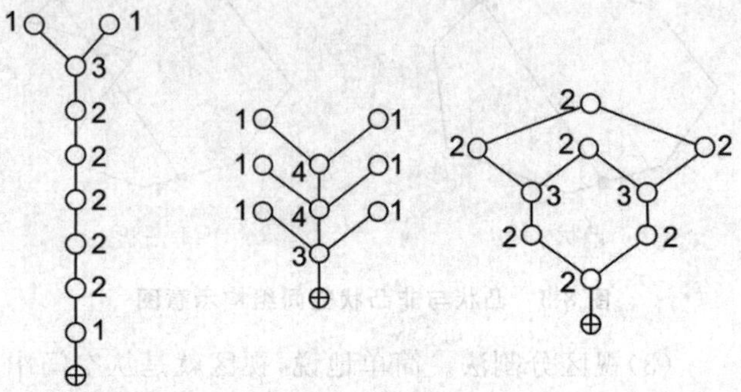

图 8-5　连接值

(2)控制值(control value)。表示节点之间相互控制的程度。假设系统中每个节点的权重都是 1，则某节点 A 从相邻节点 B 分配到的权重为(1/B 的连接值)，那么与 A 直接相连的所有节点的连接值的倒数之和，就是 A 的控制值。

(3)深度值(depth value)。主要表达节点在拓扑意义上的可达性，即节点在空间系统中的空间转换次数，蕴涵了重要的社会文化意义，即深度值高的节点可达性差，人的活动强度低。若规定两个邻接节点间的距离为一步，则从一个节点到另一节点的最短路程(即最少步数)即为这两个节点间的深度；而系统中某个节点到其他所有节点的最短路程(即最少步数)的平均值，称为该节点的平均深度值(MD)。公式表示为 MD＝($\sum$深度×该深度上的节点个数)/(节点总数 -1)，系统的总深度值为各节点的平均深度值之和。

(4)集成度(integration value)。反映的是某空间节点的相对可达性。由于“深度值”在很大程度上取决于空间系统中节点的数目，为剔除系统中节点数量的干扰，在 *Decoding Homes and Houses* 一书中 P. Steadman(1998)改进了该计算方法，即用相对不对称值(relative asymmetry)来将其标准化，公式是 RA＝2(MD－1)/(n－2)，其中 n 为节点总数。为与实际意义正相关，将 RA 取倒数，称为集成度。后来又用 RRA 来进一步标准化集成度，以便比较不同大小的空间系统。

8.1.4.2　空间句法相关软件

常用的空间句法软件有 Axman、Axwoman、Depthmap 和 Confeego 四种。Axman 和 Depthmap 在国外的城市研究中使用更为广泛，Axwoman 是一套集成在 ArcGIS 中的空间分析工具，基于 C 语言与 ArcObjects 开发完成，支持轴线和自然街道的空间句法分析；Depthmap 软件是伦敦大学学院联合空间句法咨询公司开发的空间句法分析软件，体积小、使用方便和功能强大的优点使其被广泛应用于科学研究和商业咨询工作中。Depthmap 软件集成了视域分析模型(visibility analysis)、代理模型(agent analysis)、轴线图分析模型(axial analysis)和线段分析模型(segment analysis)四种空间句法的主要理论模型。

8.1.4.3　空间句法在城乡规划中的应用

空间句法理论认为城市形态与功能密不可分，无论是带状城市、方格网城市、单中心或者多中心城市，甚至是不规则的城市，都有它的不同城市功能架构分布特点和组构关系(从整个区域系统中任意一个空间到其他所有空间的关系)，比如紧凑型、多样化型、混合型等，而空间句法理论中的空间组构概念可把城市形态与功能紧密联系在一起。在城乡空间策略规划中应用空间句法理论与方法进行分析与决策，以合理确定规划区域的空间结构与功能布局。

以大伦敦区空间组构方式分析为例(Hillier B，1996)。图 8-6 中，图 a 为 800 m 半径的空间组构图，图 b 为 3 000 m 半径的空间组构图，图 c 为 10 km 半径的空间组构图，其中图中高亮部分表示空间整合度最高，蓝色部分整合度最低。而空间整合度是指度量一个空间到达难易程度的指标，整合度高的空间表示统计上人们容易到达的空间，也是相对活动密集的空间，整合度一般通过空间模型(基于空间句法理论的分析方法所建模型)中一定范围内的所有点到达某一点的难易程度之和来确定。从图 8-6 反映出，城市可以看作由一张一张的网络构成，空间组构范围（出行半径）小的如图 8-6(a)，高亮部分密度大的地区，即为城市的局部功能中心，如可能是一个社区的中心；空间组构范围（出行半径）大的如图 8-6(c)，高亮部分密度特别大的地区，即为市中心。这便验证了空间句法的原则：城市的空间网络（空间组构）决定了城市中心的显现规律。

空间句法能让我们从不同的尺度分析城市的空间组构，从不同类型城市空间结构判断城市形态与城市功能的对应关系，为不同层次的规划提供判断依据和数据支持。

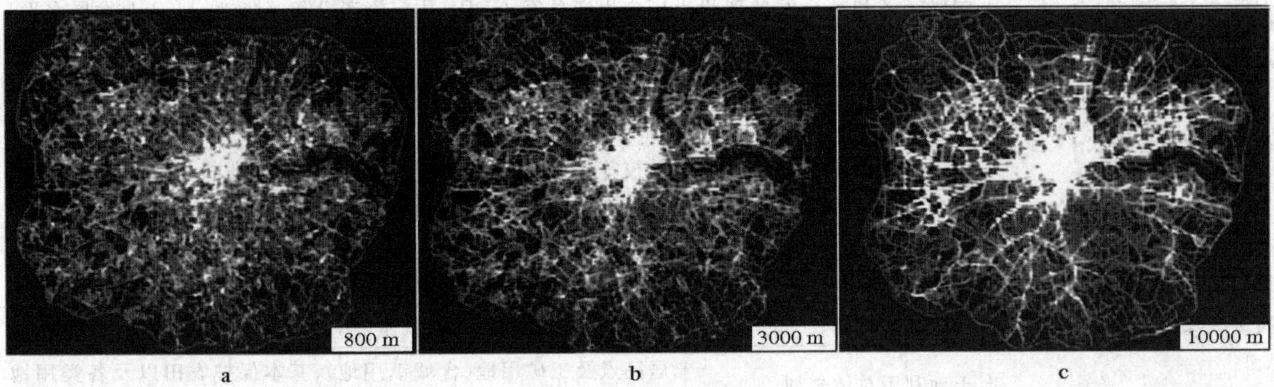

图 8-6 大伦敦区空间组构图

（注：800 m 指基于步行尺度所设定的出行半径，3 000 m 指基于车行分析设定的出行半径，10 000 m 则是基于城域尺度车行分析所设定的出行半径）

8.2 城乡规划调查研究方法

8.2.1 城乡规划基础资料收集

城乡规划涉及城市和乡村社会、经济、文化、人口、自然、地理、历史人文、传统村落等方方面面的指标和要素，规划前期资料收集与调查需要覆盖各相关要素的内容。城乡规划所需基础资料，可以大致按表 8-1 来整理归总，收集资料的方法有访谈法、问卷法、现场调查法等几种。

表 8-1 城乡规划基础资料概览

类 别	分 项	内 容
自然环境与资源	地质资料	工程地质：地质构造、土地承载力、地面土层物理状况，滑坡、塌陷等地质灾害
		地震资料：地震地质调查、地震烈度、地质背景资料、断裂带、地震带区划等
		水文地质：地下水存在形式、储量、水质、开采条件等
	气象资料	温度、湿度、降雨、蒸发、风向、风速、日照、冰冻
	水文资料	江河湖海水位、流量、流速、水量、洪水淹没线、流域规划、山洪、泥石流及其防护设施等
	地形地貌特征	地形图、航空影像图、遥感影像图等
	自然资源的分布、数量及利用价值	水资源、燃料动力资源、矿产资源、农副产品资源等

续表 8-1

类别	分项	内容
城市人口	现状及历年人口规模	城镇常住人口、暂住人口、流动人口等
	人口构成	年龄构成、劳动力构成、家庭人口构成、就业状况等
	人口变动(率)	出生(率)、死亡(率)、自然增长(率)
	人口分布	人口密度、人口分布等
社会经济发展状况	国民经济和社会发展现状及规划	国内生产总值(GDP)、固定资产投资、财政收入、产业发展水平、文化教育科技发展水平、居民生活水平
各企事业单位现状	工矿企事业单位现状及发展计划	用地面积、建筑面积、产品产量、产值、职工人数、货运要求、环境污染等
	城市公共设施的现状及发展规划	学校等文化教育设施，医疗卫生设施、科研机构、商业、金融、服务设施等的用地面积、建筑面积、职工人数等
高层次及相关规划	国土规划、区域规划	与该区域相关地区的社会、经济发展状况，发展潜力、劣势，区域资源与环境状况，区域基础设施建设计划等
	城镇体系规划	城市的规模、性质，在城镇体系中的等级、职能分工等
	土地利用总体规划	居民点及工矿用地(含城镇用地)、基本保护农田以及各类用地的范围、规模及分布状况
城市历史与文化	历史沿革	历史沿革、城址变迁、市区扩展过程、历次规划资料等
	文化遗产	文物古迹、历史建筑分布等
土地利用与建筑物现状	土地利用	城市土地利用现状、历年变化状况、土地权属状况等
	建筑物的现状	建筑物的用途、占地面积、建筑基底面积、总建筑面积、高度(层数)、建筑质量、结构形式、居住建筑的居住人数以及建筑密度、容积率等
交通设施状况	交通网络与设施现状及规划	机场、火车站、长途汽车站、码头等设施的现状(用地规模、客货运量等)以及相关部门编制的发展规划
	城市道路、广场	城市各类现状道路的延长、断面形式、交通性广场、桥梁、公共停车场等设施的情况
	城市公共交通设施	各类公共交通线路、车辆数、运量、场站的现状及相关部门的发展计划
	交通流量	主要道路断面交通量、居民出行状况、机动车交通状况等
城市园林绿化、开放空间及非城市建设用地	城市公园、绿地	各类城市公园、街头绿地、生产防护绿地的现状规模、分布等，以及园林绿化部门发展计划
	风景名胜区	城市中或城市附近风景名胜区的情况、相关规划等
	非城市建设用地	水面、农田、林地、草地、弃置地等非城市建设用地的现状分布情况等
城市基础设施	市政设施现状	给水、排水、电力、电信、燃气、供热、防洪、人防、环保、环卫等设施的分布、系统网络、管径、容量等现状与规划
	市政设施规划	
城市环境状况	污染监测数据	污染物类型、排放数量、危害程度等
	环境质量监测数据	大气、水质、噪声

来源：谭纵波．城市规划．北京：清华大学出版社，2005

8.2.2 规划数据分析方法

随着信息技术发展，各种新的数据类型和来源大大扩展了城乡规划的数据视野，如何利用各种数据，定量分析和描述城乡统筹发展中的各种问题，为城乡规划提供科学、理性的数据支撑，这是有关数理统计算法的应用问题。目前规划数据分析方法，主要包括描述性统计分析、相关分析、多元回归、聚类分析、主成分分析和因子分析等，常用统计软件主要有SPSS、S-plus、R和SAS等。

(1)描述性统计分析法。描述性统计分析，是指对一组数据的各种特征进行分析，用于描述样本的各种特征及其代表的总体的特征。描述性统计分析的方法较多，常用的有平均数、标准差、中位数、频数分布、偏离程度等，而这些分析也是复杂统计分析的基础。

(2)相关分析。相关分析(correlation analysis)是研究现象之间是否存在某种依存关系，并对具体的依存关系现象探讨相关方向及相关程度，是研究随机变量之间相关关系的一种统计方法。该要素之间相互关系密切程度的测定，主要是通过对相关系数的计算与检验来完成，该系数简称为皮尔逊相关系数，值域在(−1,1)，皮尔逊相关系数计算公式如下：

$$r_{XY}=\frac{n\sum XY-\sum X\sum Y}{\sqrt{\left[N\sum X^2-\left(\sum X\right)^2\right]\left[N\sum Y^2-\left(\sum Y\right)^2\right]}}$$

式中：X、Y为两个关系值变量，相关系数越接近1和−1，则表明相关度越强；相关系数越接近于0，相关度越弱。

(3)回归分析。回归分析(regression analysis)是确定两种或两种以上变量间相互依赖的定量关系的一种统计分析方法；也常用于预测，即可根据一个变量或几个变量的值，预测或控制另一个或几个变量的值，并估计这种控制或预测可达何种精度。根据变量的多少，可分为一元回归与多元回归分析；根据因变量的多少，可分为简单回归分析和多重回归分析；按照自变量和因变量之间的关系类型，可分为线性回归分析和非线性回归分析。常用的回归方法主要有线性回归(linear regression)、逻辑回归(logistic regression)、多项式回归(polynomial regression)、逐步回归(stepwise regression)、岭回归(ridge regression)、套索回归(lasso regression)及elastic net回归几种。

(4)聚类分析。聚类分析是直接比较各事物之间的性质，将性质相近的归为一类，性质差别较大的归入不同类的分析技术，是一种探索性的分析。在分类的过程中，不必事先给出分类的标准，聚类分析能够从样本数据出发，自动进行分类。通过分类可有利于相关规划决策者抓住重点，从总体上把握事物，找出解决问题的方法。传统的统计聚类分析方法包括系统聚类法、分解法、加入法、动态聚类法、有序样品聚类、重叠聚类和模糊聚类等。

(5)主成分分析和因子分析。主成分分析和因子分析是将多个实测变量转换为少数几个不相关的综合指标的多元统计分析方法。其中，主成分分析是将多项指标转化为少数几项综合指标(主成分)，用综合指标来解释多变量的“方差-协方差”结构；而因子分析则是研究如何以最少的信息丢失，将众多原始变量浓缩成少数几个因子变量，以及如何使因子变量具有较强的可解释性的一种多元统计分析方法，这两种方法均可用于降维，将多个变量用少数的几个综合变量来表示或进行计算。

8.2.3 城乡规划预测方法

城乡规划的核心问题是依据已有知识，在地理视角的基础上梳理现状，对影响未来的城乡资源进行再次配置，以创造新的可持续发展空间。在配置之前需要前瞻性思考，因而规划预测成为一个重要且必需的步骤。

城市规划预测方法可分为定性和定量两方面。定性的如“城市人口增加，用地规模相应扩大”，常用作定量分析的一个约束条件，或检验定量预测结果的工具。定量预测方法，因其便于解释、可验证性和实践上的可操作性，成为城乡规划常用的预测方法。

定量预测方法分为因果预测法和时间序列预测法。因果预测法利用预测变量与其他变量之间的因果关系进行预测，时间序列预测法则根据预测变量历史数据的结构推断其未来值。

1)因果分析法

因果分析法是一种从事物因果关系出发进行预测的方法。例如，用于在确定城市性质时对于城市特点的分析，确定城市发展方向时对城市功能与自然地理环境的分析。一般通过因果图表现出来，根据统计资料求得因果关系的相关系数，相关系数越大，因果关系越密切，最后通过相关系数确定回归方程，预测发展趋势。

2)交叉影响分析法

也称为交叉概率法，是 1968 年美国学者 Gordon和 Hayward 在专家评分法和主观概率法基础上创立的一种定性预测方法。指信息分析与预测中，根据若干个事件之间的相互影响关系，分析当某一事件发生时，其他事件因受到影响而发生何种形式变化的一种方法。分析步骤主要包括：①确定分析对象的逻辑关系；②初始值及影响关系的定量化；③交叉影响的模拟计算(图 8-7)。

交叉影响分析法可对城市未来发展状况进行预测，并对假定的发展情景进行评估、比较，作为一种经典的系统仿真手段已在规划决策领域有所应用，将规划相关的各利益团体代表提供的讨论和打分结果纳入交叉影响分析模型中，体现规划决策过程的民主化和公众化。

3)情景分析法

情景分析法又称前景描述法或脚本法，是在推测的基础上，对可能的未来情景加以描述，同时将一些有关联的单独预测集合形成一个总体的综合预测。随时监测影响因素的变化，对方案作相应调整，最终为决策服务，主要分析过程包括：①定义系统的情景主体；②确定影响系统发展的关键时间；③事件初始概率与事件相互影响值；④确定关键事件发生的模拟概率；⑤情景概率的确定及排序。

情景分析法在城市总体规划、交通规划以及旅游规划等领域均有应用，针对规划所带来的环境影响进行分析与评估，优化相应的规划结果，为确定发展目标提供依据。

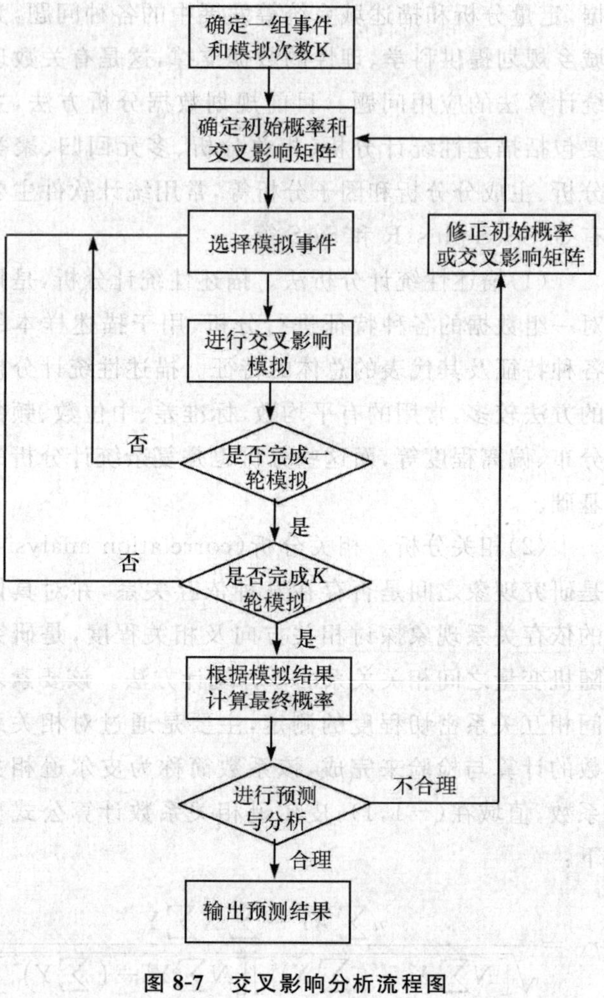

图 8-7　交叉影响分析流程图

8.2.4　规划评价与决策方法

无论是制定宏观的战略规划或总体规划，还是编制分区规划或地块开发的总体方案以及专项规划或详细规划设计等，都必须对复杂的规划对象及牵涉因素进行评价，权衡各方利益，考虑多种要素进行决策。与此类工作相关的分析方法包括层次分析法、问卷调查法(SD 法)、线性规划法等(表 8-2)。

表 8-2　城乡规划评价与决策方法

方　法	原　理	过　程
层次分析法	简称 AHP，是将与决策有关的元素分解成目标、准则、方案等层次，在此基础上进行定性和定量分析的决策方法	利用分解的对应层次构建层次结构模型，并构造两两对比矩阵，利用求解判断矩阵特征向量的办法，求每一层次各元素对上一层次的优先权重，最后利用加权法求得目标最终权重，即为最优方案
城市感知评价法	感知评价是从使用者的角度出发，分析他们对城市空间的心理感受，从而进行评价的方法	通过语言角度进行心理感受的测定，将被调查者的感受构造为定量化数据的方法
Hedonic 价格法	根据资本化的假说，运用各个地区的地价数据，推算各个地区因城市设施的建设水平差异而对地价产生的影响，进而测算某公共项目因改变了原来的设施建设水平而带来的效益	首先需要设定测算对象区域，然后用地价数据推导地价函数，再计算项目实施前后的价格变化，乘以测算对象区域的土地面积算出效益值
问卷调查法	也叫作价值意识法、意愿调查价值评估法等，即通过向调查者发出简明扼要的征询单(表)，经填写对有关问题的意见和建议来间接获得材料和信息的一种方法	通过调查问卷的设计、发放，调查结果的收集、分析、评估与总结得出相关结论
线性规划法	一种解决多变量最优决策的方法，在相互关联的多变量约束条件下，解决或规划一个对象的线性目标函数最优问题，即给定一定数量的人力、物力和资源，求解如何应用而能得到最大经济效益	根据影响所要达到目的的有关因素找到决策变量；依据决策变量所受限制条件，确定所需满足的约束条件；再由决策变量和目的之间的函数关系确定目标函数，最后构建相应数学模型

8.3　现代空间信息技术应用

8.3.1　遥感技术

遥感(remote sensing)是指应用探测仪器，不与探测目标相接触，从远处把目标的电磁波特性记录下来，通过分析，揭示物体的特征性质及其变化的综合性探测技术。随着遥感平台的多样化，及其搭载各类传感器的技术进步，各种高分辨率的卫星影像、低空无人机航拍图像等正在成为城乡规划过程中获取地表信息的重要数据来源。

城乡地域现状是城乡规划的地表基础资料。根据免费下载或采购的商业遥感图像进行处理、分析，可以获取反映城乡不同时期的土地利用、交通设施、绿化覆盖等大尺度景观信息；对比研究不同时期的遥感历史资料，有助于在城乡规划调查研究中掌握一定时期内土地覆被及建筑空间格局的变化特征。

8.3.1.1　遥感技术的特点

遥感观测受地形阻隔限制较小，能够提供大面积同步观测手段。遥感平台越高，视角越宽广，同步探测到的地面范围就越大，容易发现地表重要目标地物的空间分布规律，而有些宏观规律，依靠地面观测是难以发现或必须经长期大面积调查才能发现的。例如一景 Landsat 图像，覆盖面积 185 km×185 km=34 225 km^2，在 5～6 min 内即可扫描完成，实现大面积同步观测。

遥感技术的时效性强，可以在短时间内对同一地区进行重复观测，发现地表景观的动态变化，以短至数小时的重复周期采集同一地区地表的变化信息。而由于遥感的探测波段、成像方式、成像时间、数据记录等均可按要求设计，使其获得的数据具有同一性或相似性。同时考虑到新的传感器和信息记录都可向下兼容，所以数据具有可比性。与传统地面调查比较，能够较大程度地排除人为干扰。

基于遥感的地表信息探测与变化检测技术，以及摄影测量技术，提供了数字测绘产品的多样化采集手段。现有主流商业卫星提供了多种适用于城乡规划的影像数据来源，常见的包括 QuickBird（全色波段分辨率 0.61 m）、IKONOS（全色波段分辨率 1 m）、SPOT 5（多光谱段分辨率10 m）、CBERS（多光谱段分辨率19.5 m）、Landsat 7 或 8（多光谱段分辨率30 m）以及 ALOS（多光谱段分辨率10 m）。高分辨率卫星影像在经过必要的图像处理、解译过程后，可用于城乡空间布局分析（城市建成区范围、城镇体系布局、城市内部用地结构、建筑密度与建筑容积率、城市环境污染等），城乡变化监测（城市边界扩展、土地利用更新、土地覆盖变化等）以及城市总体规划、控制性规划的实施情况监测。作为卫星遥感的补充手段，利用无人机低空航拍技术能更加灵活方便地获取地表连续影像资料，以构建数字正射影像（DOM）和数字高程模型（DEM）；或使用倾斜摄影技术构建高精度的三维立体景观。

8.3.1.2　遥感技术在城乡规划中的应用

1）利用遥感技术开展城乡现状调查

利用遥感技术采集城市的建成区面积、绿地覆盖率等主要地理指标，经统计分析，为城市与乡村的规划建设工作提供准确的地表信息。利用遥感技术进行城市现状的调查内容主要包括：城市土地利用现状调查，城市历史变迁动态研究，水系和道路网络调查，城市污染源分布调查，城市园林和绿化现状调查，城市在建工地调查，旧城改造调查；都市圈和重点区域城镇体系规划遥感监测，历史文化名城遥感监测，城市管理专项遥感监测，城市建设用地规划监测等。在不同层次的城市与区域规划中，将遥感影像作为现状调查的基础图件和工作底图，能够有效减少现状调查的盲目性，并克服因地形图滞后带来的现势性偏差。将现场踏勘和遥感影像解译工作结合起来，互为补充，对城乡现状获得更全面、完整的了解。

2）辅助城乡规划督察和国土资源监管

城乡规划动态监测工作是利用现代空间信息技术（以遥感 RS、地理信息系统 GIS、全球定位系统 GPS 为主，也称 3S 技术），对城市总体规划、历史文化名城保护规划、控制性详细规划等规划执行情况进行全过程、全方位的立体式动态监测，强化对城乡规划实施管理过程进行督查，为维护城乡规划的严肃性和权威性提供客观、科学的事实依据。近年来，遥感影像经常被用于城乡建设状态监测、违法建设行为的判断。采用不同时间段的遥感图像进行对比，针对建设用地进行定位、定量、定时分析，实现对区域内所有建设行为的有效监督。2000 年以来，随着遥感技术的不断发展，国土资源部利用高分辨率遥感影像数据（航片）进行了两次土地利用遥感调查，并加快推进了全国土地变更调查与遥感监测工作、国土资源遥感监测“一张图”和综合监管平台建设，基本实现了土地利用动态变化与检测的年际更新和国土资源的有效监管。

3）实时掌控城乡规划建设动态变化趋势

利用遥感技术优势能准确掌握城乡建设发展的变化趋势、布局和规模，为政府的规划调控工作提供基础资料。例如，使用遥感手段可进行城市用地扩展方向的预判研究。结合不同时期的遥感数据能够客观、准确、高效地获取规划研究区的土地利用变化情况，辨识城市用地增长的特征和规律，进而为未来的城市用地规划布局提供参考信息。

利用遥感 DMSP/OLS 夜间灯光数据（http://ngdc.noaa.gov/eog/download.html）为研究大尺度区域范围内城乡规划建设动态提供了新的数据手段。研究表明，夜间灯光强度越强的地方，该区域人类活动越频繁，可通过经验阈值法、突变检测法、数据统计法、空间比较法等方法提取连续或间隔时间段的城市或城市群用地空间信息，并利用 ArcGIS 空间分析和统计功能，计算夜间灯光数据反映的空间特征信息（城建活跃区面积、城市边界等），以发现城市或城市群的生长发育规律，如空间发展格局、用地扩张空间形态等。例如，从图 8-8 可以看出，成都平原城市群城镇空间格局由“点轴式”向“轴线＋圈层”模式演变。

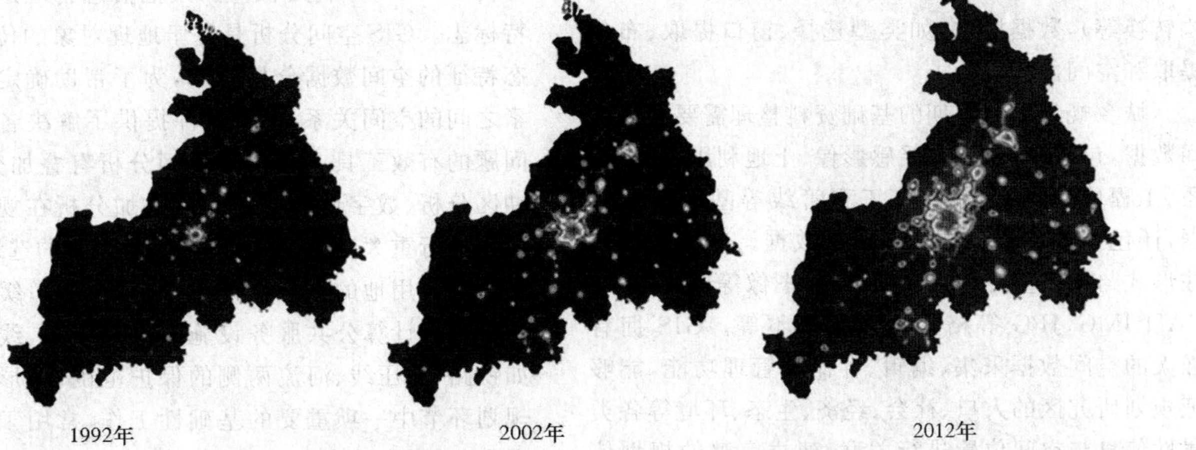

图 8-8　成都平原城市群不同时间段夜间灯光遥感指数

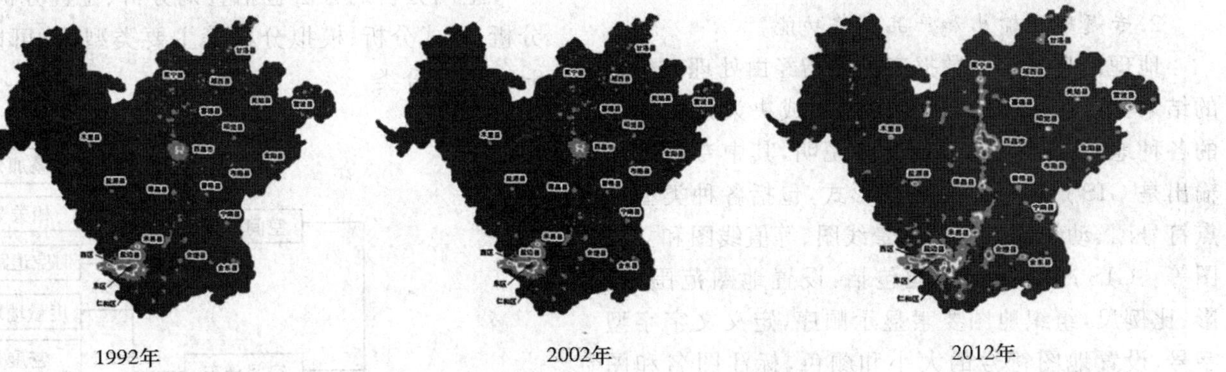

图 8-9　攀西城市群不同时间段夜间灯光遥感指数

资料来源:四川省城乡规划设计研究院

从图 8-9 攀西城市群不同时间段夜间灯光遥感指数对比可以看出,攀西城市群“点一轴”结构的空间形态初步形成,但未形成网络。沿成昆铁路、成昆高速路两侧的区域,是人口、资源和其他生产要素较为集中的区域,是攀西经济发展水平较高的地区,也是城镇密度最大的地区。

8.3.2　地理信息系统

8.3.2.1　地理信息系统的主要功能

地理信息系统(geographical information system,简称 GIS),是由计算机硬件、软件和不同方法组成的系统,支持空间数据的采集、管理、处理、分析、建模和显示,以解决复杂的规划和管理问题。GIS 包含了处理地理信息的各种基本功能,包括数据的采集、管理、处理、分析和输出,依托这些基本功能,利用空间分析技术、模型分析技术、网络技术、数据集成技术、二次开发技术等,形成了丰富的 GIS 应用功能。

1)空间信息处理基本功能

空间信息的数据对象由抽象为点、线、面要素的栅格或矢量数据结构来表达,被归纳为不同性质的专题图层。通过 GIS 软件的数据采集与编辑功能,把各层地理要素转化为空间坐标及属性对应的编码输入到数据库(或称为空间数据库),这种数据库是地理要素特征以一定的组织方式存储在一起的相关数据集合。为保证系统数据的规范和统一,GIS 软件还需具备数据处理和变换功能,包括数据变化(如投影变化、几何纠正、比例尺缩放、误差改正和处理等)，数据重构(如数据拼接、数据裁剪、数据压缩、结构转换等)，数据抽取(如类型选择、窗口提取、布尔提取和空间内插等)。

城乡规划编制前期的基础资料整理需要海量空间数据，包括基础地形、遥感影像、土地利用、水文地质、工程地质、交通、绿化、工程管线等基础空间数据，还包括各个阶段的规划成果数据。这些数据往往形式与格式多样(有文字、表格、图像等形式，也有CAD、IMG、JPG 等格式)，比例尺不等。GIS 拥有强大的空间数据采集、编辑、存储和管理功能，能够把规划研究区的人口、社会、经济、生态、环境等各类属性信息与空间位置进行关联，建立完整的规划信息数据库，供规划师和规划管理部门查询、调用、显示和管理。

2)专题地图输出和产品制作功能

地理信息系统的数据产品是指经由处理和分析的结果，可以直接输出供专业规划或决策人员使用的各种地图、图像、图表或文字说明，其中专题地图输出是 GIS 产品的主要表现形式，包括各种类型的点符号图、动线图、点值图、晕线图、等值线图和立体图等。GIS 产品制作功能包括：设置地图范围、投影、比例尺，组织地图要素显示顺序，定义文字字型字号，设置地图符号的大小和颜色，标注图名和图例等。

GIS 系统有强大的空间模型建构能力，根据基础地理数据和环境背景数据能够输出用于规划的各类专题分析地图，包括土地利用现状图、交通流量图、经济分布图、城镇体系图、道路等级图等，可以把这些图层叠加显示，综合查看。GIS 软件支持灵活设定分类、分级的规则和表达形式，当对象属性发生变化，只需局部修改，专题地图就按原定的规则自动更新。

利用 GIS 的可视化产品制作功能，能模拟现实或规划的某一场景，并在其中漫游。可以把一些繁杂、枯燥的数值或结构化数据以二维或三维地图的方式直观显示出来，例如人口分布数据、人或物流空间数据等，有利于提取特征和趋势信息。

3)空间分析功能

空间分析和空间统计功能是地理信息系统有别于传统 CAD 等制图软件和其他信息管理系统的独特标志。GIS 空间分析是基于地理对象的位置和形态特征的空间数据分析技术，为了帮助确定地理要素之间的空间关系，GIS 软件提供了解决各类空间问题的有效工具。常用的空间分析有叠加分析、缓冲区分析、数字地形分析等。叠加分析在规划中常用来进行重大基础设施、公共服务设施的选址布局，城市建设用地的适宜性评价等分析工作；缓冲区分析常用来计算公共服务设施的服务半径，线状廊道如铁路、高压线、河流两侧的保护范围；地形分析是规划环节中一项重要的基础性工作，常用于提取地形变化特征、坡度和坡向因子等，是合理利用城市土地、进行城市空间布局的依据。

空间分析的方法包括查询分析、位置分析、趋势分析、模式分析、模拟分析等主要类型，也可以按图 8-10 进行分类。

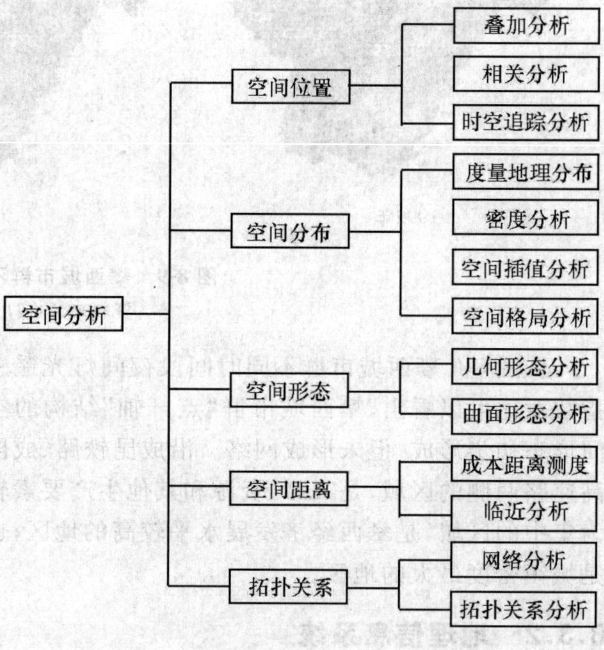

图 8-10　GIS 空间关系分析方法的类别

城市与区域规划具有高度的综合性，涉及资源、环境、人口、交通、经济、教育、文化、金融等因素，但是要把这些信息进行筛选并转换成可用的形式并不容易，规划人员需要切实可行的、实时的信息。以土地适宜性评价为例，一般要作多因素、多准则分析，借助 GIS 可以将每种因素对应一个专题图层，将不同专题图层叠加起来，进行综合评价。

GIS 的查询操作特征是可以对空间、属性信息进行双向查询，可以解决历史建设项目的归属单位、地块用地控制指标、道路红线是否一致等问题。这些城市规划的日常典型业务，均可依靠 GIS 的空间查询功能解决。

GIS 系统可以对公共服务设施的服务能力展开分析。通过测定服务半径划定服务范围或加入实际环境变量进行模型优化，例如面向居民出行的公共服务设施问题。基于 GIS 的网络分析，可以使不同交通条件下的时空距离接近实际情况，还可以灵活设置，进行多种交通模式的相互比较。规划人员还能利用地理信息系统对交通流量、土地利用和人口数据进行分析，预测将来的道路等级。

使用空间分析功能组合能辅助完成城市总体规划、分区，空地、开发区和设施位置等分析工作，用空间分析的数据结论为区域规划的科学性提供保障。同时，以遥感和地理信息系统为主的 3S 技术在城乡规划中的应用并不是孤立的，而是一直处于集成应用的发展状态。目前 3S 技术集成在城市与区域规划中的综合应用，已经重构了城市与区域规划的空间分析方法体系。

8.3.2.2 GIS 在规划工作各阶段的作用

1）现状调研阶段

使用手持 GIS 设备或便携式测绘终端辅助现场踏勘，采集坐标位置、高程点位并记录周边地理环境数据，采用数字化工作方式快速、准确地掌握现场情况。资料建库后，利用 GIS 管理现状数据（例如土地利用现状数据、道路水系数据、市政设施数据等）。

2）现状分析阶段

利用 GIS 的叠加分析功能，统计容积率，评价用地的适宜性，制作各类现状专题地图；利用空间分析和空间统计功能，挖掘规划对象的空间分布规律，分析其空间结构；分析交通可达性和交通网络结构；利用空间相互作用模型分析城镇的吸引力和势力圈，用于行政区划调整；模拟三维地形地貌、虚拟城市场景；分析景观视域；制作城市演变的动画等。

3）规划设计阶段

和城市演变模型结合起来（例如城市元胞自动机模型）预测城市演变；通过多准则决策分析，预测不同政策条件下的用地变化；分析交通网络的优化条件并结合 GIS 网络数据模型进行模拟；使用缓冲区、叠加分析等功能进行市政和公共设施布局的优化；结合空间分析和三维可视化功能完成规划景观的情景模拟，计算场地填挖方等。

4）规划实施阶段

管理规划编制成果、基础地形、市政管线或地下管廊以及相关的各类信息，构建服务于规划业务部门的数据共享平台和多部门协同工作的数据支撑平台。利用基于 GIS 的规划管理信息系统，开展各类建设许可业务审批；决策时，模拟建设的三维场景，用于多方案选择和方案优化；查验项目申报是否符合相关规划等。

5）评价、监督阶段

使用 GIS 与遥感技术结合，监测城市、区域的环境变化；检查建设项目是否符合规划；跟踪查验规划的实施效果等。

8.4 规划技术新进展

8.4.1 虚拟现实技术

虚拟现实技术（virtual reality，VR），是集计算机技术、传感与测量技术、仿真技术、微电子技术、人工智能技术等为一体的综合集成技术，向使用者提供关于视觉、听觉、触觉等感官的模拟，模拟身临其境的感受，具有沉浸感（immersion）、交互性（interaction）和想象力（imagination）等 3I 特征。

虚拟现实技术的出现打破了传统规划设计手段的局限性。它能提供一个基于真实数据的三维可视化环境，让规划师在三维环境中对设计图进行修改完善；还为规划方案的宣传和展示提供一个新颖的平台，让规划更加深入民众；由于其采用数字化手段，维护和更新变得较为容易。

8.4.1.1 VR 技术在城乡规划设计中的应用

VR 技术被引入城乡规划设计领域，有助于加快城乡规划与城市设计研究、编制与成果表达传播的速度，提高规划师的工作效率。运用虚拟现实系统可以便捷地修改规划成果，通过对诸如建筑高度，建筑外立面材质、颜色等参数修改，查看虚拟的方案调整结果，提高规划设计修正的效率。

VR技术能够更直观地反映规划设计者的思想，将传统的电子沙盘提升到具有较高真实感的程度，不需要观看者发挥想象力，就能以逼真的方式将规划设计效果展示给观众。

VR技术更重要的作用是可以规避规划设计的风险。虚拟环境是由基于真实数据建立的数字模型组合而成，严格遵循工程项目设计的标准和要求，对规划项目进行真实地“再现”。采用VR技术，能将各种规划设计的方案定位于现实环境中，考察加入规划方案对现实环境的影响，评价方案的合理性；同时人在虚拟环境中漫游和交互，能够感知设计的合理性，便于发现规划设计的缺陷，减少由于事先规划不合理而造成的无可挽回的损失与遗憾，提高规划设计的质量。因此，应用VR技术为实践各种可行方案创造了条件，不仅可以提高规划的科学性，降低建设开发的成本，又能缩短规划、设计的时间。

8.4.1.2 VR技术在城乡规划管理中的应用

虚拟仿真技术为规划管理者提供一套先进的管理工具。现有的规划决策系统智能化程度不足，规划管理的自动化流程可操作性较差。咨询专家的意见是根据个人经验和喜好判断，缺少科学的依据支持，可能产生认识的偏差。虚拟现实系统为规划决策提供了最直接的判别依据。

VR技术还可以帮助管理者更直接地跟踪项目，结合项目管理实施计划，形成更合理的管理模式。不用亲自去现场实地考察即可得到规划工程的数据，可以更早地发现问题，解决问题，提高规划管理的效率。

8.4.2 大数据在规划行业的应用及趋势

随着信息技术的深入发展，互联网、物联网、智能手机、无线传感器等智能终端与设备的应用均在产生并传播海量数据。2012年联合国发布《大数据促发展：挑战与机遇》，指出“大数据时代”已经到来。而何为“大数据”(big data)，麦肯锡全球研究所认为“大数据”是一种规模大到在获取、存储、管理、分析方面大大超出了传统数据库软件工具能力范围的数据集合。“大数据”的核心思想是将数学算法运用到海量数据上，预测事情发生的可能性，普遍认为大数据的基础是：数学、计算机科学和统计科学。

城乡规划通过对区域自然地理、经济、人口、建筑、设施和环境等现状信息进行挖掘与分析，以研究城市及乡镇的合理布局、安排及各项工程建设的综合部署，实现对未来经济社会发展的空间安排。在“大数据”的发展驱动下，通过将海量遥感测绘地理数据、互联网数据、智慧设施数据及传统调查统计数据整合，可实现城乡规划方法的技术变革，为城乡规划学走向计量化、实现规划转型与方法创新提供新的机遇，有效解决城乡规划工作中数据难以实时更新、多元主体的利益诉求难以照顾等弊端。

8.4.2.1 人工智能化的城市计算

在城乡规划实际操作过程中，为保障规划的合理性与科学性，往往涉及诸多方面的计算，如城市规划、智能交通、城市环境、城市能耗、城市经济、社交和娱乐、城市安全等，而城市计算则是通过对多种数据集合进行整合、分析与挖掘，达到数据人工智能化，并利用这些智能来创造“人—环境—城市”三者互利的结果。大数据概念下，城市各项统计数据在传感器技术、数据挖掘及数据可视化技术支撑下，为城市计算中的城市感知计算、数据管理及协同计算提供海量数据基础，有效解决城市化进程中的诸多问题和挑战，如空气污染、交通拥堵、能耗增加和规划滞后等问题。

8.4.2.2 “一张图”城乡规划决策

通过对城乡地理、气象等自然信息和经济、社会、文化、人口等人文社会信息的挖掘，利用城乡规划大数据的巨量规模(volume)、多样性(variety)、动态性(velocity)和价值性(value)等“4V”属性，搭建规划决策“一张图”平台。即将遥感、土地利用现状、交通信息、基础设施等多源信息复合集成，并与规划审批业务、总体规划、控制性详细规划等系统功能叠加，共同构建统一的综合决策平台，促进空间利益的协调和“多规合一”。实现基于“一张图”的城乡规划决策机制，既可强化城乡管理服务的科学性和前瞻性，又可改变信息的生产、传播、加工和组织方式，打破信息不对称和物理区域壁垒。

8.4.2.3　规划编制工作的公众参与

大数据在城乡规划编制工作中的应用，可有效解决数据获取方面的问题，打破由政府和专家的价值判断主导规划，公众参与度较低的局面。大数据时代来临，首先在数据获取方面拓宽了来源渠道，在专业人员调查统计数据的基础上，可获取互联网数据、移动终端数据、智慧设施数据等诸多数据源，规划编制中基础数据量的海量增长为公众参与实质性的规划编制工作提供了可能。在公众参与方面也变得更为透明化，广大民众可通过各类社交网络以公众参平台的形式实时发表对城乡发展中的意见及建议，与规划编制人员进行互动与交流，使广泛、开放和多元协同的公众参与规划编制成为可能。

对于城乡规划而言，大数据的应用仍处在起步阶段，目前所用数据量不论是规模还是结构化程度上，均不能称为真正的大数据。但就现有城乡规划在大数据影响作用下，规划工作变得更为简单、有效、科学合理化；规划方法上也有较大技术变革，为规划人员提供了一种非常适合稳态规划，即“精细规划”的技术手段。

8.4.3　面向智慧城市的城乡规划实践创新

“智慧城市”是针对解决城镇化过程中各种问题的愿景所提出的，旨在实现更加协调发展和适合人生活的城市形态。智慧城市的确切定义尚没有统一定论，狭义的智慧城市理论认为其是借助新一代物联网、云计算、决策分析优化等信息技术，通过感知化、泛在化、智能化的方式，将各领域、各子系统之间有机地联系起来，使之成为可以指挥决策、实时反应、协调运作的城市管理中枢；广义的“智慧城市”则认为运用综合技术解决城市发展问题，尽可能优化整合各种资源，使城市达到更加高效、安全、便捷、和谐、生态、可持续的综合状态，成为由精明发展战略引领的空间有机体。

我国在城乡规划领域已开始部分智慧城市的建设实践。2012 年，我国公布了首批 90 个智慧城市试点名单；2013 年将智慧城市的试点延伸到以县为单位的城镇地区，智慧城市建设成为我国新一代信息技术解决城乡发展问题的实践创新。智慧城市的建设对“多规合一”空间规划的支撑越来越显著，广州市于 2014 年建成智慧广州时空云平台，将时空信息框架作为统一的空间基础和定位基础，集成整合已有空间信息资源，把历史信息、现状信息、实时信息、城乡规划成果信息，在物联网和云计算环境下，统一信息共享交换标准，高效运行并提供统一信息服务功能。同时，在城乡规划领域开展应用试点工作，以地理信息公共服务平台和城乡规划空间信息平台整合应用为基础，开展“三规合一”，整合国民经济发展规划、土地利用总体规划、城市总体规划，以及各专项规划、控制性详细规划、重点建设项目在内的各类重要规划信息，协调用地冲突，实现城乡规划信息的集成和统一。在 2016 年世行贷款小城镇建设项目支持下，四川省洪雅县在乡镇尺度上，通过综合运用现代 IT 技术并整合各类城乡建设信息资源，以柳江镇为示范工程，构建了“一个数据平台，多个专题应用”的可扩展数字城镇框架。开发集成了地理空间数据管理系统、地下管线管理地理信息系统、数字柳江旅游综合信息发布系统等业务系统，服务于柳江镇 Digital Town 规划、建设和管理的新模式，提升了城镇的规划、建设和管理的信息化水平。

在新型城镇化战略下，智慧城市的核心理念是运用新一代信息技术对城市发展问题做出持续创新和积极响应。随着智慧城市建设与城乡规划的不断融合，“智慧规划”将作为智慧城市理念下展开城乡规划研究的新思路。未来在处理智慧城市与城乡规划发展的关系中还应重视：规划学科应主动对智慧城市实践做出应有贡献，同时加强分析智慧城市理念对城乡规划学科产生的影响，不断吸纳智慧城市理念，深化城乡规划理论；聚焦如何构建一套以“精准、高效、阳光、智慧”为目标的城乡规划管理体系，通过不断研究发展和应用新技术，以更加智能化的手段科学合理地规划配置城乡空间格局。

本章小结

本章立足信息技术对城乡规划的影响，讲解城乡规划调查研究的常用方法，包括城乡规划前期调查和资料收集方法，数据描述与分析方法，城乡规划的预测方法，规划评价与决策等；指出如何应用各种技术于规划研究与规划编制环节，应针对具体情况综合考虑。最后重点介绍了现代空间信息技术在城乡规划中的应用，有助于规划实践的不断创新。本章学习启迪，规划专业人员需要不断跟踪前沿新技术，熟悉、掌握以信息技术为先进手段的现代城乡规划方法技术体系。

思考题

1. 列举对城乡规划产生重要影响的技术，简述这些技术是如何影响城市与乡村发展的。

2. 总结大数据对当前城乡规划分析方法带来了哪些新思路。

3. 展望伴随未来信息技术的发展，城乡规划可能将面临哪些技术变革的机遇。

第3篇

城乡空间规划

城乡空间的整体推进，是维持人类城乡发展中公共生活空间有规律地对未来空间需求的预测。本篇建立在第一篇解读乡村、城市与城市规划的基础上，结合第二篇影响城乡空间发展的几大要素，尤其是人类技术进步对城市与乡村以及城乡规划的推进作用，为本篇城乡空间规划在我国空间规划层面的实际操作提供规划理念与技术方法的支持，使读者的城乡规划体系思维进一步完善，同时培养空间体系之下的空间逻辑思维能力。

本篇涉及内容为：城乡规划的类型与编制内容、城乡用地分类及其适用性评价、区域规划与城镇体系规划、乡镇规划、村庄规划、控制性详细规划。本篇也是本教材的重点内容。

第9章 城乡规划的类型与编制内容

本章导读：本章依据《中华人民共和国城乡规划法》中城乡规划类型进行分类，详细描述各类型城乡规划工作主要内容、要求及其及审批程序。

9.1 城乡规划的类型

为了加强城乡规划管理，协调城乡空间布局，改善人居环境，促进城乡经济社会全面协调可持续发展而制定《中华人民共和国城乡规划法》。2007年10月28日，第十届全国人民代表大会常务委员会第三十次会议通过《中华人民共和国城乡规划法》，共7章70条，自2008年1月1日起施行，此前的《中华人民共和国城市规划法》同时废止。2015年4月24日，第十二届全国人民代表大会常务委员会第十四次会议通过对《中华人民共和国城乡规划法》做出修改。

依据《中华人民共和国城乡规划法》，城乡规划是以促进城乡经济社会全面协调可持续发展为根本任务、促进土地科学使用为基础、促进人居环境根本改善为目的，涵盖城乡居民点的空间布局规划。

《中华人民共和国城乡规划法》所称城乡规划，包括城镇体系规划、城市规划、镇规划、乡规划和村庄规划和社区规划。城市规划分为总体规划和详细规划(图9-1)。详细规划分为控制性详细规划和修建性详细规划。城乡规划的编制以《中华人民共和国城乡规划法》、《城市规划编制办法》、《村庄和集镇规划建设管理条例》、《村镇规划编制办法》、《镇规划标准》、《镇(乡)域规划导则》及上位规划等法律法规与技术规范作为依据，编制成果一般包括文本、说明书和图纸三部分，各类规划经相应的部门批准后生效。

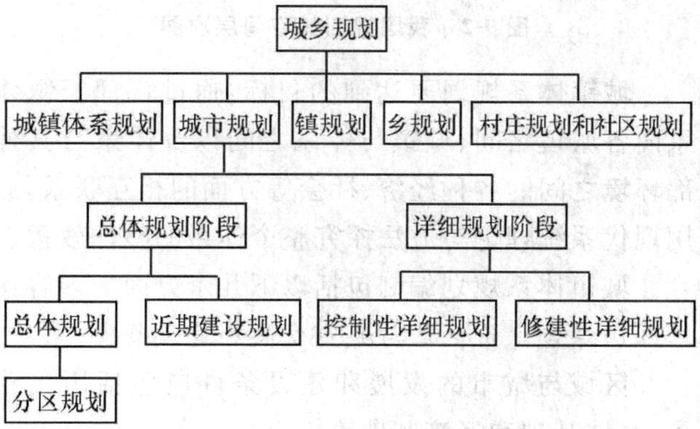

图9-1 我国城乡规划编制体系构成图

9.2 城镇体系规划及编制内容

城镇体系规划是一定地域范围内，以区域生产力合理布局和城镇职能分工为依据，确定不同人口规模等级和职能分工的城镇的分布和发展规划。城镇体系规划主要包括全国城镇体系规划、省域城镇体系规划、市域城镇体系规划、县域城镇体系规划；此外，根据实际工作的需要和特定的情况，还可以编制跨行政区域的城镇体系规划。《全国城镇体系规划》是我国城乡规划的纲领性文件，是国家推进新型城镇化发展的综合空间规划平台。依据《城乡规划法》由国务院城乡规划主管部门会同国务院有关部门组织编制全国城镇体系规划,用于指导省域城镇体系规划、城市总体规划的编制。

目前,我国已经形成一套由国土规划→区域规划→土地利用总体规划→城镇体系规划→城市总体规划→城市详细规划等组成的空间规划系列(图9-2)。城镇体系规划处于对国土规划和城市总体规划进行衔接的重要地位。城镇体系规划既是城市规划的组成部分,又是区域国土规划的组成部分。

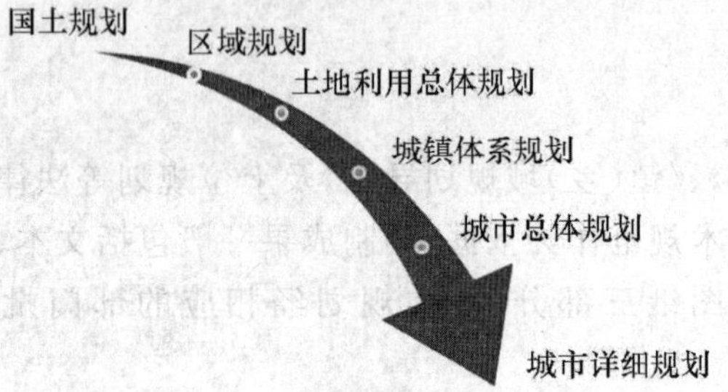

图9-2　我国规划的空间层次图

城镇体系规划要达到的目标:通过合理组织体系内各城镇之间、城镇与体系之间以及体系与其外部环境之间的各种经济、社会等方面的相互联系,运用现代系统理论与方法探究整个体系的整体效益。

城镇体系规划编制包括以下几个方面的内容:

1)综合评价区域与城市发展和建设条件

区域与城市的发展和建设条件应包括历史背景、区域基础和经济基础等方面。

历史背景:分析区域内各个历史时期城镇的分布格局和演变规律,揭示区域城镇发展的历史阶段以及导致每个阶段城镇兴衰的主要因素,特别要重视历史上区域中心城市的转移和变迁。研究导致城镇体系发展的主要因素演变的历史规律的目的是解释当前城镇体系的形成特点,从而为预测未来影响城镇体系发展的主要因素及其作用提供启示。

区域基础:分析区域经济和城镇发展的有利条件和限制因素,涉及自然资源和自然条件、生态环境结构、劳动力水平、经济技术基础、区域交通条件、地理位置等广阔的领域。研究区域经济和城镇发展的有利条件和限制因素,涉及自然资源和自然条件、劳动力、经济技术基础、区域交通条件、地理位置等广阔的领域。

经济基础:深入分析各产业部门的现状特点和存在问题,通过进一步发展的条件分析、方案比较,指出各城镇主要部门发展方向。通过分析通常需要明确:①区域的工业发展方向,工业结构的调整及时序安排,主要城镇的工业布局和工业结构;②区域的农业发展方向,农业结构的转变以及对城镇发展的影响;③综合运输网的改善与城镇发展的关系;旅游资源的开发和城镇发展的关系;④城镇第三产业的发展等。

2)预测区域人口增长,确定城市化目标

人口和城市化水平的预测所涉及的方面和影响因素较多,其中总人口的预测因资料丰富、方法成熟相对简单,城市化水平的预测则比较复杂,尤其是城镇人口统计口径不一致,前后年份的城镇人口资料缺乏可比性,给城市化水平的预测带来较大的难度。

确定城镇人口的实际含义和收集每个城镇最接近实际的城镇人口资料是准确预测城市化水平的关键。需要从农业人口向城镇转移的可能性和城镇对农业人口可能的吸引能力两个侧面进行预测与互校。

3)确定本地区的城市发展战略,划分城市经济区

城镇在区域中承担的职能是影响城镇规模和增长的重要因素。城镇职能结构的规划首先要建立在现状的城镇职能分析的基础上。通过定量、定性分析相结合的方法,对比各城镇之间职能的相似性和差异性,确定城镇的职能分类。

对重点城镇还应该具体确定它们的城镇性质,力求把它们的主要职能特征准确表达出来,使城市总体规划编制有所依循。

有必要指出的是,城镇体系的职能类型也应考虑未来一定年限内的新设城镇,确定其职能类型,使其与城镇体系原有城镇协同发展。依据公平和效益相结合的原则,处理好区域内城镇和地区发展的均衡与不均衡的关系。

4)梳理城镇体系的职能结构制定合理的城镇分工

城市职能是指城市在国家或地区中所起作用与承担的责任。通过收集区域内各个城镇经济结构的统计资料,定量、定性相结合的分析,明确各城镇之间职能的相似性和差异性,实现城镇的职能分类。

在城镇现状职能基础上，充分发挥各区位优势的专业化，坚持比较优势的原则制定出分工合理、有机合作的新职能结构。城镇体系的规模等级结构规划应当建立在地域城市化水平的预测以及城镇合理发展规模预测的基础之上。

5)确定城镇体系的等级和规模结构

城镇体系空间结构是指体系内各个城镇在地域空间中的分布和组合形式，是地域范围内经济和社会物质实体的空间组合形式，是地域经济结构、社会结构和自然环境条件在空间的形象体现。确定城镇体系的等级和规模结构的确立应建立在分析各城镇人口规模的变化趋势和相对地位的变化上，预测今后的动态；分析现状城镇规模分布的特点；在分析规划期内可能出现的新城镇，包括某些农村集镇的普升和因基本建设可能新建的城镇等的基础上，结合城镇的人口现状、发展条件评价和职能的变化，对新老城镇做出规模预测，制定城镇体系的规模等级规划，形成新的、合理的城镇等级规模结构。

6)确定城镇体系的空间布局

城镇体系的空间布局是对区域城镇空间网络组织的规划，研究把不同职能和不同规模的城镇落实到空间，综合审度城镇与城镇之间、城镇与交通网络之间、城镇与区域之间的合理结合。分析城镇现状空间网络的主要特点和城市分布的控制性因素；设计区域不同等级的城镇发展轴；划分区域内的城市经济区，为充分发挥城市的中心作用，促进城乡经济结合，带动全区域的发展提供地域组织的框架；综合评价区域城镇的发展条件以及各城镇在职能和规模的网络结构中的分工和地位。主要内容包括：

(1)分析区域城镇现状空间网络的主要特点和城市分布的控制因素。

(2)区域城镇发展条件的综合评价，以揭示地域结构的地理基础。

(3)设计区域内不同等级的城镇发展轴线(或称发展走廊)，主要轴线穿越区域城镇发展条件最好的部分，连接尽可能多的城镇，特别是高层次的城市，体现交互作用阻力最小开发潜力最大的方向。

(4)综合各城镇在职能和规模的网络结构中的分工和地位，对它们今后的发展对策实行归类，为未来生产力布局提供参考。

(5)根据城镇间和城乡间交互作用的特点，划分区域内的城市经济区，充分发挥城市的中心作用，促进城乡经济的结合，带动全区经济的发展。

7)统筹安排区域基础设施和社会设施

区域基础设施是城镇体系中城镇之间各项经济、社会、文化活动所产生的人流、物流、交通流、信息流的载体，是区域和城镇赖以生存和发展的基础条件。区域基础设施包括区域交通运输、供排水、电力供应、邮电通信以及区域防灾等。区域社会设施包括区域性的教育、文化、医疗卫生、体育设施及市场体系等。

8)确定保护区域生态环境、自然和人文景观以及历史遗产的原则和措施

在统一规划的指导下，建立良好的区域生态环境，保护好区域内自然人文景观以及历史文化遗产，是保证城镇和区域可持续发展的必要条件。

9)确定各时期重点发展的城镇，提出近期重点发展城镇的规划建议

城镇体系是以各级中心城市为核心的，重点城镇的发展对整个城镇体系的发展具有重要作用。应根据区域城镇体系的总体思路，提出基于区域合理发展的重点城镇规划对策。

10)提出实施规划的政策和措施

要使城镇体系规划得以实施，必须要有可操作性的政策和措施的配合，关键是政府的引导和控制。包括：①建立有效的行政管理和区域城镇建设与发展的协调机制；②通过权力与资源的分配，改变交通系统与其他基础设施系统；③通过政府对工业与公共项目的直接投资，影响城镇体系的完善和发展。

9.3　城市总体规划

9.3.1　市域城乡空间的基本结构及空间管制

市域城乡空间一般可以划分为建设空间、农业开敞空间和生态敏感空间三大类，也可以细分为城镇建设用地、乡村建设用地、交通用地、其他建设用

地、农业生产用地、生态旅游用地等。

立足于生态敏感性分析和未来区域开发态势的判断，通常对市域城乡空间进行生态适宜性分析，分别采取不同的空间管制策略。一般来说，分为三类：

(1)鼓励开发区。一般指市域发展方向上的生态敏感度低的城市发展急需的空间。该区用地一般来说基地条件良好，现状已有一定开发基础，适宜城市优先发展。

(2)控制开发区。一般包括农业开敞空间和未来的战略储备空间。该区用地既要满足城市长远发展的空间需要，也承担区域基本农田保护任务，并具有一定的生态功能。建设用地的投放主要是满足城乡居民点建设的需要。

(3)禁止开发区。指生态敏感度高、关系区域生态安全的空间，主要是自然保护区、文化保护区、环境灾害区、水面等。

根据国家关于主体功能区的提法及目标要求，市域城乡空间又可以划分为四类：

(1)优化调整区。主要是指发展基础、区位条件均最为优越，但由于发展过度或发展方式问题导致资源环境支撑条件相对不足的地区。未来发展的方向是转变经济增长方式，增强科技发展能力，调整空间布局，提高发展的质量与效率。

(2)重点发展区。主要是指发展基础厚实、区位条件优越、资源环境支撑能力较强的地区，是区域未来工业化、城市化的最适宜扩展区和人口集聚区。未来主要以加快发展、壮大规模为主，并应合理布局产业，促进产业集聚。

(3)适度发展区。主要是指发展基础中等，区位条件一般，资源环境支撑能力不足，工业化、城市化发展条件一般的地区；或者是虽然各方面发展条件较好，但由于受到土地开发总量的限制或出于景观生态角度的考虑而无法列入重点发展区的地区。

(4)控制发展区。主要是指工业化、城市化的不适宜地区，包括各类生态脆弱区以及各方面发展潜力不够，工业化、城市化发展条件最差的地区。这类区域的主体功能是生态环境功能，是整个区域的生态屏障。

9.3.2 市域城镇空间发展布局规划

9.3.2.1 市域城镇空间组合的基本类型

1)城市发展与空间形态的形成

(1)影响城市空间形态形成的因素

城市空间形态特征：一般城市的空间形态同时具有整体上绝对的动态性和阶段上相对的稳定性特征。

直接影响因素：既包括城市本身所在的区位、地形、地质、水文、气象、景观、生态、农林矿业资源等地理环境自然条件，也包括城市的人口规模，用地范围，城市性质，在国家和地区中的地位和作用，能源、水源和对外交通，大型工业企业配置，公共建筑和居住区组织形式等社会经济和城市建设条件。

间接影响因素：是城市各历史时期的发展特征、国家政策和行政体制、规划设计理论和建筑法规、文化传统理念等人为条件。

(2)城市空间形态的主要类型

集中型形态：城市建成区主体轮廓长短轴之比小于4:1，是长期集中紧凑全方位发展状态，其中包括若干子类型，如方形、圆形、扇形等。这种类型城镇是最常见的基本形式，城市往往以同心圆式同时向四周扩延。主要城市活动中心多处于平面几何中心附近，属于一元化的城市格局，建筑高度变化不突出而比较平缓。市内道路网为较规整的格网状。这种空间形态便于集中设置市政基础设施，合理有效利用土地，也容易组织市内交通系统。

带型形态：建成区主体平面形状的长短轴之比大于4:1，并明显呈单向或双向发展，其子型有U形、S形等。这些城市往往受自然条件所限，或完全适应和依赖区域主要交通干线而形成。

放射型形态：建成区总平面的主体团块有3个以上明确的发展方向，包括指状、星状、花状等子型。这种形态的城市在一定规模时多只有一个主要中心，属一元化结构，而形成大城市后又往往发展出多个次级副中心又属多元结构。这样易于组织多向交通流向及各种城市功能。

星座型形态：城市总平面是由一个相当大规模的主体团块和三个以上较次一级的基本团块组成的复合式形态。最通常的是一些国家首都或特大型地区中心城市，在其周围一定距离内建设发展若干相对独立的新区或卫星城镇。

组团型形态：城市建成区是由两个以上相对独立的主体团块和若干个基本团块组成，这多是由于较大河流或其他地形等自然环境条件的影响。这种形态属于多元复合结构。如布局合理、团组距离适当，这种城市既可有较高效率，又可保持良好的自然生态环境。

散点型形态：城市没有明确的主体团块，各个基本团块在较大区域内呈散点状分布。这种形态往往是资源较分散的矿业城市。地形复杂的山地丘陵或广阔平原都可能有此种城市。通常因交通联系不便，难以组织较合理的城市功能和生活服务设施，每一组团需分别进行因地制宜的规划布局。

2）市域城镇空间组合的类型

市域城镇空间由中心城区及周边其他城镇组成，常见的主要组合类型（图 9-3）有：

均衡式：市域范围内中心城区与其他城镇的分布较为均衡，没有呈现明显的聚集。

单中心集核式：中心城区集聚了市域范围内大量的资源，首位度高，其他城镇的分布呈现围绕中心城区、依赖中心城区的态势，中心城区往往是市域的政治、经济、文化中心。

分片组团式：市域范围内城镇由于地形、经济、社会、文化等因素的影响，若干个城镇聚集成组团，呈分片布局形态。

轴带式：中心城区向外集中发展，形成轴带，市域内城镇沿轴带间隔分布。

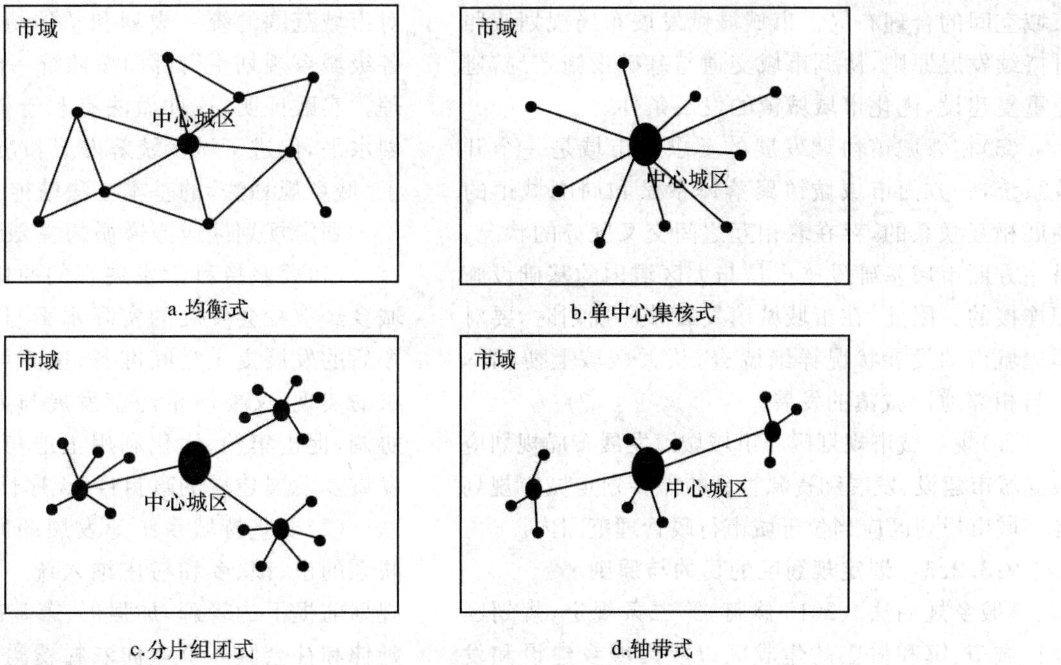

图 9-3　我国城镇空间常见组合类型

9.3.2.2　市域城镇发展布局规划的主要内容

市域城镇发展发展布局规划的主要内容有：

（1）市域城镇聚落体系的确定与相应发展策略。目前，市域城镇发展布局规划中可将城镇聚落体系分为中心城区—中心镇—一般镇—中心区四级体系。在一些经济较为发达的地区，结合行政区划调整，按照“三集中原则”，实行中心城区—中心镇—新型农村社区的城市型具名点体系。市域城镇发展布局用根据当地城镇发展条件，对市域城镇聚落体系进行合理安排，并提出相应发展策略促使市域城镇聚落体系优化发展。

（2）市域城镇空间规模与建设标准。从科学发展观出发，兼顾统筹城乡发展的思想，遵循土地合理、集约利用的原则，市域城镇发展规划应结合城乡空间管制的内容，根据城镇的发展条件与发展状况，对未来的城镇化水平、人口规模、用地规模等进行合理预测，并针对不同城镇建立相应的建设标准。

(3)重点城镇的建设规模与用地控制。重点城镇作为市域城镇发展的集中区，是各种发展要素的集聚地，对于拉动整个市域的发展有着重要作用。重点镇的建设规模是否合理关系到整个市域的健康与发展速度。市域城镇发展布局规划应专门对重点镇的建设规模进行研究，提出相应的用地控制原则，引导重点镇的良好发展。

(4)市域交通与基础设施协调布局。市域交通与基础设施的合理布局是市域城镇发展的基础，不仅可以满足市域内城镇发展的基本要求，还引导着市域空间的合理布局。市域城镇发展布局规划按照可持续发展原则，协调市域交通与基础设施布局，避免重复建设，优化市域城镇的发展条件。

(5)相邻城镇协调发展的要求。市域是一个开放系统，一方面市域城镇聚落体系是和周围城镇的发展相互联系的，存在着相互之间交叉服务的状况，另一方面市域基础设施也是与大区域内的基础设施相连接的。因此，在市域城镇发展布局规划时，要对周边城市的发展状况详细调查，从大区域上协调本市与相邻地段城镇的发展。

(6)规定城市规划区。市域城镇发展布局规划应根据城市建设、发展和资源管理的需要划定城市规划区。城市规划区应当位于城市行政管理范围内。

9.3.2.3　划定规划区的目的与原则

《城乡规划法》(2015 修订)第二条规定，规划区是指城市、镇和村庄的建成区以及因城乡建设和发展需要，必须实行规划控制的区域。

规划区的具体范围由有关人民政府在组织编制的城市总体规划、镇总体规划、乡规划和村庄规划中，根据城乡经济社会发展水平和统筹城乡发展的需要划定。划定城乡规划区，要坚持因地制宜、实事求是、城乡统筹和区域协调发展的原则，根据城乡发展的需要与可能，深入研究城镇化和城镇空间拓展的历史规律，科学预测城镇未来空间拓展的方向和目标，充分考虑城市与周边镇、乡、村统筹发展的要求，充分考虑对水源地、生态控制区廊道、区域重大基础设施廊道等城乡发展的保障条件的保护要求，充分考虑城乡规划主管部门依法实施城乡规划的必要性与可行性，综合确定规划区范围。规划区是城乡规划、建设、管理与有关部门职能分工的重要依据之一。划定规划区应按照科学性、系统性的原则，统筹兼顾各方要求，采取定性与定量相结合的方式，进行方案比选，听取各方意见，科学论证后最终确定。

在城乡规划的制定工作中，要结合本地实际，因地制宜，根据城乡规划制定和实施管理的工作需要，科学划定城乡规划区范围。近年来，我国的一些中心城市，如北京市、天津市、上海市、重庆市、深圳市等，从加强城乡统筹和区域统筹的需要出发，在修编城市总体规划时，将全市域范围都纳入规划区，加强对市域范围的统一规划和整体协调，市域范围内的各级城乡规划主管部门按照统一的规划实施建设管理。实践证明，这种做法有利于提升全市的整体规划水平，促进了城乡统筹发展和市域协调发展，体现了《城乡规划法》的基本立法精神。

划定规划区应当遵循的主要原则包括：

(1)要坚持科学发展观的原则。综合考虑当地城乡经济社会发展的实际水平与发展需要，既要为今后的发展提供空间准备，保障可持续发展目标要求的实现，又要注重经济发展与人口、资源、环境的协调，促进集约、优化利用土地与自然资源，防止引发城乡发展建设的盲目性、无序性。

(2)要坚持城乡统筹发展的原则。将具有密切联系的市、镇、乡和村庄纳入统一的规划，实施统一规划前提下的管理，加强市、镇基础设施向农村地区延伸和社会服务事业向农村覆盖，保证一定空间距离范围内的城市、镇、乡和村庄在资源调配、生活供应、设施共享等方面能够实现相互依存、紧密联系，避免各自为政、重复建设、资源浪费。

(3)要坚持因地制宜、实事求是的原则。根据城乡发展的需要与可能，深入研究城镇化和城市空间拓展的历史规律，科学预测城市未来空间拓展的方向和目标，充分考虑城市与周边镇、乡、村统筹发展的要求，充分考虑对水源地、生态廊道、区域重大基础设施廊道等城乡发展的保障条件的保护要求。

(4)要坚持可操作性原则,保证规划区范围位于相应层级的行政管理范围内,在一般情况下应是一个用封闭线所围成的区域,并且以完整的行政管理区为界限,以便于规划的实施管理。

此外,在已经确定的规划区内,必须实行严格的规划管理,一切建设活动必须依法符合城乡规划,服从城乡规划管理。

9.3.3 城市空间发展布局规划

9.3.3.1 城市总体布局主要模式

城市总体布局是城市的社会、经济、环境以及工程技术与建筑空间组合的综合反映。城市总体布局是通过城市主要用地组成的不同形态表现出来的。对于城市的历史演变和现状存在的问题、自然和技术经济条件的分析、城市中各种生产和生活活动规律的研究(包括各项用地的功能组织)、市政工程设施的配置以及城市艺术风貌的探求,都要涉及城市的总体布局,而对这些问题研究的结果,最后又都要体现在城市的总体布局中。

城市总体布局是城市总体规划的重要内容,它是一项为城市长远合理发展奠定基础的全局性工作。它是在城市发展纲要基本明确的条件下,在城市用地评定的基础上,对城市各组成部分进行统筹兼顾、合理安排,使其各得其所、有机联系。城市总体布局要力求科学、合理,要切实掌握城市建设发展过程中需要解决的实际问题,按照城市建设发展的客观规律,对城市发展做出足够的预见。它既要为城市远期发展做出全盘考虑,又要合理地安排近期各项建设。科学合理的城市总体布局将会促进城市建设的有序性和带来经营管理的经济性。

城市总体布局是城市在一定的历史时期,社会、经济、环境综合发展而形成的。通过城市建设的实践,得到检验,发现问题,修改完善,充实提高。随着社会经济的发展、人们生活质量水平的提高、科学技术的进步,规划布局也是不断发展的。例如社会改革和政策实施的积极作用、科学技术发展及城市产业结构的调整,交通运输的改进与提高、新资源的发现与利用、能源结构的改变与完善等因素,都会对城市未来的布局产生实质性的影响。

城市总体布局模式是对不同城市形态的概括表述,城市形态与城市的性质规模、地理环境、发展进程、产业特点等相互关联,具有空间上的整体性、特征上的承传性和时间上的连续性。

1)集中式城市总体布局

这种布局的特点是城市各项建设用地集中连片发展,就其道路网形式而言,可分为网络状、环状、环形放射状、混合状以及沿江、沿海或沿主要交通干道带状发展等模式。

集中式布局的优点:①布局紧凑,节约用地,节省建设投资;②容易低成本配套建设各项生活服务设施和基础设施;③居民工作、生活出行距离较短,城市氛围浓郁,交往需求易于满足。

集中式布局的缺点:①城市用地功能分区不十分明显,工业区与生活居住区紧邻,如果处理不当,易造成环境污染;②城市用地大面积集中连片布置,不利于城市道路交通的组织,因为越往市中心,人口和经济密度越高,交通流量越大;③城市进一步发展,会出现"摊大饼"的现象,即城市居住区与工业区层层包围,城市用地连绵不断地向四周扩展,城市总体布局可能陷入混乱。

2)分散式城市总体布局

城市分为若干相对独立的组团,组团之间大多被河流、山川等自然地形、矿藏资源或对外交通系统分隔,组团间一般都有便捷的交通联系。这种发展形态是受到城市用地条件限制而产生的。

分散式布局的优点:①布局灵活,城市用地发展和城市容量具有弹性,容易处理好近期与远期的关系;②接近自然、环境优美;③各城市物质要素的布局关系井然有序、疏而有致。

分散式布局的缺点:①城市用地分散,浪费土地;②各城区不易统一配套建设基础设施,分开建设成本较高;③如果每个城区的规模达不到一个最低要求,城市氛围就不浓郁;④跨区工作和生活出行成本高,居民联系不便。

3)城市总体布局的演变趋势

城市布局形式是在多种因素共同作用下形成的,是随着生产力发展、城市性质的演进和城市规模的扩张而不断发展变化的。城市布局形式演变的基本历程和发展趋势:①大城市由分散走向集中,再由集中走向分散。从空间分布的角度看,20 世纪 50 年代以前的城市发展演进史,就是人口、产业和城市的分布由分散走向集中的历史;而 50 年代后期各大城市周围卫星城的出现,则是人口、产业和城市由集中走向分散的历史;②中小城市以向心集中型为主。

现代大城市呈现出分散化趋势的主要标志有两个:①城市用地由集中式布局趋向分散式布局,新城建设多是脱离旧城进行的,大城市新增长部分也是由分布在主城周围的卫星城来容纳的;②城市中心功能多样化,由单中心变为多中心,伴随着城市功能的分化,在中心城周围出现了职能各异的卫星城市,来分担中心城的部分职能。因此,现代大城市空间结构逐步由向心结构转向离心结构,由单中心结构转向多中心结构,由集中分布转向分散发展。

9.3.3.2 城市总体布局的基本内容

城市总体布局是城市总体规划的中心任务,是为城市长期合理发展的综合性基础工作,是一项为城市长远合理发展奠定基础的全局性工作。它是在城市发展纲要基本明确的条件下,在城市用地评定的基础上,对城市各组成部分进行统筹兼顾、合理安排,使其各得其所、有机联系。

城市总体布局要力求科学、合理,要切实掌握城市建设发展过程中需要解决的实际问题,按照城市建设发展的客观规律,对城市发展做出足够的预见。它既要为城市远期发展做出全盘考虑,又要合理地安排近期各项建设。科学合理的城市总体布局将会促进城市建设的有序性和带来经营管理的经济性。

城市总体布局是城市在一定的历史时期,社会、经济、环境综合发展而形成的。通过城市建设的实践,得到检验,发现问题,修改完善,充实提高。随着社会经济的发展、人们生活质量水平的提高、科学技术的进步,规划布局也是不断发展的。例如社会改革和政策实施的积极作用、科学技术发展及城市产业结构的调整,交通运输的改进与提高、新资源的发现与利用、能源结构的改变与完善等因素,都会对城市未来的布局产生实质性的影响。

城市总体布局的核心是城市用地的功能组织,可通过以下几方面内容来体现:

(1)按组群方式布置工业企业,形成工业区。工业是城市发展的主要因素,发展工业是推动城市化进程的必要手段之一。

(2)按居住区、居住小区等组成梯级布置,形成城市生活居住区。

(3)配合城市各功能要素,组织城市绿化系统,建立各级休憩与游乐场所。

(4)按居民工作、居住、游憩等活动的特点,形成城市的公共活动中心体系。

(5)按交通性质和交通速度,划分城市道路的类别,形成城市道路交通体系。

在进行城市总体布局时应满足基本要求:①立足全局、讲求效益;②集中紧凑,节约用地;③抓住城市建设和发展的主要矛盾;④规划结构清晰,内外交通便捷;⑤近远结合、利旧图新;⑥保护环境,美化城市;⑦重视对城市总体艺术布局的构思。

9.3.3.3 城市主要建设用地布局

1)城市用地功能组织和布局应遵循的主要原则

(1)点面结合,城乡统一安排。必须把城市作为一个点,而其所在的地区或更大的范围作为一个面,点面结合,分析研究城市在地区国民经济发展中的地位和作用。城市与农村、工业与农业、市区与郊区统一考虑,全面安排。

(2)功能明确,重点安排城市工业用地。要合理布置好对城市发展及其方向有重要制约作用的工业用地。考虑其与居住生活、交通运输、公共绿地等用地的关系。要防止出现“一厂一电”“一厂一路”等现象。要处理好工业区与市中心区、居住区、水陆交通设施等的关系。

(3)兼顾旧区改造与新区的发展需要。新区与旧区要融为一体,协调发展,相辅相成,使新区为转移旧区某些不适合功能提供可能,为调整、充实和完善旧区功能和结构创造条件。处理好开发区与中心城市的关系,使之有利于城市布局结构。

(4)规划结构清晰,内外交通便捷。要合理划分功能分区,使功能明确,面积适当,避免将不同功能用地混淆在一起,造成相互干扰,但也要避免划分得过于分散零乱。旧区的各项功能往往混杂在一起,要根据实际情况，在符合消防、卫生等情况下可设置综合区，不片面追求单纯的功能分区。要构成多层次、多功能道路网，与对外交通方便地衔接。

(5)各阶段配合协调，留有发展余地。城市需要不断发展、改造、更新、完善和提高。研究城市用地功能组织，保证城市在开始阶段有一个良好开端，在建设发展各个阶段都能互相衔接，配合协调。特别要合理确定首期建设方案，加强预见性，在布局中留有发展余地。

2)城市用地结构

城市用地结构是城市内部结构的直接体现，是城市各项功能活动映射的空间投影；城市空间结构是城市在更大的空间范畴内城市用地的相关性及其与自然环境的抽象概括。

城市用地结构的合理程度往往会影响甚至决定城市持续扩展增长的能力；城市空间结构可揭示城市演化的规律与发展方向。根据《中华人民共和国城乡规划法》城市单项建设用地可按照下列范围确定：

居住用地一般控制在每人18～28 m^2，特殊情况不得小于16 m^2。

工业用地一般控制在每人9～22 m^2，特殊情况不得大于26 m^2。

道路广场用地一般控制在每人8～15 m^2，特殊情况下不得小于7 m^2。

绿地每人不得小于9 m^2，其中公共绿地不得小于7 m^2。

编制和修订城市总体规划时，应该切合实际，科学合理地制订人均城市建设总用地的定额指标，同时调整城市建设用地结构不尽合理的部分，使各项主要用地占城市建设用地的比例符合相关规定。

3)城市主要规划建设用地布局

城市规划建设用地分为居住用地、公共设施用地、工业用地、仓储用地、对外交通用地、道路广场用地、市政公用设施用地、绿地、特殊用地、水域和其他用地。各类用地的标准与布局的符合《城市用地分类与规划建设用地标准(GB 50137—2011)》。

9.3.4 城市历史文化遗产保护规划

历史文化名城保护规划是保护历史文化名城，协调保护与建设发展，以确定保护原则、内容和重点，划定保护范围，提出保护措施为主要内容的城市规划的专项规划设计。历史文化名城保护规划是从保护城市地区文物古迹、风景名胜及其环境为重点的专项规划，是文物管理和城市总体规划的重要组成部分。历史文化名城规划应建立历史文化名城、历史文化街区和文物保护三个层次的保护体系，历史文化名城保护规划应遵循《历史文化名城保护规划规范(GB 50357－2005)》、《中华人民共和国文物保护法(2015年修正)》、《中华人民共和国文物保护法实施条例(2013)》等相关规定与要求。

9.3.5 城市近期建设规划

城市近期建设规划城市总体规划的组成部分，主要任务是根据城市总体规划和近期建设计划，确定建设地段的范围，安排各项建设的具体位置和估算投资，在新建城市常称为第一期建设规划。城市近期建设规划的期限一般为5年，以便同社会经济发展的5年计划相结合；也可以根据具体条件适当地延长或缩短。不同城市的近期建设规划的内容和特点也不相同。以旧市区改建为主的城市，近期建设项目往往是零星和分散的，必须密切结合现状，并按照城市总体规划的要求，编制近期建设地区的城市详细规划，对近期建设项目做出具体安排。一般新建城市编制近期建设规划，以社会经济发展计划所确定的建设项目为依据，而且以骨干建设项目(包括工业、对外交通、贸易、科学、文教、旅游等)为主要依据。配套建设项目(包括住宅、公共建筑、道路、绿化、给水、排水、市内交通等)的内容、数量、规模和投资估算，则在近期建设规划中提出。现有城市的近期建设规划，通常由城市规划部门编制，并向有关计划部门提出近期需要的城市建设项目的申请，再根据批准下达的项目调整或修订近期建设规划。这就是规划与计划互为依据、相互结合的过程。如果单有计划部门规定项目和指标，未能从规划和布局上做出安排，计划就难以落实；相反地只作规划和布局上的安排，而未能列入计划，规划就可能落空。

9.4 城市规划及编制内容

城市规划是为合理利用城市土地，协调城市空间布局和各项建设的综合部署和具体安排。城市规划必须符合我国国情，正确处理近期建设和远景发展的关系。在城市规划区内进行建设，必须坚持适用、经济的原则，贯彻勤俭建国的方针。城市规划确定的城市基础设施建设项目，应当按照国家基本建设程序的规定纳入国民经济和社会发展计划，按计划分步实施。城市规划的编制应当依据国民经济和社会发展规划以及当地的自然环境、资源条件、历史情况、现状特点、统筹兼顾、综合部署。

通常情况下，城市规划分为总体规划与详细规划两个层面（图 9-4），总体规划即城市总体规划纲要与城市总体规划编制，详细规划即控制详细规划与修建性详细规划编制，其中大中城市可在总体规划之后根据需要编制分区规划。

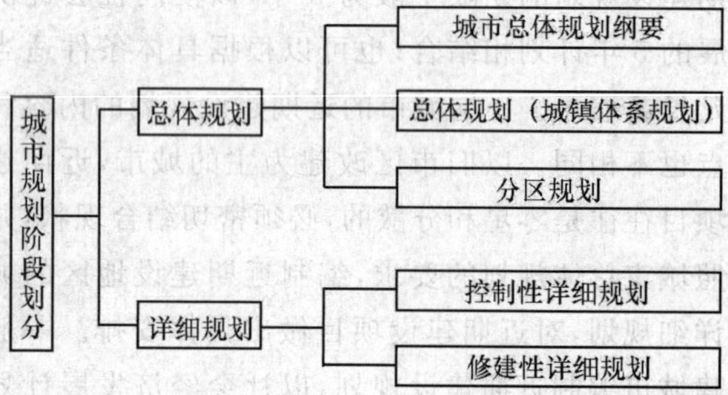

图 9-4 城市规划阶段划分图

9.4.1 城市总体规划纲要

城市总体规划纲要的主要任务是：研究确定城市总体规划的重大原则，并作为编制城市总体规划的依据。

内容包括：论证城市国民经济和社会发展条件，原则确定规划期内城市发展目标；论证城市在区域发展中的地位，原则确定市（县）域城镇体系的结构与布局；原则确定城市性质、规模、总体布局，选择城市发展用地，提出城市规划区范围的初步意见；研究分析确定城市能源、交通、供水等城市基础设施开发建设的重大原则问题，以及实施城市规划的重要措施。

城市总体规划纲要的成果包括文字说明和必要的示意性图纸。

9.4.2 城市总体规划

城市总体规划、镇总体规划的内容应当包括：城市、镇的发展布局，功能分区，用地布局，综合交通体系，禁止、限制和适宜建设的地域范围，各类专项规划等。规划区范围、规划区内建设用地规模、基础设施和公共服务设施用地、水源地和水系、基本农田和绿化用地、环境保护、自然与历史文化遗产保护以及防灾减灾等内容，应当作为城市总体规划、镇总体规划的强制性内容。

城市总体规划、镇总体规划的规划期限一般为 20 年。城市总体规划还应当对城市更长远的发展做出预测性安排。

城市总体规划的主要任务是：综合研究和确定城市性质、规模和发展方向，统筹安排城市各项建设用地，合理配置城市各项基础设施，处理好远期发展与近期建设的关系，指导城市建设和合理发展。

城市总体规划（图 9-5）包括下列内容：

（1）设市城市应当编制市域城镇体系规划，县（自治县、旗）人民政府所在地的镇应当编制县域城镇体系规划；

（2）确定城市性质和发展方向，划定城市规划区范围；

（3）提出规划期内城市人口及用地发展规模，确定城市建设与发展用地的空间布局、功能分区以及市中心、区中心位置；

（4）确定城市对外交通系统的布局以及车站、铁路枢纽、港口、机场等主要交通设施的规模、位置，确定城市主、次干道系统的走向、断面、主要交叉口形式，确定主要广场、停车场的位置、容量，确定城市地铁、轻轨走向及车站位置；

（5）综合协调并确定城市供水、排水、防洪、供电、通讯、燃气、供热、消防、环卫等设施的发展目标和总体布局；

（6）确定城市河湖水系的治理目标和总体布局，

分配沿海、沿江岸线；

(7)确定城市园林绿地系统的发展目标及总体布局；

(8)确定城市环境保护目标，提出防治污染措施；

(9)根据城市防灾要求，提出人防建设、抗震防灾规划目标和总体布局；

(10)确定需要保护的风景名胜、文物古迹、传统风貌保护区，划定保护和控制范围，提出保护措施，历史文化名城要编制专门的保护规划；

(11)确定旧区改建，用地调整的原则、方法和步骤，提出改善旧城区生产、生活环境的要求和措施；

(12)综合协调市区与近郊区村庄、集镇的各项建设，统筹安排近郊区村庄、集镇的居住用地、公共服务设施、乡镇企业、基础设施和菜地、园地、牧草地、副食品基地，划定需要保留和控制的绿色空间；

(13)进行综合技术经济论证，提出规划实施步骤、措施和方法的建议；

(14)编制近期建设规划，确定近期建设目标、内容和实施部署。建制镇总体规划的内容可以根据其规模和实际需要适当简化。

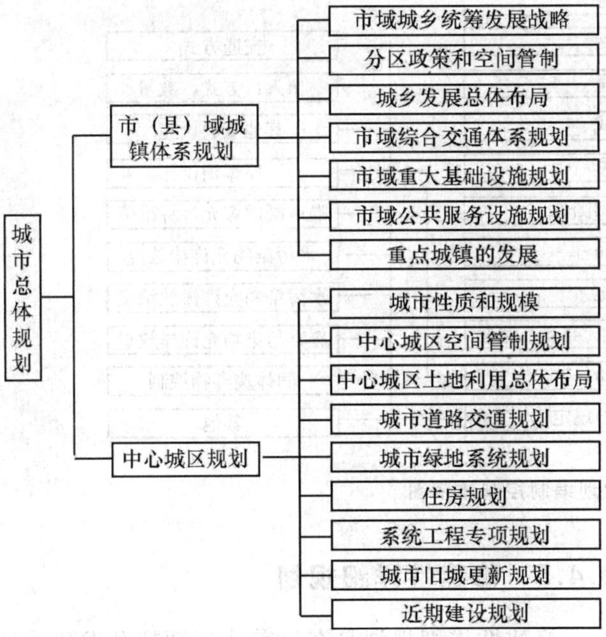

图 9-5　城市总体规划编制主要内容

城市总体规划成果包括规划文件及主要图纸：①总体规划文件包括：规划文本和附件，规划说明及基础资料收入附件。②总体规划图纸包括：市（县）域城镇布局现状图、城市现状图、用地评定图、市（县）域城镇体系规划图、城市总体规划图、道路交通规划图、各项专业规划图、近期建设规划图。图纸比例：大中城市为 1∶10 000～1∶25 000，小城市为 1∶5 000～1∶10 000，其中建制镇为 1∶5 000；市（县）域城镇体系规划图的比例由编制部门根据实际需要确定。

9.4.3　城市分区规划

在城市总体规划完成后，大、中城市可根据需要编制分区规划。分区规划的任务是：在总体规划的基础上，对城市土地利用、人口分布和公共设施、基础设施的配置做出进一步的规划安排，以便与详细规划更好地衔接。

城市分区规划包括下列内容：

(1)原则规定分区内土地使用性质、居住人口分布、建筑及用地的容量控制指标；

(2)确定市、区级公共设施及基础设施的分布及其用地范围；

(3)确定城市主、次干道的红线位置、断面、控制点坐标和标高，以及主要交叉口、广场、停车场位置和控制范围；

(4)确定绿化系统、河湖水面、供电高压线走廊、对外交通设施、风景名胜区的用地界线和文物古迹、传统街区的保护范围，提出空间形态的保护要求；

(5)确定工程干管的位置、走向、管径、服务范围以及主要工程设施的位置和用地范围。

分区规划的成果包括规划文件和图纸。

分区规划文件包括规划文本和附件，规划说明及基础资料收入附件。

分区规划图纸包括：规划分区位置图、分区现状图、分区土地利用及建筑容量规划图、各项专业规划图。图纸比例为 1∶5 000。

9.4.4　控制性详细规划

控制性详细规划的主要任务是：以总体规划或分区规划为依据，在配置空间环境基础上，详细划分地块并规定其用地性质、使用强度等各项控制指标以及其他规划管理提出的各项要求，强化规划的控制功能并以此作为城市规划管理的依据，指导修建性详细规划的编制。

所以控制性详细规划是起着承上启下的作用的指导规划，负责着落实某个片区的地块的开发强度，开发性质等内容。是一个比较有实际意义的规划。

控制性详细规划(图 9-6)包括下列内容：

(1)详细规定所规划范围内各类不同使用性质用地的界限，规定各类用地内适建与不适建或者有条件允许建设建筑类型；

(2)规定各地块的控制指标(包括：建筑高度、建筑密度、容积率、绿地率、建筑间距、建筑后退红线距离、机动车出入口方位等)；

(3)确定各级支路的红线位置、控制点坐标和标高；

(4)根据规划容量，确定工程管线的走向、管径和工程设施的用地界线；

(5)制定相应的土地使用及建筑管理规定。

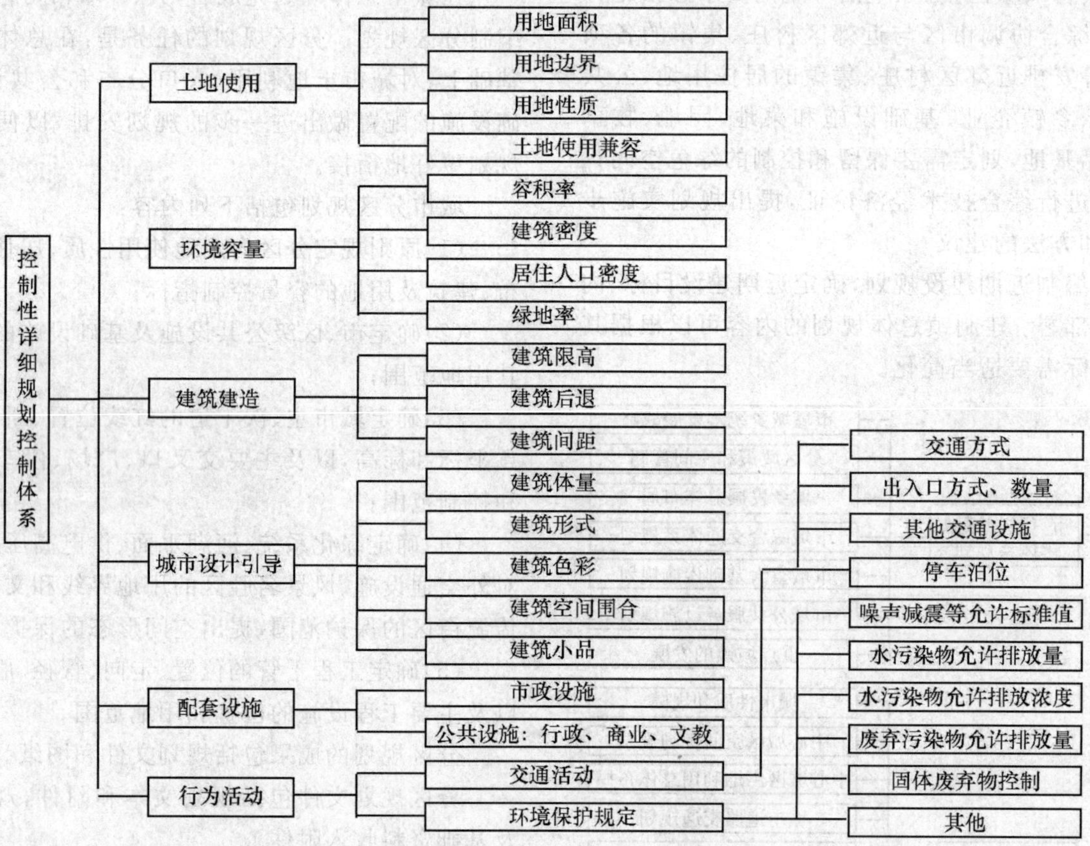

图 9-6 城市控制性详细规划编制控制体系图

控制性详细规划的成果包括规划文件和图则。规划文件包括规划文本和附件，规划说明和基础资料收入附件。规划图纸包括规划地区现状图、控制性详细规划图纸。图纸比例为 1∶1 000～1∶2 000。

9.4.5 修建性详细规划

修建性详细规划是在当前或近期拟开发建设地段，以满足修建需要为目的进行的规划设计。修建性详细规划应满足上一层次规划的要求，并为下一层次建筑、园林和市政工程设计提供依据。

修建性详细规划(图 9-7)包括下列内容：

(1)建设条件分析和综合技术经济论证；

(2)建筑的空间组织、环境景观规划设计、总平面布置图；

(3)道路交通规划设计；

(4)绿地系统规划设计；

(5)工程管线规划设计；

(6)竖向规划设计；

(7)估算工程量、拆迁量和总造价，分析投资效益。

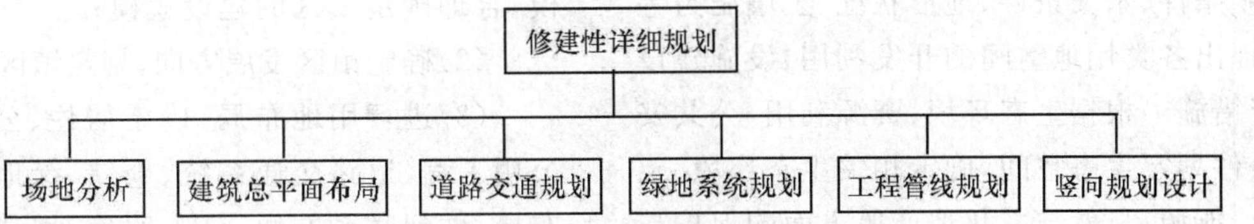

图 9-7 修建性详细规划编制构成图

修建性详细规划的成果包括规划文件和图纸。规划文件为规划设计说明书。规划图纸包括规划地区现状图、规划总平面图、各项专业规划图、竖向规划图、反映规划设计意图的分析图及透视图。图纸比例为 1∶500～1∶2 000。

9.5 镇(乡)规划及编制内容

《中华人民共和国城乡规划法》第十八条规定：乡规划、村庄规划应当从农村实际出发，尊重村民意愿，体现地方和农村特色。

镇(乡)规划一般分为镇(乡)域规划和镇区规划两个阶段。规划期限一般为 20 年。其编制和审批应当分别按照《中华人民共和国城乡规划法》对镇规划和乡规划组织编制和审批的要求执行。

镇(乡)域规划(图 9-8)是《中华人民共和国城乡规划法》规定的镇规划和乡规划的一种形式，其规划区范围覆盖镇(乡)行政辖区的全部。有条件的镇和乡，应编制镇(乡)域规划，也可以与镇(乡)总体规划同时编制。

镇区规划是指导镇区发展和建设的基本依据。

9.5.1 镇(乡)域规划

镇(乡)域规划的主要任务是：综合评价镇(乡)发展条件，提出城乡统筹发展战略；确定镇(乡)的性质和发展方向；预测镇(乡)行政区域内的人口规模和结构；拟定所辖各村镇的性质与规模；布置基础设施和主要公共服务设施；指导镇区和村庄建设规划的编制。

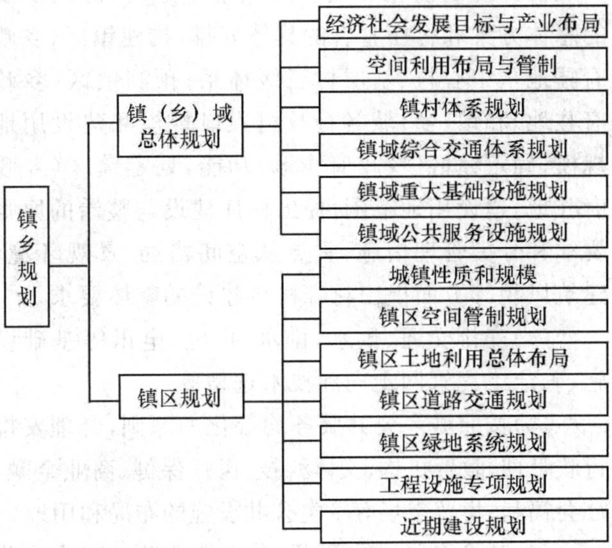

图 9-8 镇(乡)规划编制主要内容

镇(乡)域规划应当包括下列内容：

(1)制定镇(乡)域经济社会发展目标，并做好产业的空间布局。分析镇(乡)域的自然条件、资源基础和发展潜力，提出镇(乡)域城乡统筹发展战略，确定镇(乡)域发展定位和社会经济发展目标；分析农村人口转移趋势和流向，预测镇(乡)域人口规模；明确镇(乡)域产业结构调整目标、产业发展方向和重点，提出三次产业发展的主要目标和发展措施。统筹规划镇(乡)域三次产业的空间布局,合理确定农业生产区、农副产品加工区、产业园区、物流市场区、旅游发展区等产业集中区的选址和用地规模。

(2)明确镇(乡)域的空间利用布局,并提出空间管制的原则和措施。划定镇(乡)域山区、水面、林地、农地、草地、城镇建设、基础设施等用地空间的范围,结合气候条件、水文条件、地形状况、土壤肥力等自然条件,提出各类用地空间的开发利用、设施建设和生态保育措施。根据生态环境、资源利用、公共安全等基础条件划定生态空间,确定相关生态环境、土地和水资源、能源、自然与文化遗产等方面的保护与利用目标和要求,综合分析用地条件划定镇(乡)域内禁建区、限建区和适建区的范围,提出镇(乡)域空间管制原则和措施。

(3)划定镇村体系结构,合理预测镇(乡)域的人口规模。提出镇(乡)域居民点集中建设、协调发展的总体方案和村庄整合的具体安排,构建镇区(乡政府驻地)、中心村、基层村三级体系;预测镇区(乡政府驻地)和镇(乡)域各行政村人口规模和建设用地规模;确定镇区(乡政府驻地)功能,划定镇区(乡政府驻地)建设用地范围;提出村庄建设与整治的原则要求和分类管理措施,重点从空间格局、景观环境、建筑风貌等方面提出村容村貌建设的整体要求。

(4)安排交通、供水、排水、供电、电讯等基础设施,确定工程管网走向和技术选型等。

(5)按照城乡公共服务均等化的原则,合理安排行政管理、教育机构、文体科技、医疗保健、商业金融、社会福利、集贸市场等7类公共设施的布局和用地。

(6)整合各类减灾资源,建立综合防灾减灾与公共安全保障体系,提出各类灾害防治的规划原则、设防标准及防灾减灾措施。

(7)提出实施规划的政策措施。镇(乡)域规划的组织编制和审批应当分别按照《中华人民共和国城乡规划法》对镇规划和乡规划组织编制和审批的要求执行。

9.5.2 镇区规划

镇区规划的任务是:以镇(乡)域规划为依据,确定镇区的性质和发展方向,预测人口利用地规模,进行用地布局,合理配置各项基础设施和公共服务设施,安排主要建设项目的时间顺序,并具体落实近期建设项目。

镇区规划应当包括下列内容:

(1)明确城镇的性质和功能,预测镇区人口规模,合理确定镇区的建设规模;

(2)确定镇区发展方向,划定镇区规划建设范围;

(3)进行用地布局,确定居住、公共建筑、生产、公用工程、道路交通系统、仓储、绿地等用地的空间布局,做到联系方便、分工明确,划清各项不同使用性质用地的界线;

(4)根据村镇总体规划提出的原则要求,对规划范围的供水、排水、供热、供电、电讯、燃气等设施及其工程管线进行具体安排,按照各专业标准规定,确定空中线路、地下管线的走向与布置,并进行综合协调;

(5)确定旧镇区改造和用地调整的原则、方法和步骤;

(6)对中心地区和其他重要地段的建筑体量、体型、色彩提出原则性要求;

(7)确定道路红线宽度、断面形式和控制点坐标标高,进行竖向设计,保证地面排水顺利,尽量减少土石方量;

(8)综合安排环保和防灾等方面和设施;

(9)编制镇区建设规划;

(10)镇区近期建设规划要达到直接指导建设或工程设计的深度。建设项目应当落实到指定范围,有四角坐标、控制标高,示意性平面;道路或公用工程设施要标有控制点坐标、标高,并说明各项目的规划要求。

9.6 村庄规划、社区规划及其编制内容

9.6.1 村庄规划

村庄规划的内容应当包括:规划区范围,住宅、道路、供水、排水、供电、垃圾收集、畜禽养殖场所等

农村生产、生活服务设施、公益事业等各项建设用地布局、建设要求，以及对耕地等自然资源和历史文化遗产保护、防灾减灾等的具体安排。乡规划还应当包括本行政区域内的村庄发展布局。

村庄规划的主要是村庄总体规划和村庄建设规划，并且在实际的操作层面，常常将后两个层面的规划合并编制，统称为“村庄规划”。实践证明，村庄总体规划与村庄建设规划的合并能够提高规划的效率，有利于村庄长远发展与当前建设需求的结合，便于操作实施。

已有的研究表明，村庄规划在内容上所涉及的问题主要集中在人口与用地的合理计算、村庄的规划布局、村庄的道路交通、村庄公建设施的配置、村庄历史文化和地方特色的保护等方面问题。村庄规划在满足基本的规范要求的基础之上，应当突出重点、抓住中心，避免“面面俱到”而“面面不到”。

村庄规划(图9-9)的主要内容包括：

(1)合理布局村庄发展用地，明确未来发展方向；

(2)理顺村内道路交通，处理好内外交通的联系；

(3)改造村庄生活环境，包括卫生、生活、生产等环境；

(4)营造特色村庄景观，包括建筑风貌的统一；

(5)完善基础设施建设，包括给排水、电力电信、污水处理等；

此外，还应考虑村落历史文化遗产中物质与非物质文化、优良生态环境的保护等，为村庄的可持续发展打下基础。

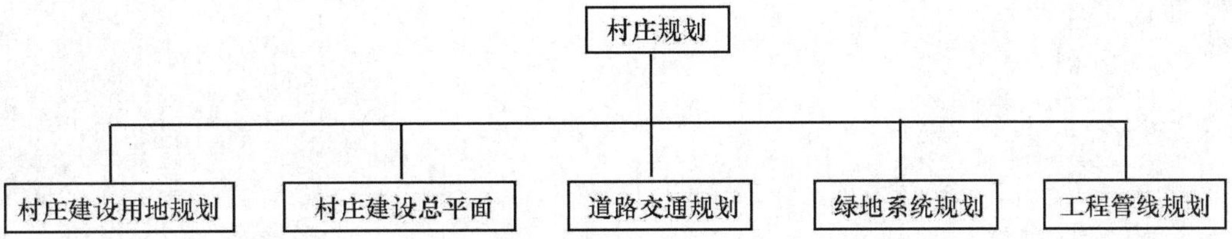

图9-9 村庄规划编制构成图

9.6.2 新型农村社区规划

新型农村社区，既有别于传统的行政村，又不同于城市社区，它是由若干行政村合并在一起，统一规划，统一建设，或者是由一个行政村建设而成，形成的新型社区。新型农村社区规划编制内容与村庄规划基本相同，主要依据《村镇规划标准》、《村庄规划用地分类指南》和《村镇规划编制办法》等进行编制。新型农村社区规划是以节约土地，提高土地生产效率，实现集约化经营为主导，农民自愿为原则，提高农民生活水平为目标，让农民主动到社区购房建房，交出原来的旧宅用于复耕，既不能等同于村庄翻新，也不是简单的人口聚居，而是要加快缩小城乡差距，在农村营造一种新的社会生活形态，让农民享受到跟城里人一样的公共服务，过上像城里人那样的生活；实现社区化之后，农民又不远离土地，又能集中享受城市化的生活环境。

本章小结

本章依据我国现行城乡规划法进行分类，按照我国规划体制特点，城乡规划是一项具有综合性、地方性、法制性、长期性、技术性和综合实践性的工作特点，是建立在综合考量城乡经济、城乡社会、城乡文化、城乡生态环境、新技术革命带来城乡空间发展的条件和目标基础上，所以，任何一轮规划都必须建立在上位空间规划的基础上，在其指导下制定合理的城市发展战略，这是我国城乡规划工作特点。

总体上，我国的规划体系分为宏观战略层面的"总体规划"和微观实施层面的"详细规划"，中间衔接落地的是"控制性规划"。总体规划是指导和控制城市发展和城市建设的蓝图，在规划体系中具有不可替代作用。在世界快速发展的今天，科技资讯如日中天，如何掌控总体规划修编的动态性？学习时关注社会热点，与时俱进，合理利用信息化社会高科技手段，反映信息社会需求，体现时代主旋律，这是总体规划的使命。

思考题

1. 比较分析各层面的规划类型在内容与深度上的不同。

2. 比较分析2007年颁布的《中华人民共和国城乡规划法》与1989年颁布的《城市规划法》异同。

3. 查阅文献资料分析我国“空间体系”与空间体系规划异同点。

第10章 城乡用地分类及其适用性评价

本章导读：本章对土地和城乡用地的概念、属性、评价、划分和选择，以及城市用地分类与构成进行了概括说明。在全球绿色、低碳、可持续发展的趋势下，关注城乡与环境的关系及保护自然生态成为城乡规划师的历史责任。必须不断用发展革新的视角、分析方法和技术手段，更新对城乡用地的认识。从而对其进行有效整理、综合评价与选择。

知识点拓扑关系图说明：

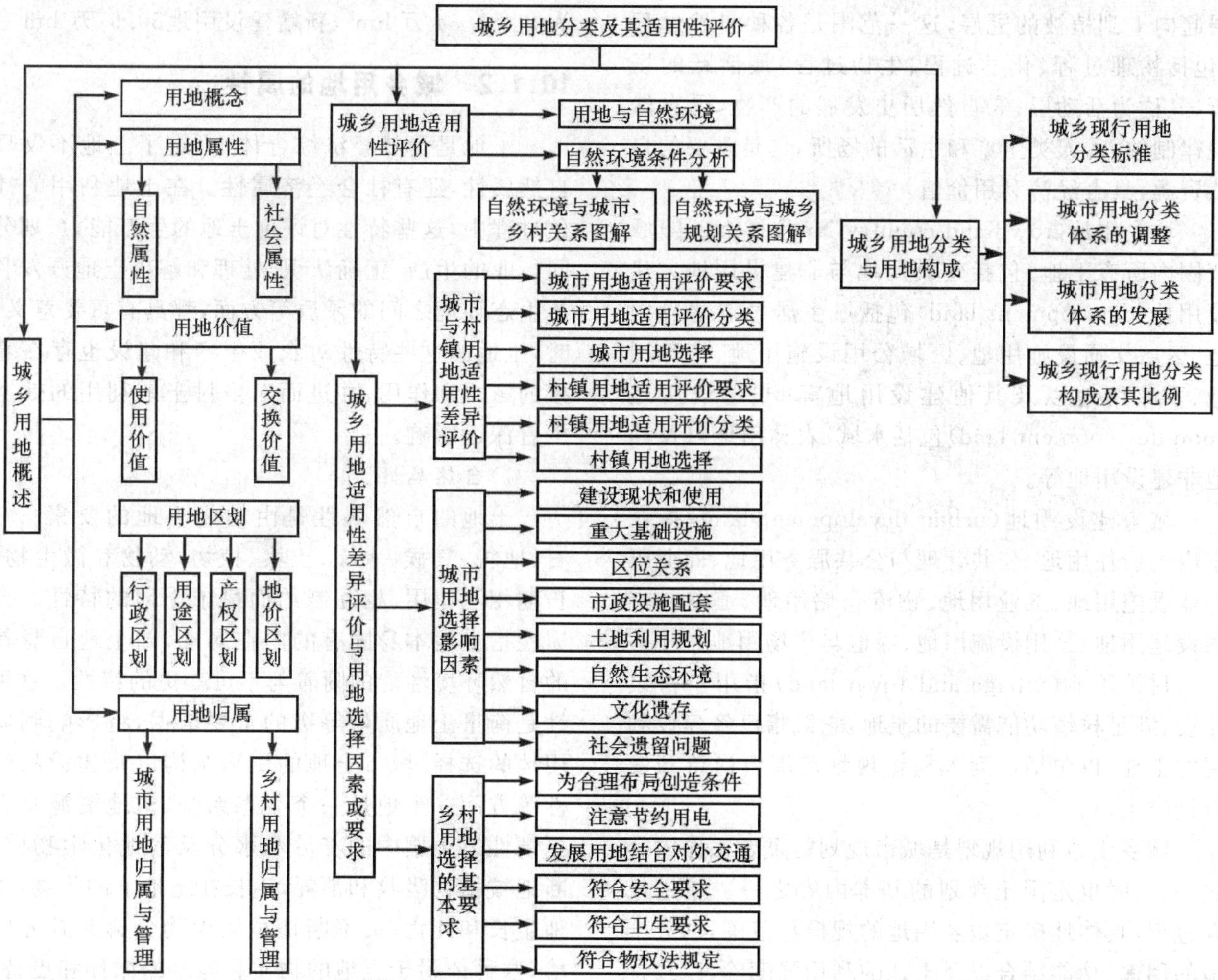

10.1 城乡用地概述

10.1.1 城乡用地的概念

土地，是人类赖以生存与发展的基本资源，是人类社会活动的载体。从不同角度来看，土地具有自然和经济的多方面属性和含义：有时指某一地域或领土，有时指山川、耕地和各种建设用地等基本的生产要素。从地理学的角度来看，土地是一个综合的地理概念，是陆地表面由岩石、土壤、气候、水文、生物等自然要素构成的自然综合体，有以下特点：①各种自然要素和人类活动相互联系、相互作用，构成一定的综合自然特征和人文特征；②规模有大小之别，有一定的厚度，一般认为其垂直厚度为从土壤母质层起向上到植被的冠层，这一范围是各种自然过程（包括物理过程、化学过程、生物过程）最活跃的场所，又称为活动层；③自然历史发展的产物，受自然规律制约；④人类生产和生活的场所，也是重要的自然资源，具有经济利用价值。

城乡用地(town and country land)指市(县)域范围内所有土地，包括建设用地与非建设用地。建设用地(development land)包括城乡居民点建设用地、区域交通设施用地、区域公用设施用地、特殊用地、采矿用地以及其他建设用地等；非建设用地(non-development land)包括水域、农林用地以及其他非建设用地等。

城市建设用地(urban development land)指城市内的居住用地、公共管理与公共服务用地、商业服务业设施用地、工业用地、物流仓储用地、道路与交通设施用地、公用设施用地、绿地与广场用地。

村镇用地(village and town land)指用于村镇建设、满足村镇功能需要的土地，它既指已经建设利用的土地，也包括已列入村镇规划范围但尚待开发建设的土地。

城乡土地利用规划是城市规划的重要工作内容之一，同时也是国土规划的基本内容之一。通过规划过程，具体地确定城乡用地的规模与范围，划分土地的用途、功能结合以及土地的利用强度等，以致合理地利用土地，发挥土地的效用。

土地作为一项基本资源，在中国有着特殊的价值与含义。中国虽然国土辽阔，但可用土地并不多。随着人口的增加，大量土地用于非农用途，全国可耕地面积逐年减少，由 1949 年的人均耕地 0.18 hm^2，下降到 2008 年的大约 0.092 hm^2。2009 年全国耕地面积为 13 538.46 万 hm^2，2012 年则变为 13 515.85万 hm^2。近年来，通过推进土地整治、严格政策调控，逐步开始实现了对耕地减少的有序控制。2013 年全国净减少耕地面积为 8.02 万 hm^2，到 2015 年，全国因建设占用、灾毁、生态退耕、农业结构调整等原因减少耕地面积 30 万 hm^2，通过土地整治、农业结构调整等增加耕地面积 23.4 万 hm^2，年内净减少耕地面积 6.6 万 hm^2。截至 2015 年末，全国耕地面积为 1.35 亿 hm^2；全国建设用地总面积为 3 853.34 万 hm^2，新增建设用地50.67万 hm^2。

10.1.2 城乡用地的属性

土地是自然经济综合体，决定了土地不仅具有自然属性，还有社会经济属性。在土地利用的社会化过程中，这些特性对评价土地的生产能力、划分不同行业的生产、正确认识、处理和解决土地开发利用与生态环境之间的矛盾等方面，都具有重要意义，同时，土地的这些特性对农业生产和建设也存在着直接的影响和作用，并进而对乡村土地利用的效益产生着深远影响。

1）自然属性

土地的自然属性是由构成土地的要素——岩石、地貌、气候、水文、土壤、植物、动物和微生物等，长期相互作用、相互制约而赋予土地的特性。自然属性指土地本身固有的内在属性，即土地自身具有的自然环境性能的附着与不可变更的特性。这种特性是衡量土地质量等级的重要依据，将影响到城市用地的选择、城市土地的用途结构以及建设的经济性等方面。土地是一个生态系统，土地资源具有可更新性。土壤中的养分和水分及其他化学物质，不断地被植物吸收和消耗，生长在土地上的生物，不断地生长和死亡，又不断地被微生物分解并补充给土壤，这种依附于土地的物质和能量的循环和更替，在一定条件下是相对稳定的。因而，在合理利用的前提下，土地的生产力可以自我恢复，并不会因使用时间的延长而减少，即“治之得宜，地力常新”。

对因水土流失、沼泽化、盐碱化、沙漠化等导致的退化问题，可在一定程度上恢复土地生产力。土地也对污染物存在一定的净化能力，但是土地的再生性是有限度的，当超过某一阈值时，土地原有性质可能彻底被破坏而不可逆转和恢复，其再生性就会丧失，土地资源即被破坏。因此，土地还有着耐久性和不可再生性。土地的自然生成，具有不可移动性，即有着明确的空间定位，由此导致每块土地各自具有相对的地理优势或劣势，以及独特的土壤和地貌特征。尽管可以通过围海造地或填湖造地来生成新的土地，但根源于此的全球范围内复杂的环境影响等问题还难以准确预估，故不能依赖该方法来全面解决土地（尤其是耕地等资源）面积减少的问题。因而，土地属性的变化更多见于人为或自然地改变土地的表层结构或形态方面。

2）社会属性

土地的社会属性是其自然属性在人类社会的延伸，指土地作为人和人类社会产生、生存和活动最基本的平台，在自然属性基础上表现出的与人类社会密切联系的特有属性，即通过人类的政治、经济和社会活动而赋予土地的特性，也被称为土地的社会经济属性。在人们占有土地并对其进行开发利用的过程中，一方面形成了人与土地的关系；另一方面形成了人与人之间的关系。随着人类社会的发展变化，土地的社会属性可能发生变化。土地的社会属性体现但不限于以下几个方面：

（1）权力表征。古往今来，土地一直是国家产生和发展的客观载体及国家区分的根本标志。当今世界绝大部分的土地已有了明确的隶属，土地已依附于一定的社会权力而存在。在不同的社会形态和制度下，土地社会属性最本质的内容是土地所有制性质，土地资产所有制形式成为决定社会制度的基础，政治和社会权力不同程度地延伸和表达着土地的所有权及使用权。

（2）经济表征。土地的经济性是指通过人类社会活动而体现出的经济价值。在城乡规划和建设中，可能以人为的土地利用方式，开发城乡土地的经济潜力，如通过不同的用地结构和区划，改变土地用途等，造成土地的价值差异；也可能通过增加土地的容积率、完善土地的基础设施、改善生态环境等法规和建设条件，从而提高土地的经济价值。

（3）法律表征。土地所有权的性质，或是土地权属中部分权益转让等社会隶属形式，都有国家法律、法规的明确保障，使地产所有者或使用者的合法权益能得到国家法律的保护。因而，土地具有明确的法律属性。

10.1.3　城乡用地的价值

土地作为土地资源的价值不同于一般商品，具有特殊性和双重性。一方面是作为自然物的土地价值，并非人类劳动所能创造；另一方面是作为开发建设的土地经济价值，凝结着大量的人类劳动，具有劳动产品的特点。因而，土地是无价性和有价性的统一体，具有使用价值的土地不一定具有交换价值，且使用价值高的土地，其交换价值不一定高；交换价值高的土地，其使用价值也不一定高。

1）使用价值

在未开垦的土地上可以进行各种耕种、居住、工矿业建设等活动，用作城乡活动的场所，而当然地具有使用价值。这一价值还可以通过对土地的人为加工，使之向深度与广度延伸。如对地形地貌的塑造，而使土地具有景观功能和艺术价值；又如对土地上下空间的开发，使土地得到多层面的利用，从而扩大原有土地的使用价值。城乡用地的区位、形状、地质、地形地貌、高程，以及土地所附有的建筑、设施等状况，影响着土地使用价值的高低。

2）交换价值

交换价值是土地经济价值的表现形式，当土地作为商品或因其某方面权利的有偿转移而进入市场，就具体表现为地价、租金或费用。由于土地的自然性状或因其城乡地理位置的差别，而有高低不同的经济价值表现，这被称“价值级差”，如大都市城市中心区的地价比之中心区以外的区域、郊区或周边中小城镇的地价，可能相差几十甚至数百倍。

地价、租金或费用的市场调节机制，使城市的土地利用结构同用地价格之间产生了深刻的相互依存与制约关系。中国新中国建立初期实行土地国有化政策，土地统一由国家进行划拨，无偿地供给集体、单位或个人使用。改革开放后，曾以征收土地使用费的方式，来体现土地的经济价值。从1987年年底起，开始将城市土地使用权从其土地所有权中分离出来，允许公开、有偿、有限期地转让土地使用权，并将其当成一项经济活动。这一重大决策经立法过程后，现已得到普遍推行。目前，中国农村的土地市场很不成熟，区域性交易需求强烈但受制度抑制，城乡两个土地市场之间的连接还不够畅通。但在一些大中城市已经或正在形成活跃的多级土地市场，通过土地市场的营运，来充分发挥土地的经济价值。

根据财政部公布的数据，过去10年来，土地出让金一直是地方政府财政收入的主要来源之一。2009年全年，全国土地出让面积达到20万 hm^2 以上，出让成交价款16 000亿元，约占全国地方财政收入的一半。到了2013年，土地出让金占全国地方政府财政收入比重高达59.8%。尽管在2014年，全国土地出让收支规模仅存在小幅增加，2015年全国土地出让收支规模出现了“双降”①，但土地的经济产出在城市发展中的作用仍不可低估。国家统计局数据显示，2014年全国土地出让收入占财政收入比例达30.4%；2015年1—4月“土地出让金”占地方财政收入比重依然达到32%。

10.1.4 城乡用地的区划

城乡地域因不同的目的和不同的使用方式，需将用地划分成不同的范围或区块，以表达一定的用途、权属、性质或量值等。城乡规划过程中，需要了解和考虑各种既定的或有关专业可能应用的各种城乡用地的区划界限与规定，以作为规划的依据。通常，城乡用地的区划包括行政区划、用途区划、产权区划和地价区划。此外，与城乡规划和建设相关的还有环境区划、农业区划等专业性区划。

1）行政区划

行政区划的性质和界限是城乡用地规划和规划管理的基本依据。中国土地利用总体规划按行政区域划分为全国、省、市（地）、县（市）和乡（镇）五级以及特别设置或临时设置而具有行政管辖权的各种开发区、管理区等。其中市（地）级以上规划属政策引导性规划，县（市）级和乡（镇）规划属于布局实施性规划。因而，对这两个层次的规划来讲，土地分区是规划的主要内容，是实施规划的重要手段，体现了政府对土地利用管制作用，同时也决定了土地利用分区具有层次性，不同空间尺度上的分区目标、内容、方法等均有所差别。

2）用途区划

按照城乡规划所确定的土地利用的功能与性质，每块土地都具有一定的用途，这样对土地作出的划分，即是城乡用地的用途区划。土地用途区划主要是作为土地利用总体规划的一项规划内容而存在，是在土地用途管制制度下派生出的分区，将区域土地资源根据用途管制需要、经济社会发展客观要求和管理目标，划分出不同空间区域，并制定各区域土地用途管制规则，通过用途变更许可制度，实现对土地用途的管制。

从分区类型来看，土地用途分区不同于地域分区，其以“共性”识别为基本功能，主要在中小尺度空间内直接实现不同类型区之间差异的识别，同类区域可在空间上重复出现，区域命名以主导用途的差异命名。

当前，中国的土地用途分区主要应用于县、乡级土地利用总体规划，一般分为基本农田保护区、耕地开垦区、一般耕地区、林业用地区、牧业用地区、城镇建设用地区、村镇建设用地区、独立工矿用地区、风景旅游用地区、自然和人文景观保护区以及其他用地区等。

3）产权区划

由地产或房产所有权所作的权属土地区划，如

① 2015年中国土地出让收入减少的原因主要在于，随着中国经济发展进入新常态，固定资产投资特别是房地产投资增速开始放缓和回落，经济增速放缓，土地市场需求呈现不足状态，国家开始对用地结构进行调整和改革，国有建设用地供应实施差别化供地政策。

中国土地权属划分为国有土地和集体所有土地；或按照房屋所有权或者土地使用权划分的地籍[①]区划等。这类土地区划因涉及业主的所有权益，是城乡用地规划需要参照和慎重对待的依据。

4)地价区划

土地价格[②]是土地经济作用的反映，也叫地价，是土地权利和预期收益的购买价格。中国的地价实际为土地使用权的地租，以土地使用权出让、转让为前提，一次性支付的多年地租的现值总和，是土地所有权在经济上的实现形式，以此体现出土地的区位、环境、性状以及可使用程度等价值。为了优化土地利用、保障土地所有者的合理权益，规范土地市场和土地价格体系，中国对城市用地按其所具条件，进行价值鉴定，由此作出城市土地的价格或租金的区划。如上海市于1998年起在全市范围实施基准地价(即土地初始价，是完成拆迁、平整等一级开发后政府确定的土地区域平均价格)，规定上海全市区土地划分为11级，并按级规定基准地价。此外，全国各城市也根据自身的情况编制了适应使用要求的基准地价区划，如成都，是按照不同的用地性质分别制订其中心城区的地价区划。

城市现状、规划的用地功能区划与用地结构，是制定城市土地地价区划的基本依据，而地价也会影响各项设施规划布置的合理性，因而在各项城市设施规划建设时，应充分考虑其基准地价等因素。

中国的广大乡村地区还未建立起系统的地价区划，对农村土地制度的改革还处于试点阶段。近年来，中国各地已结合各自实际，对农村“三块地”的改革[③]进行了积极的探索，为改革完善农村土地制度，建立兼顾国家、集体和个人的乡村土地增值收益分配机制等积累了经验。部分地区如天津滨海新区、重庆、成都等地开展了农村集体建设用地流转试点，探索增值收益在国家、集体、个人之间的合理分配方式；广东、安徽在实践的基础上，出台了农村集体建设用地流转的政府规章；一些地方通过多种途径开展了以“宅基地有偿退出、盘活利用”为主要内容的试点；成都、温州等地还开展了宅基地抵押融资试点，推进了生产要素在城乡之间自由合理的流动。到2016年9月，中国农村“土地征收制度”改革和“农村集体经营性建设用地入市”改革已扩大到33个试点地区，“宅基地制度”改革维持在原有的15个试点地区。

以上介绍的用地区划中，行政区划与地权区划一般都有明确的立法支持，而如用途区划等专业性区划，可以是城乡规划和专业规划的一项结果，当被法定化后，同样具有法律性质。上述各种用地区划的界限、范围或数量等都是有可能变动的。在城乡规划过程中，既要考虑到各种区划的作用和所涉及方面的利益，又可在必要时按照规划的合理需要提出维持或调整的建议。

10.1.5　城乡用地的归属与管理

10.1.5.1　城市用地归属与管理

1)城市用地的归属

土地是国家的基本资源，各个国家通过制定相应的法律，对土地的拥有权限和归属给予规定和保障。《中华人民共和国土地管理法》(下文简称《土地管理法》)第二条明确规定：“中华人民共和国实行土地的社会主义公有制，即全民所有制和农民集体所有制”。并规定除农民集体所有外，属于全民所有制国家所有的土地所有权由国务院代表国家行使。《土地管理法》第八条中规定：“城市市区的土地属国

① 地籍是指国家为了一定的目的，记载土地的权属、界址、数量、质量和用途等基本情况的图簿册。依据法律规范，对每宗地(由界址线包围的土地)的土地权属、位置、界址、数量、质量以及利用状况进行调查(包括测绘)，并将所获状况记载在案(成图、成卡、簿册、文件或法律证书)的信息集及其载体，其核心意义在于反映土地权利之归属。

② 土地价格高低取决于可以获取的预期土地收益(地租)的高低和利息率的大小。用公式表示：土地价格＝地租/利息率。所以，土地价格实际上是按利息计算的地租购买价格，它随着地租的提高或利息率的下降而不断上涨。

③ 根据中央要求和全国人大授权，国土部于2005年初开始，计划至2017年底，完成在全国选取33个县(区)进行“农村土地征收”、“集体经营性建设用地入市”和“宅基地制度”等三项改革试点，即农村“三块地”改革。其中，15个县(区)为集体经营性建设用地入市，15个地区进行宅基地制度改革试点，3个地区进行征地制度改革试点。

家所有”，在第九条中又规定：“国有土地和农民集体所有的土地，可以依法确定给单位或者个人使用”，即是按照土地所有权与土地使用权可以分离的原则，单位或个人虽无土地产权，但可通过合法手续获得土地使用权，在有效的使用期内，同样受到法律保护。

2）城市用地的管理

为了维护土地的社会主义公有制，保护和合理利用土地资源，促进社会经济持续发展，中国实行严格的土地用途管制制度。在《土地管理法》第五条明确了“国务院土地管理部门统一负责全国土地的管理和监督工作”，并相应设置县级以上的土地管理机构，行使管理职能。《中华人民共和国土地管理法实施条例（2014 年修正本）》（下文简称《土地管理条例》）第五条规定：“单位和个人依法使用的国有土地，由土地使用者向土地所在地的县级以上人民政府土地行政主管部门提出土地登记申请，由县级以上人民政府登记造册，核发国有土地使用权证书，确认使用权”。在城市建设用地管理方面，通过土地利用总体规划与城市总体规划相衔接，城市规划管理与城市土地管理相协调，从而实现对城市土地合理有效的利用，推进城市的建设和发展。

10.1.5.2 乡村用地归属与管理

1）乡村用地的归属

《中华人民共和国宪法》第十条规定：“农村和城市郊区的土地，除由法律规定属于国家所有的以外，属于集体所有；宅基地和自留地、自留山，也属于集体所有”。根据《土地管理条例》第二条，乡村中的下列土地属于全民所有（即国家所有）：农村和城市郊区中已经依法没收、征收、征购为国有的土地；依法不属于集体所有的林地、草地、荒地、滩涂及其他土地；农村集体经济组织全部成员转为城镇居民的，原属于其成员集体所有的土地；因国家组织移民、自然灾害等原因，农民成建制地集体迁移后不再使用的原属于迁移农民集体所有的土地；国家依法征收的土地。宪法也明确指出“国家为了公共利益的需要，可以依照法律规定对土地实行征收或者征用并给予补偿”。

除国家依法征收的土地外，集体土地使用权不得出让，不得用于经营性房地产开发，也不得转让、出租用于非农业建设。集体土地用于非农业建设时，因与本集体外的单位和个人通过土地入股等形式兴办企业，或向其转让、出租、抵押土地附着物，而发生土地使用权交易的，应依法严格审批，并保护农民利益①。

2）乡村用地的管理

《土地管理条例》第四条规定：“农民集体所有的土地，由土地所有者向土地所在地的县级人民政府土地行政主管部门提出土地登记申请，由县级人民政府登记造册，核发集体土地所有权证书，确认所有权”。在《土地管理法》第四条的土地用途管理制度中规定：“严格限制农用地②转为建设用地，控制建设用地总量，对耕地实行特殊保护”。在村镇建设用地管理方面，通过集中紧凑、合理布局，尽可能利用荒坡地、废弃地，不占好地。严禁耕地撂荒，对于不再从事农业生产、不履行土地承包合同而弃耕的土地，要按规定收回承包权。鼓励采取多种形式进行集约化经营与管理。发展乡镇企业要尽量不占或少占耕地、节约使用土地③。

10.2 城乡用地适用性评价

10.2.1 用地与自然环境

自然环境是围绕着人群的空间中可直接、间接

---

① 《中共中央、国务院关于进一步加强土地管理切实保护耕地的通知》（1997 年 5 月 18 日）。

② 农用地是指直接用于农业生产的土地，包括耕地、林地、草地、农田水利用地、养殖水面等；建设用地是指建造建筑物、构筑物的土地，包括城乡住宅和公共设施用地、工矿用地、交通水利设施用地、旅游用地、军事设施用地等；未利用地是指农用地和建设用地以外的土地。

③ 《中共中央、国务院关于进一步加强土地管理切实保护耕地的通知》（1997 年 5 月 18 日）。

影响到人类生活、生产的一切自然形成的物质、能量的总体。构成自然环境的物质种类很多，主要有空气、水、植物、动物、土壤、岩石矿物、太阳辐射等，这些是人类赖以生存的物质基础。自从地球上出现了人类，便开始了对土地的利用，人类社会的发展史和文明史实际上就是一部土地利用史。土地利用是由自然因素和社会经济因素交互作用的结果。人类活动聚集而活跃的地域，需要占用大量的自然空间，自然环境深深地影响着城乡的用地。

人类为自身的生存与发展改变了自然环境，而环境又反过来作用于人的行为。人类改造原生环境，使用地符合人类的需要，促进了人类生活和经济的发展，但如果在土地利用中不重视自然环境的规律，打破甚至毁坏环境中物质、能量的平衡，就会使次生环境的质量变劣，给人类带来危害甚至灾难。因此，中国城乡用地的评价和选择应立足国情，重视自然条件与城乡用地的研究。

中国古代先民在生存实践中，积累出“天人合一”的宇宙观和与之相适应的生活模式，深刻地体现出尊重自然、强调人天一体的自然观。这一观念对中国古代村落和城市选址与营造的理念与过程产生了深远的影响。中国古代村落大多依山傍水，逐水草而居，如徽州白杨源的主要传统村落都聚集在河流附近（图 10-1）；历代都邑、村镇、宫宅的选址和建设，也大都选择背山面水、众山环抱、避害趋利、具有良好自然环境条件的地方，即自然环境阻力最小、最利于生活和生产的地方，如徽州许村传统村落的选址（图 10-2）及明代天启年间的成都府治图（图 10-3），都很好地诠释了中国传统规划思想中的自然观。

春秋时代《管子》一书，就总结了立国建域的一些原则，如“凡立国都，非于大山之下，必于广川之上。高毋近阜而水用足，下毋近水而沟防省。因天材，就地利，故城郭不必中规矩，道路不必中准绳”。在国外的尼罗河、恒河流域以及中亚、欧洲等一些文明古城的择址建城中，都遵循相同的原则。

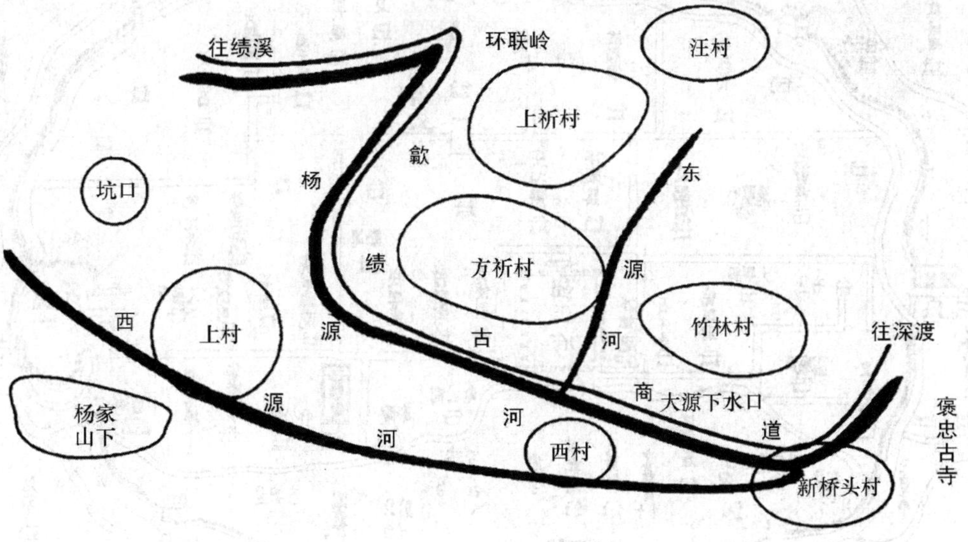

图 10-1　徽州白杨源主要村落分布图

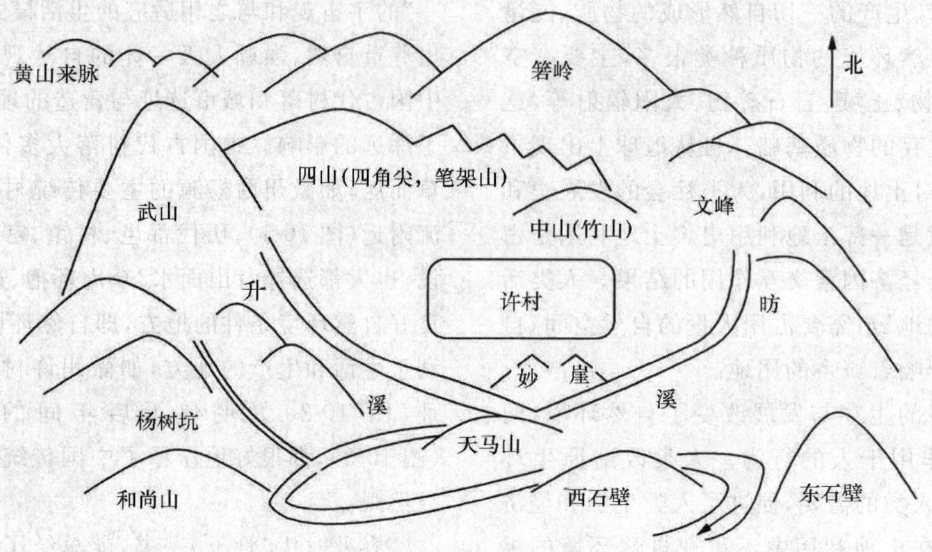

图 10-2　徽州许村山川地势图

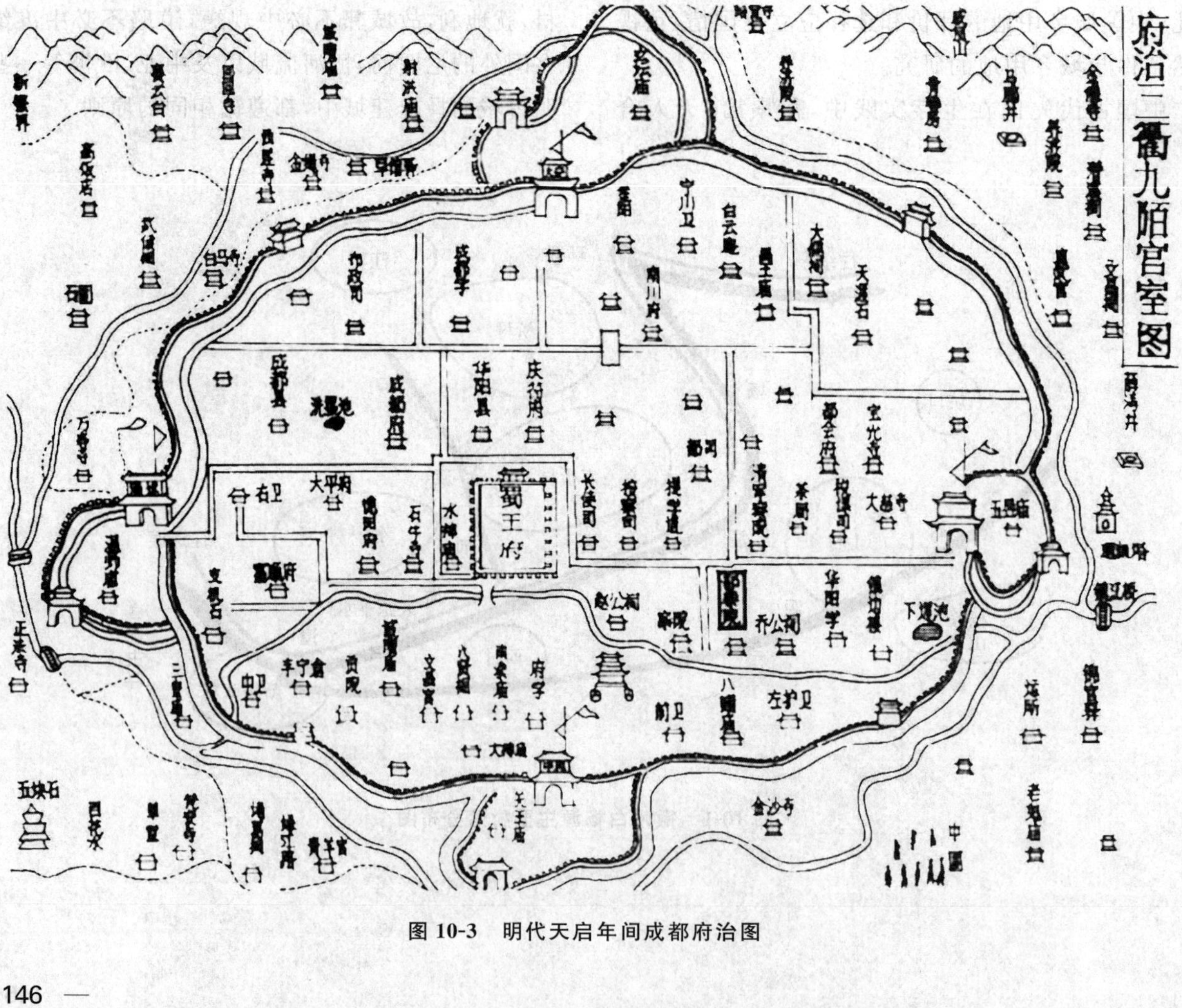

图 10-3　明代天启年间成都府治图

自然环境条件关系到城市职能的发挥。一些军事要塞城市多选择在易于攻守的有利地形，如中国的潼关、钓鱼城；商业城市大都有着优良的水陆交通条件，如扬州，因位处大运河和长江的交汇处，历史上曾经是商业繁华的大都市；有的是因为矿产资源的开发利用而形成城市，如我国的唐山、大庆等。

自然条件的变迁可以使城市兴起，也可造成城市的衰落，因剧烈自然灾害、土地沙漠化或水运条件的变迁等原因，造成了古今中外诸多名城的湮灭或衰微，如西域楼兰、古罗马庞贝等。

自然环境条件还关系到城市的空间形态和形象特征。如天水因受地形的限制，城市只得在沿河的狭长河谷延展，而呈带状城市形态。中国疆域辽阔，因地形与气候环境的差异而使城市具有不同的个性特征。如重庆、攀枝花市等山城城市风貌，与江南的苏州、绍兴等水乡，表现出迥异的城市景观。

此外，自然环境条件还对城市工程的建设经济等多方面产生更为直接的影响。进入工业时代，随着城市化的进程，人类的经济活动与建设活动的加剧，原有相对平衡的自然生态格局，不断地受到破坏。为了实现社会经济发展的目标，人类越来越多地向自然索取，超越了自然环境的承受能力，导致了全球性生态危机的发生。城市作为高强度的社会经济活动的集聚地，大量的能耗与物耗，三废的无度排放和环境保护的不力，所造成的城市生态失衡与恶化的环境问题尤为严重。

随着人类对环境作用与影响的认知与觉醒，为了维护自身的生存与发展，人们已逐步树立了积极的自然生态观，并以之重新审视和评价人类活动与自然环境的共生与共存的关系，尤其是对快速城市化所带来负面的环境影响。在 1972 年斯德哥尔摩联合国环境会议以后，全球已掀起关注城市生态，建设“绿色城市”的热潮。20 世纪末和 21 世纪初，人类更将环境意识逐步转化为从国家到地方的积极行动。时至今日，已经出现了一系列关于城乡永续发展和解决环境问题的国际公约、国家法律和部门规章。一直以来，人们的目光大量聚焦在城市和乡村如何相处的问题层面，实际上，城市的绿色未来是否有可能重现、乡村的绿色状态是否有机会保全才是具体的远见。中国的城市和乡村也都面对着商业驱动和绿色未来的冲突。因此，在其规划和建设中，应与自然环境和谐相融，维护人类社会和城市的永续发展(详见本书第 17 章“城乡生态与绿地系统规划”)。

10.2.2　自然环境条件分析

在城乡规划与建设中，自然环境的作用与影响是作为一项基础条件而存在并给予考虑的，通常称之为自然环境条件或简称为自然条件。城乡自然条件的分析，包括资料的勘察、搜集和按规划阶段的需要进行整理、分析和研究，这是城乡规划的基础性工作之一。

影响城乡规划与建设的自然条件是多方面的，如物理的、化学的、生物的等。组成的自然环境要素有地质、水文、气候、地形、生物，以及地上地下的自然资源等。这些要素以不同程度、不同方式和从不同范围对城市与乡村产生着影响(图 10-4)。鉴于城市和乡村是自然演进和人为改造适应自然的结合产物，自然环境的原生状态和人为的规划、开发建设活动所影响的状态同时存在与作用(图 10-5)。

自然环境条件对城乡规划与建设的影响分析，还包括以下情况：

(1)由于地域的差异，自然条件的悬殊，同样的自然要素对不同城市和乡村的影响程度不尽相同。有的可能是气候影响为主，有的也许是地质条件较为突出；且一项环境要素，往往可能对城乡产生既有利又不利的复杂影响。对此，在自然环境条件的分析中，应着重于理清主导要素，研究其作用规律与影响程度。

(2)有些自然要素的影响，需要超越所在的局部地域，从更大的区域范围来评价其利弊。如江河洪水侵害等的水文情况，常受上游或下游区域的自然与人为的条件所制约。

(3)各种自然环境要素之间，有的有着相互制约或抵消的关系，有的则相互配合加剧了某种作用。前者如某城区土层为膨胀土，由于当地降水量少，因而减低了土质对建筑地基的破坏作用。后者如在地

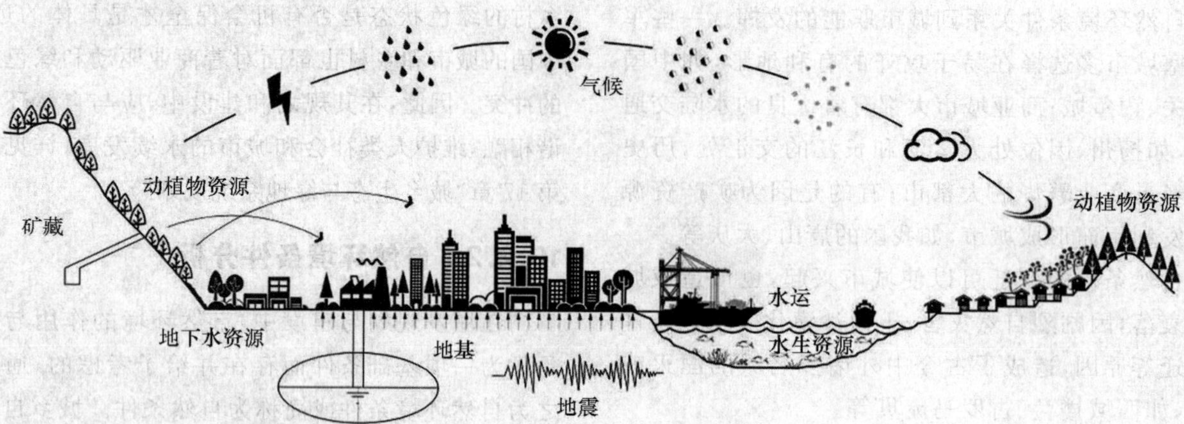

图 10-4　自然环境与城市、乡村关系图解

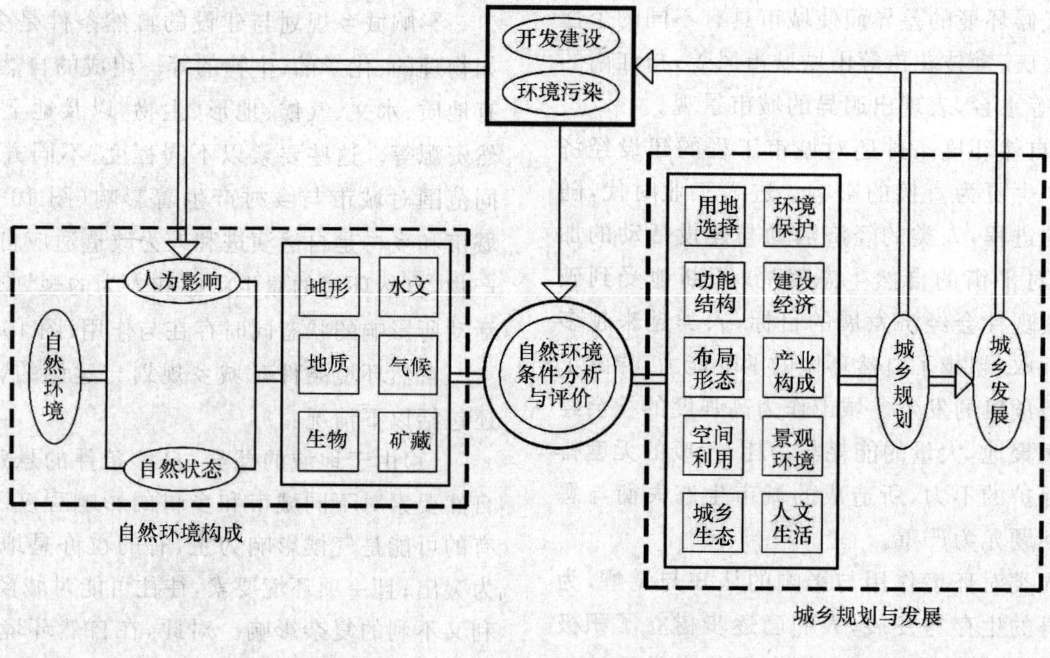

图 10-5　自然环境与城乡规划关系图解

震发生时，由于某城区土层为沙质土，加上地下水位较高，从而引起地面的砂土液化，加剧了震害。自然环境条件的分析主要是在地质、水文、气候气象、地形和生物等几个方面，下面就这些自然环境要素对城乡空间形态和结构的影响，以及环境对城乡发展的反馈，分而述之。

10.2.2.1　地质条件

地质条件的分析着重在与城乡用地选择和工程建设有关的工程地质方面的分析。

城乡各项工程建设都由地基来承载，地面岩土是各种建筑物和构筑物的地基基础。由于不同岩土的地质构造和形成条件不一，其组成物质也各不相同，因而不同土层具有不同的承载力（表 10-1）。了解建设用地范围内不同的地基承载力，对城乡用地的选择、建设项目的合理布局及工程建设的经济性等方面，都十分重要（图 10-6）。

表 10-1　自然地基类别与建筑物承载力

类别	承载力/kPa	类别	承载力/kPa
碎石(中密)	400～700	细沙(很湿、中密)	120～160
角砾(中密)	300～500	大孔土	150～250
黏土(固态)	250～500	沿海地区淤泥	40～100
粗沙、中沙(中密)	240～340	泥炭	10～50
细沙(稍湿、中密)	160～220		

确定地基承载力时应考虑:①地基土堆积年代。堆积年代与成岩作用密切相关,在天然条件下,堆积年代愈久,成岩作用的程度愈高,承载力愈大。②地基土成因。成因不同,承载力不一样。一般而言,同一类土,冲积和洪积比坡积承载力大。③地基土性质。包括受压层和下卧层的性质。性质不同,无疑承载力差异很大。④地下水情况。不仅影响土的性质,而且对土可起浮托作用,水中含有酸碱杂质还会对人工基础有侵蚀作用。⑤建筑物基础。包括基础尺度大小,埋藏深度等。⑥建筑物性质。

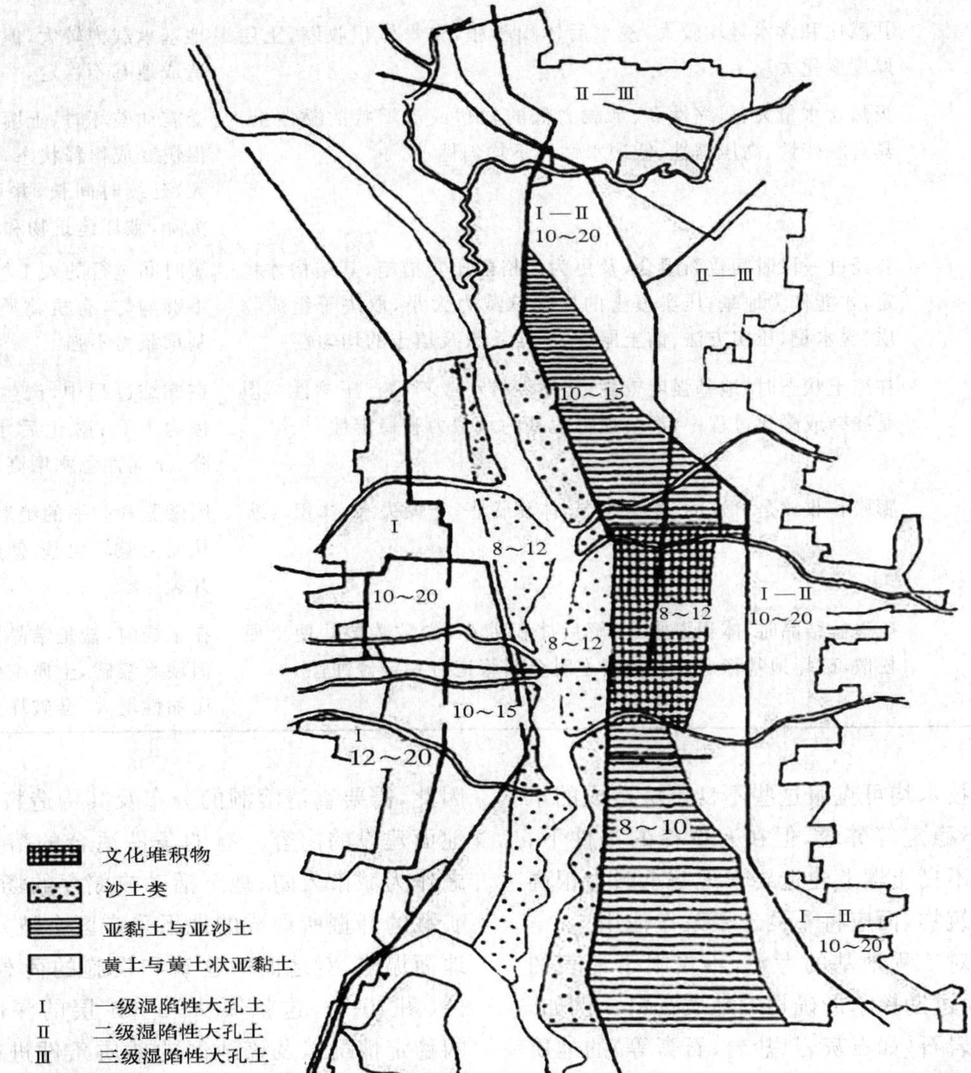

图 10-6　某城市用地地基土分类及地基承载力分析

在一些特殊土壤(如湿陷性黄土、红黏土、软土、冲填土、季节性冻土、膨胀土、盐渍土等,见表10-2)上建造建筑物和构筑物,常常会在一定条件下改变其物理性状,从而对地基的承载力带来影响。因此,在调研各种地基土物理性能的基础上,按照各种建筑物或构筑物对地基的不同要求,在城乡用地规划中作出相应安排,并采取防湿或水土保持等措施来减少其影响。在沼泽地区,由于经常处于水饱和状态,地基承载力较低。当必须选作建设用地时,可采取降低地下水位、排除积水的措施,以提高地基承载能力和改善环境卫生状况。

表10-2 特殊土壤的成因、特点及其对建筑工程的影响

类别	成因和特点	对建筑工程的影响
湿陷性黄土	天然黄土在上覆土的自重压力与附加压力的共同作用下,受水侵蚀后形成的;土壤结构容易受到破坏	易因土壤结构的不稳定或被破坏而导致房屋基础突然下沉
红黏土	孔隙比和含水量均较大,浸水后体积膨胀,失水体积收缩,土层厚度变化大	地基承载力较大,但可能因浸水而造成地基不稳定
软土	天然含水量大、压缩性高、承载力低的软塑或流塑状的黏性土,具有触变性、高压缩性、低透水性和不均匀性	受震动破坏时,土壤强度会降低或很快变成稀释状态,建筑物沉降量大,延续时间长,并可能产生差异沉降,破坏建筑物和构筑物
冲填土	要经过一段时间重新组合,及更为严格的压实措施,其结构才稳定,才能作为地基;压实填土的地基承载力大小,取决于组成物质、含水量、压实方法、铺土厚度、压实系数及填土的均匀性	短时间进行的人工填土,组成物质不够均匀,有机物质可能较多,地基承载力不强
季节性冻土	在冻土状态时,地基强度较高,压缩性较小或不具有压缩性。但是冻结或融化过程中,都会损害地基的承载力和稳定性	在冻结过程中,产生冻胀,对地基极为不利;融化后承载力大大下降,压缩性急剧增高,使地基融沉
膨胀土	膨胀和收缩是可逆的,受水浸湿,体积膨胀;干燥失水,体积收缩	因膨胀和收缩的绝对值不尽相同,从而会破坏地基,使建筑物和地坪开裂
盐渍土	硫酸盐结晶时,体积膨胀,溶解后体积缩小;少数碳酸盐使土质松散,破坏地基稳定性。盐渍土对金属管道有一定侵蚀性	在干燥时,盐是结晶,地基强度大;但浸水溶解,土质变化,强度降低,压缩性增大,会破坏地基

尽管现代技术均可克服这些不良土壤造成的承载力低、地基不稳定等弊端,但在有选择的条件下,应尽量避免在不良土壤上建造要求地基承载力很高的建筑物和构筑物,而应将不良土壤改作他用。

城市建设对工程地基的考虑,不仅限于地表的土层,也必须通过勘探掌握确切的地质资料。例如,在具有可溶性岩石(如石灰岩、盐岩、石膏等)的地质构造地区,由于水的溶蚀作用,而形成地下溶洞——岩溶,它将造成水工构筑物的渗水朝建筑物的塌陷。因此,需要查清溶洞的分布及其构造特点,然后确定地面建设的内容。有的条件适合的溶洞,还可以考虑作为城市人防、地下活动或储存的场所。此外,因矿藏的开掘所形成的地下采空区会波及地面而致使地面塌陷,对地面的建筑和设施的荷载带来限制条件(图10-7),这就须从采空矿层的深度、地面沉陷的稳定情况以及该地区的地质条件进行勘查分析,来确定这类用地的使用条件和相宜的建筑与设施的分布。

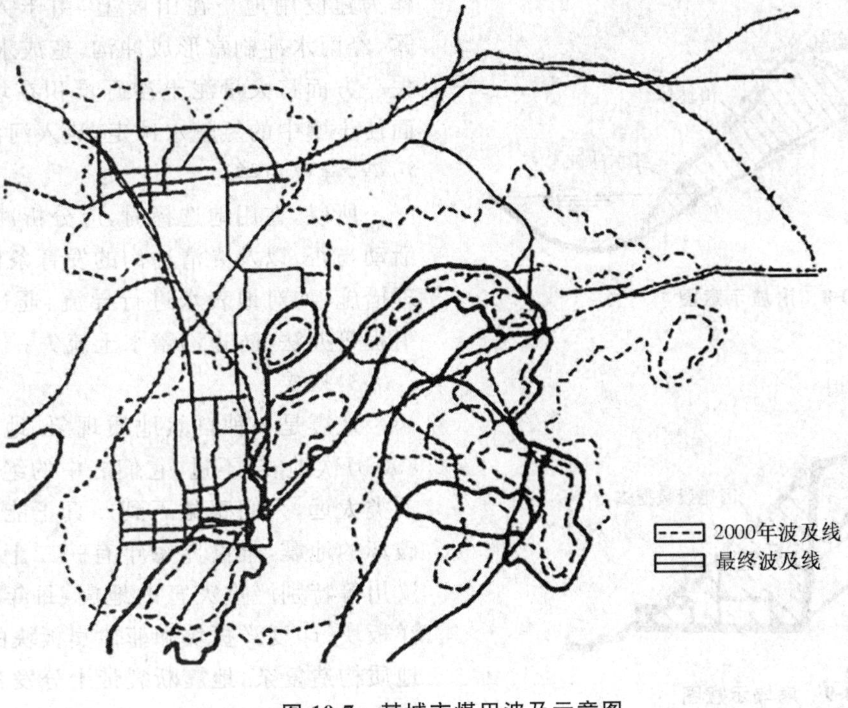

图 10-7 某城市煤田波及示意图

1)滑坡与崩塌

滑坡与崩塌是一种物理地质现象。斜坡上的滑坡体(即土体和岩体)在风化、地下水及重力作用下,沿一定的滑动面向下滑动的地质现象称为滑坡;峭壁斜坡上的岩土体突然崩落、滚动、堆积在山坡下的地质现象称为崩塌。滑坡和崩塌如同孪生姐妹,甚至有着无法分割的联系。在现实生活中,往往统称为塌方、坍塌、岩崩、山崩等。它们常常相伴而生,产生于相同的地质构造环境中和相同的地层岩性构造条件下,且有着相同的触发因素,容易产生滑坡的地带也是崩塌的易发区。

由于地形发育过程的特点,加上长年累月的侵蚀和风化,以及不可忽视的人为影响,造成斜坡不稳,可能导致滑坡和山崩,破坏城乡建设。滑坡与崩塌现象常发生在丘陵或山区,在选用坡地或紧靠崖岩建设时,往往出现这种情况造成工程的损坏;当裂隙比较发育,且节理面沿顺坡方向则更易于崩塌;尤其是因争取用地,过分的人工开挖,导致坡体失稳而更易造成崩塌(图 10-8、图 10-9)。滑坡与崩塌的破坏作用还会发生在河道、路堤,使河岸、堤壁滑塌。为避免滑坡所造成的危害,须对建设用地的地形特征、地质构造、水文、气候以及土体或岩体的物理性质作出综合分析与评定。

因此,在选择城乡建设用地时,应避免不稳定的坡面。在用地规划时,应确定滑坡地带与稳定用地边界的距离。在必须选用有滑坡可能的用地时,则应采取具体工程措施,如减少地下水或地表水的影响,避免切坡和保护坡脚等。

2)冲沟

冲沟是由间断流水在地表冲刷形成的沟槽。适宜的岩层或土层、地形以及气候条件是形成冲沟的主要条件。均匀分布在斜坡上的水流形成片蚀;呈线状流动的暂时水流可能会产生冲沟,切断用地,使之支离破碎,对土地使用造成不利的影响。冲沟进一步发育有可能分割城乡、破坏道路、管网和建筑物。若道路线穿越或者平行于冲沟,常因此而增加土石方工程或桥涵、排洪工程等。尤其在冲沟发育地带,水土的流失更给建设带来困难。

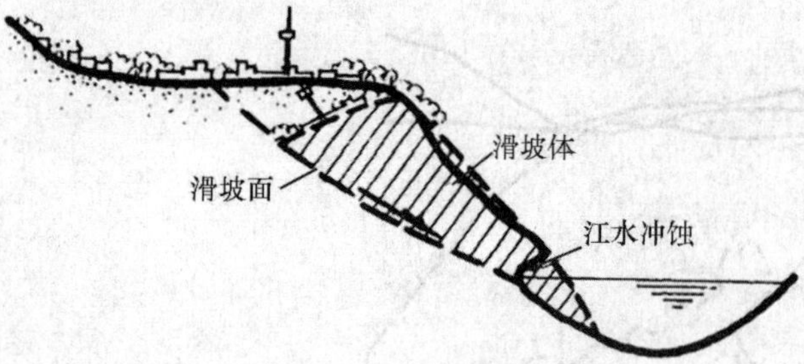

图 10-8　滑坡示意图

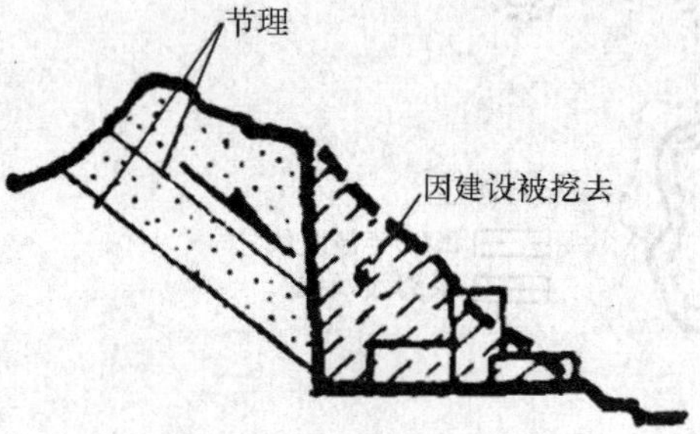

图 10-9　崩塌示意图

当用地不足时，常利用某些有利条件以人工挖山填土的方式，向海、向一切低地和山坡要地，以增加建设用地。但新填的土地质地松软，其结构需要经过一段时间的再组合，需要一定的工程措施方可作为建设用地。在山坡上，由于人工开挖，土壤裸露，经雨水冲刷常形成冲沟，造成水土流失。水土流失一方面将大量泥土沙砾堆积在坡度较缓处；一方面使土壤中的氮随水冲走，流入河湖，有可能造成水污染，毒死鱼类。

所以，在用地选择时，应分析冲沟的分布、坡度、活动与否，以及弄清冲沟的发育条件，采取相应的治理措施，如对地表水进行导流、通过绿化、修筑护坡工程等办法，防止沟壁水土流失。

3）地震

地震是一种自然地质现象，地球上每年约发生500万次地震，不过，它们之中的绝大多数太小或离人类太远，人们感觉不到。真正能对人类造成严重破坏的地震，全世界每年有一二十次；能造成唐山、汶川等特别严重灾害的地震，每年一两次。受太平洋板块、印度洋板块和菲律宾板块的挤压作用，中国地质构造复杂，地震断裂带十分发育，地震活动的范围广、强度大、频率高。中国历史上曾多次发生强烈地震，在全球大陆地区的大地震中，1/4～1/3 发生在中国。由于目前尚不能精确地预报，因此对于地震灾害的预防必须引起重视（图 10-10）。

图 10-10　中国主要地震断裂带和发生过的强地震

在可能发生较强地震的地区，地震是城乡规划必须考虑的问题之一。它对城市用地选择、规划布局、具体的建筑布置，以及各项工程的抗震设防等方面都有一定的影响。造成破坏的绝大多数是构造地震，即由于地质构造运动所引起的地震，如在有着活动断裂带的地区，最易频发震害。而在断裂带的弯曲突出处和两端或断裂带的交叉处，岩石多破碎，应力集中，又往往是震中所在(图 10-11)。

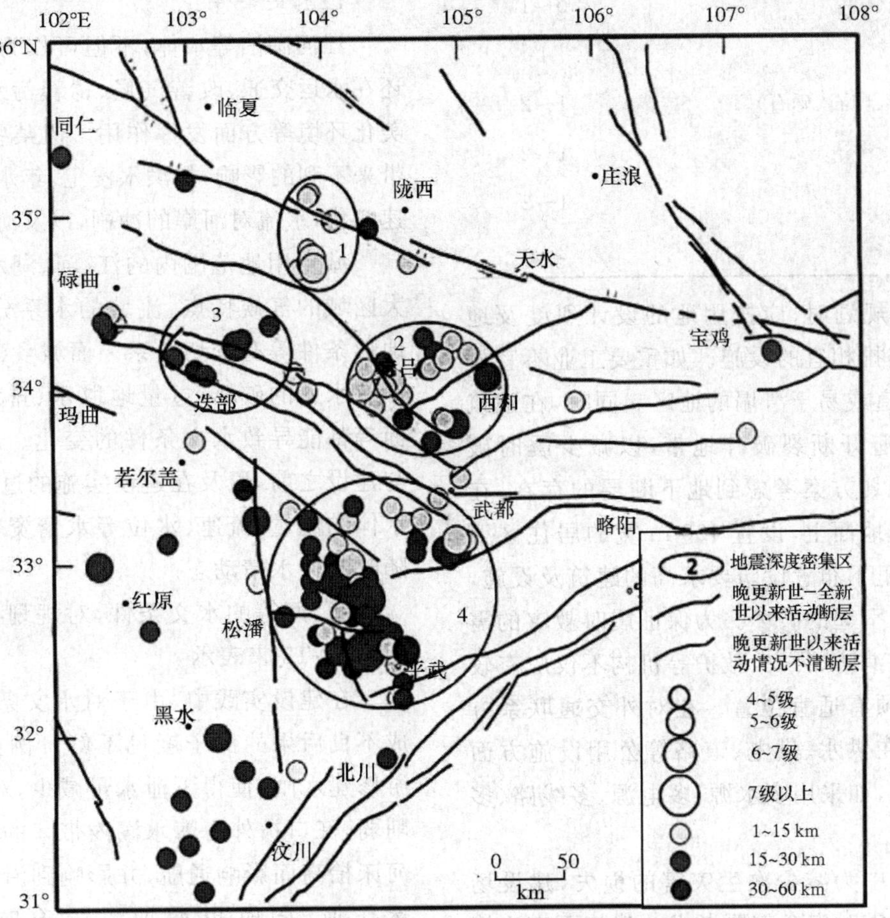

图 10-11　中国西部地区局部地质构造与地震强烈关系图

目前对于地震这一自然灾害，只能消极预防，尽量减少其破坏程度。城乡规划中的防震措施主要考虑以下几个方面：

(1)确定建设地区的地震烈度，以便制定各项建设工程的设防标准。地震烈度分为基本烈度和设计烈度。前者常以一百年内该地区可能遭遇的最大烈度为准，它是设防的依据。如 1976 年唐山的地震，由于过去对地震基本烈度定得偏低，因而加重和扩大了震害。

设计烈度则是在地区宏观基本烈度的基础上，考虑到地区内的地质构造特点、地形、水文、土壤条件等的不一致性，所出现小区域地震烈度的增减，而据此来制定更切实而经济的小区域烈度标准(表 10-3)。例如，山坡、陡岸等倾斜地形比之平地的震害要重一些；疏松且水饱和度大的土壤较之干燥致密的土壤，易出现沙土液化，而加重地基的形变等。

(2)避免在强震区建设城市和村庄。震级在 9 度以上的地区不宜选作建设用地。

表 10-3　地质构造类别与地震烈度局部增加量

类别	地震烈度局部增加量/度
花岗岩	0
石灰岩和砂岩	0～1
半坚硬土	1
粗状碎屑土(碎石、卵石、砾石)	1～2
沙质土	1～2
黏质土	1～2
疏松的堆积土	2～3

(3)在城乡规划时,应按用地的设计烈度及地质、地形情况,安排相宜的设施。如重要工业不宜放在软地基、古河道或易于滑塌的地区。同时,在建筑布局时,应尽量避开断裂破碎地带,以减少震时破坏。如某市的规划方案考虑到地下断层的存在,在地下有断裂带的地面上,设置 100 m 宽的居住区卫生防护带,在这里不布置设防要求高的建筑及设施,以减少震时可能引起的破坏。为保证震时救灾的需要,对一些通信、消防、公安、救护等机构不仅应有较高设防标准,还须有适宜位置。在对外交通联系方面要保证畅通;在供水、供电、道路等公用设施方面也须有安全措施,如采用多水源、多电源、多线路、多套管网等。

在规划布置中为减少次生灾害的损失,建设场所的安排都要按震时安全需要考虑。建筑不宜连绵成片,应留有适当防火间隔。对易产生次生灾害的设施,要先期措置合适的位置,如油库、有害的化工工厂及贮存库等,不宜放在居民密集地区的上风或上游;大型水库不宜建在强震区的上游,以免震时洪水下泄,危及城乡。如果必须建造,则应考虑提高坝体的设防标准,或采取可靠的泄洪、导流措施。

4)矿藏

其分布与开采会影响到城乡用地的选择和形态布局,在当前产业结构调整和城市转型的过程中,不少资源型城市和乡村的用地布局依然与资源的分布密切相关。如攀枝花市,作为一座因矿而生的典型的资源型城市,其新型城镇化规划的产业布局规划体现出,资源类产业的分布仍然是攀枝花市相当时间内规划布局和发展的重要决定因素。

10.2.2.2　水文及水文地质条件

1)水文条件

江河湖泊等水体,不但可作为城乡水源,同时它还在水运交通、改善气候、稀释污水、排除雨水,以及美化环境等方面发挥作用。但某些水文条件也可能带来不利的影响,如洪水侵犯,年水量的不均匀性,流速变化,水流对河岸的冲刷,以及河床泥沙的淤积等。

城乡用地范围内的江、河、湖水的水文条件与较大区域的气候特点、流域的水系分布、区域的地质、地形条件等有密切关系。而城乡建设也可能造成对原有水系的破坏,过量地取水、排水,改变水道和断面等都能导致水文条件的变化。所以,在城乡规划与建设之前,以及在建设实施的过程中,应不断地对水体的流量、流速、水位等水情资料进行调查分析,随时掌握水情动态。

江、河等的水文条件,对规划与建设的关系,可用图 10-12 来表示。

在建设实践中,由于对水文条件的考虑不足造成不良后果的例子屡见不鲜。例如,某市在江流上游修建水闸,使得下泄水量减少,对江底的冲刷作用削弱,江口被外海海水潮汐带来的泥沙逐渐淤积,使河床抬高而影响通航,并影响到沿岸工厂、仓库的水运作业,同时也增加了疏浚航道的经常费用(图 10-13)。又如图10-14所示,因大江流速大于夹江,使得原以为可通过大江稀释的污水,被迫流入布有多处取水口的夹江,从而影响了水质。

沿着江河布局的城乡,常会受洪水的威胁。由于周期性的全球性气候变化及区域性的自然与人为的原因,导致一些江间的洪水频发。1998 年在中国长江中下游流域范围和松花江流域所发生的超百年纪录特大洪水,严重地影响到沿岸城乡的安全。如位于长江北岸的沙市,地面标高为 30～32 m,为防洪分洪而建的荆江大堤,高出地面 10 m 以上,一旦决口,对城市及周边乡村地区将是毁灭性的灾害。

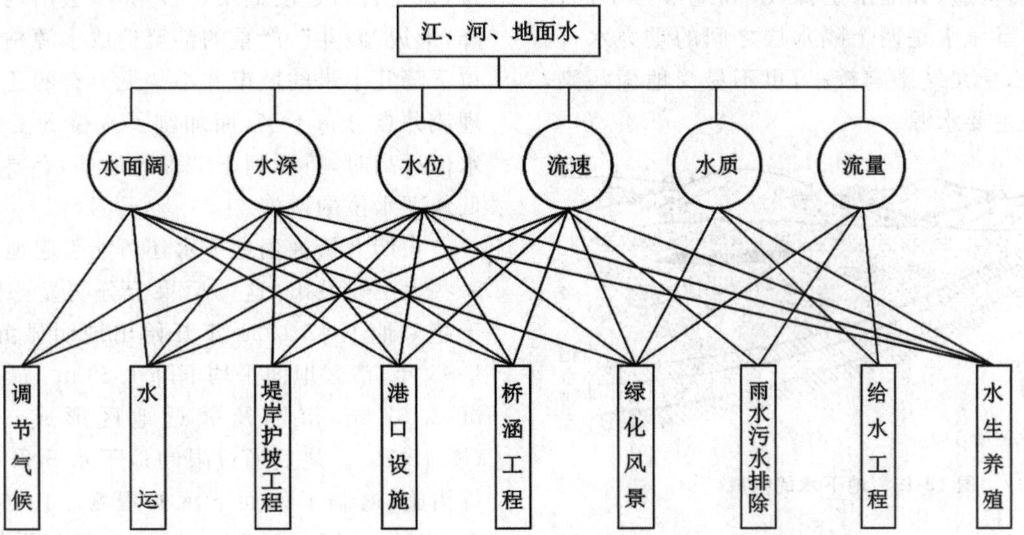

图 10-12 江河水情要素同城乡规划与建设的关系图解

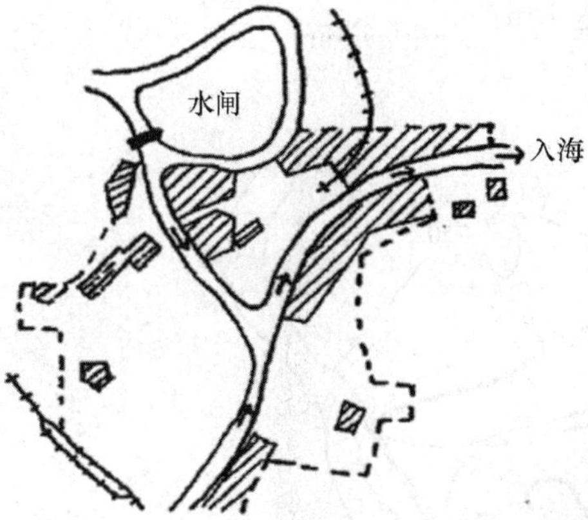

图 10-13 修建水闸导致航道淤积

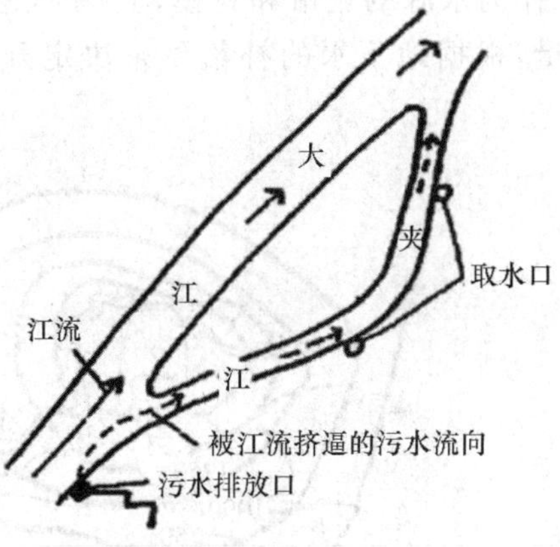

图 10-14 污水排放口未考虑水文状况导致的污染

为防治洪水，在用地选择时，要按照洪水频率，利用高亢地形，同时要避开在洼地、滞洪区等部位建设。防洪标准要根据不同城市及设施的重要性，采用不同的设计标准频率。这将有利于充分利用土地，有利于城市合理布局和节省建设投资。对一般城市设施，洪水最高水位以洪水频率 0.5%～1%考虑；对重要城市、重要工业区及面积达 100 万～500 万亩的农业地区，设计洪水标准频率为 1%～2%，即洪水的重现期为 50～100 年；更重要的城乡及设施，要采用 0.33%～1% 标准频率，重现期为 100～300 年。

2)水文地质条件

指地下水的存在形式、含水层厚度、矿化度、硬度、水温及动态等条件。地下水常常是城市和乡村的水源，特别是远离江湖或是地面水量不敷需用、水质较差的地区。勘明地下水资源对于城乡建设选址、确定工业建设项目和城乡规模等都有重要意义。

地下水按其成因与埋藏条件，可分为上层滞水、潜水和承压水三类(图 10-15)。具有城市和村镇用水意义的地下水，主要是潜水和承压水。潜水基本上是渗入而成，大气降水是其补给来源。所以潜水位及其动态与地面状况有关。潜水埋深因各地的地面蒸发、地质构造(如隔水层深浅)和地形等不同而相差悬殊。承压水是两个隔水层之间的重力水，因有隔水顶板，受大气影响较小，也不易受地面污染，因此往往是主要水源。

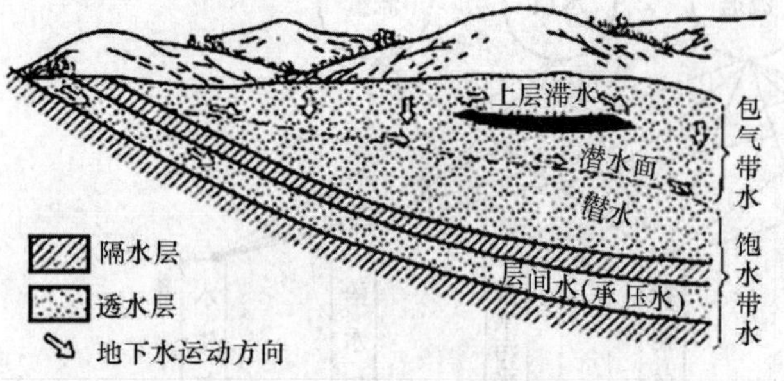

图 10-15　地下水的构成

地下水的水质、水温由于地质情况和矿化程度不一，对工业用水和建筑工程的适用性应予以注意。以地下水作为水源的城市和村镇，应探明地下水的储、补给量，根据地下水的补给量来决定开采的水量，避免盲目过度抽用。否则，将会出现地下水位下降，形成“漏斗”，严重的甚至造成水源枯竭。地下水位下降几十米的城市并不少见。有的还因井距不合理或井点分布不当，而加剧了水位的变化。当地下水位过高时，将不利于工程的地基，必要时可采取降低地下水位的措施。

长期大量抽用地下水还可能引起地面下沉。在一些大工业城市，这一后果十分明显。如上海市由于超采地下水，1921 年开始出现明显沉降，1925—1965 年，市区地面平均下降 1.69 m，最严重地区下沉 2.37 m，市区及邻近地区形成一碟形洼地(图 10-16)。之后通过限制地下水开采和采取冬灌等措施，遏制了地面下沉的程度。1966—2003 年，全市地面沉降累计为 0.248 m，每年平均下降不足 10 mm，控沉效果显著。又如无锡市也因大量抽取地下水，在 20 世纪 80 年代之后的 10 年间，地面已下沉达 1 m。

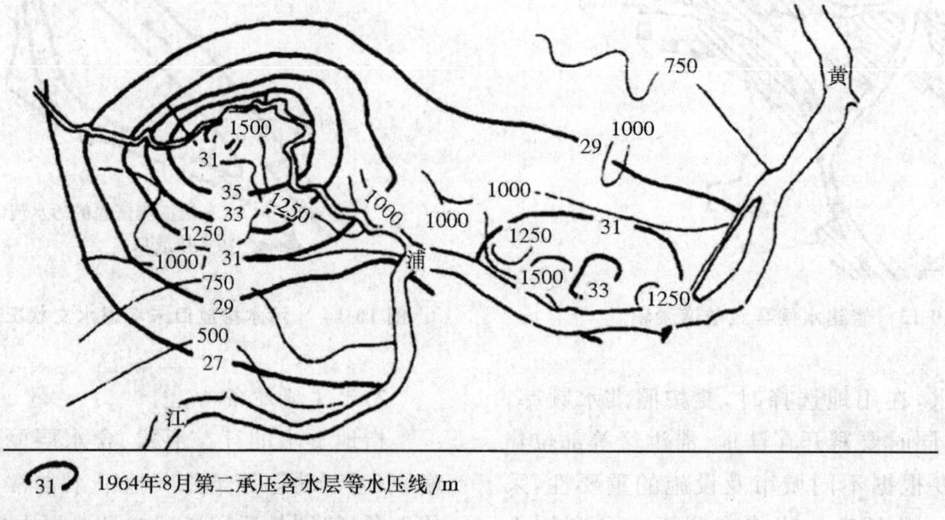

图 10-16　上海市地下水位降落漏斗与地面沉降中心关系图

地面下沉将导致江、海水倒灌，或地面积水等问题，结防汛、排水、通航等市、政工程造成麻烦。特别在沿海城市，要考虑如地球气候变暖而引起海平面上升的可能趋势，更要控制地面下沉，如强防汛、防洪和防涝等措施。

在城乡规划布局中，地下水的流向应与地面建设用地的布局及其他自然条件(如风向等)一并考虑，防止因地下水受到工业排放物的污染，影响到生活居住地区供水水源的水质。如某市因工业对地下水污染不断扩大，进而波及城市水厂，只得耗用巨资到几十公里外的河源取水。但也必须注意到，有的规划虽然合理，然而因地下水漏斗的出现，造成地下水流向紊乱，从而恶化水质。如某地原有有害工业布置在居住区的下风和地下水下游一侧。城市水厂的水质受工业排放物的污染较少。但在新建用水量较大的工业后，由于大量抽取地下水，形成地下水漏斗，改变了地下水的流向，使得城市水厂的水质受到有害工业的严重污染。

对污染地下水的污染源（如工业的三废、农药、化肥、生活污水等）应严加管制。同时，弄清地面水与地下水的补给关系，对防止地下水污染也很重要。

中国是水资源贫乏的国家，随着城市的发展和城市生活的逐渐现代化，使城市用水量不断增大，保护水资源的重要性已十分突出。为了合理地利用水资源，应综合勘察地下、地上水源，按工农业生产与城乡生活对水量、水质、用水时间的不同要求，进行全面规划，合理分配，使城乡用水与水源供水的可能相适应。

10.2.2.3 气候条件

气候条件对城乡规划与建设有着多方面的影响，尤其在为居民创造适宜的生活环境、防止环境污染等方面，关系十分密切。中国地域广袤，南北从热带到寒温带跨越纬度47°；东西也因距海远近而气候差异悬殊。气候条件对城乡的影响存在有利与不利两个方面。它的作用往往通过与其他环境条件的“协作”，而变得缓和或强化。未来研究气象条件对城乡规划的影响，需要搜集当地有关的气象资料，必要时必须协同气象部门对建设地区进行气象测定。尤其是在地形复杂的地区，气候的状况对于城乡用地选择和详细规划方案的制订等都有着直接的影响。城市的气候除了大气环流和海陆位置不同所形成的大气候外，在较小的地区范围内，还存在地方气候与小气候。

在城市地区，由于城市所造成的大气下垫面层的改变，以及城市与郊区和乡村的温差所形成的热力差异，将促使某些气象要素的变化，而出现“城市气候”的特征。影响城乡规划与建设的气象要素主要有：太阳辐射、风象、温度、湿度与降水等几方面。

1）太阳辐射

太阳辐射具有重要的卫生价值，同时也是取之不竭的能源。太阳辐射的强度与日照率，在不同纬度和不同地区存在着差别。分析研究城乡所在地区的太阳运行规律和辐射强度，对建筑日照标准、间距①、朝向的确定，建筑的遮阳设施以及各项工程的热工设计，将有所依据。其中，建筑日照间距的考虑还将影响到建筑密度、用地指标与用地规模。此外，由于大陆辐射的强弱造成不同的小气候形态，对城乡建筑群体的布置也有一定的影响（详见本书第18章“城乡居住区规划”）。

2）风象

风对城乡规划与建设有着多方面的影响，如防风、通风、工程的抗风设计等。特别是在环境保护方面，由于其与风象的密切关系，对城乡风气候的研究已成为一个重要课题。风是以风向和风速两个量来表示的。风向一般是分8个或16个方位观测。累计某一时期中（如一月、一季、一年或多年）各个方位风向的次数，并以各个风向次数所占该时期不同风向的总次数的百分比值（即风向的频率）来表示。按同样方法，累计每个风向的风速平均值即可绘制风速图。表10-4和图10-17为某城市累年的风向、风速观测记录和根据记录所绘制的图（根据记录汇总表所绘制的风速频率图和平均风速图，即风玫瑰图）。各个风向的风速值，也可用同样的方法，按照每个风向的风速累计平均值，绘制成风速图。为了给城乡规划提供较为可靠的风象资料，要有该地方多年长期的记录资料为依据。

① 日照间距指前后两列房屋间为保证后排房屋在规定时日获得所需的日照量而保持的一定间距。相关的概念包括日照质量和日照时间。日照质量指每小时室内地面和墙面阳光照射面积累计的大小及阳光中紫外线的效用高低。日照时间指以住宅向阳房间在规定的日照标准日（冬至日和大寒日两级标准）受到的日照时数为计算标准。

表 10-4　某城市地区累年风向频率和平均风速

方位	北	东北北	东北	东北东	东	东南东	东南	东南南
风向频率	12	18	16	4.5	3.1	4.5	4.7	6.2
平均风速/(m/s)	3.2	3.5	3.2	2.2	1.9	2.3	2.7	3.6
方位	南	西南南	西南	西南西	西	西北西	西北	西北北	静风
风向频率	4.7	2.9	5.4	3.2	2.1	1	3.5	3.3	7.6
平均风速/(m/s)	3.6	4.0	3.7	2.7	2.7	2.3	2.6	3	0

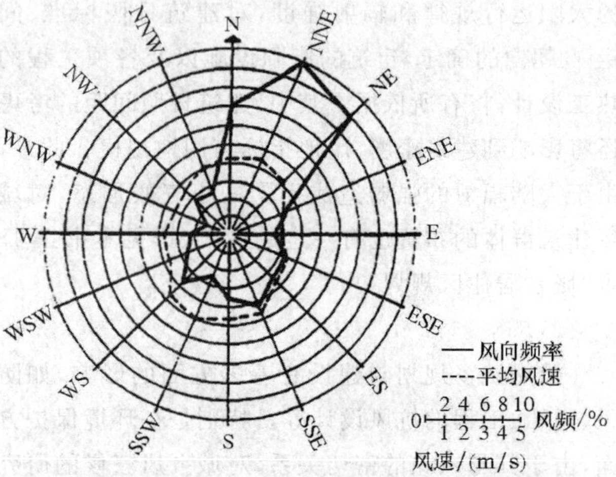

图 10-17　某城市地区累年风向频率、平均风速图

盛行风向是按照不同风向的最大频率来确定的。由于中国地处欧亚大陆东岸，东半部受季风环流的影响，风向呈现明显的季节变化，夏季为偏南风，冬季则盛行偏北风。因此，在中国东部广大地区，一年中基本上有两个盛行风向。西南地区因受印度洋环流控制，夏季多西南风。但在一些地区，因地貌或地物的特点，风向与风速也会有局部变化。在有些环境条件特殊的地区，还有着多个方位的盛行风。

为了在规划布局中正确运用风象，每个城市应分析本地全年占优势的盛行风向，最小风频风向、静风频率，以及盛行风的季节变化规律。在城乡规划布局中，为了减轻工业排放的有害气体对居住区的危害，一般工业区应按当地盛行风向位于居住区下风向。在中国，一般偏南盛行的风速小于偏北盛行风的风速，多数房屋朝南的情况下，工业区应尽量不要放在偏南风的上风向。对于有害卫生的大型工业联合企业，应根据定额要求，设置卫生防护带。

如果只有一个主导风向，则属于主导风向型区，在中国包括三个地区：一个地区是新疆、内蒙古和黑龙江北部，这一区域常年在西风带控制之下，风向偏西，即使盛夏也很少受到热带海洋季风的影响；另一个地区是云贵高原西部，常年吹西南风；第三个地区在青藏高原，其风向较复杂，但就某一具体地区，仍只有一个主导风向。那么，其工业区和居住区布局模式可参照图 10-18a。

中国东部季风区所具有的气候特征，如果全年只有一个盛行风向(图 10-18a)，且与此相对的方向风频最小，或最小风频风向与盛行风向转换夹角大于 90°，则工业用地应放在最小风频之上风向，居住区位于其下风向；如果有两个盛行风向，规划布局时应避免使有污染的工业处于两盛行风向的上风方向，避开冬、夏所吹的不同方向的风。布局方式可参照其他几个图(图 10-18 b、c、d、e)。

此外，还有一种无主导风向的风玫瑰图，表现为全年风向不定，没有一个主导风向，各风向频率相差不大，一般在 10%以下。无主导风向型区主要分布在宁夏、甘肃的河西走廊和陇东以及内蒙古的阿拉善左旗等，在冬季影响中国的四条冷空气路径都不同程度影响该区，风向多变。夏季偏南风也很难到达这里，而冷空气还是不时南下，所以形成一个各方向风向频率相当的区域。这里，城市规模或工业布局应着重考虑风速，风速越大，大气污染物质愈低，其污染浓度与风速成反比，城市布局应是将向大气排放有毒物质的工业企业布置在风速大的方向上。

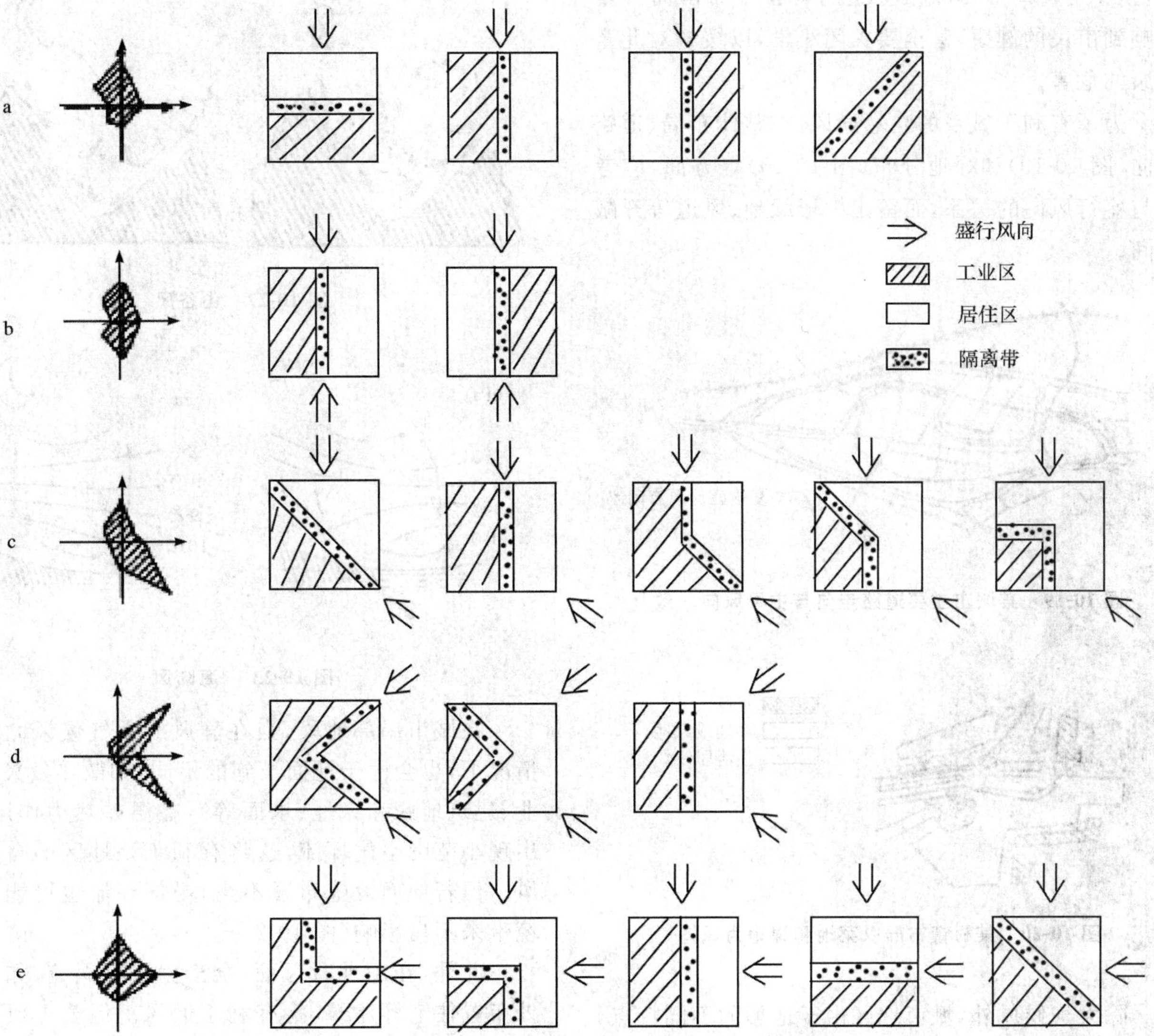

图 10-18　盛行风区域工业与居住用地布置模式

有的风玫瑰图中表示有静风频率(静风是指速度小于 1.5 m/s、现行测风仪器不能测到的风速)，若静风频率在 50%～60%，则称为准静止风型区，中国主要有两个地区：一个以四川为中心，包括陇南、陕南、鄂西、湘西和贵北等；一个在西双版纳区。这种区域城市规划时，须将有大气污染的工业企业设置在居住区的卫生防护距离之外。

实际上，某个风玫瑰图下，合理的工业区和居住区的布局方式有多种可能，应用时需视城市用地现状及城市性质选择适当方式。

在分析、确定城乡盛行风向和进行用地分布时，特别要注意微风与静风的频率。在一些位于盆地或峡谷的城乡，静风往往占有相当的比例。如果只按盛行风向作为分布用地的依据，而忽视静风的影响，则有可能加剧环境污染之害。某城市工业布置虽是在盛行风向的下风地带，但因该地区静风占全年风频的 70%，结果大部分时日烟气滞留上空，再水平向扩散影响到邻近上风侧的生活居住区，在出现逆温时尤甚。又如国外某一大城市由于位于北部的高山挡住了海上吹来的劲风，形成城市少风的气候特点，全年有 200 d 因城市上空的有害气滞留而严重影响到市民的健康，甚至要关闭小学，以缓解对儿童健康的危害。

为了有利于城乡的自然通风，在整体布局、道路走向(图 10-19)和绿地分布(图 10-20)等方面，应考虑与盛行风向的关系，而留出楔形绿地、风道等开敞空间。

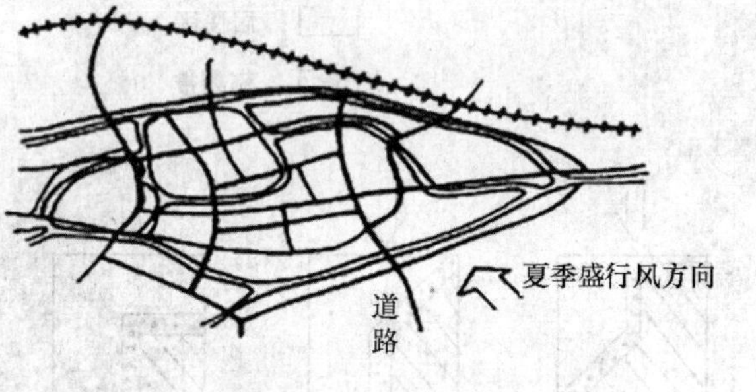

图 10-19　某城市主要道路走向与主导风向一致

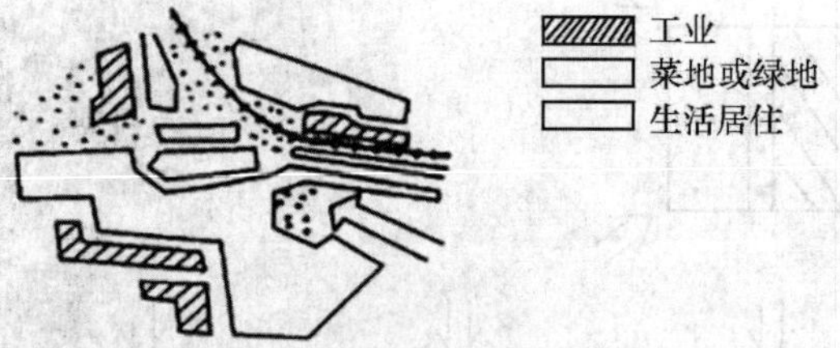

图 10-20　某村镇布局以菜地和绿地为风道

除大气候风外，城市地区由于地形的不同特点，所受太阳辐射的强弱不一，以及热量聚散速度的差异，会形成局部地区的空气环流，即地方风，如城市风(图 10-21)、山谷风(图 10-22)、海陆风等(图 10-23)。

图 10-21　城市风

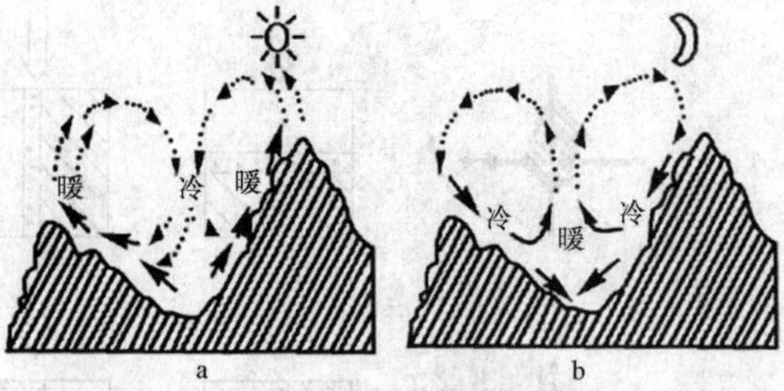

图 10-22　山谷风

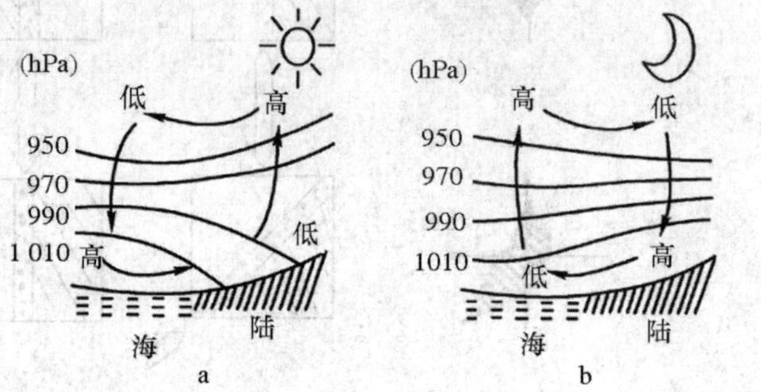

图 10-23　海陆风

在城市局部地段，当在静风或大气候风微弱的情况下，也会由于地面设施的不同(如散热量大的工业、建筑地区和绿地、水面等)，在温差热力作用下，出现小范围空气环流，这将有利于该地区的自然通风。但若地面设施布置不当，局部环流也可能对环境带来不良影响(图 10-24)。

此外，在山地背风面，会产生机械涡流，如在该处布置住宅等建筑，将有利于通风。但若上风为污染源时，则反而会因之加剧污染(图 10-25)。

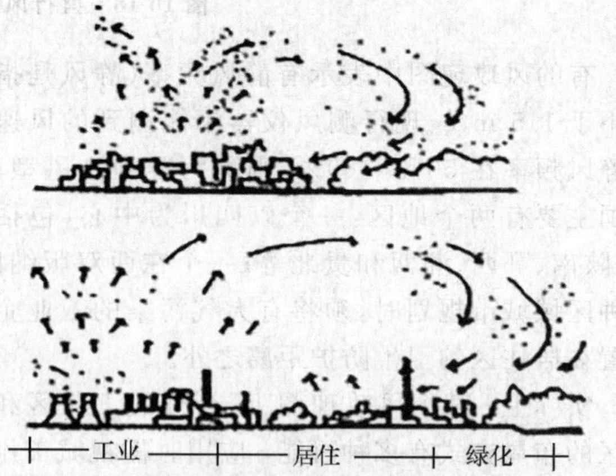

图 10-24　城市地区的局部空气环流

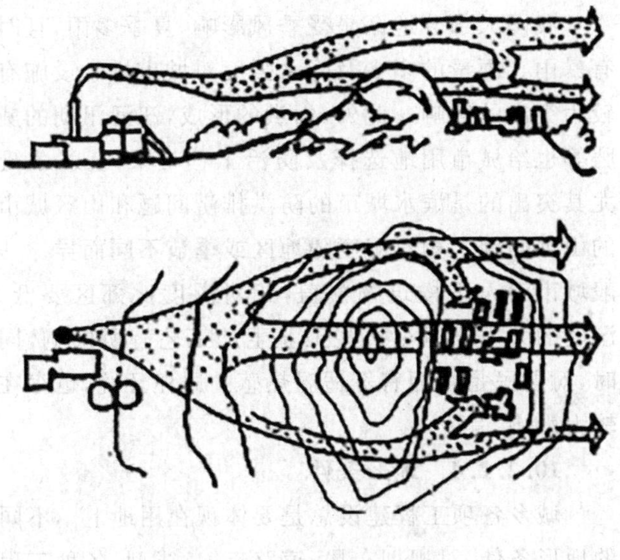

图 10-25　山地背风面涡流

3) 温度

由于地表是球面，所接受的太阳辐射强度不一。纬度由赤道向北每增加 1°，气温平均降低 1.5℃左右。气温经向的变化是由海陆位置不同所引起的。海陆气流对温度影响很大。

气温对城乡规划与建设的影响主要表现在：若地区的气温日较差、年较差比较大，会对建筑、工程的设计与施工带来影响；在城市的工厂选址时，根据气温的条件，考虑工业工艺的适应性与经济性问题，以及根据气温状况考虑城市地区的降温、采暖设备的设置、能源耗费等问题。

温度影响还表现在垂直方向因逆温的产生，加剧对城市大气的污染。在气温日差比较大的地区（尤其是冬天），常因夜晚地面散热冷却比上部空气快，在城市上空出现逆温层结，或称逆温层（图 10-26）。这时大气比较稳定，有害的工业烟气不易扩散，滞留在城市上空，尤其在静风或地处谷地，因山坡冷气流下沉，更加剧了逆温层的形成和增厚，所以须对当地气温的变化规律，结合地形和其他自然条件，以及城市设施热量散发状况等，进行测定与分析，以便为工业的布置、环境保护，以至于工厂烟囱的设计等提供依据。

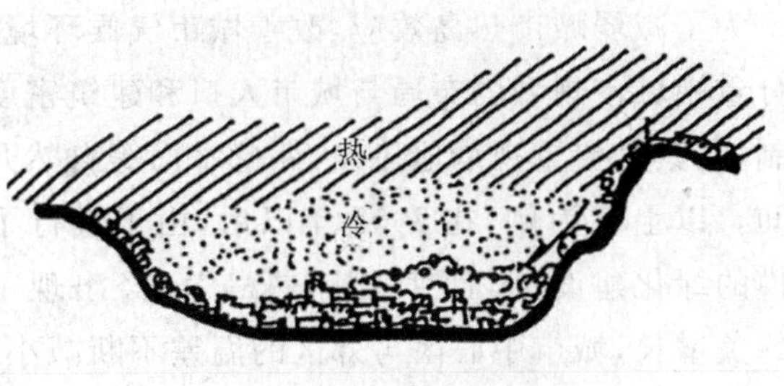

图 10-26　谷地逆温层

在大中城市，由于建筑密集，绿地、水面偏少，生产与生活活动过程散发大量的热量，出现市区气温高于郊区气温的“热岛效应”（图 10-27）。在温度场的虚拟三维空间模型图上，郊区温度较低，而城区温度就像突出海面的岛屿，所以就被形象地称为“城市热岛”。尤其在夏天，“热岛效应”的作用加剧了地区的高温酷热，不仅为防暑降温，要增加大量的能耗，还明显增高诸如心脑血管、呼吸道等疾病的发病率。在热岛效应作用下，2010 年成都市区与城西双流等地的温差达 6～8℃，局部地方温差甚至高达 9℃以上。中国很多城市的城中心为高温区，而成都中心区域的热岛效应却相对较弱，其“热岛”呈环状分布（图 10-28），在全国都比较少见，体现出工厂企业、大型商城及绿化植被的布局和面积与热岛现象的关系。

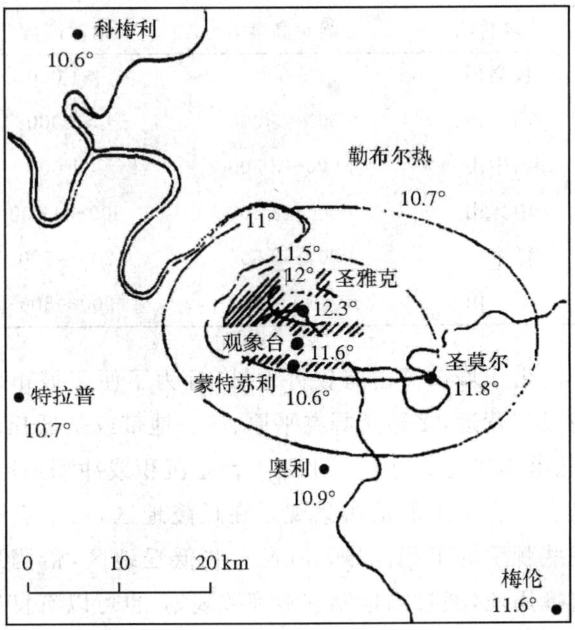

图 10-27　典型的大城市热岛（巴黎地区，以年平均等温线表示）

为了减弱城市热岛效应,改善城市气候环境,要十分重视城市规划的布局与城市人口和建筑密度的控制,尤其是要重视绿地建设,保持水面等自然开敞空间。以上海为例,在2003年以后,由于进行了大规模的绿化建设,从而使“城市热岛”已经出现了明显的负增长,城市中心区与郊区的温差不断减小。

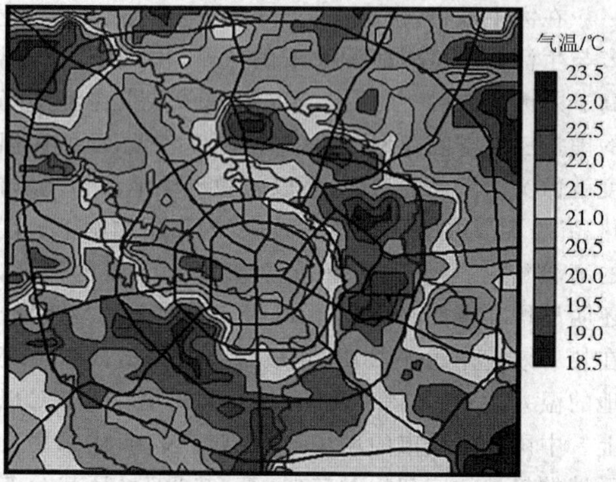

图 10-28　2010 年 3 月成都的热岛效应示意图

4)降水与湿度

我国大部分地区是受季风影响,夏季多雨,且时有暴雨。雨量的多少及降水强度对城市排水设施有较为突出的影响。此外,山洪的形成,江河汛期的威胁等也给城市用地选择及防治工程带来挑战,表现尤其突出的是滨水城市的防洪排涝问题和山区城市的山洪问题。相对湿度随地区或季节不同而异。一般城市因人工构筑物覆盖,相对湿度比郊区要低。湿度的大小不但对某些工业生产工艺有所影响,同时,对居民是否拥有舒适温热感的居住环境,也存在较大影响。

10.2.2.4　地形条件

城乡各项工程建设总是要体现在用地上。不同的地形条件,对规划布局、道路走向、线型、各种工程的建设,以及建筑的组合布置、城市和乡村的轮廓、形态及景观风貌等都有一定的影响。同时,经过规划与建设,也将对自然地貌进行某种程度的塑造,而呈现出新的地表形态。从自然地理宏观地来划分地形的类型,大体有山地、丘陵与平原三类(表 10-5)。

表 10-5　中国地形分类　m

名称	绝对高度	相对高度	名称	绝对高度	相对高度
极高山	＞5 000	＞1 000	高丘陵	200～500	＞200
高　山	3 500～5 000	＞1 000	低丘陵	200～500	50～200
高中山	1 000～3 500	＞1 000	高　原	＞1 500	＜200
中　山	1 000～3 500	500～1 000	高平原	200～1 500	20～50
低中山	1 000～3 500	200～500	低平原	＜200	＜20
低　山	500～1 000	200～500			

由于城市需占有较大地域,且为了便于城市的建设与营运,多数选择在平原、河谷地带或是低丘山冈、盆地等地方修建。平原大都是沉积或冲积地层,具有广袤平坦的地貌景观。在丘陵地区,可能会有一些棘手的工程问题,但在一些低丘地区,恰当地选择用地,通过因地制宜地细致规划,也可以有良好的建设效果。山区由于地形、地质、气候等情况比较复杂,在用地组织和工程建设方面往往会遇到较多困难。受限于中国人口众多、可用地较少,且耕地极为有限的状况,城市对山地的利用强度在逐渐加强,通过愈发强大的工程技术手段和长期的实践经验总结,山地城市已经逐步形成了有别于一般城市的规划和设计方法,需要规划人员根据具体情况分别对待。但是一般而言,山地城市的工程建设投入大,且

使用上多有不便，还是应当慎重选择。

在小地区范围，地形还可以进一步划分为多种形态，如山谷、山坡、冲沟、盆地、谷道、河漫滩、阶地等。城乡用地一般除了十分平坦而简单的地形外，往往是多种地形的组合。

地形条件对规划建设的影响，具体表现在以下几个方面：

(1)影响城乡规划的布局、平面结构和空间布置。如河谷地带、低丘山地和水网地区等，往往展现不同的布局结构；随之，这些城市的市政等工程建设也有着相应的特色，如水网地区河道纵横，桥梁工程就比较多。此外，利用地形结合建设，还可使城市轮廓丰富，空间生动，形成一定的城市外观特征。

(2)地面的高程和用地各部位之间的高差是对制高点的利用、用地的竖向规划、地面排水及洪水防范等方面的设计依据。

(3)地面的坡度，对规划与建设产生着多方面的影响。如在平地常要求不小于0.3%的坡度，以利于地面水的排除、汇集，减少排水管道泵站的设置。但地形过陡也将出现水土冲刷等问题。地形坡度大对道路的选线、纵坡的确定及土石方工程量的影响尤为显著。城乡各项设施对用地的坡度都有所要求，《城市用地竖向规划规范》(CJJ 83—99)规定了城市主要建设用地的适宜规划坡度(表10-6)，村镇各项建设用地也有其适宜坡度的要求(表10-7)。

表10-6 城市主要建设用地适宜规划坡度 %

用地名称	最小坡度	最大坡度
工业用地	0.2	10
仓储用地	0.2	10
铁路用地	0	2
港口用地	0.2	5
城市道路用地	0.2	8
居住用地	0.2	25
公共设施用地	0.2	20

表10-7 村镇各项建设用地适宜坡度 %

用地名称	最小坡度	最大坡度
工业用地	0.2	10
仓储用地	0.2	10
铁路用地	0	2
港口用地	0.2	5
城市道路用地	0.2	8
居住用地	0.2	25
公共设施用地	0.2	20

(4)地形与小气候的形成有关，分析不同的地形及与之相伴的小气候特点，将可更合理地分布建筑、绿地等设施。如在山地利用向阳坡面布置居住建筑，以获得良好日照等。

(5)地貌对通信、电波有一定影响。如微波通信、电视广播、雷达设备等对地形都有一定的要求。

在现代城乡规划的理念中，对于城市自然环境的分析和利用，不仅仅是为了节省城市建设的投资，减少城市和居民使用的成本，更有着积极的生态意义。如城市对于太阳辐射能量的使用能够成为城市能源系统的有效补充，或可直接利用热能，减少采暖能量的消耗；城市布局和空间形态对城市风向的有效引导，可以带走城市建筑和设施产生的废热、废气，提升大气环境质量，并减少能源的使用(图10-29，图10-30)；对城市地形的充分利用，可以在最大程度上减少人类对于土壤表层的干扰，维持自然生态系统的相对稳定等。所有这些措施都将减少以化石能源为基础的能量消耗，达到节能减排的目的。相比于建筑单体的生态技术，城市规划中的生态观念更能产生数倍甚至数十倍的生态产出，值得规划专业工作者深入研究。这些城市的生态技术和手段处于一直不断地在进步和发展中(详见本书第17章“城乡生态与绿地系统规划”)。

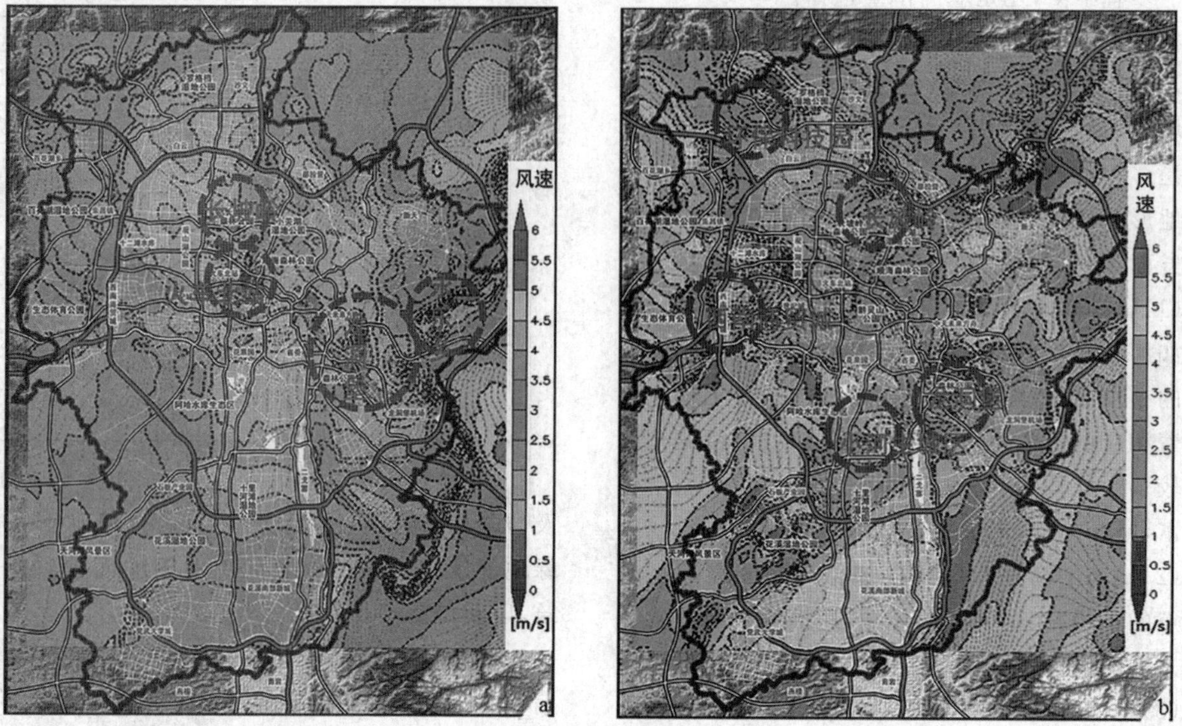

图 10-29　贵阳市冬季(a)及夏季(b)下午 3 点风速分布情况

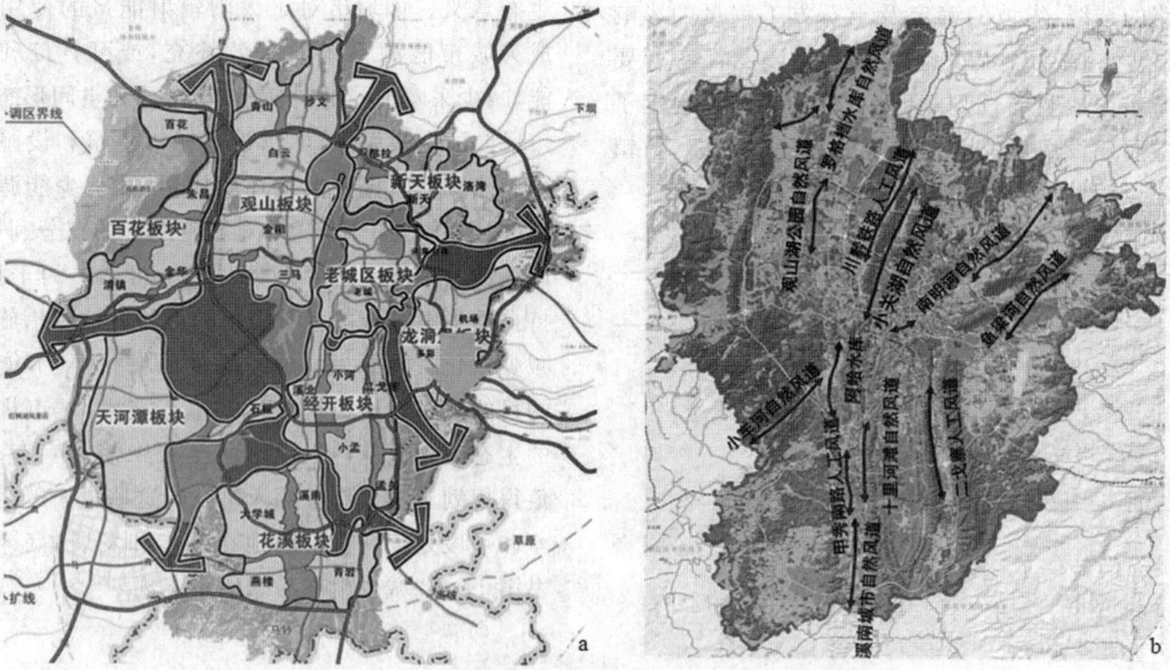

图 10-30　贵阳市绿化隔离带(a)及水系、公园自然风道(b)

10.2.2.5　生物条件

生物资源对城乡用地选择、环境保护与绿化规则、风景规划等均有很大作用。尤其，绿化植被是城乡建设和发展不可缺少的部分，在城乡规划建设中，起着保护环境、改善环境的作用，被誉为城乡环境的"绿色卫士"。它的作用主要有：①净化空气。绿色植物通过光合作用吸收二氧化碳，放出氧气。有些植被叶片还能减轻二氧化硫等对环境的影响，并能吸收空气中的有害气体和放射性物质，吸附烟灰和粉粒，保持空气新鲜。②减弱噪声。增加绿化面积，利用各种条件种植树木、花草和灌丛是降低噪声传播的有效措施。据一般调查，有绿化带的街道比没绿化带的街道噪声小 8～10 dB。③调节、改善小气候。郊区和乡村大面积的森林和宽阔的防护林带、马路上浓密的行道树和分布在城区各地大大小小的公园和绿地，对城乡不同地段的温度、湿度和风速都有良好的调节效果。此外，绿化能保持水土、保护农田、净化污水、防止火灾蔓延，对有害气体比较敏感的植物还能够监测大气污染，起到指示报警作用。

但是，由于城乡人地关系矛盾突出，绿化植被等生物资源易受到侵占和破坏，如何在发展城乡经济建设的同时，保障充足的绿化植被空间和良好的生态环境，依然是需要不断探索的问题。

从上述各项对自然环境条件的分析中，可以看出自然环境对城乡规划与建设的影响是非常广泛的，归纳见表 10-8。

表 10-8　自然环境条件的分析

自然环境条件	分析因素	对规划与建设的影响
地质	土质、风化层、冲沟、滑坡、岩溶、地基承载力、地震、崩塌、矿藏	规划布局、建筑层数、工程地基及工程防震设计标准、工程造价、用地指标、城市/村镇规模、工业性质、农业
水文	江河流量、流速、含沙量、水位、洪水位、水质、水温、地下水水位、水量、流向、水质、水温、水压、地面水、泉水	城市/村镇规模、工业项目、城市/村镇布局、用地选择、给排水工程、污水处理、堤坝、桥涵工程、港口工程、农业用水
气候气象	风象、日辐射、雨量、湿度、气温、地温、冻土深度	工业分布、环境保护、居住环境、绿地分布、休疗养地布置、郊区农业、工程设计与施工
地形	形态、坡度、坡向、标高、地貌、景观	规划布局与结构、用地选择、环境保护、道路网、排水工程、用地标高、水土保持、城乡景观
生物	野生动、植物种类和分布、生物资源、植被、生物生态	用地选择、环境保护、城乡绿化、农副业、风景规划

10.2.3　城市与村镇用地适用性差异评价

城市与乡村的用地评定是城市、镇总体规划和村庄规划编制工作中一项重要的前期基础性技术工作。根据《城乡用地评定标准》(CJJ 132—2009)，城乡用地评定(urban and rural land evaluation)指"对拟作为城乡发展的用地，根据其自然环境条件、人为影响因素，作出工程技术上的综合评定，确定用地的建设适宜性等级类别，为合理选择城乡发展用地提供依据"。城乡用地工程措施(urban and rural land engineering methods)，指"自然环境条件、人为影响因素等方面对城乡发展用地的建设适宜性，具有限制性影响的因素。尤其是对城乡用地的安全性影响突出的限制因素"。

中国地域广阔，不同地域城乡的自然条件差异性大，并各具特点；城乡居民点类型在规模、经济发展水平方面的差别很大。因此，城乡用地评定必须符合中国国情，因地制宜。

10.2.3.1　城市用地适用性评价

1)城市用地适用性评价要求

城市用地评价，指"根据可能作为城市发展用地的自然条件和社会条件，对其工程技术上的可能性和经济性作出综合评价，以确定用地的适用程度，为合理选择城市发展用地提供依据"(《中国大百科全书》之《建筑·园林·城市规划》卷)。其主要内容体现在自然条件、建设条件和用地的经济性三个方面。

按照中国建设部2006年颁布的《城市规划编制办法实施细则》(以下称《实施细则》)第七条关于总体规划成果内容的规定:对于新建城市和城市新发展地区应绘制城市用地工程地质评价图。内容主要为:①不同工程地质条件和地面坡度的范围、界线、参数;②潜在地质灾害(滑坡、崩塌、溶洞、泥石流、地下采空、地面沉降及各种不良性特殊地基土等)空间分布、强度划分;③活动性地下断裂带位置,地震烈度及灾害异常区;④按防洪标准频率绘制的洪水淹没线;⑤地下矿藏、地下文物埋藏范围;⑥城市土地质量的综合评价,确定适宜性区划(包括适宜修建、不适宜修建和采取工程措施方能修建地区的范围),提出土地的工程控制要求。

由于城市建设必然要落实在土地上,因此,对于工程地质的条件有着更为直接的影响而突显其重要性。但是工程地质条件也可能会不同程度地受到其他相关自然因素的间接影响,前者与后者有着互动或互制的关联性,一些工程地质条件较佳的地区可能也是生态环境的敏感地带,如湿地或某种生物栖息地。在可持续发展已经成为全球共识的背景下,对于城市用地自然环境条件,需作为一个整体加以考察与评估。进行城市用地质量的综合评价,须要注意以下几点:

(1)用地适用性评价是城市规划的一项基础工作,主要为城市总体规划服务。但在进行局部地区的详细规划时,有时也须对环境条件作更为具体的分析与评价,以适应规划与工程设计的需要,所以,用地适用性评价的内容与深度要根据不同规划阶段的需要相应地拟定。

(2)城市用地适用性评价需要超越狭隘的建设视野,转变为全球的人居视野。对于城市用地的评价不能仅仅考虑建设的经济性和安全性,还需要考虑该用地在自然生态系统中的作用和意义,保证城市社会的可持续发展和人类与自然的生态和谐。

(3)用地适用性评价不应只是各个环境要素单独作用的总和。而是要从环境的整体意义上考察它们相互的作用及其后果,综合地鉴定其利弊。同时也要尽可能预计到城市建设的人为影响给自然环境条件带来的变化,对用地质量造成新的影响,并作为评价环境质量的一个因素先期加以考虑。

(4)要注意用地所在区域的环境背景的可能影响。城市用地无论是工程地质、水文地质以及气候等条件,往往都受到区域状态的牵制,如地震、洪水侵害、地下水的补给、滑坡与泥石流等方面的区域关联性。

(5)用地适用性评价要因地制宜,按照用地的自然特性,抓住主导环境条件对之分析与评价,并对与之相关的其他自然环境因素的相互作用,可能产生次生的、后发的、联动的影响作出评价。

2)城市用地适用性评价分类

根据2006年4月1日开始执行的《城市规划编制办法(中华人民共和国建设部令第146号)》第三十一条第三款规定:中心城区规划应当包括下列内容:划定禁建区、限建区、适建区和已建区,并制定空间管制措施。由于目前相应《实施细则》缺位,目前除已建区含义相对明晰外,对于其他三种区域的划分仍没有确定的标准。在划定"四区"的背后,是对城市各个系统的分析和评价。

我国城市规划实践中最先受到重视,至今依然应当重视的是建筑适宜性评价,即评价城市建设的工程地质和自然地理条件,一般将之分成三类:

一类用地:指用地的工程地质等自然环境条件较优越,能适应各项城市设施的建设需要,一般不需或只需稍加工程措施,即可用于建设的用地。

二类用地:指需采取一定的工程措施,改善条件后才能修建的用地,它对城市设施或工程项目的分布有一定的限制。

三类用地:指不适于修建的用地。现代工程技术几无绝对难以修建的用地,所谓不适于修建的用地是指用地条件极差,必须付以特殊工程技术措施后,才能用作建设的用地,这取决于科学技术和经济的发展水平。

用地类别的划分是需要按各地区的具体条件相对来拟定的,如甲城市的一类用地在乙城市可能只是二类用地。同时,类别的多少也要视环境条件的复杂程度和规划的要求来确定,如有的分四类,有的只需二类即可。所以用地分类具有地方性和实用性，不同地区不能作质量类比。

在山区或丘陵地区，地面坡度的大小往往影响着土地的使用和建筑布置。因此，坡度也是用地适用性评价的一个必要因素。一般按适用程度划分为＜10％、10％～25％、＞25％三类（也有分成0～8％，8％～15％，15％～25％和＞25％四类的）。

为了具体说明用地类别划分，可以平原地区的划分为例，供作参考（表 10-9）。

表 10-9 平原地区用地分类

用地类别 类	用地类别 级	基地承载力 /(kg/cm²)	地下水位埋深 /m	坡度/％	洪水淹没程度	地貌现象
一	1	＞11.5	＜2.0	＜10	在百年洪水位以上	无冲沟
	2	＞1.5	1.5～2.0	10～15	在百年洪水位以上	有停止活动的冲沟
二	1	1.0～1.5	1.0～1.5	＜10	在百年洪水位以上	无冲沟
	2	1.0～1.5	＜1.0	15～20	有些年份受洪水淹没	有活跃性不大的冲沟
三	1	＜1.0	＜1.0	＞20	有些年份受洪水淹没	有活跃性不大的冲沟
	2	＜1.0	＜1.0	＞25	洪水季节淹没	有活跃性冲沟

用地适用性评价的内容方法与深度随着城市规划与工程建设学科的发展，在不断地充实和深化。今天的用地适用性评价不仅表现在影响工程经济方面，而且对诸如地域生态、自然景观等环境条件的评价，也在逐渐地产生影响。在国土资源部 2010 年发布的《市（地）级土地利用总体规划编制规程》中，土地生态保护评价图、土地适宜性评价图、规划环境影响评价图等被纳入规划成果的图件部分，涉及城市地域中的水环境敏感区（水源、地下水补给区、湿地等）、大气环境（环境空气质量功能区等）、生物网络（生物栖息地、迁徙点、廊道等）、文化和地理条件（人文历史遗迹、特色地貌景观区等）、自然生产系统（基本农田、物种保护区、矿产区等），以及敏感设施影响（核电站、放射性材料生产与储存地、机场控制区等）等相关内容。

由于生态和地理系统的脆弱性、关联性和不可逆性，这些新出现的要素的核心区往往直接被划入"禁建区"范围，而其周边则划定一定范围的缓冲空间和防护空间，作为限建区。四区的划分标准可参见本书第 13 章"村庄规划"部分的相关内容。

用地适用性评价的成果包括图纸和文字说明，它是城市规划文件之一。用地适用性评价图可以按用地的具体情况分别表示出各项分析与评价的内容，如地下水深线、洪水淹没线、地形坡度、地基承载力等。经过综合评价加以分类，并划定不同类别用地的范围。图纸的比例宜与规划图纸的比例相一致，以便于对照。图 10-31 和图 10-32 为北川新县城在新版《城市规划编制办法》指导下编制的工程地质条件评价，以及禁建区、适建区和限建区范围。

10.2.3.2 城市用地选择

1）城市用地选择的影响因素

在对城市用地的适用性进行评价后，就需要在适建区、限建区和已建区范围中确定符合城市规模和性质的用地。城市用地选择是城市规划的重要工作内容。它是根据城市各项设施对用地环境的要求、城市规划布局与用地组织的需要来对用地进行鉴别与选定的。新城市建设需要选择适宜的城址，旧城扩建也有选择所需用地的问题。城市用地选择恰当与否，关系到城市的功能组织和城市规划布局形态，同时，对城市的生态友好性、建设的工程经济和城市的运营管理都有一定影响。

城市用地选择需有用地适用性评价的成果作为依据，同时还需要进一步按照规划与建设的要求，综合考虑社会、经济、文化、环境等多方面问题，进行进一步的比选，作出综合评价，以确定规划期限内城市的明确边界。由于在用地适用性评价中已经对危及环境安全和城市安全的要素进行了识别，并将之划定为禁建区，因此，在城市用地选择阶段，相对关注各种社会、经济和制度要素。通常涉及的方面诸如：

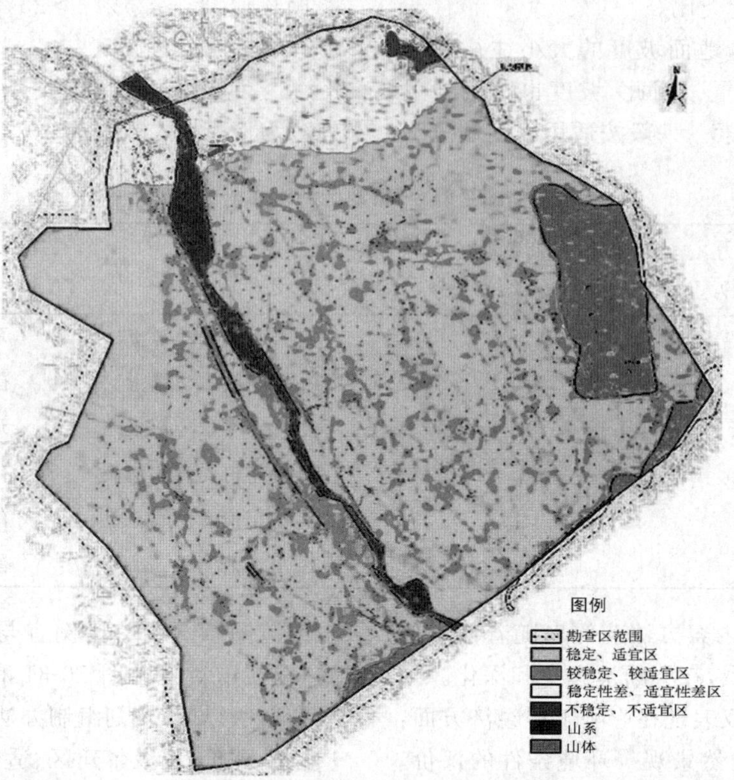

图 10-31　北川新县城建设适宜性评价

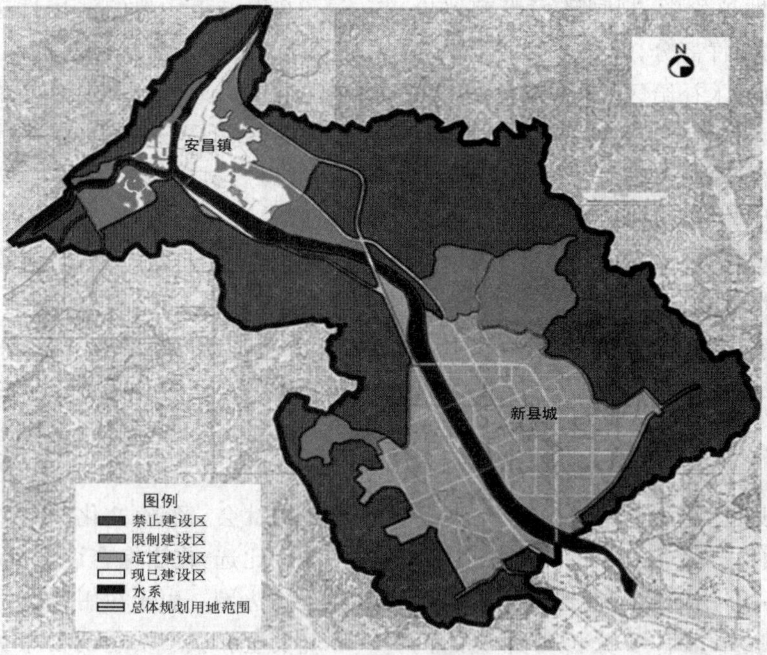

图 10-32　北川新县城建设适宜性分区划定

建设现状和使用、重大基础设施、区位关系、市政设施配套、土地利用规划、自然生态环境、文化遗存、社会遗留问题等。

(1)建设现状和使用。是指用地内已有的建筑物、构筑物状态，如现有市、县、村、镇的地上、地下的工程设施。城市的扩张和新城址的选择往往需要占用原有的村镇聚居点和乡镇厂矿或军事设施等用地。城市需要对它们的迁移、拆除的可能性，动迁的数量，保留的必要与价值，可利用的潜力以及经济代价做出评估。

(2)重大基础设施。指限制或促进城市发展的区域重大基础设施。如用地内及周边区域的高速公路、铁路和重大水利、能源设施，将影响到用地的建设规模、建设经济及建设周期等。随着中国经济的快速发展，区域基础设施的建设以一种前所未有的速度健全和丰富着。在进行城市用地选择前，除对现状进行调查外，还需要对目前尚未开始建设，但在国家或省市层面已经安排的重要基础设施进行调查研究，以确定其对于城市将产生何种影响，并制订相应的策略。如高速公路可能对城市有一定割裂作用，但其出入口可能对城市产业的开发产生强烈的吸引作用；又如穿越高速铁路线路有较大的困难，但其站场则成为城市开发的热点地区。

(3)区位关系。指一个城市与周边其他城市或地区的关联程度。当今城市的发展主要依靠各种人员、信息、资本和物资的“流”来支撑，这些有形或无形的“流”都可能在空间上有所反映；当今的城市更逐渐依靠区域整体的实力进行竞争，各个城市或依靠强大的经济实力辐射其他城市，或接受更高层次的城市的辐射。这种辐射在空间上往往体现为空间的相互吸引，而这种经济吸引力也并不仅仅存在于两个城市之间。例如，以上海为中心的长三角城市群，各个毗邻上海的城市几乎都选择向上海方向拓展，以降低自身到上海的交通时距，以更好地接受上海辐射出的经济能量。又如，重庆和成都作为西南地区的人口和经济集聚地，是国家实施西部大开发的战略重点，为强化成渝双核经济增长极的辐射带动作用，促进川渝四大毗邻区域的合作与发展，2016年 4 月，国家发改委发布了《成渝城市群发展规划》，打造“成渝城市群”，使之建设成为引领西部地区发展的国家级城市群，有利于增强西部地区自我发展能力，缩小中国东中西地区的发展差距，从而形成良性互动和协调发展的局面。

(4)市政设施配套。指可能选择的用地周边区域的水、电、气、热等供应网络，以及道路桥梁等状况，即市政设施环境条件。基础设施是城市建设的主要支出领域，基础设施的容量与水平关系到相应建设的规模(如城市跨河发展时，桥梁的通行能力)、建设经济(如建设成本投入和日常运营的经济性)，以及建设周期等问题。美国城市出现的无序蔓延有很大程度上是由于在“使用者付费”的完全市场经济条件下，富人住区基本无视基础设施的集约使用原则，造成了城市拓展的无序，交通量畸形增长，导致产生了更大的碳排放量。在中国，2015 年以个人名义登记的小型载客汽车(私家车)超 1.24 亿辆，比 2014 年增加了 1 877 万辆。全国平均每百户家庭拥有 31 辆私家车。北京、成都、深圳等大城市每百户家庭拥有私家车超过 60 辆。中国城市基础设施的建设和管理将面临更为严峻的考验(图 10-33)。

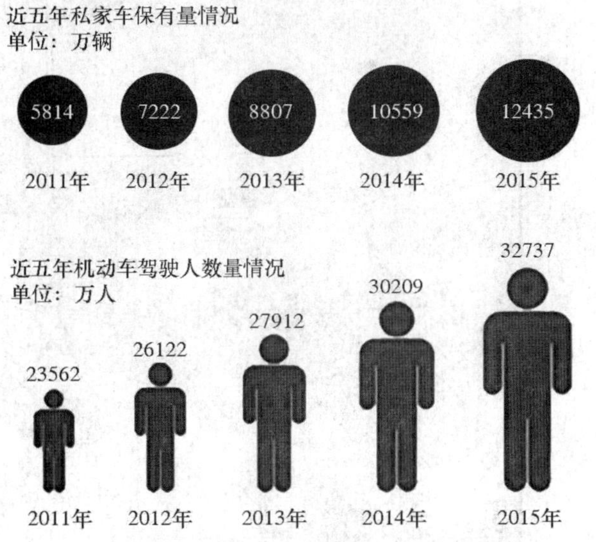

图 10-33　2011—2015 年中国私家车保有量及机动车驾驶人数量增长情况

(5)土地利用规划。这里指国土管理部门制定的土地利用总体规划，目前中国国土资源部编制的

《土地利用总体规划》也对城市用地的边界作出了规定。从法理上说，两个图应当保持一致，但由于由两个不同的单位编制针对同一个对象的规划，造成在修编时间和研究内容上的协调困难。从长远看，两个部门编制的土地利用总体规划，应当向一体化的方向发展，便于维护土地利用总体规划的严肃性和权威性。在当前规划部门编制城市规划，特别是总体规划时，应当对该用地在国土部门编制《土地利用总体规划》中各个空间的用途规定及调整的可能性有所了解，并做好必要的沟通协调工作。

(6)自然生态环境。指用地所在区域的自然环境背景、用地自身的自然基础和环境质量，及人工建设可能带来的正负面影响。经过用地适用性评价，在此阶段进入选择土地的应该都没有决定性的环境问题，但各个发展方向之间还是存在优劣之分，可以根据上文自然环境条件分析的内容，对其进行更细致的分析比选。

(7)文化遗存。指用地范围内，地上、地下已发掘或待探明的文化遗址、文物古迹，以及有关部门的保护规划与规定等状况。原则上，重要文化遗存都应该列入禁建区范围。但中国的文明发展史源远流长，一方面，许多城市的文化遗存星罗棋布、不胜枚举，不可能将所有的文化遗存范围都列入禁建区保护；另一方面，对于一些重要遗存非常丰富的城市，城市空间的选择也必须在遗址保护区的夹缝中寻找，如十三朝古都洛阳市几乎所有可能的发展方向都受遗址保护区的制约(图 10-34)。尽管不在这些禁建区和文化遗存的用地上进行开发，但城市发展接近或包围这些遗存仍然存在一定的风险，因此，在进行城市用地选择时，有相对的优势和劣势之分。

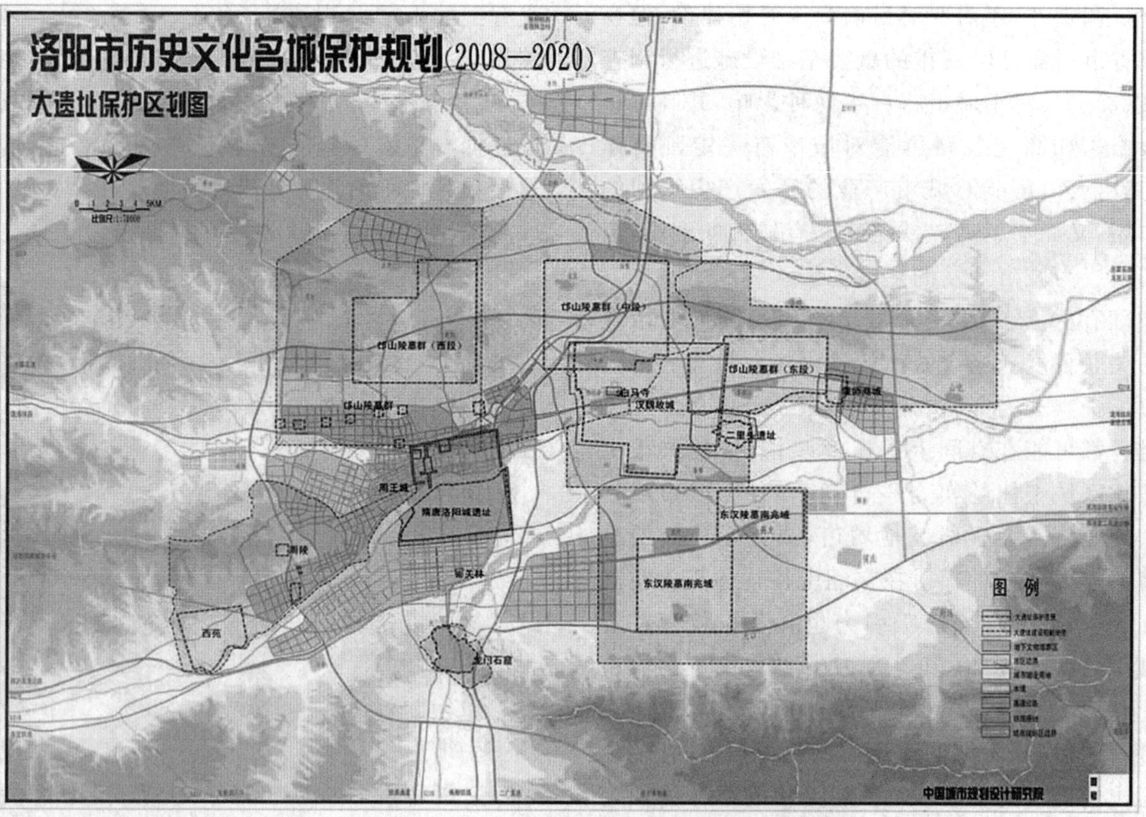

图 10-34　洛阳市大遗址保护区划图

(8)社会遗留问题。指用地的产权归属、涉及原住民或企业的社会、民族、经济等方面问题。随着2007年中国颁布《中华人民共和国物权法》(下文简称"物权法")，以法律的形式明确了所有权人对自己的不动产或者动产，依法享有占有、使用、收益和处分的权利(第三十九条)，同时第四十一条指出："为了公共利益的需要，依照法律规定的权限和程序可以征收集体所有的土地和单位、个人的房屋及其他不动产。征收集体所有的土地，应当依法足额支付土地补偿费、安置补助费、地上附着物和青苗的补偿费等费用，安排被征地农民的社会保障费用，保障被征地农民的生活，维护被征地农民的合法权益。征收单位、个人的房屋及其他不动产，应当依法给予拆迁补偿，维护被征收人的合法权益；征收个人住宅的，还应当保障被征收人的居住条件"。这些都对城市用地的选择提出了更高的要求。

同时，各社会族群对于自身权利的诉求也日趋强烈，在一些城市中，已经出了一些具有统治性地位的企业，可以左右城市发展方向的状况。可以预见，不久的将来，更多的团体会将自身的城市发展主张通过有力的方式加以表达。伴随全民财富的增长和社会主义民主建设的推进，城市用地的选择必须对社会问题给予足够的重视。

2)城市用地选择的原则

(1)遵守《中华人民共和国城乡规划法》、《中华人民共和国土地管理法》、《城市规划编制办法》、《市(地)级土地利用总体规划编制规程》以及相关法律、法规和技术规定中有关城市土地利用的规定。

(2)了解并遵循《中华人民共和国物权法》、《中华人民共和国环境保护法》、《中华人民共和国水法》等相关国家法律中对于城市土地利用的相关条文规定。

(3)用地选择应对城市用地的工程地质条件作出科学的评估，要结合城市不同功能地域对用地的不同空间与环境质量要求，尽可能减少用地的工程准备费用，降低城市工程建设所产生的碳排放，同时做到地尽其利，地尽其用，合理利用土地资源和自然环境资源。

(4)注意保护环境的生态结构、原有的自然资源和水系脉络。要注意保护地域的文化遗产。

(5)城市用地选择应当有经济、社会的意识与视角，充分体现出城市空间对于城市经济与产业、社会发展与和谐、区域共生与协作的支撑作用与促进作用。

(6)新城选址或各种开发区选址既要满足建设空间与环境的需要，同时要为将来进一步发展预留余地与方向；旧城扩建用地选择，要结合旧区的布局结构，考虑城市扩展重构城市功能布局的合理性；要充分利用旧城的设施基础，节省建设投资。

上述城市用地选择的原则构成的是一个复杂的决策体系，除了法律的刚性规定以外，其他影响因素之间以及内部都可能构成相互冲突的两难困境，并且这些要素之间也不存在绝对的优先度划分。不同的城市，不同的发展阶段，以及不同的发展愿景，都可能造成各个要素在城市管理者、市民和规划师心目中权重的变化。在很多情况下，对这些影响因素和选择原则的认识、排序与调和，决定了城市规划的质量与水平。在很大程度上，这依赖于城市规划师的知识能力、实践经验、投入程度与沟通技巧。

10.2.4　村镇用地适用性评价

10.2.4.1　村镇用地适用性评价要求

村镇用地的适用性评价，主要是对用地的自然环境质量是否符合规划和建设的要求进行评估，同时也必须考虑一些社会、经济因素的影响。除了对村镇的自然环境条件进行分析评价外，还应充分考虑村镇的现状条件和建设条件，以及社会政治、文化和地域生态等方面的条件。因此，为了给村镇用地选择和布局提供更为全面和科学的依据，就要对村镇用地的多方面条件进行综合评价。

1)村镇现状条件分析评价要求

村镇现状条件资料一般是指村镇生产、生活所构成的物质基础和现有的土地使用情况，如建筑物、构筑物、道路交通、名胜古迹、工程管线等。这些都是经过一定历史时期的建设逐步形成的。中国现有的村镇，一般都没有进行过规划，许多都是自然形成的。盲目建设造成的布局混乱状况较为常见，所以需要认真进行现状资料的分析，提出布局中存在的种种矛盾，进而提出相应的解决办法。

村镇现状条件的分析评价就总体布局来说主要着重于：①村镇布局是否围绕着乡镇的性质和特点而展开。②村镇各项设施之间及在功能关系上，用地的规模与分布等方面是否合理，它们存在哪些矛盾。③村镇用地的分布同自然环境是否协调，以及村镇布局对村镇环境所造成的影响等。

2）村镇建设条件分析评价要求

村镇建设条件的分析评价主要应注意如下几点：①村镇所在地区的经济地理条件。如周围村镇和农村地区的经济联系，工业与矿藏原料基地的关系带。②交通运输条件。如铁路、公路、水运条件。③供电条件。是否可连接上电网，或邻近是否有发电厂可以供电，高压输电线路的位置等。④供水条件。是否有充足的水源，水质、水量等方面能否满足村镇生产与生活的需要，以及村镇用水与航运、农业用水等方面的矛盾。

10.2.4.2 村镇用地适用性评价分类

2010 年，国土资源部发布 51 号文，对新一轮市县乡级土地利用总体规划编制提出了具体意见。其中，对土地利用分区的要求主要体现于对用途的空间布局与管制论述，在对各类用地空间布局提出总要求后，分别针对基本农田和建设用地讨论了各自空间调整和布局要求：基本农田调整与布局方面仍将严格执行相关保护政策，划定基本农田保护区，但更突出了基本农田保护质量和补充两方面，提出了划定基本农田集中区和基本农田整备区，体现了规划对未来耕地保护的谋划作用；对建设用地布局与管制提出“四区”、“三界”的概念，即通过划定城乡建设用地规模边界、扩展边界和禁止建设边界，形成允许建设区、有条件建设区、限制建设区和禁止建设区。

“乡（镇）规划规程”对建设用地管制的“四区”做了如下规定：

①允许建设区。规划中确定的，允许作为建设用地利用，进行城乡建设的空间区域。应涵盖规划期内将保留的现状建设用地和规划新增的建设用地，划分为城镇、村庄、工矿等不同类型。

②有条件建设区。规划中确定的，在满足特定条件后方可进行城乡建设的空间区域。

③限制建设区。允许建设区、有条件建设区和禁止建设区以外，禁止城镇和大型工矿建设，限制村庄和其他独立建设，控制基础设施建设，以农业发展为主的空间区域。

④禁止建设区。规划中确定的，以生态环境保护为主导用途，禁止进行与主导功能不相符的各项建设的空间区域。应与生态环境安全控制区、自然与文化遗产保护区核心区的规模和范围一致。

“乡（镇）规划规程”对建设用地管制的“三界”规定如下：

（1）规模边界。依规划确定的城乡建设用地规模指标划定的允许建设区的范围界线。

（2）扩展边界。规划确定的可以进行城乡建设的最终范围界线。由允许建设区和有条件建设区共同形成。

（3）禁建边界。规划确定的禁止建设区的范围界线。

村镇用地按综合分析的优劣条件通常分为以下三类（表 10-10）：

（1）适宜修建的用地。指地形平坦、规整、坡度适宜，地质良好，地基承载力在 150 kPa 以上，没有被 20～50 年一遇洪水淹没的危险。这些地段的地下水位低于一般建筑物基础的砌筑深度，地形坡度小于 10%。因自然环境条件比较优越，适于村镇各项设施的建设要求，一般不需要或只需稍加工程措施即可进行修建。这类用地没有沼泽、冲向、滑坡和岩溶等现象。从农业生产角度看，则主要应为非农业生产用地，如荒地、盐碱地、丘陵地，必要时可占用一些低产农田。

（2）基本上可以修建的用地。指采取一定的工程措施，改善条件后才能修建的用地，它对乡镇设施或工程项目的分布有一定的限制。属于这类用地的有：地质条件较差，布置建筑物时地基需要进行适当处理；或地下水位较高，需要降低地下水位；容易被浅层洪水淹没（深度不超过 1～1.50 m）；或地形坡度在 10%～25%；修建时需较大土（石）方工程数量；或地面有较严重积水、沼泽、轻微非活动性冲沟、滑坡和岩溶现象，需采取一定的工程措施加以改善的地段。

(3)不宜修建的用地。指农业价值很高的丰产农田；或地质条件极差，必须赋予特殊工程措施后才能用以建设的用地，如土质不好，有厚度为2m以上活动性淤泥、流沙，地下水位很高，有较大的冲沟、严重的沼泽和岩溶等地质现象。经常受洪水淹没且淹没深度大于1.50 m，地形坡度在25%～30%等。

表10-10 村镇用地适用性评价分类

用地分类	地基承载力/kPa	坡度/%	土类	其他
Ⅰ 适于建设用地	150～200	<10	赤沙	
Ⅱ 基本适于建设用地	50～80	<15	灰沙	背坡地
Ⅲ 不适于建设用地	30～50	<20	滩地、高产田	

村镇用地类别的划分是按各村镇具体情况相对地来划定的，不同村镇其类别不一定一致。如某一村镇的第一类用地，在另一村镇中可能是第二类用地。类别的多少要根据用地环境条件的复杂程度和规划要求来定，有的可分为四类，有的分为两类。所以，村镇用地分类在很大程度上具有地域性和实用性，不同地区不能作质量类比。

10.2.4.3 村镇用地选择

1)用地选择的基本要求

在对村镇用地的适用性进行评价后，就需要在允许建设区、有条件建设区、限制建设区和禁止建设区范围中确定符合其规模和性质的用地。村镇用地是村镇各项活动的载体，其自然条件、建设条件及村镇活动的功能要求决定了村镇土地使用的布局结构和形态。因此，村镇用地选择是村庄和集镇规划的重要工作内容。它是根据村镇各项设施对用地环境的要求，规划布局与用地组织的需要来对用地进行鉴别与选定的。

村镇用地选择恰当与否，关系到村镇的功能组织和其规划布局形态，同时，对其的生态适宜性和安全性，建设的工程经济和运营管理都有一定影响。因而，新村镇建设和旧村镇扩建都需要选择适宜的基址和用地。例如，新建村镇用地的选择，要从方便生活、有利于组织生产、满足建筑要求和节约用地等方面考虑(图10-35)。

村镇用地的选择，是根据村镇规划布局和各项设施对用地环境的要求，对用地的自然环境条件、建设条件等进行用地的适用性的分析与评定外，还应对村镇用地所涉及的其他方面，如社会政治方面(城乡关系、工农关系、民族关系、宗教关系等)、文化关系(历史文化遗迹、村镇面貌、风景旅游且革命圣地、各种保护区等)以及地域生态等方面的条件分析，在用地综合评价的基础上，对用地进行选择。因此，在村镇用地选择阶段，应满足合理布局、节约用地、交通方便、保障安全和卫生等方面的基本要求。

(1)用地选择，要为合理布局创造条件。村镇各类建筑与工程设施，由于性质和使用功能要求的不同，其对用地也有不同的要求。所以，首先应尽量满足各项建设项目对自然条件、建设条件和其他条件的要求。并且还要考虑各类用地之间的相互关系，才能使布局合理。因为村镇是一个有机整体，各类用地有相互依赖、制约、矛盾等错综复杂的关系。如工、副业用地，离居住用地过近就会影响居住区的宁静，还有可能污染居住环境。

(2)要充分注意节约用地，尽可能不占或少占农田。在村镇中最常遇到的是占用农田的问题。农田多半是比较适宜的建设用地，如不进行控制就会使中国人多地少的矛盾更趋突出。因此，除根据自然条件对用地进行分析外，还必须对农业生产用地进行分析，充分比较不同用地方案占地的数量和质量，如耕地(分良田、坡地、薄地)、园地(茶、桑、果)、荒地等各占多少，尽可能选择利用坡地、荒地、劣地进行建设，少占或不占良田和园地。

(3)选择发展用地，应尽可能与现状或规划的对外交通相结合。这样就使村镇有方便的内外交通联系，同时应尽可能避免铁路与公路对村镇的穿插分割和干扰，使村镇布局保持完整统一。

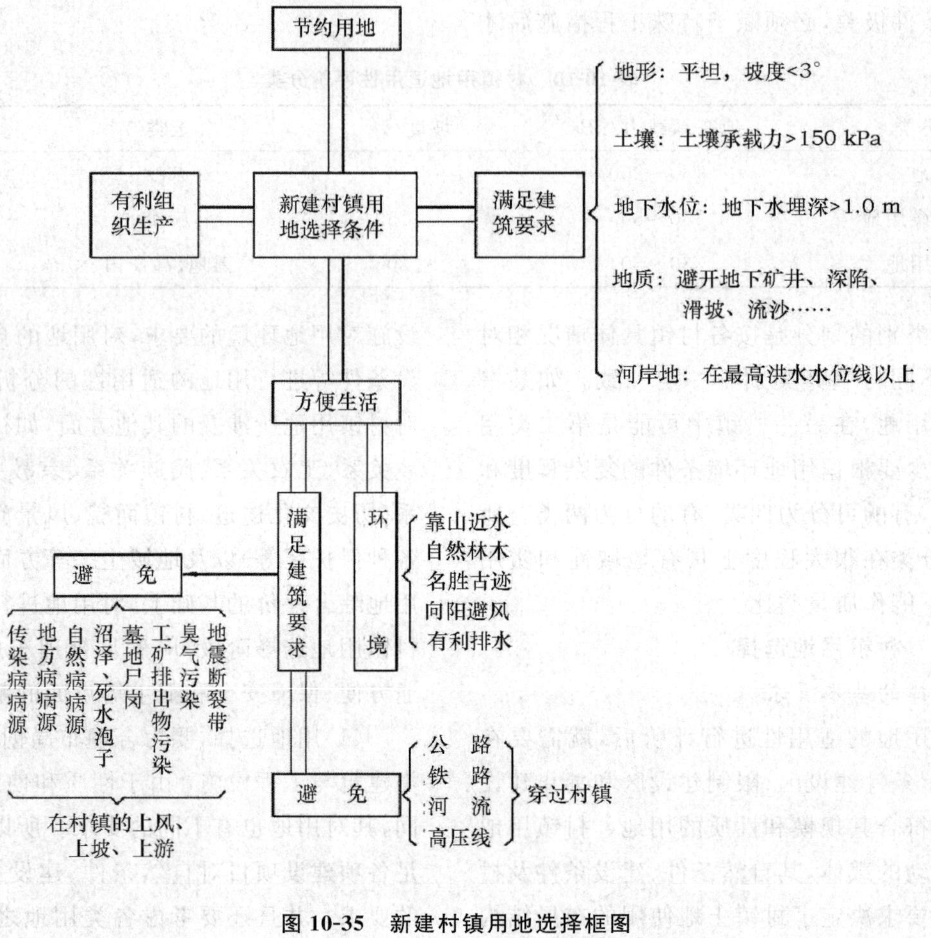

图 10-35 新建村镇用地选择框图

(4)要符合安全要求。一是要不被洪水所淹没。选用洪水淹没地作村镇用地时，必须有可靠的防洪工程设施。二是注意滑坡，避开正在发育的冲沟。石灰岩溶洞和地下矿藏的地面也要尽可能避开。三是避开高压线走廊，离易燃易爆的危险品仓库要有安全的距离。四是应避开地震断裂带等自然灾害影响的地段，并应避开自然保护区、有开采价值的地下资源和地下采空区。地震断裂带两侧 50 m 范围内、风景名胜区核心区、自然资源保护区、历史文化保护区核心区、水源保护区、基础设施保护区(带)为绝对禁建区。应尽量保持原有自然的地形地貌，不宜做大规模的挖填方。

(5)要符合卫生要求。首先要有质量好、数量充沛的水源。质量好，就是经过一般常规处理，能达到国家规定的饮用水标准；数量充沛，就是能满足生活和工副业生产所需要的水量。其次，村镇用地不能选在洼地、沼泽、墓地等有碍卫生的地段。当选用坡地时，要尽可能选在阳坡面，对于居住用地尤为重要。在山区选择用地时，要注意避开窝风地段。此外，在已建有污染环境的工厂附近选地，要避开工厂的下游和下风向。

(6)要符合物权法的规定。征地拆迁应当依法足额支付安置补助费、土地及地上附属物和青苗补偿费等费用，安排被征地人口的社会保障费用，保障其生活和维护其合法权益。

2）村镇用地选择的原则

（1）遵守《中华人民共和国城乡规划法》、《中华人民共和国土地管理法》、《镇规划标准》、《市县乡级土地利用总体规划编制指导意见》以及相关法律、法规和技术规定中有关乡镇土地利用的规定。

（2）了解并遵循《中华人民共和国物权法》、《中华人民共和国环境保护法》、《中华人民共和国水法》、《基本农田保护条例》等相关国家法律中对于乡镇土地利用的相关条文规定。

（3）应结合规划目标和村镇实际，划定村庄和集镇建设用地规模边界和扩展边界，统筹农村基础设施和公共设施、特色产业、乡村旅游业等建设用地。

（4）注意保护环境的生态结构、乡土景观和文化遗产，保持农村风貌和当地特色，保留传统农耕文化和民俗文化中的积极元素，保护农村人文景观和生态环境。

（5）乡镇用地选择应优先安排基础性生态用地，落实耕地特别是基本农田保护任务，划定基本农田保护区，并结合乡域内村镇居民点及产业分布、农业生产生活方式，协调安排基础设施建设用地，优化城乡建设用地布局，合理安排土地整治及其他各类用地。

（6）建设用地的选择应优先选择有利于保护耕地和环境、节约集约用地的方案，尽量利用存量建设用地和未利用地，少占农用地特别是耕地。需要扩大用地规模时，应避开不良地质地带、灾害影响及生态敏感地段、各类保护区、各类管线区及有开采价值的地下资源区，宜选择荒地、薄地，不占或少占耕地、林地和牧草地。

不同区域内的乡镇，具有不同的区位关系、不同的发展情况、不同的资源环境特点、不同的人文历史，以及不同的发展愿景，因而，对这些影响因素和选择原则的认识、理解和排序、调和，决定了村庄和集镇规划建设的质量与水平。这也在很大程度上依赖于规划师的知识能力、实践经验、投入程度，以及与当地村民、居民的沟通和对其引导的技巧。

10.3　城乡用地分类与用地构成

城乡用地对于所负担的功能，划分为不同的用途。自从在 1933 年国际现代建筑学会所拟订的“城市计划大纲”中，将城市活动归结为居住、工作、游憩、交通四大活动以来，四大功能用地的划分就被世界上绝大多数国家所采纳。

城乡用地的用途分类在人类社会的发展历史中，曾有不同的分类方法与用途名称。随着城市与乡村的分化及其功能的变异与增减，用途分类也随之改变与增减。而且即使同一用途名称，也可能有不同的含义。

城市用地的分类方法，各个国家和地区并不一样。例如日本将市街化区域的用途地域分成八种，即：①第一种居住专用地域；②第二种居住专用地域；③居住地域；④近邻商业地域；⑤商业地域；⑥准工业地域；⑦工业地域；⑧工业专用地域。中国台湾省由各个城市自行制订城市用地分类方法，例如中国台北市 2002 年修订的《台北市土地使用分区管理规定》中，将城市用地分为：住宅区、商业区、工业区、行政区、文教区、仓库区、行水区、保存区、风景区、农业区和保护区等 11 个方面的用途，并有进一步的划分。

10.3.1　城乡现行用地分类标准

中国早年城市用地功能地域划分有住宅区、工业区、商业区及文教区等类别。为了使城市用地分类有统一而规定的划分方法与名称，并使之具有法定性，原建设部于 1990 年制定并颁布了《城市用地分类与规划建设用地标准（GBJ 137—90）》（以下简称原标准），该标准将城市用地划分为大类、中类和小类三级，计有 10 大类、46 中类和 73 小类。该标准是中国城市规划领域的重要技术规范，在长达 20 余年的时间里，一直都是城市规划编制与管理实践过程不可或缺的重要技术支撑。

为适应中国城乡发展宏观背景的变化，落实城乡统筹规划和国家节约集约用地的要求，住房和城乡建设部(下文简称住建部)于 2008 年 4 月正式启动了对原标准的修订,并于 2012 年 1 月 1 日开始实施《城市用地分类与规划建设用地标准(GB 50137—2011)》(以下简称新标准)。作为《城乡规划法》(2007)颁布实施后第一部与之相配套的技术规章,新标准已成为城乡规划编制、管理的重要技术依据,也是城乡规划技术标准体系所确定的基础标准[1]。新标准将城乡用地界定为建设用地和非建设用地两大类别,在此基础上进一步分为 9 中类和 14 小类(表 10-11)。

表 10-11　乡现行用地分类和代码

类别代码			类别名称	内容
大类	中类	小类		
H			建设用地	包括城乡居民点建设用地、区域交通设施用地、区域公用设施用地、特殊用地、采矿用地及其他建设用地等
	H1		城乡居民点建设用地	城市、镇、乡、村庄建设用地
		H11	城市建设用地	城市内的居住用地、公共管理与公共服务用地、商业服务业设施用地、工业用地、物流仓储用地、道路与交通设施用地、公用设施用地、绿地与广场用地
		H12	镇建设用地	镇人民政府驻地的建设用地
		H13	乡建设用地	乡人民政府驻地的建设用地
		H14	村庄建设用地	农村居民点的建设用地
	H2		区域交通设施用地	铁路、公路、港口、机场和管道运输等区域交通运输及其附属设施用地,不包括城市建设用地范围内的铁路客货运站、公路长途客货运站以及港口客运码头
		H21	铁路用地	铁路编组站、线路等用地
		H22	公路用地	国道、省道、县道和乡道用地及附属设施用地
		H23	港口用地	海港和河港的陆域部分,包括码头作业区、辅助生产区等用地
		H24	机场用地	民用及军民合用的机场用地,包括飞行区、航站区等用地,不包括净空控制范围用地
		H25	管道运输用地	运输煤炭、石油和天然气等地面管道运输用地,地下管道运输规定的地面控制范围内的用地应按其地面实际用途归类
	H3		区域公用设施用地	为区域服务的公用设施用地,包括区域性能源设施、水工设施、通信设施、广播电视设施、殡葬设施、环卫设施、排水设施等用地

① 2008 年建设部启动"城乡规划技术标准体系"修订工作,新的体系分为基础标准、通用标准、专用标准三个层次,《城市用地分类与规划建设用地标准》作为其中的基础标准,是普遍使用、具有广泛指导意义的强制性标准。

续表 10-11

类别代码			类别名称	内容
大类	中类	小类		
H	H4		特殊用地	特殊性质的用地
		H41	军事用地	专门用于军事目的的设施用地，不包括部队家属生活区和军民共用设施等用地
		H42	安保用地	监狱、拘留所、劳改场所和安全保卫设施等用地，不包括公安局用地
	H5		采矿用地	采矿、采石、采沙、盐田、砖瓦窑等地面生产用地及尾矿堆放地
	H9		其他建设用地	除以上之外的建设用地，包括边境口岸和风景名胜区、森林公园等的管理及服务设施等用地
E			非建设用地	水域、农林用地及其他非建设用地等
	E1		水域	河流、湖泊、水库、坑塘、沟渠、滩涂、冰川及永久积雪
		E11	自然水域	河流、湖泊、滩涂、冰川及永久积雪
		E12	水库	人工拦截汇集而成的总库容不小于 10 万 m^3 的水库正常蓄水位岸线所围成的水面
		E13	坑塘沟渠	蓄水量小于 10 万 m^3 的坑塘水面和人工修建用于引、排、灌的渠道
	E2		农林用地	耕地、园地、林地、牧草地、设施农用地、田坎、农村道路等用地
	E9		其他非建设用地	空闲地、盐碱地、沼泽地、沙地、裸地、不用于畜牧业的草地等用地

在详细规划阶段，用地进一步细分，在用地名称上，除相同功能性质的仍然沿用外，还需增加新的用途类别，例如根据《城市居住区规划设计规范》(GB 50180—93)规定，在居住区详细规划中用地又可细分为：住宅用地、公共服务设施用地、道路用地、公共绿地等(详见本书第 18 章“城乡居住区规划”)。

10.3.2 城市用地分类体系的调整

新标准“城乡用地分类”体系的结构设计，在尊重城乡空间分异基本规律的前提下，着重考虑了区域各项空间规划编制与实施管理的需求，并兼顾了当前体制下多部门管理的责权要求。按照《城乡规划法》的要求，新标准考虑了不同空间层面规划任务的差异性，确立了覆盖城乡全域的“分层次控制的综合用地分类体系”，包括城乡用地分类、城市建设用地分类两部分。

城乡用地分类覆盖市(县、镇)域范围内所有用地，充分对接《中华人民共和国土地管理法》及相应用地分类标准中的农用地、建设用地和未利用地“三大类”用地(表 10-12)，体现了城乡统筹原则。

城市建设用地分类与城乡用地分类中的“城市建设用地”(H11)概念完全衔接，对应于城市(县人民政府所在地镇、其他具备条件的镇)中心城区(镇区)范围内的建设用地。新标准大幅度调整了城市建设用地的分类体系，共分为 8 大类、35 中类、44 小类，并对各种用地的定义和内涵进行了较大幅度的调整(表 10-13)。

城乡用地分类设立“建设用地”与“非建设用地”两个并立的大类，并在后者的定义上最大限度地排除了“建设性”因素，通过“划界”明确区分城乡规划主管部门对两大类用地的不同管理要求。原标准 9

大类“城市建设用地”之外的独立大类“水域和其他用地”(E)功能复杂、性质差异较大，在新标准中被拆分调整，如表 10-14 所示，更符合用地的实际使用特点。

表 10-12　新“城市用地分类”与《中华人民共和国土地管理法》“三大类”对照表

《中华人民共和国土地管理法》三大类	城乡用地分类类别		
	大类	中类	小类
农用地	E 非建设用地	E1 水域	E13 坑塘沟渠
		E2 农林用地	—
建设用地	H 建设用地	H1 城乡居民点建设用地	H11 城市建设用地
			H12 镇建设用地
			H13 乡建设用地
			H14 村庄建设用地
		H2 区域交通设施用地	H21 铁路用地
			H22 公路用地
			H23 港口用地
			H24 机场用地
			H25 管道运输用地
		H3 区域公用设施用地	—
		H4 特殊用地	H41 军事用地
			H42 安保用地
		H5 采矿用地	—
		H6 其他建设用地	—
	E 非建设用地	E1 水域	E12 水库
		E3 其他非建设用地	E3 中的空闲地
未利用地	E 非建设用地	E1 水域	E11 自然水域
		E3 其他非建设用地	E3 中除去空闲地以外的用地

表 10-13　城市现行建设用地分类和代码

用地代码	用地名称	范围
R	居住用地	住宅和相应服务设施的用地
A	公共管理与公共服务用地	行政、文化、教育、体育、卫生等机构和设施的用地，不包括居住用地中的服务设施用地

续表 10-13

用地代码	用地名称	范围
B	商业服务业设施用地	商业、商务、娱乐康体等设施用地，不包括居住用地中的服务设施用地
M	工业用地	工矿企业的生产车间、库房及其附属设施用地，包括专用铁路、码头和附属道路、停车场等用地，不包括露天矿用地
W	物流仓储用地	物资储备、中转、配送等用地，包括附属道路、停车场以及货运公司车队的站场等用地
S	交通设施用地	城市道路、交通设施等用地，不包括居住用地、工业用地等内部的道路、停车场等用地
U	公用设施用地	供应、环境、安全等设施用地
G	绿地	公园绿地、防护绿地、广场等公共开放空间用地

表 10-14　原标准“水域和其他用地”(E)在新标准中的对应地类

<table>
<tr><th colspan="3">新标准《城乡用地分类和代码表》</th><th>原标准“水域和其他用地”(E)</th></tr>
<tr><td rowspan="14">H建设用地</td><td rowspan="4">H1 城乡居民点建设用地</td><td>H11 城市建设用地</td><td>—</td></tr>
<tr><td>H12 镇建设用地</td><td rowspan="3">E61 村镇居住用地、E62 村镇企业用地、E69 村镇其他用地</td></tr>
<tr><td>H13 乡建设用地</td></tr>
<tr><td>H14 村庄建设用地</td></tr>
<tr><td rowspan="5">H2 区域交通设施用地</td><td>H21 铁路用地</td><td>—</td></tr>
<tr><td>H22 公路用地</td><td>E63 村镇公路用地</td></tr>
<tr><td>H23 港口用地</td><td>—</td></tr>
<tr><td>H24 机场用地</td><td>—</td></tr>
<tr><td>H25 管道运输用地</td><td>—</td></tr>
<tr><td>H3 区域公用设施用地</td><td>—</td><td>—</td></tr>
<tr><td rowspan="2">H4 特殊用地</td><td>H41 军事用地</td><td>—</td></tr>
<tr><td>H42 安保用地</td><td>—</td></tr>
<tr><td>H5 采矿用地</td><td>—</td><td>E8 露天矿用地</td></tr>
<tr><td>H9 其他建设用地</td><td>—</td><td>—</td></tr>
<tr><td rowspan="5">E非建设用地</td><td rowspan="3">E1 水域</td><td>E11 自然水域</td><td rowspan="3">E1 水域</td></tr>
<tr><td>E12 水库</td></tr>
<tr><td>E13 坑塘沟渠</td></tr>
<tr><td>E2 农林用地</td><td>—</td><td>E2 耕地、E3 园地、E4 林地、E5 牧草地</td></tr>
<tr><td>E9 其他非建设用地</td><td>—</td><td>E7 弃置地</td></tr>
</table>

10.3.3 城市用地分类体系的发展

城市用地分类体系有以下现实制约条件：

(1)用地分类标准的制订先天滞后于规划实践。用地分类方法是现有社会实践和城市运行状况的总结，需要一个相对较长时间的积累和总结，才能形成国家的共识。

(2)统一的用地分类标准对于不同的城市适用程度显然不同。中国幅员辽阔，经济发展水平差异大，存在着众多类型迥异的城市和城市用地使用方式，总会存在一些无法准确描述的用地类型，需要同中国城乡空间的发展模式一起进行不断地探索和创新。

例如，城乡用地分类的新标准(2011 年版)对村庄规划用地类别没有明确细分，缺乏村庄用地分类标准。为了加强对村庄规划用地分类的指导，住建部于 2014 年颁布了《村庄规划用地分类指南》(下文简称"村庄用地标准")，完善了现行城乡规划用地分类的标准。村庄规划用地共分为 3 大类(村庄建设用地、非村庄建设用地和非建设用地)、10 中类、15 小类。并在同等含义的用地分类上尽量与《城市用地分类与规划建设用地标准》(GB 50137—2011)、《土地利用现状分类》(GB/T 21010—2007)衔接(表 10-15)。

表 10-15　村庄用地标准"三大类"与城市用地分类新标准对照表

《村庄规划用地分类指南》	《城市用地分类与规划建设用地标准》(GB 50137—2011)	
V 村庄建设用地	H14 村庄建设用地	
	H1 城乡居民点建设用地	H11 城市建设用地
		H12 镇建设用地
		H13 乡建设用地
N 非村庄建设用地	H2 区域交通设施用地	
	H3 区域公用设施用地	
	H4 特殊用地	
	H5 采矿用地	
	H9 其他建设用地	
E 非建设用地	E 非建设用地	

(3)制订用地分类标准存在一定的制度惯性。即使对一些用地类型的出现有所认识，但受限于传统习惯，计量和管理水平，仍然无法体现。如创意产业和孵化园在外部影响上接近于办公，而在土地价格上不宜作为商业设施用地划定基准地价，但由于目前还缺少对创意产业的定性标准，还没有独立划出。

但是这些对于现实制约条件的认识并不影响对城市用地分类体系的合理性提出更高的要求，城市用地分类体系在"细分"基础上的"混合"应当是发展的方向。

(1)各种相关功能用地的混合已经是世界各个城市的普遍现象。交通枢纽中的商业、居住与商业混合的大厦，工业区中的产品展示等等，这些现象不仅在中国，更在世界的各个角落普遍存在，这种混合不仅仅在水平方向上展开，更在垂直方向上延伸。而土地使用性质的限制，导致这些混合的物业产权没有明确的法律保护。

(2)功能混合有利于城市的节能与减排。用地的分类在制度上影响着地块的划分方式、规模尺度和指标制订，这些都将最终反映在城市各种活动的强度、频度和关联度上。相关功能的混合有利于在有限的空间中最大程度集聚经济和社会活动，集约土地使用，集中使用资源，重复利用资源，减少无谓交通量，降低碳排放。

（3）功能混合有利于城市的良性成长。从 20 世纪 60 年代以来，人们普遍认识到城市的魅力和活力来源于城市的多样性和复杂性，而城市土地使用的功能混合正是形成区域、街道、建筑多样性的决定性要素；从经济角度看，各种行业之间的碰撞、激发和链接可能创造更多的城市产业，搭建牢固的产业链条，提升城市的抗风险能力。

10.3.4　城乡现行用地构成及其比例

10.3.4.1　城乡现行用地的功能构成

城市用地的构成，是基于城乡用地的自然与经济区位，以及由城乡职能所形成的功能组合与布局结构，而呈现不同的构成形态。

城市用地构成，按照行政隶属的等次，宏观上如分为市区、地区、郊区等。按照功能用途的组合，如分为工业区、居住区、市中心区、开发区等。

在中国，依据区域土地资源特点和经济社会发展需要划定的空间区域，市（地）级土地分三级构成：一级为 3 类，即农用地、建设用地和其他用地；二级类 10 个，其中农用地分为耕地、园地、林地、牧草地、其他农用地，建设用地分为城乡建设用地、交通水利用地、其他建设用地，其他用地分为水域和自然保留地；建设用地进一步划分三级类（14 个），其他用地根据需要可进一步划分三级类（2010 年《市（地）级土地利用总体规划编制规程》）。

县级土地分为 9 类功能用途区，分别是：基本农田保护区、一般农地区、城镇村建设用地区、独立工矿区、风景旅游用地区、生态环境安全控制区、自然与文化遗产保护区、林业用地区和牧业用地区。

乡（镇）级土地一般包括 10 类功能用途区：基本农田保护区、一般农地区、城镇建设用地区、村镇建设用地区、独立工矿区、风景旅游用地区、生态环境安全控制区、自然与文化遗产保护区、林业用地区、牧业用地区等类型。

不同规模的城乡区域，因各种功能内容的不同，其构成形态也不一样。如大城市和特大城市，由于城市功能多样而较为复杂，在行政区划上，常有多重层次的隶属关系，如市辖县、建制镇、一般镇等；在地理上有中心城区、近郊区、远郊区等。图 10-36 为大、中、小三类城市用地的构成示意图。

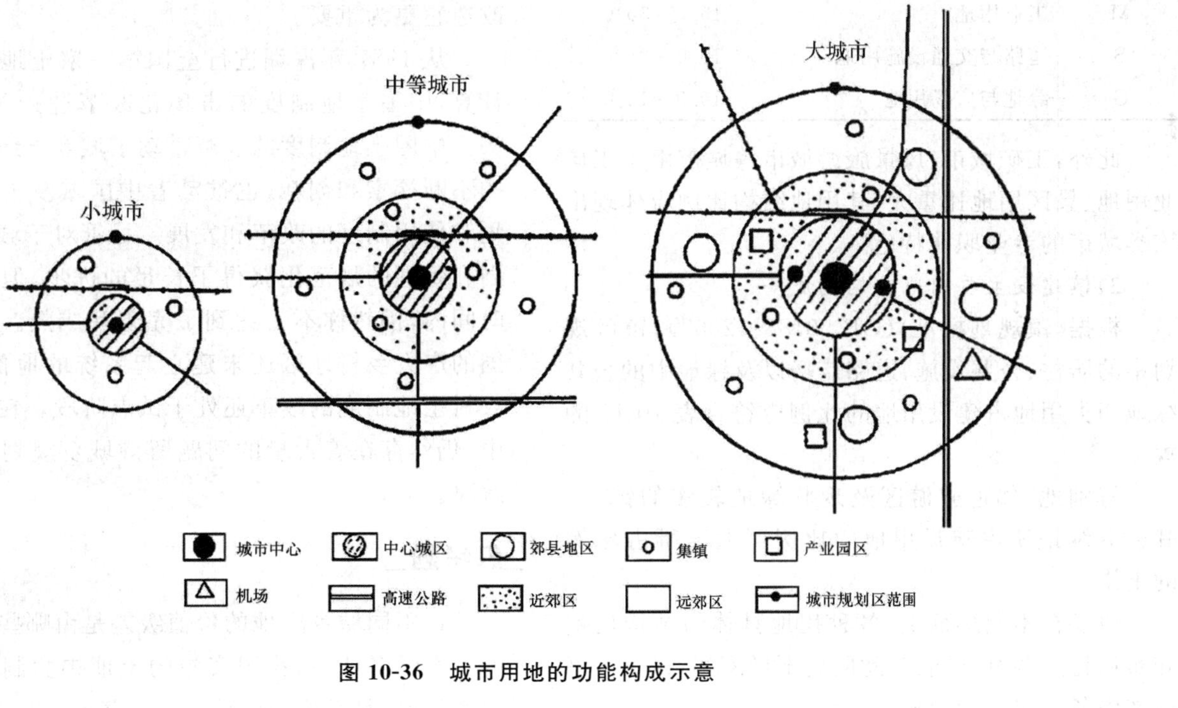

图 10-36　城市用地的功能构成示意

在城市用地构成中，为某种功能需要，可以由用途相容的多种用地，构成混合用途的地域。在现实的城乡发展中，不同的功能构成受到外界环境的影响，可能具有自身的特征，在规划实践中应认真分析，因地制宜。

10.3.4.2 城乡现行用地的比例构成

1)城市主要用地比例构成

根据城乡用地分类的新标准，在总体规划层面，“居住用地”(R)、“公共管理与公共服务用地”(A)、“工业用地”(M)、“道路与交通设施用地”(S)和“绿地与广场用地”(G)这五大类主要用地占城市建设用地的比例具有一般规律性，在实际规划编制和管理工作中，其规划占城市建设用地的比例宜符合表10-16的规定。其中，规模较大城市的“道路与交通设施用地”(S)占城市建设用地的比例应比规模较小城市高。

表 10-16 五大类城市建设用地比例

类别代号	用地名称	占城市建设用地比例/%
R	居住用地	25.0～40.0
A	公共管理与公共服务用地	5.0～8.0
M	工业用地	15.0～30.0
S	道路与交通设施用地	10.0～25.0
G	绿地与广场用地	10.0～15.0

此外，工矿城市、风景旅游城市等城市由于工矿业用地、景区用地比重大，其用地结构比例应体现出该类城市的专业职能特色。

2)镇建设主要用地比例构成

根据《镇规划标准》(GB 50188—2007)，镇区规划中的居住、公共设施、道路广场以及绿地中的公共绿地四类用地占建设用地的比例应符合表10-17的规定。

特别地，邻近旅游区及现状绿地较多的镇区，其公共绿地所占建设用地的比例可大于所占比例的上限。

由于在不同层面上，各种用地具体的结构比例和布局特点各有不同，对此问题不做赘述，详见本书后文中各个层面的规划内容。

表 10-17 四类镇建设用地比例

类别代号	类别名称	占建设用地比例/%	
		中心镇镇区	一般镇镇区
R	居住用地	28～38	33～43
C	公共设施用地	12～20	10～18
S	道路广场用地	11～19	10～17
G1	公共绿地	8～12	6～10
	四类用地之和	64～84	65～85

本章小结

本章对于土地和城乡用地的概念、性质、评价以及分类等进行了概括说明。在绿色、低碳和可持续发展已形成全球共识的背景下，城乡规划师在关注城乡与环境的关系及保护自然生态方面承担着重要的历史责任。城乡的土地在亿万年以来，并将在亿万年以后都将属于自然，而人类仅仅是在短短的几千年时间中占有了它、使用了它。一个好的城乡用地评价与选择，应当是建立在不断进步的共识、理念、分析方法和技术手段之上，并能够将之进行有效整理与综合的。因此，尊重和善用土地资源远远比改造它更为重要。

从1987年深圳进行全国第一宗土地拍卖开始计算，中国土地制度的市场化改革进行了30个年头。中国土地制度的改革带动了城乡土地使用方式的不断探索和创新，也推动着中国城乡土地使用规划和使用制度的改革和发展。尽管对于城乡土地规划和管理的规范化获得了长足的进步，但在有限的时间内，仍然称不上达到了完善和成熟。尤其是中国的广大乡村地区还未建立起系统的地价区划，对农村土地制度的改革还处于试点阶段。在具体实践中，仍然存在着大量的问题留待城乡规划师认识和解决。

思考题

1.不同城乡土地的价值级差是由哪些因素决定的？有学者认为，我国实施的土地拍卖制度提升了房产价格，是否应该叫停土地拍卖？

2.城乡用地评价应当考虑哪些因素？有何不同之处？在你家乡所在的城市或村镇中，对城乡安全影响最大的自然或工程要素是什么？

3.城乡用地选择的影响要素是什么？如果你家乡所在的城市或村镇需要进一步发展，主导方向应当是什么？为什么？

4.城市用地分类体系的发展方向应当是在“细分”基础上的“混合”，该说法是否存在矛盾性？为什么？

第11章 区域规划与城镇体系规划

本章导读：本章内容分为两大部分，区域规划和城镇体系规划。通过系统划分，分别对区域规划和城镇体系规划的概念、特征及作用进行介绍，重点阐述区域规划和城镇体系规划的主要内容，详细描述了两大规划的法定编制程序、技术要求、主要内容和关注重点。

11.1 区域规划

11.1.1 区域与区域规划

11.1.1.1 区域的概念

"区域"是人们工作、生活中被广泛运用的一个概念。由于研究视角的差异，不同学科对其有着不同的界定：社会学认为区域是具有相同语言、相同信仰和民族特征的人类社会聚落的所在地；经济学则视区域为人类经济活动形成的、具有特定地域特征的经济社会综合体；地理学把区域作为地球表面的一个地理单元，整个地球是由无数不同地域层级和范围的区域组成，大到整个地球，小到市、县、乡或村；政治学一般把区域看作国家实施管理的行政单元。

本书中区域的概念强调它的空间特性，强调区域是人类经济活动及其必需的生产要素存在和运动所依赖的载体，即地域空间；认为区域具有自然、经济、社会等多元属性，并具有一定的体系结构形式。

11.1.1.2 区域的特征

1）系统性

任何区域都可以被理解为一个复杂的巨系统，区域的系统性反映在区域类型的系统性、区域层次的系统性和区域内部要素的系统性三个方面。

每一个区域都是内部要素按照一定秩序、一定方式和一定比例组合形成的具有系统性的有机整体，不是各要素的简单叠加。例如，每一个自然区域是自然要素的有机组合，每一个经济区域是经济要素的有机组合。

2）结构性

区域的结构性可表现为城乡结构、城镇结构、环境结构，不同区域的结构关系必定有差异。区域结构源于区域的联系，由于区域内部的区域功能不同，所处的经济发展阶段不同，资源与产品不同，从而产生多种联系，形成不同结构。

3）层次性

区域具有层次性，根据尺度、行政层级等，不同区域具有不同的层次关系。以行政区为例，我国分成省、自治区、直辖市，它们又可以分成县、镇、乡、村。每一个区域都是上一级区域的局部。除了最基层的区域，每一个区域都是由若干个下一级区域组成，若干个下一级区域在构成上一级区域时，不是简单的组合，而是会发生质的变化，出现新的特征。

11.1.1.3 区域规划的概念

区域规划就是区域层面的空间发展计划与行动，根据目前与未来的需要与资源状况，引导和协调区域的变化与发展。

区域规划所能涵盖的时限一般较长，时间弹性较大。作为国民经济和社会发展规划①的重要组成部分，既要与国民经济和社会发展五年、十年规划相协调，又要对一些重大问题作更长远的规划和展望。

区域规划与社会经济发展规划和行业规划有着不同的内涵，既不是国民经济和社会发展规划在区域上的细化，也不是行业规划在区域上的汇总。区域规划是为了发挥不同区域的比较优势，形成合理分工、优势互补、利益兼顾、协调发展的区域格局而作出的规划，它既是对国民经济和社会发展规划在区域上的调整和完善，是对社会公共利益在区域上的合理分配的调整和补充。同时，区域规划更多地注重人与自然、资源、环境相协调的关系、更注重空间布局、经济发展及其依赖的自然资源条件以及区际间的协调平衡和联合与协作的关系等。

依据现阶段编制区域规划的目的要求，区域规划的基本任务是：阐明规划区域的经济发展方向，提出经济发展目标；对区域内人口、产业、城镇及区域性基础设施，和公共性的公共服务设施建设项目在地域空间上予以合理布局；提出近期内的重点建设区域和建设工程项目；提出环境治理、保护的目标和对策。

11.1.2 区域规划的编制内容与程序

11.1.2.1 当前区域规划的编制重点

区域规划是我国空间规划体系的重要组成部分，是国民经济社会发展规划的综合体现，也是城市规划及其他相关规划编制的重要依据。在国家和区域发展的不同时期，其编制的内容和重点也会有所不同。

1)落实国家和区域社会经济发展策略

区域规划是国家战略在地方层面上的体现，是区域内部政府干预和协调地区关系的最重要手段之一。因此，编制规划的首要任务是通过充分分析全球化对国家和区域发展的影响，进而站在高于区域的层面，落实并处理好国家的宏观经济战略与地区发展战略的关系，把经济中心、城镇体系、产业聚集区、基础设施以及限制开发区等落实到具体的地域空间。

2)从区域层面优化配置空间资源

区域规划是实施区域经济管理的重要手段，而如何在市场经济条件下发挥市场配置资源的基础性作用是一个不容忽视的重要问题。在全球化和区域一体化背景下，资源要素在区域范围内的流动更加频繁，使得地区经济发展能够在更大的空间范围内争取资源要素的优化配置，在适合自身发展的产业连接点上实现经济活动的聚集，进而促进地方经济的突破性发展。

3)解决当前区域发展中存在的重大问题

区域规划涉及面较广，需要考虑社会、经济、文化、环境等方面，从发展战略制定到具体重大项目的落实，本身就是一个复杂的区域发展系统问题。因此，区域规划的编制重点应该是放在当前区域发展中已经存在或者潜在的重大问题方面，这些问题往往是各地区共同关注，而单一省市、部门无法解决的矛盾和问题。同时要着重于政府可以引导和控制的内容，目的是为了解决市场自身无法解决的外部性问题，实现区域和部门的协调发展。这些问题可能包括区域功能定位与重要的城市分工、空间功能分区与管制、产业发展方向的引导与地域分工、重大基础设施建设与环境保护、规划实施政策等方面。

11.1.2.2 区域规划编制的主要内容

1)SWOT 分析

SWOT 分析是1971年美国哈佛商学院的 K. J. 安德鲁奇在其《公司战略概念》一书中首次提到的公司发展态势分析方法，目前已被引入城市与区域规划领域，用来分析区域发展的现状态势。

SWOT 分析的主要步骤：

(1)分析排列区域发展的优势(strength)、劣势(weakness)、可能的机遇(opportunity)与威胁(threat)。

① 国民经济和社会发展规划是全国或者某一地区经济、社会发展的总体纲要，是具有战略意义的指导性文件。国民经济和社会发展规划统筹安排作用是指导全国或某一地区的社会、经济、文化建设工作。

(2)优势、劣势、机遇、威胁相组合，形成SO(增长型战略)、ST(多样化发展战略)、WO(扭转型战略)、WT(防御型战略)策略。

(3)当对区域内部的发展条件和区域外部的环境进行SWOT综合分析评价后，就可以根据经验、凭直觉或模仿别处的战略等，提出发展战略构想方案。

区域竞争优势一般包括区位条件优势、科技水平优势、人居环境优势、人力资源优势、制度环境优势、城市文化优势等。可能导致区域劣势的主要有恶劣的区位条件、生态环境、治安水平、人居环境；缺乏具有良好竞争意义的人力资源；关键领域里的竞争能力正在逐渐丧失等。区域潜在的发展机遇可能是区域产业政策措施的调整；区域交通区位的改变；集聚效应加强，产业集群扩大；支柱产业或者主导产业市场容量扩大，竞争优势增强；先进技术研发、引进或转化，获得技术竞争优势等。区域发展的外部威胁可能是外部贸易壁垒、恶性竞争导致的市场份额缩小；支柱产业或者主导产业逐渐失去竞争优势；区域自然资源、土地资源或者人力资源不足导致发展动力不足；区域生态环境恶化；人口特征、社会消费方式的不利变动；区域科技、信息发展水平滞后；区域分工变化、产业转移导致的竞争优势削弱；相关产业受到经济萧条和业务周期冲击等。

SWOT分析方法不仅仅是分析区域发展的优势、劣势、机遇和威胁，重要的是通过对区域发展条件的合理评价分析，最终能够为区域未来的发展分析一下问题：在地区现有内外部环境下，如何最优地运用自身的资源和条件；如何通过创造新的发展条件和发展机遇，实现地区更好地发展。

2)战略定位

区域发展的战略定位是指某一地区未来在一定区域范围内所承担的职能和所处的地位，是对区域发展战略目标的总体概括与描述。区域发展战略是对区域整体发展的分析、判断而作出的重大的、具有决定全局意义的谋划。它的核心是要解决区域在一定时期内的基本发展目标和实现这一目标的途径。

区域发展战略既有经济发展战略，也有空间发展战略。经济总体发展战略通常把发展指导思想、远景目标和分阶段的发展目标、产业结构、主导产业、人口控制目标、各产业比例和发展方向作为谋划重点。经济部门发展战略主要是明确各部门的发展方向、远景目标、重点建设项目和实施政策。空间发展战略是对上述内容进行地区配置，以建立合理的空间结构。空间发展战略的重点是：确定开发方式，明确重点开发区域，确定区域土地利用结构，提出区域开发的策略和措施，制定区域近期重点建设项目的地区安排。

3)战略目标

战略目标是发展战略的核心，是战略思想的集中反映，一般表示战略期限内的发展方向和希望达到的最佳程度。战略目标的制定要注意：目标要适中，既要有难度，又要有竞争性并现实可行；定性与定量相结合；各时期各部门目标相互衔接；突出重点，不包罗万象。

战略目标按期限分短期、中期、长期目标。短期目标又称近期目标，一般5年左右；中期目标，一般以10年为期；远期目标，或叫长期目标，通常在20年以上。

区域发展目标可以分为总体目标和具体目标，这两大目标构成一个完整的目标体系。总体发展目标是区域发展战略方案的高度概括，一般只用一两个具体的指标，加上适当的描述来表达。制定总体目标的目的在于明确区域发展方向、概括追求的区域“理想模式”或“理想状态”的总体面貌，动员和组织各方面的力量为实现理想的追求而努力。所以，总体目标应能体现社会的进步、经济的发展、人民生活水平的提高。它既要“理想化”，又要高度地综合、概括，因而难免比较抽象。这就要求在制定总体目标的同时，要确定一系列具体目标。具体目标是一系列指标体系，它要以总体目标为依据，又是总体目标的具体反映。区域规划的具体目标包括经济目标、社会目标和建设目标三个大类，每类又可分许多次一级的类别，形成一个战略目标系统(图11-1)。

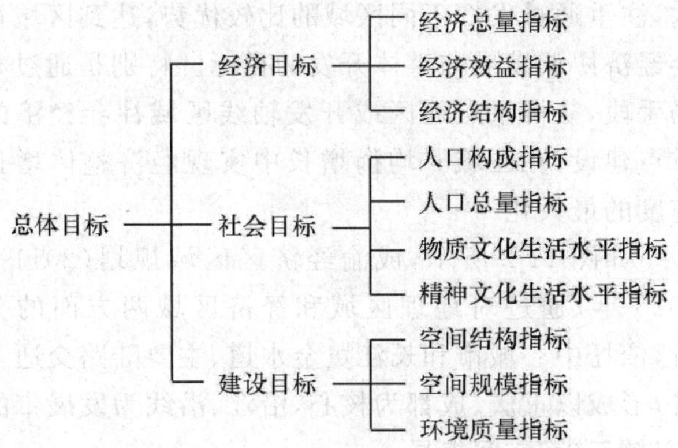

图 11-1　区域发展目标体系

4)发展战略

国内外学者已经提出许多区域发展战略理论模式,就其类型来说,大体可分为经济发展战略模式和空间发展战略模式两大类,彼此之间相互交叉和相互关联。在全球化、信息化的影响下,区域与城市发展的动力机制及其空间表现都处于不断的快速变革之中,因此,如何去迎接这一新的时代挑战,并作出适合的战略性选择,对于区域的发展就显得很重要。

(1)区域与城市的全球竞争战略。在我国,区域应该在资本有限的情况下,明智地采取更加成本有效的发展模式。以中心城市①为核心,采用都市圈②(区)发展模式,加强其与郊县及邻近地区之间在人力资源、社会服务、货物生产等方面的合作,从而形成整体上的全球竞争单元。区域应加强研发、高技术领域的投资及知识型人才的培养和创新区域的培育,以主要大都市区为核心,融入全球产业分工体系和全球城市等级体系网络。

(2)区域精明增长战略。工业化时代城市发展的一个明显特征就是城市空间的蔓延,它是以分散化的土地利用为特征的物质发展。在蔓延的模式下,货物和服务都被分散在整个区域。这就需要复杂的道路系统将其联系起来,从而使得人们的场所感丧失。为了恢复场所感和社区精神,美国的一些城市最早提出了精明增长的策略。

信息网络时代的建设已经促使了所在区域的经济发展、社会管理、生活娱乐向知识化、数字化的转型,知识产业、知识型人才开始集聚,这激发了区域的精明增长。毫无疑问,实现区域精明增长将是区域能否立足于信息时代、实现全球竞争、创造良好生境的重要战略。

(3)区域信息化及网络化发展战略。目前,信息化正逐渐成为推动城镇化的重要动力,同时也成为城镇化发展的重要内容。因此,应建立以区域为基础的空间信息化协调机制,协调城乡之间及城市之间的信息网络、信息产业、信息人才、信息资源等的合理利用。

信息时代的区域发展也是一个日益网络化的过程,在各种有形和无形网络的支撑下,区域成为全球与地方层面上的一个高效运转的空间单元。实现区域的网络化战略,当前重点是完善网络结构和增强节点能力,尤其是要健全骨干网络,培育节点功能,并增强其信息、物质流通能力。

5)总体布局

区域规划的总体布局从地理区域、经济区域两个不同层面入手,重视区域差异性,协调地理区域的人口、资源环境发展,协调区域经济布局,重视经济和社会事业共同发展等。

重点落实区域发展布局战略、资源开发、资源整治等重大设想,对国民经济和社会发展具有指导作用。

(1)地理区域。空间分异与区域资源协调。地理地形和自然资源是区域发展的基础。区域规划工作首先从自然资源和社会资源状况的调查入手,其

① 中心城市是城镇体系规划范围内处于最高层级的城镇,是城镇体系中的核心,一般也是该区域经济、社会、文化、交通等的中心,承担着引领和辐射其他城镇的作用。

② 都市圈是一种特殊的地域空间组织形式,是经济、政治、文化和社会共同作用的结果。都市圈是在特定的区域范围内,以有一个或者多个经济较发达并且有较强城市功能的大城市或者特大城市为核心,以一系列不同性质、规模、等级的中小城市为主体,共同组成在空间上位置相近,在功能上紧密联系、相互依存的具有圈层式地域结构和经济一体化趋势的地域空间组织。都市圈最大的特点是圈内城市之间存在密切的互动关系,不同城市形成一个有机整体。

次系统总结区域经济发展的各种自然与经济资源状况，然后初步评价区域发展的资源环境，为国家总体发展战略以及地区发展规划的制定奠定基础。

(2)经济区域。区域生产力布局与区域经济发展。区域规划的主体内容是因地制宜地落实生产力布局。通过地区产业结构的调整、跨省区重大基础设施的建设、跨省区统一市场的形成以及跨省区横向经济的联合与协作等方式，在很大程度上弥补了传统计划体制中重视行业计划、实行产品经济模式、轻视区域经济布局的缺陷。

利用不同区域的条件构筑不同类型的产业结构，注重通过发挥不同区域的比较优势，达到区域社会经济协调发展与整体开发的目标。特别是通过布局手段，扶持重点地区或开发轴线区域社会经济的重点建设，在区域非均衡增长中实现经济整体增长速度的最大化。

如图 11-2 所示，成渝经济区区域规划(2011—2020 年)通过对地理区域和经济区域两方面的分析，依托中心城市和长江黄金水道、主要陆路交通干线，形成以重庆、成都为核心，沿江、沿线为发展带的“双核五带”空间格局。

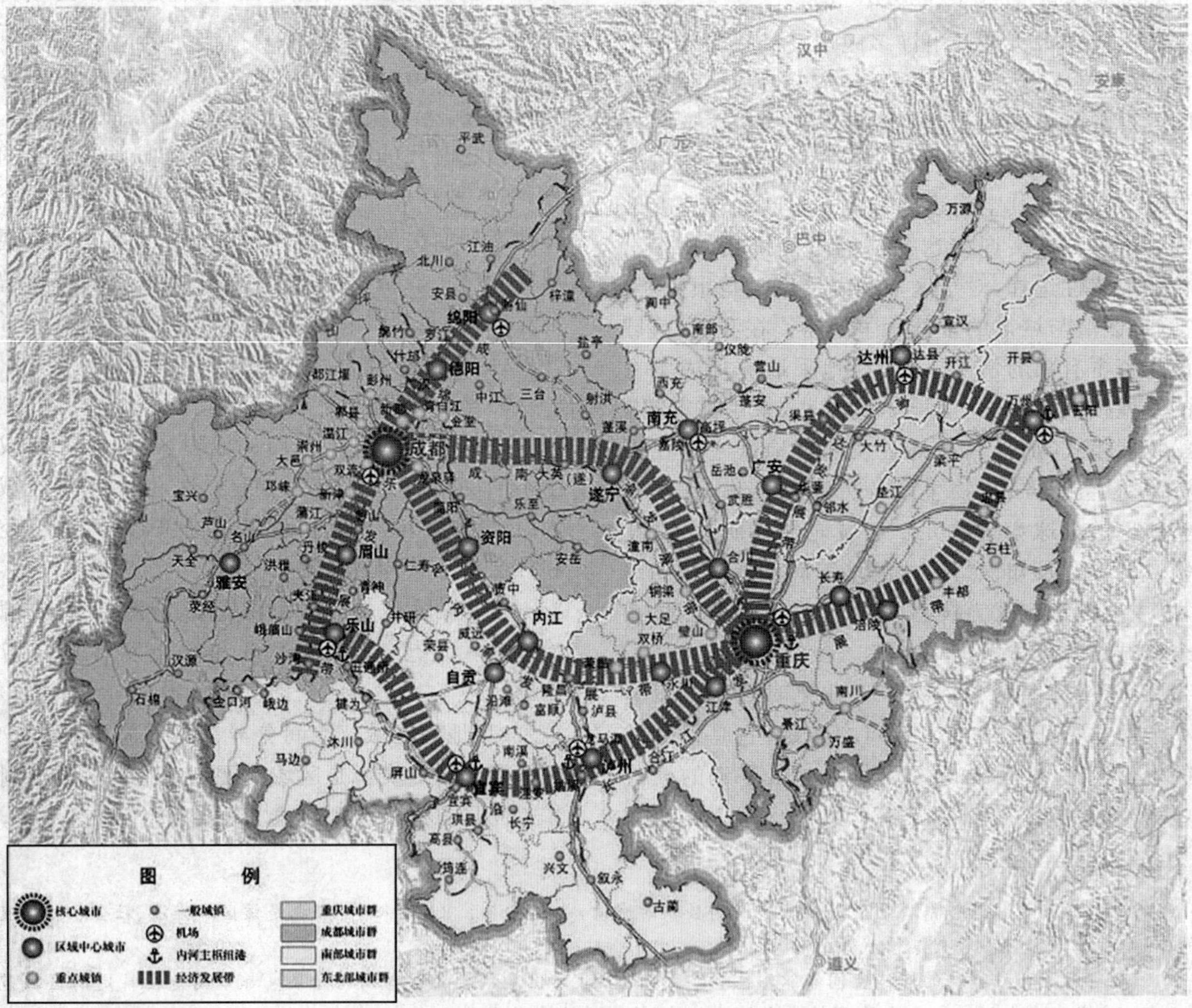

图 11-2　成渝经济区区域规划(2011—2020)总体布局规划图

6）支撑系统

（1）自然资源禀赋。自然资源是区域经济发展和生产力布局的基底，自然资源的数量影响区域发展的规模，自然资源的质量影响区域生产活动的经济效益，自然资源的地域组合影响区域产业结构。区域规划应关注生态环境的地域差异，维持人与自然、资源与环境的协调关系。

（2）经济性基础设施

①人口与劳动力资源。区域经济发展与人口分布的关系，不仅表现在与人口数量分布及变动的关系，更与人口（特别是作为生产者的劳动力人口）的就业结构等经济属性的变动及分布密切相关。在一定意义上，劳动力人口就业结构等经济属性的变动及分布，既是经济活动人口分布的重要内容，又是区域经济发展水平及结构特征的具体反映，同时也是引发人口分布的城市化过程和集中化变动的重要关联因素。

②交通、信息网络基础设施。一方面，综合交通运输体系和区域经济之间存在密切的关系。综合交通运输体系的建立促进地区经济的发展，同时可以承担更多的区际运输，从而带动整个区域经济的发展。另一方面，交通设施的投资建设和信息网络基础设施的提升在很大程度上促进了经济的发展和区域经济格局的演变。交通产业的发展在很大程度上存进了产业的分工及区域经济空间格局的发展和演变，很大程度上加速了产业流通和产业优化升级，从而促进了其相关地区的区域经济发展水平的提高。

如图 11-3 所示，成渝经济区区域规划（2011—2020 年）在交通网络规划上完善铁路、公路、港口航道和机场四个方面的布局，串联起区域内的重点城市，进而推动装备制造、汽车、化工、医药、物流及旅游业等产业的发展。

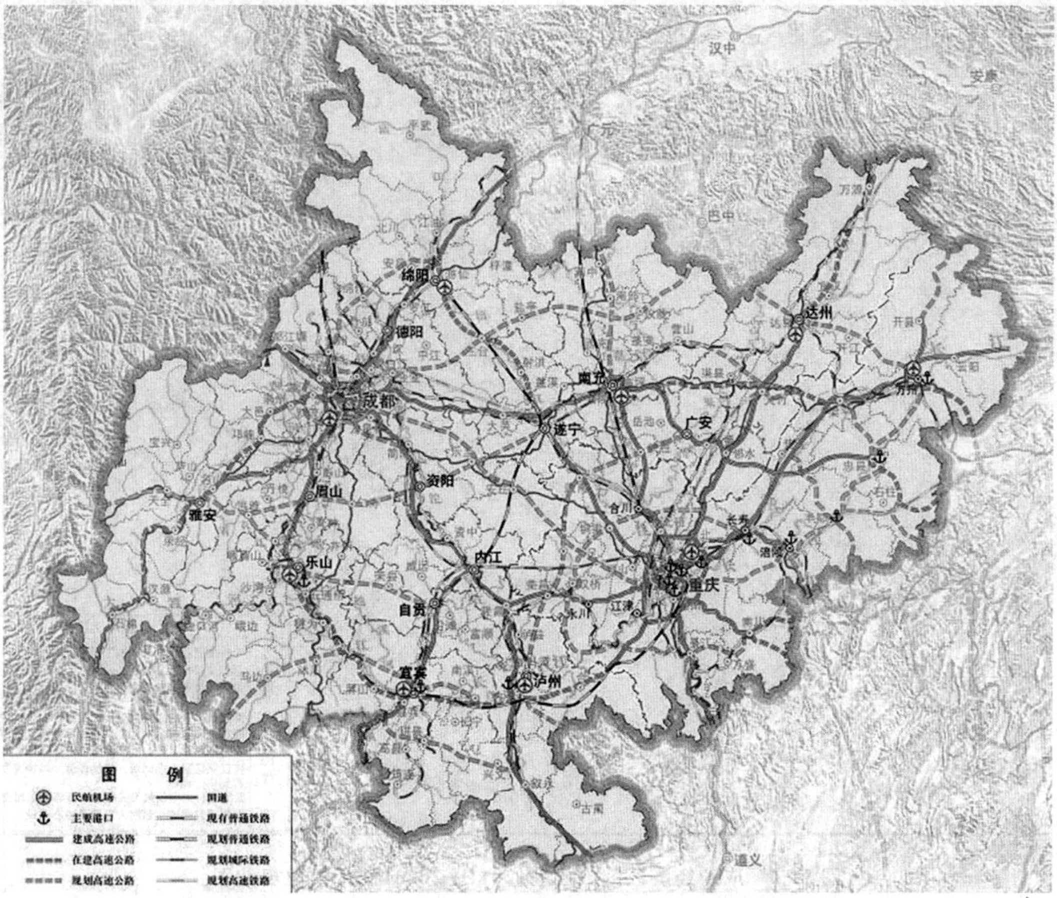

图 11-3　成渝经济区区域规划（2011—2020）交通网络规划图

③社会性基础设施

a)政府制度环境：政府必须积极提供公共产品和服务，完善基础设施和社会事业，创造条件吸引外来资源，协调本地市场秩序，创造宽松开放的政府制度环境等，这些地区发展外部环境的构建是市场在自我调节的过程中无法实现的，但这些职能的发挥对发展地区经济、缩小地区差距而言必不可少，体现出地方政府职能的发挥与地区经济发展关系研究的必要性。

b)教育、科技和卫生条件：科技是第一生产力、人才是第一资源，地区的教育水平直接影响区域的人才资源水平，科技和教育发展对促进经济增长、对振兴国家的意义重大。卫生条件作为基础支撑，与教育基础设施相同，通过提高居民的生活水平，改善区域环境和物质生活条件。

如图 11-4 所示，成渝经济区区域规划(2011—2020)在社会事业规划上主要以改善民生为重点，推进一批重点项目建设，加快教育、卫生、文化、就业和社会保障等社会事业发展，逐步推进基本公共服务均等化，促进社会发展与经济发展相协调。

图 11-4　成渝经济区区域规划(2011—2020)社会事业规划图

(3)空间管制。通过空间管制和主体功能区规划,确定哪些区域适宜优化开发和重点开发,哪些区域应当限制开发和禁止开发。主体功能区划将国土空间划分为优化开发区、重点开发区、限制开发区和禁止开发区①。空间管制中明确四类区域在区域发展布局中承担不同的分工和定位,配套实施差别化的区域政策和绩效考核标准,将逐步打破行政区划分割,改善政府空间管理的方式和机制,是市场经济条件下政府职能转变在区域管理方面的探索和体现,在区域开发体制和机制中,具有前沿性的地位。

主体功能区要求产业的转移从资源环境承载条件差的区域向资源环境承载条件好的区域转移,从不适于发展经济的区域向承担经济发展重任的区域转移。优化发展区内的资源环境负荷重的产业向重点开发区转移;限制开发区内的资源环境负荷重的产业向重点开发区和优化开发区转移;禁止开发区内的与区域功能定位不符的产业将向重点开发区和优化开发区转移。

(4)规划实施。区域规划要在区域经济和社会发展中发挥作用,关键是形成高效的区域规划执行体系和运行系统,保证区域规划的有效性和科学性。在目前市场经济条件下,区域规划管理的手段不再单纯依靠行政部门,而是依靠法律、经济、行政和社会监督等的综合运用。

①法律监督。加强立法工作,使区域规划可以依靠法律手段进行编制和实施。区域规划首要任务不是编制规划,而是通过立法,明确区域规划与现有各类规划的关系,确立区域规划的权威性和法律地位,实现其他各项规划的整合和统筹管理。

②经济政策。制定以产业政策和区域经济发展政策为核心的政策体系,以引导微观经济主体的活动和市场运行,积极增强区域规划管理部门调节经济的实力。

③行政措施保障。制定相应的行政保障措施,强调政令畅通,维护政府的权威性,增强行政管理部门对区域进行调控的及时性和严肃性。

④社会监督。通过社会监督的手段可以有效动员社会力量参与。在规划制定中,广泛吸收有关政府部门、专家学者参与,还可以向公众公布规划要点,征求公众意见,吸引公众参与。

⑤其他手段。及时审批各级区域规划。建立实施评价和定期报告制度,及时掌握区域规划的实施动态。

11.2 城镇体系规划

11.2.1 城镇体系的概念与特征

11.2.1.1 城镇体系的概念

与人和人之间的关系相同,任何一座城镇都不可能孤立地存在。正是由于城镇与城镇之间纷繁紧密的文化和物质交换,将区域内一个个彼此分离并且规模与职能各异的城镇有机联系起来形成一个整体,即城镇体系。

城镇体系的概念最早出现于 20 世纪 20 年代西方学者对城镇群的研究,后来被用于描述国家经济与地理状况,我国于 20 世纪 80 年代将其纳入规划实践。综合来说,城镇体系指在一个国家或相对完整的区域中,由一系列不同职能分工、不同等级规模并且空间分布有序的城镇所组成的联系密切、相互依存的城镇群体。而在《城市规划基本术语标准》(GB/T 50280—98)中,城镇体系的解释为:一定区域内在经济、社会和空间发展上具有有机联系的城市群体。

城镇体系的概念主要有以下几层含义:

(1)城镇体系的研究对象:一定是一个国家或相对完整区域内的城镇群体,一座独立的城镇不能作为研究对象。

(2)城镇体系的核心:中心城市。没有一个具有一定经济社会影响力的中心城市就不可能形成具有现代意义的城镇体系。

(3)城镇体系的构成:一定数量的城镇。城镇之

① 分区规划是在城市总体规划的基础上,对局部地区的土地利用、人口分布、公共设施、城市基础设施的配置等方面所作的进一步安排。

间存在着职能、规模和功能方面的差异。

(4)城镇体系的特点:相互联系。通过不同区位、等级、规模、职能的城镇之间的相互联系,从而构成一个有机整体。

11.2.1.2 城镇体系的特征

城镇体系作为一个"系统",具备任何系统皆有的共同特征,即群体性、层次性、关联性、整体性、开放性和动态性。

(1)群体性。城镇体系是由两个或两个以上的要素所构成的整体。要素可以是单个城镇,也可以是一群城镇所构成的子系统,分为地域空间、等级规模、职能类型和网络系统等不同的组织形态。

(2)层次性。城镇体系通常由次级系统及派生出的子系统构成,具有明显的层次性,每个层次都由次级系统组成,同时又是更高层次的组成部分。这种层次,既与区域内的各城镇规模等级相关,也与地位与作用相联系。每个层次一般均有一个处于核心地位的中心城镇存在。

(3)关联性。城镇体系内各要素之间、要素与体系之间、体系与外部环境之间存在着政治、经济、文化等方面的联系。它们相互依赖,进而反作用于体系内部,促使其发展。

(4)整体性。城镇体系是区域城镇各组成部分的总和,是实体系统。同时,这些组成部分在相互作用的过程中会产生新的体系性质,这种性质不是各组成部分性质的总和,而是由体系内各城镇的有机联系和结构所决定。

(5)开放性。在商品和市场经济的大环境下,现代城镇均具有开发的特性。由于城镇体系是一定区域内各城镇的有机组合体,因此也应当顺应商品和市场经济的发展,形成开放的对外系统。不仅要注重区域内的各城镇的联系,也要推动区域之间的相互交流。

(6)动态性。城镇体系是一个动态的系统,它同样有着孕育、产生、发展、成熟、衰退和消亡的过程。城镇体系内部的人、物质、信息等在不断流动,与此同时,它与外部环境之间也在不断进行物质与文化的交换。因此,城镇体系内各城镇的规模、职能、布局形态等也随着这些变化而处在不断变化之中。

11.2.2 城镇体系规划的地位与作用

11.2.2.1 城镇体系规划的地位

城镇体系规划是在一个国家或相对完整的区域中,妥善处理各城镇之间、单个或多个城镇之间、城镇群之间,以及群体与外部环境之间的关系,以达到区域经济、社会、环境效益最佳的发展目的。在《城市规划基本术语标准》(GB/T 50280—98)中,城镇体系规划是一定地域范围内,以区域生产力合理布局和城镇职能分工为依据,确定不同人口规模等级和职能分工的城镇的分布和发展规划。

我国在 2008 年 1 月 1 日开始实施的《中华人民共和国城乡规划法》中明确规定:"国务院城乡规划主管部门会同国务院有关部门组织编制全国城镇体系规划,用于指导省域城镇体系规划、城市总体规划的编制。省、自治区人民政府组织编制省域城镇体系规划,报国务院审批。"

目前,我国已经形成了由城镇体系规划、城市总体规划、分区规划①、控制性详细规划、修建性详细规划等组成的相对完整的空间规划系列。其中城镇体系规划具有区域性、宏观性、总体性的作用,尤其对城乡总体规划起着重要的指导作用。根据《中华人民共和国城乡规划法》和《城市规划编制办法》的规定,全国城镇体系规划和省域城镇体系规划是城市总体规划编制的法定依据。市域城镇体系规划作为城市总体规划的一部分,为下层面各城镇总体规划的编制提供区域性依据。

---

① 优化开发区、重点开发区、限制开发区、禁止开发区是我国在"十一五规划"中根据不同区域的资源环境承载能力、现有开发密度和发展潜力,统筹谋划未来人口分布、经济布局、国土利用和城镇化格局,将国土空间划分为的四种类型。其中优化开发区是国土开发密度已经较高、资源环境承载能力开始减弱的区域;重点开发区是资源环境承载能力较强、经济和人口集聚条件较好的区域;限制开发区域是资源承载能力较弱、大规模集聚经济和人口条件不够好并关系到全国或较大区域范围生态安全的区域;禁止开发区域是依法设立的各类自然保护区域。

11.2.2.2　城镇体系规划的作用

城镇体系规划用于合理处理体系内部各要素之间的相互关联，同时又要协调体系与外部环境之间的关系。根据 1994 年实施的《城镇体系规划编制审批办法》规定，城镇体系规划的任务是：①综合评价城镇发展条件；②制订区域城镇发展战略；③预测区域人口增长和城市化水平；④拟定各相关城镇的发展方面与规模；⑤协调城镇发展与产业配置的时空关系；⑥统筹安排区域基础设施和社会设施；⑦引导和控制区域城镇的合理发展与布局；⑧指导城市总体规划的编制。因此，它的作用主要体现在以下几个方面：

(1)统筹区域发展态势。重大基础设施通常需要从区域层面进行考虑。城镇体系规划可以发挥对重大建设项目及重大基础设施布局的综合指导功能，从区域整体效益最优化的角度出发，实现重大项目的合理布局以及建设时序的合理调控。

(2)综合评价发展基础。城镇体系规划的另一个重要作用是划定开发界限，明确区域内可开发与不可开发的范围，制定区域内资源保护和利用的措施，实现区域的可持续发展。

(3)协调城镇发展关系。城镇体系规划通过对区域内城镇的空间结构、等级规模、职能组合及网络结构协调安排，根据各城镇的发展基础与条件，从区域整体优化发展的角度指导各城镇形成良性有序的竞争与合作关系，促进区域的整体协调发展。

(4)指导总体规划编制。城镇体系规划是在考虑了与不同层次的法定规划协调后制定的，对实现区域层面与城镇有效衔接意义重大，是城市总体规划的基础。城市总体规划的编制要以全国城镇体系规划、省域城镇体系规划等为依据。

11.2.3　城镇体系规划的内容

城镇体系规划就是在规划基础理论指导下，制定一套城镇体系由“现实状态”向“理想状态”逐步过渡的切实可行的实施方案(图 11-5)。

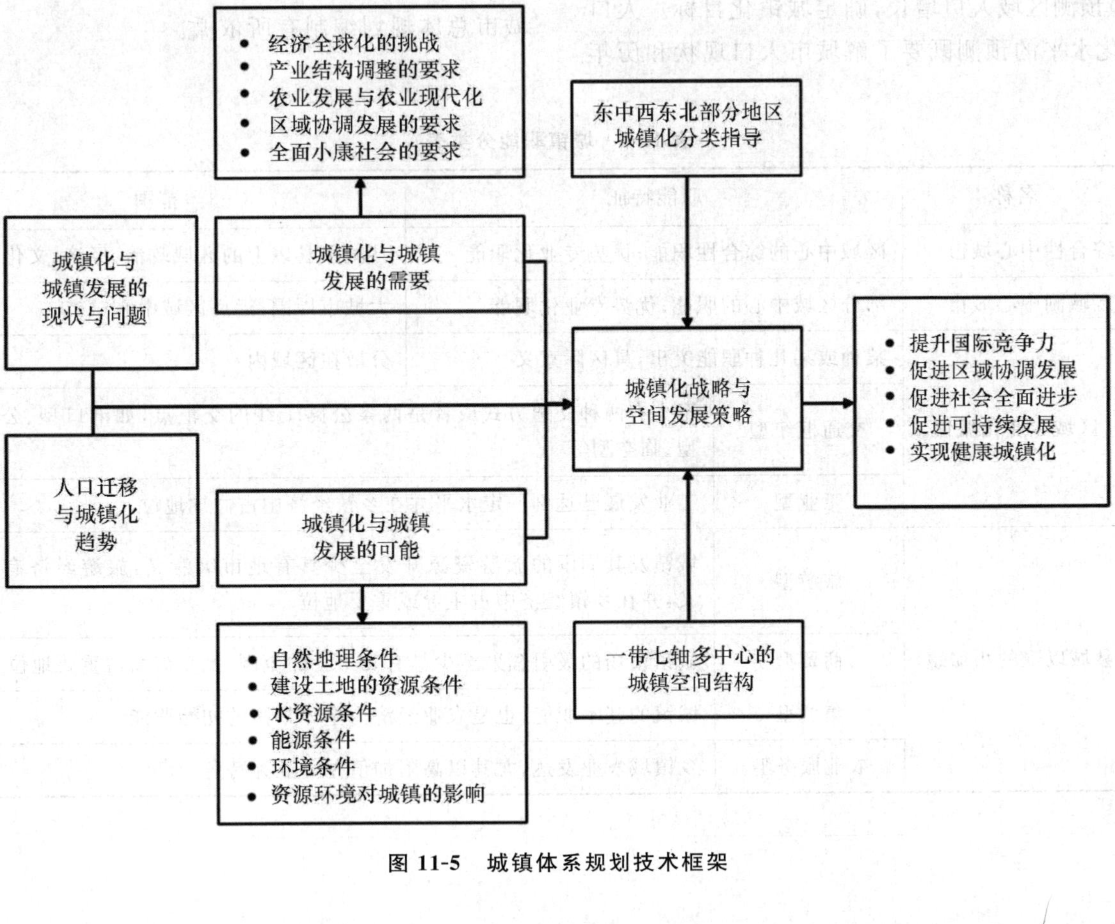

图 11-5　城镇体系规划技术框架

城镇体系规划按行政等级和管辖范围，分为全国城镇体系规划，省域（或自治区域）城镇体系规划，市域（包括直辖市、市和有中心城市依托的地区、自治州、盟域）城镇体系规划，县域（包括县、自治县、旗域）城镇体系规划四个基本层次。另外，根据实际情况，还可以由共同的上级人民政府组织编制跨区域的城镇体系。城镇体系规划的年限一般为 20 年。

11.2.3.1　城镇体系规划的一般内容

依据《城镇体系规划编制审批办法》，城镇体系规划的内容一般包括以下几点：

（1）综合评价区域与城市建设和发展条件。综合评价的目的是分析该区域内各个城镇的分布格局和演变规律，为预测城镇体系的发展提供参考。研究区域经济和城镇发展的有利条件和限制因素，包括自然条件、资源、劳动力、经济技术基础、区域交通条件等内容。深入分析区域内各产业部门的现状特点和存在的问题，明确各城镇中主要部门的发展方向。

（2）预测区域人口增长，确定城镇化目标。人口和城镇化水平的预测既要了解城市人口现状和历年来人口变化情况，更要研究城市社会，经济发展的战略目标，城市发展的有利条件和制约因素。常用的人口预测方法有综合增长率法、时间序列法、带眷系数法、资源环境承载力法等。常用的城镇化率预测方法有联合国法、时间趋势外推法、劳动力转移法等。

（3）确定本区域的城镇发展战略，划分城市经济区。根据城镇间和城乡间交互作用的特点，划分区域内的城市经济区，充分发挥城镇的中心作用，促进城乡统筹发展。同时，对城镇在经济、社会、环境等方面的发展做出全局性、长远性的谋划，制定出城镇在一定时期内的发展目标和实现目标的途径。

（4）提出城镇体系的职能结构和城镇分工。城镇职能结构的规划首先要建立在现状城镇职能分析的基础上，通过定量和定性分析相结合的方法，对比各城镇之间职能的相似性和差异性，确定城镇的职能分类（表 11-1）。对重点城镇还应该确定它们的城镇性质，将它们的主要职能特征准确表达出来，使城市总体规划编制有所依循。

表 11-1　城镇职能分类表

<table>
<tr><th>类别</th><th>名称</th><th colspan="2">职能特征</th><th>范围</th></tr>
<tr><td rowspan="2">Ⅰ</td><td>综合性中心城市</td><td colspan="2">区域中心的综合性职能；优势专业化职能</td><td>县城及县以上的区域政治、经济、文化中心</td></tr>
<tr><td>区域副中心城市</td><td colspan="2">部分区域中心的职能；优势专业化职能</td><td>大城市周围；远离区域中心城市</td></tr>
<tr><td rowspan="3">Ⅱ</td><td rowspan="3">区域专业化城镇</td><td colspan="2">某种或某几种职能突出，具区际意义</td><td>分散在区域内</td></tr>
<tr><td>交通枢纽型</td><td colspan="2">至少有两种交通方式或者是两条公路干线的交汇点，如港口型、公路枢纽型、临空型等</td></tr>
<tr><td>工业型</td><td colspan="2">工业发展已达到一定水平并在乡镇经济中占主导地位</td></tr>
<tr><td rowspan="4">Ⅲ</td><td rowspan="4">县城以下的小城镇</td><td>旅游型</td><td colspan="2">城镇及其周围的旅游资源开发至少具有地市级意义，旅游经济有区域意义，并在乡镇经济中占主导或重要地位</td></tr>
<tr><td>商贸型</td><td colspan="2">城镇市场的吸引辐射至少具有几个县的范围，批发市场占重要地位</td></tr>
<tr><td>集贸型</td><td colspan="2">城镇的基本职能，也是农业经济为主体集镇的初始职能</td></tr>
<tr><td>农业服务型</td><td colspan="2">乡镇域农业发达，尤其以高附加值种养业为特色</td></tr>
</table>

(5)确定城镇体系的等级和规模结构。城镇体系等级规模结构的确立应建立在分析现状城镇规模以及对区域城镇化水平和城镇合理发展规模预测的基础之上。通过城镇人口规模趋势和相对地位的变化分析,对新老城镇做出规模预测,制定出合理的城镇等级规模结构(表 11-2)。

表 11-2　城镇规模等级划分表

等级	名称	人口规模
1	超大城市	1 000 万以上
2	特大城市	500 万～≤1 000 万
3	Ⅰ型大城市	300 万～<500 万
4	Ⅱ型大城市	100 万～<300 万
5	中等城市	50 万～<100 万
6	Ⅰ型小城市	20 万～<50 万
7	Ⅱ型小城市	20 万以下
8	重点镇	3 万～<5 万
9	建制镇	1 万～<3 万
10	一般镇	1 万以下

(6)确定城镇体系的空间布局。城镇体系的空间布局是把区域内不同职能和不同规模的城镇落实到空间,综合审度城镇与城镇之间、城镇与交通网络之间、城镇与区域之间的合理结合。主要内容有:分析区域城镇现状空间网络的主要特点和城市分布的控制因素;制定区域不同等级的城镇发展轴线(或称发展走廊);综合评定各城镇在职能和规模网络结构中的分工与地位,对它们今后的发展对策实行归类,为未来生产力布局提供参考。

(7)统筹安排区域基础设施和社会设施。区域基础设施包括区域交通运输、供排水、电力供应、邮电通信以及区域防灾等。区域社会设施包括区域性的教育、文化、医疗卫生、体育设施及市场体系等。

(8)确定保护区域生态环境、自然环境和人文景观以及历史文化遗产的原则和措施。在统一规划的指导下,建立良好的区域生态环境,保护好区域内人文景观以及历史文化遗产,是保证城镇和区域可持续发展的必要条件。

(9)确定各时期重点发展的城镇,提出近期重点发展城镇的规划建议。城镇体系是以各级中心城市为核心的,重点城镇的发展对整个城镇体系的发展具有重要作用。应根据区域城镇体系的总体思路,提出基于区域合理发展的重点城镇规划对策。

(10)提出实施规划的政策和措施。要使城镇体系规划得以实施,必须要有可操作性的政策和措施的配合,关键是政府的引导和控制。主要内容包括:建立有效的行政管理和区域城镇建设与发展的协调机制;通过权力与资源的分配,改变交通系统与其他基础设施系统;通过政府对工业与公共项目的直接投资,影响城镇体系的完善和发展。

图 11-6 为全国城镇体系(2006—2020)空间结构规划图。

11.2.3.2　城镇体系规划的扩充内容

2003 年建设部在《关于加强省域城镇体系规划实施工作的通知》建规[2003]43 号文件中对城镇体系规划内容作了以下补充:规划要从全局出发,按城乡一体、协调发展的原则,认真确定城镇化和城镇发展战略,确定区域基础设施和社会设施的空间布局,确定需要严格保护和控制开发的地区,明确控制的标准和措施,确定重点发展的小城镇,提出保障规划实施的政策和措施。划定需要严格保护的区域和控制开发的区域及控制指标,综合安排城市取水口、排污口、垃圾处理场、天然气门站和管网、电网、城市之间综合交通网、物流中心等基础设施建设。

11.2.3.3　城镇体系规划的强制性内容

城镇体系规划强制性内容是在规划中必须明确控制要求的部分,是对规划实施进行监督检查的基本依据。根据《城市规划编制办法》和《城市规划强制性内容暂行规定》,城镇体系规划的强制性内容应包括:

(1)区域内必须控制开发的区域。包括自然保护区、退耕还林(草)地区、大型湖泊、水源保护区、分泄洪地区、基本农田保护区、地下矿产资源分布地区以及其他生态敏感区等。

(2)区域内的区域性重大基础设施布局。包括高速公路、干线公路、铁路、港口、机场、区域性电厂、高压输电网、天然气门站、天然气主干管、区域性防洪、泄洪骨干工程、水利枢纽工程、区域引水工程等。

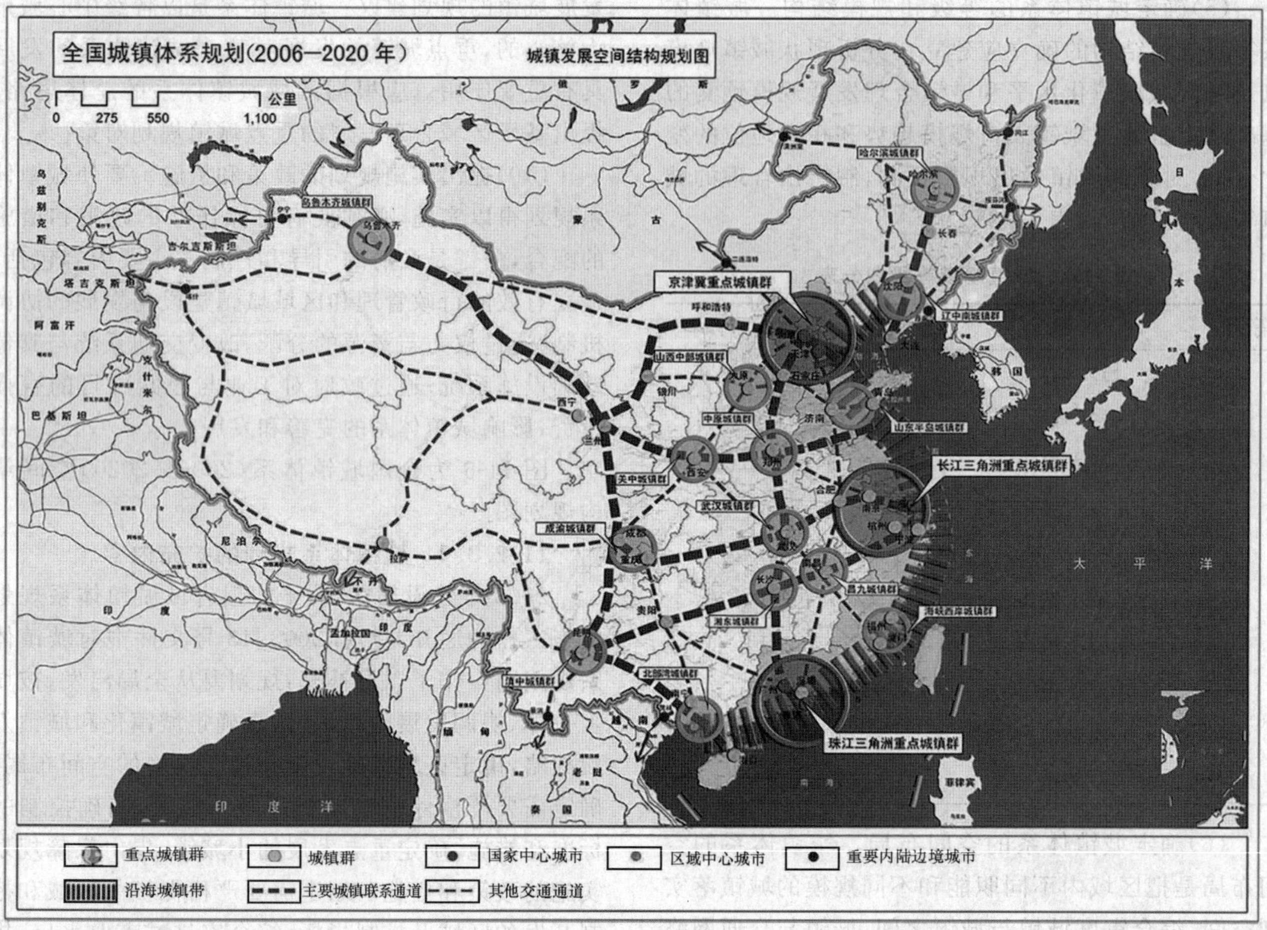

图 11-6 全国城镇体系规划(2006—2020)空间结构规划图

(3)涉及相邻城市、地区的重大基础设施布局。包括取水口、污水排放口、垃圾处理场等。

本章小结

本章介绍了区域规划与城镇体系规划的相关知识,着重介绍了区域规划与城镇体系规划的概念、作用与内容。

区域规划是区域层面的空间发展计划与行动,是为实现一定地区范围的开发和建设目标而进行的总体部署,为城市规划提供有关城市发展方向和生产力布局的重要依据。它的基本任务是阐明规划区域的经济发展方向,提出经济发展目标;对区域内人口、产业、城镇及区域性基础设施和公共性的公共服务设施建设项目在地域空间上予以合理布局;提出近期内的重点建设区域和建设工程项目;提出环境治理、保护的目标和对策。

城镇体系规划是在一个国家或相对完整的区域中,妥善处理各城镇之间、单个或多个城镇之间、城镇群之间,以及群体与外部环境之间的关系,以达到区域经济、社会、环境效益最佳的发展规划。

通过本章学习,我们应该了解到区域规划与城镇体系规划虽然都是区域层面的规划,有着相近的规划目的,但它们的侧重点不同。从法律体系上讲,城镇体系规划是法定规划,相比区域规划,有着更为固定和严格的编制要求。不过,无论差异如何,区域规划与城乡统筹都是我国现阶段规划工作的重点,在规划编制过程中,应该把握永续利用与和谐发展的原则,使自然、经济、社会相互协调,持续发展。

思考题

1. 区域规划与城镇体系规划的作用分别是什么？它们之间有什么差异与共同点？

2. 当前区域规划编制存在哪些问题？针对这些问题应该如何去解决与完善？

3. 区域规划编制的主要内容有哪些？

4. 区域规划中区域发展 SWOT 分析的步骤包括哪些？

5. 城镇体系规划编制的主要内容有哪些？

6. 你觉得城镇体系规划在实施中会遇到哪些问题？应该如何保障规划的强制性和权威性？

7. 选择一个你感兴趣的省份，分析省域范围内的主要城镇，比较它们的规模、职能、定位等，制定一套你认为合理的城镇体系规划布局结构。

第12章

乡镇规划

本章导读：本章从阐述镇、乡的基本概念入手，介绍了乡镇规划的工作范畴、主要任务、编制依据、编制内容、编制方法、成果要求等。重点对编制乡镇规划各步骤的方法进行了详细介绍，并通过案例进行解释说明。

12.1 乡镇的基本概念

在我国的城乡关系中，城市和乡村作为两个相对的概念，存在着诸多差异。同时，城乡之间还存在着亦城亦乡的中间层面：镇。一般来讲，把人口规模较大的聚落称为城市，把人口数量较少、与农村还保持着直接联系的聚落称为镇。

镇在我国是一级行政单元，镇以上是城市，镇以下是乡村。

12.1.1 乡镇在我国城乡划分中的设置

12.1.1.1 我国的城乡行政体系

国家统计局《关于统计上划分城乡的暂行规定》以国务院关于市镇建制的规定和我国的行政区划为基础，以民政部门确认的居民委员会和村民委员会为最小划分单元，将我国的地域划分为城镇和乡村。其中城镇是指我国市镇建制和行政区划的基础区域，乡村是指城镇以外的其他区域。城镇包括城区和镇区。城区是指市辖区和不设区的市(包括不设区的地级市和县级市)中，街道办事处所辖的居民委员会地域，以及城市公共设施、居住设施等连接到的其他居民委员会地域和村民委员会地域。镇区是指在城区以外的镇和其他区域中，镇所辖的居民委员会地域，镇的公共设施、居住设施等连接到的村民委员会地域，还包括常住人口在3 000人以上独立的工矿区、开发区、科研单位、大专院校、农场、林场等特殊区域。乡中心区是指乡、民族乡人民政府驻地的村民委员会地域和乡所辖居民委员会地域。村庄是指农村村民居住和从事各种生产活动的区域，以及未划入城镇的农场、林场等区域。

上述规定和《城乡规划法》中的划分体系基本一致，城乡规划也包括城镇体系规划、城市规划、镇规划、乡规划和村庄规划。

12.1.1.2 城乡的行政建制构成

在我国，人口数量达到一定规模，人口和劳动力结构、产业结构达到一定需求，基础设施达到一定水平，或有军事、经济、民族、文化等特殊要求，并经国务院批准设置的具有一定行政级别的行政单元，通常设市或城市，也称建制市。除了建制市以外的城市聚落都称之为镇。其中具有一定人口规模，人口和劳动力结构、产业结构达到一定要求，基础设施达到一定水平，并被省(自治区、直辖市)人民政府批准设置的镇为建制镇，其余为集镇。每个县城关镇是县人民政府所在地的镇，其他镇是县级建制以下的一级行政单元，而集镇不是一级行政单元。

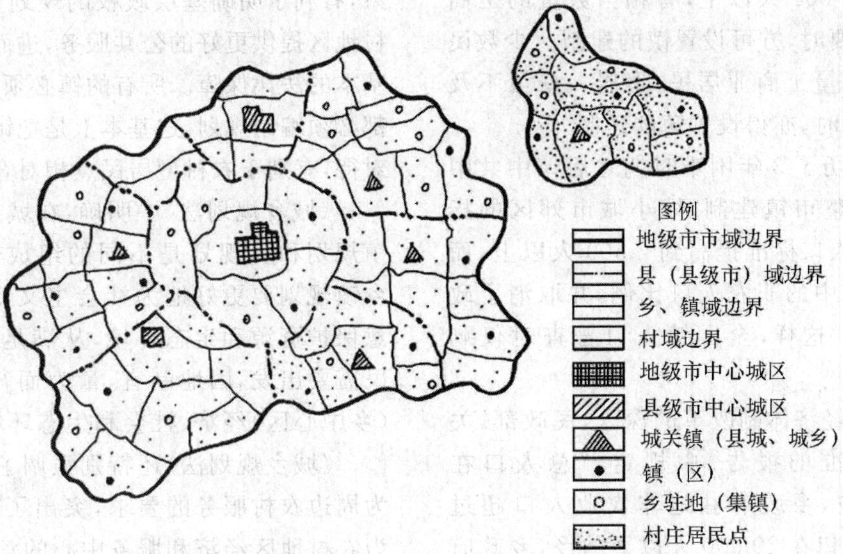

图 12-1　我国行政地域市、县、镇、村关系示意图

图 12-1 表示我国典型的城乡行政建制。以一个地级城市举例来看，它的市域由中心城市及其所辖的县级市和县组成，中心城市是地级市的行政、经济、文化中心（一般下设区级建制，又称设区城市），它包括中心城区和所辖的乡、镇行政区。县级市由其城区及所辖的镇和乡组成。县和县级市平级，其区域经济和服务对象更侧重农村，它的中心是县政府所在地镇，也称县城关镇或城乡，具有城市的属性。县下面辖有镇和乡。

镇和乡一般是同级行政单元。传统意义上的乡是属于农村范畴的，乡政府驻地一般是乡域内的中心村或集镇，通常情况下没有城镇型聚落。相比较而言，镇有着更多的含义。首先，在镇的建制中存在的镇区，总体上被认为是“小城镇”，镇区具有城镇的特性，与城市有更大的相似；其次，镇与农村有千丝万缕的联系，是农村的中心社区；最后，镇偏重于乡村间的商业中心，在经济上是有助于乡村的。所以，镇是城乡的中间地带，是城乡的桥梁和纽带，具有农村服务的功能，也是农村地区城镇化的前沿。

镇和乡的下级单位是行政村，行政村可以是一个村落，也可以包括多个村落或自然聚落。行政村是我国最小的一级农村地区的基层组织。

12.1.1.3　乡镇建制的设置特点

镇属于城市聚落，有其自身的镇区，同时镇也含有其所辖的其他集镇和农村区域，与城市一样具有“城带乡”的二重性，规划上一般称为镇域。镇与市的二重性有着本质区别，市的社会经济活动是以“城”为中心，具有更强的集聚作用，其所辖的城镇和乡村的从属地位比较明显；而镇的社会经济活动是以“乡村”为服务对象，其集聚功能的产生，是经济发展的结果，其所辖乡村和集镇体现更多的自主性。

乡的设置是针对其农村地区的属性，这是乡与镇的典型区别。由于乡的社会经济发展背景处在农业社会的大环境下，乡所辖村虽然和镇所辖村一样，也体现一定的自主性，但经济产业条件使其不具备集聚的内因趋势，乡中心也不具备镇区的聚集条件，通常乡驻地职能是行政管理和服务。

12.1.2　我国设镇标准的演变

新中国成立之后，我国的设镇标准经历了三次变化。

1955 年，国务院发布《关于设置市、镇建制的决定》，规定“镇，是属于县、自治县领导的行政单位。县级或县级以上地方国家机关所在地，可以设置镇的建制，不是县级或县级以上地方国家机关所在地，必须是聚居人口 2 000 人以上，有相当数量的工商业居民，并确有必要时，方可设置镇的建制。少数民族地区如有相当数量工商业居民，聚居人口虽不及 2 000 人，确有必要时，亦得设置镇的建制。”

1963 年，在经历了 3 年困难时期之后，《中共中央、国务院关于调整市镇建制，缩小城市郊区的指示》中对原有设镇人口标准提高到 2 500 人以上，而且具体化了总人口中的非农人口比例，并取消了政治上的特殊条件。这样，全国镇人口普查时仅剩 2 664 个。

1984 年，随着经济体制改革的深入，民政部《关于调整建制镇标准的报告》中规定，“总人口在 20 000 人以下的乡，乡政府驻地非农业人口超过 2 000 人的，或总人口在 20 000 人以上的乡，乡政府驻地非农业人口占全乡人口 10%以上的，可以设建制镇”，“少数民族地区、人口稀少的边远地区、山区和小型工矿区、小港口、风景旅游、边境口岸等地，非农业人口不足 2 000 人，如确有必要，也可以设置镇的建制。”

12.2 乡镇规划的工作范畴

12.2.1 乡镇规划的法律地位

镇与乡同为我国的基层政权组织，实行直接管理群众性自治组织（村民委员会、居民委员会）的体制，是实现城乡统筹的关键点。而乡镇属于城乡居民点体系的交界层次，具有明显的不确定性，总体上处于变化过程之中，所以其外延难以界定。这是因为乡镇规划建设问题在立法上没有得到应有的重视，只是将其作为一种规模较小的城市一笔带过，或者将其雏形作为乡村中心，混同于一般村庄。乡镇的地位及其规划缺乏实事求是的定位和规范。

2008 年 1 月 1 日起开始实施的《城乡规划法》把镇规划和乡规划都作为法定规划，含在同一规划体系内，纳入同一法律管辖范围，明确了镇政府和乡政府的规划责任。同时，《城乡规划法》将镇规划和乡规划单独列出，顺应了我国城镇化建设的需求，有助于促进城乡协调发展。这种基于行政层级的规划体系，有利于明确基层政权的规划责任，通过规划为农村地区提供更好的公共服务，进而为乡镇的发展提供基本的法律保障。所有的镇必须制定规划，而乡并非都必须编制规划，这基本上是把镇作为城市型居民点对待，有别于农村型居民点相对宽泛的要求。

《城乡规划法》中明确，在城乡规划体系中，制定镇规划和乡规划是不同的组成部分，并自成系统。乡镇规划要更好地为社会主义新农村建设服务，注意保护资源和生态环境，从满足乡村广大村民和居民需要出发，因地制宜，量力而行，实现农村和镇区（乡中心区）经济、社会和生态环境的可持续发展。

《城乡规划法》还特别强调了乡镇建设和发展要为周边农村服务的要求，突出了镇区（乡中心区）作为农村地区经济和服务中心的角色。与此同时，《城乡规划法》顺应体制改革的需要和部分乡镇迅猛发展的现实，赋予一些乡镇拥有部分规划行政许可的权利。对于乡镇规划建设的重点，法律提出了有别于城市和村庄的要求，这是考虑到镇自身特点提出的，是统筹城乡发展的重要制度安排。

12.2.2 镇规划的工作范畴

我国除了建制市以外的城市聚落都称之为镇。镇人口数量较少，与农村还保持着联系。其中，具有一定人口规模，产业结构、人口和劳动力结构达到一定要求，基础设施达到一定水平，并被省（自治区、直辖市）人民政府批准设置的镇为建制镇。县城关镇是县人民政府所在地的镇，其他建制镇是县以下的一级行政单元。

在《镇规划标准》（GB 50188—2007）中，镇（乡）域是镇人民政府行政管辖的地域；镇区是镇人民政府驻地的建成区和规划建设发展区。《城乡规划法》第二十九条指出，镇的建设和发展，应当结合农村社会经济发展和产业结构的调整，为周边农村提供服务。

1）镇的现状等级层次—行政体系

镇的现状等级层次一般分为县城关镇（县人民政府所在地镇）、县城关镇以外的建制镇（一般建制镇）、集镇（农村地区）。我国县制是一个历史悠久、长期稳定的基层行政单元。县城关镇对所辖乡镇进行管理，是县城内的政级行政单元，是县域内的次级小城镇，是农村一定区域内政治、经济、文化和生活服务中心。按照国家规定,"集镇"包括"乡、民族乡人民政府所在地"和"经县人民政府确认的由集市发展而成的作为农村一定区域经济、文化和生活服务中心的非建制镇"两种类型。集镇不属于镇的规划范畴。

2)镇的规划等级层次—规划体系

镇的规划等级层次在县域城镇体系中一般分为中心镇和一般镇。县城关镇多为县城范围内的中心城市。中心镇指县域城镇体系中,在经济、社会和空间发展中发挥中心作用,且对周边农村具有一定社会经济带动作用的建制镇,是带动一定区域发展的增长极核,在区域内的分布相对均衡。一般镇指县城关镇、中心镇以外的建制镇,其经济和社会影响范围仅限于本镇范围内,多是农村的行政中心和集贸中心,镇区规模普遍较小,基础设施水平也相对较低,第三产业规模和层次较低。

为体现政府的政策导向,有些地区还要求提出重点扶持和发展的"重点镇",其在分布上往往是不均衡的。重点镇条件较好,具有发展潜力,是政策上重点扶持发展的镇。

3)县城关镇(县人民政府所在地镇)规划的工作范畴

《镇规划标准》(GB 50188—2007)认为,县人民政府所在地镇与其他镇虽同为镇建制,但两者从其管辖的地域规模、性质职能、机构设置和发展前景来看却截然不同,两者并不处于同一层次上。县人民政府所在地镇的规划参照城市的规划标准编制。

4)一般建制镇(县城关镇以外的其他建制镇)规划的工作范畴

按照《城乡规划法》的要求,就编制的内容而言,镇规划的内容和城市规划的内容基本一致,但各有侧重。城市的规划是以中心城市为核心,在城镇体系规划中进行宏观的区域协调,中心城市具有强势的核心作用,是地区的经济中心。县城关镇同样具有这样的作用。而就一般建制镇的工作范畴看,他的规划介于城市和乡村之间,服务农村,有其特定的侧重面,既是有着经济和人口聚集作用的城镇,又是服务镇域广大农村地区的村镇。因此,这些镇的规划有别于城市和乡村,它的存在是为农村第一产业服务,又有第二、三产业的发展特征。

一般建制镇编制规划时,应编制镇(乡)域镇村体系规划,镇(乡)域镇村体系是镇人民政府行政地域内,在经济、社会和空间发展中有机联系的镇区和村庄群体。镇村体系村庄的分类有中心村和基层村(一般村),中心村是镇村体系中设有兼为周围村服务的公共设施的村;基层村是中心村以外的村。

12.2.3 乡规划的工作范畴

在建设部颁布的《村庄和集镇规划建设管理条例》中所称的集镇,是指乡、民族乡人民政府所在地和经县级人民政府确认由集市发展而成,作为农村一定区域经济、文化和生活服务中心的非建制镇。其规划区,是指集镇建成区和应集镇建设及发展需要实行规划控制的区域。

《镇规划标准》(GB 50188—2007)中明确,乡规划可按《镇规划标准》执行。这是由于镇与乡同为我国基层政权机构,且都实行以镇(乡)管村的行政体制,随着我国乡村城镇化的进展、体制的改革,使编制的规划得以延续,避免因行政建制的变更而重新进行规划,因此,乡规划也属于镇规划的工作范畴。在考虑乡规划的变化时,乡规划可以与镇规划采用同一标准,是指乡域村庄体系中,一般分为中心村和基层村。乡政府所在地的村或集镇为乡中心区。

在目前阶段,乡的建制还存在。应该看到,乡的存在,更依托于第一产业为主的农村地区,因此乡规划更注重为农村人口和农村产业服务。由于行政体制和管理权限的不同,以及不同发展情况,乡中心集镇的规划可以按照《镇规划标准》参照镇区和编制方法编制,也可根据具体情况,依据《村庄和集镇规划建设管理条例》,采用类似村庄规划的编制方法。

12.2.4 把握规划任务的属性

乡镇的规划应根据不同经济发展水平、不同类别、不同等级采用不同的发展策略,规划也要采用不同的编制手段。把握不同情况下的乡镇规划任务属性,体现规划编制中实事求是的务实作风。

1)确定不同乡镇的规划范畴

镇、乡作为我国基层的行政组织,与广大农村地区有不同程度的关系。但由于我国地域广阔，地区差别大，不同地区不同发展条件的镇、乡，在规划编制的内容和方法上存在较多的差异。在规划编制中，如何把握规划任务的属性和范畴，不仅仅取决于规划对象的行政建制和级别，更重要地要看其经济社会特征，才能编制符合实际发展需要的、可以指导建设的实事求是的规划。

从原有的相关法律、法规和条例看，建制镇和集镇分属《城市规划法》与《村庄和集镇规划建设管理条例》管辖。以《城乡规划法》为主导的法规和相关条例以及规划编制办法，是比较有针对的普遍意义上的规划方法，在规划编制中，镇、乡要按照各自所属的规划范畴组织规划编制，但在实际工作中应因地制宜地确定相应规划对象的规划类别，这一点在镇、乡规划中至关重要。确定规划的工作范畴，要对实际情况加以分析，研究镇、乡的经济类型、发展趋势、资源条件、社会和政治因素等问题，才能把握相应的工作范畴。切忌仅仅依照行政建制的划分，来简单确定规划工作的范畴。

2）经济发达的乡镇规划范畴采用更高层次

有些乡、集镇已经具有建制镇甚至小城市的特性，就不能纳入乡镇规划范畴，而应以城镇规划考虑。比如，由于地域发展条件或其他经济发展的特别原因，某些乡级建制的地区经济发展水平较高，非农经济比例较大，人们的生产和生活方式早已不是传统的农耕方式，而是与现代制造业和现代服务业为主，虽然由于种种原因仍然保留乡的建制，但实际城镇化趋势较为明显，无论产业方向、功能结构，还是人口和建设规模以及经济规模，都已经超过了乡的范畴，在规划编制思路和技术路线上需要从更高的层面和视角予以对待，可以将其纳入镇规划的工作范畴。

3）现状基础差又不具备发展条件的镇，其规划可考虑纳入乡规划的范畴

一些山区镇，或许因为交通条件，或许因为生态限制要素，发展十分缓慢或不具备发展条件，而仅仅是因为行政建制的原因，作为建制镇设置，其产业结构仍以农村第一产业为主，基本没有工业和服务业，镇的空间形态也主要是乡村面貌，其实际意义就是乡村，而不具备城镇的特质，其规划范畴在技术层面上应纳入乡规划的范畴。

12.3　乡镇规划的主要任务

12.3.1　镇规划的主要任务

1）镇规划的作用

镇规划是管制空间资源开发，保护生态环境和历史文化遗产，创造良好生活生产环境的重要手段，是指导与调控镇发展建设的重要公共政策之一，是一定时期内镇的发展、建设和管理必须遵守的基本依据。镇规划在指导镇的科学建设、有序发展，充分发挥规划协调和社会服务等方面具有先导作用。

2）镇规划的任务

镇规划的任务是对一定时期内城镇的社会经济发展、土地使用、空间布局以及各项建设的综合部署与安排。

镇总体规划的主要任务是：落实市（县）社会经济发展战略及城镇体系规划提出的要求，综合研究和确定城镇性质、规模和空间发展形态，统筹安排城镇各项建设用地，合理配置城镇各项基础设施，处理好远期发展和近期建设的关系，指导城镇合理发展。

镇区控制性详细规划的任务是：以镇区总体规划为依据，控制建设用地性质、使用强度和空间环境。制定用地的各项控制指标和其他管理要求。控制性详细规划是镇区规划管理的依据，并指导修建性详细规划的编制。

镇区修建性详细规划的任务是：对镇区近期需要进行建设的重要地区做出具体的安排和规划设计。

3）镇规划的特点

（1）镇规划的对象特点。我国镇的数量多、分布广、差异大，具有很强的地域性；镇的产业结构相对单一，经济具有较强的可变性和灵活性；镇的社会关系、生活方式、价值观念处于转型期，具有不确定性和可塑性；镇的基础设施相对滞后，需要较大的投入；镇的环境质量有待提高，生态建设有待改善，综合防灾能力亟待加强，在地域发展中镇的依赖性较

强，需要在区域内寻求互补与协作；镇的形成和发展一般多沿交通走廊和经济轴线发展，对外联系密切，交通联系可达性强。

(2)镇规划的技术特点。我国镇规划技术层次较少，成果内容不同于城市规划；规划内容和重点应因地制宜，解决问题具有目的性；规划技术指标体系地域性较强，具有特殊性；规划资料收集及调查对象相对集中，但因基数小，数据资料具有较大变动性；原有规划技术水平和管理技术水平相对较低，更需正确引导以达到规划的科学性和合理性；规划更注重近期建设规划，强调可操作性。

(3)镇规划的实施特点。目前政策、法规和配套标准不够完善，支撑体系较弱，更需要具体实施指导性；规划管理人员缺乏，需要更多技术支持和政策倾斜性；不同地区、不同等级与层次、不同规模、不同发展阶段的镇差异性较大，规划实施强调因地制宜；镇的建设应强调根据自身特点，采用适宜技术和形成特色；我国的镇量大面广，规划实施强调示范性和带动性；镇的建设要强调节约土地、保护生态环境；镇的发展变化较快，规划实施动态性强。

12.3.2　乡规划的主要任务

1)乡规划的作用

乡规划是做好农村地区各项建设工作的先导和基础，是各项建设管理工作的基本依据，对改变农村落后面貌，加强农村地区生产生活服务设施、公益事业等各项建设，推进社会主义新农村建设，统筹城乡发展，构建社会主义和谐社会具有重大意义。

2)乡规划的任务

乡规划的原则包括：①从农村实际出发，尊重农民意愿，科学引导，体现地方和农村特色。②坚持以促进生产发展、服务农业为出发点，处理好社会主义新农村建设与工业化、城镇化快速发展之间的关系，加快农业产业化发展，改善农民生活质量。③贯彻“节水、节地、节能、节材”的建设要求，保护耕地与自然资源，科学、有效、集约利用资源，促进广大乡村地区的可持续发展，保障构建和谐社会总体目标的实现。④加强农村基础设施，生产生活服务设施以及公益事业建设的引导与管理，促进农村精神文明建设。

乡和村庄规划各阶段的主要任务如下：

(1)乡总体规划。是乡级行政区域内村庄和集镇布点规划及相应的各项建设的整体部署。包括乡级行政区域的村庄、集镇布点，村庄和集镇的位置、性质、规模和发展方向，村庄和集镇的交通、供水、供电、商业、绿化等生产和生活服务设施的配置。

(2)乡中心区建设规则。应当在总体规划指导下，具体安排集镇的各项建设。包括住宅、集镇企业、集镇公共设施、公益事业等各项建设的用地布局、用地规划，有关的技术经济指标，近期建设工程以及重点地段建设具体安排。

12.4　乡镇规划的编制

12.4.1　乡镇规划编制的依据与要求

12.4.1.1　乡镇规划的依据

乡镇规划编制的依据主要由三个方面组成，分别是法律法规依据、规划技术依据和政策依据。

(1)法律法规依据。主要有《中华人民共和国城乡规划法》、《中华人民共和国土地管理法》、《中华人民共和国环境保护法》、《城镇体系规划编制审批办法》、《村庄和集镇规划建设管理条例》以及各省、市、县有关村镇规划的规定和管理办法。

(2)规划技术依据。技术依据为相关标准规划，包括《镇规划标准》(GB 50188—2007)和《村镇规划卫生标准》等，除此以外还包括上位规划和相关的专项规划，例如城镇体系规划、城市总体规划、镇(乡)域土地利用规划等。

(3)政策依据。依据主要包括国家对乡镇规划建设做出的宏观指导和相关要求，国家和地方对乡镇建设发展指定的相关文件，地方政府国民经济和社会发展规划等。

12.4.1.2　乡镇规划的原则

编制乡镇规划的根本目的是促进社会、经济、生态等方面的协调发展，为了达到这一目的，规划编制过程中应该遵循以下几点原则：

(1)以人为本原则。强调人文关怀，融入现代文明成果，建设适宜人类生活的人居环境，构筑具有一定乡土特色和历史传统的乡镇社会经济与文化发展模式。

(2)可持续发展原则。合理用地、节约资源、集约发展，充分利用现有建设用地，保护环境、保护历史文化，促进社会、经济、资源和环境的协调发展。

(3)城乡协调发展原则。在区域整体发展战略的指导下，谋求产业发展、人口分布、居民点建设、基础设施布局、生态环境改善的城乡有机整合，促进城乡经济、社会、文化互相融合，协调发展。

(4)因地制宜原则。乡镇之间的地域差异大，发展条件也各不相同，要充分发挥特色优势，强化地域特点，采用适宜技术，走特色发展之路。

(5)市场与政府调控相结合原则。规划应当按市场经济规律进行资源的合理配置，充分提高土地使用效率。对乡镇公益设施实现政府的有效调控，保证乡镇社会、经济、环境的综合协调发展。

12.4.1.3　乡镇规划的层次划分

乡镇规划分为总体规划和详细规划，详细规划又分为控制性详细规划和修建性详细规划。

县人民政府所在地的城关镇的总体规划包括县域城镇体系规划和县城区规划，其他镇的总体规划包括镇村体系规划(图 12-2)和镇区规划两个层次。

12.4.1.4　乡镇规划的年限

乡镇规划的年限应与所在地域城镇体系规划年限一致，并应该编制分期建设规划，合理安排建设时序，使开发建设程序与国家和地方的经济技术发展水平相适应。一般来讲，乡镇总体规划的年限为 20 年，同时可对远景发展做出轮廓性的规划安排。

图 12-2　广元市利州区荣山镇总体规划(2008—2020)镇域村镇体系规划图

资料来源：西南交通大学建筑勘察设计研究院

12.4.2 乡镇规划编制的内容

12.4.2.1 总体规划纲要

总体规划纲要主要适用于规模较大的乡镇，用以解决规划初期对乡镇发展方向、空间布局和重大基础设施均不确定的问题。总体规划纲要需要论证乡镇经济、社会发展条件，原则确定规划期内发展的目标；原则确定镇村体系的结构和布局；原则确定乡镇的性质、规模和总体布局，初步提出规划区范围，选择乡镇发展用地。

12.4.2.2 县城关镇总体规划

县政府所在的城关镇对全县经济、社会、文化等事业起着带领作用，因此县城关镇的总体规划应该按照省域城镇体系规划以及所在市的城市总体规划提出相应的引导措施和调控要求。

1)县域城镇体系规划

综合评价县域发展条件；提出县域城乡统筹的发展战略；确定生态环境、土地和水资源、能源、自然和历史文化遗产等方面的保护与利用的综合目标和要求，提出空间管制原则和措施；预测县域总人口及城镇化水平，确定各乡镇人口规模、职能分工、空间布局和建设标准；提出重点城镇的发展定位、用地规模和建设用地控制范围；确定县域交通发展策略；统筹布局县域交通、通讯、能源、供水、排水、防洪、垃圾处理等基础设施，重要社会服务设施；制定综合防灾和公共安全保障体系的原则；划定城市规划区；确定空间发展时序；提出实施规划的措施和有关建议。

2)县城关镇区总体规划

分析确定城市性质、职能和发展目标，预测县城人口规模；确定建设用地规模，划定建设用地范围；划定禁建区、限建区、适建区和已建区，并制定空间管制措施；安排各类用地；确定绿地、河流水系、历史文化和地方特色等的保护内容和要求，划定保护范围，提出保护措施；确定交通、电信、供水、排水、供电、燃气、供热、环卫等的发展目标及总体布局；确定生态环境保护与建设目标，提出污染控制与治理措施；确定综合防灾与公共安全保障体系等规划原则和建设方针；划定旧区范围，确定旧区有机更新的原则和方法，提出改善的标准和要求；确定空间发展时序，提出规划实施步骤、措施和政策建议。

12.4.2.3 一般乡镇总体规划

一般乡镇的规划应当依据所在地的城市总体规划、县域城镇体系规划，结合本乡镇的经济社会发展水平，对乡镇内的各项建设做出统筹布局与安排。

1)镇(乡)域镇村体系规划

调查镇区(乡中心区)和村庄的现状，分析其资源和环境等发展条件，预测一、二、三产业的发展前景以及劳力和人口的流向趋势；落实镇区规划人口规模，划定镇区用地规划发展的控制范围；根据产业发展和生活提高的要求，确定中心村和基层村，结合村民意愿，提出村庄的建设调整设想；确定镇域内主要道路交通，公用工程设施、公共服务设施以及生态环境、历史文化保护、防灾减灾防疫系统。

2)镇区(乡中心区)总体规划

确定镇区(乡中心区)各类用地布局；确定道路网络，对公共设施和基础设施进行合理安排；建立环境卫生系统和综合防灾防疫系统；确定生态环境保护与优化目标，提出污染控制与治理措施；划定江、河、湖、水库、水渠和湿地等地表水体保护与控制范围；确定历史文化保护及地方特色保护的内容及要求。

12.4.2.4 镇区(乡中心区)详细规划

1)控制性详细规划

确定规划范围内不同性质用地的界线；确定各地块主要建设指标的控制要求与城市设计指导原则；确定地块内的各类道路交通设施布局与设置要求；确定各项公用工程设施建设的工程要求；制定相应的土地使用与建筑管理规定。

2)修建性详细规划

建设条件分析及综合技术经济论证；建筑、道路和绿地等的空间布局和景观规划设计；提出交通组织方案和设计；进行竖向规划设计以及公用工程管线规划设计和管线综合；估算工程造价，分析投资效益。

12.4.3 乡镇规划编制的方法

12.4.3.1 乡镇现状调研与分析

为科学合理地制定规划，在乡镇规划中应当首先对现状资料和情况进行调研与分析。

1)基础资料的搜集

基础资料主要包括以下几个方面:

(1)自然环境资料。主要包括地形地貌,地质构成,历年气象和水文资料,测量的地形图等。

(2)技术经济资料。主要包括自然资源,土地利用资源,国民经济主要指标,工矿业、交通运输、仓储的现状及规划等。

(3)人文社会资料。主要包括历史沿革,人口构成,文化状况,居民点概况,建筑现状,工程设施,人防设施,绿地、风景区、文物古迹和环境等资料,以及年度政府工作报告、近五年统计年鉴、五年经济发展计划、地方志等。

2)现状调研的要点

现状调研要与相关上位规划的要求保持一致,尤其在区域性道路系统、重大基础设施、生态安全系统等方面应符合有关专项规划的要求。调研过程中要注意生态环境保护、工程地质、地震、安全防护、绿化林地等方面的限建要求。

加强村庄整合规划研究,促进新农村建设,对涉及大规模村庄搬迁改造的项目应充分征求当地群众的意见。对现状用地应增加用地权属调查,对国有土地、集体土地进行全面分析,公平合理的统筹制定用地规划。对现状土地使用情况进行调查统计,明确现状保留用地、可改造用地和新增用地,在规划时优先考虑存量土地的利用。

现状调研不仅应调查已经建成的项目,还应注意对已批未建项目、未批已建项目进行逐一调查分析,在与当地政府、建设单位和有关部门进行充分沟通、分析研究后再提出规划解决方案。

12.4.3.2 乡镇性质的确定

乡镇的性质是指乡镇在地区政治、经济、社会和文化生活中所处的地位与作用及担负的主要职能,即乡镇的个性、特点和发展方向。

正确确定乡镇的性质,对明确乡镇的发展方向,调整优化用地布局,保持地方风貌,获取较好的社会经济效益都具有重要意义。同时也有利于充分发挥优势,扬长避短,促进乡镇经济的持续发展和经济结构的日趋合理。

1)确定乡镇性质的依据

(1)区域地理条件。乡镇所在地区的地理和自然条件,对乡镇的形成和发展有着重要的影响。因此在确定乡镇性质时必须了解区域的地形、地貌、水文、地质、气象及地震等自然条件,了解地理环境的容量、交通运输现状和发展方向,以及城镇网络的分布及发展趋向等。这对乡镇发展用地选择,工业企业的设置、布局起着决定性作用。

(2)资源条件。资源是乡镇发展的基础,资源一般分为三大类,自然资源、社会资源和经济资源。自然资源包括矿藏、土地、水、生物等;社会资源包括人力、生产技术、公用设施等;经济资源包括风景、人文等。资源条件不应当只局限于乡镇本身,还应该扩大到区域的范围。因此在规划中需要对乡镇所在区域的各项资源进行全面分析和评价,弄清乡镇发展在资源供应方面的有利条件与限制因素,这对确定区域与乡镇的发展方向和发展重点有重要意义。

(3)国民经济发展计划与国家的方针政策。国民经济发展计划与国家的方针政策直接影响到乡镇工业、交通运输、文教科研事业的发展规模和速度。计划建设的重大项目往往可以决定一个乡镇的性质,因此要对国民经济发展计划与国家的方针政策进行了解。

(4)区域经济结构与经济联系。区域经济结构包括生产结构、消费结构、就业结构等多方面内容。将区域生产结构与资源结构、消费结构相结合,可以认识经济结构现状的利弊。进而明确经济结构调整的重点和方向。经济联系是生产力布局和地域经济结构特点与差异的反映,全面分析区内和区际的经济联系,有助于揭示生产力布局和区域经济结构上的不合理之处,为调整生产力布局和区域经济结构提供重要依据。同时需要对区域内各乡镇的发展条件进行具体比较,分析各乡镇的现状特点,包括乡镇性质和职能分工,从而明确乡镇在地域分工中所起的主要职能。

(5)乡镇的发展历史与现状。乡镇的历史对今后乡镇的发展有着重要的借鉴作用。因此应该着重了解乡镇产生和形成的社会经济背景及其他地理位置条件、乡镇职能、规模和影响范围的历史演变以及引起乡镇发展变化的内外部原因等。乡镇的现状是乡镇发展的基础，应重点分析生产、生活水平和设施现状，各类用地的使用特征和比例，各个系统的运转质量和效能，找出影响乡镇发展的主要矛盾，明确发展前景。

2）确定乡镇性质的方法

乡镇性质的确定首先应该从全局出发，充分考虑区域对乡镇发展的影响，乡镇的性质绝不可以仅仅考虑乡镇自身的条件，而首先应该考虑乡镇所处的区域条件。以区域规划为依据，展开全面的区域调查与研究，明确乡镇发展的有利条件与不利因素，从而为确定乡镇的发展方向，提供依据。

乡镇性质的确定主要有定性分析和定量分析两种，实际运用中可以采用定性与定量相结合的分析方法，对乡镇本身进行调查。

(1)定性分析。分析乡镇在地区政治、经济、文化生活中的地位作用、发展优势、资源条件、经济基础、产业特征、区域经济联系和社会分工等，确定镇的主导产业和发展方向。

(2)定量分析。在定性分析的基础上对乡镇的职能，特别是经济职能作进一步的定量分析，采用一定的技术指标，确定主导作用的生产部门；分析主要生产部门在其所在地的地位和作用；分析主要生产部门在经济结构中的比重；分析主要生产部门在乡镇用地结构中的比重。

乡镇性质的表述方法一般为：区域地位作用＋产业发展方向＋城镇特色或类型。例如，根据荣山镇的区位条件、资源优势、产业现状和《广元市总体规划(2008—2020)》、《利州区灾后重建城镇体系规划》，将其定位为广元城市东翼农副产品加工和轻工业基地，镇域政治经济文化中心，生态良好、环境优美的商贸型城镇。

3）确定乡镇性质时应注意的几个问题

(1)避免把乡镇发展的共性作为乡镇的性质来描述，要注意突出特色的主次，切忌罗列。

(2)要注意乡镇的性质并非一成不变。

(3)要避免把现状乡镇职能照搬到规划性质上，又要防止脱离实际，将乡镇性质理想化。

12.4.3.3　乡镇人口规模预测

1）人口规模的概念

从乡镇规划的角度来看，乡镇的人口应是指那些与乡镇功能活动有着密切关系的人口，他们居住生活在乡镇的范围内，既是乡镇各项设施的使用者，同时也是乡镇服务的对象。乡镇规划的人口规模应该包括两个不同层次的内容：一是规划期末镇(乡)域内的总人口，应为乡镇行政区域内户籍、寄住人口之和，即镇(乡)域常住人口。二是规划期末镇区(乡中心区)的农业人口、非农业人口和寄住人口之和，即镇区(乡中心区)常住人口。除常住人口以外，镇区还有大量通勤人口和流动人口，如表 12-1 所示。

表 12-1　镇区(乡中心区)人口组成

人口类别		统计范围	预测计算
常住人口	户籍人口	户籍在镇区规划用地范围内的人口	按自然增长和机械增长计算
	寄住人口	居住半年以上的外来人口，寄宿在规划用地范围内的学生	按机械增长计算
通勤人口		劳动、学习在镇区内，住在规划范围外的职工、学生等	按机械增长计算
流动人口		出差、探亲、旅游、赶集等临时参与镇区活动的人员	根据调查进行估算

2)人口的构成

此部分的内容参见"6.4.2 城乡人口构成"。

3)人口发展规模预测的方法

此部分的内容参见"6.4.3 城乡人口规模的预测方法"部分。

12.4.3.4 乡镇建设用地标准

1)乡镇用地构成

根据《镇规划标准》(GB 50188—2007)的划分,乡镇用地按土地使用的主要性质划分为:居住用地、公共设施用地、生产设施用地、仓储用地、对外交通用地、道路广场用地、工程设施用地、绿地、水域和其他用地9大类、30小类,如表12-2所示。

表 12-2 乡镇用地分类表

类别代号		类别名称	范围
大类	小类		
R		居住用地	各类居住建筑和附属设施及其间距和内部小路、场地、绿化等用地;不包括路面宽度等于和大于6 m的道路用地
	R1	一类居住用地	以一至三层为主的居住建筑和附属设施及其间距内的用地,含宅间绿地、宅间路用地;不包括宅基地以外的生产性用地
	R2	二类居住用地	以四层和四层以上为主的居住建筑和附属设施及其间距、宅间路、组群绿化用地
C		公共设施用地	各类公共建筑及其附属设施、内部道路、场地、绿化等用地
	C1	行政管理用地	政府、团体、经济、社会管理机构等用地
	C2	教育机构用地	托儿所、幼儿园、小学、中学及专科院校、成人教育及培训机构等用地
	C3	文体科技用地	文化、体育、图书、科技、展览、娱乐、度假、文物、纪念、宗教等设施用地
	C4	医疗保健用地	医疗、防疫、保健、休疗养等机构用地
	C5	商业金融用地	各类商业服务业的店铺,银行、信用、保险等机构,及其附属设施用地
	C6	集贸市场用地	集市贸易的专用建筑和场地;不包括临时占用街道、广场等设摊用地
M		生产设施用地	独立设置的各种生产建筑及其设施和内部道路、场地、绿化等用地
	M1	一类工业用地	对居住和公共环境基本无干扰、无污染的工业,如缝纫、工艺品制作等工业用地
	M2	二类工业用地	对居住和公共环境有一定干扰和污染的工业,如纺织、食品、机械等工业用地
	M3	三类工业用地	对居住和公共环境有严重干扰、污染和易燃易爆的工业,如采矿、冶金、建材、造纸、制革、化工等工业用地
	M4	农业服务设施用地	各类农产品加工和服务设施用地;不包括农业生产建筑用地
W		仓储用地	物资的中转仓库、专业收购和储存建筑、堆场及其附属设施、道路、场地、绿化等用地
	W1	普通仓储用地	存放一般物品的仓储用地
	W2	危险品仓储用地	存放易燃、易爆、剧毒等危险品的仓储用地
T		对外交通用地	镇对外交通的各种设施用地
	T1	公路交通用地	规划范围内的路段、公路站场、附属设施等用地
	T2	其他交通用地	规划范围内的铁路、水路及其他对外交通路段、站场和附属设施等用地

续表 12-2

类别代号		类别名称	范围
大类	小类		
S		道路广场用地	规划范围内的道路、广场、停车场等设施用地,不包括各类用地中的单位内部道路和停车场地
	S1	道路用地	规划范围内路面宽度等于和大于 6 m 的各种道路、交叉口等用地
	S2	广场用地	公共活动广场、公共使用的停车场用地,不包括各类用地内部的场地
U		工程设施用地	各类公用工程和环卫设施以及防灾设施用地,包括其建筑物、构筑物及管理、维修设施等用地
	U1	公用工程用地	给水、排水、供电、邮政、通信、燃气、供热、交通管理、加油、维修、殡仪等设施用地
	U2	环卫设施用地	公厕、垃圾站、环卫站、粪便和生活垃圾处理设施等用地
	U3	防灾设施用地	各项防灾设施的用地,包括消防、防洪、防风等
G		绿地	各类公共绿地、防护绿地;不包括各类用地内部的附属绿化用地
	G1	公共绿地	面向公众、有一定游憩设施的绿地,如公园、路旁或临水宽度等于和大于 5 m 的绿地
	G2	防护绿地	用于安全、卫生、防风等的防护绿地
E		水域和其他用地	规划范围内的水域、农林用地、牧草地、未利用地、各类保护区和特殊用地等
	E1	水域	江河、湖泊、水库、沟渠、池塘、滩涂等水域;不包括公园绿地中的水面
	E2	农林用地	以生产为目的的农林用地,如农田、菜地、园地、林地、苗圃、打谷场以及农业生产建筑等
	E3	牧草和养殖用地	生长各种牧草的土地及各种养殖场用地等
	E4	保护区	水源保护区、文物保护区、风景名胜区、自然保护区等
	E5	墓地	
	E6	未利用地	未使用和尚不能使用的裸岩、陡坡地、沙荒地等
	E7	特殊用地	军事、保安等设施用地;不包括部队家属生活区等用地

2)乡镇建设用地规模

乡镇的建设用地应包括用地分类中的居住用地、公共设施用地、生产设施用地、仓储用地、对外交通用地、道路广场用地、工程设施用地和绿地 8 大类用地之和。规划期末的建设用地规模估算可用下式表示:

$$F = N \times J$$

式中:F 为规划期末乡镇建设用地面积(m^2);N 为规划期末镇区(乡中心区)人口数(人);J 为规划人均建设用地面积(m^2/人)。

(1)人均建设用地指标。人均建设用地指标应为规划范围内的建设用地面积除以常住人口数量的平均数值。人口统计应与用地统计的范围相一致,通常分为以下四级(表 12-3)。

表 12-3 人均建设用地指标分级 m^2/人

级别	一级	二级	三级	四级
人均建设用地指标	>60 ~ ≤80	>80 ~ ≤100	>100~ ≤120	>120~ ≤140

新建镇区(乡中心区)的规划人均建设用地指标应按表 12-3 中第二级确定;当地处现行国家标准《建筑气候区划标准》GB 50178—93 的Ⅰ、Ⅶ建筑气

候区时，可按第三级确定；在各建筑气候区内均不得采用第一、四级人均建设用地指标。

对现有的镇区（乡中心区）进行规划时，其规划人均建设用地指标应在现状人均建设用地指标的基础上，按表12-4规定的幅度进行调整。第四级用地指标可用于Ⅰ、Ⅶ建筑气候区的现有镇区。对于地多人少的边远地区的乡镇，可根据所在省、自治区人民政府规定的建设用地指标确定。

(2)建设用地比例。镇区（乡中心区）规划中的居住、公共设施、道路广场以及绿地中的公共绿地四类用地占建设用地的比例宜符合表12-5的规定。邻近旅游区及现状绿地较多的镇区，其公共绿地所占建设用地的比例可大于所占比例的上限。

表12-4 规划人均建设用地指标 m^2/人

现状人均建设用地指标	规划调整幅度
≤60	增0～15
>60～≤80	增0～10
>80～≤100	增、减0～10
>100～≤120	减0～10
>120～≤140	减0～15
>140	减至140以内

表12-5 建设用地比例

类别代号	类别名称	占建设用地比例/%	
		中心镇镇区	一般镇镇区
R	居住用地	28～38	33～43
C	公共设施用地	12～20	10～18
S	道路广场用地	11～19	10～17
G1	公共绿地	8～12	6～10
四类用地之和		64～84	65～85

3)乡镇建设用地选择

建设用地的选择应根据区位和自然条件、占地的数量和质量、现有建筑和工程设施的拆迁和利用、交通运输条件、建设投资和经营费用、环境质量和社会效益以及具有发展余地等因素，经过技术经济比较，择优确定。

建设用地宜选在生产作业区附近，并应充分利用原有用地调整挖潜，同土地利用总体规划相协调。需要扩大用地规模时，宜选择荒地、薄地，不占或少占耕地、林地和牧草地。

建设用地宜选在水源充足，水质良好，便于排水、通风和地质条件适宜的地段。

建设用地应符合下列规定：①应避开河洪、海潮、山洪、泥石流、滑坡、风灾、地震断裂等灾害影响以及生态敏感的地段；②应避开水源保护区、文物保护区、自然保护区和风景名胜区；③应避开有开采价值的地下资源和地下采空区以及文物埋藏区。

在不良地质地带严禁布置居住、教育、医疗及其他公众密集活动的建设项目。因特殊需要布置本条严禁建设以外的项目时，应避免改变原有地形、地貌和自然排水体系，并应制订整治方案和防止引发地质灾害的具体措施。

建设用地应避免被铁路、重要公路、高压输电线路、输油管线和输气管线等所穿越。

位于或邻近各类保护区的镇区，宜通过规划，减少对保护区的干扰。

12.4.3.5 乡镇总体布局

乡镇总体布局是对乡镇各类用地进行功能组织。在进行总体布局时，应在研究各类用地的特点要求和相互之间的内在联系基础上，对乡镇内各组成部分进行统一安排和统筹布局，合理组织全乡镇的生产、生活，使它们各得其所并保持有机的联系。

1）乡镇总体布局的影响因素

乡镇总体布局的形式是由多种因素共同作用的结果，这些因素包括：区域条件、资源环境、产业发展状况、乡镇建设现状、道路交通体系等。

（1）区域条件：包括乡镇本身的区位条件、区域重大交通设施、水利枢纽等。

（2）资源环境条件：包括地形地貌、地质条件、矿藏、水源、局部气候等。

（3）产业发展状况：包括现有产业基地、科研中心等。

（4）乡镇建设现状：包括乡镇性质、人口规模、用地范围等。

（5）道路交通体系：包括对外交通设施布局、乡镇现状路网结构等。

2）乡镇总体布局的形式

乡镇总体布局的形式可以分为集中式与分散式两大类，其中集中布局形式可分为块状式、带状式、双城式和集中组团式、分散式布局形式可分为集中组团式、分散组团式和多点分散式布局，如图 12-3 所示。

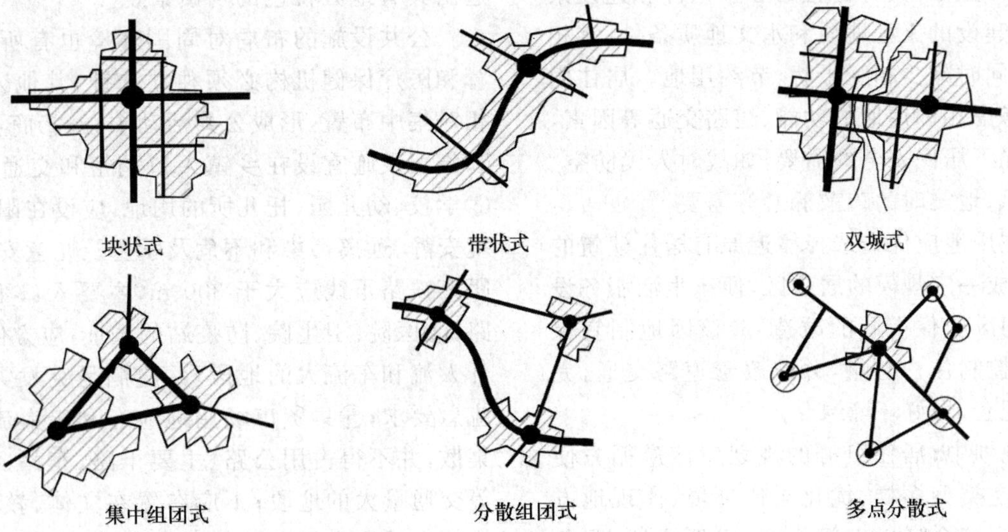

图 12-3 乡镇总体布局的形式

（1）块状式布局。块状式也可称饼状或同心布局模式，是由乡镇中心逐渐向外扩展而形成，是乡镇布局常见的形态模式。尤其在平原地区，乡镇由中心逐渐地向周围自由扩散演变，大多具备用地紧凑、中心单一、生产与生活连片的特点，在发展规模达到一定程度后，可形成新的中心。

（2）带状式布局。带状式主要受交通条件、山体与河流等社会和自然条件的影响而形成。这种布局一般纵向较长，横向较窄，以主要道路为轴组织生活与生产，具有自然的亲和性，生态环境较好。但乡镇内交通组织与用地功能组织的矛盾相对较复杂。这种形态下的进一步发展要尽量避免两端延伸过长，宜将狭长的用地划分为若干段，按生产与生活配套原则，配置生活服务设施，分别形成一定规模的综合区及中心，同时，应重点解决纵向交通联系问题。

（3）双城式布局。双城式布局是一种由两个独立组团整合组建为整体协调发展的乡镇空间布局形态。采用这种形式进行规划布局应该力求两个组团合理分工、互为补充、协调发展，避免各自为政，盲目扩大规模。

（4）集中组团式布局。集中组团式是由于地形条件、用地选择或用地功能组织上的需要，按地形或交通干道划分若干组团。每组团生产、生活基本配套并相对独立，组团之间空间距离不大。

（5）分散组团式布局。分散组团式布局是因地形和用地条件限制以及乡镇空间发展需求，乡镇由分散的若干组团形成，各组团间保留一定的空间距离，环境质量较好。采用分散组团式规划布局时应组织好组团间交通联系，节约乡镇建设投资及管理运行费用，避免用地规模过大。

(6)多点分散式布局。多点分散式布局是因为受地形和矿产资源分布的影响，以采掘加工为主的工矿型乡镇分散建设，生产、生活就地简单配套所形成的布局空间形态。其过于分散，对生产、生活和乡镇建设发展不利。

12.4.3.6 乡镇用地布局

1)居住用地规划

居住用地的选址应符合乡镇用地布局的要求，有利生产，方便生活，具有适宜的卫生条件和建设条件，具有适合建设的工程地质和水文地质条件，宜相对集中布置，同时减少相互干扰，节约用地。居住用地选址还应考虑相邻用地的功能、道路交通等因素，考虑非常情况下居民安全的需要，如战时人民防空、雨季防洪防汛、地震时的疏散躲避等需要。

新建居住用地应优先选择靠近原有居住建筑的位置，从而形成一定规模的居住区，便于生活服务设施的布置。旧区居住街巷的改造，应该因地制宜保留传统特色，控制住户总量，并应改善道路交通，完善公用设施配套，做好环境绿化。

在详细规划中，居住组群的规划应该遵循方便居民使用、住宅类型多样、优化居住环境、体现地方特色的原则，应综合考虑空间组织、组群绿地、服务设施、道路系统、停车场地、管线敷设等的要求。居住建筑的布置应根据气候、用地条件和使用要求来确定居住建筑的类型、朝向、层数、间距和组合方式，满足通风①和日照要求②；建筑的间距和通道设置应符合乡镇防灾要求；住宅用地的规模应符合所在省(自治区、直辖市)人民政府规定的指标。

规划示例见图 12-4 和图 12-5。

2)公共设施用地规划

乡镇公共设施按其使用性质分为行政管理、教育机构、文体科技、医疗保健、商业金融和集贸市场六类，其项目的配置应符合表 12-6 的规定。

由于公共设施的必须性，其本身就是一个环境形成的重要成因，在规划过程中，公共设施布置应考虑乡镇景观组织的要求，合理利用地形等自然条件，通过不同公共设施和其他建筑协调处理与布置，创造出具有地方特色的乡镇景观。

公共设施的布局对周围环境也有所要求：①教育和医疗保健机构必须独立选址，其他公共设施宜相对集中布置，形成公共活动中心；②商业金融机构和集贸设施宜设在乡镇人口稠密和交通便捷地段；③学校、幼儿园、托儿所的用地，应设在阳光充足、环境安静、远离污染和不危及学生及儿童安全的地段，距离铁路干线应大于 300 m，主要入口不应开向公路；④医院、卫生院、防疫站的选址，应方便使用并避开人流和车流大的地段，并应满足突发灾害事件的应急要求；⑤集贸市场用地应有利于人流和商品的集散，并不得占用公路、主要干路、车站、码头、桥头等交通量大的地段；不应布置在文体、教育、医疗机构等人员密集场所的出入口附近和妨碍消防车通行的地段；影响镇容环境和易燃易爆的商品市场，应设在集镇的边缘，并应符合卫生、安全防护的要求；集贸市场用地的面积应按平集规模确定，并应安排好大集时临时占用的场地，休集时应考虑设施和用地的综合利用。

---

① 通风标准是指我国在《住宅建筑规范》GB 50386—2005 中规定的住宅通风标准：a.住宅应能自然通风，每套住宅的通风开口面积不应小于地面面积的 5%；b.卧室、起居室(厅)应有与室外空气直接流通的自然通风。单朝向住宅采取通风措施。c.采用自然通风的房间其通风开口面积应符合卧室、起居室(厅)、明卫生间的通风开口面积不应小于该房间地板面积的 1/20。d.厨房的通风开口面积不应小于该房间地板面积的 1/10，并不得小于 0.60 m^2。e.严寒地区住宅的卧室、起居室(厅)应设通风换气设施，厨房、卫生间应设自然通风道。

② 日照标准是指我国在《民用建筑设计通则》GB 50352—2005 中规定的建筑日照标准：a.每套住宅至少应有一个居住空间获得日照，该日照标准应符合现行国家标准《城市居住区规划设计规范》GB 50180—93 有关规定；b.宿舍半数以上的居室，应能获得同住宅居住空间相等的日照标准；c.托儿所、幼儿园的主要生活用房，应能获得冬至日不小 3 h 的日照标准；d.老年人住宅、残疾人住宅的卧室、起居室，医院、疗养院半数以上的病房和疗养室，中小学半数以上的教室应能获得冬至日不小于 2 h 的日照标准。

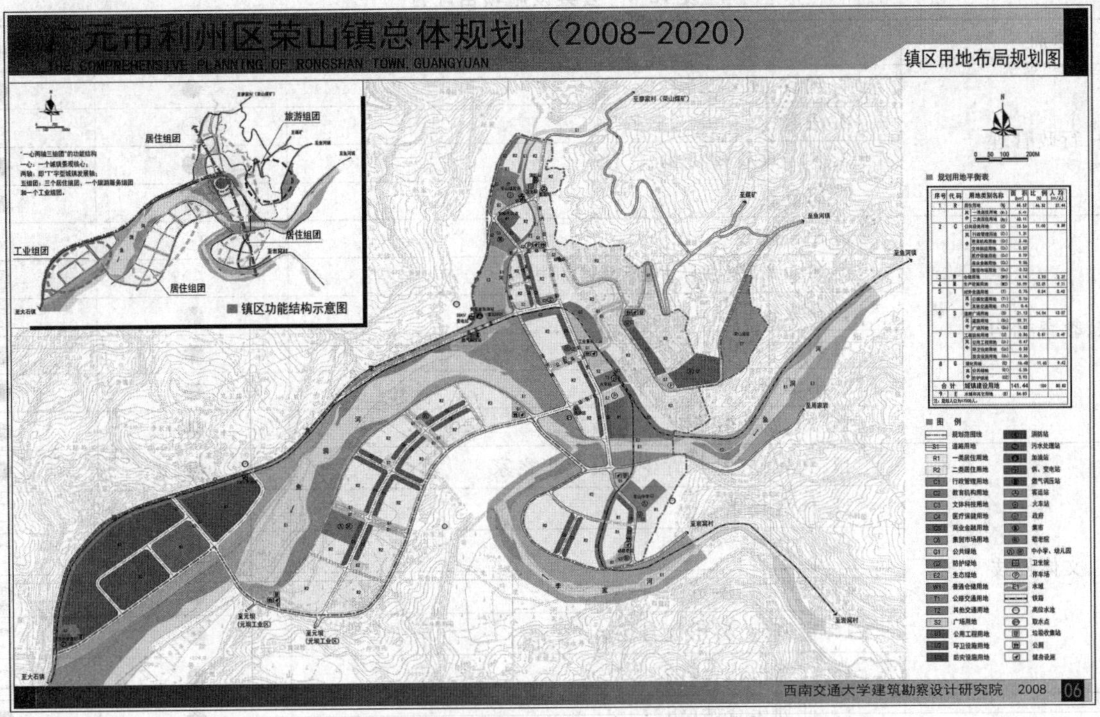

图 12-4　广元市利州区荣山镇总体规划(2008—2020)镇区用地布局规划图

资料来源:西南交通大学建筑勘察设计研究院

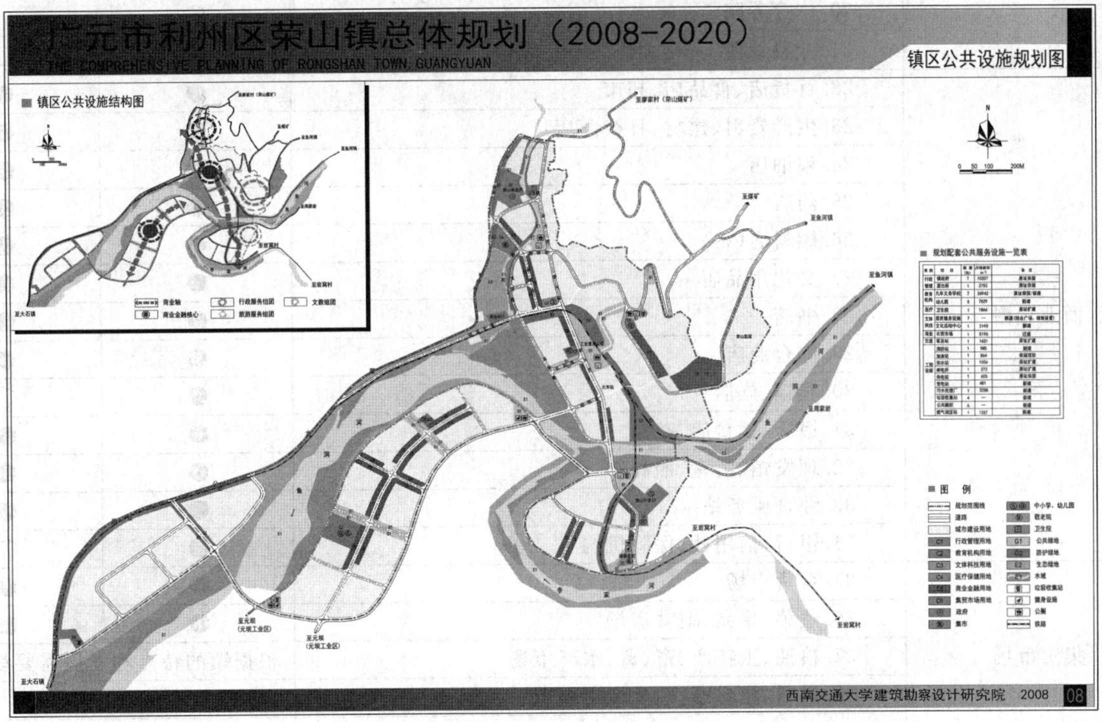

图 12-5　广元市利州区荣山镇总体规划(2008—2020)镇区公共设施规划图

资料来源:西南交通大学建筑勘察设计研究院

表 12-6 公共设施项目配置

类别	项 目	中心镇	一般镇
一、行政管理	1. 党政、团体机构	●	●
	2. 法庭	○	—
	3. 各专项管理机构	●	●
	4. 居委会	●	●
二、教育机构	5. 专科院校	○	—
	6. 职业学校、成人教育及培训机构	○	○
	7. 高级中学	●	○
	8. 初级中学	●	●
	9. 小学	●	●
	10. 幼儿园、托儿所	●	●
三、文体科技	11. 文化站(室)、青少年及老年之家	●	●
	12. 体育场馆	●	○
	13. 科技站	●	○
	14. 图书馆、展览馆、博物馆	●	○
	15. 影剧院、游乐健身场	●	○
	16. 广播电视台(站)	●	○
四、医疗保健	17. 计划生育站(组)	●	●
	18. 防疫站、卫生监督站	●	●
	19. 医院、卫生院、保健站	●	○
	20. 休疗养院	○	—
	21. 专科诊所	○	○
五、商业金融	22. 百货店、食品店、超市	●	●
	23. 生产资料、建材、日杂商店	●	●
	24. 粮油店	●	●
	25. 药店	●	●
	26. 燃料店(站)	●	●
	27. 文化用品店	●	●
	28. 书店	●	●
	29. 综合商店	●	●
	30. 宾馆、旅店	●	○
	31. 饭店、饮食店、茶馆	●	●
	32. 理发馆、浴室、照相馆	●	●
	33. 综合服务站	●	●
	34. 银行、信用社、保险机构	●	○
六、集贸市场	35. 百货市场	●	●
	36. 蔬菜、果品、副食市场	●	●
	37. 粮油、土特产、畜、禽、水产市场	根据镇的特点和发展需要设置	
	38. 燃料、建材家具、生产资料市场		
	39. 其他专业市场		

注:表中●应设的项目;○可设的项目

3）生产设施和仓储用地规划

工业生产用地应根据其生产经营的需要和对生活环境的影响程度进行选址和布置，如图 12-6 所示，一类工业用地可布置在居住用地或公共设施用地附近；二、三类工业用地应布置在常年最小风向频率的上风侧及河流的下游，并应符合现行国家标准《村镇规划卫生标准》GB 18055—2012 的有关规定；新建工业项目应集中建设在规划的工业用地中；对已造成污染的二类、三类工业项目必须迁建或调整转产。

镇区（乡中心区）工业用地的规划布局中，应选择靠近水源、电源和对外交通的地段；同类型的工业用地应集中分类布置，协作密切的生产项目应邻近布置，相互干扰的生产项目应予分隔；应紧凑布置建筑，宜建设多层厂房；应有可靠的能源、供水和排水条件，以及便利的交通和通信设施；公用工程设施和科技信息等项目宜共建共享；应设置防护绿带和绿化厂区；应为后续发展留有余地。

农业生产及其服务设施用地的选址和布置中，农机站、农产品加工厂等的选址应方便作业、运输和管理；养殖类的生产厂（场）等的选址应满足卫生和防疫要求，布置在镇区和村庄常年盛行风向的侧风位和通风、排水条件良好的地段，并应符合现行国家标准《村镇规划卫生标准》GB 18055—2012 的有关规定；兽医站应布置在镇区的边缘。

仓库及堆场用地的选址和布置应按存储物品的性质和主要服务对象进行选址；宜设在镇区边缘交通方便的地段；性质相同的仓库宜合并布置，共建服务设施；粮、棉、油类、木材、农药等易燃易爆和危险品仓库严禁布置在镇区人口密集区，与生产建筑、公共建筑、居住建筑的距离应符合环保和安全的要求。

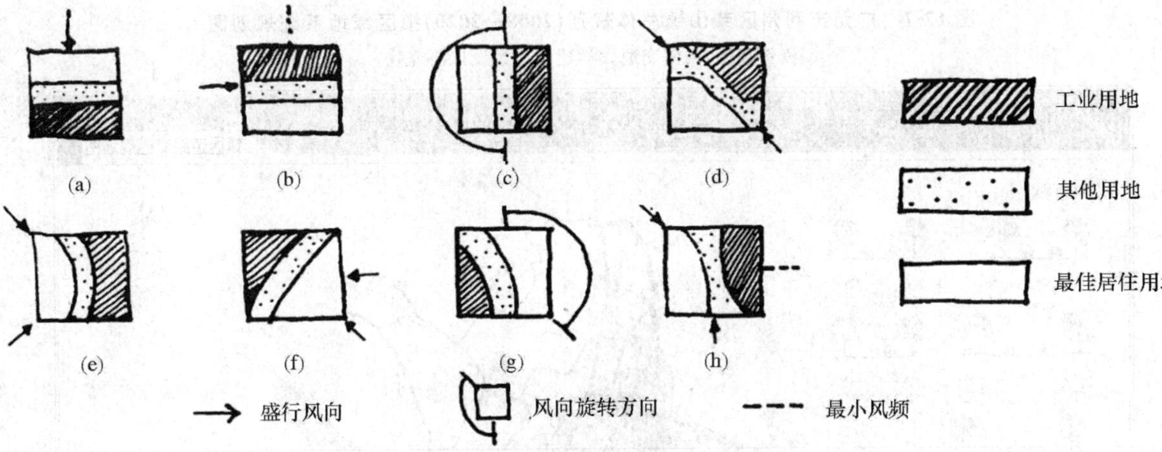

图 12-6　工业与居住用地典型布置图示

资料来源：吴志强，李德华. 城市规划原理. 4 版. 北京：中国建筑出版社，2010.

4）绿地用地规划

镇区（乡中心区）的绿地分为公共绿地和防护绿地两类。公共绿地又包括公园绿地、街头绿地等，公共绿地应均衡分布，形成完整的绿地系统。

公园绿地应结合河流山川、道路系统以及生活居住区的布局综合考虑，方便居民到达和使用。公园绿地的选址应充分利用不宜于工程建设和农业生产的用地，可选择在河湖沿岸，充分发挥亲水的作用，并且有利于改善乡镇的小气候；可选择林木较多和有古树的地段；也可选择名胜古迹及革命历史文物所在地。

街头绿地的选址应方便居民使用，以配置树木为主，适当布置步道及座椅等设施。

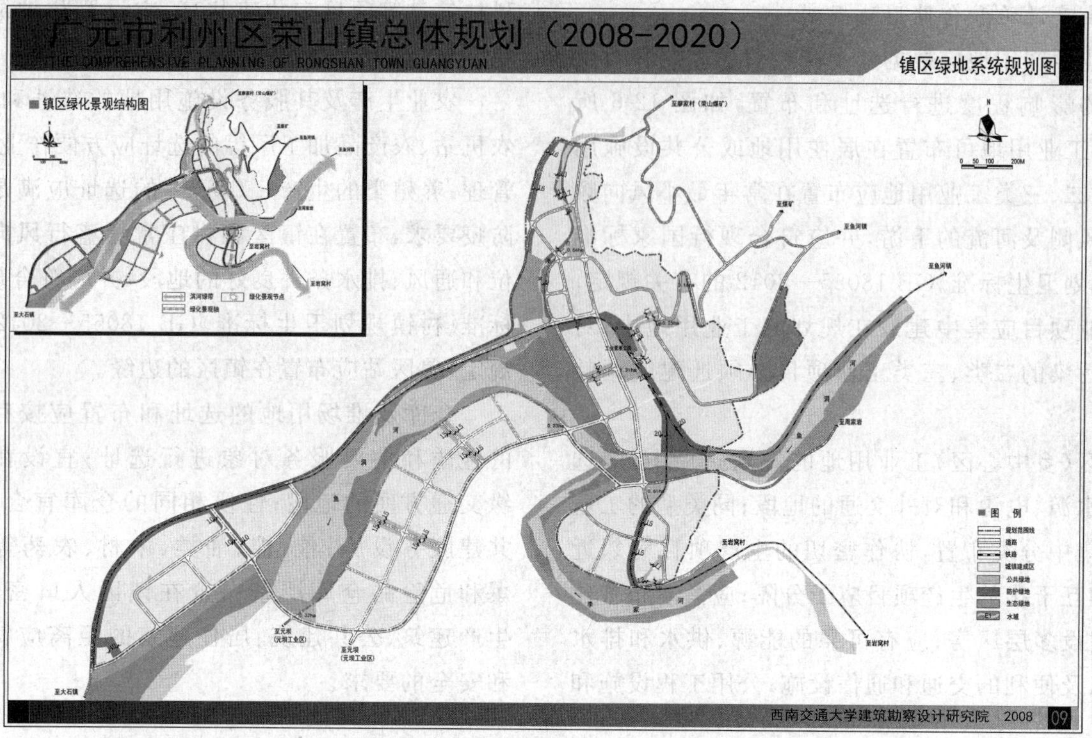

图 12-7　广元市利州区荣山镇总体规划(2008—2020)镇区绿地系统规划图

资料来源：西南交通大学建筑勘察设计研究院

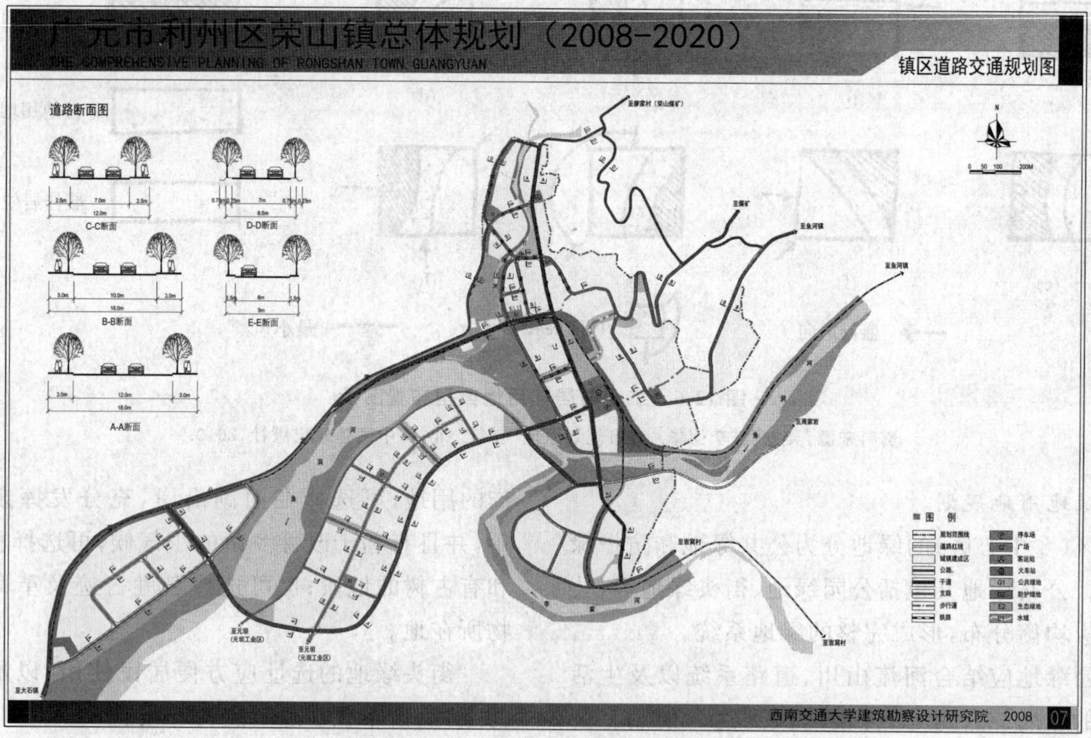

图 12-8　广元市利州区荣山镇总体规划(2008—2020)镇区道路系统规划图

资料来源：西南交通大学建筑勘察设计研究院

12.4.3.7 道路交通规划

道路交通规划主要应包括镇区(乡中心区)内部的道路交通、镇(乡)域内镇区(乡中心区)和村庄之间的道路交通以及对外交通的规划。

乡镇的道路交通规划应依据县域或地区道路交通规划的统一部署进行规划,并应根据乡镇用地的功能、交通的流向和流量,结合自然条件和现状特点,确定镇区(乡中心区)内部的道路系统,以及镇(乡)域内镇区(乡中心区)和村庄之间的道路交通系统,应解决好与区域公路、铁路、水路等交通干线的衔接,并应有利于镇区(乡中心区)和村庄的发展、建筑布置和管线敷设。

1)镇区(乡中心区)道路规划

镇区的道路应分为主干路、干路、支路、巷路四级,道路系统的组成应根据乡镇的规模分级和发展需求按表12-7确定,各级道路的规划技术指标应符合表12-8的规定。

表12-7 镇区(乡中心区)道路系统组成

规划规模分级	道路级别			
	主干路	干路	支路	巷路
特大、大型	●	●	●	●
中型	○	●	●	●
小型	—	○	●	●

注:表中●应设的级别;○可设的级别

表12-8 镇区(乡中心区)道路规划技术指标

规划技术指标	道路级别			
	主干路	干路	支路	巷路
计算行车速度/(km/h)	40	30	20	—
道路红线宽度/m	24～36	16～24	10～14	—
车行道宽度/m	14～24	10～14	6～7	3.5
每侧人行道宽度/m	4～6	3～5	0～3	0
道路间距/m	≥500	250～500	120～300	60～150

镇区(乡中心区)的道路应根据用地地形、道路现状和规划布局的要求,按道路的功能性质进行布置;连接工厂、仓库、车站、码头、货场等以货运为主的道路不应穿越镇区(乡中心区)的中心地段;文体娱乐、商业服务等大型公共建筑出入口处应设置人流、车辆集散场地;商业、文化、服务设施集中的路段,可布置为商业步行街,根据集散要求应设置停车场地,紧急疏散出口的间距不得大于160 m;人行道路宜布置无障碍设施。

2)对外交通规划

镇(乡)域内的道路交通规划应满足镇区(乡中心区)与村庄间的车行、人行以及农机通行的需要。道路系统应与公路、铁路、水运等对外交通设施相互协调,并应配置相应的站场、码头、停车场等设施,公路、铁路、水运等用地及防护地段应符合国家现行的有关标准的规定。高速公路和一级公路的用地范围应与镇区建设用地范围之间预留发展所需的距离。规划中的二、三级公路不应穿过镇区和村庄内部,对于现状穿过镇区和村庄的二、三级公路应在规划中进行调整。

12.4.3.8 公用工程设施规划

公用工程设施规划主要应包括给水、排水、供电、通信、燃气、供热、工程管线综合和用地竖向规划。乡镇的公用工程设施规划应依据县域或地区公用工程设施规划的统一部署进行规划。

1)给水工程规划

乡镇给水工程分为集中式给水和分散式给水两种形式。①集中式给水:在规划中应主要确定用水量、水质标准、水源及卫生防护、水质净化、给水设施、管网布置等内容;②分散式给水:在规划中主要确定用水量、水质标准、水源及卫生防护、取水设施。

除上述预测方法外,给水工程规划的用水量也可按表12-9中人均综合用水量指标预测。表12-9中为规划期最高日用水量指标,已包括管网漏失及未预见水量;有特殊情况的镇区(乡中心区),应根据用水实际情况,酌情增减用水量指标。

(1)用水量预测。用水量应包括生活、生产、消防、浇洒道路和绿化用水量,管网漏水量和未预见水量。各类用水量参考表12-10和表12-11进行预测。

表 12-9　人均综合用水量指标　L/(人·d)

建筑气候区划	镇区(乡中心区)	镇区(乡中心区)外
Ⅲ、Ⅳ、Ⅴ区	150～350	120～260
Ⅰ、Ⅱ区	120～250	100～200
Ⅵ、Ⅶ区	100～200	70～160

表 12-10　居住建筑的生活用水量指标　L/(人·d)

建筑气候区划	镇区(乡中心区)	镇区(乡中心区)外
Ⅲ、Ⅳ、Ⅴ区	100～200	80～160
Ⅰ、Ⅱ区	80～160	60～120
Ⅵ、Ⅶ区	70～140	50～100

表 12-11　用水量预测表

分类	预测方式
生活用水量	包括居住建筑和公共建筑用水量，居住建筑按表 12-11 进行预测，公共建筑按国家标准《建筑给水排水设计规范》GB 50015—2003 有关规定进行预测
生产用水量	包括工业用水量、农业服务设施用水量，可按所在省、自治区、直辖市人民政府的有关规定进行计算
消防用水量	应符合现行国家标准《建筑设计防火规范》GB 50016—2014 的有关规定
浇洒道路和绿地的用水量	可根据当地条件确定
管网漏失水量 未预见水量	可按最高日用水量的 15%～25%计算

(2)水质标准。生活饮用水的水质应符合现行国家标准《生活饮用水卫生标准》GB 5749—2006 的有关规定。

(3)水源选择。水源的选择应符合下列规定：①水量应充足，水质应符合使用要求；②应便于水源卫生防护；③生活饮用水、取水、净水、输配水设施应做到安全、经济和具备施工条件；④选择地下水作为给水水源时，不得超量开采；选择地表水作为给水水源时，其枯水期的保证率不得低于 90%；⑤水资源匮乏的乡镇应设置天然降水的收集贮存设施。

(4)管网布置。给水管网系统的布置和干管的走向应与给水的主要流向一致，并应以最短距离向用水大户供水。给水干管最不利点的最小服务水头，单层建筑物可按 10～15 m 计算，建筑物每增加一层应增压 3 m。

2)排水工程规划

排水工程规划应包括确定排水量、排水体制、排放标准、排水系统布置、污水处理设施。

(1)排水量预测。排水量包括污水量、雨水量，污水量应包括生活污水量和生产污水量。排水量可按表 12-12 进行预测。

表 12-12　排水量预测表

分类	预测方式
生活污水量	可按生活用水量的 75%～85%进行计算
生产污水量	可按产品种类、生产工艺特点和用水量确定，也可按生产用水量的 75%～90%进行计算；
雨水量	可按邻近城市的标准计算

(2)排水体制。排水体制宜选择分流制；条件不具备可选择合流制①，但在污水排入管网系统前应采用化粪池、生活污水净化沼气池等方法预处理。

① 分流制、合流制是指在排水系统中将生活、生产废水和雨水分别在两种以上管道系统内排放的称为分流制排水系统；将生活、生产污水和雨水在同一管道系统内排放的成为合流制排水系统。

(3)排水标准。污水排放应符合现行国家标准《污水综合排放标准》GB 8978—1996 的有关规定；污水用于农田灌溉应符合现行国家标准《农田灌溉水质标准》GB 5084—2005 的有关规定。

(4)排水系统布置。布置排水管渠时，雨水应充分利用地面径流和沟渠排除；污水应通过管道或暗渠排放，雨水和污水的管、渠均应按重力流设计。

(5)污水处理设施。污水采用集中处理时，污水处理厂的位置应选在镇区的下游，靠近受纳水体或农田灌溉区。

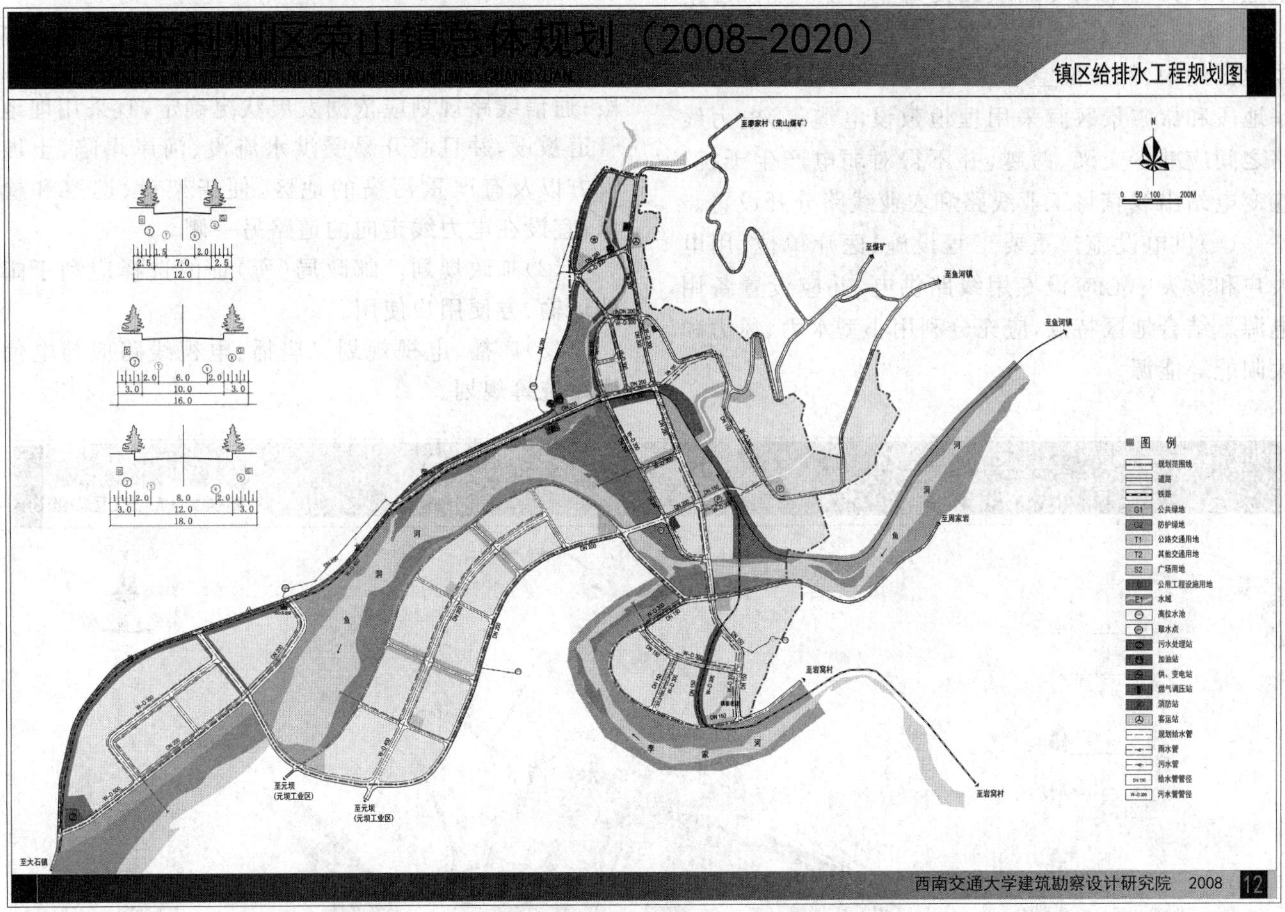

图 12-9　广元市利州区荣山镇总体规划(2008—2020)镇区给排水工程规划图

资料来源:西南交通大学建筑勘察设计研究院

3)供电工程规划

供电工程规划主要应包括预测用电负荷，确定供电电源、电压等级、供电线路、供电设施。

(1)用电负荷预测.用电负荷包括生产和公共设施用电、居民生活用电。用电负荷可采用现状年人均综合用电指标乘以增长率进行预测。

规划期末年人均综合用电量可按下式计算：

$$Q = Q_1(1+K)^n$$

式中:Q 为规划期末年人均综合用电量(kWh/(人·年))；Q_1 为现状年人均综合用电量(kWh/(人·年))；K 为年人均综合用电量增长率(%)；n 为规划期限(年)。

(2)供电电源。乡镇的供电电源主要来自于变电所，变电所的选址应做到线路进出方便和接近负荷中心。

(3)供电线路。镇区(乡中心区)的电网电压等级宜定为 110、66、35、10 kV 和 380/220 V，采用其中 2～3 级和两个变压层次；电网规划应明确分层分区的供电范围。

供电线路的设置应遵循以下要求：①架空电力线路应根据地形、地貌特点和网络规划，沿道路、河渠和绿化带架设；路径宜短捷、顺直，并应减少同道路、河流、铁路的交叉；②设置 35 kV 及以上高压架空电力线路应规划专用线路走廊，不得穿越镇区中心、文物保护区、风景名胜区和危险品仓库等地段；③镇区的中、低压架空电力线路应同杆架设，镇区繁华地段和旅游景区宜采用埋地敷设电缆；④电力线路之间应减少交叉、跨越，并不得对弱电产生干扰；⑤变电站出线宜将工业线路和农业线路分开设置。

(4)供电设施。重要工程设施、医疗单位、用电大户和救灾中心应设专用线路供电，并应设置备用电源。结合地区特点，应充分利用小型水力、风力和太阳能等能源。

4)通信工程规划

通信工程规划主要应包括电信、邮政、广播、电视的规划。

(1)电信工程。电信工程规划应确定用户数量、局(所)位置、发展规模和管线布置。

电话用户预测应在现状基础上，结合当地的经济社会发展需求，确定电话用户普及率(部/百人)；电信局(所)的选址宜设在环境安全和交通方便的地段；通信线路规划应依据发展状况确定，宜采用埋地管道敷设，并且避开易受洪水淹没、河岸塌陷、土坡塌方以及有严重污染的地区，便于架设、巡察和检修；宜设在电力线走向的道路另一侧。

(2)邮政规划。邮政局(所)址的选择应利于邮件运输、方便用户使用。

(3)广播、电视规划。广播、电视线路应与电信线路统筹规划。

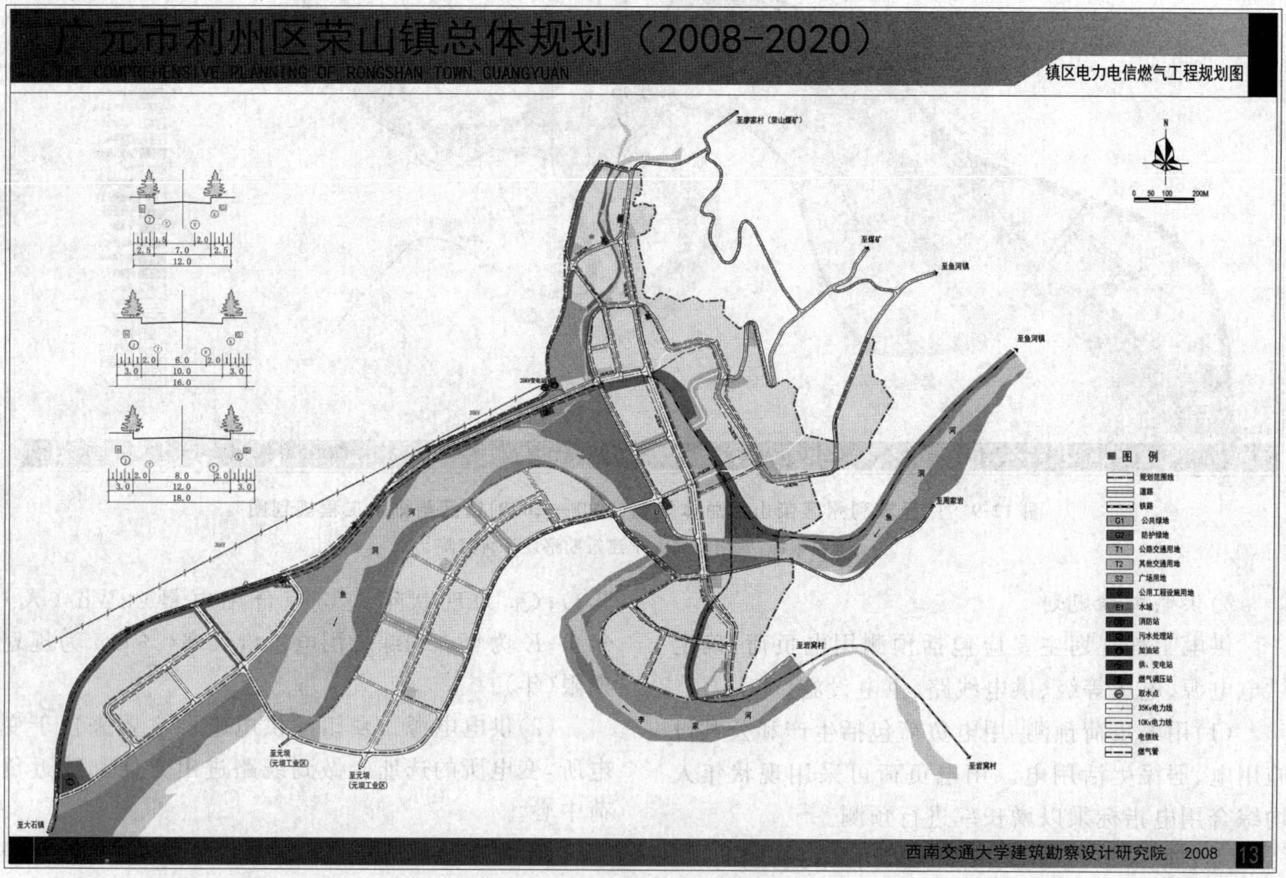

图 12-10 广元市利州区荣山镇总体规划(2008—2020)镇区电力电信燃气工程规划

资料来源：西南交通大学建筑勘察设计研究院

5)燃气工程规划

燃气工程规划主要应包括确定燃气种类、供气方式、供气规模、供气范围、管网布置和供气设施。

(1)燃气种类。燃气工程规划应根据不同地区的燃料资源和能源结构的情况确定燃气种类。靠近石油或天然气产地、原油炼制地、输气管沿线以及焦炭、煤炭产地的镇,宜选用天然气、液化石油气、人工煤气等矿物质气;远离石油或天然气产地、原油炼制地、输气管线、煤炭产地的镇区和村庄,宜选用沼气、农作物秸秆制气等生物质气。

(2)供气方式与规模。采用集中式天然气供应的,用气量预测应包括居住建筑用气量、公共设施用气量和生产用气量。其中,居住建筑和公共设施的用气量应根据统计数据分析确定;生产用气量可根据实际燃料消耗量折算,也可按同行业的用气量指标确定。

采用液化石油气供应的,液化石油气供应基地的规模应根据供应用户类别、户数等用气量指标确定;每个瓶装供应站一般供应5 000～7 000户,不宜超过10 000户。供应基地的站址应选择在地势平坦开阔和全年最小频率风向的上风侧,并应避开地震带和雷区等地段。供应基地和瓶装供应站的位置与镇区各项用地和设施的安全防护距离应符合现行国家标准《城镇燃气设计规范》GB 50028—2007的有关规定。

采用沼气或农作物秸秆制气等生物制气的,应根据原料品种与产气量,确定供应范围,并应做好沼水、沼渣的综合利用。

6)供热工程规划

供热工程规划主要应包括确定供热设施、供热方式、供热量和管网布置。

(1)供热设施。集中供热的热源应根据各乡镇的情况选择锅炉房、热电厂、工业余热、地热、热泵、垃圾焚化厂等不同方式;应充分考虑可再生能源的利用,日照充足的地区可采用太阳能供热,冬季需采暖、夏季需降温的地区根据水文地质条件可设置地源热泵系统。

(2)供热方式。供热工程规划应根据采暖地区的经济和能源状况,充分考虑热能的综合利用,确定供热方式。能源消耗较多时可采用集中供热;一般地区可采用分散供热,并应预留集中供热的管线位置。

(3)供热量预测。集中供热的负荷应包括生活用热和生产用热。建筑采暖负荷应符合国家现行标准《采暖通风与空气调节设计规范》GB 50019—2015、《公共建筑节能设计标准》GB 50189—2015、《民用建筑节能设计标准(采暖居住建筑部分)》JGJ 26—95的有关规定,并应符合所在省(自治区、直辖市)人民政府有关建筑采暖的规定;生活热水负荷应根据当地经济条件、生活水平和生活习俗计算确定;生产用热的供热负荷应依据生产性质计算确定。

(4)管网布置。供热管网的布置应按现行行业标准《城市热力网设计规范》CJJ 34—2002的有关规定执行。

12.4.3.9 用地竖向规划

镇区(乡中心区)建设用地的竖向规划的主要内容包括:确定建筑物、构筑物、场地、道路、排水沟等的规划控制标高;确定地面排水方式及排水构筑物;估算土石方挖填工程量,进行土方初平衡,合理确定取土和弃土的地点。

建设用地的竖向规划应符合下列规定:应充分利用自然地形地貌,减少土石方工程量,宜保留原有绿地和水面;应有利于地面排水及防洪、排涝,避免土壤受冲刷;应有利于建筑布置、工程管线敷设及景观环境设计;应符合道路、广场的设计坡度要求。

建设用地的地面排水应根据地形特点、降水量和汇水面积等因素,划分排水区域,确定坡向和坡度及管沟系统。

12.4.3.10 防灾减灾规划

防灾减灾规划主要应包括消防、防洪、抗震防灾和防风减灾规划,应依据县域或地区防灾减灾规划的统一部署进行规划。

1)消防规划

消防规划主要应包括消防安全布局和确定消防站、消防给水、消防通信、消防车通道、消防装备。

(1)消防安全布局。消防安全布局应符合以下要求：①生产和储存易燃、易爆物品的工厂、仓库、堆场和储罐等应设置在镇区边缘或相对独立的安全地带；②生产和储存易燃、易爆物品的工厂、仓库、堆场、储罐以及燃油、燃气供应站等与居住、医疗、教育、集会、娱乐、市场等建筑之间的防火间距不应小于 50 m；③现状中影响消防安全的工厂、仓库、堆场和储罐等应迁移或改造，耐火等级低的建筑密集区应开辟防火隔离带和消防车通道，增设消防水源。

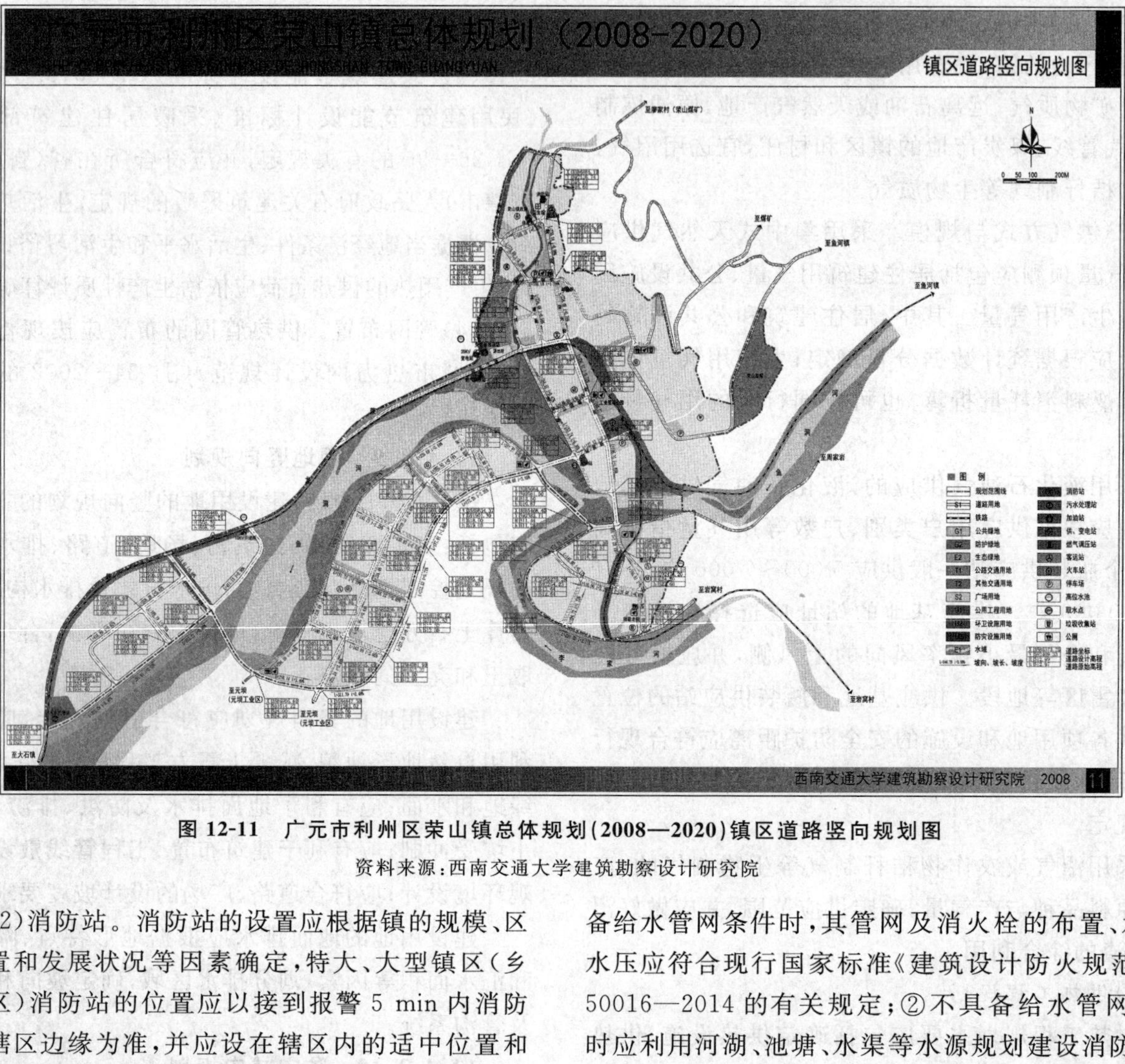

图 12-11　广元市利州区荣山镇总体规划(2008—2020)镇区道路竖向规划图

资料来源：西南交通大学建筑勘察设计研究院

(2)消防站。消防站的设置应根据镇的规模、区域位置和发展状况等因素确定，特大、大型镇区(乡中心区)消防站的位置应以接到报警 5 min 内消防队到辖区边缘为准，并应设在辖区内的适中位置和便于消防车辆迅速出动的地段；消防站的建设用地面积、建筑及装备标准可按《城市消防站建设标准》的规定执行；消防站的主体建筑距离学校、幼儿园、托儿所、医院、影剧院、集贸市场等公共设施的主要疏散口的距离不应小于 50 m；中、小型镇区(乡中心区)尚不具备建设消防站时，可设置消防值班室，配备消防通信设备和灭火设施。

(3)消防给水。消防给水应符合以下要求：①具备给水管网条件时，其管网及消火栓的布置、水量、水压应符合现行国家标准《建筑设计防火规范》GB 50016—2014 的有关规定；②不具备给水管网条件时应利用河湖、池塘、水渠等水源规划建设消防给水设施；③给水管网或天然水源不能满足消防用水时，宜设置消防水池，寒冷地区的消防水池应采取防冻措施。

(4)消防通信。镇区(乡中心区)应设置火警电话。特大、大型镇区(乡中心区)火警线路不应少于两对，中、小型镇区(乡中心区)不应少于一对。镇区(乡中心区)消防站应与县级消防站、邻近地区消防站，以及镇区(乡中心区)供水、供电、供气等部门建立消防通信联网。

(5)消防车通道。消防车通道之间的距离不宜超过160 m,路面宽度不得小于4 m,当消防车通道上空有障碍物跨越道路时,路面与障碍物之间的净高不得小于4 m。

2)防洪规划

镇(乡)域防洪规划应与当地江河流域、农田水利、水土保持、绿化造林等的规划相结合,统一整治河道修建堤坝、圩垸和蓄洪、滞洪区等工程防洪措施。应根据洪灾类型(河洪、海潮、山洪和泥石流)选用相应的防洪标准及防洪措施,实行工程防洪措施与非工程防洪措施相结合,组成完整的防洪体系。应按现行国家标准《防洪标准》GB 50201—2014的有关规定执行;镇区(乡中心区)防洪规划除应执行本标准外,尚应符合现行行业标准《城市防洪工程设计规范》CJJ 50—92的有关规定。

邻近大型或重要工矿企业、交通运输设施、动力设施、通信设施、文物古迹和旅游设施等防护对象的镇,当不能分别进行设防时,应按就高不就低的原则确定设防标准及设置防洪设施。修建围埝、安全台、避水台等就地避洪安全设施时,其位置应避开分洪口、主流顶冲和深水区。各类建筑和工程设施内设置安全层或建造其他避洪设施时,应根据避洪人员数量统一进行规划,并应符合现行国家标准《蓄滞洪区建筑工程技术规范》GB 50181—93的有关规定。易受内涝灾害的镇,其排涝工程应与排水工程统一规划。防洪规划应设置救援系统,包括应急疏散点、医疗救护、物资储备和报警装置等。

3)抗震防灾规划

抗震防灾规划主要应包括建设用地评估和工程抗震、生命线工程和重要设施、防止地震次生灾害以及避震疏散的措施。在抗震设防区进行规划时,应符合现行国家标准《中国地震动参数区划图》GB 18306—2015和《建筑抗震设计规范》GB 50011—2010等的有关规定,选择对抗震有利的地段,避开不利地段,严禁在危险地段规划居住建筑和人员密集的建设项目。

工程抗震应符合以下要求:①新建建筑物、构筑物和工程设施应按国家和地方现行有关标准进行设防;②现有建筑物、构筑物和工程设施应按国家和地方现行有关标准进行鉴定,提出抗震加固、改建和拆迁的意见。

生命线工程和重要设施,包括交通、通信、供水、供电、能源、消防、医疗和食品供应等应进行统筹规划,并应符合以下要求:①道路、供水、供电等工程应采取环网布置方式;②镇区(乡中心区)人员密集的地段应设置不同方向的四个出入口;③抗震防灾指挥机构应设置备用电源。

生产和贮存具有发生地震的次生灾害源,包括产生火灾、爆炸和溢出剧毒、细菌、放射物等单位,应采取以下措施:①次生灾害严重的,应迁出镇区(乡中心区)和村庄;②次生灾害不严重的,应采取防止灾害蔓延的措施;③人员密集活动区不得建有次生灾害源的工程。

避震疏散场地应根据疏散人口的数量规划,疏散场地应与广场、绿地等综合考虑,并应符合下列规定:①应避开次生灾害严重的地段,并应具备明显的标志和良好的交通条件;②镇区(乡中心区)每一疏散场地的面积不宜小于4 000 m^2;③人均疏散场地面积不宜小于3 m^2;④主疏散人群至疏散场地的距离不宜大于500 m;⑤要疏散场地应具备临时供电、供水并符合卫生要求。

4)防风减灾规划

易形成风灾地区的镇区(乡中心区)选址应避开与风向一致的谷口、山口等易形成风灾的地段,其建筑物的规划设计除应符合现行国家标准《建筑结构荷载规范》GB 50009—2012的有关规定外,并符合以下要求:①建筑物宜成组成片布置;②迎风地段宜布置刚度大的建筑物,体型力求简洁规整,建筑物的长边应同风向平行布置;③不宜孤立布置高耸建筑物。

易形成风灾地区的镇区(乡中心区)应在迎风方向的边缘选种密集型的防护林带,并应符合以下内容:①滨海地区、岛屿应修建抵御风暴潮冲击的堤坝;②确保风后暴雨及时排除,应按国家和省(自治区、直辖市)气象部门提供的年登陆台风最大降水量和日最大降水量,统一规划建设排水体系;③应建立台风预报信息网,配备医疗和救援设施。

宜充分利用风力资源，因地制宜地利用风能建设能源转换和能源储存设施。

12.4.3.11 环境规划

乡镇环境规划主要应包括生产污染防治、环境卫生、环境绿化和景观的规划，应依据县域或地区环境规划的统一部署进行规划。

1）生产污染防治规划

生产污染防治规划主要包括生产的污染控制和排放污染物的治理，应符合以下要求：①新建生产项目应相对集中布置，与相邻用地间设置隔离带，其卫生防护距离应符合现行国家标准《村镇规划卫生标准》GB 18055—2012 的有关规定；②空气环境质量应符合现行国家标准《环境空气质量标准》GB 3095—2012 的有关规定；③地表水环境质量应符合现行国家标准《地表水环境质量标准》GB 3838—2002 的有关规定；④地下水质量应符合现行国家标准《地下水质量标准》GB/T 14848—93 的有关规定；⑤土壤环境质量应符合现行国家标准《土壤环境质量标准》GB 15618—1995 的有关规定；⑥生产中的固体废弃物的处理场设置应进行环境影响评价，并宜逐步实现资源化和综合利用。

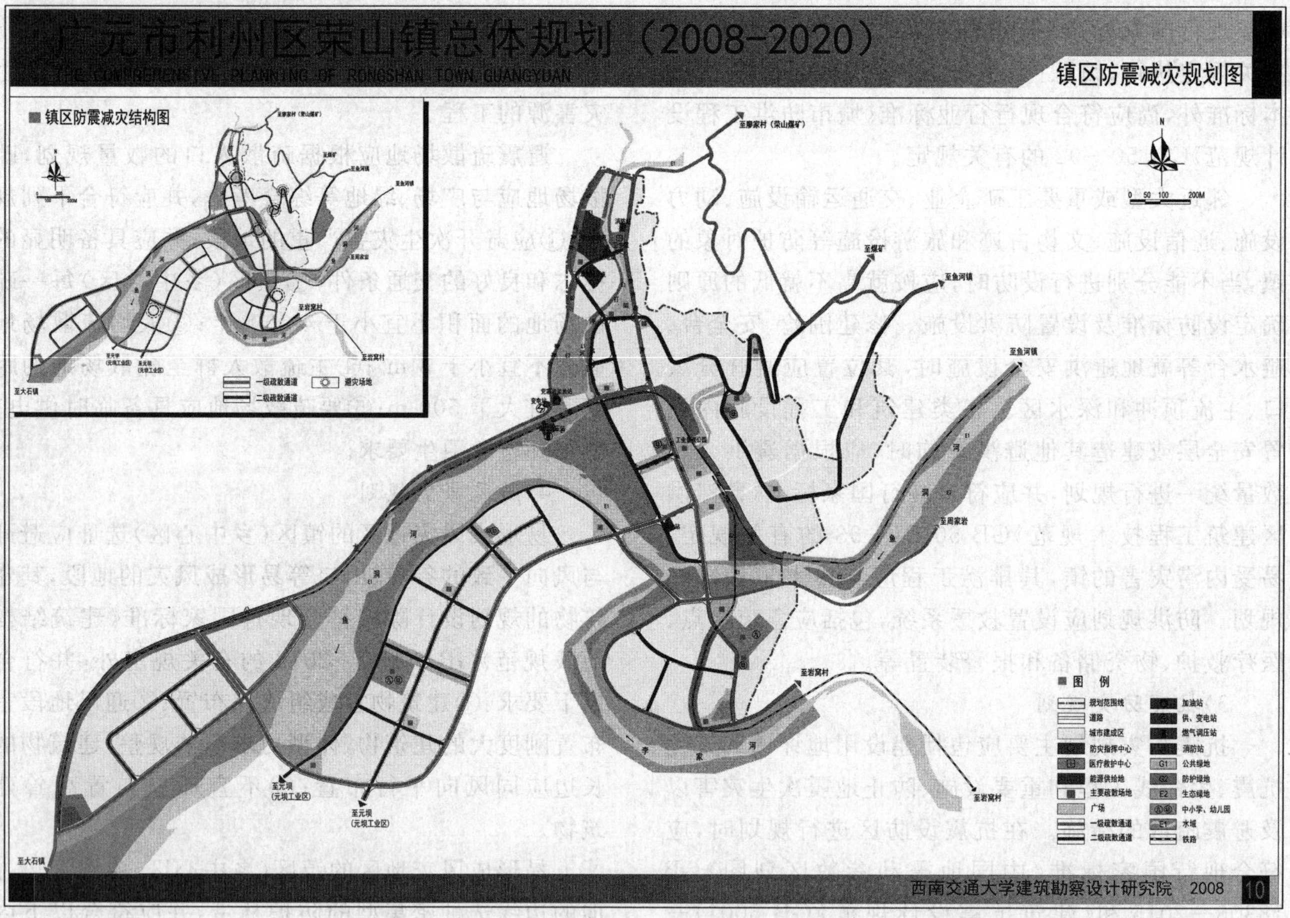

图 12-12 广元市利州区荣山镇总体规划（2008—2020）镇区综合防震减灾规划图

资料来源：西南交通大学建筑勘察研究院

2）环境卫生规划

环境卫生规划应符合现行国家标准《村镇规划卫生标准》GB 18055—2012 的有关规定。

垃圾转运站的规划宜符合以下要求：①宜设置在靠近服务区域的中心或垃圾产量集中和交通方便的地方；②生活垃圾日产量可按每人 1.0～1.2 kg 计算。

镇区(乡中心区)应设置环卫站,其规划占地面积可根据规划人口每万人 0.10～0.15 hm^2 计算。镇区(乡中心区)应设置垃圾收集容器(垃圾箱),每一收集容器(垃圾箱)的服务半径宜为 50～80 m。镇区(乡中心区)垃圾应逐步实现分类收集、封闭运输、无害化处理和资源化利用。主要街道两侧、公共设施以及市场、公园和旅游景点等人群密集场所宜设置节水型公共厕所。居民粪便的处理应符合现行国家标准《粪便无害化卫生标准》GB 7959—2012 的有关规定。

3)环境绿化规划

镇区(乡中心区)环境绿化规划应根据地形地貌、现状绿地的特点和生态环境建设的要求,结合用地布局,统一安排公共绿地、防护绿地、各类用地中的附属绿地,以及镇区(乡中心区)周围环境的绿化,形成绿地系统。

防护绿地应根据卫生和安全防护功能的要求,规划布置水源保护区防护绿地、工矿企业防护绿带、养殖业的卫生隔离带、铁路和公路防护绿带、高压电力线路走廊绿化和防风林带等。

镇区(乡中心区)建设用地中公共绿地之外的各类用地中的附属绿地宜结合用地中的建筑、道路和其他设施布置的要求,采取多种绿地形式进行规划。

对镇区(乡中心区)生态环境质量、居民休闲生活、景观和生物多样性保护有影响的邻近地域,包括水源保护区、自然保护区、风景名胜区、文物保护区、观光农业区、垃圾填埋场地应统筹进行环境绿化规划。

栽植树木花草应结合绿地功能选择适于本地生长的品种,并应根据其根系、高度、生长特点等,确定与建筑物、工程设施以及地面上下管线间的栽植距离。

4)景观规划

景观规划主要应包括镇区(乡中心区)容貌和影响其周边环境的规划,应充分运用地形地貌、山川河湖等自然然条件,以及历史形成的物质基础和人文特征,结合现状建设条件和居民审美需求,创造优美、清新、自然、和谐、富于地方特色和时代特征的生活和工作环境,体现其协调性和整体性。

镇区(乡中心区)景观规划应符合以下要求:①应结合自然环境、传统风格,创造富于变化的空间布局,突出地方特色;②建筑物、构筑物、工程设施的群体和个体的形象、风格、比例、尺度、色彩等应相互协调;③地名及其标志的设置应规范化;④道路、广场、建筑的标志和符号、杆线和灯具、广告和标语、绿化和小品,应力求形式简洁、色彩和谐、易于识别。

12.4.3.12 历史文化保护规划

乡镇历史文化保护规划必须体现历史的真实性、生活的延续性、风貌的完整性,贯彻科学利用、永续利用的原则,应依据县域规划的基本要求和原则进行编制。

镇区(乡中心区)的用地布局、发展用地选择、各项设施的选址、道路与工程管网的选择,应有利于镇、村历史文化的保护。

乡镇历史文化保护规划应结合经济、社会和历史背景,全面深入调查历史文化遗产的历史和现状,依据其历史、科学、艺术等价值,确定保护的目标、具体保护的内容和重点,并应划定保护范围:包括核心保护区、风貌控制区、协调发展区三个层次,制订不同范围的保护管制措施。

乡镇历史文化保护规划的主要内容应包括:①历史空间格局和传统建筑风貌;②与历史文化密切相关的山体、水系、地形、地物、古树名木等要素;③反映历史风貌的其他不可移动的历史文物,体现民俗精华、传统庆典活动的场地和固定设施等。

划定乡镇历史文化保护范围的界线应符合下列规定:①确定文物古迹或历史建筑①的现状用地边界,包括:街道、广场、河流等处视线所及范围内的建筑用地边界或外观界面;构成历史风貌与保护对象相互依存的自然景观边界;②保存完好的镇区(乡中心区)和村庄应整体划定为保护范围。

乡镇历史文化保护范围内应严格保护该地区历

① 历史建筑是指经城市、县人民政府确定公布的具有一定保护价值,能够反映历史风貌和地方特色,未公布为文物保护单位,也未登记为不可移动文物的建筑物、构筑物。

史风貌，维护其整体格局及空间尺度，并应制定建筑物、构筑物和环境要素的维修、改善与整治方案，以及重要节点的整治方案。

乡镇历史文化保护范围的外围应划定风貌控制区①的边界线，并应严格控制建筑的性质、高度、体量、色彩及形式。根据需要并划定协调发展区的界限。

乡镇历史文化保护范围内增建设施的外观和绿化布局必须严格符合历史风貌的保护要求，应限定居住人口数，改善居民生活环境，并应建立可靠的防灾和安全体系。

12.4.3.13 近期建设规划

1)近期建设规划期限

乡镇近期建设规划期限就是实现近期建设项目所需的年限，一般为3～5年。

2)近期建设规划的主要内容

(1)确定近期人口与建设用地规模，明确近期建设用地范围和布局。

(2)确定近期居住、工业、仓储、绿地等建设用地安排及各项基础设施、公共服务设施的建设规模和选址，建设项目应当具体确定。

(3)确定近期建设各地块的用地性质、建筑密度、建筑高度、容积率、绿地率等控制指标；提出人口容量、公共设施配套、交通出入口方位、停车泊位、建筑后退红线距离、建筑间距、建筑风格及环境协调等要求。

(4)进行镇区(乡中心区)住宅选址，确定主要公共建筑方案；对近期建设重点地段的建筑形式、体量、色彩提出反应城镇风貌的设计指导原则，做出示意性平面设计。

(5)根据规划建设容量，确定工程管线位置、管径和工程设施的用地界线，进行管线综合。

(6)进行综合技术经济论证，估算近期建设工程质量、拆迁量和总造价，分析投资效益。

(7)确定控制和引导镇区(乡中心区)近期建设的原则和措施，明确规划强制性内容。

3)近期建设规划强制性内容

镇区(乡中心区)近期建设用地规模，各地块的主要用途、建筑密度、建筑高度、容积率、绿地率等控制指标；建制镇近期建设重点和发展规模；近期建设用地的具体位置和范围；近期内保护历史文化遗产和风景资源的具体措施。

镇区近期建设规划示意图见图12-13。

12.5 乡镇规划的成果要求

乡镇总体规划的成果应包括规划文本、图纸及附件(规划说明书和基础资料汇编等)。规划文本中应明确表示强制性内容。

12.5.1 规划文本内容

(1)总则：规划位置及范围、规划依据及原则、发展重要条件分析、规划重点、规划期限；

(2)发展目标与策略：城镇性质、发展目标；

(3)产业发展与布局引导；

(4)镇村体系规划：镇村等级划分和功能定位；

(5)城乡统筹发展与新农村建设：镇中心区与周边地区产业、公共服务设施、交通市政基础设施、生态环境建设等方面的统筹发展、新农村建设；

(6)规模、结构与布局：人口、用地规模，镇(乡)域空间结构与用地总体布局；

(7)社会事业及公共设施规划：教育、医疗、邮政、文化、福利、体育等公共设施规划；

(8)生态环境建设与保护：建设限制性分区，河湖水系与湿地，绿化，环境污染防治；

(9)资源节约、保护与利用：土地、水、能源的节约保护与利用；

(10)交通规划：外部交通联系、公共交通系统、道路系统；

---

① 风貌控制区是指在历史文化保护区范围以外允许建设，但应严格控制其建(构)筑物的性质、体量、高度、色彩及形式的区域。协调发展区是指在建设控制地带之外，划定的以保护自然地形地貌为主要内容的区域。

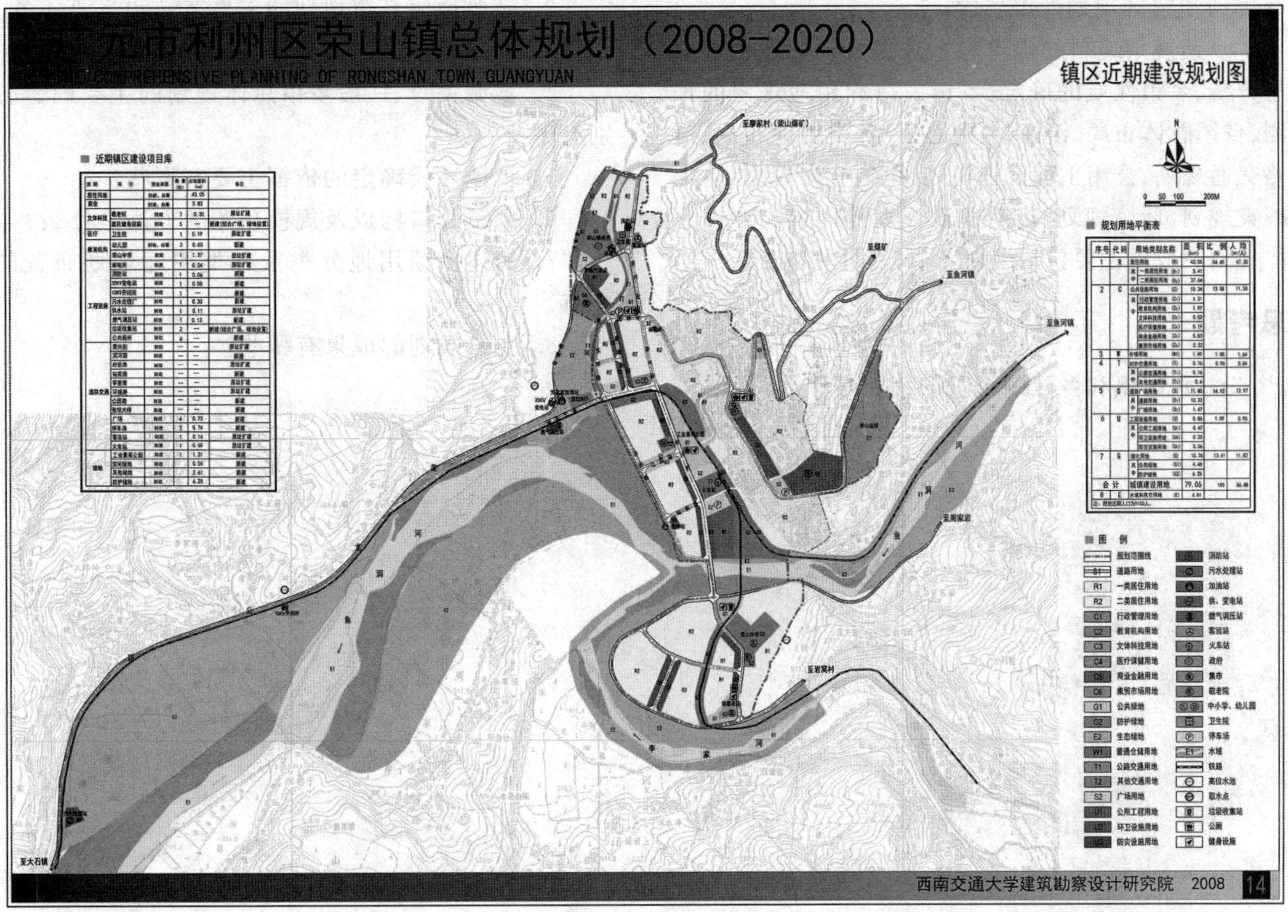

图 12-13　广元市利州区荣山镇总体规划(2008—2020)镇区近期建设规划图

资料来源:西南交通大学建筑勘察设计研究院

(11)公用工程设施:供水、雨水、污水、电力、燃气、供热、信息、环卫等;

(12)防灾减灾规划:防洪、防震、地质灾害防治、消防、人防、气象灾害预防、综合救灾;

(13)城镇特色与村庄风貌;

(14)近、远期发展与实施政策:近远期发展与建设、村庄搬迁整治计划、实施政策与机制。

12.5.2　主要规划图纸

乡镇规划的主要图纸包括:位置及周边关系图、现状图、镇(乡)域限制性要素分析图、镇(乡)用地功能布局规划图、镇(乡)村体系规划图、镇区(乡中心区)现状用地综合评价图、镇区(乡中心区)土地使用规划图、公共设施规划图、绿地规划图、交通规划图、市政设施规划图、近期建设规划图等。

本章小结

2008 年 1 月 1 日起开始实施的《城乡规划法》把镇规划和乡规划都作为法定规划,作为不同的组成部分,各成系统,含在同一规划体系内,纳入同一法律管辖范围。在《镇规划标准》中,镇域是镇人民政府行政管辖的地域;镇区是镇人民政府驻地的建成区和规划建设发展区。《镇规划标准》中明确,乡规划可按《镇规划标准》执行。

乡镇规划分为总体规划和详细规划,详细规划又分为控制性详细规划和修建性详细规划。县人民政府所在地的城关镇的总体规划包括县域城镇体系规划和县城区规划,其他镇的总体规划包括镇村体系规划和镇区规划两个层次。

乡镇规划编制的步骤和方法主要包括现状调研与分析、乡镇性质的确定、乡镇人口和用地规模的预测、乡镇总体布局、镇区(乡中心区)各类用地布局、道路交通规划、公用工程设施规划、用地竖向规划、防灾减灾规划、环境规划、近期建设规划等内容。乡镇总体规划的成果主要包括规划文本、说明书和图纸。

思考题

1. 我国镇和乡建制设置的特点是什么?

2. 简要说明乡镇规划的工作范畴和主要任务。

3. 乡镇规划的层次划分与规划年限如何进行?

4. 县城关镇、一般乡镇总体规划的主要内容分别有哪些?

5. 乡镇性质确定的依据主要有哪些?

6. 乡镇人口构成及规模预测的方法是什么?

7. 简述乡镇用地分类及各类用地规划布置的要点。

8. 乡镇规划的成果有哪些?

第13章 村庄规划

本章导读：结合前述12章学习基础上，系统讲解村庄的基本概念及内涵，针对村庄规划设计基本要求、村庄规划基本特点、技术路线进行重点阐述，最后章节针对我国当前农村建设中普遍存在的居住形态改良方法与策略进行归纳总结。

13.1 村庄相关概念、类型和特点

13.1.1 村庄概念及类型

村庄是以农业生产、生活为主的居民点，是农村居民点（农村聚落）的统称；村庄物质环境空间主要是由村民生产、生活建筑、道路交通、公用设施、生产设施、绿化空间等构成，供农村居民居住和从事各种生产的场所。我国村庄数量多，规模大小差异大，加之受地理区位条件、自然环境因素、资源条件及民族习惯等影响，村庄种类多样，功能繁多。根据不同的研究角度，可以把村庄分为多种类型：

1）根据村庄体系层次分

根据村庄体系层次，村庄有自然村、行政村、基层村、中心村之分。其中，自然村指的是在一定空间范围内村民因生产、生活需要长时间聚集而自然形成的村落；是农村地区从事农副业生产活动的最基本的居民点。行政村指的是行政建制意义上的村庄，一般由多个村民小组组成；它是中国行政区划体系中最基层的一级，设有村委会或村公所等权力机构。自然村与行政村的区别不仅仅是规模大小的区别，更重要的是在于是否建立村委会组织。基层村指的是一般的农村居民点，规模较小，以住宅建筑和生产建筑为主，没有或只有简单的生活服务设施。中心村一般规模较大，村内除农业外，家庭副业及工业活动有一定发展，村内有为本村及周边村庄服务的生活服务设施等。

2）根据村庄的规模大小分

根据《镇规划标准》（GB 50188—2007），村庄按人口数量可分为特大型村庄（＞1 000人）、大型村庄（601～1 000人）、中型村庄（201～600人）、小型村庄（≤200人）。

3）根据村庄的职能分

根据村庄在社会、经济、文化方面的职能，以及村庄的经济结构特点和从事的主要产业来划分，有以下几种类型：宜农生产型村庄、林果业村庄、渔业村、工业型村庄、商贸型村庄、旅游型村庄。其中旅游型村庄根据旅游资源特点，又有观光游览型村庄、历史文化村落如徽州古村落、民俗体验型村庄（如北京房山区韩村河旅游风景村）。

4）根据村庄的地理位置

根据村庄的位置及与城市的关系，有城郊型村庄、城镇型村庄（如城中村）、乡村型村庄。

除以上几种常见的分类方式外，还可根据村庄的地形地貌及村庄的空间分布形态进行分类。根据地形地貌，可分为平原地区村庄、水网地区村庄、高原地区村庄、丘陵地区村庄等；根据空间分布形态，常见的有散点型、组团型、条带状、星指状、集中型等（图13-1）。

图 13-1 集中型村庄

13.1.2 村庄规划设计意义

与城市相比农村地区因产业结构较为单一、基础设施匮乏、生产力水平低下等原因，导致村庄建设发展面临严峻挑战；有些村庄出现发展严重受阻，各种问题层出不穷，有些村庄甚至已被淘汰，因此，村庄规划十分必要且具有明显的意义，主要体现在以下几个方面：

(1)适应新农村建设、促进城乡一体化发展。

(2)优化村庄建设布局，建设宜人优美的人居环境。

(3)规范、有序引导土地利用及村庄建设。

(4)集中基础设施及公益设施建设和利用，建设节约型社会。

13.1.3 村庄规划设计原则

村庄规划的基本目标是提高农村居民的生活水平，改善农民的居住环境，实现村庄的可持续发展，其规划的基本原则主要有以下几个方面：

1)全局原则

村庄规划必须立足于区域，结合乡镇域规划尤其是村镇体系规划，理性、客观地对待村庄的发展方向和建设内容进行考虑。规划必须有全局的眼光，充分考虑村庄跟周边村落及乡镇的联系，立足区域，依托环境，做好基础设施、产业布局、交通组织及环境保护等工作。

2)城乡协调发展原则

村庄规划与建设应该坚持城乡一体化发展的基本原则思想，坚持“工业反哺农业，城市支持农村”的发展战略方针，通过建设与发展城乡一体化的基础设施，促使城市人口向农村流动，同时为加强城乡联系，创造交通、产业、环境、田园风光等提供条件。

3)重点突出原则

村庄规划应首先重点解决跟生产生活紧密相关、急需性的问题，如饮水安全、环境卫生、污水处理等。同时，根据村庄发展的现状特点，明确村庄规划及建设的主要重点问题并提出针对性的解决方案。

4)以人为本原则

村庄规划应明确村民的主体地位，规划过程中应充分考虑村民生产生活需求及切身利益；在第一产业的基础上，协调其他产业的发展，促进农民增收，同时增设相关基础设施和公益性设施、改善居住环境以提高农民生产和生活质量。

5）经济适用原则

村庄规划建设方案应考虑经济性及可操作性，做到经济、实用、安全、便于管理。尤其是村民住宅建筑的选型方案，要根据村民实际的需求及经济承受能力，做到户型选型合适、规模大小适宜。

6）个性原则

规划要做到“因村因地因人”制宜，根据不同的村情村况、民风民情提出有效的方案及措施。规划要能够突出乡村特色、地方特色、民族特色，避免照搬城市模式的做法，导致乡村传统特色消失而出现“千村一面”的现象。

7）逐步发展原则

村庄规划应协调好近期建设和远期发展的关系，对于村庄建设用地、公益设施等的规划及建设速度，应与村庄的经济发展水平及人口数量的变化相适应。

8）村庄田园化原则

规划要突出乡村的自然风情，保护和改善农村生态环境；通过绿化、美化、亮化等措施改善村容村貌，同时发挥乡村自然田园风光优势，适时推进乡村旅游的发展。

13.1.4 我国村庄现状特点

中国是一个农业大国，村庄在我国农业发展史上具有重要的地位。它不仅发展历史悠久，更因其数量众多，分布广泛，加之受地理客观环境、民族喜好、生活习惯、地区差异等影响，形成了多元化的村庄文化及丰富多彩的乡村特色景观，如西双版纳的傣寨、福建三明的土楼、苏浙一带的水乡村落。当下，据资料记载，我国一天消失的自然村有 80～100 个，另由民政部的统计数据显示，在 2002—2012 年间，中国自然村由 360 万个锐减为 270 万个，10 年间减少了 90 万个；如何保护村庄、建设村庄，更好地引导乡村庄健康、良性的发展，是迫切需要思考和应对的课题。究其村庄消失的原因，发现除了因城镇化导致村庄搬迁外，还有道路改造、国家或地方重大项目建设，这些都会导致村庄的被动消失。此外，还有些是由于村庄劳动力外流，青年劳动力由于受城市生活方式的影响，有些已在工作地买房不愿回村居住，导致无人村、空心村的出现，最终导致村落的衰败甚至消失。目前村庄建设发展除面临数量剧减的形势外，还存在着很多现状问题，诸如：

1）土地资源利用现状问题突出

农村土地资源因建设无序、占用耕地等情况，使得土地资源利用现状形势严峻，具体有几个方面：

(1)无序的住宅建设，使得住宅建筑空间分布零散，导致村庄风貌杂乱，用地资源浪费。农村地区尤其是偏远山区的农村，很多村庄建设时肆意侵占农业耕地作为宅基地，导致用地资源浪费，加剧我国土地资源紧缺的形势。而村民自发无序的分散建设，缺乏规划的协调与管理，使得众多村庄出现村落空间布局散乱，村容村貌不佳等问题。更有甚者，严重破坏了地方的自然景观和生态景观脉络，给当地带来了严重的环境影响。

(2)村庄外延式扩展，侵占耕地资源，加剧人、地、环境之间的矛盾。有些村庄出现村民自建新房，舍弃老的宅基地，选择在村子的外围选地建房，一方面侵占了耕地资源，另一方面形成了村庄空间内空外延的景象，内部无人或只有少量的村民生活，缺乏人气，形成了空心村，同时也加剧了人、地间的矛盾。此外，因外出打工就业等影响，很多村庄出现宅基地闲置，部分村民在城市、农村都有住房，出现所谓的“双栖”行为，这种双栖占地也造成了土地资源闲置和浪费的情况。鉴于此，如何规范宅基地的选址及建设，解决村庄空心问题、村容村貌杂乱问题以及用地资源浪费等问题，必须通过合理的规划展开对村庄建设的引导。

2）环境建设滞后，村民重视不足，脏乱差现象普遍

有些村庄脏乱差的现象突出，由于农村的生产、生活特点，以往村庄的建设侧重村民的住宅建筑，忽略居住环境的建设，导致众多村庄景观环境不佳。加之受地方经济水平和文明意识的影响，有些村庄在当地缺乏环境设施的实际情况基础上，生活污水、生产废水任意排放，造成环境的极大污染。加之村民随意丢弃垃圾，导致目前很多村庄的露天水塘、河

流、小溪成了名副其实的臭水坑、露天排水沟，给当地生活、生产及环境保护、生态建设带来了极大的挑战。同时，农村柴草随地堆放、牛羊等动物粪便无人清理、露天粪坑在某些地方随处可见，这些不仅给当地环境建设带来了极大问题，而且不利于村容村貌的建设。从长远来看，也不利于村庄的发展。

3）乡村工业发展无序，环境应答、土地资源受破坏或浪费

随着城乡一体化的发展，很多乡镇企业入住农村地区，其带来农村地区经济收入提高的同时，因有些企业环保责任意识薄弱，生态环境建设投入不足加之部分企业污染处理的设施、条件有限，使得有些农村环境问题突出，环境污染严重，水体污染、大气污染，甚至土壤和地下水都受到严重影响。这不仅损坏了农村的生态环境，也给农业生产收益和农民的身体健康带来极大的影响。如云南省曲靖市陆良县小百户镇兴隆村，被指为云南癌症村。与其他村庄相比，患癌人数和发病率剧增。而根据有关媒体报道追踪，村民患癌与当地工业污染有间接或直接关系。此外，有些工矿业用地的选址缺乏统一全局的考虑，导致出现侵占耕地、破坏和浪费用地的现象。

4）村庄基础设施建设、公共建筑配置地区差距大、问题多

农村基础设施指的是为保障农业生产和农民生活而提供的公共服务设施，包含水电、交通绿化、教育、医疗卫生等。由于村庄分布具有地域广泛等特点，受到客观因素（诸如地理区位偏僻、交通不便等）及主观因素的影响，村庄建设发展贫富差距大，设施配套水平参差不齐。典型的如中国东部沿海区域的农村，除基础性设施外，村庄建设还强化重视村民精神文明的建设和发展，规划很多休闲游憩空间；而中国内陆的云贵川区域，甚至还有些村存在用水用电问题。

5）产业结构较单一引起劳动力外流，空心村、留守老人村问题突出

与城市相比，农村地区的产业以第一产业为主，尤其是偏远山区的农村，还存在依靠农业自给自足的状态。单一的产业结构及较低的产业收入，使得众多村民弃土离乡，进城打工，导致目前很多村庄出现劳动力严重外流，产生经济空心的局面，即空心村的出现。此类空心村以老年人和儿童为主，外出务工的村民由于各种原因，常年外出，住宅建筑逐渐走向自然衰败的过程。尤其是外出打工的部分村民选择在工作地或村庄所在县城买房安家，老家的住宅闲置废弃，这些都不利村庄的建设发展。如何在乡村的土地上留住人，让村庄健康有序良性发展下去，成为当今备受关注的问题。而解决这一问题，势必要对村庄的建设发展有所规划和部署，尤其是引入适合的产业类型来集聚劳动力，乃是村庄规划重点考虑的内容。除此外，劳动力外流带来的留守老人、留守儿童等社会问题，也是现今众多村庄社会发展重要的一方面问题。

13.2 村庄规划设计内容、程序与方法

13.2.1 村庄规划内容

根据《村庄和集镇规划建设管理条例》，村庄规划分为村庄总体规划和村庄建设规划两个阶段。村庄总体规划的年限一般为 20 年，建设规划的年限一般为 10 年。对于规模较小，功能单一的村庄，可以一次做到建设规划深度。

1）总体规划

主要解决村庄布点规划、村庄的位置、性质、规模和发展方向，村庄的交通、供水、供电、商业、绿化等生产和生活服务设施的配置等内容。其规划重点包括经济发展规划、村庄建设规划、村庄土地利用规划、环境保护规划、生态建设规划、景观规划、文明建设规划。

2）村庄建设规划

以总体规划为指导，具体安排村庄的各项建设，包括村域规划和村庄建设。其中，村域规划主要明确村域范围内的各类用地总量，界定不同用地的范围，确定居民点和主要基础设施的位置和规模，解决村庄对外交通问题，划分村域范围内的禁建、限建和适建区域。包括：划分基本农田保护区；功能相同的土地整合布局；特色种植土地—特色种植基地；明确村域绿化面积及范围。

建设规划是根据村庄总体规划，对住宅和供水、

供电、道路、绿化、环境卫生以及生产配套设施做出具体安排。涵盖村民住区规划、道路系统规划、公共建筑布局规划、基础设施、防灾减灾设施等公用工程设施规划、环境景观规划以及历史文化遗产保护规划等内容。

13.2.2　村庄规划设计程序与方法

1)村庄规划设计程序

村庄规划根据规划目标及工作内容特点，规划程序大体分为三个阶段。

(1)规划前期：基础资料的调查、收集、整理与现状分析。村庄规划前期基础资料的收集主要有三部分。

村庄规划相关基础资料：村庄的基本情况(区位、规模、性质)、自然、经济、社会各个方面的资料和数据；村庄用地及各项建设情况如村庄民族文化特点、历史传承及村庄特色等。村庄上位规划及相关政策法规，包括乡镇域规划、乡镇发展规划、经济发展规划、各种专项规划如产业规划、农业规划等，上位村镇体系规划和村庄居民点体系规划以及国家或当地出台的相关政策法规资料。

图纸资料和技术资料：村庄规划需要收集的图纸资料包括村庄现状图(1∶1 000 至 1∶2 000)，有条件村庄还应准备村域现状地形图(1∶10 000)；若无现成图件，应及时进行测绘。相关的技术资料主要是跟村庄规划有关的相关行业标准及技术规范，如《村庄和集镇规划建设管理条例》《村镇规划编制办法》《村庄整治技术规范》《美丽乡村编制指南》《传统村落编制办法》《历史文化名城名镇名村保护条例》《历史文化名城名镇名村保护规划编制要求(试行)》等。

现场调研资料：主要是对村庄建筑、宅基地、道路、绿化、设施等进行现场踏勘，并通过访谈、问卷调查等方式，获取村民信息及规划需求和意愿。

在基础资料收集基础上，应对所收集到的资料进行相应的整理，分门别类，有针对性的总结和分析，并以此对村庄展开现状分析。根据村庄规划的特点，现状分析主要是综合分析、评价村庄的现状情况，包括村庄的区位条件分析(对村庄的地理、交通、产业、旅游等方面的优劣势分析，明确村庄定位和发展方向)、自然地理与社会经济条件分析(包括村庄人口和户数、建成区面积、土地利用情况；居民点分布、与周围村镇、城市关系；地形地貌、气候气象、工程地质与水文地质、矿产资源；历史文化遗产和民俗风情、村庄发展历史、现状经济结构与发展水平、村庄组织情况、基础设施和公建设施建设情况等)。通过现状分析，从用地布局、道路交通、基础和公共设施、环境卫生、村容村貌、防灾减灾、住宅建筑建设等方面梳理村庄建设发展存在的主要问题。

(2)规划中期：村庄规划方案形成与编制。根据前期基础资料的调研分析，针对村庄存在的问题提出解决对策和方案，听取村民意见，召集有关部门对方案进行讨论和研究，最终确定最佳方案。并完成规划图纸、文本和说明书的编制与纂写。

(3)规划后期：规划成果审批与实施。村庄规划成果经村民审议同意后经镇政府批准向上一级报批，批准后实施。

2)村庄规划设计方法

村庄规划的方式方法多样，但总的来说主要有三种。

调研法：调研法包含现场勘查、座谈会访谈、入户访谈和发放问卷等形式。通过这些途径，获取村庄规划必要的基础资料和信息。

模型法：为反映村庄规划的整体效果，可采用模型法更直观、具象地对规划方案进行推敲和比较。

对比分析法：村庄规划从解决不同问题的角度可形成多个方案，可从土地资源的有效利用程度、建设成本的经济性、安全性及管理的便利性等对方案进行对比分析，最终评选最优方案。

13.2.3　村庄总体规划

根据《村庄和集镇规划建设管理条例》(1993年)，村庄总体规划的主要内容包括：乡级行政区域的村庄布点，村庄的位置、性质、规模和发展方向，村庄的交通、供水、供电、商业、绿化等生产和生活服务设施的配置。

1)村庄性质与目标确定

村庄性质是指在一定区域和一定时间内，村庄在政治、经济、文化等方面的主要职能，即村庄的特点和主要发展方向；村庄性质是村庄规划的依据。村庄性质可从村庄的资源条件、区域发展背景、村庄历史演变和村庄物质要素特点等方面进行分析确定。

资源条件：对村庄发展有直接影响的资源包括自然资源（水资源、森林资源、风景资源）、农业资源、矿产资源、人力资源。通过对上述资源进行调查分析，对村庄的发展方向做出恰当的评价。如河北省阜平县黑崖沟村具有原汁原味的生态环境、风光秀丽的自然景观，规划提出发展乡村生态旅游、建立书画写生基地的发展方向。

区域发展背景：区域的产业布局、交通条件、村镇体系的布局与发展方向都对村庄的产业发展方向、性质规模有重大影响。

历史演变：通过调查、分析、研究村庄发展建设的历史尤其是历史文化名城、传统村落，了解村庄的职能、规模和变迁原因，对确定村庄的发展方向、性质及规划研究重点起着重要作用。

村庄现状特点：村庄现状是村庄发展的基础，通过对村庄发展现状进行调查分析，梳理村庄建设发展的特点和影响因素，有利于认清村庄的发展优势，把握村庄的发展趋势。

村庄职能：根据村庄在乡镇域范围内承担的经济、社会及其他方面的职能及影响，村庄可以分为一般性村庄、经济职能型村庄、特殊职能型村庄。

在村庄规划过程中，需要综合研究上述影响因素采用定性分析和定量分析相结合的方法确定村庄性质。

2）村庄发展目标确定

村庄规划应基于村庄发展现状特点，结合村庄发展存在的主要问题，提出明确的经济、社会、文化建设、人居环境建设等相关目标。根据村庄特点，规划发展目标可以是综合性目标或某方面建设发展的具体目标。

（1）村庄发展规模确定。村庄发展规模主要指人口和用地规模，而用地规模随人口规模变化，因此，村庄规模一般以人口规模来确定。村庄规划在确定了发展目标后，需要根据规划的相关要求估算村庄的人口规模。关于人口规模估算方法见本书“6.4.3　城乡人口规模的预测方法”部分。

（2）村庄用地规模的确定。村庄用地是指村庄规划区范围内的土地，根据《村庄规划用地分类指南》(2014)，村庄用地按主要使用性质，采用大类、中类和小类进行划分，共分为 3 大类，10 中类和 15 小类。其中，3 大类分别为 V 村庄建设用地、N 非村庄建设用地、E 非建设用地。具体分类及详细信息如表 13-1 所示。

表 13-1　村庄规划用地分类和代码

类别代码			类别名称	内容
大类	中类	小类		
V			村庄建设用地	村庄各类集体建设用地，包括村民住宅用地、村庄公共服务用地、村庄产业用地、村庄基础设施用地及村庄其他建设用地等
	V1		村民住宅用地	村民住宅及其附属用地
		V11	住宅用地	只用于居住的村民住宅用地
		V12	混合式住宅用地	兼具小卖部、小超市、农家乐等功能的村民住宅用地
	V2		村庄公共服务用地	用于提供基本公共服务的各类集体建设用地，包括公共服务设施用地、公共场地
		V21	村庄公共服务设施用地	包括公共管理、文体、教育、医疗卫生、社会福利、宗教、文物古迹等设施用地以及兽医站、农机站等农业生产服务设施用地

续表 13-1

类别代码			类别名称	内容
大类	中类	小类		
		V22	村庄公共场地	用于村民活动的公共开放空间用地，包括小广场、小绿地等
	V3		村庄产业用地	用于生产经营的各类集体建设用地，包括村庄商业服务业设施用地、村庄生产仓储用地
		V31	村庄商业服务业设施用地	包括小超市、小卖部、小饭馆等配套商业、集贸市场以及村集体用于旅游接待的设施用地等
		V32	村庄生产仓储用地	用于工业生产、物资中转、专业收购和存储的各类集体建设用地，包括手工业、食品加工、仓库、堆场等用地
	V4		村庄基础设施用地	村庄道路、交通和公用设施等用地
		V41	村庄道路用地	村庄内的各类道路用地
		V42	村庄交通设施用地	包括村庄停车场、公交站点等交通设施用地
		V43	村庄公用设施用地	包括村庄给排水、供电、供气、供热和能源等工程设施用地；公厕、垃圾站、粪便和垃圾处理设施等用地；消防、防洪等防灾设施用地
	V9		村庄其他建设用地	未利用及其他需进一步研究的村庄集体建设用地
N			非村庄建设用地	除村庄集体用地之外的建设用地
	N1		对外交通设施用地	包括村庄对外联系道路、过境公路和铁路等交通设施用地
	N2		国有建设用地	包括公用设施用地、特殊用地、采矿用地以及边境口岸、风景名胜区和森林公园的管理和服务设施用地等
E			非建设用地	水域、农林用地及其他非建设用地
	E1		水域	河流、湖泊、水库、坑塘、沟渠、滩涂、冰川及永久积雪
		E11	自然水域	河流、湖泊、滩涂、冰川及永久积雪
		E12	水库	人工拦截汇集而成具有水利调整功能的水库正常蓄水位岸线所围成的水面
		E13	坑塘沟渠	人工开挖或天然形成的坑塘水面以及人工修建用于引、排、灌的渠道
	E2		农林用地	耕地、园地、林地、牧草地、设施农用地、田坎、农用道路等用地
		E21	设施农用地	直接用于经营性养殖的畜禽舍、工厂化作物栽培或水产养殖的生产设施用地及其相应附属设施用地，农村宅基地以外的晾晒场等农业设施用地
		E22	农用道路	田间道路(含机耕道)、林道等
		E23	其他农林用地	耕地、园地、林地、牧草地、田坎等土地
	E9		其他非建设用地	空闲地、盐碱地、沼泽地、沙地、裸地、不用于畜牧业的草地等用地

在实际工作中，对村庄用地进行分类及统计时，应按照规定的分类标准进行归类。一般，当土地使用性质单一时，可明确归类。当一块用地兼有两种以上使用性质的建筑或用地时，按主要使用性质进行归类、汇总。村庄规划用地汇总表如表13-2所示。

表13-2　村庄规划用地汇总表

用地代码	用地名称		用地面积/hm² 现状	用地面积/hm² 规划
V	村庄建设用地			
	其中	村民住宅用地		
		村庄公共服务用地		
		村庄产业用地		
		村庄基础设施用地		
		村庄其他建设用地		
N	非村庄建设用地			
	其中	对外交通设施用地		
		国有建设用地		
E	非建设用地			
	其中	水域		
		农林用地		
		其他非建设用地		

3)村庄建设用地选择及用地标准

村庄规划建设用地选择：村庄规划应对规划区范围内的土地进行土地适宜性评价，根据评定结果，划分一类用地、二类用地和三类用地，并确定适宜建设区、限制建设区和禁止建设区范围。建设用地应以一、二类用地为主，具体用地选择需要注意以下几个方面：

(1)结合地理位置、自然条件、交通运输条件、占地数量和质量、建筑和工程设施的现状、投资建设和经营管理的费用、环境质量和社会效益等因素，择优选择村庄建设用地。

(2)村庄建设用地应选择在水源充足、水质良好、便于排水、通风向阳和地质条件适宜的地段。

(3)为保障生产和生活需要紧密联系，村庄建设用地选择在生产作业区周围，保证与基本农田保护区规划相协调。

(4)需增加建设用地时，应尽量选择沙地、荒地、不占或少占耕地、林地和优质牧地。

(5)避开山体滑坡、泥石流、地震断裂带等不良地质地段。

(6)建设用地尽量避免被铁路、高速公路和高压输电线路穿过。

建设用地标准：建设用地标准主要有人均建设用地指标、建设用地构成比例指标等。其中人均建设用地标准可根据表13-3所示进行选择。

表13-3　人均建设用地指标分级

级别	一级	二级	三级	四级	五级
人均建设用地指标/(m²/人)	>50 ≤60	>60 ≤80	>80 ≤100	>100 ≤120	>120 ≤150

注：新建村庄的规划其人均建设用地指标宜按第三级确定，当发展用地偏紧时可按第二级确定。

人均建设用地指标调整控制应在村庄现状人均用地水平的基础上，根据所处的经济区域的情况进行适当调整（表 13-4）。

表 13-4 人均建设用地指标调整控制

现状人均建设用地水平/（m²/人）	人均建设用地指标级别	允许调整幅度/（m²/人）
50	一二	应增 5～20
50.1～60	一二	可增 0～15
60.1～80	二三	可增 0～10
80.1～100	二三四	可增、减 0～10
100.1～120	三四	可减 0～15
120.1～150	四五	可减 0～20
>150	五	应减至 150 以内

注：允许调整幅度是指规划人均建设用地指标对现状人均建设用地水平的增减数值。

4）建设用地构成比例

村庄规划要调整各类用地数量比例，使村庄用地使用达到合理。村庄规划中村民住宅用地、公共服务设施用地、产业用地、基础设施用地四类用地占建设用地比例可参考表 13-5 进行确定。

表 13-5 村庄建设用地构成比例

类型编号	用地类别	占建设用地比例（中心村）	备注
V1	村民住宅用地	55%～75%	
V2	村庄公共服务设施用地	5%～8%	
V3	村庄产业用地	3%～5%	
V4	村庄基础设施用地	6%～10%	
四类用地之和		69%～98%	

5）村庄总体布局

村庄总体布局是协调统筹村庄各组成要素空间组织的关系，是对村庄各主要组成部分的统一安排，其工作重点包括村庄建设用地选择、村庄发展方向和空间布局形态的考虑。

（1）村庄发展方向。村庄总体规划布局必须考虑村庄未来空间发展方向。村庄空间发展方向受生产力分布、资源状况、自然环境、村庄建设条件等影响。确定村庄空间发展方向需要选择有利的自然条件、尽量少占耕地农田、保护自然和历史资源、满足基础设施建设并为村庄合理布局和长远发展创造条件。

（2）村庄空间布局形态。村庄空间布局是要解决各种生产、生活活动、各项用地的组织安排，布局应体现用地组织紧凑性、用地功能完整性及用地布局和用地面积富有弹性的要求。村庄空间布局受村庄形成发展历史影响，也受政治、经济、文化、社会以及自然条件等因素的制约，空间布局形态多样，常见的有圆块状布局、弧形条带状布局、星指状布局等。

13.2.4 村庄规划成果编制

村庄规划的成果包括规划图纸和规划文本说明（含基础资料汇编）。其中，图纸主要有：

1）村庄区位图

标明村庄在乡（镇）域及村域的位置，分析村庄与周边村镇的关系，比例尺根据乡镇域范围和村域大小而定。

2）村域现状图

应标明村域产业（含耕地等自然资源）、现状用地布局及范围、村庄（居民点）用地范围；村域公益性公共服务设施及重要基础设施现状分布，道路及工程管线的分布走向等。比例为 1:(5 000～10 000)。

3）村域规划图

结合村域现状，添加集中供水设施、污水处理设施、公共厕所、特色种植区、养殖基地、工业基地等内容。图上应标明村域产业（含耕地等自然资源）、规划用地布局及范围、村庄（居民点）用地范围；村域公益性公共服务设施及重要基础设施布点，道路规划走向和断面形式及工程管线的位置走向等。

村域规划图可根据表达内容需要形成相关专项规划图纸，如村域产业空间布局规划图、村域旅游规划图等。

4）村域空间管制图

结合土地利用规划、生态适宜性、工程地质、资源保护等因素确立规划区域的适宜建设区、限制建设区和禁止建设区。

5）村庄建设现状图

包括各类建筑的分布、使用性质、建筑质量与层数；道路走向和宽度、道路交通和车站位置；给排水系统、水源地位置、电力电讯及其他基础设施等位置。主要公建和企业的位置与规模；其他对村庄规划有影响的需要在图纸上表示的内容。其中，建筑质量等级分类可单独出图。村庄建设现状图也可根据需要单独出各专项规划的图纸，如用地现状布局图、道路现状图、绿化系统现状图、主要设施现状图、工程设施现状图等。图纸比例一般为1∶(500～1 000)。

6)村庄用地规划布局图

对村庄各类用地进行合理布局，确定各类建设用地性质、范围，标明相应的控制指标等、主要公共设施及公共绿地的配置内容等。图纸比例一般为1∶(500～1 000)。

7)村庄建设规划总平面图

村庄建设详细布置总平面图，标明规划建筑、公共绿地、道路广场、停车场、河湖水面等的位置和范围。图纸比例为1∶(500～1 000)。

8)村庄道路交通规划图

标明主次干道的位置、走向、红线宽度、断面形式、控制点坐标及标高、广场、停车场位置和用地范围等。

9)竖向规划图

标明道路交叉点、变坡点控制标高、室外地坪规划标高。

10)综合工程管网规划图

标明水源及污水设施位置、确定给水和排水系统；表明设施管线的走向、管径、主要控制点标高以及有关设施和构筑物的位置、规模；确定公用设施管线综合管位。

此外，村庄规划图纸还有主要设施规划图，村庄安全防灾规划图，重要地点(节点)空间规划设计图(含详细平面图和效果图)，建筑单体设计图(包括新建、扩建、改建的住宅)，主要公共建筑的建筑设计方案平、立、剖面图(需增加表现效果图)，村庄规划鸟瞰图等。

其他图纸可根据规划研究重点和表达的需要选择，如村镇规划结构图、村镇面貌改造提升规划图、村庄功能分区规划图、村庄建筑分类保护及整治规划图、村庄保护范围规划图、村庄绿化景观分析图等。

13.3 村庄专项规划

13.3.1 村庄建设规划

根据《村庄和集镇规划建设管理条例》，村庄建设规划的主要内容是根据本地区经济发展水平，参照集镇建设规划的编制内容，主要对住宅和供水、供电、道路、绿化、环境卫生以及生产配套设施做出具体安排。村庄建设规划类型有完善基础设施、村庄整治、美丽乡村规划等。

1)村庄布局规划

村庄布局要集中紧凑，避免无序扩张；并结合自然条件和地方文化、生产生活方式突出和体现村庄特色。同时注意新老村庄衔接，形成合理有序的空间结构。合理安排村庄各类用地，有序组织住宅建筑、公共建筑、道路、绿化、市政设施及其他建设，使村庄空间布局合理，实现可持续发展。村庄布局工作重点为布局结构及不同空间的组织。

(1)布局结构。即村庄住宅组团组织形式，常见的有：①组团—村庄；②院落—组团—村庄；③院落—村庄。

(2)不同空间组织。村庄不同空间组织包括街道空间布局、院落空间、村口空间、生产空间、生产辅助用房及绿化空间布局等内容。其中街道空间的规划建设可通过沿村内一些重要道路布置连续的公共服务设施和住宅，形成一条或多条街道空间，提升村庄活力。院落空间可利用纵横方向多进的方式、道路转折点、交叉口等条件组织院落空间，形成村庄空间特色；村口空间则主要选择在村民主要出行方向合适位置，并结合一定的景观设计，形成富有地方特色和标志性的出入口空间。滨水空间重点处理水与道路、建筑、绿化、产业以及人的活动之间的关系，充分发挥滨水环境和景观的优势，形成重要的游憩休闲、环境保护的带形空间。村庄生产辅助用房布局在满足卫生和生产安全的前提下，可分散在村内布置或相对集中布局在村庄周围，以适应农业生产、方便村民生活。

2)村庄道路交通规划

村庄道路交通规划强调系统性、可达性。系统性强调路网的等级、分类及各级道路的宽度;可达性则指交通的连贯性及通达性。道路交通规划需要确定道路系统组成、各级道路宽度及停车问题。村庄道路系统一般由村庄主要道路(路面宽度 6～9 m)、村庄次要道路(路面宽度 3～5 m)、宅间道路(路面宽度 2.5～3 m)组成。路网形式有街巷空间式、环形＋枝状、网格状等形式。一般整治型村庄以前者为主,新建村庄路网更多构建环形＋枝状模式。

村庄道路交通规划还需考虑停车场地规划,停车场地的布置主要考虑停车安全和停车的方便。一般公共建筑停车场地应结合车流集中的场所统一安排,有特殊功能(如旅游)村庄的停车场地宜在村庄周边集中布置。整治村庄一般作集中布置处理,新建村庄停车场地则可分散布置。

3)公共服务设施布局

村庄公共服务设施根据使用性质特点分为公益性和经营性两大类(表 13-6 至表 13-8)。其中公益性公共服务设施主要有文化、教育、行政管理、医疗卫生、体育健身等。经营性公共服务设施则指日用百货、集市贸易、食品店、粮店、综合修理店、小吃店、便利店、理发店、娱乐场所、物业管理服务公司、农副产品加工点等项目。公共设施规划布局根据村庄情况特点可相对集中布置在村民方便使用的地方,如村口、村中心或主要道路旁;或分散布置于村内多处地方。根据具体情况,村庄公共服务设施可结合村内公共活动场地进行布置,呈点状布局形态,形成村庄内部公共活动中心;或结合村庄主要道路布置,形成带状布局形态。一般前者常见于小规模性村庄,后者则以大型村庄为主。

表 13-6　公益性公共服务设施配置参考表

公共设施项目	大型村庄	中型村庄	小型村庄
村委会	●	●	○
幼儿园、托儿所	●	●	○
小学	●	○	—
文化站	●	○	○
老年活动室	●	●	●
卫生所、计生站	●	●	○
住处服务站	●	○	○
运动场地	●	●	●
公厕	●	●	●

"●"为应设项目;"○"为选设项目;"—"为不设项目。

表 13-7　公益性公共服务设施设置方法及建设规模

公共设施项目	设置方法	建设规模
村委会	可附设于其他建筑或者单独设施	100～300 m^2
幼儿园、托儿所	单独设置,环境安静	根据适龄人口计算
小学	按照学校布点规划单独设置,位置应方便学生到达,环境安宁	按有关部门规划建设
文化站	可结合村民中心设置	不少于 50 m^2
老年活动室	可结合村民中心设置	不少于 50 m^2

续表 13-7

公共设施项目	设置方法	建设规模
卫生所、计生站	可结合村民中心设置	不少于 50 m²
信息服务站	可结合村民中心设置	不少于 30 m²
运动场地	可与绿地广场结合设置	—
公厕	与公共建筑、活动场地结合设置	不少于 10 m²

注："—"为结合村庄实际确定建设规模。

表 13-8　公益性公共服务设施面积控制标准

公共建筑项目	建筑面积/m²	备注
村(居)委会	200～500	
幼儿园、托儿所	600～1 800	2～6 班规模
文化站	200～800	可与绿地结合建设
老年活动室	100～200	可与绿地结合建设
卫生所	20～100	可设在村委会内
室外运动场地	用地面积 600～2 000	可与村委会、文化站建在一起
公用礼堂	600～1 000	可与村委会、文化站建在一起
文化宣传栏	长度大于 10 m	可与村委会、文化站建在一起，或设置在村口、绿地内

4)绿化布局

村庄绿化布局应注重村庄风格的协调统一，结合村庄自然山水、田园风光进行布置，以呈现自然生态的村庄整体风貌，并努力实现四季有绿、季相分明的村庄绿化景观效果。一般绿化可结合村口、道路两侧、不适宜建筑物区、滨水地区以及不宜建设地段作为绿化布置的重点，有条件并且规模较大的村庄可设置公共绿地甚至公园。村庄绿化则应以乔木为主，灌木为辅，必要时增加花草进行点缀。绿化植物的品种应以当地乡土树种为主。

5)产业布局

村庄产业布局应以集约用地、整合资源为目标，从乡镇域的角度出发，结合本地产业发展情况，推进产业特色化、多样化、现代化发展，合理布局。

6)工程设施及防灾

村庄工程设施布局重点解决主要工程设施选址布置及管网管线走向及管径大小选择(具体内容参见本书前面章节相关内容)。其中，环境卫生设施公共厕所的设置应结合村庄规模大小及实际需求进行考虑。一般 1 500 人以下规模的村庄，可设置 1～2 座公厕；1 500 人以上规模的村庄，宜设置 2～3 座公厕。

村庄防灾规划主要考虑消防、防洪、防风、防震等方面。对于消防规划，在具备给水管网的村庄，应合理设置其消防措施，防止突发情况造成对农村基础设施的破坏，同时消防通道应尽可能地利用村庄交通道路节约建设成本，提高道路综合利用率。防洪规划对于地处丘陵地区的村庄，要做好防洪防涝的准备，若村庄临山靠水，可通过修筑截洪沟来增加防洪效果。而地处平原地区的农村，则适当设置屏障来增强村庄抗灾害能力，或修建防洪堤以保证村庄的安全。在一些水土流失严重的村庄，应采用挡土墙或者加固边坡对山体滑坡、泥石流的地段进行场地防护，降低对村民的人身及财产的损失。村庄要积极进行村庄的绿化建设，尤其在多风及多沙地区，除村庄内部绿化空间对风沙进行阻隔外，还可通过在村庄外围设施防风林来起到防风作用，改善农村居民的居住环境、改善自然环境所带来的影响。

防震规划要求农村房屋建设满足一定的强度要求，能抵抗地震灾害。通过设置避难通道，做好防灾的工作，力保农民的生命及财产安全。

13.3.2 村庄整治规划

1）村庄整治规划内容

根据住房城乡建设部关于印发《村庄整治规划编制办法》，村庄整治规划根据村庄实际重点规划以下内容：

（1）村庄安全防灾整治。分析村庄内存在的地质灾害隐患，提出排除隐患的目标、阶段和工程措施，明确防护要求，划定防护范围；提出预防各类灾害的措施和建设要求，划定洪水淹没范围、山体滑坡等灾害影响区域；明确村庄内避灾疏散通道和场地的设置位置、范围，并提出建设要求；划定消防通道，明确消防水源位置、容量；建立灾害应急反应机制。

（2）农房改造。提出既有农房、庭院整治方案和功能完善措施；提出危旧房抗震加固方案；提出村民自建房屋的风格、色彩、高度控制等设计指引。

（3）生活给水设施整治。合理确定给水方式、供水规模，提出水源保护要求，划定水源保护范围；确定输配水管道敷设方式、走向、管径等。

（4）道路交通安全设施整治。提出现有道路设施的整治改造措施；确定村内道路的选线、断面形式、路面宽度和材质、坡度、边坡护坡形式；确定道路及地块的竖向标高；提出停车方案及整治措施；确定道路照明方式、杆线架设位置；确定交通标志、标线等交通安全设施位置；确定公交站点的位置。

（5）环境卫生整治。确定生活垃圾收集处理方式；引导分类利用，鼓励农村生活垃圾分类收集、资源利用，实现就地减量；对露天粪坑、杂物乱堆、破败空心房、废弃住宅、闲置宅基地及闲置用地提出整治要求和利用措施；确定秸秆等杂物、农机具堆放区域；提出畜禽养殖的废渣、污水治理方案；提出村内闲散荒废地以及现有坑塘水体的整治利用措施，明确牲口房等农用附属设施用房建设要求。

（6）厕所整治。按照粪便无害化处理要求提出户厕及公共厕所整治方案和配建标准；确定卫生厕所的类型、建造和卫生管理要求。

（7）排水、污水处理设施。确定雨污排放和污水治理方式，提出雨水导排系统清理、疏通、完善的措施；提出污水收集和处理设施的整治、建设方案，提出小型分散式污水处理设施的建设位置、规模及建议；确定各类排水管线、沟渠的走向，确定管径、沟渠横断面尺寸等工程建设要求；雨污合流的村庄应确定截流井位置、污水截流管（渠）走向及其尺寸。年均降雨量少于 600 mm 的地区可考虑雨污合流系统。

（8）电杆线路整治。提出现状电力电信杆线整治方案；提出新增电力电信杆线的走向及线路布设方式。

（9）村庄公共服务设施完善。合理确定村委会、幼儿园、小学、卫生站、敬老院、文体活动场所和宗教殡葬等设施的类型、位置、规模、布局形式；确定小卖部、集贸市场等公共服务设施的位置、规模。

（10）村庄节能改造。确定村庄炊事、供暖、照明、生活热水等方面的清洁能源种类；提出可再生能源利用措施；提出房屋节能措施和改造方案；缺水地区村庄应明确节水措施。

2）村庄风貌整治

（1）村庄风貌整治。挖掘传统民居地方特色，提出村庄环境绿化美化措施；确定沟渠水塘、壕沟寨墙、堤坝桥涵、石阶铺地、码头驳岸等的整治方案；确定本地绿化植物种类；划定绿地范围；提出村口、公共活动空间、主要街巷等重要节点的景观整治方案。防止照搬大广场、大草坪等城市建设方式。

（2）历史文化遗产和乡土特色保护。提出村庄历史文化、乡土特色和景观风貌保护方案；确定保护对象，划定保护区；确定村庄非物质文化遗产的保护方案。防止拆旧建新、嫁接杜撰。

3）村庄整治规划成果

村庄整治规划成果主要是“一图二表一书”。

“一图”是指整治规划图［地形图比例尺为 1∶(500～1 000)］

（1）用地布局方面。明确村庄内各类用地规划范围。

（2）安全防灾方面。标明地质灾害隐患区域范围、防护范围、防护要求；河流水体防洪范围；村内避灾疏散道路走向、避灾疏散场地的范围。

(3)给水工程方面。标明给水水源位置、应急备用水源位置、保护范围;给水设施规模、用地范围;给水管线走向、管径、主要控制标高;提供给水工程设施建设工程示意图。

(4)道路整治方面。标明各类道路红线或路面位置、横断面形式、交叉点坐标及标高;路灯及其架设方式;停车场地的位置和范围。

(5)环境卫生方面。标明环卫设施(垃圾收集点、转运场、公共厕所等)、集中畜禽饲养场、沼气池等的位置、规模、用地范围;提供环卫设施建设工程示意图。

(6)排水工程方面。标明污水处理设施规模、用地范围;排水管(渠)走向、尺寸和主要控制标高;截流井位置、标高。标明水面、坑塘及排水沟渠位置、宽度、主要控制标高;提供排水设施建设工程示意图。

(7)电杆线路整治方面。标明电力、电信线路的走向;电力电信设施的用地范围。

(8)公共服务设施方面。标明公共活动场所的范围;公共服务设施的类型、用地范围。

(9)绿化景观方面。标明主要街巷、村口、水体及公共活动空间等重要节点的整治范围;提供重要节点整治示意图、绿化配置示意图、地面铺装方式示意图、水体生态护坡、硬质驳岸等的整治示意图。

(10)文化保护方面。标明重点保护的民房、祠堂、历史建筑物与构筑物、古树名木等的位置和数量;划定保护区的范围;提供保护要求示意图。

(11)主要整治项目分布图。标明整治项目的名称、位置。

(12)村域设施整治方面。标明村域各生产性服务设施、公用工程设施的位置、类型、规模和整治措施。

"二表"主要包括:

(1)主要指标表。包括村庄用地规模、人口规模、户数、各类用地指标。

(2)整治项目表。包括整治项目的名称、内容、规模、建设要求、经费概算、总投资量以及实施进度计划等。

"一书"是指规划说明书,内容包括:村庄现状及问题分析,附现状图,地形图比例尺为1:(500～1000);整治项目内容和整治措施说明;工程量及投资估算;规划实施保障措施以及有关政策建议等。

13.3.3 美丽新农村规划

新农村,是指农村面貌的全面改变,而不是指某一方面,更不是指某一单项,具体由以下五个方面构成,即新设施、新房舍、新环境、新农民、新风尚。这五者共生共存,体现了全面发展的思想和要求,一起构成了"社会主义新农村"。

1)新农村规划建设的主要任务

新农村建设规划是一定时期内村庄经济和社会发展的目标,是村庄各项建设的综合部署,也是建设新农村和管理新农村的依据。它的主要任务就是在充分了解村庄的自然条件、历史演变、现状特点和建设条件的基础上,布置村庄的体系;合理确定乡镇或村庄的性质和规模;确定村庄在规划期内经济和社会发展的目标;统一规划和合理利用村庄土地;综合部署村庄经济、文化、公共事业,以及战备防灾等各项公共设施的建设。

科学的新农村建设规划是新农村建设和发展的前提,只有把规划做好了,村庄的建设才能做好。只有在规划的指导下,才能科学地解决当前农村中存在的一些问题,改善农民的生活环境,加快农村的经济发展,提高农民的整体生活水平。所以当前我国新农村建设规划的重点有以下几方面:①科学制定规划,为农村产业发展创造多元化的生长空间;②规划时应同时考虑集约使用土地和传统空间结构的相对完整性;③把人居环境整治作为新农村规划的切入点和突破口;④坚持因地制宜,突出村庄特色。通过科学合理的规划设计,结合当地的资源优势,利用或把握好各自特殊的发展条件,打造适合村庄发展的特色产业。⑤在利用自然资源中进行充分的生态保护,最大限度地延续村庄的肌理及建筑风格,多角度综合思考,形成具有自身文化特色的新农村。

2)美丽新农村规划建设发展模式

(1)现代农业主导带动型发展模式。在农业资源丰富、基础好的村庄,以工业的理念谋划农村的经济发展,运用高新技术改造传统农业,发展高效农业和设施农业,实现农业可持续发展。

(2)休闲农业主导带动型发展模式。指以农业和农村为载体，利用农业生产经营活动、农村自然环境和农村特有的乡土文化吸引游客，通过集观赏、娱乐、体验、知识教育于一体的一种新农村建设模式。这种模式包括通过建立农业生态园、养殖场、采摘园、农产品物流配送中心、学农教育基地、农艺园等方式把乡村的发展与农业的发展融为一体。这种发展模式具有一定的局限性，首先在地理位置上，必须交通便利，距离城市较近，靠近消费市场；其次，要有怡人的自然环境和一定的农业发展基础；最后还要有满足城市游客食、住、行基本要求的基础设施等条件。

(3)畜牧养殖主导带动型发展模式。指在畜牧龙头企业的带动下，通过规模化拆建、产业化经营、循环化利用带动农村发展、农民增收的一种新农村建设模式。该模式要求必须具有规模化的畜牧龙头企业、特色的养殖品种和相应的市场需求三个条件。畜牧养殖带动型新农村建设的目的就是通过农民宅基地的空间置换，改造旧村建设新村，在改善居住环境的同时，改善了农村资源特别是土地资源的配置状态，大大拓展农村经济发展的可能性边界。与此同时，还要防止动用耕地，形成失地农民和防止盲目建设。居所要适合中国国情和环境，养殖小区要大力发展循环经济，防止粪便污染，发展规模化、产业化、一体化养殖，规避市场风险。

(4)休闲渔业主导带动型发展模式。指通过利用渔村设备、渔村空间、渔业生产的场地、渔法渔具、渔业产品、渔业经营活动、自然生物、渔业自然环境及渔村人文资源，经过规划设计，以发挥渔业于渔村休闲旅游功能，增进国人对渔村与渔业之体验，提升旅游品质，并提高渔民收益，促进渔村发展的一种新农村建设模式。实践表明，大力发展休闲渔业，可以促进第一产业与第三产业的有机组合，延伸和拓展渔业产业链，积极推动渔业经济结构调整和渔民转产转业，为渔民、渔业、渔村创造较大的社会、经济和环境效益。同时，休闲渔业作为一项新兴的旅游产品，以其参与性和体验性强、价格适中等特点颇受广大游客的青睐，是观光型旅游向体验型、竞技型、休闲型旅游转变的有效形式，是丰富旅游内涵、提高旅游档次的一个重要手段。

(5)工业企业主导带动型发展模式。指以当地基础条件为出发点，以发展工业企业为契机，通过工业企业的发展壮大带动农村政治、经济、设施、教育、文化、卫生等事业的综合发展的同时，使乡村在土地、劳动力等资源整合的基础上又进一步促进工业企业的发展，使得工业企业与乡村融为一体，形成和谐发展的一种新农村建设模式。农村工业化是壮大农村经济总量的关键，是促进农业产业结构调整、加快农业现代化进程的推进器，也是推进农村城镇化的支撑点。

(6)商贸流通主导带动型发展模式。指以发展现代农村商贸流通服务业和市场网络为导向，进而形成以当地农村为中心的市场，以市场促产业、以产业带动乡村、最终形成商贸发达、乡村繁荣的一种新农村建设模式。采用这种模式需要满足以下三个条件：便利的交通；完善的基础设施及配套设施；相关产业发展的支持。

(7)民族特色主导带动型发展模式。指主要依托于民族特色农业、民族特色乡村旅游、民族特色工业产业链、民族特色手工工艺等民族特色经济来带动当地新农村发展的一种新农村建设模式。这种模式的开发应遵循可持续发展的原则、保护开发原则和特色原则，目的是达到经济效益、社会效益、生态文化效益的共同发展。其典型运作方式就是民俗文化生态旅游，它是一种特殊的旅游模式，这种模式的特点是在满足旅游者的吃、住、行、游、购、娱的同时，实现生态旅游的目标，即保护旅游区域内的自然资源、环境和民族文化，促进当地的社会、经济、文化的共同发展。

民俗文化生态旅游村要求将该地区的自然景观、历史文化背景、民族民俗风情融为一体，让旅游者通过在村里与当地居民同吃同住的生活中，饱览丰富的自然生态景观，欣赏浓郁的民俗风情，领略悠久的历史文化，感受旅游的乐趣，体验生活的真谛。这样不仅可以有效地保护当地的生态环境，还让当地的居民在经济上得到改善，同时也使民族文化得到传承和发展。由于民俗文化生态旅游村强调以村寨为基本接待单位，主要提供食、住、游、购和娱乐等产品，以与村民同吃、同住、同生活为特点，投入少，见效快，具有可持续性发展的优点。因此只要能得到合理的规划，就能获得双赢的效果，是一种实用、易行、收效快的模式。如邵阳市城市规划设计研究院编制的隆回县虎形山瑶族乡花瑶民俗村村庄建设规划。

(8)历史资源主导带动型发展模式。指在一些拥有特色历史资源的古村落，依托原有的历史遗迹，在充分保护的前提下，整合多种资源，适度发展旅游业，以此带动当地新农村发展的一种新农村建设模式。发展这种模式需要我们处理好保护与开发利用的矛盾，保护的最终目的是为了更好的开发利用，只有合理利用才能充分展示其固有价值，也只有利用才能使它们与现代生活相结合。适度的旅游可以使历史文化村落获得强大的资金支持，如果控制得当，可以使历史文化村落获得良性循环，比较适合于拥有一定特色历史资源的传统村落的发展。

13.4 我国传统村落保护规划

13.4.1 传统村落保护规划概述

传统村落是指形成年代较早，村落格局完整，具有丰富的历史文化或者民族风情，同时建筑遗存和自然环境良好，至今仍有居民居住、生活的村落，一般俗称古村落；2012 年更名为传统村落。传统村落因其悠久的历史、独特的文化及社会价值，成为中华民族优秀传统文化的载体，是人类生产生活文化的一大瑰宝，具有较高的历史研究、文化传承、科学、艺术鉴赏、社会和经济发展价值，对人类的发展意义重大及深远；主要体现在几点：

1)传统村落是中国农耕文化、传统农业经济、独特多元的自然环境发展的产物

传统的农业生产、农耕特点以及多元化的自然地理地貌特点造就人类独特多样的居住栖息形式，如择水而居是典型的村落选址特征之一。加之地形地貌、气候环境、社会环境以及民族文化习惯的差异，形成了多样化的村落格局，如福建南靖土楼、江南乌镇水乡格局以及大理白族的三坊一照壁等村落形式都有其独特之处。可以说传统村落是中国农耕文化、农业经济、自然环境发展的产物。

2)传统村落是世界文化、民族文化的宝贵遗产，是人类文化持续发展的根基

传统村落因其形成和发展的特点，往往积累和沉淀了悠久深化的农业生产、生活文化；尤其是在发展过程中沉淀积累的社会文化，是人类文化不可或缺的部分。加上民族背景、生产生活习惯的差异及自然条件的作用，使得传统村落的村落文化极具多样性和独特性；如贵州侗寨小黄村，以侗族为主，被公认为“大歌之乡”。据相关资料反映，当地侗歌有两千多年历史，在世界享有盛誉，以《春蝉歌》为代表。侗寨男女能歌善舞，在每年春耕后的庆典上，由侗寨居民组成的男女歌队聚集在寨中鼓楼，以歌舞形式庆祝春耕，成为侗寨村落极具特色的文化活动。传统村落文化是世界文化、民族文化的宝贵遗产，对村落文化的保护和发展不仅是保护传统村落原生生态的村落文化系统，更是促进人类文化可持续发展的基本根基。

3)传统村落物质空间环境具有鲜明的社会价值和文化效益

由村落建筑、道路、绿地、农田等构成的物质空间环境，因村落形成发展过程中受到生产技术、社会环境，以及自然条件和生产生活习惯的影响，形成了极具特色和个性的村落空间格局及建筑特点。如位于吉安市的陂下、燕坊等吉泰文化圈内的古村落，其民居把天井和合院结合在一起——“天井院”式民居，采用天门、天眼或天窗的高位采光，是江西民居建筑的“本土风格”。位于闽西的田螺坑村东、北、西三面环有大山，南面为大片梯田，由 1 座方形、3 座圆形和 1 座椭圆形土楼构成，如梅花状分布。传统村落这些与众不同的特征，激起外界对它的兴趣和探知的欲望，可以说传统村落不仅是民族的宝贵遗产，也是不可再生的、宝贵的旅游资源。因此，目前传统村落生态文化旅游日渐盛行，成为当今人们开展文化学习之旅的一大去向，社会效益和文化效益鲜明。此外，众多传统村落因其建筑有着鲜明的特点，使得这些地方成为高校师生及相关人员研究民居建筑、进行建筑测绘实训的去处，具有重要的社会价值。

4)传统村落是发展乡村旅游、促进城乡一体化发展的重要基础

传统村落是农村地区潜在的旅游资源，是开展

乡村旅游的重要基础，也是创新乡村农业发展道路的基础。同时，旅游价值的挖掘，也对乡村地区和城市地区带来经济上、文化交流上的互惠共赢，是促进城乡一体化发展的重要基础。

综上，传统村落是人类的一大瑰宝，应重视和保护利用起来。但事实却与之相反，因各种原因及缺乏保护意识和合理规划利用的相关对策，导致现今传统村落大量、迅速消逝。据相关资料记载，保留有传统风貌的村落目前统计不到全国行政村总数的2%，不到全国自然村总数的0.4%。

13.4.2 传统村落保护规划现状及发展趋势

传统村落保护规划势在必行，但总的来说，我国目前对传统村落的保护规划研究主要通过相关法律法规的建立、现场调查、建筑修缮、旅游开发等方式来保护和利用。上述方式对传统村落保护尤其是物质文化遗产的保护起到了一定的作用，但同时也存在一些不足之处：

1）传统村落保护法的相关研究工作起步较晚，缺乏具体的法规、条款颁布

目前传统村落保护主要参考城市历史文化保护的方式和方法，欠缺对传统村落保护和发展较为完善的理论和保护体系。

2）过度旅游开发破坏村落格局，导致村落传统变味

有些传统村落为迎合旅游业发展，肆意改变村落建筑功能，破坏村落格局、改变文化传统规律，使得村落成为古建筑展示的躯壳，如浙江苍板。

3）保护和发展缺乏全面协调、综合考虑

目前众多研究偏向以保护为主而缺乏对村落发展进行全面的规划和引导，导致由于缺乏必要的产业及经济发展规划的引导，村落居民除老年人和儿童外，主要劳动力外流，导致村落成了无生气的建筑博物馆，空有躯壳，甚至出现空心村、空巢化等现象。

4）侧重物质文化遗产保护，对非物质文化遗产关注不够

传统村落非物质文化遗产由文化形式和开展文化活动的场所空间组成。文化空间是村内重要活动的举办地，也是村民精神空间的象征。如岭南、福建一带，村里寺庙、祠堂附近种植榕树，配置大广场，村内有活动如闽南地区农历八月要唱歌仔戏，各家抬凳到广场看戏，该歌仔戏及表演和观看歌仔戏的广场属于村内的非物质文化遗产。非物质文化遗产包括自然要素（山水田林）、农耕文化、人文（民俗、风情、工艺）等。目前，众多传统村落开辟成旅游景点后，为迎合旅游，重点在建筑的修缮、环境的修复上，对非物质文化的一些典型习俗活动也保护利用，但对于诸如生产工艺、技艺等方面的非物质文化，却缺乏必要的传承和发展措施。如一些传统工艺、技艺因为缺乏传承人才的培养，没有继承人，使得此部分遗产面临衰败甚至消失。

随着国家对历史文化名城保护的重视，大众对传统文化保护意识的不断加强以及城镇化进程的影响，对传统村落保护和规划的相关工作和研究势必会越来越专业化、系统化和全面化。对传统村落的研究发展趋势将有以下几个方面：

（1）专项规划的研究会越来越多；

（2）将在城市化视野下，以村落物质和文化的可持续发展为基本准则来看待传统村落保护利用和发展问题；

（3）物质遗产保护和非物质文化遗产保护齐头并进，重视非物质文化遗产的延续与传承。

13.4.3 传统村落保护规划原则

传统村落保护规划需要遵循以下几条基本原则：

1）因地制宜原则

不同村落因其形成的时期背景不同，地理区位和自然环境的差异，具有各自鲜明的特点与特色。因而，在对传统村落进行保护规划研究时，必须从微观层面出发，慎重对待每个村落的特点及问题，有针对性地提出保护规划方案，而不要以偏概全，忽视村落个性；做到"因地因时因村制宜"。即更加重视地方特点及发展需求，充分考虑时代背景，从村落出发，提出合理可行并符合村情的规划对策和方案。

2）原真性原则

传统村落保护规划意义在于其"传统"价值，这点也是现今保护规划该类村落的价值及意义所在。因传统村落的传统价值可满足世人的好奇心及带来

世人的关注，导致现在很多传统村落在寻找发展出路时，紧扣其传统价值的优势，提出开发旅游的发展方向。在对传统村落的保护和发展方面，存在重保护轻发展，而且保护利用模式缺乏多样性等问题。众多传统村落被盲目开辟成旅游景点，采取简单的商业模式运作，“把建筑、古迹当景点，把遗产、文化、民俗当卖点”，重物质轻文化使得传统村落变成“建筑博物馆躯壳化”“仿古街”“假遗存”的现象不断出现，前者如浙江省永嘉县苍坡村。而为迎合旅游的需要，一些古建筑或重要建筑被随意改变用途，一些重要节日活动则被设计成天天日日可互动参与的游戏互动，导致节日内涵及活动意义丧失，也失去了村落文化的原真性。因此，在传统村落保护规划时，应以原真性原则为基本思想，尊重村落物质及文化的基本内涵，做到原真、原味再现村落优秀传统。

3）尊重民意原则

传统村落保护规划目的是为实现村落可持续发展，而居民作为村落的建造者、同时也是使用者和观赏者，应把村民的需求摆在第一位。在对村落的发展方向进行研究时，要广泛听取村民的意见和看法，尤其是对村落进行产业发展规划考虑时，要了解村民的发展意愿。村落公共设施配置、村落内部建筑维护及新建建筑选型方案，要贴合村落实际生产生活需求进行确定。

4）整体性原则

整体性原则一方面即指通过合理的保护对策及健全相应的保护及管理制度，对传统村落重要的、有价值的所有传统、历史信息进行保护。另一方面则是强调村落保护对策的提出，保护技术的指定应综合考虑村落、环境、人的保护和发展的相互关系。

5）保护与发展协调并进原则

传统村落是小农经济发展的产物，村落文化及典型或特色的物质形态空间是适应一定时期内的生产力水平、自然环境条件和传统生产生活方式的产物；传统村落的价值及重要属性在于“传统”方面，在对其进行保护规划时，必须明确社会环境的变化、农业现代化、生产现代化对村落的冲击。当保护、保留传统村落的传统元素时，必须协调考虑发展问题，真正做到保护与发展协调并进，做到促进村落文化的传承与发展。

13.4.4 传统村落保护规划目标与意义

传统村落保护内容包括村落选址、传统建筑、自然景观资源、历史环境要素及非物质文化遗产。规划的目标是实现村落传统文化的保护与传承，同时通过合理的发展对策，提升村落发展能力，提高村落的经济水平，改善村民的生活条件，实现保护和发展齐头并进，达到村落的可持续发展。

1）传统村落保护规划技术与方法

传统村落保护与发展规划相关工作根据其保护规划目标，基本的指导思想主要有4点：

（1）坚持规划先行。强调和重视保护规划的重要性，对于传统村落保护发展应先编制规划后实施，充分发挥规划对村落保护和发展的引领、引导作用。

（2）分类分级规划指导。传统村落因形成背景、地理区位差异、自然环境不同、居住对象及民族差别，各村落传统资源有着差异性及各自特点。因此保护规划需要分级分类确定保护对象、划分保护范围，并根据不同类传统资源的保护需求制定具体的保护要求，有针对性地提出抢救性维修、整体保护，合理利用保护传承措施。

（3）坚持活态传承、可持续发展。保护规划应注重对传统村落物质和非物质文化遗产的活态传承，同时协调发展，保障村落可持续发展。

（4）坚持一村一策。传统村落保护要根据村落类型及其人文、自然环境、地方和民族特色，因地制宜提出保护和发展对策。

2）保护规划技术

保护规划作为村庄规划中的专项规划，是历史文化名村或传统村落需要单独做的规划。保护规划一方面需要与村庄规划相衔接，另一方面应该解决村庄规划没有解决的专项问题。其规划工作主要包含三个方面：首先，确定保护对象、保护范围和保护措施；其次，保护村落整体风貌；再次，确定合理的发展方向，保护与发展协调。

3）保护规划工作方法

传统村落保护规划工作方法除了采用村庄规划常用的外业调查法及模型法外，一方面还需要注重与推动公众参与。在编制过程中，应广泛征求当地政府相关部门、专家和村民的意见，积极推进面向村民的宣传、沟通；并坚持保护规划编制成果的公示与公布。另一方面，强化规划引导，避免出现领导式意愿或主观设计。传统村落的保护规划，应从规划、管理、措施上保障村民的参与。保护规划方案及措施应充分尊重住户生产生活习惯和民风民俗，不得过多干预村落的自我更新与发展，也避免对传统建筑进行大规模翻新改造或新房建设。此外，应加强对规划实施的指导与监督。

13.4.5　传统村落保护规划编制程序

传统村落保护规划编制程序一般有以下 4 个步骤：

1）明确传统村落保护要求

传统村落保护内容及保护重点因村落形成背景、自然、经济、社会、文化的差异不同，在保护规划编制过程中，应针对保护对象特点，明确提出保护要求，慎重对待传统建筑及其历史文化要素和资源的保护利用。

2）传统资源的调查、分析和建档

编制传统村落保护与发展规划时，应首先对村落各项传统资源的内容、特色、价值、现状、保护情况以及所处的自然、社会环境现状等进行详尽的调查研究，对其特征进行分析，并在此基础上，建立并不断补充、完善翔实完整的传统村落档案，作为保护发展规划编制及后续工作的基础。

3）编制保护与发展规划

传统村落传统资源是由村落自然环境、空间格局、传统建筑物、构筑物、历史环境要素等构成的系统。保护规划应在相关保护规划原则及法律法规的基础上，提出明确的策略与切实可行的措施重点考虑村落传统资源的传承与可持续发展。

4）保护规划实施及指导监督

保护规划一旦审批，应加强对规划实施的指导和监督，并定期对规划实施的效果进行评估；在执行中发现规划存在重要不足的，在必要时应对规划进行修编。适时调整保护规划措施。

13.4.6　传统村落保护规划成果

根据住房城乡建设部 2013 年印发的《传统村落保护发展规划编制基本要求（试行）》，传统村落保护规划的成果包括规划文本、规划图纸和附件、规划说明书、传统村落档案。其中，规划图纸主要有：

1）区位分析图

用以表明传统村落的具体区位位置。

2）现状分析图

村落传统资源分布图：标明村落现状总平面，村落内各传统资源的位置、范围，非物质文化遗产活动场所与线路，村落各主要视觉控制点上的整体风貌等。

村落格局风貌和历史街巷现状图：反映村落传统建筑年代、质量、风貌、高度等的现状图，村落基础设施、公共安全设施及公共服务设施等的现状图。

3）保护规划图

村落保护区划总图：标绘村落保护范围及各类保护区和控制界线。

建筑分类保护规划图：标绘保护范围内文物保护单位、历史建筑、传统风貌建筑、其他建筑的分类保护措施。其中其他建筑要根据对历史风貌的影响程度进行细分。

4）发展规划图

道路交通规划图：提出村落路网、交通组织及管理、停车设施规划、公交车站设置、可能的旅游线路组织等。

人居环境改善措施图：提出传统村落基础设施、公共服务设施、防灾减灾改善的规划措施。各项图纸比例一般用 1∶2 000，也可用 1∶500 或 1∶5 000。

13.5　村庄规划中居住形态改良方法与策略

13.5.1　村民对村庄的需求问题

1）生活习惯与生产需求

随着城乡差距的逐步缩小，村庄内也能享受与城市居民相同的生活配套水平，但村民的生活方式仍然与农业生产紧密联系，也对农业生产活动空间有必要需求。因此在新的历史时期，如何将农村特有的空间需求与村民对良好人居环境、设施配套的诉求紧密结合，是我们在村庄规划中必须深入研究的问题。

2)居住集中与公共设施需求

原本散居在村落中的农户，现在相对集中居住到了村庄后，原本由一家一户自行承担的卫生、绿化，甚至治安等，现在都要由村庄统一提供和调配，对乡村政府在公共设施方面的投入提出更高要求。与散居村民相比，村庄居民对公共服务的依赖性大大增强。村庄的公共服务设施有的可能是为周边几个村庄服务的，有的可能只是为本村庄服务，这就要求我们用统筹的思维合理地分析论证村庄公共服务设施和基础设施的配置水平，合理确定规模，既不能让配置水平满足不了需求，又不能贪大求洋，造成浪费。

3)社会关系重组构建公共空间

聚合居住的村庄住户之间的关系与散居农户不同。在传统村落中，散居农户与周围的邻居通常属于一个生产小组，在生产中的互助合作也比较频繁。相应地，日常生活中的交往也比较多。集中居住不应打乱这种自然形成的社会交往结构和原本活跃而稳固的社会关系网络。另外，部分集中社区公共开放空间的设计手法应顾及传统的农民交往方式和乡村文化活动。例如，在散居农户居住的村庄，婚丧嫁娶的各种仪式都可以在村落中进行。但在规划的村庄中再进行此类仪式时，大摆筵席就比较困难。因此搬入村庄的居民社会关系网络需要重组，要与比邻而居的陌生人建立起传统村落那种稳定甚至亲密的邻里关系，就需要有真正适应农民生产生活特点的公共空间在其中发挥有效的作用。

4)“老龄化村庄”与养老保障

虽然目前我国城市人口已经大于农村人口，但农村人口向城市转移的人口流动状态还将在相当长一段时期内继续存在，只是转移的速度会逐步放缓。同时，在广大农村地区，尤其是我国中西部地区，存在大量的常年外出务工人员，仅春节等重要节日才回到老家，留在农村的是数量巨大的空巢老人和留守儿童。如果外出务工人员不返乡，那么需要照顾的老人将会成为村庄的主体，村庄也就会成为一个“老龄化社区”。并且在村庄内，传统的社会关系支持网络的效力被削减，原本相邻的亲属可能住得远了。同时，集中居住也使得养老问题集中显现，甚至可能会被放大。虽然我国的统筹城乡政策为农村地区的老年人也提供了基本养老保险，但“老年社区”仍然会对健全的医疗卫生、社会管理等公共服务提出较高的需求，需要在规划中加以深入研究并提出对策。

13.5.2 村庄规划中居住形态改良的一些启示

农村院落是农村地区农村居民的一种聚居方式，通常以姓氏(宗族)为聚居单位，分散于分布的自然村落。集生产、生活和景观于一体，是传统农耕文明的结晶，具有居住、经济、生态和社交等多重功能。它既是农民家庭生活空间，又是农副产业生产经营园地，还是邻里社会和乡风文明传承的载体以及生态保育和环境净化的单元。农村院落是我国农耕文化自然观与环境观的遗存，因其独特的地理环境、气候条件与文化背景，形成的生产、生活模式，与当地农耕条件、传统农耕方式和居住生活需要相互协调。在村庄规划中，我们应该尽量从对传统的农村院落居住单元的特征分析出发，通过挖掘延续传统农村院落中与农村生产生活相适应的特质，寻求对新时期村庄空间设计的传承与改良。

1)人与自然有机融合

传统的农村院落一般以几户或十几户为群体建造房屋，院落之间以结合地形的流线型道路相联系，用农田或林地、果园进行分割，既保持了相互之间的紧密联系，同时又相对独立，提供了宜人的空间尺度、增强了环境可识别性。

另一方面，院落间的农田、林地和道路综合起来，形成一个复合的生态系统。它本身包含着景观生态学中基质(农田)—斑块(林地)—廊道(道路、水系)模型，也具有生态学中“边缘效应”的某些特点，在林地与农田交界处创造了一个特殊的地带，从另一方面调节生态环境，提高了居民的生活质量，是与生态环境的和谐结合。院落中人们的活动顺应自然，与环境和谐共生，在精神和人文层面体现了生态的意义，是人与自然有机融合的典范。

2）生产与生活有机结合

传统农村院落由于其存在院坝、自留地，存在一定的家庭副业生产空间，例如种植竹林、果树、花卉等，并在其中进行养殖，自由放养家禽。传统农村院落总体发展特征呈现为小农经济，农民基本实现自给自足的生活，而对于村庄，在农民土地流转及集中居住后生活成本不可避免上升，传统院落模式启示了村庄融合生产功能的必要性，如此能有效解决生活成本问题。

产业对于村庄规划尤其重要。目前中国的现状就是2亿农民工，造成大量村庄出现空心化、老龄化。如何利用产业引导农民返乡置业是重点。

同时，还需考虑过分的集中居住（聚集）是否就方便生产生活，耕种半径的增加如何解决等问题。

3）自然亲切的公共交往空间

攀枝花地区传统农村院落建筑布局形式以"一""L"形式为主，一般是由主体建筑单体和辅助建筑单体组合而成，同时因其多样的建筑形态创造了多变而丰富的院落空间，而此类院落空间除了可以继续丰富居住功能，也是一种半私密的公共交往空间。而完全开放的公共空间在传统院落中并不多。院落中的居民更习惯在自家半开放的院落中进行公共交往，而且这种交往往往伴随生产互助，是一种自然亲切的公共交往方式。

4）注重居住功能的多样性

传统的院落居住形态是居住功能多样化的代表，其集合居住、生产、交往，甚至包括生态环境保护功能，功能的多样性同时也是保持其稳定性的重要因素之一。而在新型农村建设中，同样需要注重居住功能的多样性，切合农民的现实需求，主要可以参考传统院落布局的建设形态，设置主体建筑和辅助建筑。主体建筑主要承担居住功能，而辅助建筑的功能则具有更多发展空间，既可满足居民生活的需要，也可满足居民储藏生产作物及存放农具的需要，从而使村庄达到城市居住的文明标准，农民生活环境卫生、居住便利，同时也符合农村传统自给自足、闲隐山林的生活方式。

13.5.3　新型农村社区空间改良策略

近20年来，国内的农村社区建设快速发展，然而村庄设计和建设过程中也出现了农民居住与村庄空间不适应的矛盾，其具体现在：①强制性的、激进的半城市化社区建设与农民生产方式的不协调矛盾；②城市生活单元与农村守望相助传统生活方式的适应性矛盾。

因此，在村庄规划设计，尤其是新型农村社区空间规划过程中，必须把握农村居民的传统生活方式本质，建立农村居民与社区空间的有机联系。

1）以院落为邻里单位的居住单元

村庄的设计应以院落为基本邻里单位。传统院落模式体现了农村居民的生产生活方式，因此，院落的空间形态特征应在村庄的建设过程中延续。根据对西部地区传统院落规模的调查研究，10～20户是院落的主要构成规模，因此，在村庄规划中宜选取15～30户家庭为基本邻里单位，这个规模也体现了农村居民半独立居住的习惯。

2）划分适宜的居住组团、维系基本社会关系

在传统的农村院落的形成过程中，形成了一个个互相维系的社会关系群落，这些群体构成了农村社会交往与发展的基本社会单元，在村庄的设计过程中，应为传统的社会关系延续提供空间载体，为新的社会关系形成创造条件。因此，村庄规划应强调对居住组团的划分，一方面体现原有院落的小群落组团特色，另一方面为社会关系的延续或重组提供空间支持。根据调查，从社会关系和居住舒适度考虑，50～100户的居住群体是较为适宜的居住组团规模，以3～5个基本邻里单元组合成一个居住组团，每个居住组团可以基本容纳原院落的社会构成，以此强化对原社会脉络的延续。

3）延续传统建筑肌理、营造共享式院落空间

一方面，维持"田园"的形态，组织传统空间结构，打造虚实掩映的田园景观，体现农村居民私密性；另一方面，吸收院落的建筑肌理，组织半独立的建筑群落和居住院落单元，既尊重农村居民独立居住的习惯，同时节省用地，方便生产生活共享，减少不必要的浪费，提高使用效率，促进邻里融合。

4)维护传统林院、田园格局,打造生态居住模式

院落中的"林"是森林的外延,"让森林走进生活、让生活融入森林"是院落的最好阐释。村庄的规划建设不但要在各居住组团之间维持"林"的存在,还要在房前屋后种植花果,维护林—院、田—院的居住模式,并通过林的维护,保持居住组团的生物多样性,造就丰富的景观层次,塑造院落小气候,这是推动人们生活持续健康发展的新理念。

5)还原园地模式、维护自给自足的生活方式

自给自足的生活方式是农村地区特有的居住方式之一,因此,村庄的改良策略之一是还原园地的使用方式,改变绿地的使用管理方式,体现农民独立生产的习惯,为农户单独安排副业土地。尽可能以自家菜园或果园替代公共绿地,并建议由居民自发参与维护和管理,替代简单的物业管理,强调居民的自主性。

6)优化道路模式,提高道路使用效率

传统院落的道路组织方式是典型的外延内伸的模式,即保持与外联路的对外联系,内部尽端路联系外联路与院落。这种模式体现了农村地区机动车较少的特征,减少了机动车硬质道路面积,提高了道路的使用效率,同时曲折的内部尽端路不但能提高步行的趣味性,体现曲径通幽的浪漫意境,也能满足院落私密的要求。因此,对于村庄的交通组织方案,我们不仅要考虑机动车增长带来的需求,也要从充分结合农村的实际情况和吸收农村院落在交通组织上的传统特色。

7)提高配套标准,引导新社区公共生活

村民向村庄集中居住意味着其发展向城市生活标准的靠拢,必要的公共空间和配套设施才能满足集中生活的要求。因此,整个居住组团应保证包括水、电、气等基础设施的配置,在村庄中心应布置社区管理、活动中心、社区卫生、托幼、便民超市、农资放心店、公厕、垃圾收集站等必要的配套设施,同时可根据当地的生活风俗和生活需求,安排不同的文化设施和场地,以引导人们的公共生活,提高文明程度,发展当地的民俗文化。

8)融情于景,打造具有田园特征的文化社区

农村地区的传统院落衍生于广袤的田园之中、纵横交错的沟壑之间,这正是传统农耕文明的直接产物。作为人为因素的田、宅与作为自然因素的林、水相互依赖、和谐共存,映射出道家哲学中"道法自然""天人合一"的终极宇宙观。其生活形态和建筑形式在长期的历史积淀中,已演变为一种文化符号深深烙印于民风民俗之中。它不仅是我国农耕文化的载体,更是传统农耕时代文明的结晶。因此,在村庄景观的营造中,应强调对当地文化的理解与把握,融情于景,体现农村的田园生活意境。

本章小结

本章界定"乡村"概念,概述村庄规划类型和特点以及村庄规划设计内容程序与方法。结合我国乡村规划大量实践特点,总结内容如下:

首先,结合我国近年来农村建设实际情况,从过去的"乡村用地规划"转变为"乡村空间综合规划"。

其次,解析我国传统村落保护规划的必要性,形成如何在村庄规划中发挥乡村生产、生活以及乡村旅游的复合功能发展的基本思路。

第三,正视村庄形态改良的基本策略,提升村庄建设内涵品质,将乡村地区作为城乡发展的有机组成部分,为乡村规划理论框架的形成,做出有益探索。

思考题

1. 试对乡村进行分类。
2. 试结合自己家乡阐述我国乡村的特点。
3. 村庄规划的目标是什么?
4. 村庄规划的方法有哪些?
5. 试列举村庄规划常用图纸比例尺。
6. 如何进行传统村落保护?
7. 当今村民居住形态可能出现了什么问题?
8. 试总结村庄规划的特点。

第14章 控制性详细规划

本章导读：本章详细描述控制性详细规划的概念、内容、地位和作用（简称控规）。重点阐述控制性详细规划"规定性控制要素"和"引导性控制要素"的具体确定方法与控制要求，控制性规划的配套设施的控制。针对控制性详细规划的规划实践，本章做了系统描述。

本章也描述了控制性详细规划与修建性详细规划的关系，以及控制性详细规划与规划管理关系。

14.1 控制性详细规划概述

14.1.1 控制性详细规划的概念

根据《中华人民共和国城乡规划法》（以下简称《城乡规划法》）第二条：本法所称城乡规划，包括城镇体系规划、城市规划、镇规划、乡规划和村庄规划。城市规划、镇规划分为总体规划和详细规划。详细规划分为控制性详细规划和修建性详细规划。

《城乡规划法》明确了控制性详细规划在城乡规划体系中所处的位置，同时也限定了控制性详细规划仅适用于城市和镇。

《城市规划编制办法》第七条规定：城市规划分为总体规划和详细规划两个阶段。大、中城市根据需要，可以依法在总体规划的基础上组织编制分区规划。城市详细规划分为控制性详细规划和修建性详细规划。

《城市规划基本术语标准》对控制性详细规划的定义为：以城市总体规划或分区规划为依据，确定建设地区的土地使用性质和使用强度的控制指标、道路和工程管线控制性位置以及空间环境控制的规划要求。

从这个定义我们不难看出，控制性详细规划主要是以对城市地块的用地使用控制和环境容量控制、建筑建造控制和城市设计引导、市政工程设施和公共服务设施的配套，以及交通活动控制和环境保护规定为主要内容。

14.1.2 控制性详细规划的特点

1）体现规划的延续性

控制性详细规划的上位规划为城市总体规划或分区规划，这意味着编制控制性详细规划时要受城市总体规划或分区规划的指导，以下位规划服从上位规划的方式保证规划体系的延续性。在编制控制性详细规划时，对总体规划或分区规划的路网和用地进行细化的过程中，可以对总体规划或分区规划进行局部的调整，但对上位规划不能改变太大，特别是对土地使用性质、开发强度等强制性指标要保持一致性，否则会造成规划延续性失控的情况。

2）指标的科学性

控制性详细规划中的各项指标，对土地的开发和利用起着关键作用，特别是"容积率、绿地率"等指标对开发方的利益影响重大。同时，"容积率、建筑限高"等指标关系到城市基础设施容量和综合环境质量，与全市居民的切身利益相关。因此在编制控制性详细规划时，科学地制定指标并且将指标具体化，是一个重点和难点。

3）刚性与弹性兼顾

控制性详细规划是在《城乡规划法》中明确规定的法定规划，它具有规定性和强制性。但同时因为经济发展具有不可预测性，为城市经济服务的控制性详细规划的成果也必须具有一定的弹性，以增强在规划实施过程中的可操作性。控制性详细规划的刚性体现在规定性的控制指标中，这些指标是不能随意更改的，具有强制性。而控制性详细规划的引导性指标又体现出一定的弹性，可以在一个范围内做出选择。刚性与弹性兼顾的特点使控制性详细规划既能保持规划的严肃性，又能使控制性详细规划能动态适应快速发展的城市经济。刚性与弹性相结合的方法能适应我国开发申请审批方式为通则式与判例式相结合的特点。

14.1.3 控制性详细规划的作用

1）规划设计中承上启下

控制性详细规划的承上体现为对总体规划或分区规划的进一步细化；而启下体现为为修建性详细规划的编制提供依据。

总体规划由于研究层次的限制，不能对城市中每个地块做出详细的规定，这就需要控制性详细规划来对地块的建设提出具体的建设规定。控制性详细规划以量化的指标将总体规划或分区规划的意图和宏观的控制转化为对城市空间的定量控制，提出对各地块的具体控制指标体系。控制性详细规划能将总体规划中定性的、二维的控制要求进一步细化，将宏观控制转化为微观控制，并将指标细化、量化、三维化。

2）规划设计与规划管理之间联系的桥梁

城市的城乡规划主管部门日常工作的一个重要职能是对建设项目核发建设许可证书，其中"建设用地规划许可证""建设工程规划许可证"等证书的核发就是以控制性详细规划为依据的。这样，控制性详细规划就能通过对建设用地建设许可证书核发提出条件的方法来指导城市建设，也正是通过这样的方法，实现了规划设计与规划管理之间的联系。

控制性详细规划将复杂的规划内容数据化，把规划的控制要素用明确的图表表达出来，并落实城市规划的意图，为城市规划管理部门提供管理依据，成为管理过程中可操作的指标化的条例，给管理决策提供帮助，避免了规划管理中的随意性。

14.2 控制性详细规划编制的主要内容

控制性详细规划的任务是以城市总体规划或分区规划为依据，对城市道路和地块用地性质做进一步的细分，并制定地块的控制指标和管理要求，以更好地指导修建性详细规划的编制。

14.2.1 控制性详细规划的编制过程

编制控制性详细规划的过程一般包括以下5个步骤：项目准备、资料收集与现状调研、方案设计、成果制作和规划审批。

1）项目准备

在此阶段主要是做基础准备工作，包括了解项目的基本背景情况，项目委托方的要求，安排工作组人员，并制定工作计划，确定时间节点。

2）资料收集与现状调研

这是一个非常重要而且耗费大量时间的阶段，只有把现状了解清楚后，才能对后期的规划做出正确的判断。如果对现状情况调研不清楚就贸然做设计，可能会导致后期设计成果的重大失误，甚至会全盘推倒重来。

在进行控制性详细规划的设计时，需要收集的资料有两大类，一类是到相关部门办公室进行收集的文字和图件资料，包括：规划类、土地权属类，土地经济类，水文、地质资料类文件等。第二类是需要到规划区现场走访才能获得的资料，包括：规划区周边的环境及公共服务设施，规划区内的基础设施、建筑的现状情况，建筑质量，交通状况，居民对周边设施的满意度等。

规划设计者对现状资料收集整理后，要对规划区建立起一个整体的认识，特别是要对规划区现状所存在的各种问题要有个清晰的认识。规划编制的一个难点就是要在错综复杂的城市中，找到现状所存在的问题和将会制约未来发展的困难，规划的主要目标就是解决这些存在的问题和困难，以促进未来的城市发展。

3)方案设计

在对规划区现状情况有了完整的认识后，规划设计者才能提出合乎实际需求的规划方案。方案设计时要有两个或以上的方案进行比选，之后得出较优方案，并对其进行深化。设计方案完成后要及时与委托方交流，听取各方意见，并根据意见进行修改，修改后的方案再次与委托方交流并修改，这样的过程需要经历好几轮，经过不断的交流和修改，将使规划方案更加合理。

4)成果制作

待控制性详细规划的方案确定后，根据《城市规划编制办法》的内容和深度要求，进行规划成果的制作。成果的具体内容详见：14.2.2 控制性详细规划的成果。

5)规划审批

根据《城市、镇控制性详细规划编制审批办法》第十五条：城市的控制性详细规划经本级人民政府批准后，报本级人民代表大会常务委员会和上一级人民政府备案。县人民政府所在地镇的控制性详细规划，经县人民政府批准后，报本级人民代表大会常务委员会和上一级人民政府备案。其他镇的控制性详细规划由镇人民政府报上一级人民政府审批。城市的控制性详细规划成果应当采用纸质及电子文档形式备案。

第十六条　控制性详细规划组织编制机关应当组织召开由有关部门和专家参加的审查会。审查通过后，组织编制机关应当将控制性详细规划草案、审查意见、公众意见及处理结果报审批机关。

14.2.2　控制性详细规划的成果

1)基本要求

根据《城市规划编制办法》第四十一条，控制性详细规划应当包括下列内容：

(1)确定规划范围内不同性质用地的界线，确定各类用地内适建、不适建或者有条件地允许建设的建筑类型。

(2)确定各地块建筑高度、建筑密度、容积率、绿地率等控制指标；确定公共设施配套要求、交通出入口方位、停车泊位、建筑后退红线距离等要求。

(3)提出各地块的建筑体量、体型、色彩等城市设计指导原则。

(4)根据交通需求分析，确定地块出入口位置、停车泊位、公共交通场站用地范围和站点位置、步行交通以及其他交通设施。规定各级道路的红线、断面、交叉口形式及渠化措施、控制点坐标和标高。

(5)根据规划建设容量，确定市政工程管线位置、管径和工程设施的用地界线，进行管线综合。确定地下空间开发利用具体要求。

(6)制定相应的土地使用与建筑管理规定。

2)控制性详细规划的内容和深度要求

控制性详细规划的内容应该包括四大部分：文本、图件、图则和附件。

◆ **文本一般有以下内容：**

(1)规划项目概况：规划背景与目标，规划位置和范围。

(2)规划总论：规划依据和原则，规划功能定位。

(3)土地使用规划：对土地使用要求进行详细说明，制定完整的控制指标体系，包括指定性指标和引导性指标，对土地使用兼容性的控制要做出明确规定。

(4)公共服务设施规划：明确规划区内配套的公共服务设施的类型、布局、规模与建设方式。

(5)道路交通规划：对总体规划或分区规划中确定的道路网做进一步明确及细分，明确各级道路的中线位置和标高、道路断形式、转弯半径等内容和停车位配比指标等内容。

◆ **图件一般有以下内容：**

(1)区位图：标示规划区在城市中的位置，规划区周边的重要道路、公共服务设施和基础设施，规划区与城市重要节点的关系。

(2)用地现状图：标示土地利用，土地权属，公共服务设施、基础设施建筑情况现状；如果内容较多，可以用多张图来表达，一般要包括以下内容。

①土地利用现状图要标明规划区内各类用地的边界、权属、用地性质，用地分类要细分到小类。各

用地的边界要把规划范围全覆盖，且无缝对接，不能重叠也不能留有空隙。

②建筑现状分析图要标明规划区内现状建筑的位置、高度、建筑质量、建筑功能、保留价值等内容。

③公共服务设施和基础设施现状图，要标明规划区内及对规划区有重要影响的周边地区的现状公共服务设施的名称、性质、位置、规模，道路，电力，电信，给水，排水，防灾等设施的规模和走向。

(3)上位规划与规划区的关系图：城市总体规划或分区规划，其他相关规划(如旅游规划、基础设施规划等专项规划)与规划区的关系及提出的要求。

(4)土地利用规划图：在图中标示各类用地的边界，规划用地性质(细分到小类)，公共服务设施的位置、规模，道路网的等级和布局。

(5)道路交通规划图：在图中标示道路平面，控制点标高，道路缘石半径，重要交叉口渠化设计，横断面，轨道交通、铁路走向和控制范围，道路交通设施的位置和用地范围。

(6)道路竖向规划图：在图中标示各级道路控制点的坐标及标高，坡度、坡向，各地块的控制标高及排水方向。

(7)公共服务设施规划图：在图中标示各类公共服务设施的位置、性质、规模、服务半径等指标。

(8)基础设施规划图：在图中标示各类基础设施的位置、走向、控制点高程等，若内容太多，可分图绘制。

(9)给水规划图：在图中标识规划区水源、水厂、泵站等供水设施的位置、容量、供水标高及供水管线的走向和管径。

(10)排水规划图：标明规划区雨水泵站的规划和位置，雨水管渠的走向，管径(断面)、控制点标高和出水口位置，污水处理厂、污水泵站的规模和位置，污水管的走向、管径、控制点标高和出水口位置。

(11)电力规划图：标识规划区电源的位置和容量，各级变电站、变电所、开闭所的位置和容量，高压走廊的平面位置和控制宽度。

(12)电信规划图：标明规划区的电信来源、电信局、所的位置和容量，电信线的走向和管孔数，确定微波通道的走向、宽度和起始点限高要求。

(13)燃气规划图：标明规划区气源，储配气站的位置、容量，燃气管道的等级、走向和管径。

(14)供热规划图：标明规划区的热源，供热和转换设施的位置、容量，供热管网的等级、走向和管径。

(15)环境卫生规划图：标明各种卫生设施的位置、服务半径和防护隔离设施等内容。

(16)地下空间规划图：规划各类地下空间在规划用地范围内的位置和界限，标明地下空间的分类和行政，标明市政设施、公共设施的位置、等级规划等内容。

(17)五线规划图：标明规划区内的五线。黄线，市政设施控制线；绿线，绿化用地控制线；蓝线，水域用地控制线；紫线，文物用地控制线；红线，城市道路用地控制线。

(18)空间形态示意图：表达城市设计的构思，体现城市空间的空间形态。

(19)地块划分编号图：标明地块划分的界限和地块编号，为分图则提供索引。

(20)地块控制图则：分为总图则和分图则。分图则是控制性详细规划成果的主要内容，分图则中表示地块区位，用地边界，地块编号，用地性质，用地兼容性和控制指标，绿化边界，文物保护单位和历史街区的保护范围，道路红线，建筑后退线，建筑贴线率，道路中心线的控制点坐标、高程，转弯半径，禁止机动车开口路段，人行过街天桥和地下道，公交站场，停车场，大型市政通道的地下和地上空间控制要素(如高压走廊、微波通道、飞行净空限制等)。

14.2.3 控制性详细规划的组织编制与审批

控制性详细规划是覆盖广大城市用地的重要规划，规划内容涉及全市居民的切身利益，这样重要的规划只能由政府来组织编制，才能保证规划内容的公平性及全局性。

根据《城市、镇控制性详细规划编制审批办法》的规定，城市、县人民政府城乡规划主管部门组织编制城市、县人民政府所在地镇的控制性详细规划；其他镇的控制性详细规划由镇人民政府组织编制。城市、县人民政府城乡规划主管部门、镇人民政府(以下统称控制性详细规划组织编制机关)应当委托具备相应资质等级的规划编制单位承担控制性详细规划的具体编制工作。

控制性详细规划草案编制完成后，控制性详细规划组织编制机关应当依法将控制性详细规划草案予以公告，并采取论证会、听证会或者其他方式征求专家和公众的意见。公告的时间不得少于 30 日。公告的时间、地点及公众提交意见的期限、方式，应当在政府信息网站以及当地主要新闻媒体上公告。

城市的控制性详细规划经本级人民政府批准后，报本级人民代表大会常务委员会和上一级人民政府备案。县人民政府所在地镇的控制性详细规划，经县人民政府批准后，报本级人民代表大会常务委员会和上一级人民政府备案。其他镇的控制性详细规划由镇人民政府报上一级人民政府审批。

14.3　控制性详细规划的规定性控制要素

14.3.1　土地使用控制

14.3.1.1　用地边界及用地面积

用地边界是指由城乡规划行政部门所确定的用地范围线，是规划用地之间的分界线。城乡规划范围内的用地被建设用地或非建设用地无缝覆盖，而且所有地块的用地边界不能重叠，也不能有空隙。用地面积是指用地边界所围合的用地的水平投影面积。

控制性详细规划用地的边界划分在服从总体规划对用地划分的基础上，还需要尊重用地权属的边界，可以结合自然和行政边界做出适当调整。同时，规划用地的划分必须满足专业规划线，以适应城市基础设施及其他设施的控制要求。专业规划线主要有：道路红线、水体蓝线、绿地绿线、基础设施黄线、文物古迹紫线等。

目前国家层面还没有制定《城市红线管理办法》，但多地制定了地方性的《城市红线管理办法》，综合这些地方《城市红线管理办法》的内容，红线定义为城市道路用地规划边界线。

根据《城市绿线管理办法》（2002 年 9 月 13 日中华人民共和国建设部第 112 号令发布，自 2002 年 11 月 1 日起施行），城市绿线是指城市各类绿地范围的控制线。并规定，控制性详细规划应当提出不同类型用地的界线、规定绿化率控制指标和绿化用地界线的具体坐标。修建性详细规划应当根据控制性详细规划，明确绿地布局，提出绿化配置的原则或者方案，划定绿地界线。

根据《城市紫线管理办法》（2003 年 12 月 17 日中华人民共和国建设部第 119 号令发布，自 2004 年 2 月 1 日起施行），城市紫线是指国家历史文化名城内的历史文化街区和省、自治区、直辖市人民政府公布的历史文化街区的保护范围界线，以及历史文化街区外经县级以上人民政府公布保护的历史建筑的保护范围界线。

根据《城市黄线管理办法》（2005 年 12 月 20 日中华人民共和国建设部第 144 号令发布，自 2006 年 3 月 1 日起施行），城市黄线是指对城市发展全局有影响的、城市规划中确定的、必须控制的城市基础设施用地的控制界线。并规定，编制城市总体规划，应当根据规划内容和深度要求，合理布置城市基础设施，确定城市基础设施的用地位置和范围，划定其用地控制界线。编制控制性详细规划，应当依据城市总体规划，落实城市总体规划确定的城市基础设施的用地位置和面积，划定城市基础设施用地界线，规定城市黄线范围内的控制指标和要求，并明确城市黄线的地理坐标。修建性详细规划应当依据控制性详细规划，按不同项目具体落实城市基础设施用地界线，提出城市基础设施用地配置原则或者方案，并标明城市黄线的地理坐标和相应的界址地形图。

根据《城市蓝线管理办法》（2005 年 12 月 20 日中华人民共和国建设部第 145 号令发布，自 2006 年 3 月 1 日起施行），城市蓝线是指城市规划确定的江、河、湖、库、渠和湿地等城市地表水体保护和控制的地域界线。并规定，在城市总体规划阶段，应当确定城市规划区范围内需要保护和控制的主要地表水体，划定城市蓝线，并明确城市蓝线保护和控制的要求。在控制性详细规划阶段，应当依据城市总体规划划定的城市蓝线，规定城市蓝线范围内的保护要求和控制指标，并附有明确的城市蓝线坐标和相应的界址地形图。

14.3.1.2 用地性质

控制性详细规划的用地性质参考《城市用地分类与规划建设用地标准》(GB 50137—2011)来确定,其用地分类采用大类、中类和小类3级分类体系。大类采用英文字母表示,中类和小类应采用英文字母和阿拉伯数字组合表示。城市建设用地共分为8大类、35中类、44小类。对于城市总体规划,用地分类一般划分到中类,而对于控制性详细规划,用地分类一般划分到小类。

控制性详细规划用地性质的确定要根据城市总体规划或分区规划所确定的用地性质来进一步细化。当上位规划确定的地块面积较大时,要根据主要用地性质的需要来合理组织细分地块的用地性质,并且要用地之间不能相互冲突。

14.3.1.3 用地兼容性

用地兼容性是指城市用地上一种以上的土地使用性质并存,以这样的方法来保持土地使用的灵活性,允许部分建筑混合布置。

在市场经济条件下,土地开发过程中的不确定因素越来越多,为了规范土地开发行为,就要求编制控制性详细规划来进行指导,但由于经济发展的不确定性,刚性规定的用地性质无法对变化进行调整。为了适应经济发展的不确定对规划管理提出的要求,控制性详细规划在用地规划时加入了更大的弹性,即用地性质的兼容。用地性质兼容能促进相互联系紧密的功能集中布置,特别是在土地集约程度很高的城市中心区,用地性质的兼容能提高土地的利用效率。

14.3.2 环境容量控制

14.3.2.1 容积率

根据《城市规划基本术语标准》的定义,容积率:一定地块内,总建筑面积与建筑用地面积的比值。

容积率是一个地块内总建筑面积与地块面积的比值,这是用于衡量土地使用强度的一项重要的指标。

就国内目前情况来看,即使在交通拥堵、空气污染等很多不利条件出现的情况下,大多数人仍然趋向居住于城市中心区,从而导致了城市中心区的建筑供不应求。根据马克思主义的价格理论,在城市中心区建筑供不应求的条件下,城市中心的建筑价格必然上涨,而建筑材料并不是稀缺的,稀缺的是城市中心的地,上涨的是地价。对城市中心区建筑的大量需求是因为城市中心区的基础设施和公共服务设施相对集中,其根本是城市资源对城市土地分配的不均匀,造成的城市土地附加值产生的区别。由于城市资源对城市土地分配的不均匀,城市不同地区对建筑面积量的需求是不同的,对容积率的确定也是有区别的。

由于城市中心区基础设施和公共服务设施的集中,便利的生活设施使大部分人愿意居住在城市中心区,而如果不对城市中心区的建设量加以控制,在利益的驱动下,生活便利的城市中心区建筑面积将迅速增加,所容纳的人口也将增加,而大量增加人口后,城市中心区基础设施和公共服务设施将供给不足,出现交通拥堵、水电供给不足,学校、医院无法满足市民需求等问题。由政府部门组织编制的控制性详细规划中,必须对城市容积率加以控制,保持城市健康有序的发展。

在确定容积率的时候,要有两个方面的考虑,一是控制容积率的上限,可以控制地块的开发强度,避免过度开发;二是控制容积率的下限,可以避免土地资源使用的浪费,并保证地产开发商合理的收益。

与容积率相关的因素包括:土地使用性质、位置、基础设施、周边环境、土地出让价格、城市设计要求等。这些相关因素都会影响到地块容积率的指标。

在确定容积率的时候,一般考虑以下问题:

服从总体规划或分区规划的要求,结合城市中建筑布局的要求,合理确定城市用地的容积率。根据不同用地性质的特点来确定不同的容积率;根据土地区位来确定不同的容积率;结合土地开发建设的经济效益来确定容积率。

容积率与建筑密度和建筑平均层数之间有这样的关系:容积率=建筑平均层数×建筑密度。即当建筑密度不变时,容积率与建筑平均层数成正比;当建筑平均层数不变时,容积率与建筑密度成反比。

14.3.2.2 建筑密度

根据《城市规划基本术语标准》的定义，建筑密度：一定地块内所有建筑物的基底总面积占用地面积的比例。

建筑密度是规划地块内所有建筑基地面积之和占总用地面积的比例。这是一个反映用地内建筑密集程度的指标，这个指标能控制地块的平面环境质量，满足该地块有足够的日照、通风和安全等的需求，并能达到一定的土地利用强度。

在确定建筑密度时，一般考虑以下问题：

根据用地性质的不同，确定不同用地的建筑密度。比如一般居住用地的建筑密度比商业用地的建筑密度低。

根据容积率来确定建筑密度。如果容积率过高，一般建筑密度宜较小，因为容积率高将导致容纳的人数较多，这时就需要将建筑密度降低，以增加室外活动空间。

根据建筑高度来确定建筑密度。如果建筑高度高，由于日照间距和其他退距要求，地块内的建筑密度则不能过低。

14.3.2.3 绿地率

根据《城市规划基本术语标准》的定义，绿地率：城市一定地区内各类绿化用地总面积占该地区总面积的比例。

绿地率是规划地块内绿化用地面积之和占总用地面积的比例。和其他指标不同，绿地率是控制下限的。有了绿地率的控制，可以保证用地内的绿化面积与开敞空间。

绿地率反映了用地内的绿地水平，绿地率的控制与用地的性质、区位等因素有关。比如居住用地的绿地率比工业用地的绿地率高，城市新区的绿地率比老城区的绿地率高。

一块城市用地中，一般除了建筑用地外还可以用于绿化建设和道路建设，建筑的占地面积增加后，由于建筑出入口数量的增加及消防车道的增加，该地块的道路比例就会相应增加，同时其绿地率也必然减少。所以，建筑密度增加后，绿地率减少的不仅仅是增加的建筑密度的部分。

14.3.3 建筑建造控制

14.3.3.1 建筑限高

建筑高度是指建筑室外地面到其檐口或者屋面面层的高度。建筑限高是地块内允许的最高建筑高度。

建筑高度是直接影响容积率的指标，在经济利益的驱使下，城市中心区的建筑高度与容积率会不断攀升。但同时，由于建筑工程技术和建设成本的限制，建筑高度也不可能无限增长。建筑对城市景观也有重要的影响，它与街道空间尺度、建筑投影、城市主要景观视廊等因素相关。

影响建筑高度的因素主要有三个方面，包括：经济因素、城市景观、基础设施等。

1）经济因素

建筑的价格是由土地价格及建筑建设的价格两部分组成的，在一定的建筑高度以内，建筑的单位成本差别不大，但是超过了一定的建筑高度后，建筑的单位成本也会随着建筑的高度不断提高。在一定的高度范围内，开发商越趋向于建设高层建筑，这样就能得到更多的建筑面积，以分摊地价。

如《住宅设计规范》要求，七层及以上或入口层距室外设计地面的高度超过 16 m 以上必须设电梯。十二层以上不应少于 2 台电梯，其中宜配置一台可容纳担架的电梯。可以看出在七层以下的住宅，因为不需要设电梯，就能节省了电梯的费用，而七至十二层的住宅可以设一部电梯，又比更高层的建筑节省了一部电梯的费用，相应的建筑单价也能降低。而随着建筑高度的提高，由于建筑结构、建筑基础等要素发生改变，建筑单价就会大幅提高。从这个角度来看，一般房价高的地方才能承担较高的建筑单价，这也是为什么高房价的地方会大量出现超高层建筑的原因。

2）城市景观

建筑是城市景观中的一个关键要素，建筑高度的控制要考虑城市整体或重点地段的景观风貌，保证风貌统一协调。比如巴厘岛要求建筑高度不得超过树木，杭州对西湖周边、昆明对滇池周边都提出了建筑高度限制的要求。

3)基础设施

有些基础设施对周边的建筑高度有要求,比如机场由于飞机飞行安全的需要,对周边建筑有净空限制要求;在两个微波通信点之间不能有建筑的遮挡。

14.3.3.2 建筑后退

建筑后退是指在城乡规划中,建筑物对规划边界线的后退,一般以后退距离的下限进行控制。建筑后退能满足沿道路、轨道交通、电力设施的建筑物的安全,能保证相邻地块建筑之间的日照、采光和通风等要求,能保证必要的城市空间和良好的城市景观。

14.3.3.3 建筑间距

建筑间距是两栋建筑外墙之间的水平距离。建筑间距的控制可以使建筑之间保持足够的距离,这些距离能满足消防、防震、日照、通风、采光、防止噪声、管线敷设、保证私密性等功能,避免在城市建设活动中产生混乱,并能营造良好的城市景观。

建筑间距一般包括以下类别。

(1)日照间距。这是建筑间距中最重要也是最常见的一中间距,其含义为:前后两排南向房屋之间,为保证北部房屋获得日照而保持的最小间隔距离。

(2)侧向间距。这是建筑山墙之间的距离。侧向间距可以满足建筑之间的道路、市政管线敷设、采光、通风等的要求。

(3)消防间距。两栋建筑之间,保证满足消防扑救、人员疏散和降低火灾时热辐射而保持的间距。

(4)通风间距。两栋建筑之间,为了避免受负风压影响而保持的间距。

(5)生活私密间距。为了避免相邻两栋建筑的窗户之间出现视线干扰而保证的间距。

14.3.4 行为活动控制

14.3.4.1 交通活动控制

交通活动控制包括:交通方式,出入口方位、数量,禁止机动车开口范围和停车位。

根据地块的用地性质、周边道路情况、地形等因素,来确定地块内所允许通行的车辆类型和交通组织模式。一般城市快速路上不宜设置机动车出入口,主干道上少设置机动车出入口,机动车出入口尽量设置于服务型的次干道或者支路上。

14.3.4.2 环境保护规定

根据城市总体规划或分区规划对环境保护的要求和环保部门提出的环境保护的要求,提出该地区环境保护的规定,内容包括:液体污染物允许排放浓度,气体污染物允许排放浓度,固体污染物处理要求、噪声允许指标等。

14.4 控制性详细规划的引导性控制要素

控制性详细规划对指标的提出,从城市建筑的高度、体量、色彩,城市空间的组合及城市内的各类轴线等的控制等方面,体现了城市设计的构想。

14.4.1 建筑体量的控制

建筑体量是建筑物空间上的体积,包括建筑物的长度、宽度和高度。建筑体量的控制一般从建筑竖向尺度、横向尺度和建筑形态三个方面提出引导要求。建筑体量控制是对建筑竖向和横向尺度的综合控制,特别是临街建筑的体量,从景观视线、日照等方面都对城市风貌有很大的影响。由于底层和多层级建筑的高度不高,其体积一般与城市道路的关系都比较协调,对这类建筑的体量控制一般以控制建筑外墙面宽实现。而高层建筑因为高度和体量都非常巨大,对这类建筑的体量控制显得非常重要。

控制性详细规划中,对高层建筑的体量控制会从高层建筑的外墙控制线、平均楼面面积和建筑高宽比、裙房位置和高度及高层建筑顶部等方面来进行控制。

14.4.2 建筑形式的控制

建筑形式的控制能使城市营造更好的空间,在进行建筑形式控制的时候要从整体考虑城市风貌,保证城市特色与风貌的延续。从建筑本身来看,建筑形式的控制可以从建筑结构形式和建筑屋顶两个方面来考虑。

建筑的结构形式根据高度分为低层、多层、高层和超高层几类。低层建筑的建筑形式有独立和联排两种，多层建筑有内廊式、外廊式和独立单元式几种，高层建筑有内廊式和独立单元式，而超高层建筑一般只有独立单元式一种。

屋顶形式一般有坡屋顶和平屋顶两种形式。

14.4.3 建筑色彩的控制

建筑的色彩控制一般从色调、明度和彩度提出引导要求，并从建筑主体、点缀物和组合三个方面来进行调控。

对建筑的色彩控制要从城市的特色风貌方面来考虑，建筑的色彩与城市传统及特色相适应。

14.4.4 建筑空间组合控制

建筑空间组合控制是对建筑实体围合成的城市空间环境及周边环境提出控制引导要求，一般通过建筑群的组合形式、开敞空间的长宽比、街道空间的高宽比和建筑轮廓线等方面来控制城市空间环境。

14.4.5 建筑小品

对建筑小品的控制一般是规定其位置、内容、形式和净空规定等。

控制的对象（建筑小品）包括：绿化小品、广告牌、指示牌、公交车站、座椅、雕塑等内容。

14.5 配套设施控制

14.5.1 公共设施的配套控制

根据《城市公共设施规划规范》(GB 50442—2008)的规定，城市公共设施用地指在城市总体规划中的行政办公、商业金融、文化娱乐、体育、医疗卫生、教育科研设计、社会福利共七类用地的统称。

城市中的公共服务设施分为两大类，一类是城市公共设施，包括行政、文化、教育、体育、卫生等机构和设施，其用地属于城市用地分类中的 A 类，公共管理与公共服务用地。另一类是居住配套服务设施，包括幼托、文化体育设施、商业金融、社区卫生服务站、公用设施等用地，其用地属于城市用地分类中的 R12、R22、R32，居住用地中的服务设施用地。根据《城市居住区规划设计规范》(GB 50180—1993)(2016 年版)，居住区公共服务设施（也称配套公建）应包括：教育、医疗卫生、文化体育、商业服务、金融邮电、社区服务、市政公用和行政管理及其他八类设施。

14.5.1.1 城市公共设施配套的要求

控制性详细规划对城市公共设施配套控制的目的是要满足城市居民的服务需求，方便全体市民的使用。

城市公共配套设施布局是实现设施在城市用地上落实的关键，其设置要根据城市总体规划或分区规划的要求，结合规划用地的条件和发展需求综合考虑。

14.5.1.2 居住区公共设施配套的要求

公共服务设施配套的内容包括：中小学、幼儿园、社区服务中心、居委会、派出所、物业管理、文化服务设施、居民健身设施、农贸市场、医疗卫生设施、公共厕所等。

居住区的公共服务设施配套一般按照《城市居住区规划设计规范》(GB 50180—1993)(2016 年版)中规定的千人指标来配置。

14.5.2 市政工程设施的配套控制

1）市政工程设施配套的内容

控制性详细规划中的市政工程设施配套包括的内容较多，有：给水工程、排水工程、电力工程、电信工程、供气工程、供暖工程、环境卫生工程、消防工程、防洪工程、人民防空工程等。

2）市政工程设施配套的要求

市政工程配套设施要根据用地性质对各项设施进行容量的预测，以保证其供给的安全。同时还要布置好各项市政设施的用地和管线，综合考虑各市政工程设施之间的关系，减少工程设施与周边其他设施的干扰，对工程管线有矛盾的，要对其进行调整，以适应区域的发展。

14.6 控制性详细规划的实施与管理

14.6.1 控制性详细规划的实施

控制性详细规划的实施是对城市土地和空间资

源进行合理配置，目的是让城市的社会活动能按规划进行，引导城市建设健康发展。控制性详细规划的重点是量化控制指标，所有的规定性控制要素都是定量的，这些确定的量化指标是规划管理所依据的内容。控制性详细规划的实施主要体现为政府的职能，由规划行政主管部门通过法律和行政管理手段把通过审批的控制性详细规划变为现实。

14.6.2 控制性详细规划编制与城乡规划管理的关系

城乡规划管理的一项重要内容就是对建设项目核发“建设项目选址意见书”“建设用地规划许可证”“建设工程规划许可证”“乡村建设规划许可证”。其中的“建设用地规划许可证”“建设工程规划许可证”两证与控制性详细规划关系密切，可以说，没有控制性详细规划的指导，就无法办理这两证。

根据《城乡规划法》第三十七条 在城市、镇规划区内以划拨方式提供国有土地使用权的建设项目，经有关部门批准、核准、备案后，建设单位应当向城市、县人民政府城乡规划主管部门提出建设用地规划许可申请，由城市、县人民政府城乡规划主管部门依据控制性详细规划核定建设用地的位置、面积、允许建设的范围，核发建设用地规划许可证。

第三十八条 在城市、镇规划区内以出让方式提供国有土地使用权的，在国有土地使用权出让前，城市、县人民政府城乡规划主管部门应当依据控制性详细规划，提出出让地块的位置、使用性质、开发强度等规划条件，作为国有土地使用权出让合同的组成部分。未确定规划条件的地块，不得出让国有土地使用权。以出让方式取得国有土地使用权的建设项目，在签订国有土地使用权出让合同后，建设单位应当持建设项目的批准、核准、备案文件和国有土地使用权出让合同，向城市、县人民政府城乡规划主管部门领取建设用地规划许可证。

无论是以划拨还是出让方式提供国有土地使用权的建设项目，都必须依据控制性详细规划的相关内容来核发建设用地规划许可证。

第四十条 在城市、镇规划区内进行建筑物、构筑物、道路、管线和其他工程建设的，建设单位或者个人应当向城市、县人民政府城乡规划主管部门或者省、自治区、直辖市人民政府确定的镇人民政府申请办理建设工程规划许可证。

申请办理建设工程规划许可证，应当提交使用土地的有关证明文件、建设工程设计方案等材料。需要建设单位编制修建性详细规划的建设项目，还应当提交修建性详细规划。对符合控制性详细规划和规划条件的，由城市、县人民政府城乡规划主管部门或者省、自治区、直辖市人民政府确定的镇人民政府核发建设工程规划许可证。

建设工程规划许可证的核发也必须要符合控制性详细规划的内容。

所以控制性详细规划的编制与城乡规划的管理的关系密不可分，可以把控制性详细规划看作是城乡规划的管理系统与城乡规划的设计系统两大系统联系的桥梁。

14.6.3 控制性详细规划的管理

城市规划管理是实施城市规划的重要机制，城市规划的编制只是城市建设管理的依据，只有通过管理，才能使规划变成现实。

14.6.3.1 建设项目审批管理

《城乡规划法》中，对建设项目的管理作出了具体规定。如第三十七条、第三十八条对核发建设用地规划许可证的规定，第四十条对核发建设工程规划许可证的规定。

14.6.3.2 控制性详细规划的组织编制与调整

《城乡规划法》对控制性详细规划的组织编制及批准程序做出了明确的要求。

第十九条 城市人民政府城乡规划主管部门根据城市总体规划的要求，组织编制城市的控制性详细规划，经本级人民政府批准后，报本级人民代表大会常务委员会和上一级人民政府备案。

第二十条 镇人民政府根据镇总体规划的要求，组织编制镇的控制性详细规划，报上一级人民政府审批。县人民政府所在地镇的控制性详细规划，由县人民政府城乡规划主管部门根据镇总体规划的要求组织编制，经县人民政府批准后，报本级人民代表大会常务委员会和上一级人民政府备案。

由于目前我国经济发展迅速，城市建设条件不可预测性越来越大，城市规划管理部门在管理过程中，会收到大量要求变更规划条件的申请，对于这样的申请，应该在允许的范围内对其进行调整，对于超出了控制性详细规划的弹性范围的要求，则要坚持规划的严肃性。《城乡规划法》第四十三条规定：建设单位应当按照规划条件进行建设；确需变更的，必须向城市、县人民政府城乡规划主管部门提出申请。变更内容不符合控制性详细规划的，城乡规划主管部门不得批准。

控制性详细规划涉及大量社会团体和相关利益人的权益，所以其调整必须严肃、认真。对于一些由于各种原因所导致的要修改控制性详细规划的，必须严格按照法律程序来修改。《城乡规划法》第四十八条做出规定：修改控制性详细规划的，组织编制机关应当对修改的必要性进行论证，征求规划地段内利害关系人的意见，并向原审批机关提出专题报告，经原审批机关同意后，方可编制修改方案。修改后的控制性详细规划，应当依照本法第十九条、第二十条规定的审批程序报批。控制性详细规划修改涉及城市总体规划、镇总体规划的强制性内容的，应当先修改总体规划。

14.6.3.3 控制性详细规划的管理和监督

从前面的内容可以看出，控制性详细规划的组织编制和评审等工作，都是由城市规划主管部门来完成的，而其他机构无法参与，这就需要其他机构对规划的编制和实施管理过程进行监督。

《城乡规划法》对规划的管理和监督提出了明确的要求：

第五十一条　县级以上人民政府及其城乡规划主管部门应当加强对城乡规划编制、审批、实施、修改的监督检查。

第五十二条　地方各级人民政府应当向本级人民代表大会常务委员会或者乡、镇人民代表大会报告城乡规划的实施情况，并接受监督。

城市的建设是关乎每一位市民的大事，城市规划的编制和实施必须让全社会知晓并支持，这就必须加强规划管理的透明度，同时也要让市民有提出意见的途径，加强公众参与。

14.7 控制性详细规划与修建性详细规划

14.7.1 修建性详细规划的概念

修建性详细规划是详细规划中的一个类型，《城乡规划法》规定，本法所称城乡规划，包括城镇体系规划、城市规划、镇规划、乡规划和村庄规划。城市规划、镇规划分为总体规划和详细规划。详细规划分为控制性详细规划和修建性详细规划。

根据《城市规划基本术语标准》的定义，修建性详细规划：以城市总体规划、分区规划或控制性详细规划为依据，制订用以指导各项建筑和工程设施的设计和施工的规划设计。

14.7.2 修建性详细规划的特点

(1)可操作性：修建性详细规划是要能短时间内指导建筑设计的规划类型，这就要求其十分注意可操作性，否则将会在后期的施工过程或使用中出现难以改正的问题。

(2)确定性：由于每个地块的规划条件，开发策略和目标客户都不同，所以在编制修建性详细规划时要针对各种条件制订出明确的规划设计，以确定地指导后期的建筑和园林设计。

(3)综合性：修建性详细规划除了需要对地块内的所有建筑之间进行统一布局，保证建筑之间的协调外，还需要将地块内的建筑与地块外的城市环境、建筑与空间、时间的关系综合考虑，这对修建性详细规划的综合性提出了较高的要求。

14.7.3 修建性详细规划的内容

编制城市修建性详细规划，应当依据已经依法批准的控制性详细规划，对所在地块的建设提出具体的安排和设计。修建性详细规划是对用地进行整体设计，以指导各项建筑和公共设施的规划。根据《城市规划编制办法》，修建性详细规划应当包括下列内容：

(1)建设条件分析及综合技术经济论证。

(2)建筑、道路和绿地等的空间布局和景观规划设计,布置总平面图。

(3)对住宅、医院、学校和托幼等建筑进行日照分析。

(4)根据交通影响分析,提出交通组织方案和设计。

(5)市政工程管线规划设计和管线综合。

(6)竖向规划设计。

(7)估算工程量、拆迁量和总造价,分析投资效益。

修建性详细规划成果应当包括规划说明书、图纸。

14.7.4 修建性详细规划的组织编制和审批

根据《城乡规划法》,城市、县人民政府城乡规划主管部门和镇人民政府可以组织编制重要地块的修建性详细规划。除此之外的修建性详细规划一般由项目建设单位自行组织编制。

《国务院关于第六批取消和调整行政审批项目的决定》(国发〔2012〕52 号)做出规定,取消重要地块城市修建性详细规划审批。从此对修建性详细规划规划设计方案的审查不作为行政许可事项,仅作为办理建设工程规划许可证的技术关键审查。

本章小结

本章的主要内容:控制性详细规划的主要内容,控制性详细规划的规定性要素、引导性要素,配套设施控制,控制性详细规划的实施与管理,修建性详细规划的主要内容。通过这些内容的学习,可以对城市详细规划有一个整体的认识,为下一步的深入学习做好准备。

控制性详细规划是在城乡规划体系中向上承延总体规划,向下引导修建性详细规划的一个规划类别,控制性详细规划的主要任务是对城市用地提出建设控制指标,以指导修建性详细规划的设计,同时也是城乡规划管理的重要依据。控制性详细规划的主要内容是确定规定性控制指标和引导性控制指标,规定性控制指标是控制性详细规划中的强制性内容,包括:用地边界和用地面积、用地性质、用地兼容性、容积率、建筑密度、绿地率、建筑限高、建筑后退、交通活动控制、环境保护规定等内容。

修建性详细规划是在控制性详细规划的指导下对地块进行详细布置的一个规划类别。修建性详细规划的主要任务是根据控制性详细规划提出的规划指标,对建筑,道路和景观都做出具体的布置,并指导建筑和园林设计。

本章重点掌握内容:控制性详细规划编制的主要内容,成果要求,控制性详细规划的规定性和引导性指标等内容。

思考题

1. 控制性详细规划在我国城镇化过程中有哪些作用?

2. 控制性详细规划与城市设计之间的关联性有哪些?

3. 随着我国生态文明城市建设,你认为控制性详细规划规定性控制要素和引导性控制内容还需要哪些改进?

※本章注释

1. 城市详细规划(detailed plan):以城市总体规划或分区规划为依据,对一定时期内城市局部地区的土地利用、空间环境和各项建设用地所做的具体安排。

2. 控制性详细规划(regulatory plan):以城市总体规划或分区规划为依据,确定建设地区的土地使用性质和使用强度的控制指标、道路和工程管线控制性位置以及空间环境控制的规划要求。

3. 修建性详细规划(site plan):以城市总体规划、分区规划或控制性详细规划为依据,制订用以指导各项建筑和工程设施的设计和施工的规划设计。

4. 城市规划管理(urban planning administration):城市规划编制、审批和实施等管理工作的统称。

5. 城市规划建设管理(urban planning and development control):根据城市规划法规和批准的城市规划,对城市规划区的各项建设活动所实行的审查监督以及违法建设行为的查处等各项管理工作的统称。

6. 建设工程规划许可证(building permit):城市规划行政主管部门依法核发的有关建设工程的法律凭证。

7. 建筑面积密度(total floor space per hectare plot):每公顷建筑用地上容纳的建筑物的总建筑面积。

8. 容积率(plot ratio, floor area ratio):一定地块内,总建筑面积与建筑用地面积的比值。

9. 建筑密度(building density, building coverage):一定地块内所有建筑物的基底总面积占用地面积的比例。

10. 道路红线(boundary lines of roads):规划的城市道路路幅的边界线。

11. 建筑红线(building ling):城市道路两侧控制沿街建筑物(如外墙、台阶等)靠临街面的界线。又称建筑控制线。

12. 建筑间距(building interval):两栋建筑物或构筑物外墙之间的水平距离。

13. 日照标准(isolation standard):根据各地区的气候条件和居住卫生要求确定的,居住建筑正面向阳房间在规定的日照标准日获得的日照量,是编制居住区规划确定居住建筑间距的主要依据。

14. 绿地率(greening rate):城市一定地区内各类绿化用地总面积占该地区总面积的比例。

第4篇

城乡专项规划

本篇集合城乡规划系统中的各类专项规划，是城乡规划各个专业配合的重要技术支撑体系，也是城乡规划作为解决城乡空间和土地利用及其公共设施配置问题的重要手段。内容涵盖现代城市设计、城乡交通与道路系统、城乡生态与绿地系统规划、城乡居住区规划、城乡文化遗产保护与旅游开发规划；城乡开发规划及其实施、监督与管理。

城乡规划涉及内容极其广泛，是本教材综合性最强的章节，其目的是为后续城乡规划各专项规划学习打下基础，同时也是培养学生综合思维能力的起始。

第15章 现代城市设计

本章导读：本章从城市设计概念及其内涵演变历程入手，系统地分析了城市设计三大理论，重点构建了一个从城市形态到城市设计的分析操作过程，结合现代城市设计实践案例重点描述现代城市设计系列方法，以及现代城市设计与大数据研究基础的关联性，更好地说明了城市设计是一个由“设计探寻”和“参与决策”共同构成的复合体的现代城市设计双重过程。

15.1 现代城市设计概念及其演变

早在两千多年前我国城市刚刚出现的时候，城市设计的萌芽已经悄然形成，传统城市选址中“坐北朝南、临水背山”等原则无不体现着城市设计的思想。而国外的城市设计起源于西方城市美化运动(1909年芝加哥博览会)，在20世纪60年代由美国正式提出。1960年哈佛大学开设城市设计课程，1965年美国正式出版《城市设计：城镇的建筑学》，20世纪70年代城市设计作为一个独立的研究领域确立，20世纪90年代城市设计开始受到重视。我国在1940年才明确提出了城市设计的概念，1985年，清华大学、同济大学、东南大学开设城市设计研究生课程，2004年成都理工大学在硕士生阶段开设城市设计与城市运营课程。

本教材第1章已对城市这一概念进行了梳理、定义和解析。城市是一个庞大复杂的集合体，城市设计活动不同于某个单体建筑本身的建造，而是为了对某个地区的建设活动进行总体协调与调控，处理建筑物的布局与城市环境及其相互关系的关联等问题。迪特·福里克著，易鑫译的《城市设计理论》将城市设计的各种看法分为理论形态和应用形态两大类。

作为理论形态来理解的城市设计：可通过3个层次的城市设计对象进行阐述。即“可有效控制的特定地段上有确定委托业主、具体设计任务和预定完成日期的工程项目的设计；公路网、照明等一系列在功能上有联系的系统设计；城市或区域设计”——《城市设计理论》。城市设计是“对城市体型环境所进行的设计”——《中国大百科全书(建筑、环境、园林、城市规划卷)》；城市设计是“城市环境形态所做的各种合理处理和艺术安排”——《简明不列颠百科全书》；城市设计是“专门研究城市环境的可能形式”——[凯文·林奇(Kelvin Lynch)]；城市设计主要是研究空间的构成和特征——[佛·吉伯特(Frederick Gibberd)]。上述观点可总结为：城市设计是对城市形体及三维空间环境的设计。

作为应用形态来理解的城市设计：“活跃在城市设计实践领域的专业人员则更多地从自己的实际工作和案例研究来理解和认识城市设计的定义，更加关注内容的现实性、目标的针对性和实施的可操作性。一般来说，应用形态的城市设计解释更易于为广大公众和城市建设决策部门所理解和认同。在现实背景中，这种解释常与特定的社会、经济、政治机构和社区有关，具有显见的政策取向和工程取向”——(王建国，《城市设计》)。

城市设计本身不只是形体空间设计，而且是一个城市的雕塑过程，是一连串每天都在进行的决策制定过程的产物——[乔纳森·巴奈特(J. Barnett)]；城市设计是设计城市，不是设计建筑，是作为公共政策的连续决策的过程——[戴维·戈士林(David. Coslin)]。

综上所述，城市设计是依据城市发展总体目标，融合社会、经济、文化、心理等主要要素，对空间要素做出形态的安排，制定出指导空间形态设计的政策性计划与安排。之前我们提到，城市设计是一种基于一个复杂对象的政策性安排，可以理解为设计我们生活所依托的城市。设计对象的复杂性，决定了城市设计的复杂性，包括地形、水体、房屋、道路、广场、绿地等。如何规划设计使上述要素之间达到一种和谐，在创造出宜居的环境的同时兼顾最大效率的空间利用以及城市文脉的延续，是城市设计的重点所在，也是城市设计的作用之所在。城市设计的主要任务是构想建筑空间组织，并确定其目标，同时对建设行为进行协调调控。“城市设计理论本质是探讨环境与居民及其他使用者的活动间关系的客观规律。”——《城市设计理论》。

城市概念由人们社会关系加上空间所构成。广义的城市设计指对城市社会的空间环境设计，即对人工环境的各种建设加以调节，而社会、文化构成和时空条件的不同会引起不同的城市设计方法。城市设计的目标是改进人们的生存空间的环境质量和生活质量，相对城市规划而言，比较偏重体型的艺术和人的知觉心理，并与城市建筑环境相对应。

15.1.1 城市设计与建筑设计

从物质层面来看，城市设计和建筑设计都关注实体(mass)、空间(space)以及两者的关系。因此，城市设计与建筑设计的工作内容有着显见的重合，两者的工作对象和范围在城市建设活动中呈整体连续性的关系。不过两者处理空间环境的出发点和内容却有所不同。

城市设计立足于对环境的全面系统分析和正确的评价方法基础之上，以多重委托人和当地居民作为服务对象，更多地反映公众的利益和意志，远超出功能、造价、美观等内容。其主要工作对象和领域是开放空间，特别是建筑物之间的城市外部空间，它所研究的是建筑物的相互关系及其对城市空间环境所产生的影响。因此城市不应是某个人依靠直觉判断的产物。而建筑设计基本上取决于设计者本人和委托人的目标价值取向。无疑，重要显赫的建筑物，尤其是公众建筑，会对城市环境产生重大的影响，而孤立于空间的建筑物很难对环境做出贡献，只有当其与城市形体环境达到良好的匹配契合时，该建筑物才能充分发挥其自身积极的社会效益，有效地传播文化和美学价值。因此城市设计与建筑设计在城市建设活动中是一种“整体设计”的关系，他们共同对城市良好的空间环境的创造做出贡献。

从主体方面来看，人对城市和建筑的知觉体验也具有一种整体连续性的关系，但是城市设计并非是一个“建筑的问题”(沙里宁)。城市设计与建筑设计处在城市建设的不同层次，它们通过相互的影响和干预来达到一种整合效果。这种整合效果不仅在形体层面上有意义，而且在心理学和社会学层面上同样有意义。城市形体环境具有一种整体的“完形”效应，特定的地域文化共同体的生活方式和传统惯例，会在居民心目中留下持久而又深刻的印记，这个共同体即是所谓的社区。城市设计和建筑设计的基本目标之一就是为人们的生活等各种活动提供良好的场所和物质环境，并帮助定义这些活动的性质和内涵。因此，设计城市或建筑也就是在设计生活，也就必然要反映作为整体的社区特点及社区性。

在实施过程中，城市设计并非是要取代建筑设计在城市环境建设中的创造作用，由于两者规模、尺度和层次的不同，所以它们是一种“松弛的限定，限定的松弛”的相互关系。城市设计通过导则为建筑提供了空间形体的三度轮廓、大致的政策框架和一种由外向内的约束条件。一般地说，城市设计导则中的定性成分要多于定量成分，导则的作用不在于保证有最好的建筑设计，而在于避免最差建筑的产生，也即是保证城市环境有一个基本的形体空间质量。

表 15-1　城市设计与建筑设计对比

	城市设计	建筑设计
相互关系	(1)都关注实体、空间以及实体空间的关系 (2)城市形体环境具有一种整体的“完形效应”，这需要城市设计与建筑设计通过相互的影响和干预达到一种整合效果 (3)城市设计和建筑设计的基本目标之一就是为人们的生活等各种活动提供良好的场所和物质环境，并帮助定义这些活动的性质和内涵，要反映作为整体的社区特点及社区性	
工作对象	开放空间	建筑物
服务对象	多重委托人、公众、人民	设计师、委托人利益
性　　质	整体、连续性	局部性

由表 15-1 城市设计与建筑设计对比中可以看出，建筑设计往往是在一个特定时间段完成的单体设计，而城市设计是在不同时间段完成的建筑单体设计、道路桥梁甚至在城市环境中寻找建筑与建筑、建筑与城市、城市与人、城市及其环境之间的动态关联性，这一点在城市更新改造的城市空间修复与生态修复中表现更加明显。

15.1.2　城市设计与城市规划

城市规划曾长期隶属于建筑学的范畴。工业革命之后，城市规划演变为主要对建筑用地和土地用地进行分配。进入 20 世纪，它又演变成为一种政府行为、社会行为与工程技术相结合的综合性活动，对城市进行空间管制，协调社会、经济和环境可持续发展。根据国家标准《城市规划基本术语标准》，城市规划是“对一定时期内城市的经济和社会发展、土地利用、空间布局以及各项建设的综合部署、具体安排和实施管理。”

在《中国大百科全书》中，将城市设计定义为“对城市体型环境所进行的设计。一般是指在城市总体规划指导下，为近期开发地段的建设项目而进行的详细规划和具体设计。城市设计的任务是为人们各种活动创造出具有一定空间形式的物质环境，内容包括各种建筑、市政公用设施、园林绿化等方面，必须综合体现社会、经济、城市功能、审美等各方面的要求，因此也称为综合环境设计”。在《城市规划基本术语标准》(GB/T 50280—1998)中，将城市设计定义为“对城市体型和空间环境所做的整体构思和安排，贯穿于城市规划的全过程”。

在更大范围、更长期的城市规划中，城市设计是对其内部的特定区块进行详细的空间组织与所属建筑量体的整体形构设计。城市规划主要是对城市进行国土规划、区域规划、总体规划和分区规划，而城市设计介于城市规划与建筑学之间，对城市进行总体规划、分区规划，设计街道、广场以及建筑群和建筑小品。城市规划和城市设计都关注经济、社会、环境等要素，但是城市规划主要从二维平面出发，考虑的问题更加广泛和全面，而城市设计则以研究物质形体环境为主，主要从三维空间出发来考虑问题(张京祥，《城乡规划原理》)。城市设计对于一个健康、文明、舒适、优美，同时又富有个性特色的城市环境塑造具有城市规划不可替代的重要作用，它是城市规划的深化、延伸和补充(王建国，《城市设计》)也是城市规划前期的概念探索。城市规划与城市设计层次关系如图 15-1 所示。

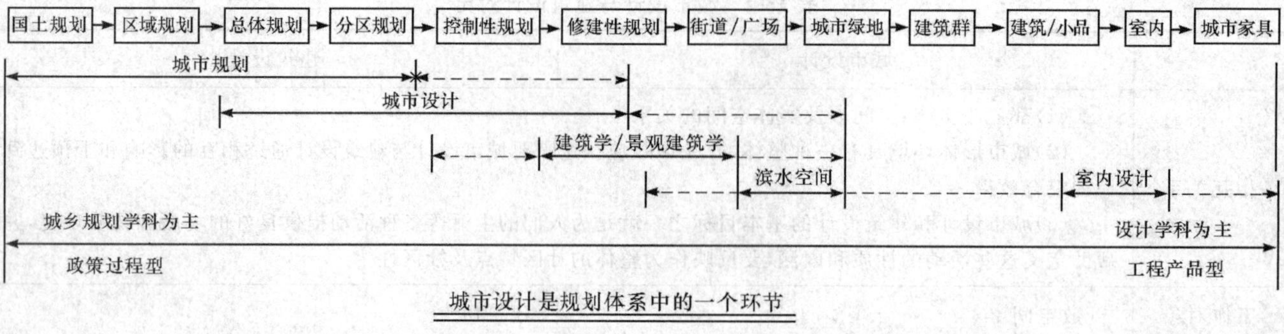

图 15-1　城市规划与城市设计层次关系

15.1.3　现代城市设计与城乡规划

根据《中华人民共和国城乡规划法》，城乡规划是以促进城乡经济社会全面协调可持续发展为根本任务、促进土地科学使用为基础、促进人居环境根本改善为目的，涵盖城乡居民点的空间布局规划，包括城镇体系规划、城市规划、镇规划、乡规划和村庄规划，同时在城乡规划法中涉及了历史文化名城、名镇、名村的建设，以及自然保护区、风景名胜区、河道、水库、防洪、科教文卫等的建设。

城市设计是城乡规划的伴生物。它是以城市建筑空间组织为对象，具体落实到人的尺度，主要应对城市从“速度导向”的发展转型为“品质导向”，为城市规划提供前期方案的人性化研究基础，使城市建设过程中的规划由土地利用向建筑、园林和市政设计等各层面的形态意象有效传递，以及使城市设计成果促进城市文化品质内涵、人民生活质量、历史遗产保护、安全便捷交通的有效保障和落实（迪特·福利克著，易鑫译，《城市设计理论——城市的建筑空间组织》）。同时，城市设计又依托于现有的城乡规划体系，按照法定程序编制和批准，经过法定程序审批确立后，确保城乡规划区内的各项土地利用和建设活动，必须按照城乡规划顺利进行。

在现阶段，为了创建出更美好舒适的城市环境，城市设计开始通过“自下而上”的设计方法将城市环境与自然环境有机地融合在一起，在实践的基础上探索新的城市发展途径，实现更合理的城市发展路径。按照“自然的力”或“客观的力”作用，遵循有机体的生长原则，若干个体的意象多年累积叠合来设计建设城市（镇）的方法（王建国，《现代城市设计理论和方法》）。在设计中考虑动态的“人性化维度”，从使用者的使用需求、现有建筑与基础设施、自然环境等已有条件，对城市空间进行具有导向性的改造，创造出高品质的公共空间和安全、活力、可持续发展的城市。而城乡规划与之相对，主要通过“自上而下”的设计方法，对城市空间进行整体谋划，确定城市的性质、发展目标、发展方向，以及重要的基础设计的落位，到详规对上一层次规划的重重落实，同时所规定的内容都有法律或政策手段保障其实施。城市规划与城市设计新的层次关系如图 15-2 所示。

15.2　现代城市设计理论基础

城市设计从广义看，就是对城市社会的空间环境设计，即对人工环境的种种建设加以调节。社会、文化构成和时空条件不同会引起不同的城市设计方法和途径。城市设计的主要目标是改进人们的生存空间的环境质量和生活质量（王建国，《现代城市设计理论和方法》）。工业革命时期之后，城市设计在社会、经济的影响下得到了快速发展，相应的城市设计思想和城市设计理论众出纷纭。

1898 年霍德华提出了“田园城市”的理论，并写出《明天，一条引向真正改革的和平道路》，希望彻底改良资本主义的形式，1902 年将该书改版成《明日的田园城市》，提出通过城市周边的农田和园地控制城市用地的无限扩张；1922 年柯布西耶提出“光辉

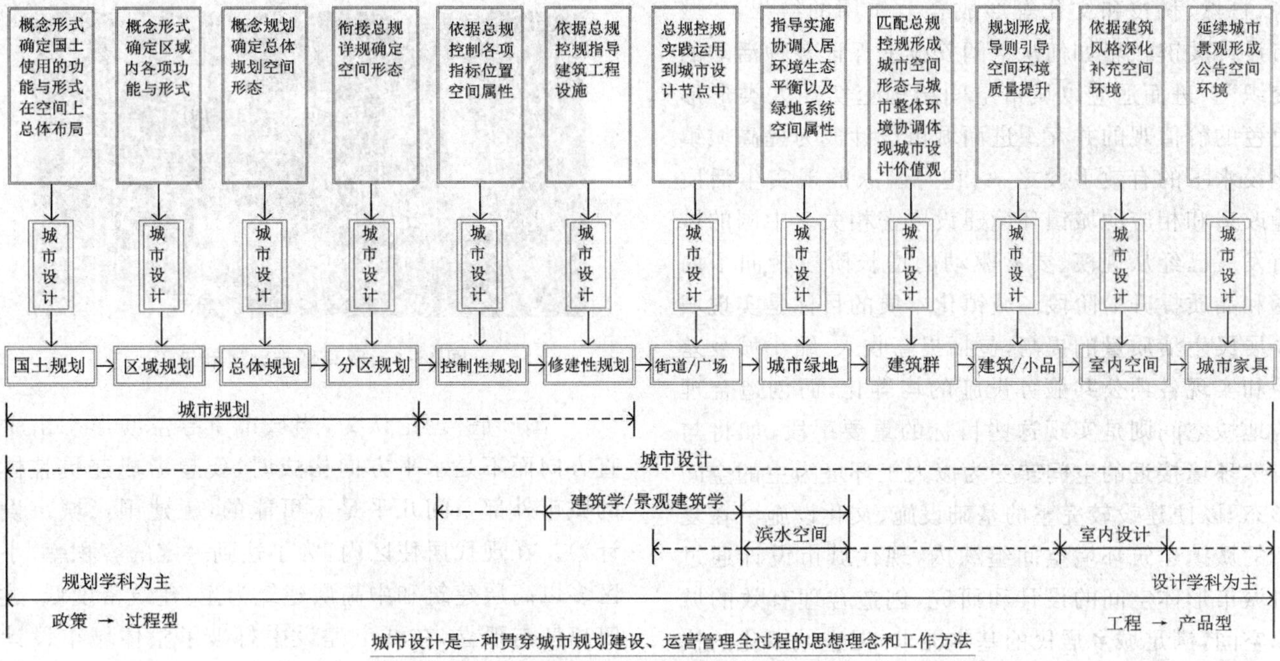

图 15-2　城市规划与城市设计新的层次关系

城市"的理念，建设一座完全消除传统城市中的街区、街道、内院，为本社区居民提供无微不至的日常活动；1923 年佩里提出的"邻里单位"要求在较大的范围内统一规划居住区，使每一个"邻里单位"成为组成居住区的"细胞"，在"邻里单位"内配套公共服务设施，内部与外部的道路具有一定的分工等；1933 年国际现代建筑协会（CIAM）制定了《雅典宪章》，大纲首先提出，城市要与其周围影响地区作为一个整体来研究，支出城市规划的目的是解决居住、工作、游憩与交通四大城市功能的正常进行；1934 年沙里宁提出"有机疏散思想"，认为有机疏散就是把扩大的城市范围划分为不同的集中点所使用的区域；1939 年赖特提出"广亩城市"，将原本集中在城市的活动分散开来，包括住所和就业岗位，分散将成为未来城市规划的原则；1960 年凯文·林奇发表了《城市意象》，他将城市意象中物质形态研究的内容归纳为五种元素——道路、便捷、区域、节点和标志物，通过这五个要素在城市设计实践中塑造出城市环境特色；20 世 90 年代后半期，关于大都市全球化的研究成果迅速加强，这些研究既与规划理论结合，也与政策和城市形象结合。

在这 100 多年的进程中，基于各种思想和理论的改革与创新，城市设计这门学科在现代城市中得到了飞速的发展，一系列理论的提出丰富了城市设计的内容，也逐渐完善了城市设计这门学科。

城市是由最早出现的聚落，即人类聚居和生活的场所发展成长而来。城市聚落是由乡村聚落成长和发展起来的，早期的城镇在一定条件下受到了城市地形、水体等最基础的因素影响下，聚落及城市的形态也出现了丰富多彩的形式。因城市功能或者要素的不同，城市形态呈现出各种各样的结构和模式，按照城市的用地形态和道路骨架形式，大体上归纳为集中和分散两大类：集中式布局的城市布局包括网格状和环形放射状等类型；分散式布局的城市布局包括组团状、带状、星状、环状、卫星状、多中心与组群城市等多种形态。早期的城市设计在城镇发展过程能中起到很大的城镇功能与形态的改良作用。这就是人类文明的进步与发展，需求的变化继而推动形成了城市不同阶段，城市设计促进了城市形态在保留当地丰富历史内涵的前提下，为应对新的需求而发生的变迁和转型。城市是社会、经济、自然、科技和文化等的载体，城市形态的发展是受社会、经济、自然、科技和文化等形成合力作用的结果。"城市设计关键在于如何从空间安排上保证各种活动的交织"。进而适应以城市空间结构上实现人类形形色色的价值观的并存。进而城市设计成为提高城镇建设水平的有效手段之一,它与国家的现实生活质量改造和相应的城镇环境建设紧密相关。中国的城市发展已经从规模、要素驱动的增长阶段转向了内涵和品质提升的阶段。城镇化本质的目标是实现城乡居民生活质量的提高,包括提高收入、缩小城乡差距和实现各项公共服务设施的均等化,而创造合理的地域空间则是实现这些目标的重要手段,如将与自然环境接近的空间转变为以人工环境为主的空间形态,以便建设较完整的基础设施、文化设施。在复杂的城镇建筑环境空间组织内,现代城市设计通过对城市形体空间的设计和研究,创造合理有效的城镇空间,满足城乡居民的基本需求,促进城镇化的快速发展。城市设计经历长期的社会实践,形成丰富的理论,归纳起来主要有以下三种理论。

15.2.1 "图—底"理论

"图—底"理论(Figure—Ground Theory)是从格式塔心理学引进到建筑领域的分析图解(图 15-3),将建筑物作为实体覆盖到开敞的城市空间中加以研究,任何城市的形体环境都是类似格式塔心理学中的"图形与背景"(figure and ground)的关系,建筑物是图形,空间则是背景。詹巴蒂斯塔·诺利在 1784 年所绘制的罗马地图(图 15-4)清楚地描绘出城市形态,表达出建筑实体("图")与开放虚体("底")之间的相对比例关系。诺利的地图表现出在传统城市的"图—底"关系中,私人肌理(tissue)与公共开放空间(public open space)的关系非常协调、相互衬托、融为一体;罗马城市的公共空间被建筑物的体量分割出来,它延续并连接内、外部的空间及活动。

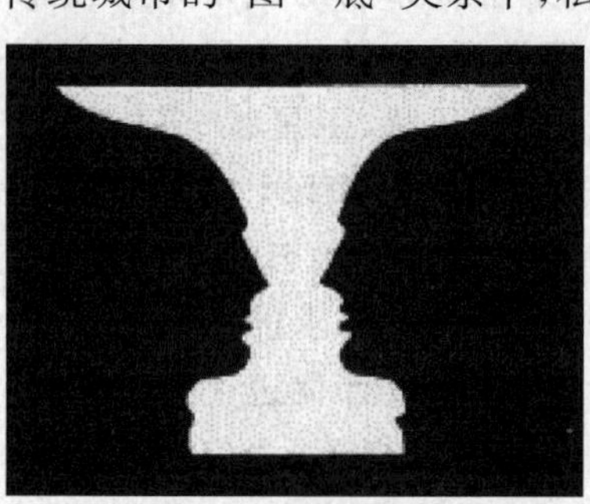

图 15-3 鲁宾·陶器还是剪影

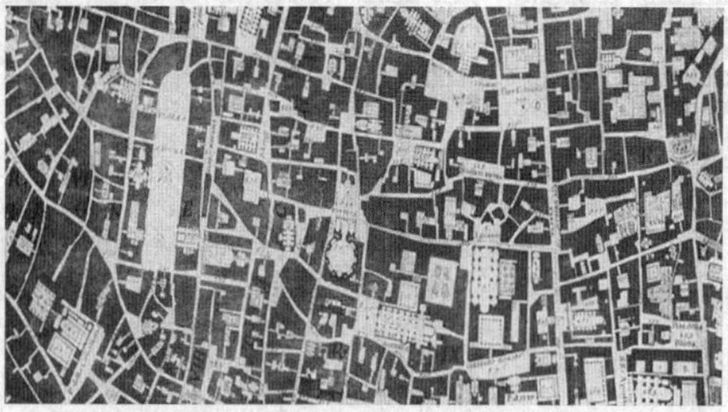

图 15-4 罗马城市之诺利地图

"图—底"理论认为,当城市主导空间形态由垂直方向而不是水平方向构成时,要想形成连贯整体的城市外部空间几乎是不可能的(王建国,《城市设计》)。在现代居住区内,为了达到一定的容积率,小区多以高层建筑和中高层建筑为主,建筑密度低,建筑离散与孤立,在城市建设中打破了整体城市设计与建筑设计在空间形态上的连续性。

"图—底"理论将建筑、围墙等其他实体涂成黑色,把外部空间留白,从而清晰地表达出城市的积极空间与消极空间,而"空间即主体",就整体关系而言,在城市空间研究中虚体比实体更具实质意义。为了平衡城市空间形态的垂直与水平方向发展,我们可以把空间和街区的局部边界结合起来,人为地设计一些空间阴角、壁龛、回廊、死巷等外部空间的完形(罗杰·特兰西著,谢庆达译,《找寻失落的空间——都市设计理论》)。有机经营和组织城市的建筑实体和空间虚体,形成简明、完整、网络化的建筑实体、空间虚体组织,创造整体和谐的城市空间环境(图 15-5 和图 15-6)。

图 15-5 宏观城市肌理

图 15-6 微观城市肌理

“图—底”理论主要用于研究城市形态时分析建筑体量与开放空间的关系，以及界定城市肌理组织、模式及空间秩序问题，是现代城市设计处理错综复杂的城市空间结构的基本方法之一(图 15-7)。

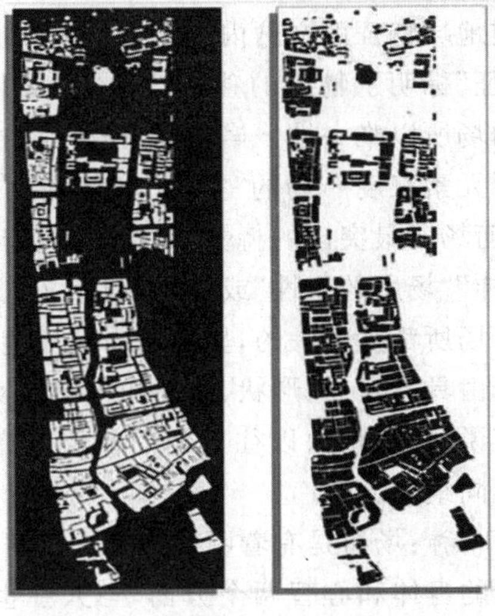

图 15-7 城市形态图底反转关系

每个城市环境都有现状的建筑实体和空间虚体的组合方式，分析空间设计的“图底关系”就是通过增加、减少或改变组合的空间几何形式来阐述这种关系，其目的是通过建立空间秩序来明确一个城市或片区的城市空间结构。这个秩序中，不同尺度的空间既有独立也有围合，彼此顺序又有条理关联。由建筑实体和空间虚体构成的主要“空间领域”代表城市格局或城市肌理，并由建筑和空间表示，例如提供视觉焦点、地域中次中心的主要标志或开敞空间等。

传统城市的三种实体形态分别为：①公共纪念物或机构；②主要城市街坊外廓及场地；③界定边缘的建筑物。

城市外部空间则具有五种机能各异的主要城市虚体形态：①私密空间和公共通道上的入口前庭；②街坊内廓虚体则为半私密性过度空间；③与街坊外廓相对的容纳城市公共生活的街道和广场网络；④与城市建筑形式相反的公园及庭院；⑤与河流、河岸、湿地等主要水域特色有关的线型开放空间系统(吴志强、李德华，《城市规划原理》)。

15.2.2 “连接”理论

连接理论(Linkage Theory)建立在城市空间是传递城市体验的媒介基础上。1986 年，罗杰·特兰西克(Roger Trancik)在《寻找失落空间》中在现代空间演进研究和历史范例分析的基础上，对“连接组织城市空间要素”的思想进行理论化，称为“连接理论”，指出了其强调城市的联系和动态而易忽略空间界定，并提出与图底理论、场所理论叠加整合的设计策略，城市物质空间的设计应赋予虚实以结构，建立各部之间联系，并回应人性需求和各自环境的独特要素。

对于城市设计而言，连接理论是建立场所相互联系、构架城市空间的重要手段，注重以“线”连接各个城市空间要素。这些线包括街道、人形步道、线性开放空间，或其他实际连接城市各单元的连接元素，从而组织起一个连接系统和网络，进而建立有秩序的空间。在连接理论中，最重要的是视觉动态交通线为创造城市形态的原动力。

连接关系的建立可以分为两个层面：物质层面和内在动因。在物质层面上，连接表现为用“线”将客体要素加以组织及联系，从而使彼此孤立的要素之间产生关联，进而共同形成一个关联域。从内在动因而言，通常不仅仅是联系线本身，更重要的是线上的各种“流”，如人流，交通流，物质流，能源流，信息流等内在组织的作用，将各空间要素联系成为一个整体。连接理论在城市空间结构整体上的体现如表 15-2 所示。

表 15-2 连接理论在城市空间结构整体性上的体现

城市空间形态	组合形式(构图形态)	超大形式(巨硕形态)	组群形式
具体案例	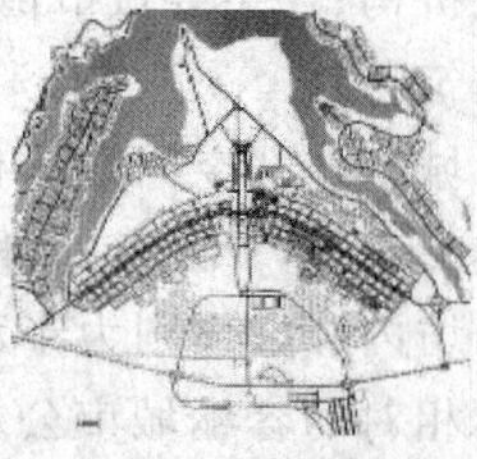 巴西利亚行政中心	 香港中环城市建筑群	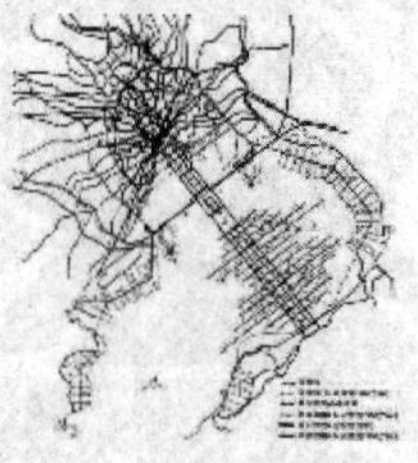 东京市总体规划

连接就是城市的凝聚力，以组织城市活动、城市设计关心的问题就是在事物间建立可以理解的关系”(Roger Trancik)。在城市设计中，组织公共空间要素是塑造城市空间形态的必要手段，这是对连接思想最直接的认识，即作为塑造美好城市形态的设计方法。城市的永恒主题是“创造更好的生活环境和体现美学意图”，而对“美好的城市形态”解答过程应放置于时代背景中进行，而在新的时代发展背景下，城市设计的内涵扩大，连接理论的引申不再局限于特兰西克提出的作为城市空间的设计方法，还包括对连接方式的理性分析、连接的空间生产机制的研究等。受全球化与社会网络化的影响，传统城市设计语境在当下变革的时代背景中存在困境，通过对连接理论发展脉络中具有地域环境和时代特征的设计实践的梳理，目的不在于形成新的关于城市设计的形式化的理论，而是探究其思想脉络与城市意义之间的根源。

15.2.3 场所理论

什么是场所？场所是活动的处所即公共活动、娱乐活动的处所。——《现代汉语词典》(商务印书馆 1983 年 1 月第 2 版)

有人的活动发生，场所(place)就与人关联起来。发生(take place)，其本意即占据场所。场所作为存在空间的具体化，有空间和特征两方面：空间即场所元素的三度布局；特征即氛围，是该空间的界面特征、意义和认同性。场所的三个基本组成部分：静态的实体设施、活动、含义，场所的三个基本元素彼此相互依存、密不可分。

场所理论(Place Theory)的本质：在于领悟实体空间的文化含义及人性特征。简单地说，空间是被相互联系的实体物质有限制、有目的地营造出来的，只有当它被赋予了来自文化或地域的文脉意义之后才可以成为场所。

场所理论和历史的、社会的、文化的以及特定城市空间的实体特性的演变有关。它提供了改变建筑环境的途径，指导空间转变到场所。当被赋予了源自文化或地域特征的文脉内涵之后，空间成为场所。

“特征”标明了物质的独特性及空间的秩序，给予特定的场所以唯一性。诺伯格·舒尔茨指出作为体现场所元素三度布局的“空间”和体现氛围的“特征”是任何场所最突出的特性，它暗示出各自不同的“场所精神”“场所的个性”或“场所的意义”。

每个场所都是唯一的，呈现出周遭环境的特征，这种特征由具有材质、形状、肌理和色彩的实体物质和难以言说的、一种由以往人们的体验所产生的文化联想共同组成。

场所精神：场所是有着明确特征的空间，场所精神涉及人的身体和心智两个方面，与人在世间存在的两个基本方面——定向和认同——相对应。建筑令场所精神显现，建筑师的任务是创造有利于人类栖居的有意义的场所。

15.3 现代城市设计方法

王建国在《现代城市设计理论与方法》中，将历史上城市设计大致概括为两种价值取向和方法不同的类型，即“自上而下”和“自下而上”。

"自下而上"的方法是指主要按"自然的力"或"客观的力"的作用,遵循生物有机体的生长原理,从若干个体向叠合而设计城市的方法。这种方法的特点为没有人为的、统一的规划思想驾驭,而以适应经济、地域条件为准绳,自然形成,随意性强,不同年代、不同风格的建筑并存。其建设过程为修修补补渐进发展,是一种按实际需要、实用主义的设计,是一种"非正式"的控制手段,比较感性。我国古代很多小城市,大部分是这种自然成长方式生长。

"自上而下"的方法指主要按人为的力作用,依据某一种意愿和理想模式来设计和建设城市的方法。其特点为有一种设计理念的最终追求,设计理念往往驾驭经济功能,强调整体性,平面规划、路网整齐,较理性。如历史上西方殖民地城市——几何形状的城市,文艺复兴——星形理想城市,中国古代"城郭之制",巴洛克城市。

今天,我们所见的城市形态,大多数为以上两种方法的交叠产生的城市形态。早期(古代)以"自下而上"为主,工业革命以后,以"理想"的"自上而下"理想主义为主,而今天日益偏离人的情感,全球高科技时代的新形势,又决定了"自下而上"城市设计历史文化和人性再现为主。如奥斯曼·法国巴黎大改造为基于物质空间理论的现代城市设计方法。

吴志强、李德华主编的同济大学版《城市规划原理》将城市设计的方法大致分为:

①调查的方法。包括基础资料收集、视觉调查、问卷调查、硬地区和软地区识别等;

②评价的方法。包括加权法、层次分析法、模糊评价法、判别法、列表法等;

③空间设计的方法。包括典范思维设计方法、程序思维设计方法、叙事思维设计方法等;

④反馈的方法。政府部门评估、专家顾问方式、社会评论方式、群众反映等。

王建国在《现代城市设计理论和方法》中阐述,城市设计是由城市空间设计的质量来决定的,而这种质量又直接取决于其所论及的各种城市分析理论及其相应的方法技巧综合运用得是否得当和有效。并将其所论及的现代城市设计基本方法总结为 5 个大类:①物质—形体分析方法;②场所—文脉分析方法;③相关线域、面分析方法;④生态分析方法;⑤城市空间分析的技艺。

15.3.1 "物质—形体"分析方法

15.3.1.1 视觉秩序分析

西方在文艺复兴时期发明透视术以来,就十分崇尚这种视觉秩序(visual order),如斯福佐所做的米兰城改建设计。视觉秩序分析将城市按艺术的规律、美学的法则来加以塑造设计,注重城市空间的艺术质量和美学秩序,如对称、轴线、构成、序列、比例、拟人、尺度、均衡等手段。视觉秩序分析受注重艺术和美学的建筑师青睐,如西特。他认为,整个城市规划是激奋人心、充满情感的艺术作品,强调城市环境里的公共建筑、广场与街道之间的视觉关系可由城市设计和规划师直接驾驭和创造。

20 世纪堪培拉和巴西利亚的规划设计都运用了视觉分析方法,我国元大都后的北京城建设,朗方的华盛顿规划设计将整个城市作为艺术品来加以塑造设计。而在工业革命后,这种视觉秩序分析法由于人们对经济、人口、城市尺度巨变的热衷而一度被忽略。在当代,这一途径往往与其他分析途径结合运用。

15.3.1.2 图底理论

将建筑物作为实体覆盖到开敞的城市空间中加以研究,任何城市的形体环境都是类似格式塔心理学中"图形与背景"的关系,建筑是图形,空间则是背景。

15.3.1.3 城市集中主义

20 世纪上半叶,勒·柯布西耶以乐观主义的思想,承认大城市出现的事实。主张用全新的规划和建筑方式来改造城市。其关于城市规划的理论,被称为"城市集中主义",他的城市规划观点主要有 4 点:①他认为传统的城市,由于规模的增长和市中心拥挤加剧,已出现功能性的老朽。随着城市进一步的发展,城市中心的部分商业地区内交通负担越来越重,而这些由于对于各种事业又都具有最大的聚合作用,因而需要通过技术改造以完善它的集聚功能;②关于拥挤的问题可以用提高密度来解决。就局部而论,采取大量的高层建筑就能取得很高的密度，同时，这些高层建筑周围又将会腾出很高比例的空地；③主张调整城市内部密度分布。降低市中心区的城市密度与就业密度，以减弱中心商业区的压力和使人流合理地分布于整个城市。④他论证了新的城市布局形式可以容纳一个新型的、高效率的城市交通系统。这种系统由铁路和人车完全分离的高架道路结合起来，布置在地面以上。柯布西耶的城市设计思想的重点是“秩序”。

15.3.1.4 外部空间设计

1975 年，芦原义信发表了一本重要的有关城市空间设计的著作，这就是《外部空间设计》，他认为“空间基本是由一个物体同感觉它的人之间产生的相互关系所形成”。虽然空间与人的各种感官均有关系，但通常还是依据人的视觉来决定。并指出外部空间设计就是把大空间划分为小空间，或还原，或是使空间更充实、更富有人情味的技术。

15.3.2 “场所—文脉”分析方法

从人的需要、文化、历史、社会和自然等外部条件的联系的分析方法，如诺伯特·舒尔茨的“场所精神”。他认为：“如果事务变化太快，历史就变得难以定形，因此，人们为了发展自身，发展他们的社会生活和变化，就需要一种相对稳定的场所体系”，这种需要给形体空间带来情感上的重要内容——一种超出物质性质、边缘的或限定固定的内容，也就是所谓的场所感，“建筑师的任务就是创造有意味的场所，帮助人们栖居”。

最成功的场所，应该是社会与物质环境达到最小冲突，而不是一种激进式的转化，其目标是实现应遵守一种生态学(天人合一)的准则。

其包括五个方面：①场所结构分析；②城市活力分析；③认知意向的分析(区域、节点、道路)；④文化生态分析；⑤社区空间分析。

15.3.3 场所结构分析

第二次世界大战后，人们试图重新审视因城市更新运动而恶化的城市环境，其中以“小组 10”场所结构分析为核心的主张影响深远。小组 10(Team 10)于 1953 年 7 月在第九届国际建筑现代建筑大会上组建，并在 CIAM(1928 年成立的现代建筑师国际平台)内创建了一个分裂挑战其对城市主义的教条法。该小组以 10 队的名义举行的第一次正式会议于 1960 年在 Bagnols-sur-Cèze 举行，最后一次是 1981 年在里斯本只有四名成员。小组 10 成员凡·艾克率先提出场所的概念，他们认为，空间场所和时间场合构成了人的场所感，而人必须融合到时间和空间意义中去。

“场所结构理论认为，城市设计思想首先应强调一种以人为核心的人际结合和聚落生态学的必要性。设计必须以人的行动方式为基础，城市形态必须从生活本身结构发展而来”——(王建国，《城市设计》)。场所结构分析是一种以现代社会生活和人为根本点，注重寻求人与环境有机共存的深层结构的城市设计方法及理论，即探寻人与环境完美结合的更深层结构，其哲学基础是结构人类学。

场所结构分析有以下几个主要特征：①明确单凭创造美的环境不能改变社会，挑战“美导致善”；②强调城市设计的多元文化；③主张城市设计是一个连续动态的过程，而不是静态的，城市是“生成”而不是“造成”；④强调“过去—现在—未来”的时间连续性，提倡设计者在尊重人的精神沉淀和深层结构的相对稳定性的前提下，积极解决好城市环境中必然存在的时空梯度问题。

场所结构分析影响深远，20 世纪 60 年代美国康乃尔大学“文脉主义”城市分析方法、黑川纪章等倡导的“新陈代谢”思想以及莱·马丁“网格作为发动机”等城市设计分析方法都从场所结构入手处理城市整体形态的分析逻辑。

15.3.4 场所活力分析

20 世纪 60 年代，西方出现“城市病”，美国学者简·雅各布的《美国大城市的生与死》对美国大城市进行调查，认为现代城市规划理论是“伪科学”，城市规划是客观、空洞、缺乏想象力弹性和选择性，忽略了基本的细节，是僵死的，是“城市病”所在。简·雅各布根据人的活动总是沿线进行的，认为街道是最富活力的“器官”，通过步行街区和广场可构成开放的空间体系。他认为，城市设计应赋予街道“多样性”的活力，设计应满足三个要求：

①街道应该有一个以上的功能，并考虑使用者在不同时间段的不同需求共用。

②街道要短，拐弯抹角的机会要多，以小为美，需要更丰富的细节设计。

③街道建筑应反映不同年代、不同历史环境条件下的背景建筑。

《建筑评论》称简·雅各布的理念为“拼贴城市”(collage city)。其所描述的街道细节均为不同年代、各种功能的拼贴。

15.3.5 认知意象分析

意象(image)，心理学术语。凯文·林奇等认为意象能表述人与环境相互作用的一种组织。人的所有行动都依赖于意象，城市空间结构不只是凭借客观物质形象和标准来评判，而且凭人的主观感受来判定。这种认知意象对城市的空间环境提出了两个基本要求：

①易识别性(legibility)；

②可意象性(imaginability)。

他要求城市环境既具有易识别性又具有可意象性。前者是基础，后者是延续，有了易识别性和可意象性，城市环境结构脉络清晰、个体突出，才能为不同层次、不同个性的人们所共同接受。通过研究，形成了林奇的城市意象五要素。

①路：观察者移动的路线，街道、巷子、运输线等。

②边：工作道路或非道路的先行空间要素。“边”常有两个面的分界线，如河岸、铁路路堑、围墙等。

③区：中等或较大的地段，是一种二维的面状空间。如小广场、开阔地等人对其意识有一种进入内部的庇护体验。

④节点：城市中的战略要点，如道路交叉口，方向变换处，或城市结构的转折点、广场等，也可大至城市中的一个区域的中心或缩影。

⑤标志：城市中的点状要素，是人体验外部空间的参考物，但不能进入，通常是明确的具体对象。如山丘、高大建筑物、构筑物等，有时也是树木、店招、主建筑的细部。

15.3.6 文化生态分析

拉波波特在 1977 年出版的《城市形态的人文方面》中综合了文化人类学和社会生态学的理论以及信息论、心理学成果。拉氏分析了亚洲、非洲、欧洲不同的城市，认为城市环境的本质在于空间的组织形式，而不是表层的形状、材料，而空间的组织形式又是文化、心理、礼仪、宗教、习俗等的重要反映。如：非洲和法国的原始聚落环境相去甚远。城市设计应以社会生态的角度赋予城市文化新的意义。

15.3.7 社区空间分析

1983 年希列尔(英)综合运用了“图—底分析”“关联耦合分析”和“社区分析”，提出“自上而下”的非常理论“空间句法”(城市设计的方法)。

他认为：城市设计应用说明和研究城市的各种空间次序的概念和技术的逻辑条理性。在城市和建筑的两个层次上，用客观、精确的描述方法，实际调查研究环境，把社会可变因素与建筑形体严格联系起来。有根有据，辩证逻辑推理，使城市设计意象科学化。

15.3.8 生态学分析法

生态学(ecology)，是德国生物学家恩斯特·海克尔于 1866 年定义的一个概念，生态学是研究生物体与其周围环境(包括非生物环境和生物环境)相互关系的科学。目前已经发展为“研究生物与其环境之间的相互关系的科学”(中国生态学学会，中国生态学学会章程)。研究方法是经过描述—实验—物质定量三个过程。其中系统论、控制论、信息论的概念和方法的引入，促进了生态学理论的发展，其后也诞生了景观生态学(landscape ecology)。景观生态学是研究在一个相当大的区域内，由许多不同生态系统所组成的整体(即景观)的空间结构、相互作用、协调功能及动态变化的一门生态学新分支。景观生态学给生态学带来新的思想和新的研究方法。它已成为当今北美生态学的前沿学科之一，广泛应用于城乡规划和城市设计实践之中。

15.3.8.1 麦克哈格与生态规划

麦克哈格认为:“如果要创造一个善良的城市,而不是一个窒息人类灵性的城市,我们需同时选择城市和自然,二者缺一不可。两者虽然不同,但互相依赖;两者同时兼顾能提高人类生存的条件和意义。”他寻求人类与自然的结合,提出“设计结合自然”的思想,并于1969年出版《设计结合自然》一书。

麦克哈格首次将生态学用在城市设计上,提出两条生态分析基本原则:

①生态系统可以承受人类活动所带来的压力,但这承受力是有限度的。因此,人类应与大自然合作,不应与大自然为敌。

②某些生态环境对人类活动特别敏感,因而会影响整个生态系统的安危。他提出著名的价值组合图(composit mapping)评估法。他将每一块土地用物理、生物、人类、社会和经济等方面的环境因素价值与其城市发展相关性联系进行综合评估。

王建国在《现代城市设计理论和方法》中将麦克哈格的生态设计方法总结为四条:

①自然过程规划:视自然过程为资源,“场所就是原因”。对自然过程逐一分析,如有价值的风景特色、地质情况、生物分布情况等都表示在一系列图上。通过叠合这些图找出具有良好开发价值又满足环境保护要求的地域。

②生态因子调查:生态规划的第一步就是土地信息,包括原始信息和派生信息的收集。前者通过调查规划区域获取,后者通过前者的科学推论得出。

③生态因子的分析综合:先对各种因素进行分类分级,构成单因素图。再根据具体要求用叠图法或计算机技术归纳出各级综合图。

④规划结果表达:生态规划的结果是土地适宜性分区,每个区域都能揭示规划区的最优利用方式,如保存区(preservation)、保护区(conservation)和开发区(development)。这要求在单一土地利用基础之上进行土地利用集合(land use communities)研究,也就是共存的土地利用或多种利用方式研究,通过矩阵表分析两者利用的兼容度(compatibility),绘在现存和未来的土地利用图上,成为生态规划的成果。

15.3.8.2 城市自然过程分析

荷夫(Michael Hough)于1984年发表《城市与自然过程》,许多学者认为这是“设计结合自然”理论新的发展。其提供了过去缺失的理论基础,并以实例论述了现代城市设计实践中的失误和今后应该遵循的原则。

荷夫论述城市环境是城市设计的基本要素,重点表达了城市的自然过程是城镇规划设计中城市形态的决定者。他指出景观规划设计是一种包含人及人赖以生存的社会和自然内在的、以舒适性为特征的多样化空间。

15.3.8.3 大地景观

西蒙兹于1978年在美国出版《大地景观——环境规划指南》(*Earthscape: a Manual of Environmental Planning*),全面阐述了生态要素分析方法、环境保护、生活环境质量提高以及生态美学(Ecoaesthetic)的内涵。

西蒙兹认为改善环境是一个人与自然和谐演进的创造过程,其研究对象包括土地、空气、水、景观、噪声、运输的通道、有规划的社区、城市化、区域规划和动态保护在内的广泛领域。他结合生态分析,创造性地提出了“绿道”和“蓝道”概念并在实践中运用。

15.3.9 相关线、面、域分析方法

王建国在《城市设计》中,将城市结构“线”分为“物质线”“心理线”“行为线”和“控制线”。通过对基地的主导“力线”,为设计提供一种空间基准,将建筑物与空间联系在一起,这种基准可以是一块条形基地,一条运动的方向流,一条有组织的轴线,甚至于一幢建筑物的边缘。类似音乐的五线谱,各种音符在上面以无数方式谱写,突出城市设计的“结构线”。

15.4 城市设计空间分析过程

城市空间分析构成了现代城市设计方法微观层面的内容。城市空间分析方法和理论,虽然可从宏观上把握城市设计,但要解决现实具体的城市设计问题,还需要依靠有效的城市空间分析调研技艺来

收集与设计相关的素材才能完成(王建国,《城市设计》,2 版)。

城市设计空间分析过程基本分为两大部分:首先,认知探索的地理学过程,这涉及系列地理学前期调查的空间认知、计量统计、时间地理学、行为地理学的空间分析等复杂过程;第二,就是城乡规划学的空间创造过程,即可视化城市设计成果内容与表达。

15.4.1 城市设计认知与探索

接受城市设计任务之前,需要做大量的社会调查、资料收集与整理、理论方法选择与应用,具体内容包括:

15.4.1.1 基地分析

这里的基地分析是广义的,是指对城市涉及地段相关的各种外部条件的综合分析,也是场所文脉分析理论的具体深化内容之一。基地和用途(地段功能)是一对孪生概念,对于城市设计来说它有两重性,一方面,只有当基地所形成的限制条件被认识时,才能考虑其可能性;而另一方面,又只有在用途提出后,基地分析才可行。

古代城市设计因为条件的不足,很难随心所欲去改变基地条件,所以对于基地限制条件的理解常比今天更为敏锐和深入。分析历史上城市基地使用及空间组织方式对于我们今天会有重要的启示意义。

基地分析理论和方法在林奇的《基地规划》一书中得到系统论述。整套方法、技术和分析过程,涉及社会、文化、心理、自然、形体等广泛的文脉要素。这里以成都双流南部新城正兴片区城市设计为例,大致的概念规划步骤和内容包括以下几点:①分析片区作为未来天府新区的核心区域具有的西部、国家,乃至国际性的文脉背景,分析其地位和形象;②分析地区条件,包括政治、经济、文化、交通、气候、景观等各项自然社会条件;③分析作为城市设计合作的各有关部门和职责范围及规划师应承担的责任义务;④在前三项分析的基础上,综合考虑并决定该片区城市设计的各种可行性。不过在许多情况下,基地有些条件还需经过设计者的直觉感性来设计把握,这是一种非系统性、随机、有时又几乎是下意识的观察分析基地的途径,主要关注基地的自然属性、情感特征、人文内涵和乡土韵味等。

15.4.1.2 心智地图分析

心智地图分析是通过询问或书面方式对居民的城市心理感受和印象进行调查,由设计者分析,并翻译成图的形式,或者直接鼓励他们本人画出有关城市空间设计的草图。这种认知草图就是所谓的"心智地图"。这是一种从认知心理学领域中吸取的城市空间分析技术,具体过程还借鉴了社会学调查方法。这样的地图可以识别出对于体验者重要和明显的空间特征和联系,从而为城市设计提供一个有价值的出发点。

这一空间分析技术有两个基本特征:①它建立在外行和孩子对于环境体验的基础上而不是设计者的,因而具有相当的"原始性"和"直观性",是一种"真实的"感受意象。此法在城市设计深入进行时必不可少,但这是不够的。设计者对空间的体验认知并不等同于上述人员,以往他们常常从自己的认识出发,把自己的善恶观和空间评价标准单向地传递给居民,这与鼓励发展并吸取居民对城市空间的评价和意见是根本不同的。②该分析技术认为,居民是当地环境体验的专家,他们同样对城市设计和空间环境有着深刻的洞悉。"心智地图"是一种根据来自记忆的意象感受而绘制的城市地图,它可以唤起当地居民受试者潜隐在心中的城市空间结构和认知能力,必须使调查对象处于松弛状态。

从形式上看,"心智地图"可能比较粗糙,逻辑性较差,但经比较分析,这样总能发现其中对某些空间关系的认识是类似的。"心智地图"是一种纯"客观的"城市分析调查技术,可信度(城市性)和有效度一般都比较高。当然,仅凭"心智地图"开展城市设计是偏颇的,也是不够的。需要指出的是,设计者若能调查到文化水准较高的相关专业的人员,则可使最后的分析综合工作大大简化,若城市规模较大,则可将分析调查范围缩小到分区级或者街区级范围。

15.4.1.3 标志节点空间影响

在"心智地图"分析基础上,我们可进一步调查分析居民对城市某些标志性节点,如塔、教堂、庙宇等建筑物及其空间的主观感受。这些标志性节点在所在城市中一般都有相当的空间影响范围,并且在城镇景观、居民生活和交通组织方面具有一定的集聚功能。这一调查途径可视为“心智地图”技术的部分具体化，即由城市整体空间分析转移到局部空间分析。

这一分析途径特别适宜于城市中具有历史和文化整合意义的空间地段，调查分析结果将表明和揭示该地段与周围环境现存的视觉联系及其本身的场所意义，同时也客观反映出该地段在含义表达和空间质量等方面的优缺点，从而为城市更新改造提供了依据。此外，这一调查分析技术对能形成天际轮廓线的高层建筑的空间分析技术也十分有效。

15.4.1.4 空间序列分析

空间不仅仅在于静止地观看，还应通过运动穿过去体验它。因此，城镇景观不是一种静态情景，而是一种空间意识的连续系统。我们的感受受到所体验的和希望体验的东西的影响，而序列视镜就是揭示这种现象的一种途径。((英)戈登·卡伦，《简明城镇景观设计》)。

空间序列分析是一种设计者本人进行的空间分析技术。它有两个基础：①格式塔心理学的“完形”理论，它认为，城市空间体验的整体由运动和速度相联系的多视点景观印象复合而成，但不是简单的叠加。②人的视觉生理现象，根据有关研究，视觉是最主要的感觉信息渠道，它约占人们全部感觉的60%。

其具体过程：①在待分析的城市空间中，有意识地利用一组运动的视点和一些固定的视点，选择适当的路线，对空间视觉特点和性质进行观察；②同时在一张事先准备好的平面图上标注箭头，注明视点位置，并记录视景实况。分析的重点是空间艺术和构成方式。

不过这一途径因为记录的是专业人员的视觉感受，忽略了社会和人的活动因素，存在一定的不足。如果让群众参与，可能与结果相悖。

15.4.1.5 空间注记分析

所谓注记，就是指在体验城市空间时，利用记录的手段把各种感受(包括人的活动、建筑细部等)诉诸图面、照片和文字。注记是现代城市设计空间分析中最有效的途径。它吸取了基地分析、序列分析、心理学、行为建筑学等环境分析技术的优点，适用于设计者加深对设计任务的理解，并有助于改善城市空间关系的观察效果。

在具体运用中，常见的注记观察方法有三种：①无控制的注记观察，观察者可以在一指定的城市设计地段中随意漫步，不预定视点，不预定目标，一旦发现你认为重要的空间就迅速记录下来，注记手段和形式亦可随意选择。②有控制的注记观察。这通常是在给定地点、参项、目标、视点并加入了时间维度的条件下进行的。有条件的还应重复多次，以获得“时间上的空间”和周期使用效果，增加可信度和效用性。③介于两者之间的是部分控制的注记观察。

15.4.2 可视化成果内容与表达

城市规划设计师在接受城市设计任务时，需要投入大量人力物力实地调研，并参加与项目相关的系列公众参与会议，收集信息资料，综合处理数据，其成果决策往往都是通过视觉空间形式落地解决系列问题。无论是“自上而下”的规划还是“自下而上”的方案，对城市中复杂要素的深入推敲除了通过图纸表达外，其次就是实体模型，再次就是媒体三维可视化更加细致的展示方案模式，即以缩小比例尺来模拟三维空间环境实物模型和可视化媒体模型。这种方法既可以获得静态鸟瞰形象，也可以获得模拟人眼真实视点的真实的动态环境。近年来，以计算机图形学、多媒体、人工智能、多传感器及网络为基础，创建和体验以虚拟世界为目的的“虚拟现实”(VR)技术将有可能解决这一问题。这是一种很有前途的城市设计分析方法，在实践中，计算机在快速提供方案选择、启发和推动设计者思路方面确实取得了显著的功效。具体内容详见本教材第8章城乡规划信息与技术。

城市设计成果内容主要包括城市设计研究报告、城市设计图则和城市设计导则。

15.4.2.1 城市设计研究报告

城市设计研究报告，是通过图纸、图示和文字，汇编基础资料并进行分析研究，应包括以下几个方面主要内容：

(1)前言；

(2)基础资料调查；

(3)分析研究。

15.4.2.2　城市设计图则

城市设计图则，是通过图纸、模型(或计算机三维图形)和文字，表达城市设计内容，应包括以下几个方面的主要内容：

(1)城市设计依据、原则；

(2)城市设计的目标与构思；

(3)空间要素；

(4)环境要素；

(5)建筑要素；

(6)城市设计的实施措施。

15.4.2.3　城市设计导则

城市设计导则，是以条文和表格的形式，表达城市设计的目标、原则和控制体系，应包括以下几个方面的主要内容：

(1)总则；

(2)城市空间形态结构；

(3)城市设计要素；

(4)城市设计实施措施。

15.5　现代城市设计实践

现代城市设计实践类型多样，内容丰富，我国具有城市设计与城市规划一体化的“城市规划设计”传统。依据我国城镇规划体系，城市设计以相对应的城乡规划阶段为划分依据的分类方式最为常见，即通常把城市设计实践分为：宏观区域级城市设计即总体规划阶段城市设计，微观尺度修建性详细规划阶段的城市设计。两个阶段之中均由概念性规划设计领衔城市设计。以下章节将依据我国对城市设计的分类方式，选取比较有代表性的案例介绍。

15.5.1　区域级城市设计

15.5.1.1　大连小瑶弯城市设计

一场以 RTA(Regional Trading Arrangement)为主题的区域合作发展浪潮扑面而来，中国东北三省和日、韩、朝三国以及俄罗斯远东地区所形成的东北亚经济圈初显蓝图，大连占据东北地区重要位置，因此大连将发展成为东北亚经济合作的核心引擎(图 15-8)。大连作为环渤海经济圈两翼之一的辽东半岛的重要节点，与山东半岛和经济圈中心的京津冀形成以现代服务业为支撑的综合性产业集群(图 15-9)。同时，以大连为龙头，以长兴岛、营口沿海、锦州湾、丹东和花园口形成“五点一线”的辽宁沿海经济带，大连将大力发展港口优势，引领沿海经济带产业升级(图 15-10)。

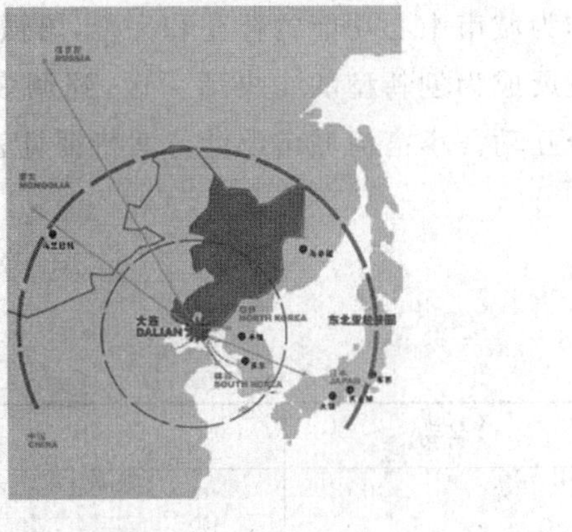

图 15-8　东北亚经济圈

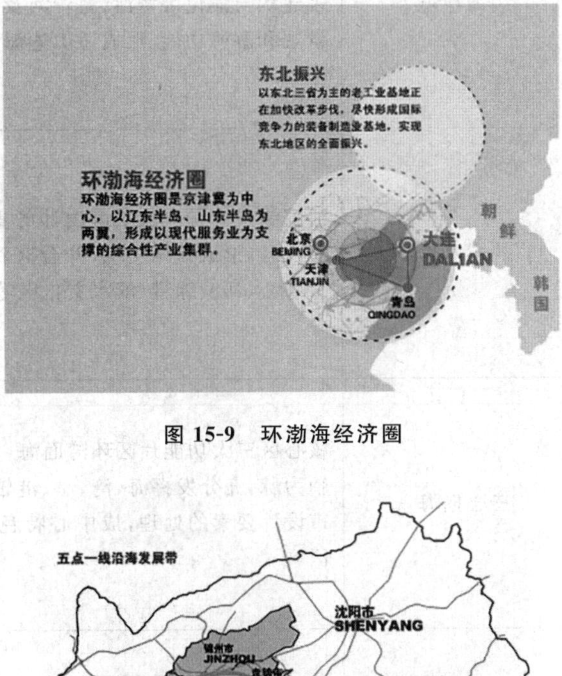

图 15-9　环渤海经济圈

图 15-10　辽宁沿海经济带

小窑湾位于大连北部，是通往东北地区的门户，是大连北进战略的核心区之一和沿黄海发展轴重要节点，也是大连的城市副中心。小窑湾建设将疏解主城区的人口，建立分解主城职能的公共中心体系，成为大连新市区地区公共活动中心，发展专业功能，作为城市中心功能的补充和完善，增强中心辐射力，发展成为创新型的中央活力区，强调多元功能的复合互动。小窑湾城市设计方案特征见表 15-3。

图 15-11　大连小窑湾概念规划

表 15-3　小窑湾城市设计方案特征

名称	特征表现	概念图
山海应城	海为生态蓝核，山为绿脉环拥，以山海为生态格局框架，通过指状绿廊来建构与强化卧龙河、海青河及两翼楔形绿地的设计，发挥生态绿地的景观和游憩功能，形成通山达海的生态绿廊	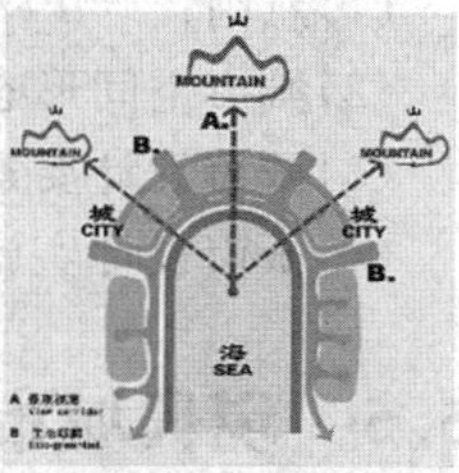
盈彩水岸	河滨绿带亦是本次城市设计的重点，整合区内水系，强化河、湖水系景观设计，形成蓝绿交织、开合有致的滨水开放空间。内湖公园、滨水体育中心、河滨绿带、滨水文化区等因河而兴，形成了多样化的滨水空间	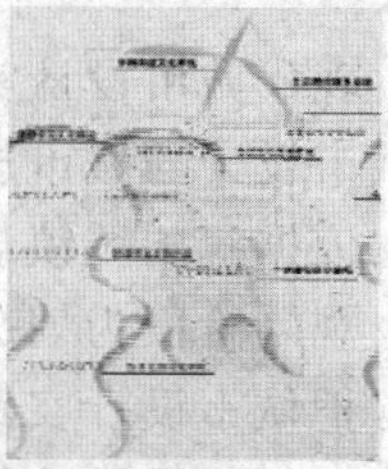
三心拥海	核心区三大功能片区环湾面海，呈钻石型展开布局。三区以海为形，以轴为脉，充分发挥海、湾、岸、港轴等滨水景观特征，通过地标、界面等城市设计要素的处理，成中心特色鲜明、东西两翼辉映的三大景观核心区域	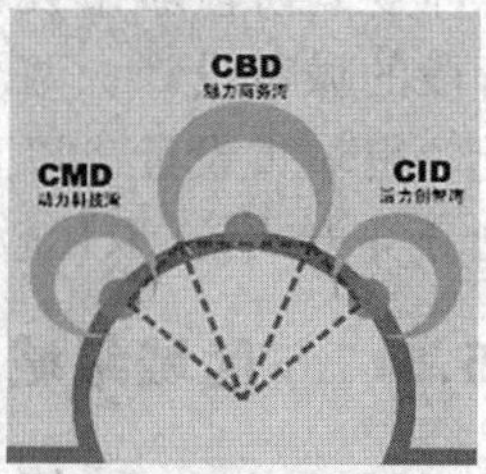
八景洞天	依托小窑湾滨海景观，沿海形成七大标志景观湾，分别为魅力商务湾、动力科技湾、活力创智湾、创意文化湾、渔人码头港、七星伴月岛，游艇码头港。滨海七景与沿内湖展开的“未来生态湖”相辉映，形成内外相生，与水共舞，与绿交融，各具特色的八大景区，全面提升小窑湾中心区景观特色，强化滨海景观标志性	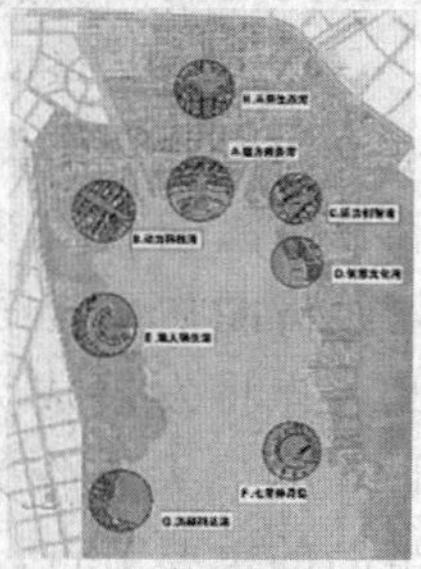

续表 15-3

名称	特征表现	概念图
时空走廊	汲取地方文化精髓，强调地方文脉的历史延续，以黑土文化、海洋文化为文脉积淀、以创意文化、科技文化、航运文化、会展文化为时代象征，结合滨海开放空间设计，古韵新生，与时俱进，充分体现现代文化的内涵，塑造具有连都海城特色、立足于服务公众的开放性文化体验空间。	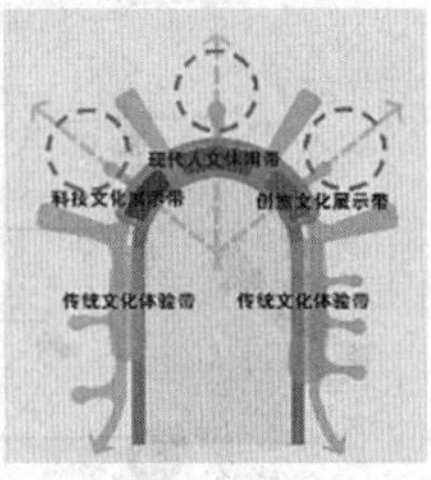
珠连绿带	强化五号路、七号路、九号路、滨海大道等主要道路景观设计，与绿化景观廊道共同构成景观轴线体系，与景观轴线交汇处形成节点空间，共同构成点轴布局、网络复合的景观框架	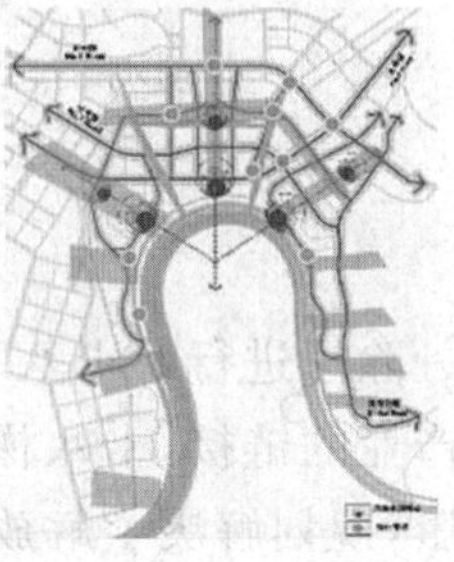

15.5.1.2　重庆市十八梯城市设计

长江与嘉陵江在重庆渝中半岛会聚，又由于重庆的山城特征，因而形成了具有天壤之别的上半城（解放碑）与下半城（十八梯）的两个区域，在现代空间的上半城、传统空间的下半城与江河流域的开放空间形成了断裂层。为此，十八梯的改造城市设计将通过“城市链接”的“城市之链”改造原有断裂的城市业态与城市肌理（图 15-12）。

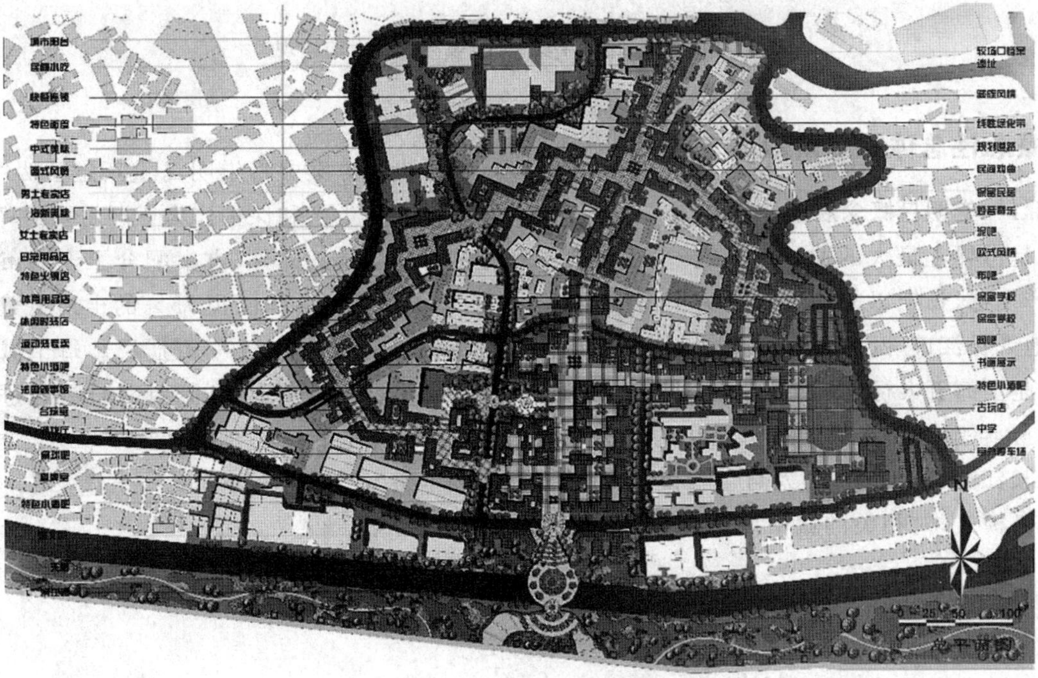

图 15-12　重庆十八梯规划设计方案

通过植入新功能、挖掘线性空间、扩大和连接开放点，使整个区域形成以文化为魂、商业为脉、旅游为纽带的一个供本地居民和外地游客休闲、游憩、旅游的场所（图 15-13）。

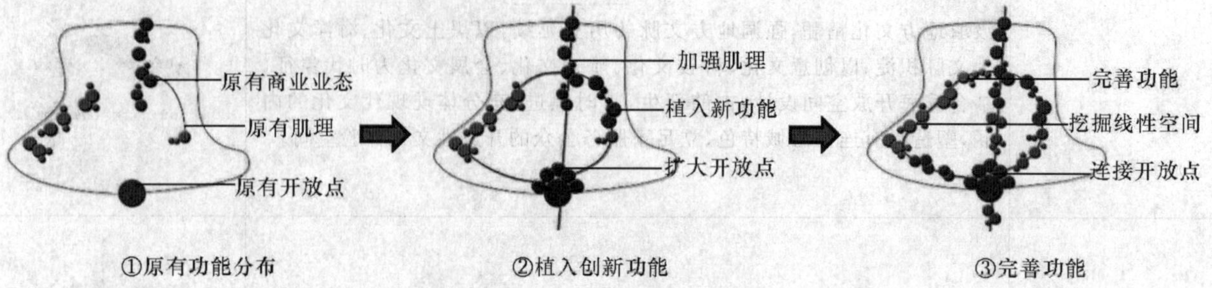

图 15-13 “链”在功能上的体现

除了进行对十八梯自身的城市功能完善、空间及产业的链接，十八梯作为最具代表性的老重庆的缩影，规划解决了解放碑的上半城空间以及长江开放空间的关联性，通过在区域内增加活力点、公共活动场所，连接上半城、下半城以及长江，从而促使人群自发地进行重组，进而将整个区域内的空间、产业、文化、旅游和需求形成一个“链”（图 15-14）。

图 15-14 “链”在上半城、下半城与长江上的体现

15.5.2 概念性总体规划阶段城市设计

15.5.2.1 崇明岛概念规划

崇明岛是世界上最大的冲积岛屿之一，土地肥沃，农业生产发达，长期以来一直被视为上海的“粮仓”。该岛地处长江口，占地面积 1 940 km^2，人口逾 600 000 人，是上海五大行政区之一。崇明岛在城市设计中对国际经验的借鉴和对崇明现状的充分分析，形成了“长江河口绿色之岛，人与自然和谐共存”的崇明生态岛模式，对相关的城市设计有一定的借鉴意义（图 15-15）。

在设计方案中将崇明岛重新定位为“绿岛”，着重促进农业生产和保护作为亚洲主要的鸟类迁徙路径的自然湿地。此外，方案配合了上海市的迅猛发展，在仅占整个岛屿面积 15% 的土地上建设八个新城镇，总计可容纳约 100 万居民。每个城镇社区都由适宜步行和易于通达的街区构成，通过轨道交通与上海市中心相连。在城市设计中还设立了新的休闲和生态保护区（图 15-16）。

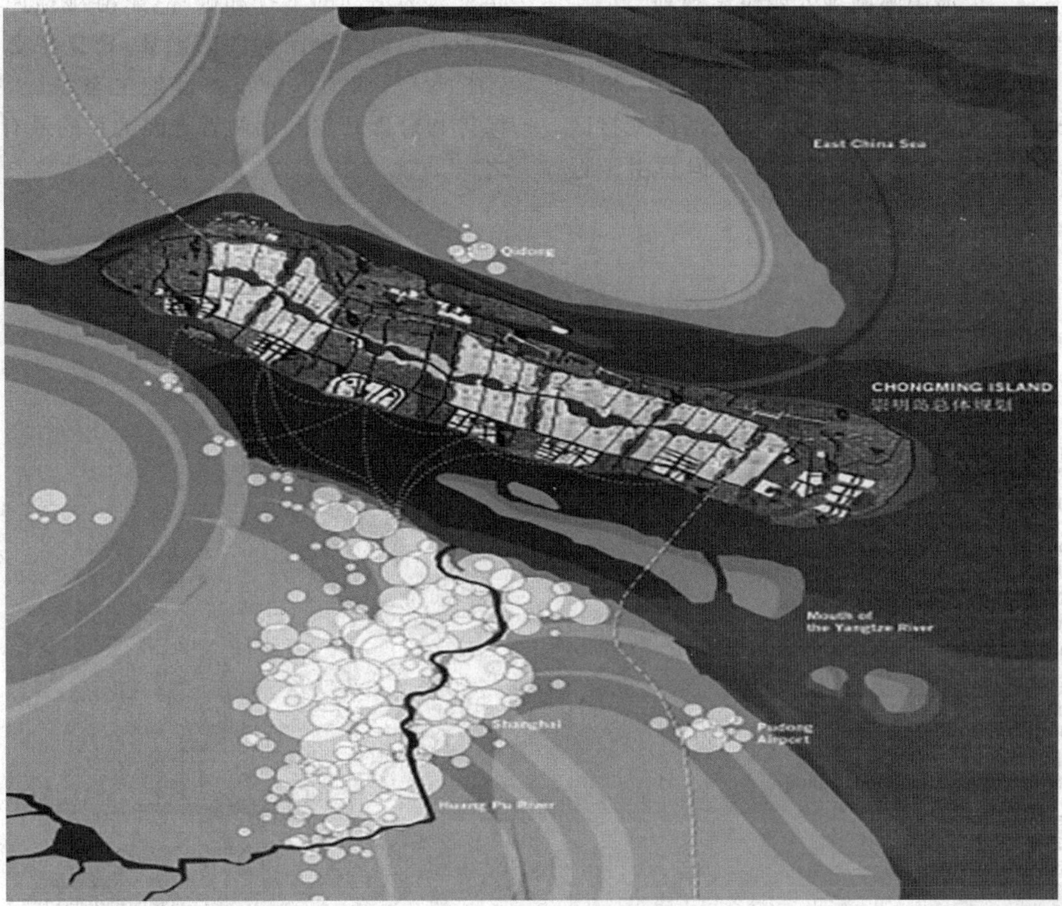

图 15-15　崇明岛总体规划图

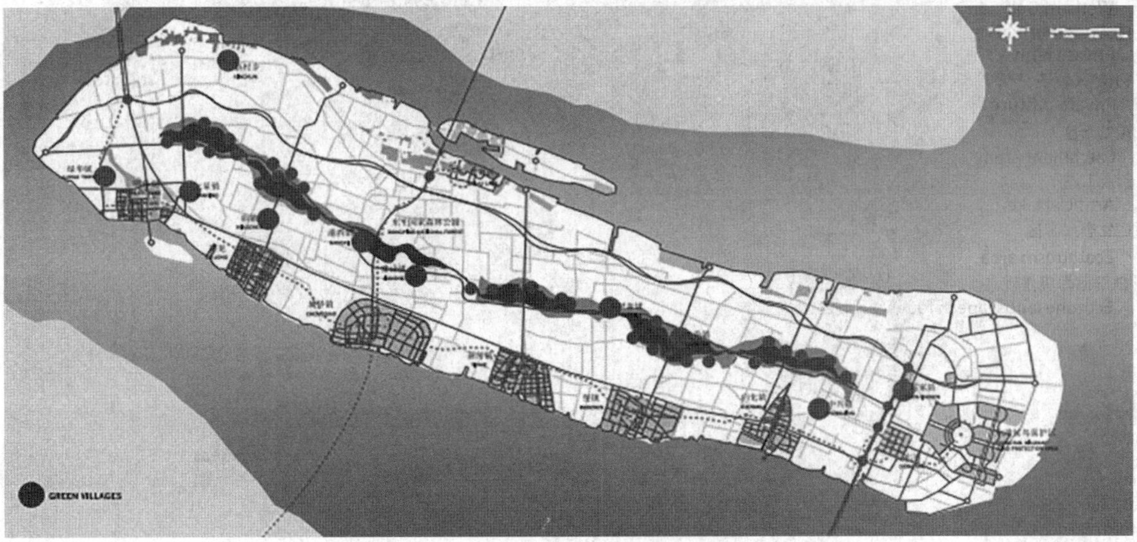

图 15-16　崇明岛绿色城镇结构图

15.5.2.2　上海国际湿地公园概念规划

上海国际湿地公园位于崇明岛东部的东滩湿地，地处长江入海口，位于 E121°25′～122°05′，N31°25′～31°38′，是介于东海、黄海和长江的河海交接区域，属于典型的近海及海岸湿地类型。但是由于近年来人为活动的干扰和破坏，东滩湿地原有的湿地生态环境遭到不同程度的破坏，建立生态湿地公园（图 15-17）成为保护东滩湿地生态系统、探索湿地保护和合理开发利用两者之间关系的最有效的方法之一。

图 15-17　上海湿地公园概念设计图

东滩湿地公园的规划设计反映了多种生物物种之间相互协调发展的关系，体现东滩湿地生物多样性的生态特征，在展示其特定生态环境异质性的基础上，突出了其生态个性，实现湿地作为“地球之肾”的生态功能，为此类湿地公园的建设提供可参考的开发、管理模式。

15.5.3　总体城市规划设计

《成都市总体规划》(2016—2030 年)任务之一为加强城市特色风貌塑造，建设大气秀丽、国际时尚、蜀风雅韵的魅力都市。其预留了西部雪山“视线廊道”，将再现“窗含西岭千秋雪”的震撼景观。打造传承百年经典建筑，形成疏密有致的天际轮廓线。规划注重加强生态建设与生态修复，强调加快建成环城生态区并加强通风廊道建设和保护，建设美丽中国典范城市(图 15-18)。

图 15-18　成都基于通风廊道的城市形态优化

正如(Lynch. K)凯文·林奇所言：“一个可读的城市，它的街区、标志或是道路，应该容易认明，进而组成一个完整的形态。”《成都市总体规划》(2016—2030 年)注重保护和传承城市历史文化根脉，建设世界文化名城。其突出历史文化街区的保护，延续城市历史年轮和街区肌理。特别是加快“成都中心”建设，充分挖掘和展现“千年城市中心、历史文化源点”的特点，打造城市会客厅，并尝试将国家历史文化名城建设为世界历史文化名城(图 15-19)。

15.5.4　详细规划阶段的城市设计

15.5.4.1　成都天府中心中央公园城市设计

“成都天府中心”位于天府广场及后子门片区的大部分区域，将打造成一个占地上千亩，集文化中心、城市遗址、中央公园和产业高地四大功能于一体的国际一流新地标区域，成为一张世界级的中央公园城市名片。

成都天府中心打造，尊重城市历史格局，彰显现代城市文化，秉承“复兴历史文化，重构成都中心”的

图 15-19 成都历史文化图示

规划思路。以公众利益为出发点，为市民创造公共的、活力的城市公共空间，使历史文化与现代文明交相辉映，从现代城市文明中追寻城市历史发展的空间轨迹。整体城市设计承延千年历史形成的成都“前厅后苑”的城市空间形态，复原历史中轴，新增“两坊一楼一门”，恢复隋唐时期的人工湖摩诃池，重塑历史边界，强化历史景观要素，使该区域空间形态、产业业态、历史文化与城市生态空间完美结合(图 15-20，图 15-21)。

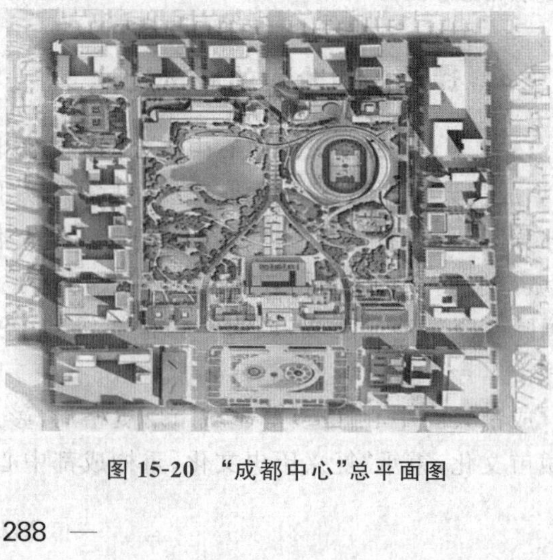

图 15-20 “成都中心”总平面图

15.5.4.2 济南市高铁站广场

济南西客站片区城市设计项目旨在确保济南西客站作为京沪高铁线上重要枢纽的流通功能，增强济南的区域辐射能级，奠定济南区域级中心城市的地位(图 15-22，图 15-23)。城市设计项目将承载核心商业金融区、高铁枢纽核心区、站前商办混合区、商住混合区、特色商业混合区、区域中心绿化区、滨水文化休闲区等七大主要功能区，打造充满活力、功

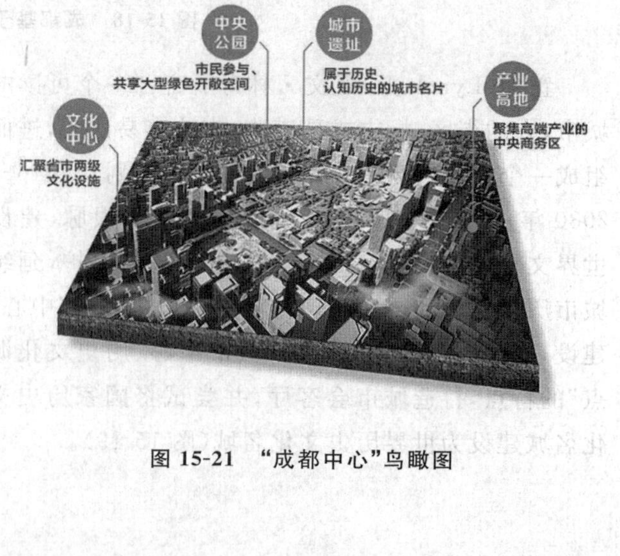

图 15-21 “成都中心”鸟瞰图

能丰富、富有特色的济南新城区。

该片区整体设计以高铁站场东西朝向为核心空间轴线，其建筑设计、景观结构、绿化水体、开放空间紧扣该轴线，形成疏密有致、梯度递减的核心区域空间形态；以景观设计形成水体绿地相交融、主轴串联多景观节点的树状发散结构，以大尺度开放带状空间与站房建筑界面形成景观标志中心来体现"新济南"城市形象。

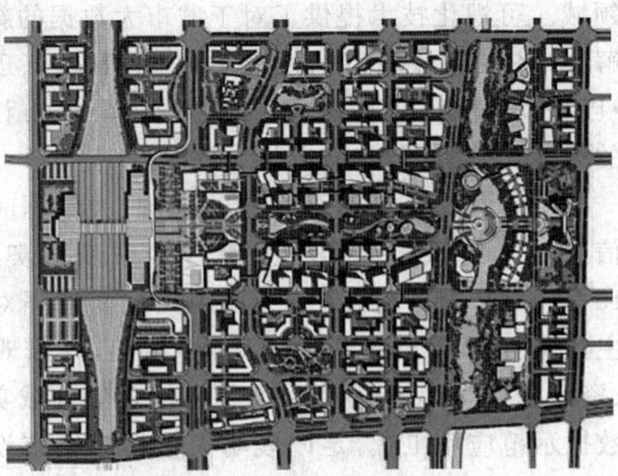

图 15-22　济南西客站总平面图

图 15-23　济南西客站鸟瞰图

15.6　现代城市设计大数据研究基础

15.6.1　大数据概念

随着科学、技术和工程的迅猛发展，近 20 年来许多领域都产生了海量的数据。与传统的数据相比，除了大容量等表象特点，大数据还具有其他独特的特点，例如大数据通常是无结构的，并且需要得到实时分析，因此大数据的发展需要全新的体系架构，用于处理大规模数据的获取、传输、存储和分析。大数据系统可分解为数据生成、数据获取、数据存储和数据分析等 4 个模块，并已被运用于学术界和工业界中。

大数据的定义呈现多样化的趋势，达成共识非常困难。大数据不仅意味着数据的大容量，还体现了一些区别于"海量数据"和"非常大的数据"的特点，国际数据中心 IDC 是研究大数据及其影响的先驱，在 2011 年的报告中定义了大数据："大数据技术描述了一个技术和体系的新时代，被设计于从大规模多样化的数据中通过高速捕获、发现和分析技术提取数据的价值"。这个定义刻画了大数据的 4 个显著特点，即容量（volume）、多样性（variety）、速度（velocity）和价值（value），而"4V"定义的使用也较为广泛（李学龙；龚海刚，大数据系统综述）。

大数据时代对城市设计研究方法的变革，主要来自于对反映人们行为特征的网络数据以及城市物联网信息的挖掘、处理和应用。

15.6.2　城市设计大数据研究应用

通过研究现有大数据分析方法，对网络上不同类型数据进行提取，如：电信用户数据、计算机网络终端数据、电力用户数据等，获取居民需求和城市活力在不同时间段和空间维度上的活力分布进行评价，以期在城市设计的现状评估和设计方法上建立一个可量化的普适性评价方法，较好地将大数据技术和城市设计方法相结合，以更科学和客观的方法进行城市设计中城市空间活力集聚和优化发展研究分析，为城市设计提供更加科学，更加精准的需求指导（黄军林，王柱，胡承飞．基于大数据的城市设计方法研究）。

首先针对一些传统街区网络大数据的获取、储存与处理技术，以此为基础，对研究区的用地功能优化做出合理建议。并希望构建起基于大数据技术的城市设计研究方法框架。但是还需要进一步推动相关学科间的交叉与融合，促进城市设计方法的创新

（蒋宏扬，曾旭东. 基于互联网大数据分析的城市设计研究——以北京宣西地块用地功能优化研究为例）。

对尺度和网络进行重新认识，通过一系列研究针对人性尺度的空间进行重塑。首先在基地研究范围内，对各街道截面记录时间点双向过截面的行人、自行车和机动车流量数据，以此量化分析道路空间通达性参数与各类截面流量的关系。接着通过案例收集中心区街道网格尺度，基于航拍图识别中心区步行人流量与机动车流量，研究各级别中心区所需的空间通达性支持。最后基于基地的问题与潜力提出设计概念，针对设计概念提出大、中尺度道路网络形态方案，基于空间通达性分析确定中心的等级，最终将应用研究结果进行初步空间格局设计（盛强等，城市设计课的数据化城市设计教改实验——重塑人性尺度的空间，北京高铁清河站点周边城市更新设计）。

以上海中心城区 21 个生活街区为研究对象，提取与居民步行通行活动相关的街区空间形态变量，首先运用 SPSS 统计软件，将被访居民的三类步行通行（总体步行通行、通勤类步行通行和购物类步行通行）数据分别与居民社会属性、街区建设环境变量进行 Pearson 相关性分析，辨别影响居民步行通行的自变量，辨析单个自变量与因变量的关系；接下来采用多项逻辑（logistic）回归方程来分析在多个社会属性因素共同影响下的单个街区建设环境变量对于总体步行通行频率、通勤类步行通行频率和购物类步行通行频率的影响机理；然后采取预测模型建立这三种方法探索街区建设环境变量对各类步行通行活动的影响；并结合散点图分析进行适宜值估算，在此基础上从街区空间形态角度提出步行友好街区的优化建议：步行友好街区的建设宜充分考虑居民步行活动的环境需求，从降低步行出行距离和提升步行环境品质两方面入手，创造适宜居民步行通行的街区空间形态与设施条件；促进城市步行化、人性化与生态化建设。（陈泳，王全燕，奚文沁，等. 街区空间形态对居民步行通行的影响分析）

新型城市可视化工具的快速发展，也运用在城市设计分析中。数字可视化的两个典型例子有通过地理信息系统和计算机辅助设计技术获取的二维和三维地图。对网络进行探讨，记录设计中各要素互动的多种流量系统。通过对以交通和步行为代表的流量模型的观察，思考如何运用新的实时社交媒介表达空间及社会网络层面的小尺度互动。关注实时数据是如何通过各种形式的仪表板发送给设计者，总结了城市运行的方式。新的可视化工具通过对理念的创造性展示和线上参与，正在不断丰富城市设计领域。可视化技术提供了对于城市大数据的新的理解，并将在智慧城市的发展中付诸实施。（迈克尔·巴蒂，安德鲁·哈德逊，著. 陈宇琳，译. 城市设计中的可视化分析、智慧城市与大数据）

城市公共安全是社会稳定的基础，大数据时代的信息技术给城市公共安全管理带来新的契机。2015 年 6 月，国务院在《关于运用大数据加强对市场主体服务和监督的若干意见》中指出，在宏观管理、资源利用与环境保护、社会综合治理等领域实施大数据示范应用工程，足以表明大数据对城市设计带来新的契机。通过分析城市公共安全的构成要素，研究大数据在城市公共安全领域的作用机制，针对影响城市公共安全的四类城市公共安全问题，分别从城市设计中提出相应的应对措施。通过强大的数据基础、科学的数据处理方法、有效的预测手段和新的风险评估手段，大数据提高了城市公共安全治理机制。通过在城市安全设计中的心理安全设计、行为安全设计、防卫安全设计、灾害安全设计、公共健康设计这五个方面应用，解决城市设计如何依靠信息数据的收集和分析整合将城市安全隐患降到最小。（闫雷. 大数据在城市设计中的应用探索——基于城市公共安全视角）

位置服务大数据的出现为城市空间研究提供新的视角，目前城市规划、地理学科已进行大量应用，而少有研究应用于风景园林规划设计。基于北京市公交刷卡大数据处理后的二次数据，结合北京市土地利用现状，进行绿道规划方法研究。通过将公交刷卡数据与人口出行分布规律进行耦合分析，在城市不同功能区确定绿道连接的重点区域，同时，根据绿地的景观性、文化性和生态性建立绿道载体的评价指标体系，选择合适的斑块作为绿道依托载体，最终根据服务功能进行绿道网络优化确定绿道规划线路。以期实现绿道的功能拓展，使绿道成为连接城市多种功能区的绿色空间，促进城市紧凑布局的形成。（李方正，李婉仪，李雄. 基于公交刷卡大数据分析的城市绿道规划研究——以北京市为例.）

本章小结

随着城市设计概念演变而形成的现代城市设计基础理论，可以看出现代城市设计是城乡规划的伴生物，现代城市设计更好地落实到城乡规划所传递的城市建设各个层面如：建筑设计、风景园林和市政道路以及大数据智慧城市建设的场所空间活力与场所精神。结合现代城市设计实践案例，从现代城市设计空间分析过程与方法中，可以初步显现出现代城市设计理论与框架。

首先，建立在现代城市概念的定义以及涉及的建筑空间组织描述与解释的城市设计理论。

其次，构建现代城市设计的规范性理论与城市设计成果，城市设计导则。

再次，现代城市设计理论将技术融合城市社会学、经济学、法学与城乡规划理论等复杂关联性学科形成新的城乡空间逻辑，“流通空间”和“场所空间”。在全球化时代，最有竞争力的城市既要链接全球网络（流通空间），又要塑造地方特质（场所空间），从而构成现代城市设计全新的逻辑框架理论基础。

第四，地方营造是现代城市设计的最高境界，为城市更新以及城乡空间中特色城镇乡村空间设计提供了机遇。

总之，现代城市设计是城市设计目标设想和对未来城市发展的调控技术与手段，是一个由“设计探寻”和“参与决策”共同构成的复合体的现代城市设计双重过程，本章节探索性地将现代城市设计与大数据应用结合，以期待现代城市设计理论完善与规范。

思考题

1. 试阐述什么是城市设计，与城市规划、建筑设计区别是什么？

2. 城市设计的目标及其价值观是什么？

3. 城市设计的方法有哪些？

4. 什么是场所精神？凯文·林奇城市意向分别是什么？

5. 试阐述现今城市设计分析方法。

6. 试列举近年来新的城市设计技术方法。

第16章 城乡交通与道路系统

本章导读：本章主要介绍了城乡道路设计、城市道路系统规划和城市交通规划三个部分，内容由浅入深地展开。本章从交通的基本概念和发展历程开始，理解交通与城市发展之间的相互关系，介绍了城市道路网规划、城乡道路设计的知识要点，最后通过城市交通规划的阐述，引导大家思考当前背景下城市交通存在的问题和未来的发展趋势。

知识点拓扑关系图说明：

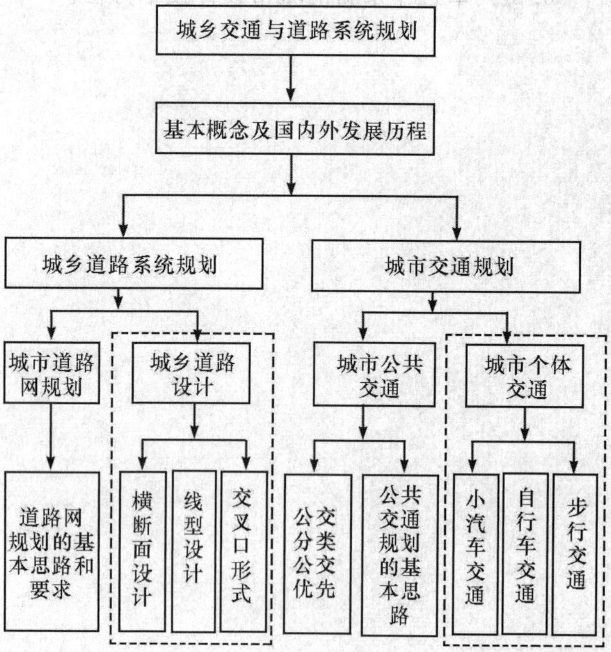

16.1 概述

16.1.1 基本概念

16.1.1.1 交通

通常含义的交通（transportation）是指人和物的移动，采用一定的方式，在一定的设施条件下，完成一定的运输任务，包括各种现代的与传统的交通运输方式。广义的交通（communication）也包含信息的传递。

城市的各项主要功能，如居住、工作、游憩都离不开交通，交通空间也是城市空间的重要组成部分。因此，贝聿铭曾说过："发展城市，最重要的，第一是交通，第二是交通，第三还是交通。"

交通所起的作用包括经济和社会两个方面：前者体现在缩短运输时间、降低运输成本，促进地区之间的交流、扩大市场、降低生产成本，促进地区之间的专业分工、扩大就业、促进城市化、抬高土地价格等；后者体现在支撑构建城市生命线，体现社会福利，缩小地区之间文化的差距、形成一体化社会，同时也可能不利于地方特色的保持，影响交通线周边的生态环境。

16.1.1.2 城市综合交通

城市综合交通是指存在于城市中及与城市有关的各种交通形式。按交通性质和交通方式可分为城市对外交通和城市交通（城市内部交通），或者分为客运交通和货运交通。

城市对外交通是指城市与其他城市间的交通，及城市地域范围内的城区与周围城镇、乡村间的交通。城市交通（广义 transport；通常含义 traffic）是指城市内部的交通，分为货运交通和客运交通。城市交通系统是城市大系统中的一个重要子系统，由城市运输系统和城市交通管理系统组成，是城市的社会、经济和物质结构的基本组成部分。

客运交通又可以分为公共交通和个体交通。城市公共交通（public transport，transit）是指使用公共交通工具的城市客运交通。城市个体交通是指使用个体交通工具（私人机动车、自行车等）的城市客运交通。

值得注意的是，结合交通的定义看得出交通的目的是实现人和物的移动，而不是交通工具（例如车辆）的移动，所以要实现高效的交通，就应该鼓励推行更高效的交通方式来把人和物运输到目的地。

16.1.1.3 城市道路

城市道路是指在城市范围内，供车辆和行人通行的具有一定技术条件和设施的道路。“道路”原为“导路”，“路者露也，赖之以行车马也”。城市道路按城市骨架进行分类（国家标准），可分为快速路、主干道、次干道和支路；按道路功能进行分类，可分为交通性道路和生活性道路。快速路、主干道以交通性为主，次干道和支路以生活性为主。

16.1.1.4 公路

公路是指连接城市、乡村，主要供汽车行驶的具有一定技术条件和设施的道路。我们国家按地位，将公路分为干线和支线，干线又分为国道、省道、县道、乡道；按使用任务、功能和交通量可以分为高速公路、一级公路、二级公路、三级公路、四级公路。

16.1.2 城市道路与交通的发展历程

交通是由人们的社会生产和社会生活活动产生的，因此，社会生产力越发展，社会物质生活和精神生活越丰富，则城市交通和道路系统就越发达。

16.1.2.1 我国的城市交通和道路

1）古代城市

我国古代城市无论在数量还是规模上都达到了较高水平，尤其在封建社会时期的城市交通和道路系统的发展较为长足，也是我们着重介绍的时期。下面先概括一下我国古代对道路的称呼、分级和特点。

称呼：春秋战国时称为“栈道”；秦朝以后称“驰道”或“驿道”；元朝称“大道”；清朝称“官路、大路、马路”。

分级：《周礼》将道路分为五级，即径（牛马小路）、畛（可走车的路）、途（乘车道 一轨）、道（乘车道二轨）、路（乘车道 三轨）；清朝将道路分为官路（京都至各省会的道路）、大路（各省会间的道路）、马路（市区街道）。

特点：道路的建设历史较长，建造技术较成熟，多为帝王和军事所用。城市道路布局讲究规制，多为南北向和东西向构成，主要街道直通城门。

（1）奴隶社会。黄帝开疆拓土，发明舟车，开始了我国道路交通的新纪元。西周时期，土地被灌溉渠道划分成“井”字形方块，耕地阡陌纵横，形同井字，称为井田；与渠道平行，还有纵横的通行道——径、畛、途、道、路，这五级道路形成了历史上最早的方格网道路系统。据《周礼·地官·遂人》记载：“径容牛马，畛容大车，涂容乘车一轨，道容二轨，路容三轨。”

“井田”的设计思想和方法自然延续到城市规划中来，其中以周王城的道路系统最具代表性。据《周礼·考工记》记载：“匠人营国，方九里，旁三门，国中九经九纬，经涂九轨，左祖右社，前朝后市，市朝一夫”（图 16-1）。又说：“经涂九轨、环涂七轨、野涂五轨”。每轨 8 尺，约 2.1 m，由此可以推算出当时的道路宽度。

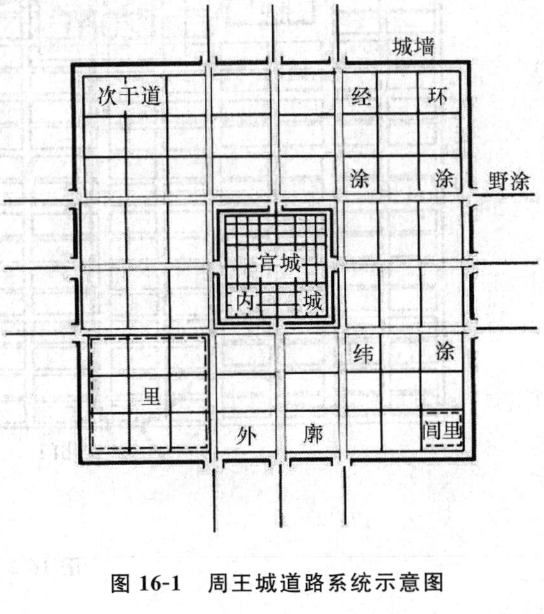

图 16-1 周王城道路系统示意图

(2)封建社会。其一,对外道路交通方面。秦朝为一统天下而推行"车同轨"和"书同文"的国政,并于公元前 220 年开始修建由咸阳向各个方向辐射的干道网——驰道。汉代开辟了通往中亚、西亚的交通干道——丝绸之路。唐代疆土辽阔,有驿道五万里,每三十里设一个驿站,驿站规模宏大。元朝同样驿制盛行,除了驿站,还有水站、马站、轿站等。

其二,城市道路交通方面。秦朝开始我国进入封建社会,城市建设处于变革探索时期,秦咸阳、汉长安对营国制度的突破较为明显,但城市主体的规划结构形式仍然没有改变,方格网的规划传统依旧发挥着影响,隋唐时期的长安城正是这一规划传统的典型代表和总结。唐长安(图 16-2),城市总体规划整齐,布局严整,城内街道纵横交错,主次分明,划分出 110 座里坊,而且特别强调道路的轴线作用,如南北中轴线朱雀大街宽达 150 m,大明宫前的丹凤门大街宽 180 m,这种手法对后世乃至今天国内城市都是有影响的。

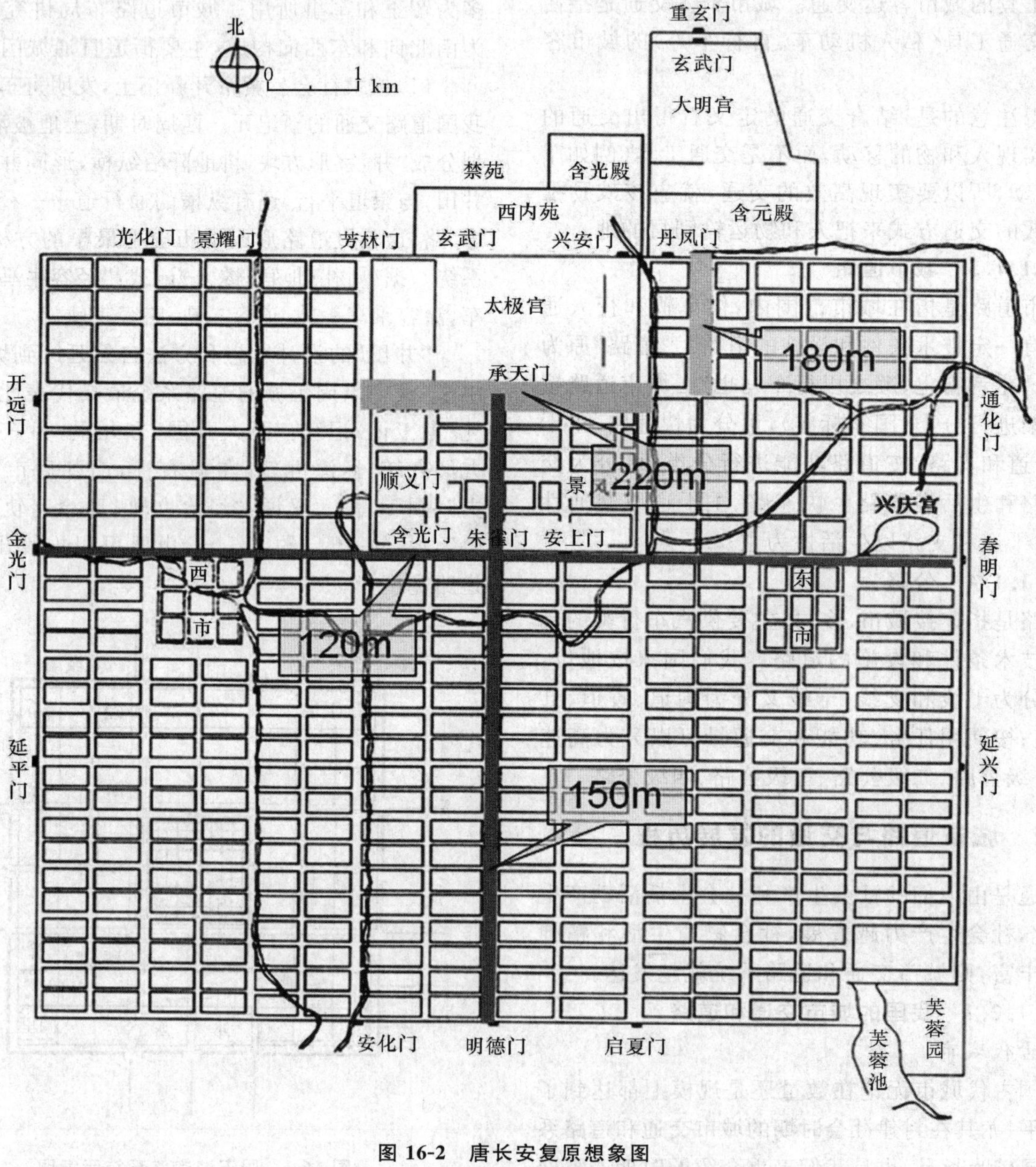

图 16-2 唐长安复原想象图

封建社会城市除了政治职能外还兼具经济职能，这就使得道路除了具有交通运输功能外还具有了以街为市的交易功能。北宋以前的城市，一般是"坊"(居民区)"市"(商业区)分区，交易只能白天在市里进行；北宋时，开始打破了"坊""市"和昼夜的界限，东京汴梁市内，商店可以沿街开设，而且有了夜市和晓市，这一繁华的街景可以参看北宋张择端的画作《清明上河图》。它的城市道路系统除了出现商业街道、道路具有生活性以外，还出现了丁字交叉和斜街，打破了原有的方格网，且城市道路网与水系相结合，更加因地制宜。北宋东京汴梁的布局对以后的都城规划都有很大影响，我们今天城市的大多数街道具有的商业交易功能也与此有着密切关系。

2)近代社会

第一次鸦片战争以后由于整体国力衰退、生产力落后，交通工具较为单一，机动化程度低，道路交通建设技术和水平有限。1902 年，上海出现了我国第一辆汽车。1913 年，中国以新式筑路法修建了第一条汽车公路。1938 年，滇缅公路建成通车，其中铺设了 100 km 中国最早的沥青路面。1949 年，全国通车里程 7.8 万 km，机动车总数仅 7 万余辆。城市及城市交通的整体发展水平滞后，与同时期的欧美国家城市相比差距巨大。

16.1.2.2　国外城市交通和道路

1)奴隶社会

这一时期世界文明地区在交通方面各有发展。在印度河下游发掘的公元前三千多年的谟亨约·达罗城，有排列整齐的街道，主要道路呈南北向布置，顺着主导风向，宽度约 10 m。公元前 6—前 5 世纪的罗马城市，道路呈方格网，路面两侧有人行道，路侧有水沟；公元前 1 世纪，罗马城市人口多达 150 万～200 万，城内干道宽度为 20～30 m，有的达到 35 m，城市中心设有广场；同时，在帝国统治范围内修建道路，遍及整个欧洲和小亚细亚，估计长达 7 800 km，道路由石料铺成，厚度为 1～1.25 m。罗马帝国时期所筑道路，有的甚至沿用到 16 世纪，这对后期欧洲各国的影响比较大。

2)封建社会

西欧在封建社会的初期和盛期都处在四分五裂的封建割据状态之中，经济和贸易遭到很大破坏，大规模的道路建设，尤其是城市之间的道路失去了建造的意义，城市规模较小，生长缓慢，城市道路也处于小规模的自由生长状态。

3)近代社会

近代以西欧为主的大多数国家和地区实现了工业革命，大生产发展迅猛，世界市场的格局建立，引起了交通运输工具的改革和道路建设的发展。16—18 世纪，手工工厂在西欧有了迅速的发展，双轴铁轮的货车和篷车替代了工人的搬运和驮运；1699 年，英国开始经营公共马车。1876 年，第一辆内燃机的汽车问世，汽车的诞生使道路交通发生了巨变，筑路技术和材料不断改善，公路和城市道路得到长足发展，汽车运输甚至超越了铁路运输。此后汽车的快速增加促使道路在线型、断面布置、路面材料等设计技术标准方面不断发展和完善。

在社会生活和生产的巨变过程中，城市规模不断扩张，产生了大量的交通流，汽车、火车等新型交通工具冲击着原有的城市结构，封建城市的交通系统无法适应，从而导致拥挤、混乱，矛盾突出。针对这些城市问题，在空想社会主义思想理论的影响下，出现了一些关于建立新型的城市结构形态的规划方案和理论，如 1882 年西班牙工程师马塔提出的"带形城市"、1898 年英国人霍华德提出的"田园城市"，还有 1901 年法国建筑师嘎涅提出的"工业城市"等，它们都将解决城市交通问题放在了重要位置。

16.2　城乡道路系统规划

16.2.1　城市道路网规划

城市道路网(简称路网)是由若干条道路(路段和交叉口)组成的网络体系，承载着多种功能。交通运输是路网的本体功能，其他功能还包括作为市政基础设施的通道、防灾疏散通道、形成城市骨架、展示城市风貌等。因此，城市道路网的规划将以此为出发点展开对其空间布置的讲解。

16.2.1.1　城市道路网的空间布置

城市道路网的形式和布局，应根据土地使用、客货运源的分布、交通流量流向，并结合自然地形地貌、原有道路交通系统，因地制宜地确定。影响城市路网布局的因素包括以下五个方面：

(1)城市在区域中的位置。城市是其所在区域的交通中心，区域的主要交通干线都与城市的主要出入口相衔接，甚至城市的内部道路网和用地布局都与区域的主要交通流向有着呼应关系，如苏锡常城市群(带)中的城市。

(2)城市规模。城市规模越大，平均运距越长，交通出行需求越高，要求提供更高等级的道路和更高效的交通出行方式。在大城市或更大规模的城市公共交通就越发达、对外通道和枢纽数量多、分布广，与城市道路的关系密切且复杂，而小城市相对简单。因此，特大城市、大城市与中小城市在路网布局、路网密度、道路面积率等方面存在较大差异。

(3)自然条件。地形、河流、岸线、地质、矿藏都是影响城市布局的重要因素，如滨河和滨海城市多呈带状布局，山地城市由于地形复杂、高差大平地少而多呈组团分布。河流走向、地形起伏等自然条件也会直接影响道路的走向和建设标准、路网格局。

(4)城市布局形态。城市路网和用地布局是相互依托关系，城市用地形态是受自然条件和人工影响因素(铁路分隔、城墙包围、矿区分布等)的制约形成的。平原城市的用地布局一般呈现为团状或块状，城市路网也表现为方格网或方格网加环形放射道路，如“摊大饼”发展(图 16-3)；山地城市用地分散，路网也多为自由式。

(5)对外交通设施。城市的用地布局、空间拓展和道路系统很大程度上依托公路、铁路、机场、港口等大交通的布局。同时，铁路、高速公路进入城市，容易切割城市，影响城市道路的延伸。

受不同的自然、历史和社会经济条件的影响，不同城市或同一城市在不同时期会呈现出多种多样的道路网形式。一般来说，基本形式主要包括方格网式、环形放射式、自由式、混合式和组团式(图 16-4)。

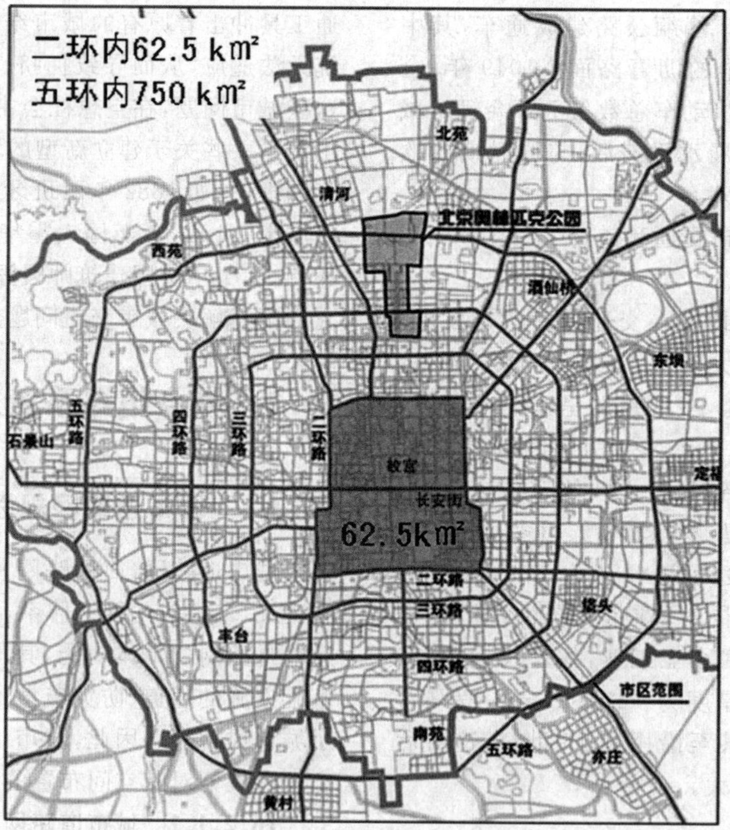

图 16-3　北京城市路网结构示意图

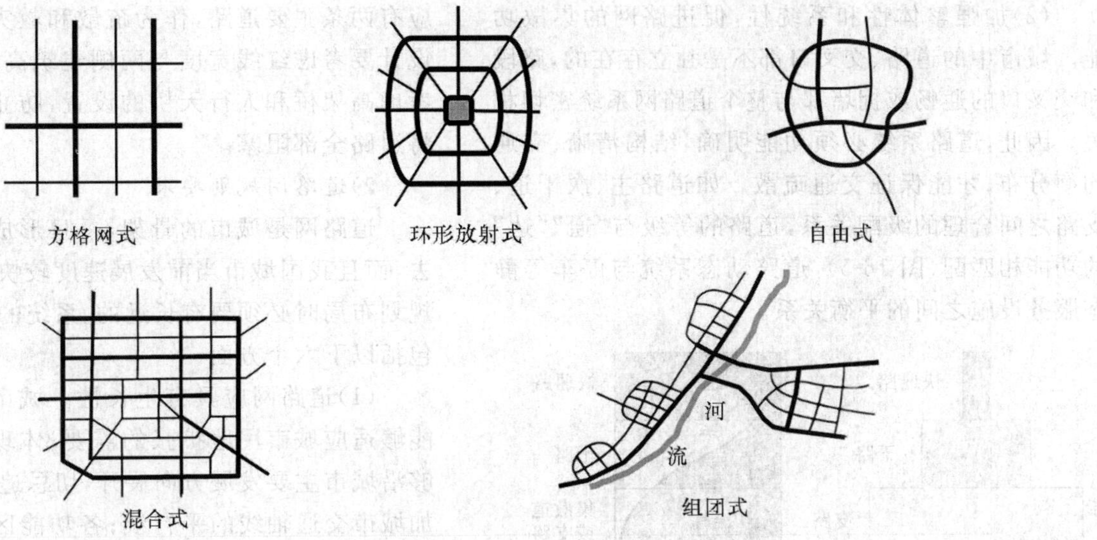

图 16-4　城市路网基本形式示意图

表 16-1　城市路网基本形式的比较

类型	适用城市	优点	缺点
方格网式(也称棋盘式)	最常见的一种路网类型,适于用地平坦的城市。如唐长安、太原	街坊的形状规整,有利于建筑布局;便于交通疏散,灵活性强	网密度大,交叉口较多;街坊的对角联系不方便
环形放射式	适于大城市或特大城市。如巴黎、成都	市中心与郊区有便捷的联系	市中心区交通过于集中,灵活性差,各区间的联系要绕行环线、不方便;街坊不规则,容易导致同心圆式扩张
自由式	适于用地不规则、地形起伏的城市。如老重庆、自贡、美国新城 Maumelle	节约土方,降低工程造价,易于人车分流,景观变化丰富	非直线系数大,方向感弱,不利于初访者的识别
混合式	适于用地开阔、地形平坦的城市,通常是以方格网为基础,在城市长期的发展历程中结合各阶段的需要而逐渐形成的。如北京上海、昆明、武汉	因地制宜,能较好地组织市内交通	历史遗留问题较多,系统性较弱,改造难度大
组团式	适于地形地貌多变、用地分散的城市,多见于丘陵及山地城市和江浙一带河网地区的城市。如重庆、深圳、温州、广元	分片布局、形式灵活,生态环境较好,功能相对独立,组团间相互干扰小	道路及各项工程管线的投入较大,促进城市蔓延

16.2.1.2　城市道路网规划的原则与要求

1)道路网规划原则

城市道路网规划的原则包括以下七个方面:

(1)道路网规划与城市用地规划相结合。城市用地是产生交通、吸引交通的“源”,因此用地的合理布局对于道路网规划和综合交通规划起着决定性的作用。通过用地的合理布局可以减少出行距离和不必要的出行,并做到交通在道路系统上的均衡分布。在确定了道路的功能和性质之后,道路两侧用地性质的确定就应该充分考虑对道路交通环境的影响,如交通性干道的两侧就不应该布置吸引大量人流的生活性用地和商业等设施。

(2)加强整体性和系统性，促进路网的集散功能。城市中的道路、交叉口都不是独立存在的，路段和交叉口的通畅或拥堵都与整个道路网系统密切相关。因此，道路系统必须功能明确、结构清晰、交通均衡分布，才能保证交通疏散。如道路主、次干道、支路之间合理的级配关系，道路的等级与“通”“达”的功能相匹配(图 16-5)，道路动态系统与停车等静态服务设施之间的平衡关系。

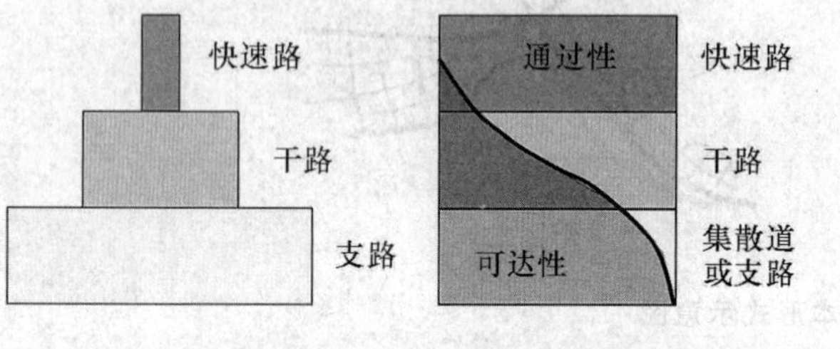

(a)适宜的道路级配关系　(b)不同等级道路的“通达”特征

图 16-5　道路级配关系与“通达”特征

(3)适应现状，引导未来。道路网规划既要能够适应城市现状用地布局的特点，注意道路功能与用地性质相协调，也要前瞻性的引导城市未来的空间拓展——确立合理的交通策略，发展多样化的运输方式，设计高效的道路交通网。

(4)以人为本——满足不同使用者的要求。步行、骑车者、乘公交者、机动车驾驶员、交通管理者、沿街商业经营者对我们的道路交通环境都有着不同的需求，如步行者和骑车者由于受体力的约束，要求对应的步行道和自行车道有较高的路网密度。

(5)满足城市环境、景观要求。道路选线要结合地形地貌，节地减灾；道路走向要适宜当地气候环境，如南方城市道路要有利于通风，一般尽量平行于夏季主导风向；北方城市要注意避风，一般避开冬季主导风向。路网规划和道路设计要结合城市景观设计、体现城市特色。

(6)满足各种工程管线布置的要求。城市道路是城市市政公用管线敷设的主要通道，在规划设计中要充分考虑满足其布置和埋设的技术要求。目前地下综合管沟涉及多个领域和专业，必须要在道路设计时提前考虑。

(7)满足城市防灾救灾要求。城市道路是防灾与救援的必要通道，一般在城市主要疏散方向至少应有两条主要道路，作为疏散和救灾道路的横断面设计要考虑红线宽度与两侧建筑高度的关系，还要考虑高架桥和人行天桥的设置，防止建构筑坍塌后将道路全部阻塞。

2)道路网规则要求

道路网是城市的骨架，一旦形成将长期存在下去，而且我国城市当前发展速度较快，我们在道路网规划布局时必须要有长远的、系统的考量，具体要求包括以下六个方面：

(1)道路网应具有生长性。城市道路网规划应能够适应城市用地扩张的需要，体现在主要道路能够沿城市主要发展方向展开，切忌追求对景；便于增加城市交通轴线的平行线；各功能区之间干道的对接；便于路网的加密和道路升级。

(2)实现快慢交通分流。混合交通不利于提高道路的使用效率和安全性，可以通过路段分流和路网分流来实现人车或机非交通的分离。路段分流是指在道路横断面设计时通过道路分隔带的形式实现，是我国目前经常采用的手法；路网分流是设立独立的步行道、自行车专用道和机动车道，这样便于在路网密度、线型设计方面满足三者不同的出行特征。

(3)防止出现瓶颈。方格网向外扩张、城市跨河或铁路发展、山地或水网城市、分散形态的城市都容易在路网布局中形成“蜂腰”，造成交通上的瓶颈。因此，在规划时应做充分考虑，预留必要的通道。同时，也要避免沿交通干线或交叉口的高强度商业开发，保护好干路和交叉口的交通功能。

(4)交叉口与路段通行能力的匹配。由于多条交通流汇集，交叉口的通行能力一般都低于路段，因此各条道路的衔接关系和交叉口的形式要合理，如低等级的道路一般是连接上一级的道路，若将支路直接连接到快速路上是不适宜的；主要交通性干道的交叉口应该设置立交，但立交也不是越多越好，频繁设置反而会降低路段的通行能力。

(5)与现有道路的协调。与现状公路的衔接根据公路的功能要求合理匹配和衔接，入城公路应与主要城市干路连接，过境公路应绕行、避免穿越城区，郊区公路应充分考虑城乡的联系和沿线村镇的发展。与原有城市道路的协调要注重已有城市骨架形成的历史因素，特别是历史悠久的城镇，不宜轻易改动主要道路的格局。

(6)土地开发强度与道路网容量相适应。一般来说，土地开发强度大、人口密度高，则对应高强度、大规模的交通流，所以需要匹配高密度、高容量的路网。我国城市的老城区、中心城区一般都道路狭窄、交通流复杂，因此在城市更新改造过程中应该有意识地控制土地开发强度的上限，保持交通供需关系的平衡。

16.2.1.3　城市道路网规划的主要指标

1)道路面积率和人均道路面积

道路面积率是指道路用地占城市建设用地的百分比；人均道路面积是指城市总人口的人均道路面积。按照《城市用地分类与规划建设用地标准》GB 50137—2011，道路与交通设施用地(大类用地代码S)占城市建设用地的比例为10%～25%，该项城市人均用地指标为≥12 m^2。一般来说，城市规模越大、经济越发达，这一比例和用地指标就越高；同时，交通结构、城市布局等因素也会影响道路与交通设施的用地指标。

2)道路网密度和交叉口间距

道路网密度是指单位城市建设用地内的道路中心线总长度(道路网密度=城市道路长度/城市用地面积)。道路网密度越高，交叉口的间距就越小；等级低的道路网密度大于等级高的，如支路的道路网密度大于干道。一般来说，山区城市道路网密度大于平原城市，开发强度高的片区大于开发强度低的片区，如城市中心区的道路网密度大于城市其他片区，根据《城市道路交通规划设计规范》(GB 50220—1995)，建议在市区建筑容积率大于4的地区，支路网的密度为表16-2、表16-3中所规定数值的一倍；当市中心区的建筑容积率达到8时，支路网密度宜为12～16 km/km^2；一般商业集中地区的支路网密度宜为10～12 km/km^2。就我们国家多数城市目前的实际情况来说，快速路和主干道的网密度已达到甚至超过规范的建议值，次干道和支路基本都达不到，各级道路的结构比例失调，主干道不能发挥应有的快速交通运输功能，从而导致交通拥堵。目前我国还缺少关于步行道、自行车专用道网密度的规划指标，但理论上来说，应该高于机动车的道路网密度。

交叉口间距是指道路中心线之间的实际距离。道路网密度越高，交叉口的间距就越小。根据上述道路网密度的区间，一般的的交叉口间距为：快速路1 500～2 500 m，主干路700～1 200 m，次干路350～500 m，支路150～250 m。步行道、自行车专用道的交叉口间距应该低于或接近于支路，相关内容参见16.3.3城市个体交通。

3)道路红线

道路红线是指规划道路的路幅边界线。一般城市的道路红线宽度参见表16-2、表16-3，园林城市道路红线宽度参见表16-4。目前我国还缺少关于步行道、自行车专用道红线宽度的规划指标。值得注意的是，道路红线宽度值并不是越高越好，“宽马路”虽然适于交流量大的情况，但同时也对城市用地形成切割，不适于历史街区、商业街区以及规模较小的城镇。另外，《国家园林城市标准》《城市绿化规划建设指标的规定》、《城市道路绿化规划与设计规范》等相关规范都要求城市道路有一定宽度的绿带，虽然这有利于形成良好的道路绿化景观，但同样存在上述问题，并且日常的维护成本较高，行人过街、绿化管理也存在安全隐患。因此，建议道路红线宽度在采用50 m以上的数值时应该保持审慎态度。

表16-2　我国大、中城市道路网规划指标

项目	城市规模与人口/万人		快速路	主干路	次干路	支路
机动车设计速度/(km/h)	大城市	＞200	80	60	40	30
		≤200	60～80	40～60	40	30
	中等城市		—	40	40	30

续表 16-2

项目	城市规模与人口/万人		快速路	主干路	次干路	支路
道路网密度/(km/km²)	大城市	＞200	0.4～0.5	0.8～1.2	1.2～1.4	3～4
		≤200	0.3～0.4	0.8～1.2	1.2～1.4	3～4
	中等城市		—	1.0～1.2	1.2～1.4	3～4
道路中机动车车道条数/条	大城市	＞200	6～8	6～8	4～6	3～4
		≤200	4～6	4～6	4～6	2
	中等城市		—	4	2～4	2
道路宽度/m	大城市	＞200	40～45	45～55	40～50	15～30
		≤200	35～40	40～50	30～45	15～20
	中等城市		—	35～45	30～40	15～20

表 16-3　我国小城市道路网规划指标

项 目	城市人口/万人	干 路	支路
机动车设计速度/(km/h)	＞5	40	20
	1～5	40	20
	＜1	40	20
道路网密度/(km/km²)	＞5	3～4	3～5
	1～5	4～5	4～6
	＜1	5～6	6～8
道路中机动车车道条数/条	＞5	2～4	2
	1～5	2～4	2
	＜1	2～3	2
道路宽度/m	＞5	25～35	12～15
	1～5	25～35	12～15
	＜1	25～30	12～15

表 16-4　我国园林城市道路红线宽度推荐值

项目	快速路	主干路	次干路	支路
道路红线宽度/m	60～100	40～70	30～50	20～30

16.2.2　城乡道路设计

16.2.2.1　道路横断面设计

道路横断面是指沿道路宽度方向，垂直于道路中心线所作的竖向剖面。它由车行道、人行道、绿带和道路附属设施组成，其总宽度为路幅宽度或道路红线宽度。道路红线的讲解详见 16.2.1.3。

1)道路横断面类型

通常根据车行道的布置来划分道路横断面的类型，车行道没有分隔带的道路横断面称为单幅路(一

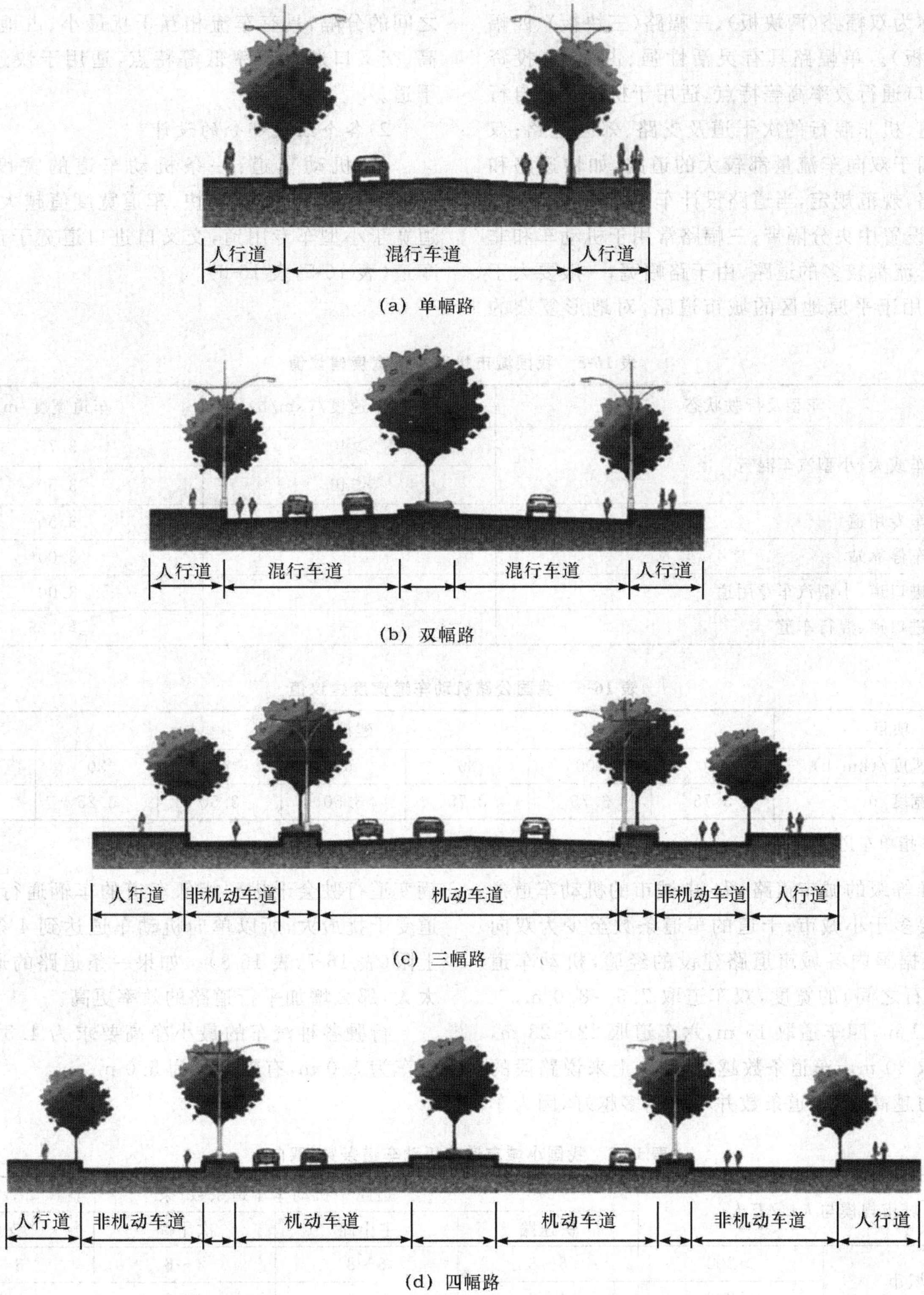

图 16-6　道路横断面的基本形式示意图

块板），用分隔带将车行道分为两个、三个、四个部分的分别称为双幅路（两块板）、三幅路（三块板）、四幅路（四块板）。单幅路具有灵活性强、占地小、投资省、交叉口通行效率高等特点，适用于机动车或自行车专用道、机非混行的次干道及支路、郊区道路；双幅路适用于双向车流量都较大的道路，如快速路和高速公路，规范规定，当道路设计车速大于 50 km/h 时，必须设置中央分隔带；三幅路常用于机动车和非机动车车流都较多的道路，由于路幅宽，一般要大于 40 m，适用于平原地区的城市道路，对地形复杂的地区不大适用；四幅路实现了双向机动车之间，机非之间的分隔，具有车流相互干扰最小、占地大、投资高、交叉口通行效率低等特点，适用于快速路和主干道。

2）各个组成部分的设计

（1）机动车道：一条机动车道的宽度一般为 3.00～3.75 m，车速越快、车道宽度值越大，混行车道宽于小型车专用道，交叉口进口道宽于正常行驶车道（表 16-5，表 16-6）。

表 16-5　我国城市机动车道宽度建议值

车型及行驶状态	计算行车速度/(km/h)	车道宽度/m
大型汽车或大、小型汽车混行	≥40	3.75
	<40	3.50
小型汽车专用道	—	3.50
公共汽车停靠站	—	3.00
交叉口进口道、小型汽车专用道	—	3.00
交叉口进口道、混行车道	—	≥3.25

表 16-6　我国公路机动车道宽度建议值

项目	建议值						
设计速度/(km/h)	120	100	80	60	40	30	20
车道宽度/m	3.75	3.75	3.75	3.50	3.50	3.25	3.00*

注：* 指单车道时取 3.50 m。

同样等级的城市道路，大、中城市的机动车道条数一般要多于小城市；干道的车道条数至少为双向 4 条。根据国内各城市道路建设的经验，机动车道（指路缘石之间）的宽度，双车道取 7.5～8.0 m，三车道取 11 m，四车道取 15 m，六车道取 22～23 m，八车道取 30 m。车道条数越多，理论上来说路段的通行能力越高，但车道条数并不是越多越好，因为车辆变道行驶会干扰到相邻车道的车辆通行，外侧车道受干扰最大，所以单向机动车道达到 4 条已经是上限（表 16-7，表 16-8）。如果一条道路的通行压力太大，那么增加平行道路的效率更高。

行驶各种汽车的最小净高要求为 4.5 m，无轨电车为 5.0 m，有轨电车为 5.0 m。

表 16-7　我国小城市道路机动车道条数（双向）

城市规模与人口/万人		道路中机动车车道条数/条			
		快速路	主干路	次干路	支路
大城市	>200	6～8	6～8	4～6	3～4
	≤200	4～6	4～6	4～6	2
中等城市		—	4	2～4	2

表 16-8 我国小城市道路机动车条数(双向)

城市人口/万人	道路中机动车车道条数/条	
	干路	支路
>5	2～4	2
1～5	2～4	2
<1	2～3	2

(2)非机动车道:城市道路上的非机动车以自行车为主,城郊及乡镇道路还包括三轮车、板车、兽力车等(表 16-9)。目前我国传统脚踏自行车向电动自行车转变的趋势较为明显,但对应的道路交通规范或技术指标存在空缺。城市非机动车道的宽度 $W=1.1\times$车道条数 N,$N=$设计自行车小时交通量/一条车道的通性能力,计算值不足 0.5 按 0.5 计,大于 0.5 进位按整数计(表 16-10)。

表 16-9 一条非机动车道宽度 m

项目	车辆种类			
	自行车	三轮车	板车	兽力车
非机动车道宽度	1.0	2.0	1.5～2.0	2.5

表 16-10 城市道路非机动车道宽度

车带条数/条	2	3	4	5
车道宽度/m	2.5	3.5	4.5	5.5

(3)人行道:一条步行带的宽度一般为 0.75 m,人流集中地段宜采用 0.85～1.0 m。在城市主干道上,单侧人行道步行带条数一般不宜少于 6 条,次干道不少于 4 条,住宅区道路不少于 2 条。

人行道的布置形式。通常高出车行道 10～20 cm。一般对称布置在车行道两侧,也可根据需要设置不对称的或单侧人行道。人行道中的步行带应结合绿化带和设施带布置。步行带宜靠近商场等公共建筑,但应距离沿街住宅 3～5 m 为宜。步行带布局形式多样,在人行道宽度足够时,可设置为两条,在与建筑结合时,可设置为骑楼等。人行道最小宽度见表 16-11。

表 16-11 人行道最小宽度 m

项目	人行道最小宽度/m	
	大城市	中小城市
各级道路	3	2
商业区或文化中心区、大型公共建筑集中地段	5	3
车站码头	5	4
长途汽车站	4	4

(4)分车带:按位置和功能通常分为中间分车带和两侧分车带。分车带包括分隔带和路缘带,分隔带有活动和固定两种。城市道路的固定分隔带高出路面 10～20 cm,每隔 100～150 m 可有间断处。分车带最小宽度 2.0 m,当用地允许时,中间带宜大于 4.0 m;公路分车带的最小宽度为 1.5 m。

(5)绿化带:城市道路绿化符合《城市道路绿化规划与设计规范》;道路绿化带宽度一般占道路总宽度的 10%～15%。园林城市的道路绿化普及率、达标率分别在 95%和 80%以上,市区干道绿化带面积不少于道路总用地面积的 25%。人行道绿化带应多种植乔木,乔木中心距离机动车道路缘石外侧不宜小于 0.75 m;最小株距应为 4 m,最小树穴为 1.25 m×1.25 m。分车带宽度小于 1.5 m 的,绿化应以灌木为主。

表 16-12 道路绿化带净宽度 m

绿化种植	绿化净宽度	绿化种植	绿化净宽度
灌木丛	0.8～1.5	双行乔木并列	5.0
单行乔木	1.5～2.0	双行乔木错列	2.5～4.0
草皮与花丛	0.8～1.5	树穴(最小)	1.25×1.25

(6)路肩:通常在公路断面中,路面两旁设有路肩(城市道路不需要设置)。路肩分为硬路肩和土路肩,计算行车速度大于等于 40 km/h 的公路应设置硬路肩,高速公路和一级公路硬路肩的宽度应在 2.25～2.5 m,同时土路肩不少于 0.5 m;当计算行车速度小于 40 km/h 时,或者二级以下的公路可不设硬路肩,土路肩不少于 1.25 m。

16.2.2.2 道路线型设计

道路线型指道路路幅中心线(又称中线)的立体

形状，是平面线型和纵断面的综合，反映了道路的走向、高低起伏情况。道路平面线型是道路中线在平面上的投影形状，道路纵断面线型是道路中线在垂直水平面上的投影，两者都是由直线和曲线组合而成的。

1)道路平面线型

道路平面线型规划设计是城市总体规划和详细规划阶段的重要内容之一。其主要内容是：根据道路网规划确定的道路走向和道路之间的方位关系，以道路中线为准，考虑地形、地物、城市建设用地的影响；根据行车技术要求确定道路用地范围内的平面线型，以及组成这些线型的直线、曲线和它们之间的衔接关系；对于小半径曲线，还应当考虑行车视距、路段的加宽和道路超高设置等要求。

道路平面线型规划设计的一般原则是：连续、顺势，与自然地形地物相适应；满足行驶的技术要求，按不同的道路等级达到相应服务水平；保证线型的连贯和均衡，避免急弯；考虑城市及周边景观。步骤是：拟定平面线型；选用弯道平曲线半径；编制里程桩；确定道路红线；绘制平面图。

圆曲线是平面线型设计的关键部分，圆曲线半径分为不设超高的最小半径、极限最小半径和一般最小半径。在城市建成区，城市道路两侧建筑物已经形成，因此尽可能不设超高，以免与建筑标高不协调；采用极限最小半径时，设置最大超高；一般最小半径是指设超高时的推荐半径，数值间于前两者之间(表16-13)。

表16-13　城市道路圆曲线最小半径

项目	计算行车速度/(km/h)					
	80	60	50	40	30	20
不设超高最小半径/m	1 000	600	400	300	150	70
设超高最小半径/m	400	300	200	145	90	40
设超高极限半径/m	250	150	100	70	40	20

2)道路纵断面线型

道路纵断面设计的主要内容：根据道路性质、等级、行车技术要求和当地气候、地形、水文、地质条件、排水要求以及城市竖向设计要求、现状地物、土方平衡等，合理确定连接有关竖向控制点(或特征点)的平顺起伏。具体包括：确定沿线纵坡大小以及变坡点的位置；选定满足行车技术要求的竖曲线；计算各桩点的施工高度，以及确定桥涵构筑物的高度。此处着重介绍道路纵坡大小。

道路纵坡值的影响因素：保证雨水排放；自然条件、地形地貌；道路等级；车辆爬坡能力；地下管线的敷设要求。一般来说，道路等级越高、纵坡值要求越严格，以保证线型尽量平顺；非机动车的爬坡能力明显低于机动车，两者位于同一个横断面时最大纵坡需要就低不就高。

最大纵坡和坡长。城市机动车最大纵坡为8%，坡长限制为200 m；一般平原城市尽量控制在2.5%以下，具体数据与道路等级、设计车速有关。城市非机动车的纵坡宜控制在2.5%以下，超过则骑车人感到爬坡吃力(表16-14至表16-17)。

最小纵坡和坡长。主要满足路面和管道的排水要求，具体数据与路面材料、雨量大小有关。一般最小纵坡≥0.5%；困难时最小纵坡≥0.3%，特殊困难最小纵坡≤0.3%时，应设置锯齿形边沟或采取其他排水措施。

表16-14　城市道路机动车车行道纵坡设计值

道路类别	最小纵坡/%	最大纵坡/%	最小坡长/m
快速路(80 km/h)	0.3	4	290
主干路(60 km/h)		5	170
次干路(40 km/h)		6	110
支路(20 km/h)		8	60

表16-15　城市道路非机动车车行道纵坡设计值

纵坡/%	限制坡长/m	
	自行车	三轮板车
3.5	150	—
3.0	200	100
2.5	300	150

表 16-16　各级公路的最大纵坡值

公路等级	汽车专用道							一般公路					
	高速公路			一级		二级		二级		三级		四级	
地形	1	2	3	1	2、3	1	2、3	1	2、3	1	2、3	1	2、3
最大纵坡/%	3	4	5	4	6	5	7	5	7	6	8	6	9

注：地形 1 为平原、2 为重丘、3 为山岭。

表 16-17　公路的限制坡长

纵坡/%	>5～6	>6～7	>7～8	>8～9
限制坡长/m	800	500	300	200

16.2.2.3　道路交叉口

道路与道路（或铁路）相交叉的部位称为道路交叉口。它是城市道路网络中的节点，在路网中起着使城市交通由线扩展到面的重要作用。道路交叉口可以分为平面交叉口和立体交叉口（表 16-18）。

表 16-18　大、中城市道路交叉口的形式

相交道路	快速路	主干路	次干路	支路
快速路	A	A	A、B	—
主干路		A、B	B、C	B、D
次干路			C、D	C、D
支路				D、E

注：A 为立体交叉口，B 为展宽式信号灯管理平面交叉口，C 为平面环形交叉口，D 为信号灯管理平面交叉口，E 为不设信号灯的平面交叉口。

1）平面交叉口

道路与道路在同一个平面相交的交叉口称为平面交叉口。基本形式包括“十”字交叉，“T”形、“X”形、“Y”形交叉，错位交叉，多路口交叉。“十”字交叉和“T”形交叉最为常见，也较为适用；当交叉口的路口超过四个（如五岔路口），交叉口的冲突点会迅速增加，交通流线更加复杂，难以组织信号灯控制，所以应该尽量避免。

平面交叉口的交通组织方式包括渠化交通、设置信号灯、交叉口展宽。交叉口展宽是由于交叉口的路口通行时间只有路段的一半左右，因此，“时间不足，空间补”，目的是提高交叉口的通过能力。

平面交叉口的改善包括两种入手方式：其一，交叉口本身的改造，包括改环岛、禁左、改单行、提前分流、异型改造、设置立交桥。禁左、改单行、提前分流都属于减轻交叉口的交通压力的方式，而且改造成本低。立交桥通行能力大、造价高，所以当预测交叉口总的交通流量不超过 12 000 pcu/h 时，不宜采用立交桥；如果可以通过路网调整来改变交叉口的交通流量时，也不宜采用立交桥。其二，路网布局的改善。这一点是比较重要的，因为交叉口存在于整个道路交通系统当中，“点”的问题，只有通过“面”来解决才是最根本和长远的。如滨河城市的跨河大桥通常是交通瓶颈，大桥两端的交叉口拥堵问题是可以通过另外新建跨河大桥得以解决的。

2）立体交叉口

立交桥（interchange）：全称为“立体交叉桥”，指在城市重要交通交汇点建立的上下分层、多方向行驶、互不相扰的现代化陆地桥。

（1）适用条件：交叉口交通量大于 12 000 辆/h，平面交叉口已难满足需求；相交道路等级高，如高速公路或快速路与其他各级道路；道路与铁路交叉；地形本身就具有用地和高差条件。

（2）基本要求：根据《城市道路交叉口规划规范》（GB 50647—2011），相邻互通立交交叉点之间的间距不宜小于 1 500 m。扣除交织距离、交通标志视距后，最小净距一般为 400～1 000 m，具体数值与车速有关。

表 16-19　互通式立交最小净距值

干道设计速度/(km/h)	80	60	50	40
最小净距/m	1 000	900	800	700

桥洞净空界限可以根据通行的具体对象确定。

机动车道净高 H_1：一般汽车 4.5 m；主干道、无轨电车和公路桥洞 5.0 m；有轨电车 5.5 m。

非机动车净高 H_2：自行车 2.5 m，其他非机动车 3.5 m。

人行道净高 H_3：2.5 m。

(3)立交形式：分离式(上跨式和下穿式)，互通式立交(非定向式和定向式)。上下层道路互相连通，上下层线路的车辆能相互通行的称为互通式立交；反之，称为分离式立交。分离式立交常用于道路等级、性质或交通量相差较大的交叉口，例如道路与铁路交叉处、高速公路与三四级公路或城市道路交叉，交通性干道与支路或步行道交叉。互通式立交适用于交叉口交通量较大，城市交通性干道的交叉处。下面简单介绍几种互通式立交的基本形式(表16-20，图 16-7)。

表 16-20　互通式立交的基本形式和特点

名称	特点	用地面积/hm²
喇叭形或蝶形立交	适于"T"形或"Y"形路口；蝶形立交远期可改造为苜蓿叶形	—
菱形立交	适于主要道路与次要道路交叉；优点是造型简洁、占地少、投资省	2.0～2.5
苜蓿叶形立交	互通式立交的典型样式，适于主干道之间的交叉 特点在于无平面交叉，只需要建一座桥梁，匝道不互相干扰，但占地较大，路线迂回较长，两环间的路段也容易形成交织路段，直行车辆易受转向车辆干扰	6.5～12.0
环形立交	由环形平面交叉发展而来；可分为双层式、三层式和四层式。特点是选择转向时有纠错机会	二层：2.0～4.5 三层：4.5～5.5 四层：6.0～8.0
定向式立交	适于各方向车流量较大的交叉口；特点是线路简捷、方便、安全，通信能力大；但层数多、占地大，工程结构复杂，造价高；选择转向时没有纠错机会	—

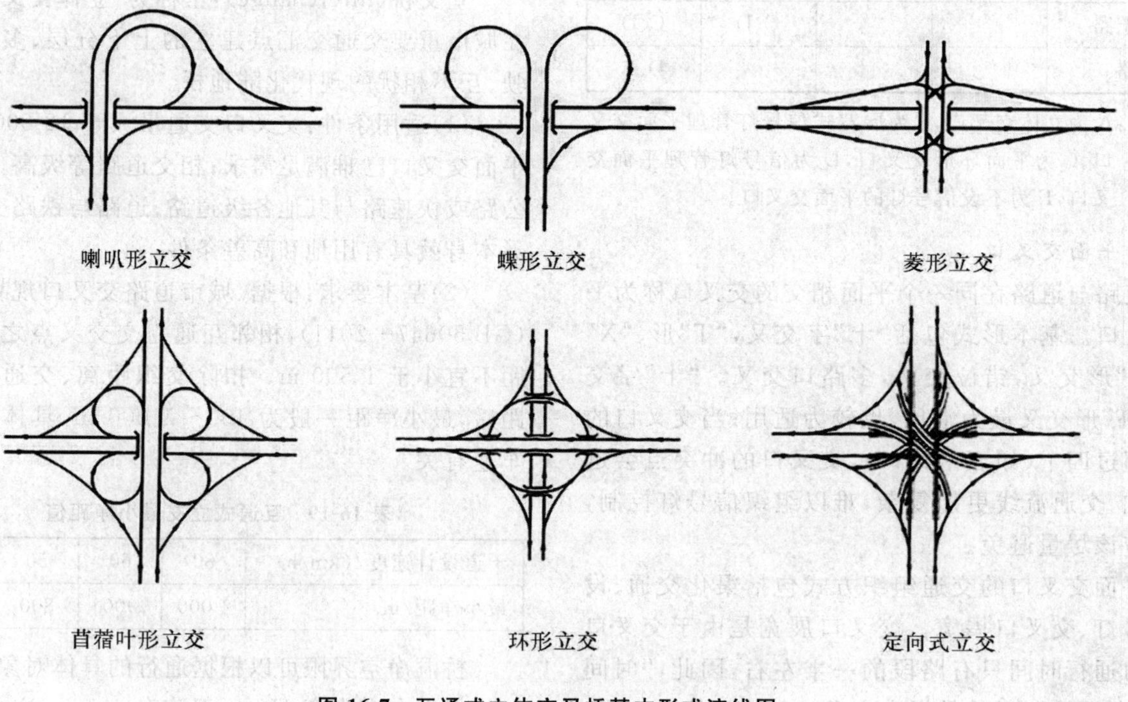

图 16-7　互通式立体交叉桥基本形式流线图

我国立交桥的建设始于 20 世纪 50 年代末，目前立交桥的建造技术成熟、数量和形式众多，确实满足了局部节点大量机动车的通行需求。但值得注意的是，立交桥是规模大、造价高的永久性工程构筑物，因此，立交不是“万能胶”，建设要有全局、系统的观念；设计应避免追求大规模、大气魄，能用简单立交解决的问题就不用复杂立交；同时，应充分考虑非机动车量大的国情以及未来公共交通的发展。

16.3　城市交通规划

城市交通规划是确定城市交通发展目标、设计达到该目标的策略制定和实施计划的过程。城市交通系统包括城市道路网系统、客运交通系统、货运交通系统。城市道路网是整个城市交通系统的基础和载体，具体规划内容见 16.2.1，本节主要介绍客运交通系统（公共交通和个体交通）。

16.3.1　城市交通方式

1）交通方式的分类和特征

交通方式是指人们从甲地到乙地完成出行目的所采用的交通手段，通常分为公共交通方式和个体交通方式两大类（图 16-8）。前者的优势在于运输效率高、占据交通资源少，从交通系统的整体角度来看是有利的，但只能提供定时定点的服务（除了出租车）；后者的优势在于灵活自由，能够实现“门到门”出行，从使用者的角度来看是有利的（表 16-21）。

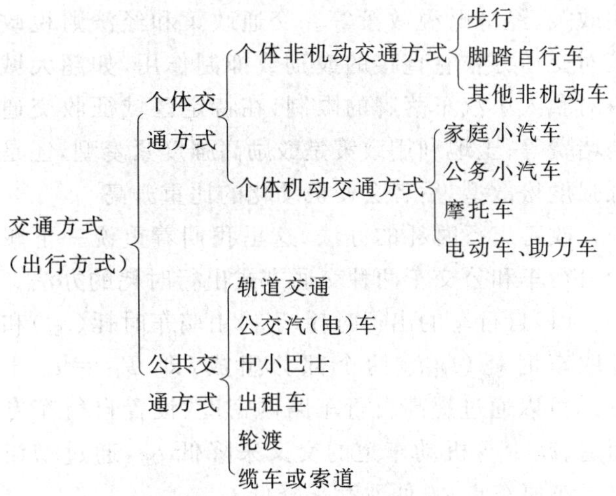

图 16-8　出行方式划分

表 16-21　几种常见交通方式的比较

交通方式	优点	缺点	最佳适用范围
自行车	出行方便、安全、无污染、无噪声、节能、低成本	速度慢、占地较多、耗费体力、受天气影响大	适合短距离出行
家庭小汽车	出行自由方便、舒适、速度较快	污染较大、运量少、成本高、受道路影响大、停车难、占地多	适合中长距离出行
公共汽车	价格低、载客多、节约道路资源，较轨道交通的线路多、站点密度大	速度慢、污染较大、噪声大、能耗较高、受道路影响大、舒适性差、占地较多、工作人员多	适合中短距离及客流集中地方的出行
轨道交通	运量大、低污染、低噪声、低能耗、价格较低、高速度、相对占地少、舒适、全天候	高投入、高维护成本、建设周期长、线路密度低	适合各种距离的出行，尤其是中长距离

2）交通方式的转换与改善

影响出行方式转换的因素包括四个方面：

（1）城市规模。城市规模越小，平均出行距离短，步行、自行车的比重越大；城市规模越大，土地功能布局分散，平均出行距离长、时耗高，因此，机动化水平越高，汽车、轨道交通的比重越大。

（2）出行时耗。通常人们总是选择最近的出行距离和最短的出行时耗，并且有一个最大出行时耗作为上限作为约束，如果当前采用的出行方式不能满足，人们就会选择更有效的出行方式。如电动车和小汽车替代了相当比例的脚踏自行车。

(3)经济收入。社会经济发展和生活水平的改善,居民对节省出行时耗和增加舒适度的要求也日益提高,那么机动化方式的出行比例就会提高,而且个体机动化的比例会增长得更快。如当前迅速增长的家庭小汽车。

(4)相关政策。政策因素包括交通政策、土地利用政策、经济财税政策等。交通政策和经济财税政策对交通方式有直接的鼓励或抑制作用,如超大城市对私人小汽车落牌的限制、在特定区域征收交通拥堵费等;土地利用政策是鼓励高强度紧凑型,还是低强度松散型,后者会使机动化的比重升高。

改善出行时耗的办法,这里我们着重说一下减少自行车和公交车两种交通方式出行时耗的办法。

(1)自行车的出行时耗($T_{自}$)由骑车时耗($t_{骑}$)和存取车时耗($t_{取存}$)两个部分组成,即 $T_{自}=t_{骑}+t_{取存}$,可以通过提高自行车路网密度、设置自行车专用道、减少与机动车道的交叉来降低 $t_{骑}$,通过增设自行车停车点、方便取存来降低 $t_{取存}$。

(2)公交车的出行时耗($T_{公}$)由起终点与车站间的步行时耗($t_{步}$)、等公交车的时耗($t_{候}$)、乘坐公交车的时耗($t_{车}$)和换乘公交的时耗($t_{换}$)四个部分组成,即 $T_{公}=t_{步}+t_{候}+t_{车}+t_{换}$,建议是:提高公交网密度、增加公交站点来缩短 $t_{步}$;缩短行车间隔时间,在高峰时期提高发车频次,准点到站,缩短 $t_{候}$;公交优先行驶,提高公交运送速度,缩短 $t_{车}$;减少换乘距离,缩短 $t_{换}$。

16.3.2 城市公共交通

16.3.2.1 分类和公交优先

1)分类和特点

城市公共交通是指使用公共交通工具的城市客运交通,涵盖多个层次的综合系统,它由快速轨道交通、BRT①(快速公交系统)、常规公共交通、辅助公共交通和特殊公共交通组成(表 16-22)。国外还将"多人合乘小客车"包括在内,国内的专车、拼车发展迅速,但是否属于公共交通还没有定论。

表 16-22 城市公共交通方式的分类和特征

公共交通类型	交通工具	特征
快速轨道交通	地铁、轻轨、单轨、市郊铁路	运量大、速度快;投资大、技术要求高、建设周期长
BRT	巴士快速公交	运量较大、速度快、投资中等、建设周期较短、低耗能、低污染
常规公共交通	公共汽车、有轨电车、无轨电车	社会成本最低、综合效益较好
辅助公共交通	小公共汽车、出租汽车、三轮车等	满足多层次需求、提供个性化服务
特殊公共交通	轮渡、水运交通、索道缆车	满足自然条件复杂地区的交通需求

根据《城市轨道交通技术规范》(GB 50490—2009),城市轨道交通(urban rail transit)是采用专用轨道导向运行的城市公共客运交通系统,包括地铁系统、轻轨系统、单轨系统、有轨电车、磁浮系统、自动导向轨道系统、市域快速轨道系统。与表 16-22 中"快速轨道交通"的命名和包含的内容略有出入。在《城市轨道交通 2014 年度统计分析报告》中,城市轨道交通还包含了 APM——Automated People Mover Systems 旅客自动运输系统(广州市珠江新城核心区市政交通项目)。

① BRT:bus rapid transit 快速公交系统的简称,是一种利用改良型大容量公交车辆和现代智能交通技术,运行在公交专用道上,保持轨道交通运行特性,具备普通公交灵活性、经济性的一种便捷、安全、舒适、准点的公共交通运营服务方式。

表 16-23　城市公共交通工具的性能指标一览表(一)

指标(一)	交通方式			
	大运量快速轨道交通	中运量快速轨道交通	无轨电车	公共汽车
单向最大客运量/(万人次/h)	3.0～6.0	1.0～3.0	1.0～1.5	0.8～1.2
平均运送速度/(km/h)	25～60	20～40	15～20	16～25
发车频次/(车次/h)	20～30	40～60	50～60	60～90
运输成本/%	100	＞100	＞200	＞200
使用年限/年	30	30	20～30	15～20

表 16-24　城市公共交通工具的性能指标一览表(二)

指标(二)	交通方式			
	地铁交通	轻轨交通	有轨电车	BRT
最大爬坡角度/%	3.6～6.0	8.0	4.0～6.5	6.0
最小(困难)转弯半径/m	300(250)	100(50)	11	16
系统造价/(亿元/km)	5.0～8.0	1.5～3.0	0.4～0.6	0.3～0.5

表 16-23 和表 16-24 为城市公共交通工具的性能指标一览表，通过比较，大运量快速轨道交通(如地铁)在旅客运量、运送速度方面具备一定的优势，然而每千米的系统造价却居高不下。在动力性和爬坡性能方面，轻轨交通的表现无疑是最有说服力的，然而相关的技术、造价和系统维护仍存在较大的问题；BRT 在运能、运途上均是常规公交无法相比的，在造价上又比地铁和轻轨低很多，是一种高品质、高效率、低能耗的新型公共客运系统。

2)公交优先

公共交通优先是一项城市公共政策，广义是有利于公共交通优先发展的政策和措施，包括经济和财税、综合交通、规划建设、交通管理等方面；狭义的公共交通优先是指仅在交通工程范围内，采用适当的交通管理和工程措施，优先公共汽车在道路上的通行。公共交通优先战略包含两个基本方面，一是对公共交通的扶持；二是对其他方式(主要是小汽车)的限制。

公交优先的重要性主要体现在四个方面：其一，是满足城市生活、生产需要的重要保障，是城市正常运转的关键。其二，提高道路利用率，减少能源消耗的需要。我国城市的土地资源较为稀缺，道路作为一种公共资源尤其明显，而公共交通是道路资源利用率最高的交通方式。其三，体现社会公平，是构建和谐社会的需要。公共交通的主要使用对象是中低收入市民和流动人口，我们应该有体现社会公平和保护公众利益的交通决策观念。其四，是保护生态环境的需要。尽管公共交通也会影响环境，但按人公里计算，对环境的损害比个体机动交通要小得多。

16.3.2.2　公共交通规划

1)公交线路规划

城市公共交通线路网应综合规划，公交线路规划的原则是：其一，尽量满足乘客的需求，线路走向与客流的主流向一致，主要客流的集散点应设置不同交通方式的换乘枢纽，方便乘客停车与换乘；其二，尽力适应城市发展的需要，市区线、近郊线和远郊线应紧密衔接；其三，尽可能利用城市道路，新城新区规划可以考虑公交专用通道；其四，尽可能选择最佳方案，不仅车外时间(下车后通过步行或自行车等交通方式到达目的地的时间)最省，而且客运能力最大。

根据《城市道路交通规划设计规范》(GB 50220—1995)，公交线路规划的基本要求包括：在市中心区规划的公共交通线路网的密度，应达到 3～4 km/km²；在城市边缘地区应达到 2～2.5 km/km²。大城市乘客平均换乘系数不应大于 1.5；中、小城市不应大于 1.3。公共交通线路非直线系数不应大于 1.4。市区公共汽车与电车主要线路的长度宜为 8～12 km；快速轨道交通的线路长度不宜大于 40 min 的行程。

2)公交场站规划

公交场站包括首末站、中途站、枢纽站、保养场和中心停车场。

公交首末站的选址宜靠近人口集中处、客流量集散较大之处，要求周边道路条件良好。首末站按规模划分为大型(大于 50 辆)、中型(20～50 辆)、小型(小于 20 辆)。公共汽车和电车的首末站应设置在城市道路以外的用地上，每处用地面积可按 1 000～1 400 m² 计算。有自行车存车换乘的，应另外附加面积。

中途站、枢纽站的站距应符合表 16-25 的规定。车站服务面积，以 300 m 半径计算，不得小于城市用地面积的 50%；以 500 m 半径计算，不得小于 90%。

表 16-25　城市公共交通站距一览表　　m

公共交通方式	市区线	郊区线
公共汽车与电车	500～800	800～1 000
公共汽车大站快车	1 500～2 000	1 500～2 500
中运量快速轨道交通	800～1 000	1 000～1 500
大运量快速轨道交通	1 000～1 200	1 500～2 000

在路段上，同向换乘距离不应大于 50 m，异向换乘距离不应大于 100 m；对置设站，应在车辆前进方向迎面错开 30 m；在道路平面交叉口和立体交叉口上设置的车站，换乘距离不宜大于 150 m，并不得大于 200 m；长途客运汽车站、火车站、客运码头主要出入口 50 m 范围内应设公共交通车站；公共交通车站应与快速轨道交通车站换乘。公共交通停靠站尽量采用港湾式布置，不要占用车道。

3)公交车规模

城市公共汽车和电车的规划拥有量，大城市应每 800～1 000 人 1 辆标准车，中、小城市应每1 200～1 500人 1 辆标准车。

城市出租汽车规划拥有量根据实际情况确定，大城市每千人不宜少于 2 辆；小城市每千人不宜少于 0.5 辆；中等城市可在其间取值。目前，网络约车规模发展迅速，市场需求旺盛，长远来说是出租车市场的有益补充。

还值得关注的是，城市大、中运量快速公共交通已经显示出向周边城镇和区域延伸的趋势，交通枢纽或节点与土地开发的关系将愈来愈密切，车站及其周边地区将是城市建设或更新改造活跃的地区。

16.3.3　城市个体交通

本文的城市个体交通部分主要介绍个体机动交通方式之一的小汽车和个体非机动交通方式——自行车(脚踏)和步行。

16.3.3.1　小汽车交通

工业文明通过小汽车这种机动化的交通工具极大地改变了我们的城市交通，小汽车在发达国家和地区已经处于后小汽车交通时期，但在我国小汽车还正处于快速增长阶段。由于各个地区城市的背景和发展状况的差异，小汽车的发展模式也不尽相同，归纳起来为三种：自由发展型、政策导向型、门槛限制型(表 16-26)。

表 16-26　各城市和地区小汽车发展的基本模式

	主要特点	变化趋势	代表国家或城市
自由发展型	既不限购，也不限用；交通硬件所受压力大；普及初期微型小汽车增长迅速，后由于政策限制逐步退出市场；后期车型以中高级为主	机动车增长过快，容易逐渐转化为政策导向发展模式	美国 成都
政策导向型	不限购，但限用；大力发展公共及轨道交通解决普通家庭的交通需要	基本上会保持这种模式	西欧诸国 日本

续表 16-26

	主要特点	变化趋势	代表国家或城市
门槛限制型	既限购,也限用;大力发展公共及轨道交通分流私车消费;普及车型起点很高,微型小汽车基本没有市场;以中高级小汽车为主	公共交通体系逐步完善后逐渐转化为政策导向发展模式	新加坡 香港 上海

小汽车是一种不可或缺的个体机动化交通方式,但带来的问题不可忽视。其一,对能源、土地资源的巨大消耗。小汽车每公里的人均耗能、人均占用的道路资源、停车占用的土地都是所有机动化交通方式中最高的。其二,对环境的污染。主要体现在汽车排放的尾气、噪声,以及越来越多的报废汽车。其三,使城市交通更加恶化。小汽车的增长会挤占公共交通的空间,而且居民以小汽车为主的交通出行方式一旦固化就很难改变,那么城市交通状况将很难改善。因此,拥有小汽车是个人行为,使用小汽车是社会行为,我们应该积极地采取应对策略:

(1)通过交通政策的积极引导来调整交通结构,尽量减少小汽车出行总量和所占比重,鼓励公共交通和非机动化的出行方式,如 P+R① 停车换乘方式。

(2)调整特大或大城市用地布局及规模,建立多中心,提倡"工宿平衡",目的是减少出行总量,缩短出行距离;中小城市集约发展,鼓励非机动化出行。

(3)土地开发与交通相适应和协调,提倡大运量公共交通系统及其场站附近的高密度土地使用,如 TOD② 公共交通导向式发展。

(4)改良与开发替代燃料和节能环保汽车,同时,开发更加低碳和智能化的交通运输工具。

(5)非交通、规划部门的策略,包括法律法规、财税政策、教育宣传。

16.3.3.2 自行车交通

自行车是20世纪我国居民最主要的出行方式,但目前正逐步向小汽车、公共交通、电动自行车等机动化方式转化。国外自行车多为观光、休闲时使用;近年作为一种绿色交通方式得到越来越多的重视和使用。

我国自行车目前主要面临的问题包括:其一,非机动车的交通空间被机动车压缩;传统的道路横断面设计一般都会考虑以脚踏自行车为主的非机动车的行驶需求,但近年来的道路改造或新建道路更侧重于保证机动车的行驶空间,常常挤占甚至取消了非机动车道。其二,车辆停放问题突出。目前的自行车停放场地在数量和位置方面都还不能满足停车需求,而且缺少规范的路外停放场地,多数是圈占人行道。公共自行车的停放多数较为随意。其三,缺少交通政策的引导和支持。现阶段的交通政策和决策还是多倾向于发展机动交通方式,例如电动自行车已经成为脚踏自行车向机动化出行转变的主要选择;除了公共自行车以外,对传统的脚踏自行车并没有出台鼓励性的交通政策。

根据《城市道路交通规划设计规范》(GB 50220—1995),自行车交通的基本规划要求包括:

(1)计算自行车交通出行耗时,自行车行程速度宜按 11~14 km/h 计算;交通拥挤地区和路况较差的地区,其行程速度宜取低限值。

① P+R:Park and Ride,停车换乘,是指在城市中心区以外轨道交通车站、公共交通首末站以及高速公路旁设置停车换乘场地,低价收费或免费为私人汽车、自行车等提供停放空间,辅以优惠的公共交通收费政策,引导乘客换乘公共交通进入城市中心区,以减少私人小汽车在城市中心区域的使用,缓解中心区域交通压力。

② TOD:Transit Oriented Development,公共交通导向式发展,一种以大运量公共交通为支撑的城市发展模式,旨在以公交站点为地区枢纽,通过站点周边的高强度开发,实现紧凑的城市空间形态、较高的土地混合使用、宜居的步行街区和高质量的公共活动空间。

(2)自行车最远的出行距离,在大、中城市应按6 km计算,小城市应按10 km计算。

(3)在城市居民出行总量中,使用自行车与公共交通的比值,应控制在表16-27规定的范围内。

表16-27 不同规模城市的居民使用自行车与公共交通出行量的比较

城市规模		自行车出行量:公共交通出行量	城市规模	自行车出行量:公共交通出行量
大城市	>100万人	(1:1)~(3:1)	中等城市	(9:1)~(16:1)
	≤100万人	(3:1)~(9:1)	小城市	不控制

(4)自行车道路网规划应由单独设置的自行车专用路、城市干路两侧的自行车道、城市支路和居住区内的道路共同组成一个能保证自行车连续交通的网络。

(5)大、中城市干路网规划设计时,应使自行车与机动车分道行驶。

(6)自行车单向流量超过10 000辆/h时的路段,应设平行道路分流。在交叉口,当每个路口进入的自行车流量超过5 000辆/h时,应在道路网规划中采取自行车的分流措施。

(7)自行车道路网密度与道路间距,宜按表16-28的规定采用。

表16-28 自行车道路网密度与道路间距

自行车道路与机动车道的分隔方式	道路网密度/(km/km^2)	道路间距/m
自行车专用路	1.5~2.0	1 000~1 200
与机动车道间用设施隔离	3~5	400~600
路面画线	10~15	150~200

我国城市由于整体路网密度低,致使自行车道路网密度还远远达不到表16-28的规定,而且自行车专用路的比例还比较低。国外比较好的参考案例为哥本哈根。

16.3.3.3 城市步行交通

步行是城市居民出行的一种重要交通方式。根据《城市道路交通规划设计规范》(GB 50220—1995),步行交通的基本规划要求包括:

(1)在城市的主干路和次干路的路段上,人行横道或过街通道的间距宜为250~300 m。

(2)当道路宽度超过4条机动车道时,人行横道应在车行道的中央分隔带或机动车道与非机动车道之间的分隔带上设置行人安全岛。

(3)人行天桥或地道设计应符合城市景观的要求,并与附近地上或地下建筑物密切结合;人行天桥或地道的出入口处应规划人流集散用地,其面积不宜小于50 m^2。

(4)地震多发地区的城市,人行立体过街设施宜采用地道。这主要是考虑人行天桥等设施在垮塌后会阻断交通。

城市步行交通的重点地段包括城市中心(商业区)、滨水地段(滨湖区、滨海区)、居住区、交通枢纽等。商业步行区内步行道路和广场的面积,可按每平方米容纳0.8~1.0人计算;区内道路网密度可采用13~18 km/km^2。目前,大城市的城市中心或商业集中地段通常都会将原有的城市道路改造为专用的步行空间,由此带来的问题是这些地段机动车和非机动车的道路网密度降低。滨水地段的设计在条件允许的情况下应该保证绿化步行空间有足够的宽度。居住区的步行交通应该能够连接小区主要出入口、公交车站、菜市场、社区教育医疗服务设施、公共绿地等,而目前的居住小区各自为政,区内的步行并不具有公共性。交通枢纽的步行交通较为复杂和立体,设计的原则是流线清晰、易于辨识,流线短、效率高。总体来说,我们国家城市的步行交通还不成体系,仍有较大的发展潜力和空间。

本章小结

本章主要介绍了城市交通的基本知识点和城乡道路设计的简要内容。城市交通和城乡道路的发展历程与城镇的发展紧密相连,我国古代交通的文明高度不亚于近现代的西方。基于目前我国机动化不断提升、小汽车不断增加的背景，我们主要介绍了城乡道路网规划和城市交通规划两大部分，前者包括路网规划的原则与要求、相关指标和道路网基本类型，城市道路与公路的横断面、线型、交叉口设计；后者包括公共交通和个体交通，其中我们应当全面的理解和推动公交优先。城市对外交通是本章未尽部分，由于城市交通区域化的发展趋势越来越明显，因此城乡交通的一体化也值得关注。

思考题

1. 影响城市道路网布局的因素有哪些？简述城市道路网的基本形式和特点。

2. 简述修建立交桥和拓宽道路是不是解决城市交通拥堵最有效的方式？

3. 公共交通优先的重要性及含义包括哪些方面？

4. 请对自己熟悉城市的自行车系统和步行系统的规划建设提出建议。

第 17 章

城乡生态与绿地系统规划

本章导读：城市生态和城市绿地系统是城市景观的自然要素和社会经济可持续发展的绿色基础，也是城市建设中重要的基础设施之一。本章对城市生态和绿地系统的概念、分类、布局规划类型、规划方法及编制程序做了概括说明。

知识点拓扑关系图说明：

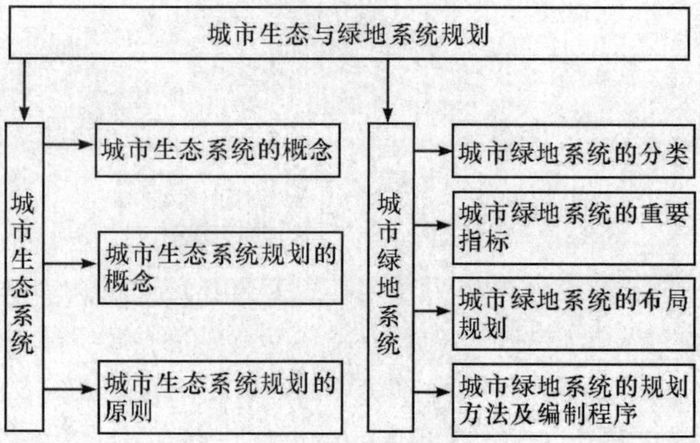

17.1 城市生态系统

17.1.1 城市生态规划概述

17.1.1.1 生态规划的渊源及概念

国际上正式提出城市生态规划的概念约在 20 世纪 70 年代初。古希腊哲学家柏拉图提出过“理想国”的设想，古罗马建筑师维特鲁威（M. Vitruviius）在《建筑十书》中总结了希腊、伊达拉里亚和罗马城市的建设经验，对城市选址、城市形态与规划布局等提出了精辟的见解，把对健康、生活的考虑融汇到对自然条件的选择与建筑物的设计中。文艺复兴时期的建筑师阿尔伯蒂（L. B. Alberti）、费拉锐特、斯卡莫齐等人师承维特鲁威，发展了“理想城市”的理论。16 世纪英国摩尔（T. More）的“乌托邦”，18—19 世纪中期，傅立叶的“法郎基”，欧文（Rowen）的“新协和村”，西班牙索里亚（A. Soria）的“线状城”等设想中都蕴含有一定的城市生态规划哲理。

19 世纪末叶，以玛希（Geoge Marsh）为代表的生态学家和规划工作者的规划实践，标志着生态规划的产生，玛希首次提出合理地规划人类活动，使之与自然协调而不是破坏自然；鲍威尔（Powell）在规划实践中指出，要制定法律和政策，促进与生态条件相适应的发展；美国景观生态学家麦克哈格（I. L. McHarg）在 1960 年指出，生态规划（Ecological planning）是在没有任何有害的境况下或在多数无害的情况下，对土地的某种用途进行的规划。

据此，可以对生态规划的概念进行简单的归纳，即生态规划是应用生态学原理，以人居环境永续发展为目标，对人与自然环境的关系进行协调完善的规划类型。

17.1.1.2 城市生态规划概念

城市生态规划是生态规划在城市地区的具体

化，其与生态规划具有内在的一致性。可以说，城市生态规划是生态规划的类型之一。

城市生态规划是与可持续发展概念相适应的一种规划方法，它将生态学的原理和城市总体规划、环境规划相结合，同时又将经济学、社会学等多学科知识以及多种技术手段应用其中，对城市生态系统的生态开发和生态建设提出合理的对策，辨识、模拟、设计和调控城市中的各种生态关系及其结构功能，合理配置空间资源、社会文化资源，最终达到正确处理人与自然、人与环境关系的目的。

首先，城市生态规划强调协调性，即强调经济、人口、资源、环境的协调发展，这是规划的核心所在；其次，强调区域性，这是因为生态问题的发生、发展及解决都离不开一定的区域，生态规划是以特定的区域为依据，设计人工化环境在区域内的布局和利用；第三，强调层次性，城市生态系统是个庞大的网状、多级、多层次的大系统，从而决定了其规划有明显的层次性。城市生态规划的目标更强调城市生态平衡与城市生态发展，认为城市现代化与城市可持续发展依赖于城市生态平衡和城市生态发展。

17.1.2 城市生态规划的原则

1）整体性原则

在进行城市生态规划时必须遵循整体性原则，绝不可单独考虑某一个子系统或系统内某一组分，必须从生态系统的整体考虑城市总体规划与设计，局部利益要服从整体利益，短期利益要服从长远利益，推进各个子系统协调发展，使城市生态系统整体协调、健康、持续发展。

2）生态性原则

在城市规划过程中，通过衡量环境承载能力，合理利用自然条件，根据城市发展规划因地制宜，加大城市绿化面积，优化水资源，减少噪声污染，着重保护自然环境和生态平衡。

3）经济性原则

生化城市规划既能促进经济增长，又能在一定程度上使数量和质量增加，并在原有城市发展的基础上，推动经济发展。生态环境的经济性需要是减轻对人类健康和环境的危害，提高资源的再生和综合利用率。改进生产技术和生产工艺、使用清洁能源和高效率的设备、改善管理维护的方法都是促进城市经济增长的办法。

4）可持续性原则

从长远来看，生态城市规划是实现未来发展的目标，考虑到现在整个城市的生态平衡性和完整性，兼顾历史和原有城市本色，在发展过程中，不破坏原有生态系统，整体为城市规划需求服务。科学合理的设计和规划生态城市，能满足人们生活和精神需要，充分体验城市整体功能，经过全方位调查和研究，结合城市生态系统的具体情况，从以前单一的绿化变为注重人们对居住环境的感受和注重城市建筑实用性、美观性。

17.2 城市绿地的分类与建设标准

17.2.1 城市绿地分类的目的与意义

国情不同，绿地规划、建设、管理、统计的机制不同，绿地分类方法不统一，导致绿地系统规划与城市规划之间缺少协调关系；使城市建设的绿地规划建设指标缺乏可比性；影响到绿地系统规划的编制、审批、建设与管理。

17.2.2 我国城市绿地的分类标准

参考国外相关资料，以绿地的功能和用途作为分类的依据，协调了与绿地相关的现行法规和标准。根据建设部颁布的《城市绿地分类标准》（CJJ/T85—2002，2002年9月1日起正式实施）该标准采用英文字母和阿拉伯数字混合编码的形式，将城市绿地分为5个大类、13个中类、11个小类（部分见表17-1）。

表 17-1　城市绿地系统分类

类别代码			类别名称	内容与范围	备注
大类	中类	小类			
G1			公园绿地	向公众开放,以游憩为主要功能,兼具生态、美化、防灾等作用的绿地	
	G11		综合公园	内容丰富,有相应设施,适合于公众开展各类户外活动的规模较大的绿地	
		G111	全市性公园	为全市民服务,活动内容丰富、设施完善的绿地	
		G112	区域性公园	为市区内一定区域的居民服务,具有较丰富的活动内容,设施完善的绿地	
	G12		社区公园	为一定居住用地范围内的居民服务,具有一定活动内容和设施的集中绿地	不包括居住组团绿地
		G121	居住区公园	服务于一个居住区的居民,具有一定活动内容和设施,为居住区配套建设的集中绿地	服务半径:0.5～1.0 km
		G122	小区游园	为一个居住小区的居民服务、配套建设的集中绿地	服务半径:0.3～0.5 km
	G13		专类公园	具有特定内容或形式,有一定游憩设施的绿地	
		G131	儿童公园	单独设置,为少年儿童提供游戏及开展科普、文体活动,有安全、完善设施的绿地	
		G132	动物园	在人工饲养条件下,移地保护野生动物,供观赏、普及科学知识、进行科学研究和动物繁育,并具有良好设施的绿地	
		G133	植物园	进行植物科学研究和引种驯化,并供观赏、游憩及开展科普活动的绿地	
		G134	历史名园	历史悠久,知名度高,体现传统造园艺术并被审定为文物保护单位的园林	
		G135	风景名胜公园	位于城市建设用地范围内,以文物古迹、风景名胜点(区)为主形成的具有城市公园功能的绿地	
		G136	游乐公园	具有大型游乐设施,单独设置,生态环境较好的绿地	绿化占地比例应大于等于65%
		G137	其他专类公园	除以上各种专类公园外具有特定主题内容的绿地。包括雕塑园、盆景园、体育公园、纪念性公园等	绿化占地比例应大于等于65%

17.3　城市绿地各论

17.3.1　公园绿地

公园绿地(G1)是城市中向公众开放的，以游憩为主要功能，有一定的游憩设施和服务设施，同时兼有健全生态、美化景观、防灾减灾等综合作用的绿化用地。它是城市建设用地，城市绿地系统和城市市政公用设施的重要组成部分，也是衡量城市整体环境水平和居民生活质量的一项重要指标。

公园绿地的分类：

17.3.1.1　综合性公园(G11)

1)综合性公园的定义与分类

综合性公园为城市居民提供良好的休息、游览、文化娱乐等综合功能，综合性公园的内容、设施较为完备，规模较大。按服务对象的不同，又分为全市性公园(G111)和区域性公园(G112)两类。

全市性公园为全市居民及外来游客服务，根据城市大小不同，用地面积为 10～100 hm^2 或更大，服务全市，服务半径 2 000～5 000 m。它是公园绿地中服务对象最多，面积最大，活动内容最丰富，设施最完善的绿地。

区域性公园主要为市区内一定区域的居民服务，用地面积 5～10 hm^2，服务半径 1 000～1 500 m，步行约 15～25 min 内可达，乘坐公共交通工具一般 5～10 min 可达。

2)综合性公园的功能与设施

综合性公园是城市居民文化生活不可缺少的重要因素，具有丰富的户外游憩活动内容，适合于各种年龄和职业的城市居民进行游赏活动。综合性公园除具有绿地的一般作用外，对丰富城市居民节假日游憩活动起到了重要作用，包括：

(1)政治文化方面。宣传党的方针政策、介绍时事新闻，举办节日游园活动，为集体活动尤其少年、青年及老年人组织活动提供合适的场所。

(2)游乐休憩方面。全面照顾到各年龄段、职业、爱好、习惯等的不同要求，设置游览、娱乐、休息设施，适应人们的游乐、休憩需要。

(3)科普教育方面。宣传科学教育成果，普及生态知识及生物知识，通过公园中各组成要素潜移默化地影响游人，寓教于游，提高人们的科学文化水平。

综合性公园中的设施有植物、水体、地形、建筑、道路广场、景观小品等。为了便于组织游憩活动，常分成不同的区，如文化娱乐区(露天剧场、阅览室、茶座等)、观赏游览区(专类园、盆景园)、纪念区、安静休息区、水上活动区、儿童活动区、老人活动区、体育活动区、服务设施区、园务管理区等。

17.3.1.2　社区公园(G12)

社区公园指为一定居住用地范围内的居民服务，具有一定活动内容和设施的集中绿地(不包括居住组团绿地)。按照服务对象的不同，又分为居住区公园和小区游园。

居住区公园服务于一个居住区的居民，具有一定的活动内容和设施，用地面积宜在 5～10 hm^2，服务半径 500～1 000 m，步行 8～15 min 可达。

小区游园指为一个居住小区的居民服务，配套建设的集中绿地，一般为 0.5 hm^2 左右，服务半径 300～500 m，步行 5～8 min 可达。

17.3.1.3　专类公园(G13)

除了综合性城市公园外，有条件的城市一般还设有多个专类公园，如儿童公园、植物园、动物园、科学公园、体育公园、文化与历史公园等。专类公园是具有特定内容或形式，有一定游憩设施的绿地。

(1)儿童公园。儿童公园是专门针对少年儿童设置的，提供游戏及开展科普、文体活动，有安全、完善设施的绿地。由于儿童公园的服务对象主要为幼儿、学龄前儿童、青少年以及配有家长。儿童由于年龄阶段不同，在生理和心理上各有特点，儿童公园在分区上应该根据各自特点划分为不同区域，如幼儿游戏场，学龄儿童活动区，青少年活动区，体育活动区等。儿童常常需要家长的陪伴，因此儿童公园中也应为成年人安排休憩区。

(2)动物园。动物园是收集多种野生动物及优良品种的家畜、家禽集中饲养，供展览、科研之用。

动物园的功能:科学普及教育、异地保护、科学研究、观光游览。

动物园的分类有:①城市动物园:位于城市近郊区,展出动物种类丰富。②专类动物园:展出具有地方特色或类型特点的动物。③人工自然动物园:模拟动物在自然界的生存环境群养或放养。④自然动物园:位于自然环境优美,野生动物资源丰富的森林、风景区及自然保护区,动物以自然状态生存。

(3)植物园。植物园是进行植物科学研究、引种驯化、观光游览、科学普及、科学生产的绿地。按服务内容可以分为:综合性植物园、专类性植物园。植物园根据其功能,一般可分为植物进化系统展览区、经济植物展览区、抗性植物展览区、水生植物区、岩石植物区、引种驯化区、专类区、科研示范区、温室区、苗圃区、管理办公室等。

(4)历史名园。历史名园是历史悠久,知名度高,体现传统造园艺术并被审定为文物保护单位的园林。

(5)风景名胜公园。位于城市建设用地范围内,文物古迹、风景名胜点(区)为主形成的具有城市公园功能的绿地。

(6)游乐公园。游乐公园是具有大型游乐设施,单独设置,生态环境较好的绿地,要求绿化占地比例应大于等于65%。

17.3.1.4 带状公园(G14)

带状公园常常结合城市道路、水系、城墙而建设,是城市绿地系统中颇具特色的构成要素。带状公园的宽度受用地条件的影响,一般呈狭长形,以绿化为主,辅以简单的设施。

带状公园的空间形态呈线性带状,绿地连接性高,可达性好,而且视线通透、较为安全,以带状公园为纽带,可以将公园绿地连成网络,具有重要的生态功能、社会功能和经济功能。

17.3.1.5 街旁绿地(G15)

街旁绿地是位于城市道路用地之外,相对独立成片的绿地。在历史保护区、旧城改建区,街旁绿地面积要求不小于1 000 m^2,绿化占地比例不小于65%。街旁绿地在历史城市、特大城市中分布最广,利用率最高。广场绿地是街旁绿地的一种特殊形式,近年来国内各类城市发展较快,规划应确保绿化占地的比例。

17.3.2 生产绿地

生产绿地指城市中以经济效益为主要目的,绿色植物为主要手段,绿地比例占主导地位的城市绿地。生产绿地是为城市绿化提供苗木、花草、种子的苗圃、花圃、草圃等圃地,作为城市绿化的生产基地,要求土壤及灌溉条件较好,以利于培育及节约投资费用。

生产绿地不仅担负着为城市各项绿化工程提供苗木的任务,而且也承担着园林植物的引种、育种工作,应培育适应当地条件的、观赏价值较高或抗性优良的植物品种,提高城市生物多样性,满足城市绿化建设需要。

17.3.3 防护绿地

防护绿地是为了满足城市对卫生、隔音、安全要求而设置的,其功能是对自然灾害和城市公害起到一定的防护或减弱作用,不宜兼作公园绿地使用。防护绿地包括城市防风带、卫生防护林带、安全防护林带等。

1)卫生隔离带

卫生隔离带用于阻隔有害气体、气味、噪声等不良因素对其他城市用地的骚扰,通常介于工厂、污水处理厂、垃圾处理站、殡葬场地等与居住区之间。

2)道路防护绿带

道路防护绿带是以对道路防风沙、防水土流失,皆以农田防护为辅的防护体系,是构筑城市网络化生态绿地空间的重要框架,同时,道路防护绿带还可以改善道路两侧景观。不同的道路防护绿地,因使用对象的差异,防护林带的结构应有所差异。

3)城市高压走廊绿带

城市高压走廊一般与城市道路、河流、对外交通防护绿地平行布置,形成相对集中、对城市用地和景观干扰较小的高压走廊,一般不斜穿、横穿地块。

高压走廊绿带是结合城市高压走廊线的规划,

根据两侧情况设置一定宽度的防护绿地，以减少高压线对城市的不利影响。如安全、景观等方面，特别是对于那些沿城市主要景观道路、主要景观河道和城市中心区、风景名胜区、文物保护范围等区域内的供电线路，在改造和新建时不能采用地下电缆敷设时，宜设置一定的防护绿带。

4）防风林带

防风林带主要用于保护城市免受风沙侵袭，或者免受6 m/s以上的经常性强风、台风的袭击。城市防风林带一般与主导风向垂直。

5）城市组团隔离带

为使城市各个组团避免相互干扰，而在组团间设隔离带。城市组团隔离带在空间上划分城市各个区，成为各个功能区的边界，起到隔离作用；在生态、社会、形象服务功能上又为相邻片区提供过渡软连接，发挥联系作用。其内部功能分化，需根据两侧相邻城市功能区的性质来决定组团隔离带两侧的功能。

17.3.4 附属绿地

附属绿地是城市建设用地中绿地之外各类用地中的附属绿化用地。其包括居住用地、公共设施用地、工业用地、仓储用地、对外交通用地、道路用地、市政社会用地和特殊用地中的绿地。

1）居住区绿地（G41）

居住区绿地属于居住用地的一个组成部分。居住用地中，除去居住建筑用地、居住区内道路广场用地、中小学幼托建筑用地、商业服务公共建筑用地外，就是居住区绿地。它具体包括居住小区游园、宅旁绿地、居住区内公建庭园、居住区道路绿化用地等。

2）公共设施绿地（G42）

公共设施绿地指公共设施用地范围内的绿地。如行政办公、商业金融、文化娱乐、体育卫生、科研教育等用地内的绿地。

3）工业绿地（G43）

工业绿地是指工业用地内的绿地。工业用地在城市中占有十分重要的地位，一般城市占到20%～30%，工业城市还会更多。

工业绿化与城市绿化有共同之处，同时还有很多固有的特点。由于工业生产类型众多，生产工艺不相一致，不同的要求给工厂的绿化提出了不同的限制条件。工业绿地应注意发挥绿化的生态效益以改善工厂环境质量，调节和改善工厂小环境。

工业绿地应从树立企业品牌的角度，治理脏、乱、差的环境，树立绿色的环保的现代工业形象。

4）仓储绿地（G44）

仓储绿地指城市仓储用地内的绿地。

5）对外交通绿地（G45）

对外交通绿地涉及飞机场、火车站场、汽车站场和码头用地。它是城市的门户，汽车流、物流和人流的集散中心。

对外交通绿地除了城市景观和生态功能外，应重点考虑多种流线的分割与疏导、停车遮阴、人流集散等候、机场驱鸟等特殊要求。

6）道路绿地（G46）

道路绿地指城市道路广场用地内的绿化用地，包括道路绿带（行道树绿带、分车绿带、路侧绿带）、交通岛绿地（中心岛绿地、导向岛绿地、立体交叉绿岛）、停车场或广场绿地、铁路和高速公路在城市部分的绿化隔离带等，不包括居住区级道路以下的道路绿地。

道路绿地在城市中将各类绿地连成绿网，能改善城市生态环境、缓解热辐射、减轻交通噪声与尾气污染、确保交通安全与效率、美化城市风貌。

7）市政设施绿地（G47）

市政设施绿地包括供应设施、交通设施、邮电通讯设施、环境卫生设施、施工与维修设施、殡葬设施等用地内部的绿地。

8）特殊绿地

特殊绿地包括军事用地、外事用地、保安用地范围内的绿地。

17.3.5 其他绿地

其他绿地是指对城市生态环境质量、居民休闲生活、城市景观和生物多样性保护有直接影响的绿地。其包括风景名胜区、水源保护区、郊野公园、森林公园、自然保护区、风景林地、城市绿化隔离带、野生动植物园、湿地、垃圾填埋恢复绿地等。这些绿地均位于城市建成区之外，不参与城市绿地指标的计算。

17.4 城市绿化建设标准

17.4.1 城市绿地系统的重要指标

城市绿地指标是反映城市绿化建设质量和数量的量化方式。目前，在城市绿地系统规划编制和国家园林城市评定考核中主要控制的三大绿地指标为：人均公园绿地面积（m^2/人）、城市绿地率（%）和绿化覆盖率（%）。根据《城市绿化规划建设指标的规定》（建城[1993]784 号）和《城市绿地分类标准》CJJ/T 85—2002，城市绿地指标的统计计算公式为：

人均公园绿地面积（m^2/人）＝城市公园绿地面积 G1/城市人口数量

式中：城市公园绿地面积包括了综合公园 G11（含市级公园和区域性公园），社区公园 G12（含居住区公园和小区游园），专类公园 G13（如儿童公园、动物园、植物园、历史名园、风景名胜公园、游乐公园、体育公园等其他公园），带状公园 G14 以及街旁绿地 G15 等。

人均绿地面积（m^2/人）＝城市建成区内绿地面积之和/城市人口数量

式中：城市建成区内绿地面积之和为城市中的公园绿地 G1、生产绿地 G2、防护绿地 G3 和附属绿地 G4 的总和。

城市绿化覆盖率（%）＝（城市内全部绿化种植垂直投影面积÷城市的用地面积）×100%

式中：城市内全部绿化种植垂直投影面积应包括各类绿地（公园绿地、生产绿地、防护绿地以及附属绿地）的实际绿化种植垂直投影面积（含被绿化种植包围的水面）、屋顶绿化种植垂直投影面积以及零散树木的垂直投影面积，乔木树冠下的灌木和地被草地不重复计算。

城市绿地率（%）＝（城市建成区内绿地面积之和/城市的用地面积）×100%

式中：城市建成区内绿地面积之和为城市中的公园绿地 G1、生产绿地 G2、防护绿地 G3 和附属绿地 G4 的总和。

17.4.2 国家有关城市绿地规划的指标要求

17.4.2.1 城市用地标准

中国各类城市，特别是大城市，人均城市建设用地十分有限。在《城市用地分类与规划建设用地标准》GB 50137—2011 中在对城市总体规划编制和修订时，人均单项用地绿地指标≥9.0 m^2，其中公园绿地≥7.0 m^2。

17.4.2.2 《城市绿化规划建设指标的规定》（1993 年）

1993 年，根据《城市绿化条例》第九条，为加强城市绿化规划管理，提高城市绿化水平，国家建设部颁布了《城市绿化规划建设指标的规定》（建城[1993]784 号）文件，提出了根据城市人均建设用地指标确定人均公共绿地面积指标。

17.4.2.3 国家园林城市标准

《国家园林城市标准》针对不同城市规模以及考虑到南北方差异，在人均公共绿地率、绿地率、绿化覆盖率方面提出了不同的指标要求。

《国家园林城市标准》对其他相关的指标也做出了相应的规定：例如街道绿化普及率达 95%以上，城市街道绿化按照道路长度普及率、达标率分别在 95%和 80%以上，市区干道绿化带面积不少于道路总用地面积的 25%，各城区间的绿化指标差距逐年缩小，城市绿化覆盖率、绿地率相差在 5 个百分点、人均公共绿地面积差距在 2 m^2 以内。国家园林城市基本绿地指标表见表 17-2。

表 17-2　国家园林城市基本绿地指标表

指标类别	城市位置	大城市	中等城市	小城市
人均公共绿地/(m^2/人)	秦岭淮河以南	6.5	7	8
	秦岭淮河以北	6	6.5	7.5
绿地率/%	秦岭淮河以南	30	32	34
	秦岭淮河以北	28	30	32
绿地覆盖率/%	秦岭淮河以南	35	37	39
	秦岭淮河以北	33	35	37

17.4.2.4　其他有关规定

2001 年，国务院在《关于加强城市绿化建设的通知》(国发[2001]20 号)中，对我国城市绿化建设目标提出了要求："到 2005 年建成区绿地率达到 30%以上，全国城市规划建成区绿地率达到 30%以上，绿化覆盖率达到 35%以上，人均公共绿地面积达到 8 m^2 以上，城市中心区人均公共绿地达到 4 m^2 以上；到 2010 年，建成区绿地率达到 35%以上，绿化覆盖率达到 40%以上，人均公共绿地面积达到 10 m^2以上，城市中心区人均公共绿地达到 6 m^2"。

2004 年，《国家生态园林城市标准(暂行)》提到我国城市绿化建设指标："建成区绿化覆盖率 45%以上，人均公共绿地 12 m^2 以上，绿地率 38%以上。"

17.5　城市绿地系统布局规划

17.5.1　城市绿地系统布局结构的基本模式

布局结构是城市绿地系统的内在结构和外在表现的综合体现，在城市生态绿地系统中合理布局绿地结构，不仅可以最大限度地发挥绿地生态功能，而且对维护城市生态平衡，完善城市功能有着不可代替的作用。常见的绿地系统布局有点状、环状、放射状、放射环状、网状、楔状、带状、指状等基本模式(图 17-1)。

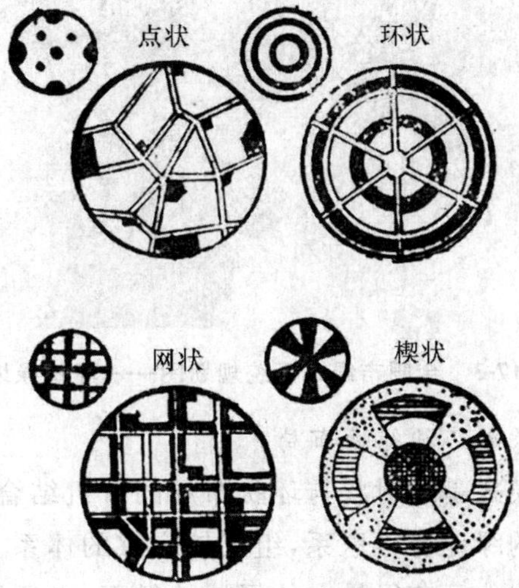

图 17-1　城市绿地系统分布基本模式

1)点状绿地布局

此类绿地布局方式，将绿地成点状均匀分布在城市中，方便居民使用，但由于点状绿地规模不可能太大，位置分散，难以充分发挥绿地调节城市小气候，改善城市生态环境和艺术面貌的功能(图 17-2)。

图 17-2　昆明市点状绿地示意图

2)环状绿地布局

该模式在外形上呈现出环形状态。一般出现在城市较外围的地区，多与城市交通同时布置。绝大部分以防护绿地、郊区森林和风景游览绿地等形式出现。在改善城市生态和体现城市风貌等方面均有一定作用(图 17-3)。

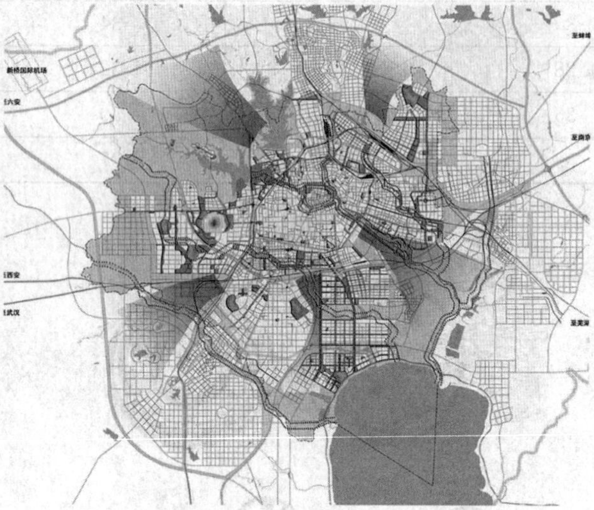

图 17-3　合肥市绿地系统规划图——环状绿地

3)放射环状绿地布局

该模式是放射状与环状布局的有机结合，将城市分散的绿地有机联系，组成较完整的体系。可以使生活居住区获得最大的绿地接触面，方便居民尤其有利于小区城市环境卫生条件的改善，有利于丰富城市总体的艺术面貌。

4)带状绿地布局

利用河湖水系、城市道路、旧城墙、高压走廊等要素，形成纵横向绿带、放射状绿带与环状绿带交织的绿地网。在城市周围及功能分区的交界处也需要布置一定规模的带状绿地，起防护隔离的作用。不仅可以联系城市中其他绿地形成网络，还可以创建生态廊道，为野生动物提供安全的迁徙路线，从而保护城市中生物的多样性。

5)楔形绿地布局

由郊区伸入市中心的由宽到窄的绿地，称为楔形绿地。这种绿地布局对改善城市小气候的作用尤为显著，它可以将城市环境与郊区的自然环境有机地组合在一起，有利于将新鲜空气源源不断地引入城区，能较好地改善城市的通风条件(图 17-4)。

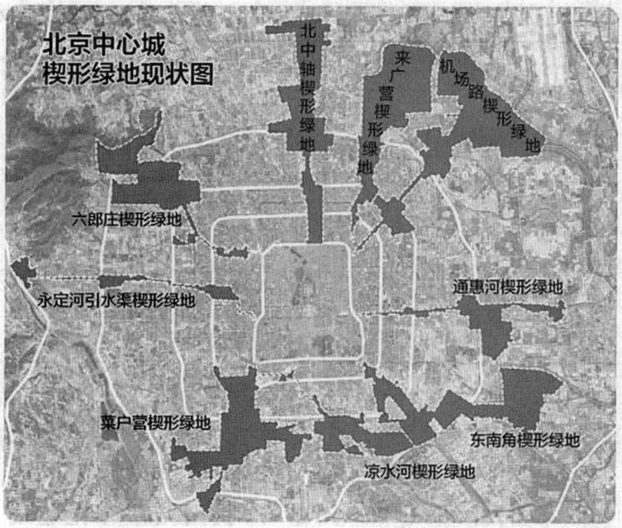

图 17-4　北京中心城楔形绿地现状图

6)网状绿地布局

该模式布局是通过点、线、面、片、环、楔、廊等相结合，将城市的公园、街头绿地、庭园、苗圃、自然保护地、农地、河流、冰水绿带和山地等纳入绿色网络，构成一个自然、多样、高效、有一定自我维持能力的动态绿色网络结构体系(图 17-5)。

图 17-5　昆明中心城区绿地布局结构

城市园林绿地布局应采用点、线、面结合的方式，把绿地连成一个统一的整体，成为花园城市，才能充分发挥其改善气候、净化空气、美化环境等功能。

17.5.2 城市绿地系统布局的原则

城市绿地系统规划布局应考虑以下原则：应结合城市其他组成部分的规划，综合考虑，全面安排；必须结合当地特点，因地制宜，从实际出发；应均衡分布，比例合理，满足全市居民休息游览的要求；既要有远景的目标，也要有近期的安排，做到远近结合；城市园林绿地系统规划与建设、经营管理，要在发挥其综合功能的前提下，注意结合生产，为社会创造物质财富。

17.5.3 市域绿地系统规划

17.5.3.1 绿地组成

市域绿地系统包括市域内的林地、公路绿化、农田林网、风景名胜区、水源保护区、郊野公园、森林公园、自然保护区、湿地、垃圾填埋场恢复绿地、城市绿化隔离带以及城镇绿化用地等。主要包括耕地、园地、林地、牧草地、水域和湿地及未利用土地。

1)耕地

耕地指种植农作物的土地，包括新开荒地、休闲地、轮歇地、草田轮作地；以种植农作物为主间有零星果树、桑树或其他树木的土地；耕种三年以上的滩地和海涂。

2)园地

园地是指种植以采集果、叶、根茎等为主的集约经营的多年生木本和草本作物，覆盖度大于50%或每亩株数大于合理株数的70%的土地，包括果实苗圃等用地。园地包括果园、桑园、茶园、橡胶园和其他园地。

3)林地

林地是指生长乔木、竹类、灌木、沿海红树林的土地，不包括居民绿化用地，以及铁路、公路、河流沟渠的护路、护草林。

4)牧草地

牧草地是指生长草本植物为主，用于畜牧业的土地。草本植被覆盖度一般在15%以上，干旱地区在5%以上，树木郁闭度在10%以下，用于牧业的均划为牧草地，包括以牧为主的疏林、灌木草地。

5)水域和湿地

水域是指陆地水域和水利设施用地，不包括泄洪区和垦殖三年以上的滩地、海涂中的耕地、林地、居民点、道路等。陆地水域包括江河、湖泊、池塘、水库、沼泽、沿海滩涂等。

6)未利用土地

未利用土地主要是指难利用的土地。它包括荒草地、盐碱地、沼泽地、沙地、裸土地、裸岩石砾地、田坎和其他等八类用地。未利用地一般需要治理才能利用或可持续利用。

17.5.3.2 规划内容

市域绿地系统规划需要统一考虑城市各类绿地的布局，保护和合理利用城市依托的自然环境，将城乡部分农用地（如耕地、园地、林地、牧草地、水域）、居民点及工矿用地、道路交通和未利用地（如荒草地、盐碱地、沼泽地、沙地、裸土地、裸岩、石砾地、田坎、其他）纳入规划之中。在编制城市市域绿地系统规划时，应综合考虑以下原则。

(1)整合系统，建构城乡融合的生态绿地网络系统，优化城市空间布局。以“开敞空间优先”的原则规划城市绿地系统，完善城市功能，适应城市产业的空间调整和功能的转变，结合重要基础设施建设，保护和完善城市生态环境质量，促进城市空间的优化发展，提高城市综合功能。

(2)以生态优先和可持续发展为前提，充分保护和合理利用自然资源，维护区域生态环境的平衡。我国地域辽阔，地区性强，城市之间的自然条件差异很大。规划应根据城市生态适宜性要求，结合城市周围自然环境，充分发挥城郊绿化的生态环境效益。

(3)加强对生态敏感区的控制和管理，形成良好的市域生态结构。改善并严格控制城市生态保护区，加强环境保护工作，整治大气、水体、噪声、固体废物污染源，做好污水、固体废物、危险品及危险装置的处理和防护工作。

(4)保护有历史意义、文化艺术和科学价值的文物古迹、历史建筑和历史街区，建设具有地域特色的绿地环境。

(5)加强不同管理部门间的合作，确保市域绿地系统规划的实施。

17.5.4 公园绿地(G1)规划

17.5.4.1 公园绿地的用地选择与布局

公园绿地的选择主要考虑以下几个方面：应选用各种现有公园、苗圃等绿地或现有林地、树丛等加以扩建、充实、提高或改造，增加必要的服务设施，不断提高园林艺术水平，适应改革开放与人民群众的需要。要充分选择河、湖所在地，利用河流两岸、湖泊的外围创造带状、环状的公园绿地。充分利用地下水位高、地形起伏大等不适宜于建筑而适宜绿化的地段，创造丰富多彩的园林景色。

可以选择名胜古迹、革命遗址，配植绿化树木，既能显出城市绿化特色，又能起到教育广大群众的作用；或者结合旧城改造，在旧城建筑密度过高地段，有计划地拆除部分劣质建筑，规划、建设绿地、花园，以改善环境。

充分利用街头小块地，“见缝插绿”开辟多种小型公园，方便居民就近休息赏景。

17.5.4.2 城市综合公园和社区公园的合理服务半径

城市综合公园和社区公园的合理服务半径见表17-3。

表 17-3 城市综合公园和社区公园的合理服务半径

公园类型	面积规模/hm²	规划服务半径/m	居民步行来园所耗时间/min
市级综合公园	≥20	2 000～3 000	25～35
区级综合公园	≥10	1 000～2 000	15～20
居住区公园	≥4	500～800	8～12
小区游园	≥0.5	300～500	5～8

17.5.5 生产绿地(G2)规划

17.5.5.1 生产绿地组成

生产绿地(G2)作为城市绿化的生产基地，其重要职能是加强苗圃、花圃、草圃等基地建设，通过园林植物的引种、育种工作，培育适应当地条件的具有特性、抗性优良品种，满足城市绿化建设需要，保护城市生物多样性。

由于它一般占地面积较大，受土地市场影响，现在易被置换到郊区。城市生产绿地规划总面积应占城市建成区面积的2%以上，苗木自给率应满足城市各项绿化美化工程所用苗木的80%以上。

当前，不管是否为园林部门所属，只要是为城市绿化服务，能为城市提供苗木、花卉、草皮和种子的各类圃地，均应作为园林生产绿地。

17.5.5.2 生产绿地的用地选择与布局

苗圃、花圃等生产绿地，一般应布置在城市近郊，要求土壤及灌溉条件较好，以利于培育及节约投资费用。

大城市的园林苗圃，应比较均匀地分布在市区周围，以便就近出圃，缩短运输距离，提高苗圃成活率。

生产绿地的布局应综合考虑城市绿地系统规划中，近期建设与远期建设发展的结合，远期要建立公园、植物园、动物园等的绿地，均可作为近期的生产绿地，这类生产绿地的设置既可充分利用土地、就地育苗，又可熟化土地、改善环境，为远期的建设创造有利条件。

园林苗圃的规模一般按其用地性质划分，大型苗圃面积为20 hm^2 以上，中型苗圃面积3～20 hm^2，小型苗圃面积在3 hm^2 以下。各城市应该依据实际情况和需要，大、中、小苗圃相结合，合理布局，为城市园林绿化提供优质苗木。

17.5.6 防护绿地(G3)规划

城市防护绿地的布局与结构规划应遵循整体性原则，在进行防护绿地布局、结构的规划时必须使防护对象和防护绿地联系起来，组成一个层次分明的整体。具体来说，防风林应选城市外围上风向与主导风向位置垂直的地方，以利于阻挡风沙对城市的侵袭；卫生防护林按工厂有害气体、噪声等对环境影响程度不同，选定有关地段设置不同防护林带；农田防护林选择在农田附近、利于防风的地带营造林网，形成长方形的网格(长边与风向垂直)；水土保持林带选河岸、山腰、坡地等地带种植树林，固土、护坡，涵蓄水源，减少地面径流，防止水土流失。

17.5.7　附属绿地(G4)规划

附属绿地规划主要通过对不同用地类型和不同单位提出的不同绿地率规划指标来控制，作为各单位搞好附属绿地的规划与建设的指导性标准。

根据《城市绿化规划建设指标的规定》以及功能需求、环境要求及用地条件，一般情况下，新建居住区绿地占居住区总用地比率不低于 30％，单位附属绿地面积占单位总用地面积比率不低于 30％，其中工业企业、交通枢纽，仓储、商业中心等绿地率不低于 20％；产生有害气体及污染工厂的绿地率不低于 30％，并根据国家标准设立不少于 50 m 的防护林带；学校、医院、疗养院所、机关团体、公共文化设施部队等单位的绿地率不低于 35％。

道路绿地的绿地率，按照《城市道路绿化规划与设计规范》(CJJ 75—1997)规定，园林景观路的绿地率不得小于 40％；红线宽度大于 50 m 的道路绿地率不得小于 30％；红线宽度在 40～50 m 的道路绿地率不得小于 25％；红线宽度小于 40 m 的道路绿地率不得小于 20％。种植乔木的分车绿带宽度不得小于 1.5 m；主干路上的分车绿带宽度不宜小于 2.5 m，行道树绿带度不得小于 1.5 m。

17.6　城市绿化的树种规划

17.6.1　基本内容

树种规划一般是根据园林绿化树种的生态习性及栽植地的立地条件，选择一批能够健康生长并形成稳定的植物群落的园林树种，进而达到最大限度地发挥园林树木的生态、观赏和社会等功能的活动。

1)基调树种

基调树种指在各种类型的园林绿地中均需要应用的，数量巨大并且能够形成整个城市的统一基调的树种。基调树种一般以 4～6 种为宜，其突出特点是：种类少，数量大，适应本地生境。

2)骨干树种

骨干树种是指种植在城市的主要道路、广场以及公园重点位置的观赏价值较高的树种，这类树种一般是所在场所或空间的视觉中心和主要绿化观赏树。

不同绿地类型骨干树种是不一样的。其突出特点是既能形成全城的绿化特色，又能满足绿地功能要求。

3)一般树种

一般树种是骨干树种和基调树种的陪衬树种，一般来说，按照生态学原理和生物多样性原理，只要能够配置协调，形成丰富多彩、变化多样的景观，就可以算作是一般树种。因此，一般树种的突出特点是数量众多、种类丰富。

树种规划的基本方法主要包括下面几点：

(1)调查。对地带性和外来引进驯化的树种，以及它们的生态习性、对环境的适应性、对有害污染物的抗性进行调查。调查中要注意不同立地条件下植物的生长情况，如城市不同小气候区、各种土壤条件的适应，以及污染源附近不同距离内的生长情况。

(2)骨干树种的选择。确定城市绿化中的基调树种、骨干树种和一般树种，满足城市园林绿化的多种综合功能要求。

(3)根据“适地适树”原理，合理选择各类绿地绿化树种，充分体现科学与艺术的结合，发挥出最佳的综合效益。

(4)制定主要的技术经济指标。

17.6.2　规划原则

(1)从地区整体自然景观单元进行全面规划，遵循自然规律，贯彻适地适树、因地制宜的原则。

(2)骨干树种以冠美、形佳、观赏价值高的乡土树种为主，并充分发挥人的主观能动性，积极引进外来树种，丰富园林树种资源。

(3)坚持乡土树种与引进树种、常绿树种与落叶树种、乔木树种与灌木花卉、藤本植物与草坪地被等多种形式相结合，创造季相分明、层次丰富的植物生态群落，为城市园林化打下基础。

(4)从生态平衡出发，树种选择做到先绿化，后美化、香化、彩化，打造四季有花、季季常绿的植物景观，将保护历史景观与科研、文化、教育相结合。

(5)从维护生物多样性和绿地可持续发展战略

考虑，建立各类树木种类资源库，保持植物群落的相对稳定。

17.6.3 技术经济指标

(1)常绿与落叶树种比例。一般南方城市公园的常绿树比例较高，约为60%以上(50%～70%)，中原地区为5:5，北方地区的比例略低些，以4:6为好。

(2)乔木与灌木的搭配比例以7:3为宜。

(3)速生、中生与慢生树种的比例以6:1:3为宜。

(4)乡土树种与外来树种比例以7:3为宜。

17.6.4 生物多样性保护规划

17.6.4.1 保护内容

保护计划制定应包括以下内容：

(1)对城市规划区内的生物多样性物种资源保护和利用进行调查，组织和编制《生物多样性保护规划》，协调生物多样性规划与城市总体规划和其他相关规划之间的关系，并制定实施计划。

(2)合理规划布局城市绿地系统，建立城市生态绿色网络，疏通瓶颈、完善生境；加强城市自然植物群落和生态群落的保护，划定生态敏感区和景观保护区，划定绿线，严格保护以永续利用。

(3)构筑地域植被特征的城市生物多样性格局，加强地带性植物的保护与可持续利用，保护地带性生态系统。

(4)在城区和郊区合理划定保护区，保护城市的生物多样性和景观的多样性。

(5)预防引进物种的负面影响。一些外来引进物种侵害性极强，可能引起其他植物难有栖息之地，导致一些本地物种的减少，甚至导致灭种。

(6)划定国家生物多样性保护区。从区域的角度出发，将生物多样性丰富和生态系统多样化的地区、稀有濒危物种自然分布的地区、物种多样性受到严重影响的地区、有独特的多样性生态系统的地区，以及跨地区生物多样性重点地区等列入生物多样性保护区。

17.6.4.2 保护措施

(1)根据国家生物多样性保护纲要(策略)制定本地区的保护纲要，确定具体、有效的行动计划。

(2)正确认识生物多样性的价值，全面评价生物多样性。

(3)开展生物资源生态系统的调查、生态环境及物种变化的监测。建立健全城市绿地系统中生物多样性的调查、分类和编目，建立信息管理系统，以及自然保护区与风景名胜区的自然生态环境和物种资源的保护和观察监测，加强生物多样性的科学研究。

(4)可持续的利用生物资源。尽量保护城市自然遗留地和自然植被，加强地带性植物生态型和变种的筛选和驯化，构筑具有区域特色和城市个性的绿色景观；同时，慎重引进国外特色物种，重点发展我国的优良品种。

(5)加强就地保护和迁地保护的建设和管理。恢复和重建遭到破坏或退化的生态系统，选定一批关系全局的项目，投资一些重大生态建设项目，推动全国建设系统的生物多样性保护工作。

(6)健全管理法规，完善管理体系，加强管理部门之间的协调。

(7)建立可靠的财政机制，开展生态旅游开发，开拓多资金保护的渠道来源。

(8)加强专职干部培训和专业人才培养。

(9)扩大科学普及与宣传教育，促进全面深入的生物多样性保护，鼓励公众参与保护。

(10)加强国际交流与合作，进一步用好对外开放的政策，大力开展国际合作。

17.6.5 古树名木保护规划

17.6.5.1 古树名木的定义及分级

建设部在《城市古树名木保护管理办法》(2000年)中对古树名木有明确的定义："本办法所称的古树，是指树龄在一百年以上的树木。本办法所称的名木，是指国内外稀有的以及具有历史价值和纪念意义及重要科研价值的树木"。

我国古树分为国家一、二、三级。①柏树类、白皮松、七叶树，胸径(距地面1.2 m)在60 cm以上，油松胸径在70 cm以上，银杏、国槐、楸树、榆树等胸径在100 cm以上的古树，且树龄在500年以上的，定为一级古树。②国家二级古树树龄为300～499

年，柏树类、白皮松、七叶树胸径在30 cm以上，油松胸径在40 cm以上的，银杏、楸树、榆树等胸径在50 cm以上的定为二级古树。③三级古树是指树龄在100～299年。树龄20年以上的，各类常绿树及银杏、水杉、银杉等胸径在25 cm以上的，外国朋友赠送的礼品树、友谊树，有纪念意义和具有科研价值的树木，不限规格一律保护。其中各国家元首亲自种植的定为一级保护，其他定为二级保护。

稀有名贵树木则是指樱花、大叶黄杨、椴、蜡梅、玉兰、柘树、木香、乌桕等树种。

17.6.5.2　规划措施

(1)加强对古树名木的调查与鉴定。

(2)加强对古树名木保护的宣传。

(3)明确划定合理的保护范围。

(4)保护原有的生态环境。

(5)抢救生势衰弱的古树名木。

(6)发挥古树名木的景观效应。

(7)专项立法。

17.7　城市避灾绿地规划

17.7.1　城市避灾绿地的指标要求

避灾绿地是指利用城市绿地(城市公园、小游园、林荫道、广场等)建立起来的防止地震、火灾、水灾等城市灾害的绿色避灾体系，其内容包括避灾据点的选择和避灾通道的布置。

根据我国城市的实际情况，建议作为应急避难的绿地平均面积应有5～10 hm^2。一级和二级避灾点与避灾通道的布局要求选址在多数人居住与停留的地方，以及很可能发生灾害的地方(图17-6)。

17.7.2　城市避灾绿地的规划原则

1)综合防灾、统筹规划原则

除了避灾绿地以外，广场、体育场、操场、停车场、学校、人防工程、空地等都可以选作避难场所。配置避灾绿地应当考虑对城市多种灾害的综合防灾，配合其他各类避难场所统筹规划。

2)均衡布局原则

公共绿地中的市、区级及居住小区内专用绿地等各类绿地的合理布局，是充分发挥绿地防灾避难功能的重要条件。为了使市民在发生灾害时能够迅速到达防灾公园，避灾绿地应比较均匀地分布在城区。

3)通达性原则

为使灾害发生时避难人员可以顺利抵达并进入避灾绿地进行避难活动，避灾绿地的布局要灵活，要利于疏散，居民到达或进入防灾公园的路线要通畅。

4)可操作性原则

避灾绿地的布局要与户外开敞空间相结合、与人防工程相结合，利用作为防灾公园的场地以及连接上述场地的道路现状，划定防灾公园用地和与之配套的应急疏散通道。

5)“平灾结合”原则

将有一定规模的已定防灾公园建成具备两种功能的综合体：一是平时履行休闲、娱乐和健身等功能；二是配备救灾所需设施和设备，在发生地震、火灾等突发公共危机事件时能够发挥避难场所的作用。

6)步行原则

居民到避灾绿地避难一般步行而至。因为严重灾害发生后，避灾绿地用地比较紧张，内部一般不设停车场，较多的私人汽车进入其中将给绿地管理带来困难。而且，地震灾害发生后，城市道路不同程度地遭受破坏，且道路上人多、车多，避难路线甚至城市道路一般都很拥堵，乘坐私人汽车避难有可能消耗更多的时间，冒更大的风险。

17.7.3　城市避灾绿地规划的主要内容

17.7.3.1　避灾据点规划

城市绿地是具有非限定属性的开敞空间，相对于其他城市空间来说有较高的安全性，可以与广场、文教设施、运动场地等城市设施一起作为城市避灾据点。避灾据点可分为两级。

一级避灾据点是震灾发生时居民紧急避难的场所。应按各街区的人口密度和避灾场所的合理服务范围，利用与居民关系最为密切的散点式分布的小型绿地或小区的公共设施均匀地分布于城区内。

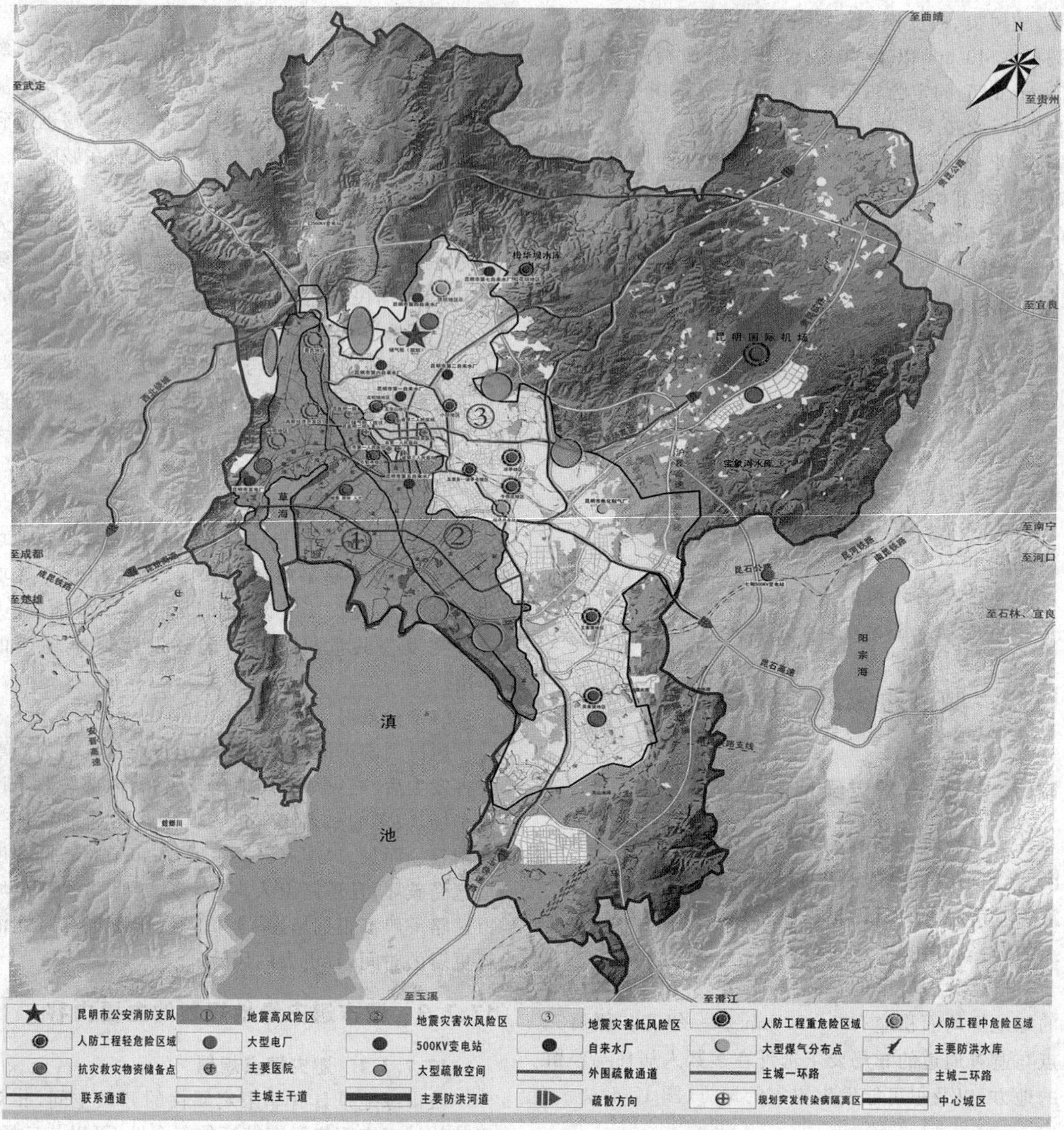

图 17-6　昆明中心城区综合防灾避难系统布局

一级避灾据点本身要有一定的面积规模(一般在 1 000 m^2 以上),当周围建筑倒塌时不致于威胁避灾据点内的人的生命安全。避灾绿地的规模建议执行 1～2 m^2/人的标准,这样可以满足站立的基本空间,适宜布置在步行 1 min 能到达的地方。

按照城区人口密度与避难场所的合理服务范围,居住区小区游园的服务半径应为 300～500 m,居住区公园的服务半径为 500～1 000 m。居住小区绿地率也要严格执行国家标准,并在小区内利用阻燃树木设置绿色安全通道。

二级避灾据点是震灾后发生的避难、救援、恢复建设等活动的基地，往往是灾后相当时期内避难居民的生活场所，可利用规模较大的城市公园、体育场馆和文化教育设施组成。

二级避灾点建议执行 3～5 m^2/人的标准，可以满足帐篷搭建空间，可布置在步行 10 min 能到达的地方，服务半径 300～500 m。

17.7.3.2　避灾通道规划布置

以城市次干道及支路为避灾通道，将一级、二级避灾据点连成网络形成避灾体系。

为保证居民的避灾行为与城市自救和对外联系等不发生冲突，避灾通道应尽量不占用城市主干道。

为了保证灾害发生时城市与外界的交通联系和城市自救，城市救灾通道的规划布置是城市减灾规划与城市道路交通规划的内容之一，而减灾绿地规划应与之有所配合。

城市主干道往往是城市的救灾通道，为保证灾害发生后道路的通畅，通道的绿化带需要有一定的宽度，且沿路的建筑应后退红线 5～10 m，高层建筑后退红线的距离还应加大，以保证通道的安全性和避灾据点的可达性。

17.7.3.3　避灾绿地树种选择

为防止洪旱灾、泥石流的发生，在避灾绿地树种上宜选择树冠宽大浓密、根系发达深广、截留雨量能力强和耐荫强且生长稳定的树种，如柳树、水杉、夹竹桃等。此外，为避地震以及防止火灾蔓延，将选用不易燃烧的树种做隔离带。

17.7.3.4　避灾绿地内救援设施的建设

确定为防灾避难场所的城市绿地是城市居民避难、救灾活动的中心。因此基础设施建设非常重要，如消防及生活用水设施、临时发电设备、卫生设施、广播设施、照明设施、卫星通信、医疗急救等。

区级以上绿地应当尽可能规划一定面积的水面，既是园林造景的需要，也是抗灾自救的需要。有条件的防灾绿地中最好修建备用水井，发生灾害时，可为灾民提供生活饮用水。

市级公园绿地中，也要考虑在绿地中修建应急停机坪、紧急车辆基地以及应急物资的储备仓库，以保证及时满足避难居民的需要。

17.8　城市绿地系统规划的规划方法及编制程序

17.8.1　城市绿地系统规划层次

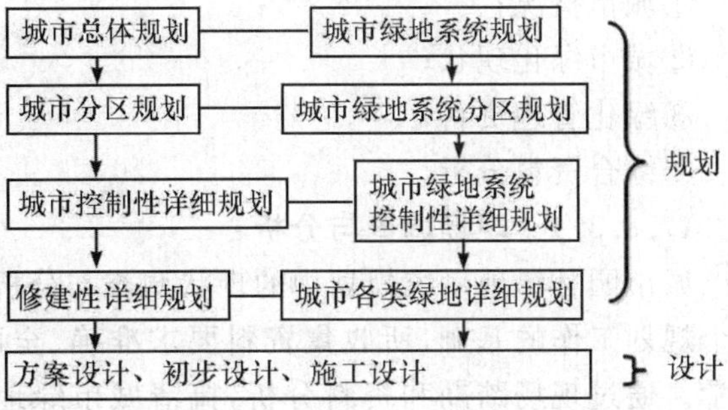

17.8.2　规划依据

1）相关法律、法规，技术标准规范，相关各类规划和当地现状基础条件等

（1）法律、法规

①《中华人民共和国城市规划法》

②《中华人民共和国土地管理法》

③《城市绿化规划建设指标的规定》城建[1993]784 号

④《城市绿化条例》中华人民共和国国务院第 100 号

⑤当地《城市绿化管理条例》等

（2）标准规范

①《城市用地分类与规划建设用地标准》中华人民共和国国家标准 GB 50137—2011

②《城市绿地分类标准》

2）已获批准的与绿地系统相关的规划（多指上一层次规划）专门编制的绿地系统规划

作为有一定深度的专项规划，既把相关规划作为规划依据，又要根据绿地系统规划内容的深化，对相应的规划提出修改或调整意见，以使相关规划更加完善。

3）当地现状基本条件

当地现状基本条件，是绿地系统规划的基础依据，贯穿整个规划的全过程，一般情况下，不作为基本规划依据写入文字说明书中。

17.8.3 基础资料收集

城市绿地系统规划要在大量收集资料的基础上，经分析、综合、研究后编制规划文件。除了常规城市规划的基础材料外，一般需要收集以下材料：

①城市概况；

②城市绿化现状；

③绿化管理资料；

④综合资料分析。

17.8.3.1 现场调查与分析

城市园林绿地系统规划中的现状调查与分析是整个规划工作的基础，所收集资料要求准确、全面、科学。通过现场踏勘和资料分析，搞清城市绿地现状水平和存在问题，明确城市发展的基本需要和工作范围，做出城市绿地现状的基本分析和评价。

(1)了解城市结构、布局特点(自然地形、各类用地布局)。

(2)勘察城市各类绿地之绿化状况、绿地性质及其管理水平。

公园—级别、性质、特色；

生产绿地—面积、位置、生产状况；

防护绿地—类型、规模；

附属绿地—城市用地内绿化现状(结合甲方提供的资料)。

(3)绘制绿地现状图、搜集现状照片。

(4)——现状是怎样的？

——如何改变现状？

——两者的关系如何？

——将来怎样发展？

(5)表达方式：图纸、图表、文字。

17.8.3.2 收集资料

(1)自然资料：气象资料、土壤资料、地质资料、植被资料、各类自然灾害资料。

(2)人文资料：历史资料、城市发展史料。

(3)社会资料：国民经济情况、人口情况、民族与民俗情况。

(4)城市建设：城市建设现状与规划资料、用地布局与人口规模、道路现状与规划断面、城市用地评价等。

(5)技术资料：城市总体规划及已完成的相关规划、相关的法规与文件、城市绿地建设、经营与管理现状。

(6)相关图纸[1∶(5 000～10 000)]：城市绿地系统规划的成果、其他需要表达的规划意象图、道路断面绿化示意、城市重点地区绿地建设规划方案等。

17.8.3.3 文字部分(规划文本、规划说明书及基础资料汇编)

(1)城市概况、绿地现状情况(各类绿地面积、名称、质量、分布)。

(2)城市园林绿地规划原则、布局形式、规划后的各种技术经济指标。

(3)规划的各项绿地的位置、范围、绿地性质、主要内容及总体要求。

(4)植物多样性保护规划、古树名木保护规划等。

(5)分期建设规划，城市绿地总造价估算等。

详见建设部《城市绿地系统规划编制纲要》。

17.8.4 规划文件编制

规划文件内容包括绘制规划方案图、编写规划文本和说明书，经专家论证修改后定案，汇编成册，报送政府有关部门审批。《城市绿地系统规划》成果应包括：规划文本、规划说明书、规划图则和规划基础资料四个部分。其中，依法批准的规划文本与规划图则具有同等法律效力。

17.8.4.1 规划文本

(1)总则。包括规划范围、规划依据、规划指导思想与原则、规划期限与规模等。

(2)规划目标与指标。

(3)市域绿地系统规划。

(4)城市绿地系统规划结构、布局与分区。

(5)城市绿地分类规划。简述各类绿地的规划原则、规划要点和规划指标。

(6)树种规划。规划绿化植物数量与技术经济指标。

(7)生物多样性保护与建设规划。包括规划目标与指标、保护措施与对策。

(8)古树名木保护。古树名木数量、树种和生长状况。

(9)分期建设规划。分近、中、远三期规划，重点阐明近期建设项目、投资与效益估算。

(10)规划实施措施。包括法规性、行政性、技术性、经济性和政策性等措施。

17.8.4.2　规划图则

(1)城市区位关系图。

(2)现状图。包括城市综合现状图、建成区现状图和各类绿地现状图以及古树名木和文物古迹分布图等。

(3)城市绿地现状分析图。

(4)规划总图。

(5)市域大环境绿化规划图。

(6)绿地分类规划图。包括公园绿地、生产绿地、防护绿地、附属绿地和其他绿地规划图等。

(7)近期绿地建设规划图。

(8)其他需要表达的规划意向图。

注:图纸比例与城市总体规划图基本一致，一般采用[(1∶5 000)～(1∶25 000)]；城市区位关系图宜缩小[(1∶10 000)～(1∶50 000)]；绿地分类规划图可放大[(1∶2 000)～(1∶10 000)]；并标明风玫瑰。

绿地分类现状和规划图如生产绿地、防护绿地和其他绿地等可适当合并表达。

17.8.4.3　规划说明书

第一章 概况及现状分析

一、概况

包括自然条件、社会条件、环境状况和城市基本概况等。

二、绿地现状与分析。

各类绿地现状分析，城市绿地发展优势与动力，存在主要问题与制约因素等。

第二章　规划总则

一、规划编制的意义

二、规划的依据、期限、范围与规模

三、规划的指导思想与原则

第三章　规划目标

第四章　市域绿地系统规划

阐明市域绿地系统规划结构与布局和分类发展规划，构筑以中心城区为核心，覆盖整个市域，城乡一体化的绿地系统。

第五章　城市绿地系统规划结构布局与分区

一、规划结构

二、规划布局

三、规划分区

第六章　城市绿地分类规划

一、城市绿地分类(按国标《城市绿地分类标准》CJJ/T 85—2002 执行)

二、公园绿地(G1)规划

三、生产绿地(G2)规划

四、防护绿地(G3)规划

五、附属绿地(G4)规划

六、其他绿地(G5)规划

分述各类绿地的规划原则、规划内容(要点)和规划指标并确定相应的基调树种、骨干树种和一般树种的种类。

第七章　树种规划

一、树种规划的基本原则

二、确定城市所处时植物地理位置

包括植被气候区域与地带、地带性植被类型、建群种、地带性土壤与非地带性土壤类型。

三、技术经济指标

确定裸子植物与被子植物比例、常绿树种与落叶树种比例、乔木与灌木比例、木本植物与草本植物比例、乡土树种与外来树种比例(并进行生态安全性分析)、速生与中生和慢生树种比例，确定绿地植物名录(科、属、种及种以下单位)。

四、基调树种、骨干树种和一般树种的选定

五、市花、市树的选择与建议

第八章　生物(重点是植物)多样性保护与建设规划

一、总体现状分析

二、生物多样性的保护与建设的目标与指标

三、生物多样性保护的层次与规划(含物种、基因、生态系统、景观多样性规划)

四、生物多样性保护的措施与生态管理对策

五、珍稀濒危植物的保护与对策

第九章　古树名木保护

第十章　分期建设规划

城市绿地系统规划分期建设可分为近、中、远三期。在安排各期规划目标和重点项目时，应依城市绿地自身发展规律与特点而定。近期规划应提出规划目标与重点，具体建设项目、规模和投资估算；中、远期建设规划的主要内容应包括建设项目、规划和投资匡算等。

第十一章　实施措施

分别按法规性、行政性、技术性、经济性和政策性等措施进行论述。

第十二章　附录、附件

17.8.5　规划成果的审批

经城市人民政府依法审批后颁布实施，并纳入城市总体规划。国家建设部所颁布的有关行政规章，技术规范、行业标准以及各省(直辖市，自治区)和城市人民政府所制定的相关地方性法规，可以作为城市绿地系统规划审批的依据。

城市绿地系统规划成果文件的技术评审原则：

(1)城市绿地空间布局与城市发展战略协调，与生态景观优化相结合。

(2)城市绿地规划指标体系合理，绿地建设项目恰当，绿地规划布局科学，绿地养护管理方便。

(3)在城市功能分区建设用地总体布局中，要贯彻"生态优先"的规划思想。维护居民身心健康和区域自然生态环境质量作为主要功能。

(4)注意绿化建设的经济与高效，力求投入较少的资金和利用有限的土地资源改善城市生活环境。

(5)强调在保护和发展地方生物资源的前提下，开辟绿色廊道，保护生物多样性。

(6)依法规划与方法创新相结合，观念要"与时俱进"符合时代发展要求。

(7)发扬地方历史文化特色，促进城市在自然与文化发展中形成个性和风貌。

(8)城乡结合，远近期结合，充分利用生态绿地系统的循环、再生功能，构件平衡的城市生态系统，实现城市环境可持续发展。

本章小结

城市生态和绿地系统规划是城市政府未来协调城市绿地系统的生态环境效益、社会经济效益和景观文化功能，实现综合效益最大化的目标，而对城市绿地系统建设的内容和行动步骤进行预先安排并不断付诸实践的过程。

城市生态和绿地系统主要任务是要达到保护和改善城市生态环境、优化城市人居环境、促进城市可持续发展的目的。作为城乡规划师，城市生态和绿地系统是一项长远而重要的任务，值得好好学习。

思考题

1. 了解我国现行城市绿地分类标准。

2. 如何在城市绿地系统规划中实现绿地的各项功能？

3. 城市绿地系统规划编制的主要内容有哪些？

4. 对于不同类型的城市绿地，规划应该从哪些方面进行引导与控制？

第18章

城乡居住区规划

本章导读：本章回顾居住规划领域的时空历史演变过程，探讨居住规划的组成、功能结构及其居住文化与居住生活方式，具体内容分为三部分。首先，掌握居住规划基本原理的一些规划原则、技术方法，明确居住区规划的基本任务、关键技术参数。其次，掌握旧城改造中居住区改造实践的技术、方法及其流程。再次，面对日益兴起的乡村居住规划，以案例解读方式研讨乡村规划技术、方法，尤其掌握西部山地乡村居住规划的社会实践，从而达到对居住规划的全面认识，构建整体居住规划的综合思维。

18.1 居住区与居住区规划的任务

18.1.1 居住区概念及发展

18.1.1.1 什么是居住区

居住区是城乡居民定居、生活的物质空间形态，是关于各种类型、各种规模居住及其环境的总称。从城乡区域范围来看，可划分为城市居住区、独立工矿企业和科研基地的居住区以及乡村居住区。城市居住区是指在城市、镇的范畴内居住空间形态的总称。按照我国《城市居住区规划设计规范》(GB 50180—1993)(2002年版)的划分，城市居住区按居住户数或人口规模可分为城市居住区、居住小区和居住组团以及不同类型的居住单元。

居住区类型的划分有多种方式，主要包括城乡区域范围、建设条件和住宅层数等方面。按城乡区域范围的不同，可进行如下的划分：

1)城市居住区

这类居住区在城市土地使用范围之内，是城市功能用地的有机组成部分。在居住区内一般可只设置主要为居住区服务的公共服务设施。根据具体的用地条件和不同的居住人口规模，居住区可以划分为居住区、居住小区、居住组团三级层次。

2)独立工矿企业和科研基地的居住区

这类居住区一般主要是为某一个或几个厂矿企业或重要基地的职工及其家属而建设的，因此居住对象比较单一。该类居住区大多远离城市或与城市交通联系不便，具有较大的独立性。在居住区内除了需设置一般室内居住区所需要的公共服务设施外，还要设置如食品、豆制品等的加工厂、较齐全的医院等设施。此外，这类居住区的公共服务设施往往还要兼为附近农村服务，因此，这类居住区公共服务设施的项目和定额指标应比市内适当增加。

3)乡村居住区

主要是位于农村范围的居住用地，如各种规模的村庄，这类居住区与农业生产经营具有较为紧密的联系。

根据《住宅设计规范》(GB 50096—2011)住宅按层数划分如下：低层住宅为一层至三层；多层住宅为四层至六层；中高层住宅为七层至九层；高层住宅为十层及以上。按住宅层数的不同又可分为低层居住区、多层居住区、小高层居住区、高层居住区或多种层数混合修建的居住区。不同住宅层数的居住区建设在房地产开发的投资回报、居住区周边外部环境协调以及居住区空间景观塑造方面起着不同的重要作用。

18.1.1.2 居住区的发展及理论

进入工业社会后，西方的居住区规划理论经历了从花园城市到邻里单位的发展过程。为克服工业化和城市化带来的弊端，早期空想社会主义者曾力图消灭大型的城镇，取而代之的是他们所认为的"模范村"。从罗伯特·欧文提出的"新协和村"到霍华德的"田园城市"都尝试了这样一条道路，这些理想对后来的居住区规划理论产生了不小的影响。

1)邻里单位

20 世纪 20 年代，美国一些学者开始根据花园城市的设想研究新的居住形态。1929 年，美国建筑师西萨·佩里提出了邻里单位的理论。他认为，城市交通由于汽车的迅速增长对居住环境带来了严重的干扰，而居住区内应拥有足够的生活服务设施，以活跃居民的公共生活，以利于社会交往。他列出了控制居住区内部的车辆交通的六条基本原则：

(1)邻里单位四周为城市道路包围，城市道路不穿过邻里单位内部。

(2)邻里单位内部道路系统应限制外部车辆穿越。一般应采用尽端式，以保持内部的安静、安全和交通量少的居住气氛。

(3)以小学的合理规模为基础控制邻里单位的人口规模，使小学生不必穿过城市道路，一般邻里单位的规模为 5 000 人左右，规模小的邻里单位为 3 000～4 000 人。

(4)邻里单位的中心建筑是小学，它与其他的邻里服务设施一起布置在中心公共广场或者绿地上。

(5)邻里单位占地约 160 英亩(合 65 hm^2)，每英亩 10 户，保证儿童上学距离不超过半英里(0.8 km)。

(6)邻里单位内的小学附近设有商店、教堂、图书馆和公共活动中心。

克拉伦斯·斯坦因(Clarence Stein)和亨利·莱特(Henry Wright)以邻里单位理念为指导，规划设计了新泽西州的雷德邦(Radburn)，是这一模式的经典案例。

在雷德邦每个街区都有一套景观化的开放空间和人行交通骨架，以此来避免人车冲突。主要道路沿邻里外围绕行而非穿越通过。住宅的前门都朝向人行绿化开放系统，而后门则朝向停车场地和街道，居民开车到达一处尽端式道路或停车院落，停车，然后进家门，从而形成了人车分流的道路系统。从机动车道下穿的人行系统使居民能够步行到商店、学校、游戏场地和休闲设施，避免了人车混行可能带来的危险，尽端式道路还可以作为活动场地使用。道路系统被组织为一个由服务院落或者尽端路、邻里支路、邻里主路，及主要用于车行并连接购物和就业区的公路等组成的分级体系。

邻里单位的住区规划思想对世界各国城市住区规划的建造实践影响深远，在第二次世界大战后英国的新城建设中得到了广泛的应用，如英国哈罗新城。

2)居住街坊

在邻里单位被广泛采用的同时，苏联提出了扩大街坊的规划原则，与邻里单位的理论十分相似。随后不久，各国在住区规划和建设实践中又进一步总结并提出了"居住开发单元"的组织形式，即以城市道路或自然界线(如河流等)为划分，并不被城市交通干道所穿越的完整地段。每一居住开发单元内设有一整套居民日常生活所需要的公共服务设施，规模一般以设置小学的最小规模为其人口规模下限为依据，以单元内公共服务设施最大服务半径作为控制用地规模上限的依据。苏联早在 1958 年批准的《城市规划修建规范》中就明确规定居住开发单元作为构成城市的基本单位，对其规模、居住密度和公共服务设施的项目和内容等都做了详细的规定，这对我国从 1950 年开始的居住小区建设以及其后的城市住区规划设计规范的制定产生了重要影响。

3)"扩大小区"与"居住综合区"模式

现代城市交通的发展要求进一步加大干道的间距。因城市规模的不断扩大和工作与居住地点分布的不合理造成城市交通越来越紧张和拥挤。随着城市住区改建的艰巨性以及住区规划与建设实践中逐渐暴露出来的问题，如小区内自给自足的公共服务设施在经济上的低效益，居民对使用公共服务设施缺乏选择的可能性等，都要求住区的组织形式应具有更大的灵活性。“扩大小区”“居住综合体”和各种性质的“居住综合区”的组织形式应运而生。

“扩大小区”就是在干道间的用地内（一般100～150 hm^2）不明确划分居住小区的一种组织形式。其公共服务设施（主要是商业服务设施）结合公交站点布置在扩大小区的边缘，即相邻的扩大小区之间，这样居民使用公共服务设施有可选择的余地。如对英国的第三代新城，密尔顿·凯恩斯（Milton Keynes）就做了很好的探索。

“居住综合体”是指将居住建筑与为居民生活服务的公共服务设施组成一体的综合大楼或建筑组合体。这种居住综合体在 1940 年末 1950 年初法国建筑师勒·柯布西耶设计的马塞公寓中得到了体现。它不仅为居民生活提供方便，而且还试图通过这种居住组织形式促进人们的相互交流和关心。这种居住综合体对节约用地和提高土地的利用效益也是十分有利的。

“居住综合区”是指一种居住和工作环境布置在一起的居住组织形式，有居住与无害工业结合的综合区，有居住和文化、商业服务、行政办公等结合的综合区，居住综合区不仅使居民的生活和工作方便，节省了上下班时间，减轻了城市交通的压力，同时由于不同性质建筑的综合布置，使城市建筑群体空间的组合也更加丰富多彩。

4）新城市主义

从第二次世界大战开始，许多美国人为了拥有更加安全、宽松、舒适的住宅环境而大规模迁往郊区。面对“边缘城市主义”的郊区化蔓延导致的一系列城市问题，20 世纪 90 年代以来西方城市发展规划领域出现了“新城市主义”这个新的城市发展规划理念，它主张借鉴第二次世界大战前小城镇规划的优秀传统，塑造具有城镇生活氛围的、紧凑的、以人为本的社区，以此取代“郊区化”模式的蔓延，实现社区与城市及周围环境的可持续发展。

在这样的核心思想引导下，“新城市主义”形成了两种主要的发展模式：一种是 Andres Duany 和 Elizabeth Plater-Zyberk 夫妇提出的“传统邻里发展模式”（traditional neighborhood development，TND），他强调城镇内部街坊社区建设理念；另一种是由 Peter Calthorpe 提出的“公交主导发展模式”（transit-oriental development，TOD），他则更加强调城市从整体出发的建设理念。二者之间没有本质区别，都体现了“新城市主义”城市建设的紧凑性、适宜步行、多样性、环境友好性、可支付性等原则。

从以上理论中居住区组织形式的演变过程可以看出，居住区组成单位的规模从小到大，内容从简到繁，质量由低到高，而且今后将随着生产和生活方式的改变而继续改变。所有这些模式都以关注公共开放领域为特色，将其视为开发一个成功居住区的基础框架。

18.1.1.3　我国的居住区建设实践

中国古代城市居住区的基本组织形式经历了从唐代的里坊制，北宋的街巷制到元代的大街—胡同的不同阶段。1840 年鸦片战争至 1949 年新中国成立，城市居民的居住问题一直没有得到解决，住宅建筑混乱无序。20 世纪四五十年代是我国国民经济恢复和第一个五年计划时期，居住区规划和建设受到邻里单位、居住街坊、居住小区规划理论的影响和指导，坚持“有利生产、方便生活”的原则，居住区规划水平迅速提高。20 世纪六七十年代初期因受到体制、自然灾害及国内外不利的政治、经济等因素影响，国家对住宅建设的投资和比重大幅度下降，处于历史低潮。改革开放后，城镇住房政策的改革完成了从福利住房体系向社会化住房保障体系的转变，在数量和质量上也有了空前提高，住宅产业现代化成为今后中国住宅发展的总目标，中国住宅建设进入了全面发展的新阶段。跨入 21 世纪，加快住宅建设，提高住宅和人居环境的质量，推动住宅产业的现代化是我国城市居住区建设的重要任务。

18.1.2　居住区用地组成和规划结构

18.1.2.1　居住区用地组成

居住区用地由四部分组成：住宅用地、公共服务设施用地、道路用地及公共绿地。

1）住宅用地

住宅用地是指住宅建筑基底占有的用地以及住宅四周的一些空地，其中包括通往住宅建筑入口的宅间路、宅旁绿地和住宅底层的私家院落。

2)公共服务设施用地

公共服务设施用地是指居住区内各类公共服务设施建筑物基底占有的用地及为其所使用的场地，包括占用地中的道路、场地和绿地等。公共建筑后退道路红线和用地边界线内的用地均属于公共服务设施用地。

3)道路用地

道路用地是指居住区范围内各级道路的用地，包括道路、回车场、停车场用地以及小广场，但不包括计入住宅建筑用地和公共服务设施用地的道路用地。

4)公共绿地

公共绿地是指居住区级、小区级及组团内作为公共使用的绿地，包括居住区级公园、小区级小游园、组团绿地以及其他具有一定规模的公共绿地，其中包括了儿童游戏场地，青少年、成年、老年人的活动和休息场所。

除此之外，还可有与居住区居民密切相关的居住区(街道)工业用地，居住区(街道)工业用地是指工厂建筑基底占地及其专用场地，其中包括专用地中的道路、场地及绿地等，由于各地情况极不相同，故一般不参加居住区用地的平衡。构成居住区用地的四项用地具有一定的比例关系，这一比例关系的合理性是衡量居住区规划设计是否科学、合理、经济的重要指标(图 18-1)。

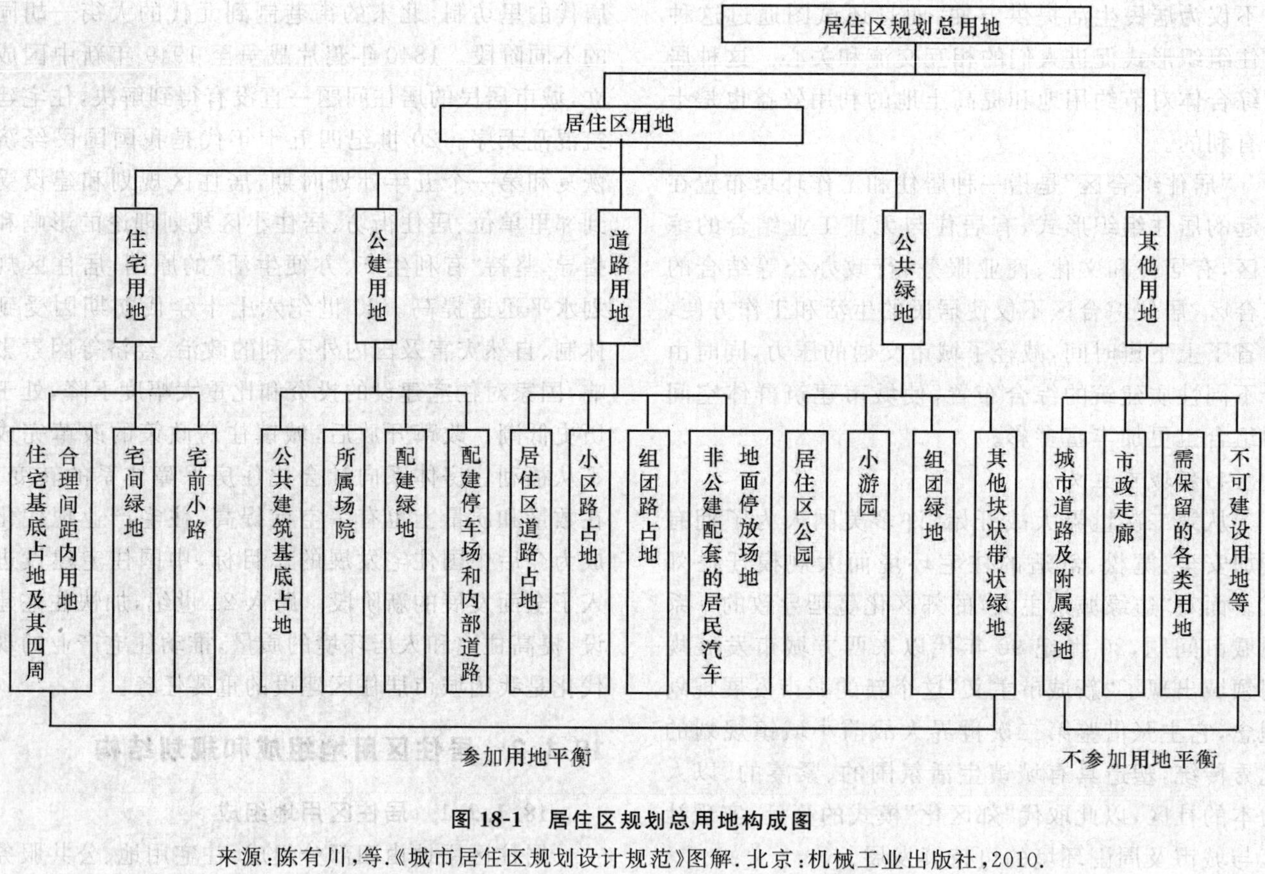

图 18-1　居住区规划总用地构成图

来源：陈有川，等.《城市居住区规划设计规范》图解. 北京：机械工业出版社，2010.

18.1.2.2　居住区的规模划分

成套配置居住区级商业、文化、医疗等公共服务设施的经济合理性是影响居住区合理规模(人口规模)的一个重要因素，主要体现在合理的服务半径。所谓合理的服务半径，是指居住区内居民到达居住区级公共服务设施的最大步行距离，一般为 800～1 000 m，在地形起伏的地区还应适当减少。

现代城市交通的发展要求城市干道之间要有合

理的间距，以保证城市交通的安全、速度和畅通。因而为城市干道所包围的用地往往是决定居住区用地规模的一个重要条件。城市干道的合理间距一般应在 600～1 000 m，城市干道间用地面积一般在 36～100 hm^2。

居民行政管理体制是影响居住区规模的另一个因素。目前在对城市旧居住区进行改建规划时，一般都依据街道办事处管辖范围的划分为单位。街道办事处管辖的人口一般以 5 万人为宜，少则 3 万人左右。根据 2002 年修订的国家标准《城市居住区规划设计规范》(GB 50180—1993)居住区按居住户数或人口规模可分为居住区、小区、组团三级，如图 18-2 所示。分级规模基本与公建设置要求一致，如一所小学服务人口为一万人以上，正好与小区级人口规模对应。城市实态中的居住区也包括独立居住小区和独立居住组团，甚至还有邻里、街坊、里弄等居住形式，他们都可泛指居住区。

项目	居住区	小区	组团
户数/户	10 000～16 000	3 000～5 000	300～1 000
人口/人	30 000～50 000	10 000～15 000	1 000～3 000

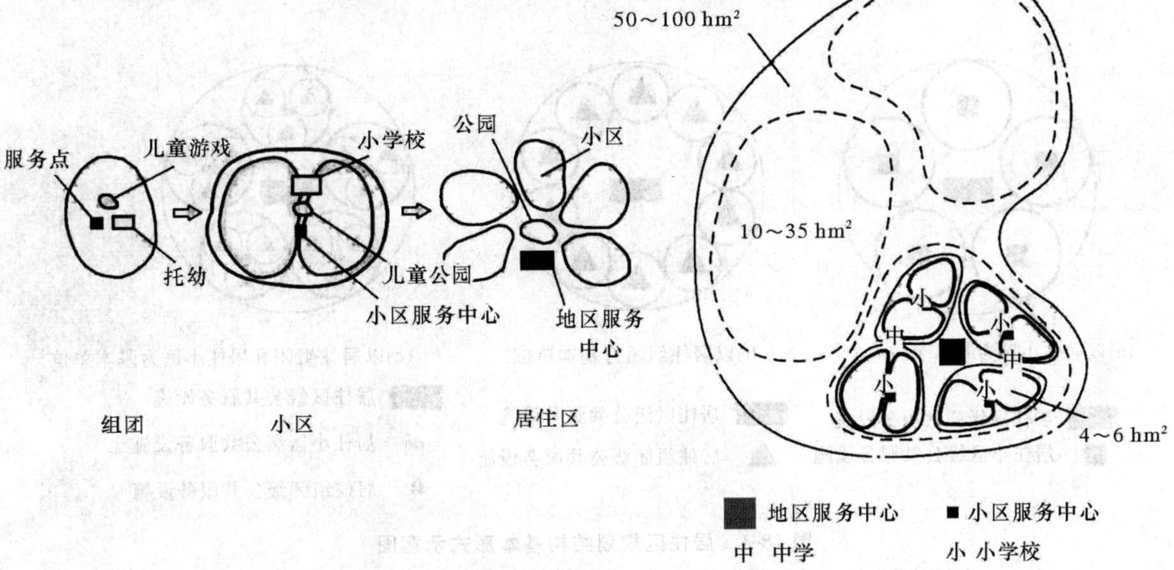

图 18-2　组团-小区-居住区分级控制规模及城市构成示意图

来源：陈有川，等.《城市居住区规划设计规范》图解. 北京：机械工业出版社，2010.

1）居住区

居住区是指不同居住人口规模的居住生活聚居地或特指城市干道或自然分界线所围合，配建有一套完整的、能满足该区居民物质与文化生活所需的公共服务设施的居住生活聚居地。人口规模 30 000～50 000人，相当于一个街道办事处的规模。

2）居住小区

由城市道路、居住区道路或自然界限（河流等）划分的、具有一定规模并不被城市交通干道所穿越的相对完整的地段，小区内设有满足居民日常生活需要的基层服务设施和公共绿地。居住小区的规模为 10 000～15 000 人，一般是以一个小学的最小规模为其人口规模的下限。

3)居住组团

一般称组团，一般被小区道路分隔，其规模相当于一个居委会的规模，一般 300～1 000 户，1 000～3 000 人。

18.1.2.3 居住区的规划结构

1)以居住小区为基本单位

以居住小区为规划基本单位组织居住区，不仅能保证居民生活的方便、安全和区内的安静，而且还有利于城市道路的分工和交通的组织，并减少城市道路密度。

2)以居住组团为基本单位

这种组织方式不划分明确的小区用地范围，居住区直接由若干居住组团组成，也可以说是一种扩大小区的形式。

其规划结构的方式为：居住区—居住组团。居住组团内一般应设有居委会办公室、卫生站、青少年和老年活动室、服务站、小商店(或代销店)、托儿所、儿童或成年人活动休息场地、小块公共绿地、停车场库等，这些项目和内容基本为本居委会居民服务。其他的一些基层公共服务设施则根据不同的特点按服务半径在居住区范围内统一考虑，均衡、灵活布置。

3)以居住组团和居住小区为基本单位

其规划结构方式为：居住区—居住小区—居住组团。居住区由若干个居住小区组成，每个小区由 2～3 个居住组团组成。

居住区的规划结构形式不是一成不变的，随着社会生产的发展、人民生活水平的提高、社会生活组织和生活方式的变化、公共服务设施的不断完善和发展，居住区的规划结构方式(图 18-3)也会相应地变化。

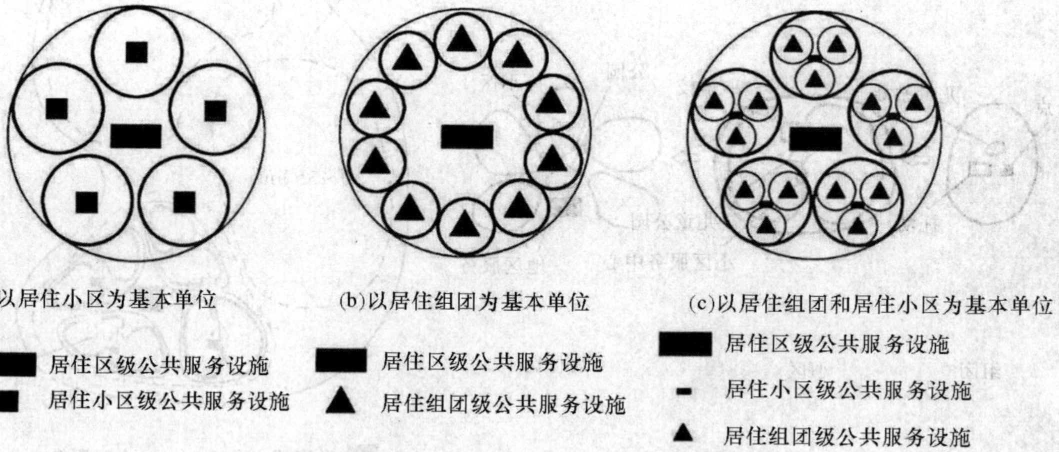

图 18-3 居住区规划结构基本形式示意图

来源：陈有川，等.《城市居住区规划设计规范》图解. 北京：机械工业出版社，2010.

除此之外，目前我国一些城镇居住区规划组织结构的形式还有相对独立的组团、居住区—小区—街坊—组团四级结构、居住区—小区—街坊和居住区—街坊群(小区)—组团三级结构以及小区—街坊两级结构等类型。

18.1.3 现代居住与住区文化

跨入 21 世纪，城市居住区未来发展面临的全球化议题得到普遍关注，其中尤为突出的是：社区思想、可持续发展思想、生态理论和全球信息化。当代城市居住区规划必须适应形势的发展，在理论和时间上不断开拓与创新。

1)社区思想和社区规划

社区通常是指以一定的地理区域为基础的社会群体，有一定的地理区域、一定数量的人口，居民之间有共同的意识和利益并有密切的社会交往。城市规划学科最初没有社区的概念，随着社会对人类居住环境在宽度和深度方面的发展的关注，以及随着规划职业自身在理论和方法论上与相关学科的互补发展，社区的概念和理论才逐渐被引入到城市规划和设计之中。社区思想要求传统的居住区不仅需要进一步完善其物质生活支撑系统，更需要建有凝聚力的精神生活空间场所，并体现其社区精神与认同感。

2)健康住宅和健康居住区

健康住宅和健康居住区概念取代原有的那种从生物的角度出发，把不生病等同于状态良好的观点。它把健康扩展到一个人所能达到的一切过程——在生命层面探索和表达人的潜能的过程，如思想、感情、社会文化、精神经济等诸多方面，因而一个健康的社区在健康的各个不同范畴都能促进其居民实现自我价值。

3)绿色生态住宅和居住区

生态涵盖的内容很广，对城市居住区来说，目前最为关键的是人与环境的关系。居住区生态系统是在自然生态系统的基础上建立起来的人工生态系统，要处理好这个系统的关键是正确对待人、自然、技术之间的关系。绿色生态住宅和居住区注重人与自然的和谐共生，强调资源和能源的利用，贯彻环境保护原则。

4)居住区智能化

居住区智能化系统是一种将现代高科技领域中的产品与技术集成到居住区的系统，它由安全防范子系统、管理与监控子系统和通信网络子系统所组成。它是现代高科技的产物，也是建筑结构与信息技术完美结合的产物。

5)通用居住区与通用环境

随着社会的发展和人类文明的进步，“平等、参与、共享”成为每个社会成员的要求。而通用设计产生的背景，一是人权运动所带来的残疾人问题；二是随着我国步入老龄化社会，老年问题的日益突显。设计的最高目标是使环境适合所有的人，设计中需要以使用者为中心和重点，关注与了解不同年龄和生活能力的人的共同生活，体现环境广泛的包容性与适应性。虽然说通用设计并不能一下子将所有人群完全囊括在设计主体之内，但这是通用设计的理想以及努力的方向。

18.1.4　居住区规划的任务和编制内容

18.1.4.1　居住区规划的目的与作用

(1)居住区规划的目的：居住区规划是为满足居民在居住、休憩、教育养育、交往、健身甚至工作等活动的居住生活方面的需求，进行的科学、合理以及恰当的用地和空间安排。

(2)居住区规划的作用：居住区规划是在一定的规划用地范围内进行的，对其各种规划要素的考虑和确定，如日照标准、房屋间距、密度、建筑布局、道路、绿化和空间环境设计及其组成的有机整体等，均与所在城市的特点、所处建筑前后分区、规划用地范围内的现状条件及社会经济发展水平密切相关。在规划设计中应充分考虑、利用和强化已有特点和条件，为提高整体居住区规划设计水平创造条件。

18.1.4.2　居住区规划的内容与方法

(1)居住小区规划设计的任务应根据住区类型的不同，其内容也不同，一般包括如下一些内容。

①选择和确定规划用地的位置、范围；

②根据用地在城市的区位研究居住小区的定位；

③根据居住小区的定位和用地规模确定居住小区的人口及户数，估算各类用地的大小；

④拟定应配建的公共设施和允许建设的生产性建筑的项目、规模、数量、分布及布置方式等；

⑤拟定居住建筑的类型、数量、层数及布置方式等；

⑥拟定居住小区的道路交通系统的构成，各级道路的宽度、断面形式，出入口的位置与数量，机动车与非机动车的停泊数量和停泊方式；

⑦拟定绿地、户外休憩与活动设施的类型、数量、分布和布置方式等；

⑧利用居住小区的自然、人文等要素，拟定景观环境规划；

⑨拟定有关市政工程设施规划方案；

⑩拟定各项技术经济指标和造价估算。

(2)规划的编制方法如下：

①场地调研与资料收集；

②居住对象分析与定性定量分析；

③方案研究与比较；

④成果制作。

18.1.4.3 居住区规划的成果

2006年4月1日起施行的《城市规划编制办法》规定，居住区应当包括下列内容：

(1)建设条件分析及综合技术经济论证；

(2)建筑、道路和绿地等的空间布局和景观规划设计，布置总平面图；

(3)对住宅、医院、学校和托幼等建筑进行日照分析；

(4)根据交通影响分析，提出交通组织方案和设计；

(5)市政工程管线规划设计和管线综合；

(6)竖向规划设计；

(7)估算工程量、拆迁量和总造价，分析投资效益。

各地在工作实践中，为保障规划的全面实施，在规划图样及说明书方面，应该在《城市规划编制办法》规定的基础上，作必要的实施细化规定。如规划设计图纸应包括：

(1)建设项目规划位置示意图；

(2)规划方案总平面；

(3)交通组织示意图；

(4)绿地景观规划图；

(5)市政管线综合规划图；

(6)竖向规划图；

(7)规划结构分析图；

(8)主要街景立面图；

(9)局部透视效果图；

(10)必要的单体建筑方案示意图；

(11)规划模型。

居住区规划说明书应包括：

(1)项目背景；

(2)规划依据；

(3)现状概述；

(4)规划原则及指导思想；

(5)布局要点；

(6)主要技术经济指标；

(7)实施的政策措施。

18.2 居住区的规划设计

18.2.1 居住区规划设计的基本原则

居住区规划设计应坚持“以人为本”的思想，建立居住区内各用地功能同步运转的正常秩序，以求社会、经济、环境三个效益的综合统一及可持续发展。

1)宜居性与健康性原则

居住区规划的核心是宜居性原则，要求按照人的居住生活和社会生活需要以及心理、生理特征进行规划设计，创造人性化的空间和文明的居住环境，使居民生活的空间获得归属感和舒适感，使居民生活环境达到方便、舒适、安全、卫生、优美的要求。在满足住宅建设基本要素的基础上，提升健康要素，保障居住者生理、心理、道德和社会适应等多层次的健康需求，为老年人、残疾人的生活和社会活动提供条件，即满足居住物质环境和社会环境的健康性。

2)生态与经济性原则

尊重保护自然与人文环境，合理开发和利用土地资源，节地、节水、节能、节材，建设人与环境有机融合的可持续发展的居住区。综合考虑所在城市的性质、社会经济、气候、民族、习俗和传统风貌等地方特点和规划用地周围的环境条件，充分利用规划用地内有保留价值的河湖水域、地形地物、植被、道路、建筑物与构筑物等，并将其纳入规划，注重节地、节能、节材、节省维护费用等。为工业化生产、机械化施工和建筑群体、空间环境多样化、商品化经营、社会化管理及分期实施创造条件。

3)地域文化与时代性原则

要在传承民族和地区传统文化、创建社区文化方面，突出居住区的文化品位，形成强烈的个性，造就社区特征。突出地方性特征，就是反映当地的气候、地理条件特点，居民的生活习惯、建筑材料和历史文脉等因素。在研究地方性的同时既要继承又要创新，强调时代性。

4)整体性与多样性原则

整体性的要求包括要符合城市总体规划和控制

性详细规划的要求，统一规划、合理布局、因地制宜、综合开发、配套建设。将居住区放到城市的层面考虑它的组织结构、布局结构和空间结构的整体性，并从营造生活环境的角度去考虑满足居民各种需要的多样性。

18.2.2 住宅及其用地规划

居住建筑及其群体空间设计是居住区规划设计的主要内容，应综合考虑当地的用地条件、住宅的类型选择、朝向、间距、层数与密度、绿地、群体组合和空间环境等因素。

18.2.2.1 住宅建筑的类型及特点

现代住宅按使用对象不同，分为两大类，第一类是供以家庭为居住单位的建筑，一般称为住宅；另一类是供单身人居住的建筑，如学校的学生、工矿企业的单身职工等居住的建筑，一般称为单身宿舍或宿舍。

第一类以套为基本组成单位的住宅建筑主要有表18-1所示的几种类型。

表18-1 套为基本组成单位的居住住宅类型

编号	住宅类型	用地特点
1 2 3	独院式 并联式 联排式	每户一般都有独用院落，层数1～3层，占地较多
4 5 6	梯间式 内廊式 外廊式	一般都用于多层和高层，特别是梯间式用得较多
7	内天井式	是第4、5类型住宅的变化形式，由于增加了内天井，住宅进深加大，对节约用地有利，一般多见于层数较低的多层住宅
8	点式(塔式)	是第4类型住宅独立式单元的变化形式，适用于多层和高层住宅。由于体型短而活泼，具有布置灵活和能丰富群体空间组合的特点，但有些套型的日照条件可能较差
9	跃廊式	是第5、6类型的变化形式，一般用于高层住宅

来源：陈有川，等.《城市居住区规划设计规范》图解.北京：机械工业出版社，2010.

18.2.2.2 住宅建筑经济和用地经济的关系

1)住宅层数

在我国小城镇住宅多采用低层，因为低层住宅可采用地方材料，而且结构简单，故造价可低于多层住宅。从住宅用地的经济来分析，提高层数能节约用地，国内外经验都认为6层住宅比较经济，因此得到广泛的应用。我国从20世纪70年代起在一些大城市开始建造高层住宅，虽然高层住宅造价远高于多层，但是在现在城市土地紧缺的国情下效果显著。

2)住宅进深

住宅进深加大，外墙相对缩短。对于采暖地区外墙需要加厚的情况下经济效果更好。住宅进深11 m以下，每增加1 m，每公顷可增加建筑面积1 000 m^2左右；11 m以上效果不明显。

3)住宅长度

住宅长度直接影响建筑造价，因为住宅单元拼接越长，山墙也就越省。住宅长度在30～60 m时，每增长10 m，每公顷可增加建筑面积700～1 000 m^2，在60 m以上时效果不显著。根据分析，四单元长的住宅比二单元长的住宅每平方米居住面积造价省2.5%～3%，采暖费省10%～21%。但住宅长度不宜过长，过长就需要增加伸缩缝和防火墙等，且对通风和抗震也不利。

住宅层高对住宅的投资影响较大，如层高每降低0.1 m，能降低造价1%，节约用地2%。但是为了保证住宅室内的舒适要求，住宅起居室、卧室的净高一般不应低于2.5 m。

4)建筑节能

建筑节能是通过降低“建筑能耗”和“使用能耗”的总能耗量而取得的。在寒冷地区，用于房屋采暖的能耗占使用能耗中的大部分。降低采暖能耗是建筑节能中的重点，在建筑设计方面应做到“节能型建筑”。小区节能可采用以下手段，如房屋进深加大、层高降低、南向开窗面积扩大、北向窗户缩小等。

18.2.2.3 居住建筑群平面布置基本形式

1)行列式

建筑按一定朝向和合理间距成排布置的形式。这种布置形式能使绝大多数居室获得良好的日照和通风，是各地广泛采用的一种方式。但如果处理不好，会造成单调、呆板的感觉，容易产生穿越交通的干扰。为了避免以上缺点，在规划布置时常采用山墙错落、单元错开拼接以及用矮墙分隔等手法（图 18-4）。

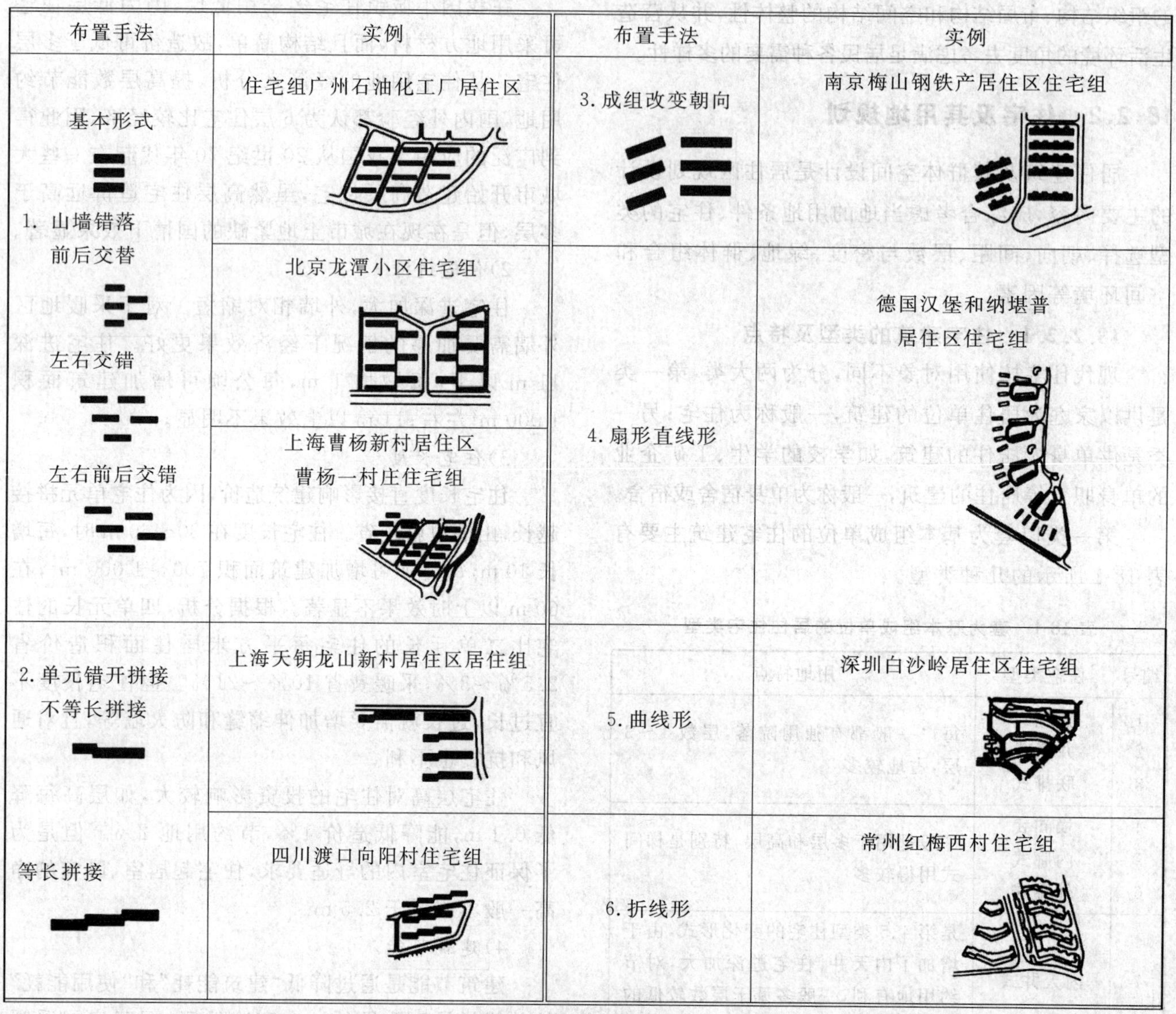

图 18-4　行列式布置

来源：陈有川，等.《城市居住区规划设计规范》图解. 北京：机械工业出版社，2010.

2）周边式

住宅沿街坊或院落周边布置，形成封闭或半封闭的内院空间，院内安静、安全、方便、有利于布置室外活动场地、小块公共绿地和小型公建等居民交往场所，一般比较适合于寒冷、多风沙地区。但是这种布置形式有相当一部分居室的朝向较差，因此对于炎热地区很难适应，有的还采用转角建筑单元，使结构、施工较为复杂，不利于抗震，造价会增加。另外对于地形起伏较大的地区也会造成较大的土石方工程。周边式布置主要有单周边、双周边、自由周边等布置手法（图 18-5）。

布置手法	实例	
1. 单周边 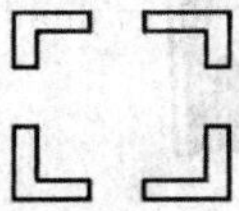	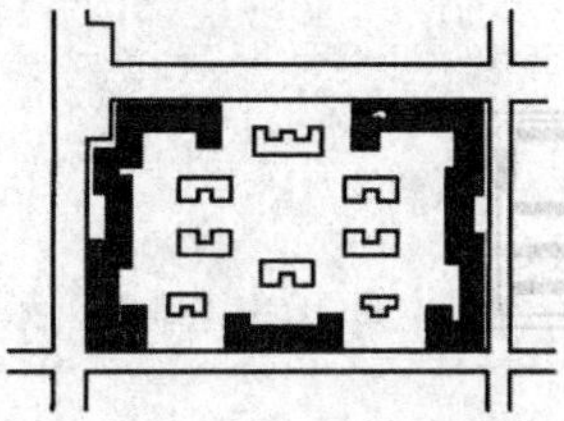 长春第一汽车厂居住街坊	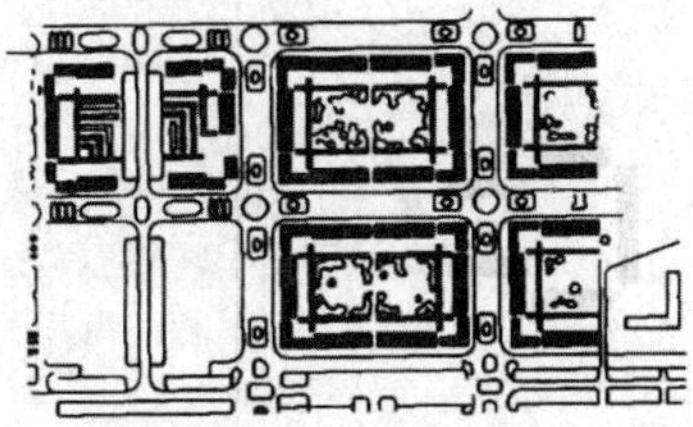 英国密尔顿·凯恩斯新城住宅组
2. 周边 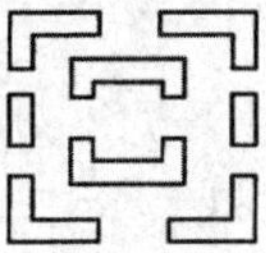	 北京百万庄居住小区住宅组	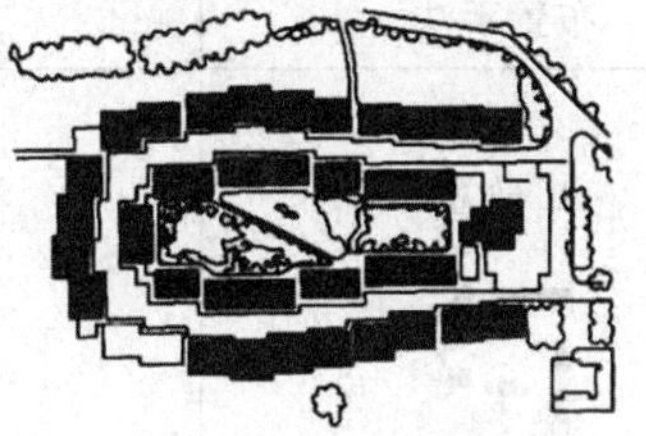 丹麦赫立勃-比克勒尔西诺尔住宅区
3. 自由周边 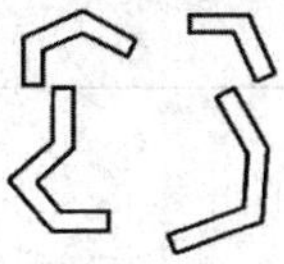	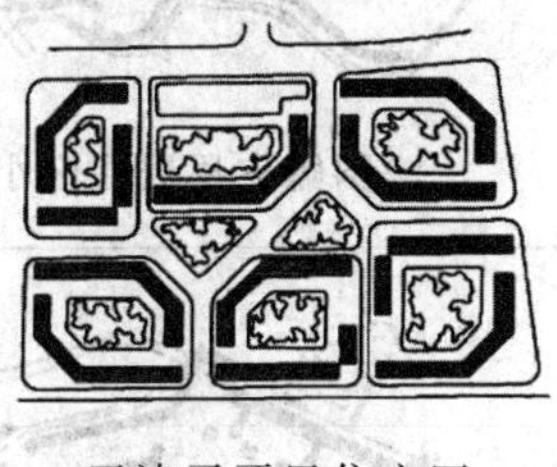 天津子牙里住宅区	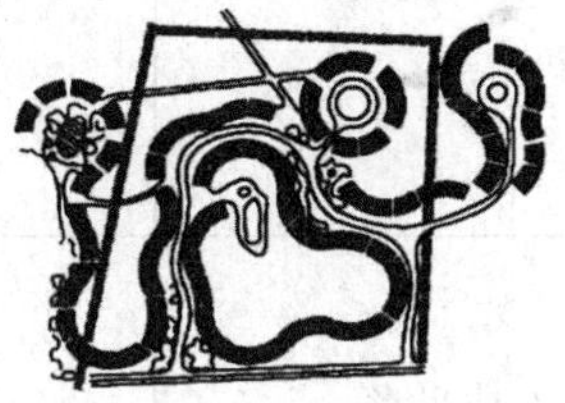 法国巴黎大勃尔恩住宅区住宅组

图 18-5　周边式布置

来源：陈有川，等.《城市居住区规划设计规范》图解. 北京：机械工业出版社，2010.

3）混合式

混合式为以上两种形式的结合，最常见的往往以行列式为主，以少量住宅或公共建筑沿道路或院落周边布置，形成半开敞式院落（图 18-6）。

4）自由式

建筑结合地形，在照顾日照、通风等要求的前提下，成组自由灵活地布置（图 18-6）。

以上四种基本布置形式并不包括住宅建筑布置的所有形式，而且也不可能一一列举所有的形式。任何一种形式都是在特定的条件下产生的，在进行规划布置时，避免以形式出发，应根据具体情况，因地制宜地创造不同的布置形式。

混合式布置

布置手法	实例
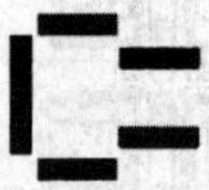	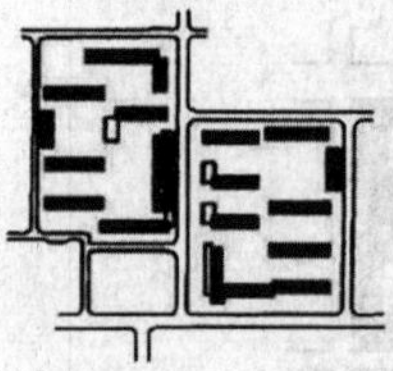 北京垂杨柳居住区住宅组  日本大阪住宅区住宅群

自由式布置

布置手法	实例
1. 散立 	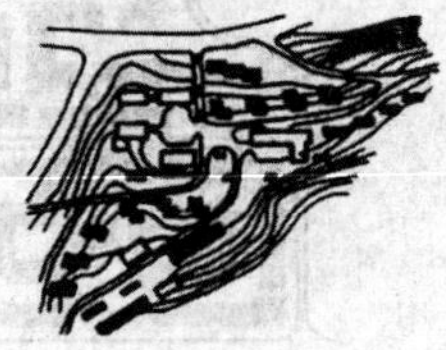 重庆华一坡住宅组
2. 曲线形 	 法国鲍皮尼居住区小局部
3. 曲尺形 	 瑞典斯德哥尔摩涅布霍夫居住区的一个小区
4. 点群式 	 巴黎勃菲兹芳泰乃·奥克斯露斯小区 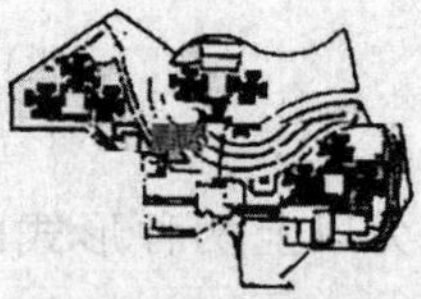 香港穗禾苑住宅组

图18-6　混合式、自由式布置

来源：陈有川，等.《城市居住区规划设计规范》图解. 北京：机械工业出版社，2010.

18.2.2.4　居住建筑群体组合的相关问题

1)日照间距

住宅日照标准是用来控制日照是否满足户内居住条件的技术标准，是按照在某一规定的时日住宅底层房间获得满窗口连续日照时间不低于某一规定的时间来控制的。住宅群体争取日照和减少西晒的规划设计措施主要通过建筑的不同组合方式以及利用地形和绿化等手段。在山地还可利用南向坡地缩小日照间距。

在日照间距中根据住宅的朝向方位，又分标准日照间距和不同方位日照间距。标准日照间距是指当地正南向住宅，满足日照标准的正面间距。当住宅正面偏离正南方向时，其日照间距为不同方位日照间距，计算时以标准日照间距进行折减换算。标准日照间距的计算，一般以农历冬至日正午太阳能照射到住宅底层窗台的高度为依据。计算方法如图 18-7所示。

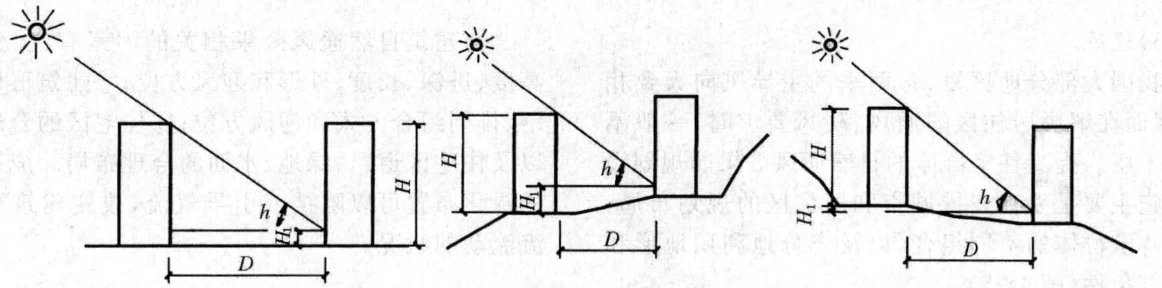

平地日照间距：$D=\dfrac{H-H_1}{\tan h}$　　向阳坡日照间距：$D=\dfrac{H-H_1}{\tan h}$　　背阳坡日照间距：$D=\dfrac{H+H_1}{\tan h}$

以房屋长边向阳，朝向正南，以正午太阳照到房屋底层的窗台为依据。

h—正午太阳高度角　H—前幢房屋檐口至地面高度　H_1—后幢房屋的窗户至前幢房屋地面高度

图 18-7　日照间距图示

来源：陈有川，等.《城市居住区规划设计规范》图解. 北京：机械工业出版社，2010.

在实际应用中，常将 D 换算成 H 的比值(即日照间距系数)，如 1∶1.2(1∶0.8)等，以便根据不同建筑高度算出相同地区、相同条件下的建筑日照间距。除了日照因素外，通风、采光、消防以及视线干扰、管线埋设等也是影响建筑间距的重要因素。

2)朝向

住宅建筑的朝向是指主要居室的朝向。在南方炎热地区，除了争取冬季日照外，还要在夏季防止西晒和有利于通风；在北方寒冷地区，夏季西晒不是主要问题，而是在冬季获得必要的日照，所以住宅居室避免朝北。我国部分地区的建筑适宜朝向范围见表 18-2。

表 18-2　部分地区的建筑适宜朝向

地区	最佳朝向	适宜朝向	不宜朝向
北京地区	正南至南偏东 30°以内	南偏东 45°以内，南偏西 35°以内	北偏西 30°～60°
上海地区	正南至南偏东 15°	南偏东 30°，南偏西 15°	北、西北
石家庄地区	南偏东 15°	南至南偏东 30°	西
太原地区	南偏东 15°	南偏东至东	西北
呼和浩特地区	南至南偏东，南至南偏西	东南、西南	北、西北
哈尔滨地区	南偏东 15°～20°	南至南偏东 15°、南至南偏西 15°	西北、北

续表 18-2

地区	最佳朝向	适宜朝向	不宜朝向
长春地区	南偏东 30°,南偏西 10°	南偏东 45°,南偏西 45°	西北、北、东北
沈阳地区	南、南偏东 20°	南偏东至东,南偏西至西	北东北至北西北
济南地区	南、南偏东 10°～15°	南偏东 30°	西偏北 5°～10°
南京地区	南、南偏东 15°	南偏东 25°,南偏西 10°	西、北
广州地区	南偏东 15°,南偏西 5°	南偏东 22°30′,南偏西 5°至西	
重庆地区	南、南偏东 10°	南偏东 15°,南偏西 5°	东、西

来源:陈有川,等.《城市居住区规划设计规范》图解.北京:机械工业出版社,2010.

3)通风

我国大部分地区夏、冬两季的主导风向大致相反,因而在解决居住区的通风、防风要求时,一般不至于矛盾。提高住宅群体的自然通风效果的规划设计措施主要是妥善安排城市和居住区的规划布局,进行建筑群体的不同组合,以及充分地利用地形和绿化等条件(图 18-8)。

与建筑自然通风效果相关的因素有:①建筑的高度、进深、长度、外形和迎风方位;②建筑群体的间距、排列组合方式和迎风方位;③住宅区的合理选址以及住宅区道路、绿地、水面的合理布局。成片成丛的绿化布置可以阻挡或引导气流,改变建筑组群气流流动的状况。

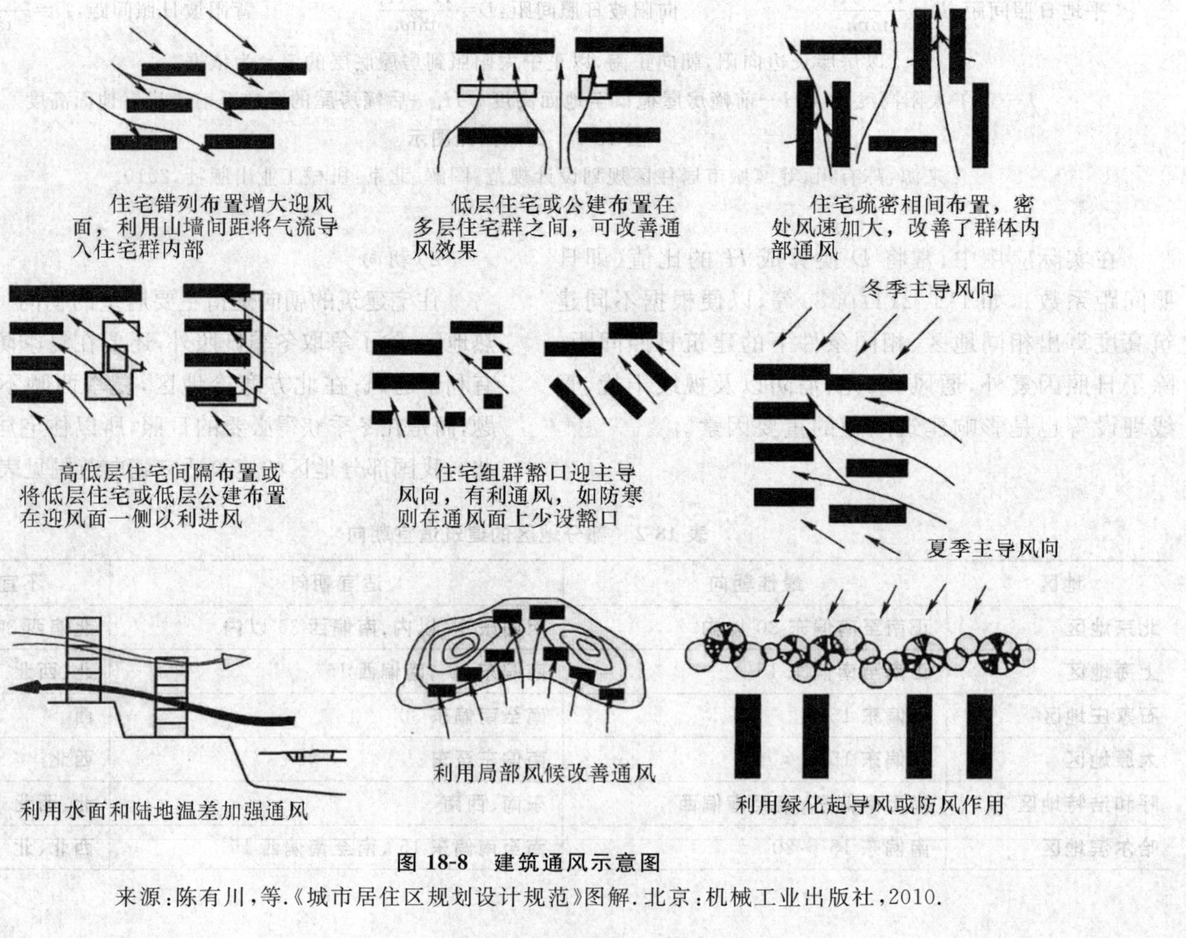

图 18-8　建筑通风示意图

来源:陈有川,等.《城市居住区规划设计规范》图解.北京:机械工业出版社,2010.

4)噪声的防治

居住区的噪声主要来自三个方面：交通噪声、人群活动噪声和工业生产噪声。防治噪声最根本的办法是控制声源，如在工业生产中改进设备，降低噪声强度；在城市交通方面，主要是改进交通工具。此外，通过城市和居住区总体的合理布局、建筑群体的不同组合及利用绿化和地形等条件，亦有利于防止噪声(图 18-9)。

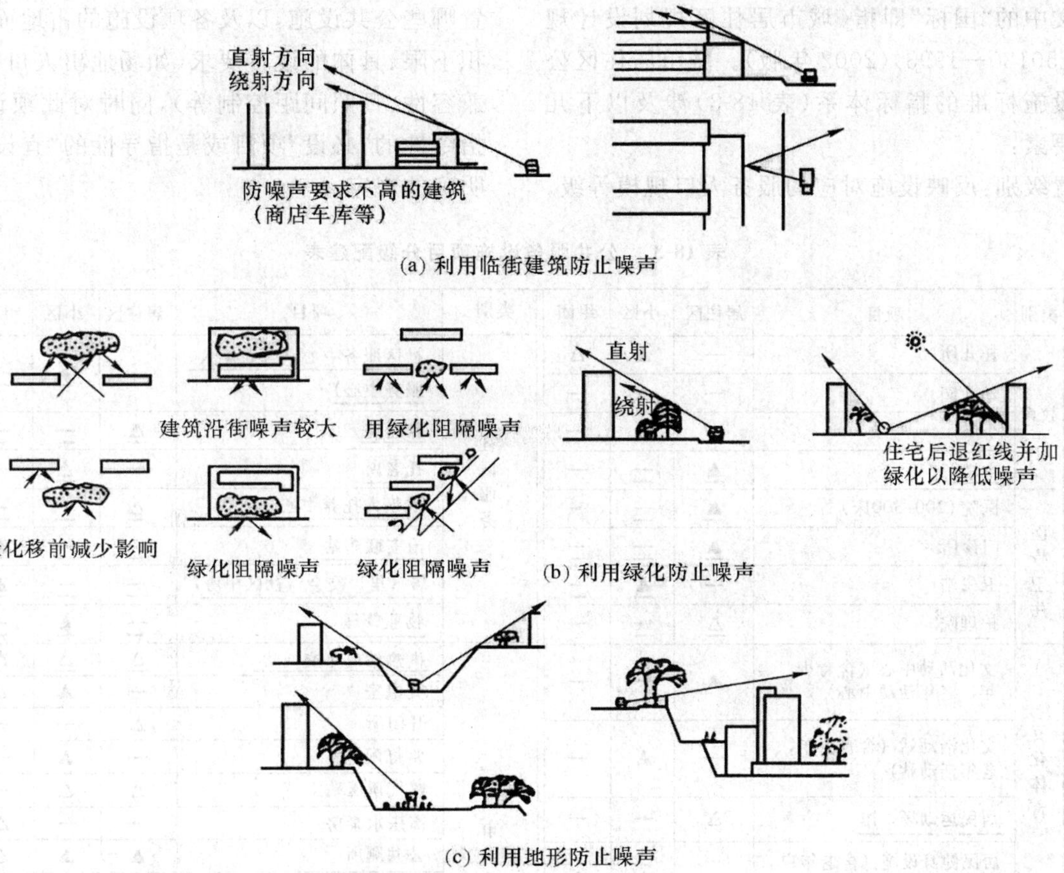

图 18-9　住宅群体噪声防治措施

来源：陈有川，等.《城市居住区规划设计规范》图解. 北京：机械工业出版社，2010.

18.2.3　居住区公共服务设施及其用地规划

18.2.3.1　居住区公共设施配置的目的和作用是什么

根据原建设部颁布的《城市居住区规划设计规范》(GB 50180—1993)(2002 年版)，居住区公共设施(也称配套公建)的内涵是由居住区层面提供的、为住宅提供配套服务的公共建筑，必须与居住人口规模相对应，并应与住宅同步规划、同步建设和同时投入使用。

居住区公共设施与城市公共设施的根本区别在于与住宅"同步配建"的建设特征以及与住宅空间融为一体的空间特征两方面。此外，两类公共服务设施在建设方式和产权特征方面也有较显著的不同，居住区公共服务设施中的许多项目具有住宅区共有产权的特征。

居住区公共服务设施主要是满足居民基本的物质和精神生活方面的需要，主要为本区居民服务，其总体水平综合反映了居民对物质生活的客观需要和精神生活的追求，也体现了社会对人的关怀程度，是城市生活文明程度的反映。

18.2.3.2 城市居住区公共设施管理的技术准则

1993 年国家建委编制了《城市居住区规划设计规范》(GB 50180—1993)，明确了居住区公共设施的分类和量化标准，为居住区配套设施的建设提供了依据和执行标准。规范经 2002 年修编后使用至今。下文中的“国标”即指《城市居住区规划设计规范》(GB 50180—1993)(2002 年版)。城市居住区公共服务设施标准的指标体系(表 18-3)涉及以下几个控制要素：

设置级别：反映设施对应的服务人口规模等级，国标中分为居住区、居住小区、居住组团三级。

设施类别：根据各项设施满足居民生活需求的功能类型，将其划分为教育、医疗、文体等大类，便于规划布局协调及管理控制。

设施项目：在指标体系中往往会明确规定该配置哪些公共设施，以及各项设施的占地面积、建筑面积下限、具体的设置要求(如场地出人口、设置楼层、兼容性、日照间距控制等)，同时对此项设施是属于指令性的“必设”项目或是指导性的“宜设”项目给出明确的规定。

表 18-3 公共服务设施项目分级配建表

类别	项目	居住区	小区	组团
教育	托儿所	—	▲	△
	幼儿园	—	▲	—
	小学	—	▲	—
	中学	▲	—	—
医疗卫生	医院(200~300床)	▲	—	—
	门诊所	▲	—	—
	卫生站	—	▲	—
	护理院	△	—	—
文化体育	文化活动中心（含青少年、老年活动中心）	▲	—	—
	文化活动站（含青少年、老年活动站）	—	▲	—
	居民运动场、馆	△	—	—
	居民健身设施（含老年户外活动场地）	—	▲	△
商业服务	综合食品店	▲	▲	—
	综合百货店	▲	▲	—
	餐饮	▲	▲	—
	中西药店	▲	△	—
	书店	▲	△	—
	市场	▲	△	—
	便民店	—	—	▲
	其他第三产业设施	▲	▲	—
金融邮电	银行	△	—	—
	储蓄所	—	▲	—
	电信支局	△	—	—
	邮电所	—	▲	—
社区服务	社区服务中心（含老年人服务中心）	—	▲	—
	养老院	△	—	—
	托老所	—	△	—
	残疾人托养中心	△	—	—
	治安联防站	—	—	▲
	居（里）委会（社区用房）	—	—	▲
	物业管理	—	▲	—
市政公用	供热站或热交换站	△	△	△
	变电室	—	▲	△
	开闭所	▲	—	—
	路灯配电室	—	▲	—
	燃气调压站	△	△	—
	高压水泵房	—	—	△
	公共厕所	▲	▲	△
	垃圾转运站	△	△	—
	垃圾收集点	—	—	▲
	居民存车处	—	—	▲
	居民停车场、库	△	△	△
	公交始末站	△	△	—
	消防站	△	—	—
	燃料供应站	△	△	—
行政管理及其他	街道办事处	▲	—	—
	市政管理机构（所）	▲	—	—
	派出所	▲	—	—
	其他管理用房	▲	△	—
	防空地下室	△①	△①	△①

来源：陈有川，等.《城市居住区规划设计规范》图解.北京：机械工业出版社，2010.

注：▲为应配建的项目；△为宜设置的项目。

① 在国家确定的一、二类人防重点城市，应按人防有关规定配建防空地下室。

18.2.3.3　城市居住区公共服务设施标准的指标细则

1)对应居住人口的分级控制

居住区:3 万～5 万人,达到此人口规模的社区应具备一整套完善的日常生活需要的公共服务设施;居住小区:1 万～1.5 万人,对应一所小学的服务人口,达到此规模的社区应具备一套基本生活需要的公共服务设施;组团:300～1 000 户,即 1 000～3 000 人,对应居委会管辖人口,达到此规模的社区要有一套基础生活需要的公共服务设施。

2)对应功能类型的设施分类

国标将居住区公共设施分为教育、医疗卫生、文化体育、金融邮电、社区服务、行政管理、市政公用和商业服务等八类。各大城市标准的分类也基本与国标吻合。

3)对应居住需求的项目设置及规模控制

(1)教育类设施。教育类设施包括高中、初中、小学和幼儿园。作为各类设施中占地规模最大的一类设施,教育设施设置标准的重点是根据服务人口确定各级学校的基本规模(班数、座位数)和对应的用地面积。由于中小学校对于外围交通条件、体育场地的设置以及教学区的日照和间距有明确的规定,除提供足够面积的用地外,还需要考虑用地的区位和形状,以保证教学建筑和各类运动场地的合理布局。

(2)医疗卫生类设施。国标及各城市标准中的"医疗卫生"类设施均包括综合医院、社区卫生服务中心(门诊部)和卫生站(社区健康服务中心)三级。综合医院应在 20 万人口左右的居住地区级统筹安排,在分区规划阶段明确建设用地。居住区级的社区卫生服务中心和居住小区级的卫生站不需要独立占地,但宜设于建筑首层或至少保证首层有相当部分的使用面积。

(3)文化体育类设施。文化体育类设施包括居住区级的文化活动中心、体育中心和居住小区级的文化活动站、居民健身设施。文体设施扩展应符合社会发展趋势和居民需求的方向,应在各级居住开发中根据居住人口保证定额配置。居住区级文体设施建议以综合体形式集中设置,形成综合文体活动中心,并结合地域特点选择建筑形式和场地类型,以提高服务质量。

(4)社区服务及行政管理类设施。国标中分为"社区服务"和"行政管理"两类设置的设施可合并设置。"社区服务类"设施包括必设的社区服务中心(含老年人服务中心)、物业管理和居委会、治安联防站,以及宜设的养老院、残疾人托养所和托老所。从使用对象上分别针对全体社区居民和老年人、残疾人等弱势群体。"行政管理类"设施包括街道办事处、派出所、市政管理机构和其他管理用房。

(5)金融邮电类设施。国标中金融邮电类设施包括银行、储蓄所、电信支局和邮电所。

(6)市政公用类设施。市政公用类设施项目较多,总结起来可分为几类:一类是水、电、燃气、供暖等专营行业的设备空间,包括高压水泵房、变电室、开闭所、路灯配电室、燃气调压站、燃料供应站、供热站等;一类是环卫设施,包括垃圾转运站和垃圾收集点;一类是交通设施,包括公交首末站、居民停车场库和居民存车处;另外还包括消防站和公共厕所。

(7)商业服务设施。国标对于商业设施的规定包括食品店、百货店、药店、书店、餐饮、便民店、市场和其他第三产业设施。这种对商业业态的规定已落后于时代。在市场的作用下,商业会根据市场的需求进行配置,政府没有必要也没有可能进行强制性干预。

(8)对应服务人口的总量控制。居住区公共服务设施的总量以每千居民所需的建筑和用地面积,即千人指标作为控制标准。千人指标体现的是公共设施总量与居住人口的对应关系。根据户均人口和户均建筑面积,可以得出公共设施总量与住宅开发建筑面积的对应关系,从而将公共服务设施基于服务人口的本质属性表达为与开发量相关联的控制标准。

18.2.3.4　公共设施的规划布置

1)规划布置的基本要求

公共设施的布置应满足合理的服务半径要求(图 18-10)。一般认为:居住区级公共设施为 800～1 000 m;居住小区级公共设施为 400～500 m;居住生活单元级公共设施为 150～200 m。公共设施应设在交通比较方便，人流量比较集中的地段，可结合只供上下班的路线进行考虑。如为独立的工矿居住区或地处市郊的居住区，则应在考虑附近地区和农村使用方便的同时，保持居住区内部的安宁。

各级公共服务中心宜与相应的公共绿地相邻布置，或靠近河湖水面等一些能较好体现城市建筑面貌的地段以取得良好的空间效果。利用公共服务设施本身富有特点的造型形成居住区内各级公共中心，创造居住区多元化和多层次的公共空间。

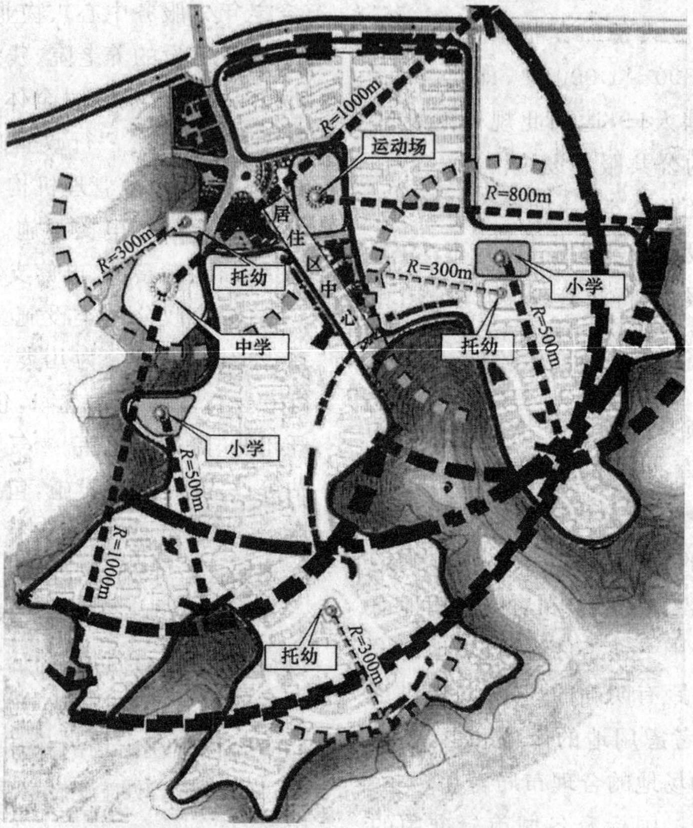

图 8-10　某居住区公共服务设施服务半径示意

来源：陈有川，等.《城市居住区规划设计规范》图解. 北京：机械工业出版社，2010.

2)规划布置方式

居住区公共建筑规划布置的方式基本上可分为两种，即按二级或三级布置。

第一级(居住区级)公共建筑项目主要包括一些专业性的商业服务设施和影剧院、俱乐部、图书馆、医院、街道办事处、派出所、房管所、邮电、银行等为全区居民服务的机构。

第二级(居住小区级)内容主要包括综合商店、小吃店、幼托、小学等。

第三级(居住组团级)内容主要包括居委会、卫生站、青少年活动室、退休工人活动室、服务站、小商店等。

第二级和第三级的公共服务设施都是居民日常必需的，通称为基层公共建筑。

3)公共设施规划体系的实施建议

首先，在分区规划或地区控制性规划层面，应按人口要求及服务半径明确地区需配套建设的公共服务设施，着重研究需要区域统筹的居住地区级设施和居住区级需要独立占地的公益性设施。然后，在控制性详细规划层面，应确定占地规模较大的居住区级和小区级设施(小学、九年一贯制学校),明确其建设形式(即以独立占地或居住地块内部配建的形式)、建设位置、规模以及相应的规划设计要求;并对居住开发地块提出规划设计要点,调控其他小区级和组团级公建配套设施。最后,在修建性详细规划层次,应在规划设计中落实小区级公共服务设施,并实现组团级公共服务设施的各项内容和标准。

18.2.4 居住区道路和交通系统规划

18.2.4.1 居住区道路如何分级

居住区内的道路除满足居民区日常生活方面的交通活动需要,还要考虑通行一些市政公共车辆的需要,如清除垃圾、递送邮件等,同时也要满足铺设各种工程管线的需要。此外,还要考虑一些特殊情况,如供救护、消防和搬运家具等车辆的通行。根据功能要求和居住区规模的大小,居住区道路一般可分为三级或者四级,如图 18-11 所示。

(1)第一级:居住区级道路——居住区的主要道路,用以解决居住区内外交通的联系,道路线宽度一般为 20～30 m。

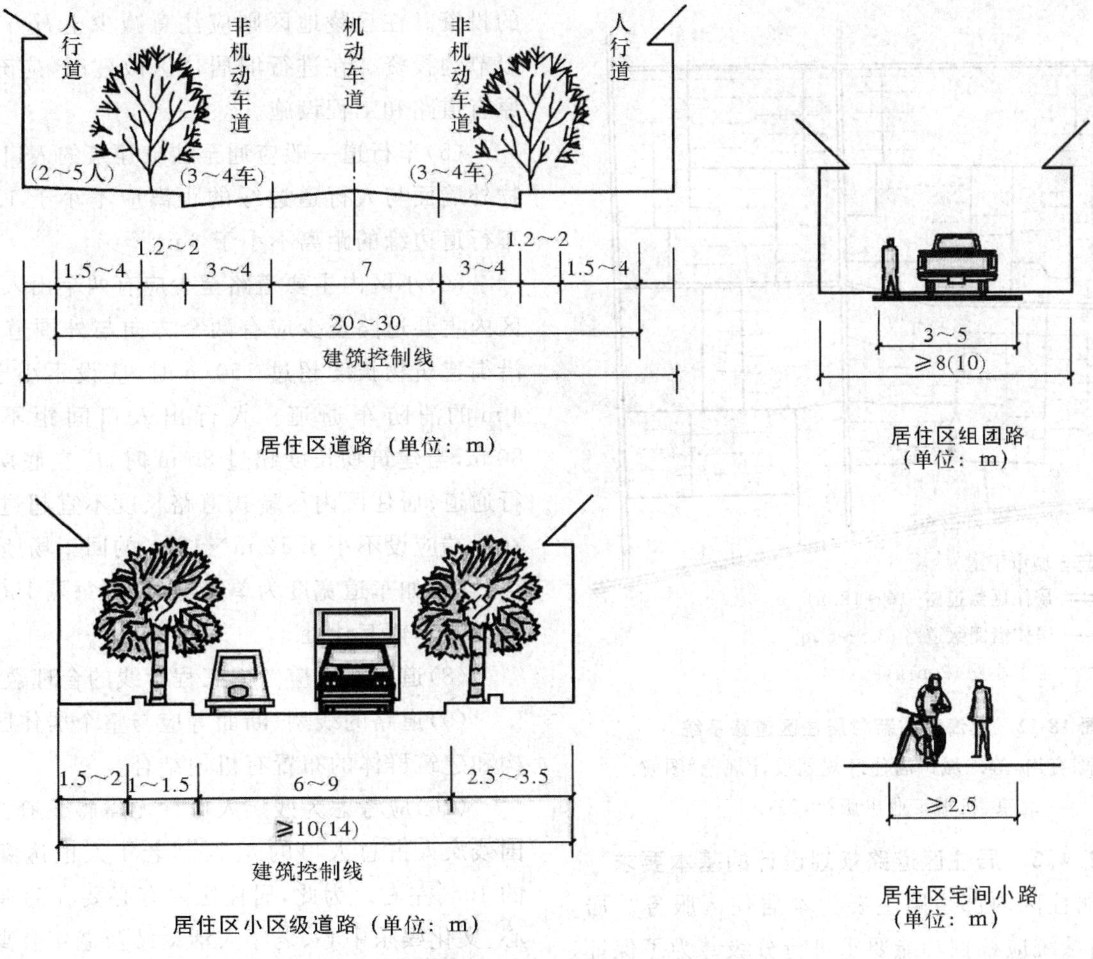

图 18-11 道路类型与分级

来源:陈有川,等.《城市居住区规划设计规范》图解.北京:机械工业出版社,2010.

(2)第二级:居住小区级道路——居住区的次要道路,用以解决居住区内部的交通联系。道路红线宽度一般为 10～14 m,车行道宽度一般为 6～9 m,人行道宽度一般为 1.5～2 m。

(3)第三级:住宅组团级道路——居住区内的支路,用以解决住宅组团的内外交通联系。道路红线宽度一般为 8～10 m,车行道宽度一般为 3～5 m。

(4)第四级:宅间小路——通向各户或各单元门前的小路,一般宽度不小于 2.5 m。

此外,在居住区内还可有专供步行的林荫步道或锻炼跑道,其宽度根据规划设计的要求而定(图 18-12)。

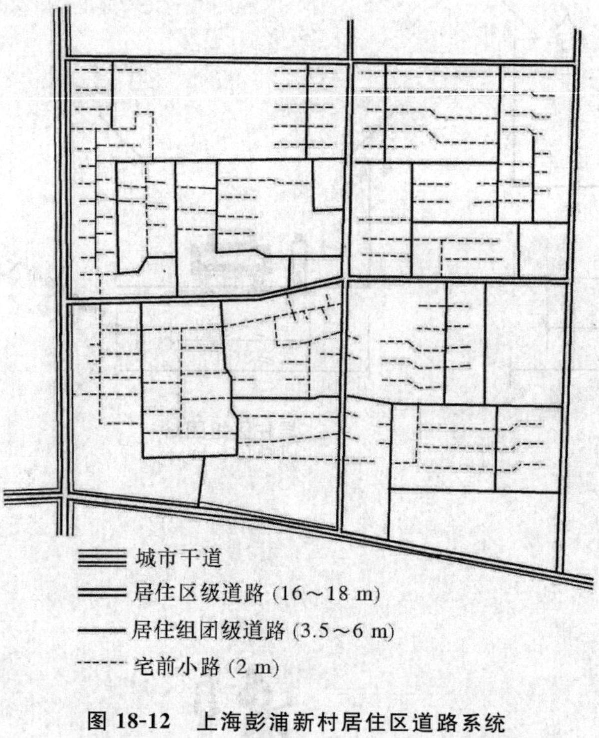

图 18-12 上海彭浦新村居住区道路系统

来源:陈有川,等.《城市居住区规划设计规范》图解.北京:机械工业出版社,2010.

18.2.4.2 居住区道路规划设计的基本要求

(1)居住区内部道路主要为本居住区服务。居住区道路系统应根据功能要求进行分级。为了保证居住区内居民的安全和安宁,不应有过境交通穿越居住区,特别是居住小区。同时,不宜有过多的车道出口通向城市交通干道。机动车道对外出入口间距应小于 150 m,也可用平行于城市交通干道的地方性通道来解决居住区通向城市交通干道出口过多的矛盾。

(2)根据地形、气候、用地规模、用地的环境条件、城市交通系统以及居民的出行方式选择经济便捷的道路系统和道路断面形式(图 18-13)。

(3)道路走向要便于居民上下班,尽量减少反向交通。住宅与最近的公共交通站之间的距离不宜大于 500 m。

(4)应充分利用和结合地形,如尽可能结合自然分水线和汇水线,以利雨水排除。在南方多河地区,道路宜与河流平行或垂直布置,以减少桥梁和涵洞的投资。在丘陵地区则应注意减少土石方工程量,以节约投资。在进行旧居住区改建时,应充分利用原有道路和工程设施。

(5)车行道一般应通至住宅建筑的入口处,建筑物外墙面与人行道边缘的距离应不小于 1.5 m,与车行道边缘的距离不小于 3 m。

(6)小区内主要道路至少应有两个出入口;居住区内主要道路至少应有两个方向与外围道路相连;沿街建筑物长度超过 150 m 时,应设不小于 4 m×4 m 的消防车通道。人行出入口间距不宜超过 80 m,当建筑物长度超过 80 m 时,应在底层加设人行通道;居住区内尽端式道路长度不宜超过 120 m,在尽端应设不小于 12 m×12 m 的回车场地。

(7)如车道宽度为单车道时,则每隔 150 m 左右应设置车辆互让处。

(8)道路宽度应考虑工程管线的合理敷设。

(9)道路的线型、断面等应与整个居住区规划结构和建筑群体的布置有机地结合。

(10)应考虑为残疾人设计无障碍通道。目前我国残疾人占总人口的 4.7%,老年人也达到总人口的 10%左右。为此,居住区内有必要在商业服务中心、文化娱乐中心、老年人活动站及老年公寓等主要地段设置无障碍通行设施。无障碍交通规划设计的主要依据是满足轮椅和盲人的出行需要,具体技术规定详见《无障碍设计规范》GB 50763—2012。

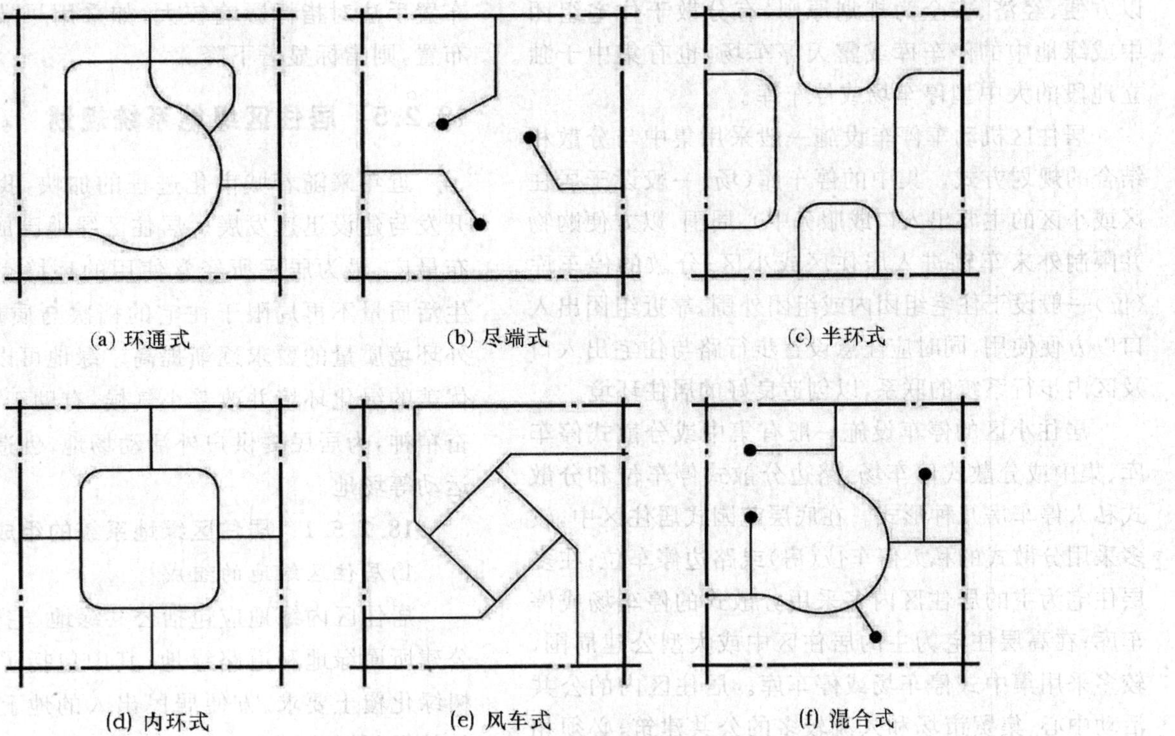

图 18-13　居住区道路系统布局基本模式

来源：陈有川，等.《城市居住区规划设计规范》图解.北京：机械工业出版社，2010.

18.2.4.3　居住区道路系统的基本形式及停车系统的规划设计

居住区内道路交通系统组织可分为“人车分行”的道路系统、“人车混行”的道路系统和“人车局部分行”的道路系统三种形式。

1)人车分行

人车分行是由车行和步行两套独立的道路系统组成的。1933年，在美国新泽西州的雷德朋小镇规划中首次采用并实施。这种人车分行的道路系统较好地解决了私人小汽车和人行的矛盾，之后，在私人小汽车较多的国家和地区便广为使用，并称为“雷德朋”系统。

2)人车混行

人车混行在私人小汽车数量不多的国家和地区比较实用，特别对一些居民以自行车和公共交通出行为主的城市更为适用，我国目前大多数城市基本都采用这种形式。

3)人车局部分行

人车局部分行是在人车混行的道路系统基础上，在居住区局部采用人车分行的方式，如设立托幼以及小学的专用步行道。

居住区停车系统的规划设计是指如何安排各类交通工具的存放，一般应以方便、经济、安全为原则，采用集中与分散相结合的布置方式，并根据居住区的不同情况可采用室外、室内、地下、半地下等多种存车方式。

非机动车是许多人的主要交通工具，停放时分为分散停放和集中停放。分散停放大多在各住户单元门口或各住户地下储藏室。集中停放一般设置专用的停车场地集中存放，按照每辆车占地(含通道)1.4～1.8 m^2 计算。非机动车停车方式应以出入方便为原则。非机动车停车场原则上不设在交叉路口附近，出入口不应少于两个，宽度不小于2.5 m。

居住区机动停车场(位)的规划布置应该根据整个居住区或小区的整体道路交通组织规划来安排，

以方便、经济、安全为规划原则，有分散于住宅组团中或绿地中的停车库或露天停车场，也有集中于独立地段的大中型停车场或停车库。

居住区机动车停车设施一般采用集中与分散相结合的规划方式。集中的停车库(场)一般设于居住区或小区的主要出入口或服务中心周围，以方便购物并限制外来车辆进入居住区或小区；分散的停车库(位)一般设于住宅组团内或组团外围，靠近组团出入口以方便使用，同时应注意设置步行路与住宅出入口及区内步行系统的联系，以创造良好的居住环境。

居住小区的停车设施一般有集中或分散式停车库、集中或分散式停车场、路边分散式停车位和分散式私人停车房几种形式。在底层花园式居住区中，较多采用分散式的私人停车位(房)或路边停车位；在多层住宅为主的居住区内多采用分散式的停车场或停车库；在高层住宅为主的居住区中或大型公建周围，较多采用集中式停车场或停车库。居住区内的公共活动中心、集贸市场和人流较多的公共建筑，必须相应配置公共停车场(库)，并应符合相关规定。配建停车场(库)应就近设置，并宜采用地下或多层车库。

《城市居住区规划设计规范》(GB 50180—1993)(2002 年版)中规定居住区内停车场设置的一般要求有：居民汽车停车率不应小于 10%；居住区内地面停车率不宜超过 10%。地面停车率是指居民汽车的地面停车位数量和居住户数的比率(%)。停车场(库)的布局应考虑使用方便的原则，服务半径不宜超过 150 m。

18.2.4.4 居住区道路规划设计的经济性

道路的造价占居住区室外工程造价的比重比较大，因此在规划设计中，在满足使用要求的前提下，应考虑如何缩短单位面积的道路长度和道路面积。道路的经济性一般用道路线的密度(道路长度/hm^2)和道路面积密度(道路面积/hm^2)×100%来表示。

居住小区或街坊面积增大时，单位面积的街坊外道路长度及面积造价均有显著下降；小区和街坊形状的影响也很大，正方形的较长方形的更加经济。

居住小区和街坊的面积的大小对单位面积的坊内道路长度、面积和造价影响不大，而道路网形式和布置手法对指标影响较大，如采用尽端式道路均匀布置，则指标显著下降。

18.2.5 居住区绿地系统规划

近年来随着城市化进程的加快，我国居住区的开发与建设迅速发展。居住区绿地已成为城市中分布最广、最为居民所经常使用的环境空间。居民的生活质量不再局限于住宅的档次与质量，他们对户外环境质量的要求逐渐提高。绿地可以为居民提供优美的绿化环境并改善小气候，有助于消除疲劳、振奋精神，为居民提供户外活动场地，创造游憩、交往、运动等场地。

18.2.5.1 居住区绿地系统的组成和标准

1)居住区绿地的组成

居住区内绿地应包括公共绿地、宅旁绿地、配套公建所属绿地和道路绿地，其中包括了满足当地植树绿化覆土要求、方便居民出入的地上或半地下建筑的屋顶绿地。

(1)公共绿地。公共绿地指居住区级、小区级及街坊内的公共使用绿地，居住区区级公园、小区级小游园、组团级组团绿地，以及儿童游戏场地和其他的块状、带状公共绿地。

(2)公共建筑或公用设施附属绿地。公共建筑或公用设施附属绿地指居住区内各类公共建筑和公用设施周围的环境绿地。如区内的学校、幼托机构、医院、门诊所、锅炉房等用地内的绿地。

(3)宅旁和庭院地。宅旁和庭院地指住宅四周及建筑物本身的绿化。

(4)街道绿地。街道绿地指居住区内各种道路红线以内的绿地。

2)居住区绿地的指标

居住区绿地的标准是用公共绿地指标和绿地率来衡量的。根据 2006 年版《居住区环境景观设计导则》，居住区内的公共绿地，应根据居住区不同的规划组织结构类型，设置相应的中心公共绿地，包括居住区公园(居住区级)、小游园(小区级)和组团绿地(组团级)，以及儿童游戏场和其他的块状、带状公共绿地等，并应符合规定，如表 18-4 所示。

表 18-4 公共绿地设置要求

中心绿地名称	设置内容	要求	最小规模/hm^2
居住区公园	花木草坪、花坛水面、凉亭雕塑、小卖茶座、老幼设施、停车场地和铺装地面等	园内布局应有明确的功能划分	1.00
小游园	花木草坪、花坛水面、雕塑、儿童设施和铺装地面等	园内布局应有一定的功能划分	0.40
组团绿地	花木草坪、桌椅、简易儿童设施等	灵活布局	0.04

来源：建设部住宅产业促进中心.居住区环境景观设计导则.北京：中国建筑工业出版社，2009.

居住区公共绿地至少应有一个边与相应级别的道路相邻。组团绿地的设置应满足有不少于 1/3 的绿地面积在标准的建筑日照阴影线范围之外的要求，并便于设置儿童游戏设施和适于成人游憩活动。其他块状、带状公共绿地应同时满足宽度不小于 8 m、面积不小于 400 m^2 的要求。

居住区内人均公共绿地指标：组团不少于 0.5 m^2/人；小区（含组团）不少于 1 m^2/人；居住区（含小区和组团）不少于 1.5 m^2/人。旧区改建可以酌情降低，但不得低于相应指标的 70%。

居住区内绿地率指标：新区建设不应低于 30%，旧区改造不宜低于 25%，种植成活率不低于 98%。

18.2.5.2 居住区绿地规划的基本要求

(1)根据居住区的功能组织和居民对绿地的使用要求采取集中与分散，重点与一般，及点、线、面相结合的原则，以形成完整统一的居住区绿地系统，并与城市总的绿地系统相协调。

(2)尽可能利用劣地、坡地、洼地进行绿化，以节约用地。对建设用地中原有的绿化、湖河水面等自然条件要充分利用。

(3)应注意美化居住环境的要求。

(4)居住区绿化是面广量大的绿化工程，不应追求名贵的花木树种，应以价廉、易管、易长为原则，绿化可以草地为主，树径不宜过小，宜在 10 cm 以上，在居住区的重要地段可少量种植一些形态优美，具有色、香和地方特色的花木或大树，使整个居住区的绿化环境能保持四季常青的景色。

18.2.5.3 居住区公共绿地的规划布置

1)公共绿地

根据居民的使用要求、居住区的用地条件以及所处的自然环境等因素，居住区公共绿地可采用二级或三级的布置方式。另外，还可结合文化商业服务中心和人流过往比较集中的地段设置小花园或街头小游园。点、线、面相结合，有机地分布在居住区环境之中，形成完整的绿化系统。

2)公共建筑或公用设施附属绿地

附属绿地的规划布置首先应满足本身的功能需要，同时应结合周围环境的要求。例如幼儿园周围的绿化布置，东侧的树丛对住宅起了防止西晒和阻隔噪声的作用，西边的树丛则分隔了幼儿园院落与相邻公共绿地的空间。此外，还可利用专用绿地作为分隔住宅组群空间的重要手段，并与居住区公共绿地有机地组成居住区绿地系统。

3)宅旁和庭院绿地

居住区内住宅四旁的绿化用地有着相当大的面积。宅旁绿地主要满足居民休息、幼儿活动及安排杂务等需要。宅旁绿地的布置方式随居民建筑的类型、层数、间距及建筑组合形式等的不同而异。在住宅四旁还由于向阳、背阳和住宅平面组成的情况不同应有不同的布置。如低层联立式住宅，宅前用地可以划分成院落，由住户自行布置，院落可围以绿篱、栅栏或矮墙；多层住宅的前后绿地可以组成公共绿化空间，由于住宅间距较大，空间比较开敞，一般作为公共活动的场所。

平面绿化与立体绿化相结合，立体绿化的视觉效果非常引人注目，在搞好平面绿化的同时，也应加强立体绿化，如对院墙、屋顶平台、阳台的绿化，棚架绿化以及篱笆与栅栏绿化等。立体绿化可选用地锦、爬藤类及垂挂植物。

4)街道绿化

街道绿化是普遍绿化的一种防护方式。它对居住区的通风、调节气温、减少交通噪声以及美化街景等有良好的作用,且占地少,遮阴效果好,管理方便。居住区道路绿化的布置要根据道路的断面组成、走向和地上地下管线敷设的情况而定。居住区主要道路和职工上下班必经之路的两侧应绿树成荫,这对南方炎热地区尤为重要。一些次要通道就不一定两边都种植行道树,有的小路甚至可以断续灵活地栽种。在道路靠近住宅时,要注意树木对住宅通风、日照和采光的影响。行道树带宽一般不应小于1.5 m。树池的最小尺寸为1.2 m×1.2 m。在道路交叉口的视距三角形内,不应栽植高大乔木、灌木,以免妨碍驾驶员的视线。

18.3 居住区规划的关键技术参数与经济指标

18.3.1 用地平衡表的内容

18.3.1.1 用地平衡表

用地平衡表(表 18-5)的作用是对土地使用现状进行分析,作为调整用地和制定规划的依据之一。通过多方案比较,检验设计方案用地分配的经济性和合理性。用地平衡表是审批居住区规划设计方案的依据之一。

表 18-5 居住区用地平衡表

用地	面积/hm^2	所占比例/%	人均面积/(m^2/人)
一、居住区用地(R)	▲	100	▲
1.住宅用地(R01)	▲	▲	▲
2.公建用地(R02)	▲	▲	▲
3.道路用地(R03)	▲	▲	▲
4.公共绿地(R04)	▲	▲	▲
二、其他用地(E)	△	—	—
居住区规划总用地	△	—	—

来源:陈有川,等.《城市居住区规划设计规范》图解.北京:机械工业出版社,2010.

注:▲为参与居住区用地平衡的项目;△为不参与居住区用地平衡的项目。

18.3.1.2 各项用地界限划分确定

根据我国《城市居住区规划设计规范》(GB 50180—1993)(2002年版)的规定,各项用地的界限划分和计算遵照以下标准。

1)居住区用地范围的确定

居住区以城市干道或公路为界时,则以道路红线为界,如是居住区干道时,以道路中心线为界;与其他用地相邻时,以用地边界线为界;与天然障碍物或人工障碍物相毗邻时,以障碍物地点边线为界;居住区内的非居住用地或居住区级以上的公共建筑用地应该扣除。

2)住宅用地范围的确定

以居住区内部道路红线为界,宅前宅后小路属于住宅用地;如住宅与公共绿地相邻,没有道路或其他明确界限时,通常在住宅的边长以住宅的1/2高度计算,住宅两侧一般按3~6 m计算;与公共服务设施相邻的,以公共服务设施的用地边界为界;如公共服务设施无明确边界时,则按住宅的要求进行计算。

3)公共服务设施范围的确定

有明确用地界限的公共服务设施按基地界限划定,无明确界限的公共服务设施,可按建筑物基底占土地及建筑四周实际所需利用的土地划定界限。

4)住宅底层为公共服务设施时用地范围的确定

当公共服务设施在住宅建筑底层时,将其建筑基地与建筑物周围用地按住宅和公共服务设施项目各占面积的比例分摊,并分别计入住宅用地或公共服务设施用地内;当公共服务设施突出于上部住宅或占有专门场地与院落时,突出部分的建筑基底、因公共服务设施需要后退红线的用地及专用场地的面积均应计入公共服务设施用地内。

5)道路用地范围的确定

城市道路一般不计入居住区的道路用地,居住区道路作为居住区用地界线时,以道路红线的一半计算;小区道路和住宅组团道路按道路路面宽度计算,其中包括人行便道;公共停车场、回车场以设计的占地面积计入道路用地,宅前宅后小路不计入道路用地;公共服务设施用地界限外的人行道和车行道均按道路用地计算,属于公共服务设施专用的道路不计入道路用地。

6)公共绿地范围的确定

公共绿地指规划中确定的居住区公园、小区公园、住宅组团绿地，不包括住宅日照间距之间的绿地、公共服务设施所属绿地和非居住区范围内的绿地。

18.3.2　综合技术经济指标

1)技术经济指标组成内容

技术经济指标组成内容如表 18-6 所示。

表 18-6　综合技术经济指标表

项　目	计量单位	数值	所占比重/%	人均面积/(m^2/人)
居住区规划总用地	hm^2	▲	—	—
1.居住区用地(R)	hm^2	▲	100	▲
(1)居住区用地(R01)	hm^2	▲	▲	▲
(2)公建用地(R02)	hm^2	▲	▲	▲
(3)道路用地(R03)	hm^2	▲	▲	▲
(4)公共绿地(R04)	hm^2	▲	▲	▲
2.其他用地	hm^2	▲	—	—
居住户（套）数	户(套)	▲	—	—
居住人数	人	▲	—	—
户均人口	人/户	▲	—	—
总建筑面积	万m^2	▲	—	—
1.居住区用地内建筑总面积	万m^2	▲	100	▲
(1)住宅建筑面积	万m^2	▲	▲	▲
(2)公建面积	万m^2	▲	▲	▲
2.其他建筑面积	万m^2	△	—	—
住宅平均层数	层	▲	—	—

项　目	计量单位	数值	所占比重/%	人均面积/(m^2/人)
高层住宅比例	%	△	—	—
中高层住宅比例	%	△	—	—
人口毛密度	人/hm^2	▲	—	—
人口净密度	人/hm^2	△	—	—
住宅建筑套密度（毛）	套/hm^2	▲	—	—
住宅建筑套密度（净）	套/hm^2	▲	—	—
住宅建筑面积毛密度	万m^2/hm^2	▲	—	—
住宅建筑面积净密度	万m^2/hm^2	▲	—	—
居住区建筑面积毛密度（容积率）	万m^2/hm^2	▲		
停车率	%	▲		
停车位	辆	▲		
地面停车库	%	▲		
地面停车位	辆	▲		
住宅建筑净密度	%	▲	—	—
总建筑密度	%	▲	—	—
绿地率	%	▲	—	—
拆建比	—	△	—	—

来源：陈有川，等.《城市居住区规划设计规范》图解.北京：机械工业出版社，2010.

注：▲必要指标；△选用指标。

2)主要技术经济指标

(1)住宅平均层数。住宅平均层数是指各种住宅层数的平均值,计算公式如下:

住宅平均层数=住宅总建筑面积/住宅基地总面积

(2)住宅建筑净密度。住宅建筑净密度=住宅建筑基地总面积/住宅总用地面积

(3)总建筑密度。总建筑密度=总建筑基地面积/居住区总用地面积

(4)住宅建筑面积毛密度。住宅建筑面积毛密度=住宅总建筑面积/居住区总用地面积

(5)住宅建筑面积净密度。住宅建筑面积净密度=住宅总面积/住宅用地总面积

(6)人口毛密度。人口毛密度=规划总人口/居住区用地总面积

(7)人口净密度。人口净密度=规划总人口/住宅用地总面积

(8)容积率(建筑面积密度)。容积率=总建筑面积/居住区总用地面积

3)住宅用地指标

住宅用地指标决定于四个因素:

(1)住宅居住面积定额;

(2)住宅居住面积密度;

(3)住宅建筑密度;

(4)平均层数。

18.3.3 定额指标

居住区定额指标是城市规划和建设的定额指标的重要组成内容,这些定额指标的制定也是国家一项重要的技术经济政策。由于居住区的建设量大、投资多、占地广,且与居民的生活密切相关,因此,为了合理地使用资金和城市用地,我国和其他一些国家都对居住区的规划和建设制定了一系列控制性的定额指标。居住区定额指标是城市规划和建设的定额指标的重要组成内容,这些定额指标的制定也是国家一项重要的技术经济政策。新中国成立后曾多次颁布过有关城市规划与建设的各项定额指标,其中也包括与居住区有关的各项定额指标。

居住区规划的定额指标一般包括用地、建筑面积、造价等内容。

18.3.3.1 用地的定额指标

用地的指标是指住区的总用地和各类用地的分项指标,按平均每个居民多少平方米来计算,表18-7和表18-8是原建设部2002年颁布修订的居住区用地平衡控制指标和人均居住用地控制指标。

18.3.3.2 建筑面积的定额指标

建筑面积的定额指标主要是指住宅和居住区内各类配套的公共服务设施的建筑面积,按平均每人居住面积进行计算。市场经济体制下,住宅套型大小的规定也将逐渐面向市场。但是,作为特殊商品的住宅,基于土地节约和社会公平等方面的原则,国家对住宅建筑面积指标提出相应的规定,以控制奢华和浪费等造成的市场无序,确保城市住房建设的健康、可持续发展。

表 18-7 居住区用地平衡控制指标

用地构成	居住区	小区	组团
1.住宅用地(R01)	50～60	55～65	70～80
2.公建用地(R02)	15～25	12～22	6～12
3.道路用地(R03)	10～18	9～17	7～15
4.公共绿地(R04)	7.5～18	5～15	3～6
居住区用地(R)	100	100	100

来源:陈有川,等.《城市居住区规划设计规范》图解.北京:机械工业出版社,2010.

表 18-8　人均居住区用地控制指标

居住规模	层数	建筑气候区划		
		Ⅰ、Ⅱ、Ⅵ、Ⅶ	Ⅲ、Ⅴ	Ⅳ
居住区	低层	33～47	30～43	28～40
	多层	20～28	19～27	18～25
	多层、高层	17～26	17～26	17～26
小区	低层	30～43	28～40	26～37
	多层	20～28	19～26	18～25
	中高层	17～24	15～22	14～20
	高层	10～15	10～15	10～15
组团	低层	25～35	23～32	21～30
	多层	16～23	15～22	14～20
	中高层	14～20	13～18	12～16
	高层	8～11	8～11	8～11

来源：陈有川，等.《城市居住区规划设计规范》图解. 北京：机械工业出版社，2010.

注：本表各项指标按每户 3.2 人计算。

住区内的各类配套公共服务设施的建筑面积的定额指标包括总的公共服务设施建筑面积定额指标和各分项的定额指标，参见《城市居住区规划设计规范》(GB 50180—1993)(2002 年版)。

18.3.3.3　造价指标

我国实行土地有偿使用制度，对居住区的综合造价影响较大，加上建设费用各地标准水平不一，参差甚大。因此，住宅建筑的造价指标受市场影响大。

18.4　城市更新中的旧居住区改造方法及其流程

18.4.1　旧居住区更新规划原则

城市的发展是一个不断新陈代谢的过程。城市中各组成内容本身或相互之间由于历史的、自然的或人为的原因而造成功能失调、衰退甚至被破坏，需要进行不断地调整、维修、改善、更新或改建，使其恢复正常的效能，这个过程一般统称为城市的更新或再开发，而城市居住区的更新或再开发则是旧城再开发的重要组成内容。

18.4.1.1　城市旧居住区的主要问题

城市旧居住区是指城市中具有一定历史年代，住宅建筑、公共配套设施和居住区外部环境需要更新改造的居住区。这些旧居住区中，既有历史上不断形成的在城市中非经规划的居住地段、街区，也有 1949 年以后陆续规划建造的但因为各种原因需要更新改造的居住区。

总体来看，城市旧居住区因面广、量大、投资多等种种原因，更新任务繁重。城市旧居住区存在的主要问题包括：

(1)布局混乱，工厂和居住混杂，道路分工不明，交通不畅。

(2)房屋质量较差，缺少户外公共绿地和各类活动场地，城市基础设施陈旧且超载，不能适应城市现代化的要求。

(3)交通拥挤，居住人口密度较高，居住拥挤，合住户、困难户、缺房户多，住宅成套率低，住宅建筑密度高。

18.4.1.2　城市旧居住区更新的特征

城市旧居住区的再开发不同于一般在空地上新建的居住区，它有其自身的特殊性。主要表现为以下几个方面：

(1)复杂性。旧居住区再开发的复杂性不仅在于需要对再开发地区现状的物质环境(包括地上和地下)进行细致深入的调查和分析，而且还涉及大量社会的、历史的和政策方面的(如私房政策、居民动迁等)一些其他问题。

(2)长期性和阶段性。城市是在不断发展的，而人们生活水平的提高和科学技术的进步也不断对城市建设提出新的要求。由于居住区是大量建造的，它的各项建设标准受到一定时期国家经济水平的制约，而建设标准又随着经济水平的提高而改变，这就决定了旧居住区的再开发的阶段性和长期性。

(3)综合性。城市旧居住区的再开发涉及城市总体规划和控制性详细规划，如更新地区的人口密度需要考虑城市人口的疏解(特别是城市中心区的再开发)，建筑层数的确定要考虑附近名胜古迹的保护和城市基础设施的适应情况等；对于一些具有传统特色的旧居住区的再开发，除了考虑其本身的经济效益外，还要充分研究其历史和艺术的保留价值和城市与建筑文化的环境效益。由此可见，旧居住区的再开发是一项比新建更为困难的工作。

18.4.1.3　城市旧居住区更新的原则

我国2008年1月1日开始施行的《城乡规划法》第三十一条明确规定："旧城区的改建，应当保护历史文化遗产和传统风貌，合理确定拆迁和建设规模，有计划地对危房集中、基础设施落后等地段进行改建。历史文化名城、名镇、名村的保护以及受保护建筑物的维护和使用，应当遵守有关法律、行政法规和国务院的规定。"这一规定可以成为我国城市旧居住区更新的指导原则和操作依据。

18.4.2　城市旧居住区更新改造的方式

旧居住区更新改造方式受到一定时期的经济水平、技术条件和环境现状等的制约，根据不同的更新改造要求可分为维修改善、更新、整治和改建等几种方式。

18.4.2.1　维修改善

维修改善是指一些经常性的维修保护和局部的改善措施，具体包括以下一些内容：

1)维修改善旧住宅和居住区的公共建筑

旧住宅和公共建筑在我国还占有相当大的比重，在条件尚可的情况下加以维修改善，延长其使用年限，对缓和住房的紧张状况起着较重要的作用。房屋的维修改善措施应根据其结构类型、损坏程度、使用年限、建筑与周围环境的关系以及该地区近、远期再开发的要求区别对待。

2)旧居住区室外环境的改善

旧居住区室外环境的改善包括整顿旧居住区的道路和交通，整修路面，整顿道路系统(拓宽、封闭、拉直、开辟、打通、废弃或改变道路性质等)，增辟公交线路或增设公交站点；增设市政公用设施——增设公共给水站、公厕、公用电话、路灯、垃圾箱等；改善环境卫生——减少城市噪声干扰和其他的污染。

18.4.2.2　更新与整治规划

1)更新

更新是指对旧住宅和建筑在保留其外形基本不变的前提下进行内部现代化更新。这种方式一般适用于房屋结构质量较好或外观造型有较大保留价值的建筑或地段。对现状居住区的改变应该反映城镇整体层面对住宅类型、商业服务、公共设施的需求，并对居住区居民的价值观、生活方式、行为模式以及现有物质环境的特征等予以重视。

更新的规划设计一般通过住宅单元成套化改造、内填式开发、现有居住区邻里的保护、功能不足邻里的复兴、非居住空间的转型，以及加入新的居住区邻里模块等多种方式来适应现状建成环境。

2)整治

旧居住区的整治规划是指对一些质量较好的居住区进行调整、充实和完善，特别是对于规划建设年代较早的居住区，限于当时建设条件、经济水平以及管理等方面的原因，在经过一段时间的使用以后，产生了一系列的问题，迫切需要加以解决。这些问题主要有以下几个方面：

(1)土地使用不经济和不合理，需要合理调整和提高土地的使用效率。如早期修建的住宅一般建筑间距偏大，建筑密度较低，因此如房屋结构允许可考虑适当加层，以充分发挥用地的潜力；在居住区内原先规划的用地有些被改变用途，甚至被有碍居住环境的单位或设施所占用，对此应采取相应的措施以保证居住区用地的合理使用。

(2)公共服务设施不足，居民使用不便，需要充实和提高。一些居住区内各单位自成系统，各自为政，分散建设，无统一规划，有些因生活水平提高和情况的变化，对公共服务设施有了新的要求，如自行车、摩托车、小汽车等的存放、老年人活动用房和居住区工业用房等，需要在现有基础上充实提高。

(3)市政工程和公用设施有的潜力还没有充分发挥，有的则相反，水压不足、排水不畅，交通不便，需要进一步改善。

(4)居住区公共绿地不断被占用，各类居民室外活动场地需要进一步充实。

(5)为了加强安全管理，需要加设围墙、门卫、安保等设施。

3)改建

旧居住区的改建是指较大规模改造建设，有的甚至是进行重建。这种方式工程量大、投资多、时间长、问题复杂。根据改建地区的具体条件和改建需要可分为局部改建、道路沿线改建和成片集中改建等几种方式。

(1)局部改建。局部改建是指在大部分建筑质量较好、需要保留或保护的居住地区，对部分质量较差的建筑进行拆除重建，或利用旧居住区的一些空地进行插建。虽然只对整个旧居住区作局部的改建，但它涉及的问题有时可能是全局性的。例如利用空地插建住宅虽然能增加建筑面积，但插建过多，不注意留出公共绿地和室外活动场地，或者不考虑现有公共设施的服务能力，势必降低该区域的居住质量。

制定局部改建规划时，应以该地区范围的控制性详细规划为依据，明确局部地区的改建要求，确定相应的技术经济和规划建筑艺术等方面的要求。局部改建宜相对集中力量成组成群地改造，以利施工组织和建筑面貌的统一。在局部拆建和插换时，有时为了就地安置拆迁户和合理利用土地，对新建住宅的套户型、平面组成、住户面积分配标准和建筑的形状等有一定要求，往往不能一般地套用定型设计图纸，须单独设计。要适当处理新建房屋与原有建筑在外观上的相互关系，对建筑的体型、立面、色彩等方面要注意新旧协调，有时还要全面考虑与周围环境的关系。特别是在一些风景城市和历史名城的著名风景点、建筑保护区进行局部改建时，建筑的规划布置、层数、体型、色彩等应与周围的环境协调。

(2)道路沿线改建。道路沿线改建一般是为满足城市交通发展(需开辟或拓宽道路)或改造市容的需要，有时两者兼有。

道路沿线改建应根据该道路在城市总体规划中所确定的性质、红线宽度、交通状况和道路沿线的现状(包括建筑、人防、地下管线等)以及街坊内部的改造要求统一规划，综合设计。沿街建筑的项目、规模、层数、标准主要取决于该地区或整个城市的总体要求，考虑土地混合使用性质的要求。而建筑的规划布置手法应视道路的性质和交通的组织方式而异，如对于交通性干道，一般不宜过多地将商业服务和文化娱乐设施等沿线布置，以避免大量人流和车流的相互干扰。但如将公共服务设施集中布置在道路一侧，可减少人车相互干扰，如因各种原因需在两侧布置时，则应采用人行天桥、地下人行过道或将部分车道转入地下或架空，形成步行街，以保证交通与行人的安全。沿街住宅的布置首先应满足住宅对日照、通风及防止交通噪声干扰等要求。为防止噪声的干扰，在规划布置上可后退道路红线，或沿街布置低层商店、车库，或设置隔声障壁(绿化或防噪声墙)等。

道路沿线改建时应考虑街道宽度与两侧建筑高度的适当比例和沿街建筑空间的组织。道路沿线改建应集中力量一次建成，如限于资金和拆迁困难等原因，可分段、成组地建设，以有利于形成完整、协调的沿街建筑群体。道路改建时的选线既要考虑拆迁少，又不能过分迁就现状，要作深入的调查和分析比较。

(3)成片集中改建。成片集中改建的旧居住区，一般房屋质量普遍较差，有的已无法维修，继续维修在经济上得不偿失。此外，因受地震、火灾等自然或人为灾害严重破坏的居住地区也可能采取这种改建方式。成片集中改建能较大改变旧区的面貌和改善居民的居住条件，但一次投资较大。

18.4.3 城市旧居住区更新规划的调查研究

调查研究工作对旧居住区的更新或再开发特别重要。旧居住区的调查是一项十分繁杂、细致的工作，必须依靠当地群众，分系统、分地段、资料信息收集与用地调查相结合，可采用发调查表格、开座谈会、现场调查和观测等各种方式，掌握确切的资料，对旧居住区的质量进行综合评价，建立更新地区现状资料档案，备作查考和规划的依据。

调查的内容视更新或再开发地区的具体情况和要求而有所侧重，一般包括以下几个方面：

(1)土地使用状况调查。土地使用现状包括各类用地的使用性质、使用单位、分布、范围和相互关系，可通过图、表表示。此外，需了解各项用地存在的问题及各单位今后发展要求。

(2)建筑现状调查。各类建筑的使用性质、面积、层数、质量(可按结构类型、使用年月、设备标准、损坏程度等拟定鉴别的等级)、历史价值、产权所属等，可以用图、表表示。结合土地使用现状，分析建筑密度和建筑面积密度。此外，全面或选择典型地段调查那些需要保留或更新的住宅平面组成。

(3)居住人口状况调查。包括更新地区的总人口、人口的年龄以及性别构成，总户数和户型组成，出生率和人口发展的预测。并结合用地和建筑调查，分析人口密度和居住水平(按困难户、缺房户等详细划分)。更新、改造地区居民的职业、工作地点、经济收入、生活习惯等。

(4)配套公共设施调查。包括各类公共服务设施的项目、规模(包括建筑和用地面积)、服务半径、服务质量等，以及存在的问题和发展要求。

(5)市政公用设施现状调查。包括给排水、供电、供热、供燃气等状况，各种地上、地下管线的架空和埋设位置、架设高度、埋深和管径大小等，道路现状的断面、线型和路面构造，规划红线宽度和断面，交通状况(交通量和公共交通线路以及站点位置)。上述内容可用图来表示。此外，如有人防工程、桥梁、河道及其驳岸和其他工程设施也须作详细的调查。

(6)旧居住区产业现状调查。工厂的生产情况，原料和成品的运输方式、运输量、生产过程是否对周围环境产生污染(如废气、噪声等)，工厂生产发展的要求以及迁移的条件等。

(7)生态环境质量调查。地区内大气被污染情况、噪声状况、原有保留住宅的日照和通风条件等。

(8)改造资金筹措。建设资金来源、政府集资和各单位自筹资金的数量，以及其他可能集资的力量。

(9)社区文化与社会网络。包括更新改造地区的社区文化活动特色、社区邻里组织和公众参与的程度，充分了解居民的更新改造意愿。

(10)行政区划范围与改造权限。

18.4.4 城市旧居住区更新规划中的若干问题

18.4.4.1 用地的调整

1)用地调整的必要性

由于城市旧居住区大部分是历史上逐渐形成的，有的还由于种种原因而造成布局混乱、土地使用很不合理等情况，因此在进行旧居住区的更新改造时，首先要合理地调整用地性质。但是用地性质的调整常常遇到各种困难，其中最突出的是土地的“单位所有”。土地的单位所有不仅严重影响用地的合理调整，而且也不利于土地的综合利用，不利于提高城市用地的使用效益。

2)调整用地的原则

(1)居住用地宜相对成片集中，以便组织居民生活和经济合理地布置公共服务设施；

(2)有利于工厂企业等单位的生产与管理；

(3)打破用地单位所有界限，综合利用城市土地，以提高土地的利用效益；

(4)利用市场机制和手段合理进行用地置换。

18.4.4.2 住户的再安置

1)住户再安置的重要性

这是一项十分繁复和细致的工作。它不仅涉及广大群众的切身利益，而且再安置的快慢直接影响更新改造的速度，因此必须按照有关的政策和法令(如土地使用、私房的拆迁补偿等)认真细致地进行，既要满足居民的合理要求，又要对个别不合理的要求作耐心的说服，必要时可通过法律解决。

2)再安置的方式

(1)一次搬迁,即直接安置到新建住宅,这是较理想的方式。但采用这种方式需要有一批周转住宅房源,这在城市住房十分紧缺的情况下是比较困难的。而且如果周转房源离城市中心较远,居民往往不愿搬迁,最好能在改建地区就近解决。在旧居住区改造中也采用居民回迁的方式,受到居民欢迎。

(2)两次搬迁,又称临时过渡的方式。在缺乏周转房源的情况下,可采取就近搭建简易的临时周转住房,或采用市场手段解决暂时安置,一般时间不宜太长,以免造成居民生活长期不便。

3)旧居住区居民再安置的多元化方式

采取包括货币安置、住房安置等多元化方式,提供原住户居民多种途径以满足不同收入家庭的多元化需求,维护原有的或努力再造新的社会网络,有效避免居住社会隔离现象。

18.4.4.3 具有历史价值地段的住宅和传统民居的保护和保留

我国历史悠久,拥有丰富的城市建筑遗产,很多具有我国民族和地方特色的民居及居住区不仅是我国城市建设和建筑文化艺术宝库中的重要组成部分,同时在世界城市建设和建筑史上也占有重要的地位。因此,对这些建筑和地区的改建,除了要考虑其建筑和环境质量外,更重要的是衡量其保护和保留的价值。

18.4.4.4 城市低收入家庭住房规划建设

1)市场经济体制下住房政策的特征

商品化住房政策促进了城市用地结构调整,遵循土地市场价值规律,促进了城市房地产产业的迅猛发展,成为国家经济建设中的支柱产业。但是同时,住房商品化以经济效益为导向,加剧居住社会隔离现象的发生。因此,应重视对城市低收入家庭住房的规划建设,包括经济适用房、廉租房的建设。

2)城市低收入家庭住房规划布局总体要求

《城市规划编制办法》(2006 年 4 月 1 日施行)第三十一条有关中心城区规划应当包括内容中指出:“研究住房需求,确定住房政策、建设标准和居住用地布局;重点确定经济适用房、普通商品住房等满足中低收入人群住房的居住用地布局及标准”。这一原则,成为居住区规划建设关怀低收入家庭要求的重要支撑。

18.5 城乡一体化背景下西部乡村特色居住区规划实践

城乡一体化早在 19 世纪中后期就在发达国家正式出现了,美国从 1860 年至 1910 年城市人口猛增,其直接结果是实施了城乡一体化发展战略。我国改革开放后,尤其是社会主义市场经济快速发展,强烈呼唤着实施城乡一体化的发展战略。进入 21 世纪以来,在科学发展观的指导下,我国城乡关系进入了新的发展阶段。2003 年,党的十六届三中全会,明确提出了“五个统筹”的战略思想,“统筹城乡”发展上升为国家战略。之后,2004 年十六届四中全会,胡锦涛总书记提出的“两个普遍性倾向”;2005 年十六届五中全会,“社会主义新农村”建设的提出;直到 2007 年十七大“形成城乡经济社会发展一体化新格局”的明确提出,标志着国家在战略层面真正进入了推进城乡经济社会发展一体化的新阶段。

城乡一体化是一种在现代条件下,城乡互补、协同发展和共同繁荣的新型城乡关系的选择;是一种城乡关系进入以互补、融合、协同发展为基本标志的理想状态的目标模式;是强调城乡互动、协同发展过程,表达城乡社会经济高度发达、高度协调的结果。在我国,城乡一体化的本质就在于彻底消除现存的城乡二元体制结构,促进城乡互动,使高度的物质文明与精神文明达到城乡共享。城乡一体化其本质就是把工业化、城市化、农业农村现代化有机整合起来,促进城乡二元经济结构向现代社会经济结构的转变,实现城乡一体化发展,着重解决日益严重的“三农”问题。将城乡作为统一体进行综合的社会经济分析的基础上,对城乡发展的空间、生态环境做出具体的布局安排。因此城乡一体化规划实质上是在综合考虑城乡关系基础上的空间整体协调发展规划。将城市与乡村作为一个整体进行城乡一体化的规划研究,突破了以前以城镇为中心的规划(区域规划、城镇体系规划、城镇总体规划等)思维局限,体现了区域整体性的综合思想,是规划观念与手段的重大革新。

城乡一体化规划的基本理念一方面是由分离规划向统筹规划转变。打破城乡分离，城乡实施统一的规划管理，城市和农村统筹资源配置、空间布局和建设管理，促进城乡经济、建设互动发展，城乡居民生活质量共同提升；打破体制分割，实现社会经济、土地利用和城乡规划的三位一体；打破行政区划，将产业发展、功能区划、镇区发展建设、城市空间布局有机结合，使其系统化、科学化。体现规划的整体性和各部门规划的衔接性，力求规划一张图，空间全覆盖。使地区之间相衔接，部门之间相协调。城乡一体化规划的基本理念另一方面是由静态规划向动态规划转变。体现规划的实用性和前瞻性，将规划分为近期、中期、远期三个阶段，夯实近期、衔接中期、前瞻远期。体现规划的时效性，对规划实施情况进行跟踪，并根据实际情况和形势变化对规划进行局部和实时修改。

城乡一体化发展战略的实施，将会呈现出大量的农村变城市，农民变居民的现象。进而，就出现了城乡一体化居住区的问题。这种乡村居住区从规划到设计与原有的城市居住区有许多不同，它要求城市规划和建筑设计者必须突破旧理念，走出老套路，按照城乡一体化的发展战略，去规划、设计农转居安置居住区。既要注重理论研讨，又要注重实践探索，这是一项综合性的系统工程，要研究专业性的内容，也要研究社会性、自然性等内容。

城乡一体化背景下的农村新居从其基地现状和生成动力来看，大致可分为三种模式，即迁移积聚、产业升级和同化改造。其中，迁移积聚主要是针对较大范围的土地整理项目和生产条件差、农业产业发展缺乏有效支撑的情况；多在城区、镇区及其附近，形成类城市居住小区的居住模式。产业升级模式一般出现在区位条件较好和聚居面积较大的“空心村”“路边村”。同化改造则主要在城市建设用地内的“城中村”和中心城镇扩展范围内的城郊村，重点是更新改造，完善基础设施和社会配套设施，就地实现“城市化”。

我国农村居住人口众多，不同地区的自然气候条件、地理特征、地域文化、生活习惯也截然不同，因此各地乡村居住区规划需要城市规划和建筑设计者不断探索符合当地特点的合理模式。以下拓展阅读列举城乡一体化背景下西部乡村特色居住区规划实践供读者参考讨论。

本章小结

本章居住区规划从居住区的基本概念入手，回顾了居住区规划理论发展过程，结合我国的居住区规划发展特点，由此引出了居住区规划设计的核心内容：用地功能布局、住宅布局、公共服务设施的规划布置、道路交通的规划布置、绿地系统的规划布置。最后再介绍居住区规划的技术经济指标，从而对居住区规划从基础理论到规划设计到技术经济方面有了系统的认识。作为城市居住区规划的一个重要组成部分，城市旧居住区的更新规划也日益重要。文章篇末亦对这一领域提出了一套调查研究、规划的基本思想方法及设计手段，从而更加整体、更加全面地构建对居住区规划的认识。

思考题

1. 收集并分析一个历史文化名城的旧城居住区改造案例。

2. 结合你家乡所在城镇或乡村的典型居住区，思考其规划特点。对其现阶段表现出的问题，可以做哪些改进？

3. 如何从社区的角度评估居住区规划？

第19章

城乡文化遗产保护与旅游开发规划

本章导读：本章主要介绍了城乡文化遗产的概念、特性以及基本构成。梳理了国内外城乡文化遗产保护与旅游开发过程中重要的成果与实践经验，并重点总结了城乡文化遗产保护与旅游开发相互协同的规划要点与发展模式。

知识点拓扑关系图说明：

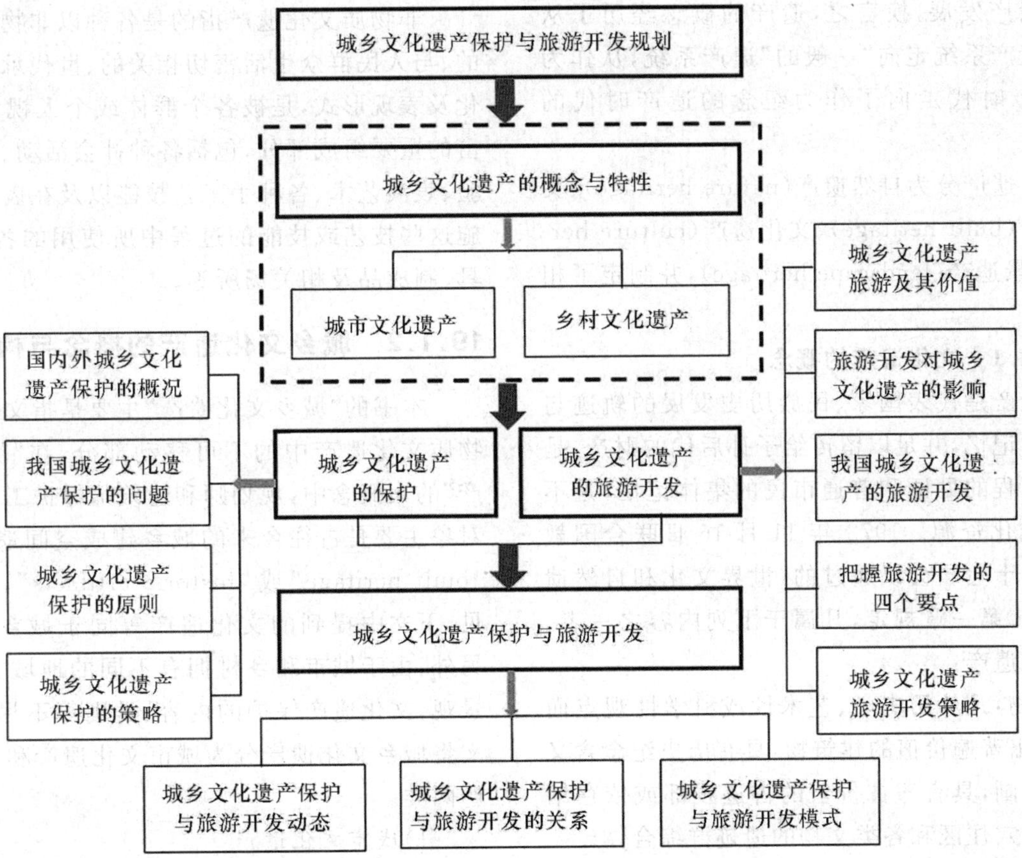

19.1 城乡文化遗产的概念与特性

19.1.1 文化遗产的概念与分类

“遗产(heritage)”一词大约产生于20世纪70年代的欧洲，其含义与“继承(inheritance)”紧密相连，通常指从祖先继承下来的东西。从20世纪80年代中期开始，“遗产”的含义开始被不断引申，地方文脉、历史人物等被都认作是一种遗产，并越来越多地被用作商业用途。20世纪80年代晚期，一些民间艺术、民族建筑风格就被认为是遗产，遗产进入大众化阶段。

总的看来，遗产的概念从“祖辈传下来的”发展到“与个性概念密切相关的”象征性遗产，从物质遗产向非物质遗产发展，从国有遗产向社会、民族和社区拥有的遗产发展，换言之，遗产的概念经历了从“特殊的”遗产系统走向“一般的”遗产系统，从作为历史的遗产时代走向了作为纪念的遗产时代的过程。

欧洲将遗产分为自然遗产(nature heritage)、文物古迹遗产(built heritage)、文化遗产(culture heritage)与风景遗产(landscape heritage)，并制定了相关的政策。

19.1.1.1 文化遗产的概念

文化遗产是代表国家、民族历史发展的轨迹与人民生活的记忆，并足以留传给子孙后代的财产，是城市发展历程的见证和普通市民的集体记忆，是不可再生的文化资源。1972年11月16日联合国教科文组织第十七届会议通过的《世界文化和自然遗产保护公约》第一章规定，凡属于下列内容之一者，可列为文化遗产：

(1)文物：凡从历史学、艺术性或科学性观点而论，具有突出普遍价值的建筑物，具有历史纪念含义的雕刻和绘画，具有考古价值的古迹残部或依存结构、铭文、洞穴住区和各类文物的遗迹群综合体。

(2)建筑群：从历史学、艺术性或科学性观点而论，具有突出普遍价值的单独或相互关联的建筑群，其建筑形式及其在景观中的地位具有同一性。

(3)遗址(名胜地)：从历史学、美学、人种学或人类学角度而论，具有突出普遍价值的人为(人造)工程或自然与人工结合的复合工程，以及保留有古迹、古遗址的地区。

19.1.1.2 物质文化遗产与非物质文化遗产

2005年国务院出台了《关于加强文化遗产保护的通知》，其中将文化遗产划分为物质文化遗产和非物质文化遗产，并对其概念做出了详细解释。物质文化遗产是具有历史、艺术和科学价值的文物，包括古遗址、古墓葬、古建筑、石窟寺、石刻、壁画、近代现代重要史迹及代表性建筑等不可移动文物，历史上各时代的重要实物、艺术品、文献、手稿、图书资料等可移动文物，以及在建筑式样、分布均匀或与环境景色结合方面具有突出普遍价值的历史文化名城(街区、村镇)。

非物质文化遗产指的是各种以非物质形态存在的、与人民群众生活密切相关的、世代承袭的传统文化及表现形式，是被各个群体或个人视为其文化财富的重要组成部分，包括各种社会活动、生产生活经验、表演艺术、各种手工艺技能以及在表演、讲述、实施这些技艺或技能的过程中所使用的各种实物、工具、制成品及相关场所等。

19.1.2 城乡文化遗产的概念与构成

本书的“城乡文化遗产”主要是指文化遗产中的物质文化遗产中的不可移动部分，在“城乡文化遗产”的大概念中，规划师和建筑师保护工作的范围和对象主要是古往今来的城乡建成空间遗产，英文叫“built heritage”或“historic artifacts”。为方便起见，下文中提到的文化遗产等同于城乡文化遗产。另外，由于城市和乡村拥有不同的地域文化和地域景观，文化遗产保护的内容、类别等不尽相同，故本文将城乡文化遗产分为城市文化遗产和乡村文化遗产两类。

1)城市文化遗产

城市文化遗产，就是指文物古迹、历史建筑、历史街区以及历史城镇等，或者说是具有文化意义的建成环境遗产，它展示了一个城市的历史、文明和特色。城市文化遗产有广义和狭义之分。广义的城市文化遗产，包括在城市行政辖区范围的所有文化遗产(有形的和无形的、列入保护的和未列入保护的)和自然遗产(风景名胜区、自然景观等)；狭义的城市文化遗产一般包括：历史建筑及其周边环境；城市内的历史地段，如历史中心区、历史街区、工业遗产地段等；历史城区，包含公共空间、街巷肌理等在内的历史性建成环境。

2)乡村文化遗产

乡村文化遗产是人类与乡村环境和传统农业社会长期共同作用的产物，具有明显的世代延续特征和鲜明的地域特色，在形态上包括农业生产遗产和乡土聚落遗产、乡土建筑等，在内涵上承载着独特的乡土文化记忆(表 19-1)。乡村遗产的展示是一种乡村文化记忆的意义再生产实践文化遗产。

表 19-1　城乡文化遗产构成表

<table>
<tr><th>分类</th><th>大类</th><th colspan="2">小类</th><th>具体内容</th></tr>
<tr><td rowspan="14">城乡文化遗产</td><td rowspan="10">城市文化遗产</td><td colspan="2">历史文化名城</td><td>传统格局、历史风貌、空间尺度、历史环境、自然景观等</td></tr>
<tr><td colspan="2">历史文化街区</td><td>保存文物古迹丰富、历史建筑集中成片、传统格局和历史风貌具有一定规模的地区</td></tr>
<tr><td colspan="2">工业遗产</td><td>生产场所、工人住宅、交通系统、社会生活遗址、工业景观等</td></tr>
<tr><td colspan="2">历史建筑</td><td>历史风貌、空间尺度、历史环境等(未公布为文物保护单位，也未登记为不可移动文物的建筑物、构筑物)</td></tr>
<tr><td rowspan="6">不可移动文物</td><td>全国重点文物保护单位</td><td rowspan="4">古文化遗址、古墓葬、古建筑、石窟寺、石刻、壁画、近代现代重要史迹和代表性建筑</td></tr>
<tr><td>省级文物保护单位</td></tr>
<tr><td>市级文物保护单位</td></tr>
<tr><td>县级文物保护单位</td></tr>
<tr><td>登记不可移动文物</td><td>尚未核定公布的文物保护单位</td></tr>
<tr><td>历史建筑</td><td>反映历史风貌和地方特色的建、构筑物</td></tr>
<tr><td colspan="2">可移动文物</td><td>各时代重要实物、艺术品、文献、手稿、图书资料、代表性实物等</td></tr>
<tr><td rowspan="4">乡村文化遗产</td><td colspan="2">历史文化名镇</td><td rowspan="2">传统格局、历史风貌、空间尺度、历史环境、自然景观等</td></tr>
<tr><td colspan="2">历史文化名村</td></tr>
<tr><td colspan="2">传统村落</td><td>文化与自然资源、历史信息、文化景观、乡土聚落、农耕文明等</td></tr>
<tr><td colspan="2">乡土建筑</td><td>村落中的民居住宅、祠堂庙宇等公共建筑、桥梁等构筑物，包括周边具有历史和文化意义的环境</td></tr>
</table>

19.1.3 城乡文化遗产的特性

(1)共有性。随着国与国之间文化交流的日益频繁,文化共融、文化共享已是全人类的主题,文化遗产是属于公众的,也就是指一个消费者对它的消费不能同时拒绝其他人对它的消费。从根本意义上说,广大民众既是这些珍贵文化遗产的创造者,也是文化遗产的传承者,是文化遗产的第一主人。文化遗产是属于全社会的共有财产,是历史文化的积淀,也是民族精神的延续,所以它的传承及可持续发展需要全社会的共同努力。

(2)传承性。能够使我们祖先创造的文明成果完好无损地、世世代代地传承下去,是每个时代的责任。这里的传承有两方面的含义:一是对于作为文化遗产实体的保护性传承,另一方面就是对物质遗产所承载的文化讯息的精神传承。二者相辅相成,缺一不可。传承性是物质文化遗产的内在动力,这就要求我们在城市建设、社会发展的同时,保护遗产资源,传播文化积淀。文化遗产的传承性是保护物质文化遗产的关键所在,一旦失去,物质文化遗产的灵魂将不复存在。

(3)稀缺性。文化遗产具有不可再生性、不可替代性,若是从整个人类文明发展史来看,文化遗产的现实存量是很少的,今日留存的那一部分也总受到诸多方面的威胁和破坏,会随着时间的推移越来越少。我们总是容易以我们国家丰富的文化遗产为骄傲的资本,但是如果考虑到几千年没有中断的华夏文明和十几个亿的人口基数,可以清楚地看出我们今日留存的文化遗产并不是那么乐观。

(4)整体性。一方面文化遗产自身组成部分和构成是一系统的整体,另一方面文化遗产又总是产生发展于特定的自然历史环境中,与所处自然及社会文化环境构成一个不可分割的整体。比如安徽宏村,作为我国乡村规划的典范,其水、民居街巷和环境相互融合共同构成一个有机关联的整体;再如庐山,其儒、释、道文化遗迹和近代别墅群以其独特的方式融入具有突出价值的自然美景之中,形成了具有极高美学价值的、与中华民族精神和文化生活紧密相连的文化景观。

19.1.4 保护城乡文化遗产的紧迫性

文化遗产是人类智慧的结晶,它直观地反映了人类社会发展的这一重要过程,是我们社会发展不可或缺的物证。文化遗产具有不可再生性、不可替代性、稀缺性、整体性的特性,同时又有历史的、社会的、经济的和审美的价值。因此文化遗产的保护具有重要的意义,保护文化遗产就是保护人类文化的传承,培植社会文化的根基,维护文化的多样性和创造性,保护社会的不断向前发展。推动城乡文化遗产的保护,形成无法取代的地方特色、技术和产业,是回应全球化的最佳方式。中国的城乡文化遗产的品质和丰富性是我们的财富,但目前文化遗产的现状却不容乐观。我国的城乡文化遗产保护已经成为亟待解决的问题,城乡文化遗产保护将选择怎样的发展之路呢?已经到了一个关键的时刻!

19.2 城乡文化遗产的保护

19.2.1 国内外城乡文化遗产保护的概况

19.2.1.1 国外城乡文化遗产的保护概况

城市文化遗产保护源自历史遗迹(monument)的保护。希腊通过立法进行保护开展较早,1834年有了第一部保护历史遗迹的法律。19世纪末以来,世界各国陆续开始通过现代立法保护国家的文物古迹。西方的文化遗产保护脱胎于纪念物保护,但其后的演变已远远超越了历史建筑的范畴。不仅保护的对象不断扩展,而且保护的对策也更为多样与成熟。历史保护已成为城市政府的发展政策,城市规划的重要价值取向。保护已从纯粹纪念性关注走向规划意义上的关注,从物质形态的解决转而为在一个更大的系统内寻找对策(涉及经济、社会、环境生态等诸多领域)。

19.2.1.2 我国城乡文化遗产保护进程

我国现代意义上的文物保护立法始于20世纪初。光绪三十二年(1906年),清政府设立民政部,拟定《保存古物推广办法》,并通令各省执行。1949

年之后，新中国的文物保护制度逐步建立起来。在2000年以前，存在把建筑当文物看的理念，2000年后，才真正形成把历史建筑、历史名城、名镇、名村等当遗产看的理念(表19-2)。

表 19-2　我国文化遗产保护制度建设进程表

分期	总结
古物古迹保护滥觞 (1900—1948年)	由于时局动荡等原因，没有形成长期稳定的管理机制，地方政府也没有设置相应的文物管理机构，保护法规基本没有得到执行，大量文物仍处于管理不善的状况
保护制度的萌芽期 (1949—1977年)	随着国家工农业的发展，各项基本建设工程的进行以及法制的不断完善，制定文物保护相关法规被提上日程，相关法规的起步建设，标志着我国文物保护制度的基本创立
保护制度的创立期 (1978—1999年)	1982年11月19日，全国人大常委会第25次会议通过的《中华人民共和国文物保护法》，奠定了国家文物保护法律制度的基础，标志着我国文物保护制度的建立
保护制度的发展与完善期 (2000年之后)	2001年起历史文化名城的增补 2002年修订的《文物保护法》增设了历史文化街区保护制度 2007年，《中华人民共和国城乡规划法》注重保护自然资源和历史文化遗产，保持地方特色、民族特色和传统风貌 2008年，国务院公布了《历史文化名城名镇名村保护条例》 2012年，公布了首批传统村落名单 2000年之后，我国的文化遗产保护制度从规划、立法、管理、学术研究及人才培养等多方面不断发展与完善，在理论和实践方面都积累了一些富有中国特色的遗产保护经验

19.2.2　我国城乡文化遗产保护存在的问题

虽然从20世纪末我国已开始重视文化遗产保护，但是在具体的操作中对于文化遗产的保护仍存在很多问题。主要有：

1)注重的保护对象主要以建筑遗产为主

虽然中国的历史文化遗产保护体系已经走过了从文物—历史文化名城—历史文化保护区的过程，但是几乎所有的管理、资金和技术的投入都在文物保护方面，甚至无视其周围的环境。可借鉴较为典型的反面案例是遵义会议会址，将文物保护单位周围的街区拆除，铺满鲜花绿地以衬托文物保护单位。这种方式被认为既美化了城市，同时又减少了文物建筑存在的隐患，但其实破坏了文化遗产的整体性。

2)投入的保护努力主要以物质更新为主

到目前为止，无论是从国家、地方或者企业的行为对于城市遗产所进行的努力，几乎都是物质性更新。这其中包括对于历史建筑的保护与整治、对于基础设施的改善等。可以看到有关这方面的理论和技术也日趋成熟，江南小镇中的历史建筑修复技术也已经达到了比较高的水平。确实，这些都是城市遗产保护的非常重要的基础工作。但是，很少有地方将城市遗产区作为城市的一个有生命的部分，除了旅游经济以外，几乎没有深入研究在其中可能发展的其他经济活动，更少有地方关注到城市遗产区中的居民生活和工作，以及他们应有的权利。因此，产生很多社会问题，从而也使得城市遗产保护更加艰难。

3)采取的保护的行动主体以政府为主

政府投入是目前我国文化遗产保护的主要经费来源，但国家财政投入远远不足，使文化遗产保护利用的效果不尽人意。在计划经济年代，挂牌的文化遗产保护完全由国家财政负责，保护主要局限于文物古迹(文物保护单位)的个体保护范畴。这样的保护体现了公共利益，由政府所代表、且不容“挑战”，留给社会个体或私人的空间则相应很小。在利益主体多元的背景下，与保护相关的利益诉求及行动方式也必定会显示出多样性，保护势必要从单一主体的政府行为转变为由多主体共同参与的社会行动。

· 城乡遗产区作为城市的组成部分，是具有生命力的有机体。因此，对于它的保护和发展，必须考虑到物质、经济和社会的全面复兴，应该将它作为城市发展的积极因素，纳入到城市整体发展战略中，以达到城市地区的复兴和可持续发展。

19.2.3 城乡文化遗产保护的原则

城乡文化遗产已深化和丰富了《威尼斯宪章》中围绕“历史古迹(monument)”概念展开的遗产界定方式，遗产保护从注重历史古迹保护转向对历史古迹及其整体的文化环境、网络与生态的保护延续，开始由最初的“原真性”“法律性”等特性延伸并关注文化遗产保护的“区域性”“文化生态性”和“战略性”“可持续性”等特性。

1)原真性原则

文化遗产的根本特点是它的不可再生性，一旦失去便永远失去。任何复制品都不可能具有原有的价值。

原真性(authenticity)是国际公认的文化遗产评估、保护和监控的基本因素。随着中国越来越多地参与到国际文化遗产保护的合作与交流中，原真性概念及原则对促进中国文化遗产保护的理论和实践的发展有重要的意义。一方面，在中国文化遗产保护中贯彻原真性的原则，有助于提高对文化遗产价值的认识，改进保护的理论和实践；另一方面，中国也必须在符合国际保护理论精神的基础上，发展出符合中国国情和文化特征的保护理论和方法。文物古迹是中国文化遗产保护的主要对象，保护的目的是真实、全面地保存并延续其历史信息及全部价值。保护的任务是通过技术和管理的措施，修缮自然力和人为造成的损伤，制止新的破坏。所有保护措施都必须遵守不改变文物原状的原则。

杭州雷峰塔重建就是近年来关于文物古迹重建的“原真性”争议案例，2002年雷峰塔重建工程正式竣工，虽然做了恢复性重建，室内增加了电梯，但已失去了其历史的“原真性”。雷峰塔自1924年倒塌以后，已失去近80年。从景观重视的角度看，雷峰塔对整个西湖轮廓线的构成，尤其是西湖南线景观的塑造具有重要的地位和作用。但是，在雷峰塔的历史上，它以其完整的宋塔形象持续了近600年。自明以后，雷峰塔外部木檐被毁，仅存残损的砖砌塔身，然而雷峰塔这样一种残缺美在以后的400年间被人们广为欣赏和称道，却没有被重修重建。因此是雷峰塔的原真性，而不是完整性构成了它的主要历史价值。

2)法律性原则

保护规划其实就是对城乡遗产本体及其历史环境发生人为改变的强制性管控。无论大小和多少，变化是必然的，但底线设置也是必需的，保护规划就是设置管控变化的底线，而且必须具有法律效应才能真正算数。好的有实际价值的保护规划，一定要针对不同的保护层面，有一套既严格又灵活的价值观导向和管控纲领。早在20世纪50年代，上海就以学术研究为先导，开始着手进行有关城市建筑历史的“三史”(古代史、近代史和现代史)调查工作，率先提出保护名单、颁布相关保护法规。长期以来十分重视历史建筑和历史地区的保护工作，如今的上海成功地保护了城市历史风貌，提升了城市品位，弘扬了都市文化，塑造了城市精神，进一步凸现了上海历史文化名城与现代化国际大都市相互交融的独特魅力。取得的这些成绩都与其建立并逐步完善了严格的城市历史文化遗产保护管理制度有着紧密相连的关系。

3)区域性原则

有关城乡文化遗产的保护，已成为非常紧迫的问题，因为不仅仅是物质空间的保护，更多是中国文化根基的保护，比如在皖南，是整个区域性的历史资源保护的课题。以前很多的规划是针对名城名镇名村，提出区域性的概念，是希望在地域上，打破现有地行政边界，更多考虑历史文化的关联性。在整个区域里无论是物质的还是非物质的，不同类型的遗产，不管已经列入还是没有列入的文化遗产，都应该平等看待。须认识到，历史文化资源是相互联系的，点状的资源通过血缘的关系、家族的关系、产业的关系、交通的关系等等形成一个网络，构成了这个区域的文化特质。比如乡村遗产保护和乡村规划应该有更多的交流和协作。把原来孤立的、隔离的、静态的历史文化资源，看成有机的生命体，它如何与所在区域进行良性互动，成为非常有活力的生命体。

例如禹州市历史文化名城街区保护规划，规划应该有一个区域性的文化关联性作为保护与发展的基础性支撑，而不是简单划一条物质空间的红线区别保护区和非保护区。如果抓住这些线索，文化遗产保护的深度就应该比现在要深刻得多。

4)文化生态性原则

由于城乡文化遗产概念逐渐拓展到文化与自然之间的相互作用及其影响，强调文化遗产与人、自然环境、社会环境密切相关的统一整体，过去注重单一空间保护的遗产保护规划编制方法、思路与技术体系难以适应这一发展变化。因此，需要借助文化人类学、文化生态学等多学科视野，突破单一空间保护概念，加深对文化遗产的理解和认知，在认知方法、价值评估、规划方法上做出相应的拓展与改变，依据系统保护的观点与方法，加强保护内容的关联性和整体性。

文化生态保护区的规划为突破传统单一空间保护概念，避免孤立和片面的保护，走向整体保护提供了一种新的思路和新的探索。文化生态保护区作为一种特定的保护空间地域，历史文化积淀丰厚、存续状态良好，既具有重要的价值和鲜明的文化形态，又有非物质文化遗产的传承人或传承群体，以及与之相关的文化生态环境，是文化生态系统、社会生态系统和自然生态系统融合的有机整体。其建设目标强调以保护非物质文化遗产为核心，对具有重要价值和鲜明特色的文化形态进行一体化保护，将有形的物质文化遗产如古建筑、历史街区与村镇、传统民居及其他历史遗迹等，与无形的非物质文化遗产如口头传说、传统表演艺术、民俗活动、礼仪、节庆、传统手工技艺等，以及这些文化遗产所赖以存续的自然环境实施立体的、多层次的整体性保护。

从2007年设立闽南文化生态保护实验区开始，截至2013年底，全国共批准设立了15个国家级文化生态保护区，目前已相继编制完成《闽南文化生态区保护规划》、《徽州文化生态保护实验区总体规划》、《热贡文化生态保护实验区建设总体规划》等保护规划。

5)战略性原则

遗产保护应该渗透到城乡发展战略的所有发展方向上。建立一种遗产资源的概念，促使遗产保护融入城市发展的大战略和大格局中。需要有顶层设计来掌控遗产保护在城乡发展大战略中的价值，需要一种管理机制，把过去保护与发展"两张皮"的状况整合起来，这对遗产保护融入城市发展战略中非常有好处。

遗产保护首先是价值判断的问题，遗产的生成与发展本身就是社会、经济与文化过程中人们不断选择的结果。如果所有的规划师、建筑师都具备文化认同的意识和文化传承的观念，那么遗产保护的目标就能够更好地与城市发展的目标融为一体。所谓"存量规划"落实到专业和技术层面，有两个发展方面值得关注：一是以文化为导向的规划设计；二是以资源为导向的规划设计。如果所有规划设计都能够落实到这两个层面上，遗产保护压力自然也会减小很多。例如南京历史文化名城保护规划，遗产保护应该渗透到城乡发展战略的所有发展方向上。

6)永续性原则

永续性原则要求对城乡文化遗产的长期性与连续性有一个深刻的认知。

永续性原则不仅仅是对城乡文化遗产简单的静态保护，而是伴随文化遗产的价值的动态提升，作为一种长期的、综合的社会事业。永续性原则不仅仅是环境与土地资源、能源结构与利用效果、生产模式与消费模式等的强制性节制，更是强调城乡文化遗产内在运作机制的永续性，强调城乡建设的人性化。城乡文化遗产的长期性与连续性，是接连出现的文化和现有文化所创造的价值在历史上的层层积淀以及传统和经验的累积，因此永续性原则不仅仅是单纯文物古迹的保护，而是更多的立足于对城乡自然环境、历史变迁轨迹以及遗产层积性的尊重与保护。其最终目标是达到不断的认识并充分利用"自然—经济—社会"复合系统中现有资源、不断丰富城乡文化内涵。

19.2.4 城乡文化遗产保护的策略

1)加强立法保护

完善的法律法规体系是文化遗产保护的前提条件，在文化遗产立法方面，要不断完善遗产保护的法律体系，既有保护管理的综合法，又有针对具体遗产地保护的专项法；其次，法律法规中具有可操作性强的具体条款；第三要提高社会各界参与立法的积极性，法律法规草案向全社会公布，鼓励并吸引民众参与，征求意见建议，增强全社会的保护责任和意识。

2）理顺发展体制

职能交叉、条块分割、多头管理的体制问题，会导致互相扯皮，有利大家争、无利没人管的情况。这些问题的本质是国家、部门和地方之间的利益冲突。因此，文化遗产地应考虑建立合作机构来实施管理，将遗产地的利益相关者全部纳入，包括当地政府、景区管理部门、旅游产业、社区、研究机构等方面的代表，明确机构的地位、作用，以及各利益相关者的不同分工和责任义务，并建立激励机制。

3）拓宽投入机制

可在以下几方面创新拓宽投入机制：一是设立文化遗产保护资金，继续加大财政资金的投入；二是通过给予税收优惠、投资冠名权、征收文化遗产资源税、建立基金会等手段鼓励和吸引社会资本参与开发保护；三是探索以遗产彩票发行的方式募集资金，或将一定比例的公益彩票收益用于遗产保护；四是可通过政府间长期优惠贷款筹集资金，或向相关国际组织和基金会申请项目援助。

4）鼓励社区民众广泛参与

遗产地成为当地居民谋生和致富的重要资源，自然而然就会增强保护的意识和积极性，形成保护与利用的良性互动。在国外，当地居民已成为遗产地最重要的利益相关者，随着文化遗产旅游的开展和知名度的提升，当地民众积极参与旅游服务，增加了收入，提高了生活水平。据统计，游客在遗产地每天平均消费的10%～15%贡献给了当地从事旅游经营服务的居民。

5）利用信息技术保护遗产资源

在信息时代，通过运用GPS全球定位系统、计算机遥感技术和GIS地理信息系统等实现了对文化遗产尤其是自然生态环境较为脆弱遗产地的实时监控；通过利用计算机仿真和虚拟技术，模拟遗产资源在各种外力作用下发生的变化，并据此制定合理的保护方案；利用物联网、云计算、三维动画和数字技术实现文化遗产虚拟旅游和智能化旅游，不但使大多数遗产能够为全人类所享用，而且又实现了低碳环保的绿色发展。

19.3 城乡文化遗产的旅游开发

19.3.1 城乡文化遗产旅游及其价值

19.3.1.1 城乡文化遗产旅游热

旅游是人类社会的一种短期性的特殊生活方式，是人们为了休闲、商务和其他目的，离开他们惯常的环境，到某些地方去并在那些地方停留的活动。在快速化的当今社会，旅游成为人们放松自我、调节紧张工作生活的重要途径和方式。随着旅游业的资源开发从自然景观的原始展示向文化资源的深度挖掘转变，文化遗产以其具有的独特的、不可复制的文化景观、厚重的文化底蕴与悠久的历史传承，成为人们外出旅游最受欢迎的旅游选择对象。

文化遗产旅游早在18世纪晚期的欧洲就已经产生，但一般认为，1975年欧洲的“建筑遗产年”是文化遗产旅游成为大众消费需求的标志。伴随着20世纪后现代主义思潮在西方的出现而不断兴起，文化遗产旅游在全世界流行开来。根据世界旅游组织数据分析，文化遗产旅游占全部旅行活动的37%，而且其需求正以每年15%的速度增长。如果全球每年按照10亿人次的国际旅行来估计，那么其中至少有3.8亿人次旅行可归于文化遗产旅游。因此，文化遗产旅游成为推动世界旅游业迅速发展的重要因素之一。

中国是文化遗产大国，是世界上旅游业发展速度最快的国家之一，已进入世界十大旅游接待国之列。有资料显示，在国内旅游中，有50%以上的旅游吸引物是文化遗产旅游资源，改革开放30多年来，旅游入境人数及旅游外汇收入年均增长在20%以上，其中超过70%以上的入境旅游的目的是文化遗产旅游。以黄山和大理古城为例，2015年，黄山风景区接待游客数突破318万人次，创历年进山游客数新高，大理古城接待游客人数252.12万，同比增长21.01%。

19.3.1.2　城乡文化遗产的旅游价值

从起源上说，至今仍在的文化遗产并不是为吸引旅游者而建造的景观，只是随着社会的变迁、科技的发展、体验经济的出现和现代人类的怀旧情绪，历史保存下来的文化遗产才逐渐成为景点。文化遗产的价值也是在科学不断发展、社会经济文化不断进步的情况下逐步体现出来的。它们的价值与人类对它们的不断认识有关，在历史上有许多珍贵的遗产因各种原因而消失，但直至科学与文化已经有相当程度发展的今天，人们才逐步认识它们的价值，承认它们的价值。文化遗产的价值主要包括：历史价值、审美艺术价值、科学研究价值、社会价值和旅游价值等。

文化遗产的旅游价值是遗产旅游活动的基础。文化遗产的旅游价值是一个综合的系统，从文化遗产业的角度来说，文化遗产作为一个价值主体，需要采取各种扶持性的措施予以关注，使其能够传承发展为后代所享用；从旅游业的角度来看，文化遗产作为旅游活动的价值客体，需要能够充分满足文化遗产旅游活动中各个价值主体的价值需求。因此，文化遗产的旅游价值体现在旅游者、旅游地社区居民、旅游企业、政府等这些不同的利益主体在旅游活动中的价值均衡。其中包括：

1)旅游者的旅游需求得到满足

旅游者是文化遗产旅游活动的中心，是文化遗产旅游价值获得的主要载体。旅游者价值是指旅游者从文化遗产旅游中所获得的效用。旅游者通过愉快体验的消费来满足其个人需要，他们期望从文化遗产旅游中探寻知识，受到教育，获得启发，这些是文化遗产旅游者的共同价值诉求。

2)当地居民的利益诉求与社区环境得到提高

当地社区作为文化遗产旅游区域的重要组成部分，对文化遗产旅游的影响至关重要，社区与社区的文化遗产资源二者融为一体，共存共荣。目前旅游业的发展越来越注重社区的利益，他们的利益诉求成为旅游开发的重要参考因素。

从价值的具体内容来说，社区参与文化遗产旅游的价值诉求表现为两大层面：一是居民利益诉求，具体包括居民收入的提高、文化传统的保留、生活品质的提高、教育水平的提升、就业机会的增加、对外交流的增多等方面。二是社区环境，社区环境是文化遗产生存和延续的空间，主要包括相关生活设施、社区和谐、生态环境、人文环境等。

3)旅游企业能够获得经济效益

旅游企业价值是指旅游企业从文化遗产旅游发展中获得的效用。旅游企业是文化遗产旅游发展的主要投资者和经营者，将文化遗产资源转化为文化遗产旅游产品，为前来文化遗产地进行旅游的旅游者提供各类服务。旅游企业在文化遗产旅游活动中也产生了一系列的价值诉求，主要体现在两个方面：一是直接效益的实现，二是旅游企业持续发展的需要。

4)政府能够保证社会福利的公平

总体上来说，政府在文化遗产旅游的发展中起着服务、协调和引导作用。政府在文化遗产旅游活动中的价值主要体现在经济效益、政府形象、管理协调等方面。具体包括：经济效益指旅游财政收入、就业率、产业贡献率、招商引资等；政府形象指提高政府的公信力和诚信度等；管理协调指包括管理效率和协调沟通等；危机管理指包括危机预警、危机控制和危机运用等。

文化遗产具有极高的价值，是重要的旅游资源，从这一点来看，我们都应该来好好保护文化遗产。因此，在世界遗产的旅游开发中我们应该把保护放在第一位，做到保护与开发协调统一，否则文化遗产将会受到损害和破坏，它的价值也会逐渐丧失，我们将会失去文化遗产这一宝贵的财富。

19.3.2　旅游开发对城乡文化遗产的影响

随着文化遗产旅游的不断发展，旅游开发对文化遗产的各种影响也逐渐显现。总的来说，包括正面影响和负面影响两个部分，文化遗产旅游的开发应该正视这些影响，并从中找到相应的平衡点。

19.3.2.1　旅游对文化遗产的正面影响

1)政治影响

提高遗产地的知名度，促进遗产地文化的传播。通过景区的宣传与旅游者的传播，让越来越多的人关注了解欣赏文化遗产，进一步提高遗产地的知名度，促进相关遗产地的文化在更大范围和更广深度上得到宣传。

2）经济影响

增加经济效益。文化遗产的旅游开发无疑会给遗产地带来较高的经济收入，甚至改变许多地方的经济结构，使得以旅游业为代表的第三产业成为当地的主要经济来源。同时，当地家庭收入也全面增加，其收入结构也因旅游服务业份额的扩大而必然发生有益的变化。

3）文化影响

（1）有效地保护了文化遗产。发展旅游是对文化遗产资源最好的利用方式之一，适度的旅游活动并不会造成对遗产资源的直接破坏。将文化遗产地开辟为旅游景区，往往需要规定明确的范围实施封闭管理，在这一程度上为文化遗产资源的保护提供了有效的保障。

（2）为文化遗产保护提供持续的物质保障。发展旅游为文化遗产地带来的丰厚经济收入尤其是极为可观的门票收入，能够给予文化遗产保护比较稳定的经济支持。因此，通过发展旅游可以实现"以遗产养遗产"的良性发展目标，达到遗产保护和旅游发展的双赢。

19.3.2.2 旅游开发对文化遗产的负面影响

1）政治影响

促使世界遗产申报工作盲目升温，脱离各地社会发展的实际情况。许多地方都看到了世界遗产申报成功后所带来的积极影响，尤其经济效益。因此都盲目地加入到申报世界遗产的行列当中，而忽视当地资源价值和经济能力的实际情况，反而为当地社会发展带来沉重负担，这完全背离了申报世界遗产其本身的意义。

2）经济影响

片面追求经济效益，破坏文化遗产地的原真性。许多文化遗产旅游地的管理者和经营者，只看到发展旅游业所带来的经济效益，而忽视了遗产地的生态环境，不能对文化遗产地做出详尽合理的规划。旅游开发过度使得其核心的地段被大量的宾馆饭店娱乐场所所充斥，人工开凿痕迹越来越多，人工化、商业化、城市化趋势明显破坏了世界遗产的原真性。

3）文化影响

（1）过量游人的涌入，加速了文化遗产的损坏。文化遗产地如同任何一个旅游景点一样，其旅游承载力是有限的，但由于其具有较强的吸引力，尤其在旅游旺季经常出现人满为患的现象，大大超过了其本身的承载力，从而加速了文化遗产的损坏。

（2）外来文化的进入，对遗产地的特色文化造成冲击。随着旅游活动的大量开展，旅游活动本身包含的商业文化势必对遗产地本身的文化带来一定的冲击，甚至改变当地人的价值观，造成文化替换现象，导致特色文化传承中断。

19.3.3 我国城乡文化遗产旅游开发

19.3.3.1 我国的城乡文化遗产旅游发展

我国的文化遗产旅游业兴起较晚，主要是随着改革开放后我国旅游业的发展以及我国加入世界遗产组织后逐步发展起来的，并在旅游业中发挥着越来越重要的基础性作用。我国遗产旅游业的发展分为 4 个阶段：

1）起步阶段（1978—1984 年）

这一阶段我国的旅游业刚刚实现了从事业型向产业型的转变，遗产旅游活动的开展逐步大众化。但遗产的概念还不具有广泛意义，旅游者还没有认识到旅游目的地的遗产属性，因此，这个阶段是遗产旅游业的起步阶段。

2）初步发展阶段（1985—1999 年）

1985 年我国加入世界遗产组织后，更加重视自然文化遗产。1987 年我国故宫等 6 处遗产被列入《世界遗产名录》，之后到 1999 年我国一共有 23 处文化遗址和自然景观被列入《世界遗产名录》。这一时期旅游者大量涌入世界遗产地，世界遗产成了最好的宣传招牌，遗产旅游有了长足发展。但此阶段遗产地的旅游开发与其他旅游地的开发没有出现明显的差异。

3）扩大阶段（2000—2008 年）

2000 年是我国的"神州世纪游"年，国家旅游局把当时中国的 27 项世界遗产地作为主打产品向游客推出，这些遗产地迅速成为国内外游客向往的旅游目的地。这一阶段"遗产"的概念凸显，不管是专家、游客还是旅游地社区都对遗产给予了前所未有的关注，意识到了遗产地的价值。

4)大发展阶段(2008 年至今)

2008 年，中国持有机动车驾驶证(汽车驾驶证)的人数已接近 1 亿，轿车保有量特别是家用轿车保有量不断增加，中国自驾游正蓬勃发展，渐渐成长为一个全新的旅游经济增长点，新的旅游出行方式促使越来越多的人涌入文化遗产旅游地。另外，从 2012 年第一批到 2016 年第四批中国传统村落名录的公布，我国的传统村落数量已达到 4 153 个。传统村落承载着中华传统文化的精华，是农耕文明不可再生的文化遗产，近几年成为文化遗产旅游的“明星”。

19.3.3.2　我国城乡文化遗产旅游开发存在的问题

旅游开发是指人们为了发掘、改善和提高旅游资源的吸引力而致力从事的开拓和建设活动。随着旅游规模不断扩大，很多文化遗产在旅游开发过程中出现了超常损耗的现象，一些文化遗产资源因为旅游开发的不适当介入而过早的衰退。分析归纳起来，我国的城乡文化遗产旅游开发存在的问题主要有以下几个方面：

1)忽视遗产地承载力，导致游客量超载

许多文化遗产地处于高负荷的运转状态之中，环境压力不断增加，高密度人流的不断涌入，外来人群精神面貌对本地区人文精神的侵蚀等现象已经对文化遗产造成了一定程度的破坏。譬如，2015 年丽江市接待海内外游客达到 3 053 万人次，昔日宁静、淳朴、安静的丽江古城，现已是高消费，挤满了店铺、酒吧、客栈和游人的小城。

2)旅游开发不合理，造成文化遗产的破坏

从旅游开发本身来讲，文化遗产破坏的形成可分为三种类型：

(1)意识缺乏性，指由于开发者缺乏保护意识，文化遗产在旅游开发过程中缺乏必要的技术论证，由此带来规划操作的盲目性，从而形成对文化遗产的破坏。

(2)束手无策型，指开发者虽然有保护文化遗产的意识，但由于缺乏相应的技术、资本、法律等方面的支持，而使文化遗产受到被动的破坏，这在一般性、地方性文化遗产的保护与开发实践中表现得尤为明显。例如大量散落在不同村落的乡土建筑，其流失和损毁的速度更快。

(3)明知故犯型，指开发者虽然知道保护文化遗产的重要性，但受经济利益的驱使导致空间开发错位，在不适当的位置和区域进行旅游设施的建设、组织旅游活动等。例如在泰山、黄山的山顶上建豪华酒店，在张家界建户外登山电梯等。或者从成本角度考虑，采取不适当的开发方式，使文化遗产得不到应有的维护和管理。

3)重视硬开发，忽视或脱离软开发

城乡文化遗产的旅游开发包括硬开发和软开发两个方面。目前我国多地对遗产旅游价值采取的都是硬开发，即主要针对遗产旅游的各种服务设施和商业性工程项目的建设(如兴建商店、宾馆、饭店、索道、娱乐城等服务设施)，而忽视或脱离了对遗产资源真实价值的软开发，即通过考察研究、审美实践而不断发掘遗产资源的科学、美学和历史文化价值，并不断提高和深化遗产旅游价值的科教，游览和山水文化创作体验水平，包括对遗产所在地的文化、民风、习俗等资源价值的研究与开发。

4)行业管理不力，造成开发秩序混乱

文化遗产进行旅游开发通常涉及旅游、文物、城建、环保等多个职能部门，由于相应的行业管理法律的缺乏，上述部门之间不能进行有效的协调和沟通，从而形成“谁都想管，谁都不管”的畸形状态，造成众多文化遗产自损式的破坏，极大地影响了文化遗产的保护和正常的旅游开发。

5)社区参与力度不够，影响了文化遗产的保护

从社区参与的角度来看，我国的文化遗产在进行旅游开发的过程中，极少考虑社区态度对开发的影响，在实践中既不进行前期的社区意见调查，也没有对社区进行开发力度相适应的宣传教育活动，更没有采取积极的措施诱导社区融入文化遗产的开发，使社区的居民没有形成保护文化遗产的意识和理念，从而使很多的开发行为缺乏必要的社区支持，很多文化遗产因而在旅游开发中遭受来自社区自身的偷盗、有意破坏和无意破坏等多种形式的损毁。

19.3.4 把握城乡文化遗产旅游开发的四个要点

规划设计遗产旅游类项目,需深入挖掘遗产资源价值,充分了解遗产地整体环境,遗产资源完整性及遗产项目开发对目的地的影响,带着唤醒历史记忆、再现人文精神、弘扬地域文化、发展地方经济的深刻宗旨,重视自然生态的保护、遗产体验项目的设置及创意设计的应用等。总体来说,需把握四大点——“四强化,四淡化”。

1)强化旅游保护,淡化旅游开发

如何有效处理好遗产保护与开发间的平衡关系,是项目规划设计过程中需着重解决的一大课题。保护当然是第一位的,但是我们强调遗产保护,并不是反对旅游开发,只是反对那些不遵循客观规律、急功近利的开发,反对那些不惜牺牲环境、牺牲珍贵旅游资源、牺牲文化遗产地整体形象的破坏性开发。任何一个文化遗产旅游项目的规划设计,我们都充分保证遗产本身的原真性和完整性,在保护的前提下合理进行旅游开发,处理好遗产保护与旅游开发之间的矛盾,使两者相辅相成。例如元大都遗址公园总体设计以现状城墙为重点保护对象,本着“修旧如旧”的原则,充分尊重历史,保护遗址。

2)强化旅游文化,淡化旅游经济

文化是遗产旅游的灵魂和血脉,是景区核心竞争力构建与打造的根本。但事实上,政府或企业过分关注的却往往是旅游经济,而忽视了旅游者在旅游需求中追求文化享受这一重要的部分。因此,无论是从满足中外旅游者的旅游需求角度,还是从政府和企业提供旅游供给的角度,我们都应该重视旅游文化。把旅游作为文化活动的载体和依托,以创意的手法将文化有机融合在当地自然生态环境中,再现或还原历史传奇和文化风貌,并借助现代手段加以展示及演绎,提升整体资源价值与吸引力。例如沙溪历史文化名镇保护规划中提到要加大旅游文化产业在整个区域旅游产业中的比重。

3)强化供给质量,淡化项目数量

扩大旅游需求,扩大接待规模已不是文化遗产旅游发展的主要矛盾,主要矛盾是如何提高旅游质量,优化旅游供给。从一些遗产地发布的开发构想之类的文字来看,普遍表现出的不是质量意识而是很强的数量意识。遗产旅游的规划设计,须确保项目地旅游产品的质量,不以数量取胜,包括整体环境质量、游客体验方式独特性及游客服务供给等。

4)强化协同发展,淡化自行经营

注重保护当地居民的利益,防止遗产开发与当地居民发生矛盾冲突。遗产旅游开发前,项目组要走访当地居民,聆听他们的建议和要求。在方案设计过程中,也要多次召开座谈会听取各方意见,并将反馈意见纳入整个项目的总体规划。

19.3.5 城乡文化遗产旅游开发策略

19.3.5.1 城乡文化遗产旅游资源的开发

遗产资源开发的目的,就是使遗产资源为旅游业所利用,从而使其潜在的资源优势转变成现实的经济优势。文化遗产旅游资源开发是旅游资源开发的一种特殊形式,文化遗产资源与其他旅游资源不同,其本身的价值对游客具有巨大的吸引力,加上遗产资源开发必须遵守“原真性原则”不能对其进行随意的加工改造,因此遗产旅游资源开发的重点并不在资源本身,而在于有关旅游配套条件的建设和遗产资源所在地旅游营造。具体有如下内容:

(1)建设和完善旅游配套设施。通过梳理周边大环境,合理布局、科学选址,充分考虑旅游服务设施与环境的融合,建筑与生态的有机统一;设计中,关注游客的体验感,充分做到人性化设计贯穿始终。

(2)完善旅游服务。旅游服务的好坏直接取决于自身素质的高低,而又影响到旅游地对旅游者的吸引力。因此,必须根据客源市场的变化及旅游业的发展要求,通过各种方式对从业人员不断进行提高性培训,提高服务水平和质量,达到完善旅游服务的目标。在游客服务供给系统中,合理设计游客接待区、游步道、生态木屋、解说系统等服务及体验设施,以确保项目的整体服务质量。

(3)解决可进入性问题。旅游活动具有异地性的特征,因此,没有一定的交通设施和交通条件,旅游活动是不可能实现的,旅游资源的开发也就毫无意义。一些遗产景点或景区,尤其是自然遗产景点或景区，虽然特色突出，但由于交通状况不佳，可进入性较差，极大地减弱了游客选择该地旅游的动机。因此，必须着力解决可进入性问题，使旅游资源开发的目标得到保障，使旅游者选择旅游地没有顾虑。

(4)营造良好的旅游环境。由于旅游环境充分展示旅游资源的地域背景，直接或间接地对旅游者产生吸引或排斥作用，进而影响旅游资源开发的效果，因此，营造良好的旅游环境在旅游开发中显得非常重要。营造良好的旅游环境，除了要制定出有利于旅游业发展的旅游政策、制定方便外来旅游者出入境的管理措施、保持稳定的政治环境和安定的社会秩序以外，还必须在提高当地居民的文化修养、培养旅游观念、养成文明礼貌和热情好客的风气等方面下功夫。

19.3.5.2　城乡文化遗产旅游开发方式

1)轮休型开发方式

“轮休”最初应用于农业中对耕地的使用，即每年让一定比例的耕地“休息”，以此保持土壤的肥力，保证农作物的产量。这种方法同样可以应用到文化遗产旅游开发中，即每年或每个旅游旺季开放一部分景区(点)，让景区(点)轮流休息，以缓解其保护压力，更好地保护遗产地。这一模式比较适用于占地面积较小、景点相对独立，且生态或文化较脆弱的遗产地，如莫高窟、龙门石窟、云冈石窟、大足石刻、苏州园林等。

2)融合型开发方式

将物质遗产和非物质遗产融合到一起进行开发。这种开发策略多适用于世界文化遗产，如苏州园林、颐和园、武当山等。如在颐和园的湖心亭举办京剧票友会；在苏州园林内设昆曲和评弹表演小舞台；在武当山举办太极和武术演习，并让游客参与其中学得一招两式，既提高了世界遗产地旅游产品的底蕴和内涵，又弘扬了博大精深的中华文化，还为游客的旅程增添了乐趣。

3)分区开发方式

“分区开发”是将文化遗产地划分成若干地区，界定每个地区的范围、界限和活动类型，在不同的地区进行不同方式和层次的开发、保护、利用和管理。如可以将遗产地分为核心保护区、核心环境区、缓冲区和边缘区。文化遗产地内保存完好的自然景观、最具价值的景点集中分布地和保存完好的珍贵文物古迹应列入核心保护区。边缘区位于景区的最外围，旅游设施可以相对集中，旅游项目也可以丰富多样，辅之以小型主题公园、度假、购物等。这种开发策略比较适用于区域比较大，包含自然景观的文化遗产地，如黄山、泰山、九寨沟等。

4)景区与社区联动开发方式

这是一种保护性开发策略，就是把文化遗产旅游与社区相结合，在社区开发出各具特色的街区和文化体验活动区，旅游者在遗产景区游览后，到社区的特色街区、特色文化体验区从事购物、娱乐、餐饮、参观等休闲活动或度假的旅游模式。这种模式尤其适用于存在于城市中的世界遗产，如故宫、天坛、苏州园林、布达拉宫、十三陵、曲阜三孔。

在这里需要说明的是，这些开发方式之间并非是不相容的，可以交叉、融合使用。一种开发方式可以运用到多项文化遗产，一项文化遗产也可以使用多种开发方式。

19.3.5.3　城乡文化遗产旅游开发管理

1)适当控制旅游接待人数

遗产旅游者的价格弹性相对较小，因此门票价格只是调节高峰时期游客量的手段之一，除此之外还应当采取其他手段辅助调控，例如建立旅游预警系统，提前限量预售门票等。此外，还可以采用创建各种基金、加大政府保护资金投入力度、创办遗产旅游彩票等多渠道的旅游筹资的方式来适当的控制旅游接待人数。

2)选择合适的管理模式

一方面加强国家对世界遗产地的宏观管理，发挥法律和专业部门管理的作用；另一方面，加强世界遗产地政府和景区管理经营机构的微观管理。同时，为了保护景区周边地区的居民和旅游者的利益，应充分发挥舆论监督的作用。

3)坚持走可持续发展道路

针对大气污染的防治，减少旅游区的生产和生活设施数量，实行集中供热、供汽，提高污染源排放的高度，汽车尾气排放要安装过滤装置。开发污染小和无污染的新能源，如太阳能风能等。对水体污染的防治，建立污水处理厂，生产和生活废水必须经过处理才能排出。应禁止使用一次性餐具，建立不可降解物质如塑料袋的回收渠道，建立健全垃圾桶、垃圾箱等设施的设置，方便游人。

19.4 城乡文化遗产保护与旅游开发

19.4.1 城乡文化遗产保护与旅游开发动态

城乡文化遗产保护与旅游开发，从时间的维度上，经历了起步期、加速期到如今的大发展期①。从空间的维度上，从最初的偏重于城市文化遗产的保护与旅游开发，逐渐的关注乡村文化遗产的保护与旅游开发，现如今共同重视对城市与乡村文化遗产的保护与旅游开发。自2000年以来，中国城乡文化遗产从传统的静态博物馆式的保护、观光游览式旅游开发，逐渐演变成对城乡文化遗产的全方位的利用与复兴。城乡文化遗产的保护与旅游开发的快速发展致使遗产旅游化成为一种常态，伴随着对城乡文化遗产的空前重视，导致了一些新的城乡文化遗产现象的产生——乡村的民宿旅游、城市工业文化遗产旅游等。在文化遗产旅游受到空前重视的背景下也导致了对城乡文化遗产的空前破坏现象，首先是损毁文化遗产本体的事件屡有发生，其次是由于盲目的开发建设割断了历史文脉导致“毁掉真文物，制造假古董”的行为盛行，最后是“建设性破坏”与“保护性破坏”②成为越来越普遍的现象。

1）城市文化遗产保护与旅游开发动态

城市文化遗产方面，不仅注重历史悠久、地位突出的城市文化遗产作为旅游开发对象，对于一些知名度不高——近现代城市遗产、特色小城镇、工业遗产等也逐渐成为城市文化遗产旅游关注的对象。如：北京的798艺术区，昆明的秘境M60创意园，四川的东郊记忆等。在开发利用方面，更注重对文化遗产进行的不同程度更新改造。在不破坏文化遗产整体风貌的基础上，对遗产的内部空间进行功能性的置换，以满足于现代生活的需求。如：上海的田子坊，在保证历史街区风貌完整的前提下，利用文创，引入新型的旅游商业态等手段，从而成为一种典型的城市文化遗产旅游开发的案例。

2）乡村文化遗产保护与旅游开发动态

乡村文化遗产的保护与旅游开发相比于城市文化遗产的保护与旅游开发起步较晚，但如今却越来越受到旅游者、政府开发商以及当地居民的青睐。首先是交通设施的改善为乡村自驾游提供了有利的条件，从而为文化遗产旅游提供了客源。其次是乡村文化遗产自身的特点契合了城市居民对于旅游的需求——机械刻板的城市生活使市民产生逃离的欲望，宁静的乡村成为“诗意的栖居”的最佳场所。再次是如今的游客更加注重旅游体验，期待在旅游过程中与旅游地当下的情景进行深度融合，而乡村文化遗产恰恰可以满足这一需求。

在当今的乡村文化遗产的发展实践中，乡村的文化遗产逐渐成为一种带动乡村发展的产业开发模式。与城市文化遗产倾向于遗产全方位的开发与利用不同，乡村文化遗产地作为生活的场所，不能不考虑原住民的生活需求。乡村文化遗产的旅游开发一般是依托地域的特色来作为旅游开发基础，通过新建旅游基础设施为保障，挖掘乡村非物质，以及通过整体风貌的塑造来吸引游客。以位于江西省上饶市婺源县东北部的篁岭为例，借助于古色古香的乡村景致，依山错落的民居建筑，通过特色的“晒秋”③，形成了独具特色的乡村文化遗产旅游地。

① “大发展期”：旅游大发展时期为2010年至今。文化遗产旅游成为拉动内需的支柱产业。“空前重视、空前破坏”现象突出，全国上下花费巨资进行古城再造，建设性破坏成片，历史文化名城名存实亡。遗产旅游化成为常态，通过商业化运作获取经济和政治利益。

② “保护性破坏”：以保护利用为名造成文化遗产损毁的现象。

③ “晒秋”：一种典型的农俗现象，具有极强的地域特色。生活在山区的村民，由于地势复杂，村庄平地极少，只好利用房前屋后及自家窗台、屋顶架晒来挂晒农作物，久而久之就演变成一种传统农俗现象。这种村民晾晒农作物的特殊生活方式和场景，逐步成了画家、摄影家追逐创造的素材，并塑造出诗意般的“晒秋”称呼。

19.4.2　城乡文化遗产保护与旅游开发的关系

城乡文化遗产是城乡空间范畴内的不可再生资源，具有稀缺性、传承性等特点。一方面，文化遗产作为不可再生资源决定了文化遗产保护的必要性以及迫切性。另一方面，文化遗产的稀缺性为旅游的发展提供了丰富的旅游资源，作为旅游开发的基础。城乡文化遗产自身的特性决定了文化遗产既要受到保护的限制与约束，又可以作为旅游的开发进行发展与传承，同时也意味着文化遗产在保护与旅游开发的过程中，充满了矛盾性与复杂性。

在以往的研究实践中，决策者往往将旅游发展与文化遗产保护关系看成单维的统一体，要么强调旅游的负面影响，要么强调旅游的积极作用，很少能从动态上研究二者的关系。但实际上，旅游开发与遗产保护的关系既不必然是对立关系，也不必然是稳定关系。因此单一的研究旅游的负面影响或者单一研究资源保护的政策规制都难以全面的把握问题的实质，应该将旅游开发与资源保护的关系放在一个动态环境中进行研究分析，以便更清晰地把握二者的关系，在此基础上才能有效地协调旅游开发带来的利益冲突问题，从而促进旅游资源的可持续利用。

无论是孤立地看待保护或是开发都会造成保护性破坏或者开发性破坏。保护与开发并不是单一维度的对立、合作二元关系，文化遗产保护与旅游开发的对立与冲突可能会贯穿于文化遗产旅游开发的各个阶段。要协调好保护和开发的关系，不能让消极保护阻碍了旅游开发，也不能使得大规模不科学的开发破坏了文化遗产的保护。

19.4.3　城乡文化遗产保护与旅游开发的协同规划

随着新型城镇化进程的推进和人们对城乡文化遗产认识的提高，城乡文化遗产保护越来越涉及城市复杂系统①的诸多方面，其内涵和外延不断得以扩大。因此要保护城乡文化遗产进行可持续性的旅游开发，就要摒弃传统的文化遗产保护与旅游开发相互割裂的状态，要促进文化遗产的保护与旅游开发相互协同。在具体的实践层面，首先要突破传统文化遗产的单一空间保护，从而融入到更加宏观的文化生态系统中，要建立基于核心价值的文化遗产保护体系，同时要将保护与旅游开发融入到社会的复杂开放系统中最终走向活态的可持续发展。

其次要采用灵活多样的保护与旅游开发模式，针对城乡文化遗产的不同特点以及具体的现实情况制定出有针对性的文化遗产保护与旅游开发协同的实践方法，避免以往大拆大建的土地开发模式，采用灵活的、机动的、小规模的渐进式的保护与旅游开发模式。

再次针对保护与旅游开发协同发展，要进行创新探索，利用反向规划思维，严格划分出不可开发建设用地以及不能进行旅游开发的文化遗产保护区，在文化遗产的保护底线下进行灵活的适当的旅游开发。同时要打破有关部门之间的壁垒，发挥政府的积极引导作用，将自下而上和自上而下的管理模式运行相互配合、共同协作，最后协调好利益相关者之间的利害关系，从而保证城乡文化遗产旅游开发的可持续发展。

1)城乡文化遗产保护与旅游开发的协同规划要点

城乡文化遗产的保护与旅游开发重点在于针对城乡文化遗产的共性问题要提出一个整体的文化遗产旅游开发的可持续体系。首先，无论是城乡文化的遗产保护还是旅游开发，文化遗产资源都是重中之重。因此要全面的、系统的梳理旅游开发范围内的文化遗产资源。根据具体情况，建立分类分级的文化遗产保护与利用体系。同时要将文化遗产的旅游开发可承受程度进行一个预估，为文化遗产的旅游开发提供一个有效的依据。

其次，要明确城乡文化遗产保护与旅游开发的层次性。要将文化遗产保护规划中的片区划分很好

① “复杂系统”：钱学森、戴汝为等在 20 世纪 90 年代将城市看作一个“开放的复杂巨系统”，认为系统本身与系统周围的环境存在物质、能量、信息的交换。

的和旅游开发进行协同。对于不同的区域要进行不同程度的保护与旅游开发。不仅有对文化遗产的整体引导,也有对局部建筑高度、建筑体量、文化遗产天际线等一系列的控制。同时要进行灵活有针对性的旅游管理,通过不同片区游客量的控制来协同保护与旅游开发的关系,对原住民与游客进行有针对性的引导。例如在文化遗产的核心保护区禁止原住民的一切建设行为,而针对文化遗产保护的非核心区,可以进行灵活适当的更新改造等。既保证整体的有机性,也保证针对具体情况的灵活性、可变性。

2)城市文化遗产保护与旅游开发的协同规划要点

探索多元的模式是解决城市文化遗产旅游可持续开发问题的重要思路。

要将城市的发展与城市文化遗产的保护与旅游开发协同在一起。城市的文化遗产往往位于城市的中心,因此文化遗产的保护与旅游开发离不开城市经济结构转型,大城市的城市中心功能往往向着现代高端服务业转型。城市文化遗产的旅游可持续发展要积极考虑市场的因素,不能一味地只强求保持文化遗产原有功能和完全的保留"原住民"。

要将文化遗产的保护与发展作为一个城市的发展战略。文化遗产对于城市特色塑造具有重大的意义。城市文化遗产不仅仅是一个城市的地标,同时也一定程度上代表着一个城市和乡村的文化,如上海的石库门、安徽的宏村。城市文化遗产的保护与旅游开发问题要站在城市总体规划的宏观层面着手考虑。

要转变现有的城市文化遗产土地开发模式。目前的城市更新,都是大片的土地批租,这对于延续城市历史脉络和空间肌理来说是致命的,如今的土地开发模式不仅切断了城市景观的连续性,也瓦解了社会生活网络。新的规划策略需要探索小规模渐进式的有针对性的开发模式,这样能更好地实现文化遗产的新老之间的有机结合。

3)乡村文化遗产保护与旅游开发的协同发展要点

乡村文化遗产保护与旅游开发的协同发展重点在于要提高乡村自身的"造血能力"。乡村的文化遗产由于区位偏远,与乡村的生产生活相互依存的关系,文化遗产的保护要积极依靠政府与当地村民的主人翁作用。传统的城乡发展单纯地注重城市的发展,乡村扮演着为城市的发展输送人力资源与自然资源的角色。这样的发展导致了一系列问题,包括:乡村的空心化、留守儿童,最终的结果是乡村社会的自组织能力丧失。乡村文化遗产保护与旅游开发的协同发展要点在于重塑乡村的社会组织。不仅仅简单留住原住民,而是要建立激励的政策,将城市的人力、资本注入乡村。

应用"互联网+"思维,来创新的为乡村发展寻找出路。以袁家村为例,袁家村原先是陕西一个不知名的小村庄,利用自身的区位优势,创新利用互联网思维,引入特色外来商业,提升公共文化服务等方式,来活化自身的发展。如今成为全国乡村旅游经典案例。

依据乡村文化遗产自身的特点实施合理的保护与旅游开发策略。乡村文化遗产特点之一在于拥有原生态的自然环境与丰富的非物质文化遗产。如传统的歌舞以及原始的宗教仪式等等,这些非物质文化是中华民族的文化之根,是在一定的地域中有机的生长起来的。乡村文化遗产特点之二在于乡村文化遗产的物质空间具有整体性,它并不是以一栋或几栋建筑来凸显自身的遗产的价值,而是在长时间的与自然相互协同的过程中,形成了整体的有机的一种物质形态。

针对乡村非物质文化遗产的特点,要妥善处理非物质文化遗产与物质载体的关系。非物质文化遗产是以人为载体的,传统的遗产保护方法难以适应非物资文化遗产活态传承的特点。针对非物质文化遗产的特点和具体情况,要灵活的创新的采用多种方式,不仅要对"物"进行保护与发展规划,同时也要对"人"进行保护与发展规划。

针对乡村物质文化遗产的特点,要对物质空间进行整体的保护与旅游开发模式。空间布局与周边的自然景观进行有效的协调,注重新建建筑高度的控制以及营造小空间的趣味性。要适当加入当地的非物质文化要素,将新建建筑风貌与原有建筑风貌进行协调统一。民宿设计就是一个很好的旅游开发契合乡村文化遗产保护的案例。借助于乡村原生态的自然环境，注入当地非物质文化抽象而来的要素，设计出满足现代生活的空间，很好地平衡了文化遗产的保护与旅游开发。

19.4.4　城乡文化遗产保护与旅游开发模式

19.4.4.1　城市文化遗产保护与旅游开发模式

根据历史老城区的保存状况，应开展不同的空间开发模式。分为空间分离型、空间镶嵌型、空间融合型三种开发模式。

1)空间分离型开发模式

针对其历史格局保存完整、传统生活风貌犹存、文物遗迹集中分布的现实情况，可以选择空间分离型开发模式，新城建设、老城保护和旅游开发互不干扰。这种模式将新城的现代居民生活与古城的保护同都市旅游开发活动相分离，达到互不干扰、互不阻碍，又能互为补充、互相促进，进而实现遗产类城市保护、开发与发展的和谐统一。比如苏州采取的"保护老城、发展新城"的政策，同时对老城区新建筑限制高度，使得姑苏老城得到了较好的保护。这些措施都使得苏州市竞争力提升，吸引了更多的游客(图19-1)。

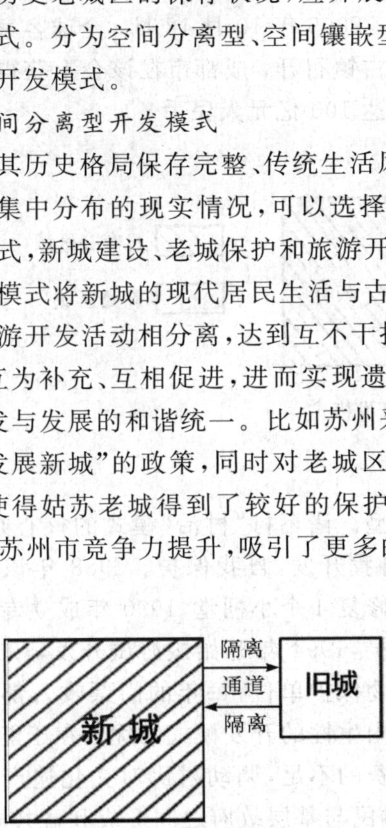

图 19-1　空间分离型发展模式

2)空间镶嵌型开发模式

城市历史风貌犹存，骨架格局、空间形态仍有保护和开发价值，或城市的整体格局和风貌虽已不存在，但还保留有若干体现传统特色的历史地段和街区的遗产类城市，为了最大限度地保护文化遗产，同时又不完全排斥城市现代生活的介入，都市旅游开发宜采用空间镶嵌型发展模式。空间镶嵌型发展模式使得居民生产生活与遗产类城市保护和都市旅游开发和谐共存在一个地域空间内，并分区集中展示各自拥有的特色(图 19-2)。

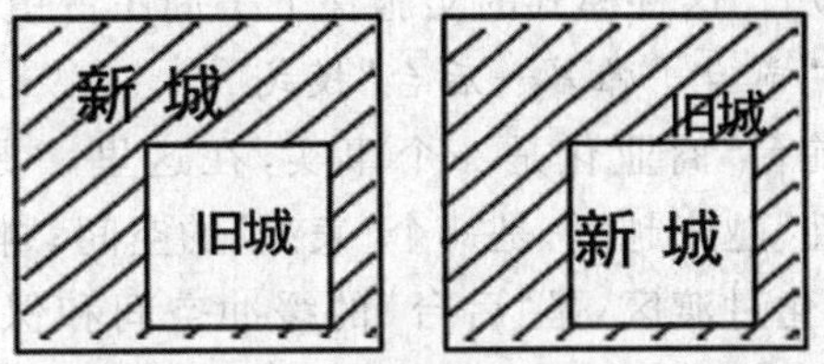

图 19-2　空间镶嵌型发展模式

3)空间融合型开发模式

某些遗产类城市其内部已经难以找到几处保留完整的文化遗产，仅存规模不大的零星文化遗产散落于城市各处，但在历史上曾经起到过极其重要的作用，仍然具有极大的科研价值和旅游价值，对于这些城市文化遗产的旅游开发的重点和主题应该转向深入挖掘城市独特历史文化内涵方面。譬如选择合适地段，将城市曾经拥有的繁华风貌和曾经发生的历史事件模拟演示，推出具有自身特色的历史文化内涵的现代旅游产品，在空间上它们将同遗存的文化遗产一起成为都市旅游的开发亮点。以西安的大雁塔音乐广场为例，西安音乐喷泉广场位于西安大雁塔北广场，是一个规模宏大的音乐喷泉广场，也是目前全国乃至亚洲最大的喷泉广场，东西宽 218 m，南北长 346 m。通过依托文化遗产大雁塔，深入挖掘唐文化，将大雁塔及其周边打造成了一个具有唐文化的音乐广场。

19.4.4.2　乡村文化遗产旅游开发模式

我国传统村镇遗产资源丰富，由于村镇经济发展速度较慢，不易受到破坏性的开发，所以我国传统村镇的旅游非常热，人们十分热衷于到诸如周庄、西递、宏村之类的具有民族特色的村庄旅游。大量的传统村镇尤其是少数民族聚居地都还保留着当地的风俗习惯以及较落后的劳作方式。如果对这样的村镇进行不合理的开发，很有可能造成当地特色建筑以及风俗的丧失。对于传统村镇的旅游开发有以下几种开发模式。

1)"双村"模式

"双村"模式是一种"保护古城镇、开辟新区"的开发模式，"双村"模式与台前—台后模式的不同在于，"双村"模式是在保护旧城的基础上，建立新区，而台前—台后模式则是已存在村镇的地域分区[图

19-3(a)]。这种模式的实施保下了周庄古镇。

2)"前台—帷幕—后台"模式 ①

"前台"商业化是一个事实,在这里,"原生性""真实性"越来越远,是一个"表演"的空间;"帷幕"是一个文化过渡区,是"后台"的缓冲空间和保护性空间;"后台"既是一个文化空间,又具有独立的文化意义,保留传统的生产方式和生活习俗,保留传统的产业结构,不像前台为发展旅游业对产业结构作重大调整[图 19-3(b)]。

成都市东郊洛带古镇的开发应用了"前台—帷幕—后台"模式。通过发掘了客家文化,将该镇定位为客家文化的古镇进行规划、开发,古镇被定位为前台区;古镇与后面山地之间的过渡地带类似于帷幕区;在古镇后面的山地和水库,1 000 户左右的客家人生活在那里,随着旅游业的发展和成都市的东移,这些客家人原汁原味的文化将受到损害。为了保护这里的文化,规划将其划定为"客家文化保留区"(即后台),规定限制游客进入,对山上的客家文化进行保护。现在,古镇每年接待游客达 70 多万人次,2005 年 10 月 12 日,全球客家人恳亲大会在洛带古镇召开,成都市在该会上获得的海外客家人投资达 100 亿元人民币。

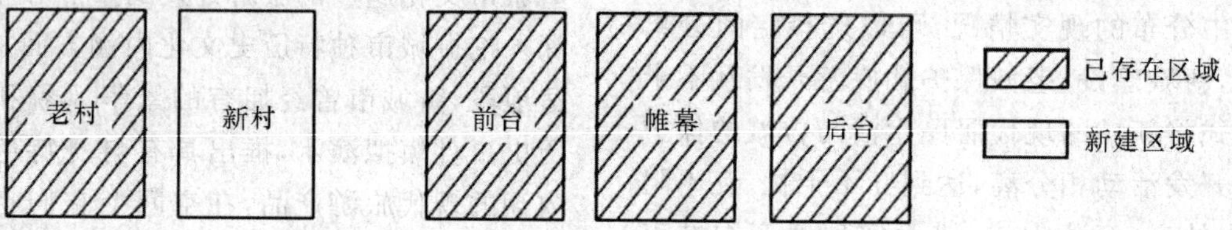

(a)"双村"开发模式　　(b)"前台—帷幕—后台"开发模式

图 19-3　村镇开发模式

3)外部介入性开发模式

外部介入性是指以外部主体(政府或企业)介入古村落的开发和保护过程之中。如浙江永嘉县楠溪江古村落的保护与开发,其具体的举措为:一是对规划实施前建起的新民房,加以合理利用。对那些与古村风格不协调的房子,通过适当改造,减少对古村落风貌的破坏。二是在古民居内,允许村民适当进行装修。三是经过有关部门批准,允许在空的宅基地上按照仿古风格进行建设。居民则以餐饮、住宿、工艺品销售、门票收入分成等形式参与整个开发模式。

4)内生性开发模式

内生性开发模式则是指古村落的居民及其基层组织(村委会)作为直接利益主体实行自主运营、自主开发和保护的模式。浙江兰溪诸葛村是这一开发模式的典型。诸葛村"村治"模式的核心是:村民自筹资金,自我开发,自我保护。1988 年该村自发集资按原貌修复 4 个小祠堂,1990 年成立专门理事会修复大公祠,1994 年开始旅游试开发,1996 年成为国家级文物保护单位,每年的门票收入都有大幅度的增长。内生性的开发模式的优势在于能够解决政府保护经费的不足,调动村民对文化遗产保护的自觉性,在村民与基层政府之间形成利益共同体,实现保护与开发管理的一体化。

5)介入性与内生性综合保护开发模式

无论是外部性开发模式或是内生性开发模式在文化遗产保护与旅游开发整体的动态过程中都具有一定的局限。将自上而下与自下而上的开发模式进行有机的结合,可以保证整体性规模性开发的同时也保证旅游开发的机动性与灵活性,整合各个层面

① "前台—后台理论":从美国社会学家戈夫曼(Erving Goffman)的"拟剧论"中脱胎而出,经社会学家丹·马康纳(Dean MacCannell)的演绎后,在社会学领域与旅游学领域产生了很大影响,该理论被杨振之教授引入中国后,开始被应用于传统村镇保护与更新领域中。

的人力物力资源。形成:“政府主导+企业开发+社区参与”模式。以周庄为例,周庄的旅游开发保护是介入性与内生性的综合开发模式。20世纪80年代末,周庄古镇旅游开发,成为我国古镇旅游成为新兴业态的开端,在“政府主导+公司开发+社区参与”的模式下,经过20年的发展,成为我国首批历史文化名镇,获得“5A级”旅游区称号。综合模式不仅仅是介入性与内生性模式简单的加和,更是在文化遗产旅游可实现开发过程中,根据不同的阶段妥善的进行模式的选择,促进文化遗产的保护与旅游开发协同发展。

6)多样化的保护与活态传承模式

针对文化遗产保护对象的多样性与丰富性,灵活的采用多种方法。保护规划针对非物质文化遗产的特点和具体情况,提出有针对性的保护:抢救性保护、传承性保护、生产性保护和整体性保护等多种方式。在保护的基础上加以正确、合理的利用,挖掘非物质文化遗产项目的经济效益,进一步保护文化遗产当事人的权益,促进当地文化事业和文化产业发展,优化地方产业结构,推动经济社会协调发展,实现文化遗产的旅游可持续开发,非物质文化遗产的活态传承。《徽州文化生态保护实验区总体规划》的保护发展模式就是这个模式的典范。徽州保护规划项目重点保护实验区内的非物质文化遗产项目和代表性传承人,并对其依托的物质文化遗产和自然环境进行整体性规划,将非物质文化遗产、物质文化遗产和自然遗产有机融合,实现古徽州文化空间的一体化保护与区域协调。保护规划编制对突破单一空间保护概念融入更为综合的文化生态进行了探索与研究。

本章小结

本章主要介绍了城乡文化遗产的保护与旅游开发。通过界定城乡文化遗产的概念,总结城乡文化遗产的特性,解析城乡文化遗产的构成,梳理国内外城乡文化遗产在保护与旅游开发过程中重要的成果与实践经验,得出城乡文化遗产保护与旅游开发需要相互协同的观点,并分别总结了城市与乡村文化遗产保护与协同的规划要点。在城市方面,要将城市的发展与城市文化遗产的保护与旅游开发协同在一起,充分考虑城市发展过程中的各种因素。在乡村方面,要提高乡村自身的活力,依据乡村文化遗产自身的特点进行合理的保护与旅游开发实践。最终达到城乡文化遗产保护与旅游开发可持续发展的目标。

思考题

1. 简述国内外城乡文化遗产保护历程中的重要文件及其主要内容。

2. 试论述城乡文化遗产的分类。

3. 举例说明如何处理好城乡文化遗产保护与旅游开发的关系。

第20章

城乡开发规划及其实施、监督与管理

本章导读：本章主要介绍了城乡开发工作的相关知识。首先阐述城乡开发的基本概念和内涵，回顾国内外城乡开发的发展历史，概述城乡开发的动力机制、模式类型，对城乡开发这一概念有个轮廓性的描述。然后依照城乡开发的具体实现程序，从实施、监督、管理三方面进行细化介绍，以期让学生掌握城乡开发涉及的主体机构、主要影响机制、基本管理过程、控制的要素等方面，了解整个城乡开发的运作体系，为今后实施具体的开发活动做好基础。

知识点拓扑关系图说明：

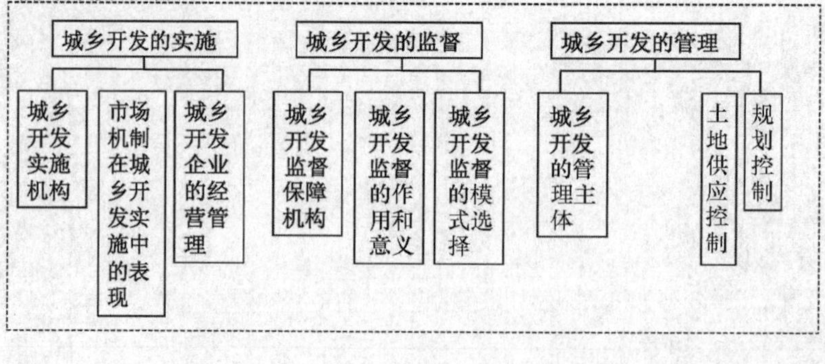

20.1 城乡开发概述

20.1.1 城乡开发的概念及特点

20.1.1.1 城乡开发的概念

“开发”一词由英文“development”翻译而来，本词原意指通过人力改造矿山、森林、荒地等自然资源，使其为人类的生产活动所利用。后来这一“拓荒、开垦”的意义被引申到了各个领域。“城市开发”是通过有组织的手段，对城市资源进行大规模安排以期获得城市发展效益的过程。随着城乡一体化统筹思想的渗入，乡村资源的开发利用被放到了与城市同等重要的位置，城乡统筹开发成为中国现阶段的主流趋势。

城乡综合开发是为维持和完善现代城市的多种功能，达到城市社会、经济、环境效益最佳结合的目的，按照社会主义市场经济的原则，根据国民经济和社会发展计划，结合城市地区具体的社会经济和自然条件，制订城市总体规划，在城市各种物质设施的建设单位相互协调配合的基础上，对现代城市进行的系统性、开拓性的建设事业。

20.1.1.2　城乡开发与城乡规划的关系

城乡开发规划是针对城乡的大规模开发活动而进行的规划工作，其内容较一般的物质空间规划更为综合，还包括了城乡开发过程的规划。

城乡开发属于中观及微观层面的建设活动，不同层面的法定规划对其有不同的指导作用。城市总体规划对具体开发活动没有直接的约束作用，但通过全局性、方向性、政策性的安排发挥对开发活动的整体引导作用。控制性详细规划对土地使用方式、开发强度、道路交通布局等有较为明确具体的规定，为开发活动提供诸多依据性文件。修建性详细规划对具体的开发项目提供具体的规划指导，是政府进行开发管理的主要行政手段与技术手段。

20.1.2　城乡开发的历史与现状

20.1.2.1　现代城乡开发发展概述

早在 19 世纪 60 年代，现代工业城市的综合开发已经萌芽，如英国第二大城市伯明翰，为适应当时工业发展的需要，围绕市中心统一规划，开发建设了大片住宅区，它有效地克服了分散建设带来的弊端。在 20 世纪 40—50 年代，城乡开发事业得到蓬勃发展，方法日臻完善。第二次世界大战以后，许多城市遭到战火的严重破坏，需要在废墟上重建。随着战后经济的恢复和发展，许多国家都出现了房荒，急需新建大批住宅。为了加快建设的步伐，一些资本主义国家如英国、法国、联邦德国、日本、新加坡等，通过行政干预和经济诱导的办法，引导建筑业进行综合开发，一些社会主义国家，如苏联、朝鲜等，通过计划经济的方法，组织建筑业进行综合开发。不同开发体制均在较短的历史时期内满足了大量居住的需要。

1946 年，英国国会通过了“新城法”，各地组织开发公司，进行城市的统一规划、设计、施工和管理，随后陆续开发建设了 34 座新的城市。日本政府 1955 年制定了“日本住宅公团法”，组织开发机构，进行住宅的综合开发建设，从 1955 年到 1976 年建设新住宅约 100 万套，使得日本的住宅问题基本得到解决。新加坡的城市开发建设是由政府的建房开发局负责统筹安排的，近年来进行大规模的住宅开发，每年建造房屋 400 万 m^2，国民居住条件较好。朝鲜在抗美战争以后，对被破坏的城市进行重建，由政府建设部门领导，实行统一规划、统一设计、统一投资、统一施工、统一分配和统一管理，建设速度很快，平壤、元山等许多被战争严重破坏的城市，面貌焕然一新。

20.1.2.2　中国计划经济时期的城建体制特点

20 世纪 80 年代之前，中国旧有城市建设体制受传统计划经济体制的影响，是在国家高度集中的产品型经济体制下建立起来的。这种旧的建设体制具有以下特点：国家、地方多头控制，条块分割，城市各种基础设施因其社会公共产品的属性而被过度使用，供不应求。表现在以下几个方面。

(1)在国家城建体制高度集中的模式下，各项建设计划、指标、资金、材料被切块，层层分到各部门或单位，给城市建设带来许多困难和浪费，如中央、省级企事业的行为，当地市政府无权过问；尽管城市有总体规划，部门间共同的基础设施这类没有效益的事务无人问津；条块分割加上资金不足，使旧城改造更加困难；土地无偿占有，却很难按规划调剂使用。

(2)国民经济发展规划和经济社会发展计划中城市建设地位较低。从中央到地方，计划的编制以条条进行。财政投资大部分用于工业生产企业，城市基础设施建设被看作消费品而不被重视，资金来源十分有限。

(3)缺乏城市建设法制方面的约束，没有规章制度依据，以致城市建设以行政命令、长官意志为主。

20.1.2.3 城乡开发是转轨时期城建体制的改革创新

党的十一届三中全会给中国带来新的生机，城市建设综合开发由“六统一”，即“统一规划、统一投资、统一设计、统一施工、统一分配、统一管理”逐渐发展，1980 年提出的“对新建小城市、卫星城、现有城市的新建区段和旧城成片改造地区，都应考虑组织开发公司，实行综合开发。开发内容包括开发区的勘测、规划、设计、征地、拆迁、安置、土地平整和所需道路、给水、排水、供电、供气、供热、通讯等工程建设。”从而推动了城市建设综合开发事业的发展。1987 年国务院正式提出：“城市建设要实行统一规划、合理布局、综合开发、配套建设。”1989 年《城市规划法》规定：“城市新区开发和旧区改建必须坚持统一规划、合理布局、因地制宜、综合开发、配套建设的原则。”城市建设综合开发代替旧体制的重大改革终于在理论上得到广泛论证，在实践中以法规文件得到肯定与确立。

城市建设综合开发以政府为主体制定城市规划，包括城市总体规划、分区规划和详细规划并且以城市政府的监督、控制职能来保证城市规划的严格实施。相比过去没有规划，或者有规划却形同虚设，无疑从管理制度上是一项重大改革，它使城市建设按规划执行有了充分保证。

城市建设综合开发不再实行条块分割，而是建立起“条块结合、以块为主、综合配套建设”的新体制。由市政府牵头，或市政府的职能部门牵头，根据资、权、利相结合的原则使城市建设综合开发项目实施中涉及的计划、规划、城建、房产、交通、电力、自来水、邮政、通讯、文教卫生、环保、公安、建筑施工、商业服务等许多部门相互配合与协调，保证城市建设从规划、设计、征地拆迁、平整场地，到现场施工、验收交付使用和房屋等开发产品管理的全过程相互衔接，并尽量地缩短建设周期。在实际工作中，许多城市成立了以主管副市长任组长，由市建委、市计委、规划局等有关部门负责同志参加的城市建设综合开发领导小组，下设办公室，负责办理日常工作(如综合开发计划的编制、行业的管理、房屋综合造价的管理、各部门工作协调等)。这种形式的机构设置，在具体的开发事业中取得了满意的效果。

城市建设综合开发事业资金来源多渠道。开发产品商品化，不仅把市场机制引入城市建设领域，这本身就是一项重大的改革，而且使资金来源渠道增多，资金投入量不断增多，投资效益显著，资金的筹集、分配、使用、回收达到良性循环，国家也从城市建设综合开发中获得大量收入。

20.1.3 城乡开发的动力机制

20.1.3.1 城乡开发的主导力量

在计划经济时期，城乡开发活动完全由政府组织，政府负责开发的投资、经营和管理。随着市场经济体制的建立和不断完善，城乡开发的主体逐步引入了多元化的投资主体，开发的投资、管理、运营等职能更多地由第三部门、私人部门进行承担，政府从运动员加裁判员的双重身份逐渐转变为单纯的裁判员身份。然而，在现阶段的大部分开发活动中，政府仍然承担着制定开发的法规规章、编制开发规划、协调组织开发过程等主导活动，在中国现有的行政管理体制下，政府部门仍是城乡开发的主导力量。

20.1.3.2 城市结构与功能的互动动力

城市以及城镇化的乡村地区作为经济社会活动的集约化空间形式，具有集聚效益和规模经济的优势。城乡开发的主要动力机制之一就是城市化地区结构与功能的互动调节促进作用。城市的物质空间结构按照当时的城市功能需求进行建设，随着经济、社会的不断发展，城市功能不断生成创新，城市结构在不断地局部调节，借助弹性与内部调节能力与功能需求保持同步。然而，当经济社会发展到达新的阶段、经济体制发生结构性调整、城市原有结构难以维系城市功能时，城市系统就会出现各种难以应对的局面，即通常所说的“城市病”。当城市问题积累到一定程度，旧的城市结构就是对新发展的桎梏，此时必须通过城乡开发活动重建城市结构，达到新的“功能—结构”平衡。因此，城市的发展总是处在平衡—不平衡—重新平衡的循环之中。

城市经济的增长、产业结构的调整、经济增长方式的转变、城市功能的更新，必然带来城市物质空间的调整和重组，带来城乡开发的实施。

20.1.3.3　城市物业置换的需求

城乡开发表现为城市内各种物业的置换过程，这种置换有多种表现方式，其动因各不相同。

1）物质性置换

物质性置换指物质空间实体的开发变化，包括从非城市物业（如农田）转变为城市物业（如居住区），或城市危旧房拆除、新建建筑等。这种直接的物质建设性置换经济效益十分显著，可以满足城市剧增的用地需求，使丧失经济价值的物业重新获得价值，同时旧区改造还能带来巨大的社会、环境等效益。

2）功能性置换

这种置换不涉及建筑物的拆除及重建，只对物业的使用功能进行调整。城市新增的功能在存量的物业中获得发展空间，这是一种低成本、高效益的开发更新方式，在国内外有大量的成功案例。如上海外滩建于 20 世纪 30 年代的大楼，在改革开放前被用于办公、学校、工厂等单位，随着上海 CBD 的建设，这些建筑重新被国内外银行进驻，恢复了外滩金融街的功能。在注重存量规划、创新保护近代建筑遗产的当前环境下，此类功能性置换开发为主导性开发动力。

从经济价值角度看，物业的功能性置换就是将资源进行优化再配置，从而发挥稀缺资源应有的价值，资源价值的回归过程就是城乡物业资源的置换过程。

3）土地级差收益性置换

城市土地处在不同的区位，有不同的市场价值。随着城市的变化发展，土地的区位条件处在不断变化之中，市场对不同区位土地的需求以及土地价格的空间级别差也在不断变化。为了追求高额的土地级差收益，一些处在优势区位地段、物质功能并未老化的城市物业会被置换，这就是土地级差收益性置换。北上广深等特大城市通过土地"批租"，有偿出让市中心优良区位的土地使用权，从而筹得巨额资金，加快城市发展步伐。

从经济意义上讲，城市土地级差性置换的本质是：将土地作为资本来加以运作，使之收益最大化，这是置换的内在动力。

20.1.4　城乡开发的模式

20.1.4.1　城乡土地开发模式

城乡土地的开发实质上是对城乡土地的使用强度及位置的开发利用，并由此取得一定经济效益的经济活动。由于城乡各种经济活动的相互依存和相互作用，决定了城乡内部各个功能区界限的相互交错，每个功能区处在特定位置上。各个功能区的位置、大小具有此消彼长的关系，它对城乡土地的开发、利用提出不同的需求。所以，在实际开发过程中，各种形式的开发不能单独进行，而是相互交错、相互联系、相互影响的。从城乡空间的形成和效益来看，土地开发模式可以分为综合开发、成片区域开发、项目梯度开发三种模式。

1）综合开发模式

城市土地的综合开发，也叫房地产综合开发，包括土地开发、房屋开发和基础设施开发三个部分。这种开发方式是根据城市总体规划和社会经济发展规划的要求，选择一定区域内的用地，按照规划要求的使用性质，实行"统一规划、统一征地、统一设计、统一施工、统一配套、统一管理"的原则，有计划、有步骤地进行开发建设。

综合开发的内容，一是对规划设计、征地拆迁、土地开发、组织施工、验收交用，做到各个环节互相配合和协调发展，以求缩短工期，取得良好的经济效益。二是对新开发区和旧城再开发区的工业、交通、住宅、科教文卫、商业服务、市政工程、园林绿化等所需用地，根据需要和可能统筹安排，分期交付使用。这是一项综合性的生产活动。

综合开发的具体形式主要包括新开发和再开发，新开发就是指对新市区和卫星城镇的开发。其主要特征表现为：通过对农业用地投资开发为可供城市使用的建设用地，体现了城市空间形式水平方向的发展。再开发是指对原有城市某些区域进行改造、扩建和修缮，主要是将城市原有利用效益低的土地变为高效利用的土地，使城市建设资金集中合理地分布在有限的空间里，主要通过容积率等经济技术指标的提高来体现其价值。

2）成片区域开发模式

成片区域开发，也可称为专业性开发，是指在土地经过综合性开发之后，对其进行物业经营活动，包括转让土地使用权，出售或出租地上建设物业，经营公共事业等。这种开发带有明显的专业性，一般包括工业开发区、商业住宅区、金融贸易区、高科技园区、旅游经济区、大学园区等。从融资方式上，还可分为“筑巢引鸟型”和“引鸟筑巢型”两类。

“筑巢引鸟型”由国家、政府先进行出面，投入资金进行基础设施建设，通过改善环境来吸引各方单位入驻开发区，进行进一步建设活动。这种开发方式需要大额的政府投入，建设期内资金不能留作他用，丧失了其他营利机会，投资期间基本没有资金回收。因此，目前广大地区采用的是“引鸟筑巢型”的方式，即通过出让土地的使用权来筹集资金，用土地积累资金，借助使用者的融资来进行初期开发建设。投资开发对象非常多元，可以是公营、私营、外商、内商、合资、独资……这使得资金来源渠道非常之广，容易形成巨大资金流，进行规模开发，加快开发速度。

3）项目梯度开发模式

这是指依据原有城市功能，适应用地结构的重新组合，运用土地级差效益而改变土地低效益利用的开发模式。按照建设时序不同，梯度开发也可细分为三种不同的带动方式。

一是数点并行，相对集中的开发改造。适用于面积相对较小，城市功能落后、需求较多，改造愿望比较迫切的地块。主要用于居住区改造的实践。二是以点带面滚动梯度型开发。即通过对某一地段现行改造，提高其使用功能和区位价值，然后以此为中心，辐射带动周边地区的开发。这种开发形式主要表现为以重点市政项目或基础设施项目为契机，增加土地使用系数，调整土地使用功能。例如通过扩宽道路、建设高架路、地铁、立交桥等设施，带动周围城市布局的调整、疏通，形成具有更高经济效益的土地利用格局。三是以项目为契机，分片开发改造，即以一个或多个建设项目为中心，进行城市土地的开发改造，逐渐形成新的商业区、居住区、卫星城，增加城市功能。

20.1.4.2 城乡开发的管理组织模式

中国城市开发经过一段时间的探索，初步形成了具有中国特色的城乡开发管理组织模式。由于我国开发区类型、层次不尽相同，因此在组织管理体系的模式方面也并不完全一致，我们通过城市开发区的开发组织管理体系来论述一般意义上的城市开发组织、管理体系。一般而言，中国的城市开发区组织管理模式大致可分为行政主导型、公司制以及混合型三大类。

1）行政主导型管理模式

所调行政主导型管理模式，就是在开发区的管理过程中，突出强调政府行政部门在开发区管理中的主导作用，由所在地区的城市政府业务部门进行直接管理，行政主导型管理模式根据开发区管委会的职能不同又可分为纵向协调型管理模式和集中管理型管理模式。

纵向协调型管理模式（图 20-1）强调由所在城市的政府全面领导开发区的建设与管理，所在城市的人民政府设置开发区管理委员会或开发区办公室，管委会（办公室）成员由原政府行业或主管部门的主要负责人组成。开发区各类企业的行业管理和日常管理仍由原行业主管部门管理，开发区管委会只负责在各部门之间进行协调，不直接参与开发区的日常建设管理和经营管理，直接参与管理的有市土地管理、科委、发改部门、规划建设、环境保护、海关商检以及财政税务等部门，而所在的区县政府主要负责开发区的行政管理、公安、消防、文化、教育、环境卫生、商业网点管理等工作。

图 20-1　纵向协调型管理模式

集中管理型管理模式（图 20-2）是我国大多数开发区所采用的管理模式。这种管理模式一般由市政府在开发区设立专门的派出机构——开发区管理委员会，来全面管理开发区的建设和发展。与“纵向协调型”管理模式相比较，这种管理模式中的开发区管理委员会具有较大的经济管理权限和相应的行政职能，管理委员会可自行进行规划、土地、项目审批，财政、税务、劳动人事、工商行政等部门可享受城市的各级管理部门的权限，全面实施对开发区的管理。集中管理型管理模式按照封闭程度的不同，又可以分为全封闭型和半封闭型两种，全封闭型主要是在保税区中使用，保税区中的经济运行和管理与所在城市完全隔离，按照国际惯例运行和管理，而半封闭型则主要是在经济技术开发区、高新技术产业开发区、旅游度假区以及边境经济合作区中采用，半封闭型集中管理在保证管委会相对独立的前提下，还必须接受市主管部门的必要指导和制约，与城市发展保持大体一致。集中管理型管理模式的组织结构和运行方式如图 20-2 所示。

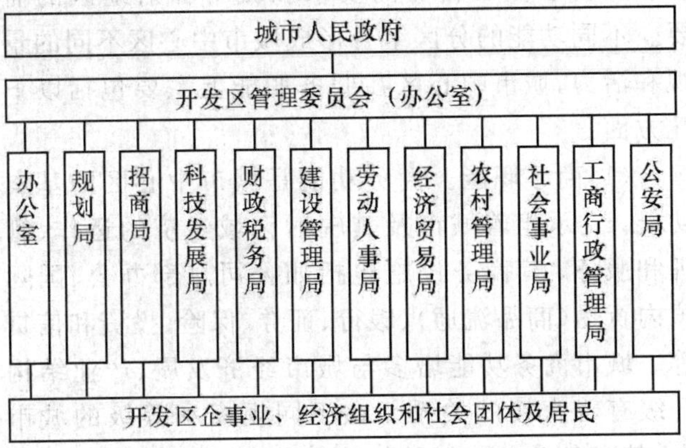

图 20-2　集中管理型管理模式

2)“公司制”管理模式

“公司制”管理模式（图 20-3）又称为企业型管理模式或无管委会管理模式。这种管理模式主要是以企业作为开发区的开发者与管理者，这种组织管理模式目前在县、乡级的开发区建设中使用较多，一般是由县、乡政府划出一块区域设立开发区，县、乡政府不设立派出机构——管理委员会，而是通过建立经济贸易发展开发总公司作为经济法人，来组织区内的经济活动，并由经济贸易发展开发总公司承担部分政府职能（如协调职能等）。总公司直接向县、乡政府负责，实行承包经营，担负土地开发、项目招标、建设管理、企业管理、行业管理和规划管理等六种职能，而开发区的其他管理事务，如劳动人事、财务税收、工商行政、公共安全等，主要还是依托政府的相关职能部门。

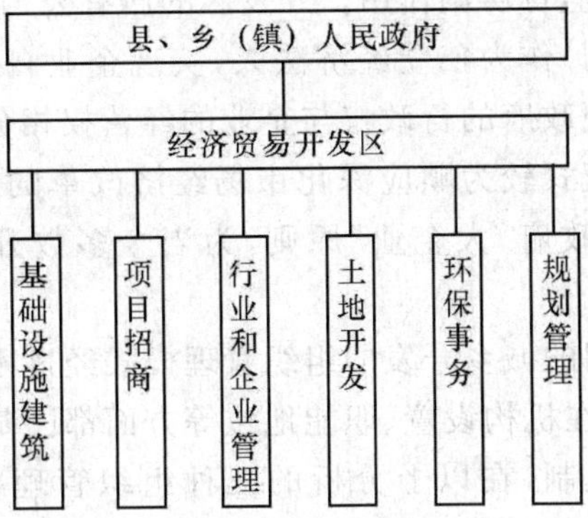

图 20-3　“公司制”管理模式

3)混合型管理模式

混合型管理模式是介于前两者之间的管理模式，在中国有政企合一、政企分开两种具体方式。

政企合一型管理模式（图 20-4）类似地方的行政管理模式，它是在管委会下设一个发展总公司，管委会负责决策、职能管理以及服务性工作，而下设的发展总公司一般是负责开发区内的基础设施建设。这种发展总公司虽然是经济实体，但管理行为很大程度上仍然是行政性质的，管委会和总公司在人员设置上相互混合，管委会主任和发展总公司经理通

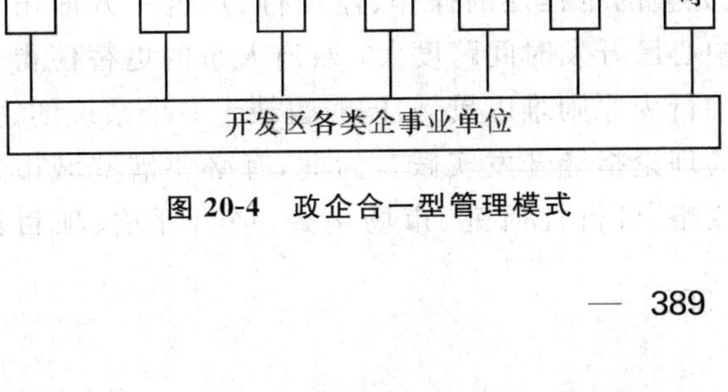

图 20-4　政企合一型管理模式

常是互相兼任，即是通常所说的“两块牌子，一套班子”。在这种管理模式之下，政府的管理具有双重性质，不仅行使审批、规划、协调等行政职权，同时还负责资金筹措、开发建设等经济事务，而开发区的总公司和专业公司基本上没有自我决策权。政企分开型管理模式中，管委会作为政府的派出机构行使政府职权，不直接运用行政权力干预企业的经营活动，只起监督协调作用。开发区的所有公司（总公司和子公司）作为独立经济法人，实现企业自我管理。从而实现政府的行政权与企业的经营权相分离。政企分开模式较为顺应深化市场经济改革的趋势，体现了“小政府、大企业”原则，为当今多数开发区所采用。

中国的城乡开发的组织管理模式经过不断探索和改进，在机构设置、职能地位等方面都已基本形成稳定的机制，在以上分析的三种组织管理模式中，每种组织管理模式都各有利弊。目前在我国开发区管理模式中，管理效率最高、权威性最强、应用最广的还是第一种管理模式——行政主导型模式，这是由我国目前的国情和开发区的建设现状决定的，随着开发区建设的不断深入以及政府宏观管理体制的改革，开发区管理模式应该按照国际通行的惯例和社会主义市场经济体制的要求进一步加以完善。

20.1.5 城乡开发的类型

20.1.5.1 城市中心区开发

1)城市中心区开发研究目标

由于在城市新中心的开发中，开发量大、开发时间长、资金投入量大，对城市影响意义深远。同时又不能延续计划经济体制下的城市开发模式，需要包括政府、开发商等在内的多方参与、合作。目前，我国城市在此类的开发中，往往由政府部门出面制定规划，进行可行性研究，制定开发策略。政府的工作往往集中于开发的某一侧面或某一阶段，缺乏系统的、完整的全程性的操作、监控行为，这一方面由于新中心区开发时间跨度大，政府人事的更替使得开发中行为原则难以贯彻，同时也缺乏一个系统的、完整的理论指导开发实践。为此，有必要借鉴城市发程战略、可行性研究、市场调查、项目评估、项目策划、工程经济学等学科的研究和实践成果，以市场营销策划等理论为基本，以系统分析和评价的方法为研究方法，通过将城市开发概念的发展和延伸，对城市在新中心区开发的特点、开发规律、操作程序内容与方法等方面进行研究，力求将目前城市新中心区开发中各个层面、各个阶段的理论与实践成果进行整合、创新，使之系统化、完整化。一方面对此类城市开发的运作提供指导，提高开发综合效益，提升城市竞争力；另一方面对此类开发中的城市规划设计提供新的总结，提高其实施可行性和可操作性。

2)城市中心区的构成

中心区的类型可按功能分为商业、金融、文化、行政、体育等；按位置可分为形心、重心、主次，此外还可按中心区的级别与规模、发展与变化以及组织结构分类。

城市中心区是城市发展过程中最具活力的地区，可以这样说，当代城市的大部分高级服务职能设施都相对集中在城市中心区内。城市中心区作为服务于城市和区域的功能集聚区，其功能也必然要适应和受制于城市自身的要求和城市辐射地区的需要。不同功能的分区组合形成城市中心区不同的景观和活力，城市中心区在服务职能上主要包括以下几方面。

(1)商务职能。商务功能是城市中心区的基本功能，它承担着城市及其辐射区域经济的运作、管理和服务，其商务设施包括如公司总部办公、国际国内贸易（商品流通）、银行、证券、保险、投资和信贷等。城市商务功能增多与城市经济发展、产业结构升级有着直接的关系。在不同规模和等级的城市中，其商务中心功能的构成比例有很大的差异。全球性城市或国际性大都市中，办公、贸易、金融功能的比例和绝对规模都很大，而在中小城市中，商务功能弱小，商业零售则占有很大的比例，形成商业零售为主的城市中心。

(2)信息服务职能。信息服务业是使用信息设备进行信息搜索、加工、存储、传送等信息服务，是提供高度专业化信息的产业，是城市中最具活力和成长性的产业。信息服务中心主要包括会计、法律服务、审计、广告策划、信息咨询、技术服务等功能。它们的外在物质表现多以商务办公楼为载体，对城市经济的发展、城市文明与城市景观的形成都具有重要意义。

(3)生活服务职能。生活服务业是与居民生活密切相关的行业。包餐饮服务、商业服务、旅游服务等。其中商业、零售业是城市中心区重要的组成部分，而旅游产业的上升使其成为城市经济的新贵，与旅游相关的一系列配套服务设施(如宾馆服务等)在城市中心区内也占有一席之地。

(4)社会服务功能。社会服务业主要包括文化活动、教育培训、医疗保健、社会福利等服务行业，科学研究、文化创作和传播及全民终身教育将是21世纪信息城市的重要功能，在未来的城市中心区发展中，文化娱乐功能的地位会越来越重要。文化娱乐所生产和交换的是文化产品或无形商品，它作为地方性文化的代言者和传播者更是具有独特的价值。因此剧场、博物馆等文化建筑在城市中心区将有越来越重要的位置。就业培训及继续教育培训是未来知识经济条件下经济发展和企业组织、变化的必然产物，随着知识周期变短，培训功能将是未来城市中心区功能的重要组成。

(5)专业市场。专业市场包括批发市场、各类专业街等

(6)行政管理职能。行政管理职能历来是城市中心区的功能之一。行政管理部门作为宏观管理和政策制定的实施者，是城市功能正常运转的重要保证。

(7)居住职能。居住是城市中心区的传统职能，在未来经济全球化和一体化的趋势下，人员流动将趋于加快，中心区内办公式公寓将逐渐增多，适量的公寓住宅以及与此相配套的公园绿地等开放空间，能够避免城市中心区成为夜间无人的办公区，因此很多城市中心区都配有一定比例的公寓住宅。

3)城市中心区开发类型特征分析

城市中心区以新开发为主。城市可分为新开发和再开发两种类型，新开发是将土地从非城市用途转化为城市用途的过程。再开发是城市建成环境的物质更替过程。城市中心区的开发，考虑到建设成本、开发门槛、带动城市新区发展等多方面原因，多选择新开发模式，以“土地”为开发对象。

土地开发与物业开发并存。从城市开发过程角度，可以分为土地开发和物业开发两种类型。城市中心区一般面积较大，往往采取土地和物业的滚动式开发，整个新区的不同区位内两种开发阶段并存。

20.1.5.2 经济开发区开发

1)经济开发区的主要开发阶段

产业经济开发区的开发进程可以概括为：集结、吸引、辐射三个阶段。

首先，经济开发区的开发需要具备良好的培养基础——地区内的经济条件、科技条件、社会或环境条件。同时，它的开发启动需要外部促进条件，即经济开发区的政策导向和资本与科技的投入。在此基础上，区内各工程项目在内外因素的条件下，开始聚结。随着功能的集结，产业经济开发区开始由产生转向发展，这样就形成了规模。形成更好的投资条件，就形成了吸引力，进而加速了它的发展。在发展过程中，又形成一定的与其他地区相抗衡的竞争力，这样便集结了更多的社会生产和社会生活，产生出重大的辐射力，影响并促进其他相关区域的建设与发展。

经济开发区不是孤立存在的，它必须同其他各种环境因素相联系，它的开发进程不是线性的，是在稳定与不稳定、均衡与非均衡的矛盾运动中进行的，节奏并不是始终如一的，随着环境因素的变化，开发区的开发进程时而呈现大幅度、高速度，时而呈现小幅度、低速度。

经济开发区开发进程的这种特征是由两个规律共同支配的，一个是自然系统规律，一个是人工系统规律。所谓自然系统规律是市场规律，开发区的土地开发受到市场中价值规律的调节；所谓人工系统的规律，是人们对客体特有的主观性、计划性的规律。人们在开发区的开发中，通过人工系统规律，一方面能发挥主观能动性，促进并引导开发区的进程；另一方面可以通过计划性避免因市场性而引起的盲目和外部负效益。

为了促进开发区的开发，必须了解它的进程，在整个开发过程中运用自然系统和人工系统促进产业的聚结、吸引和辐射。如果在开始阶段能通过良好的环境建设促进资本与科技的集结，那么在市场规

律作用下，它将走向规模扩大，最终产生辐射力。

2）经济开发区的主要经营阶段

尽管世界各地经济开发区的发展进程表明，并没有一成不变的固定模式，但是，其中却有一些相通的基本原则和科学的方法及程序。高新技术产业开发区的经营包括两大阶段：开发阶段和管理阶段。开发阶段如上文所述，是决定性阶段，又可分为以下三个主要进程：

（1）前期策划阶段。主要内容包括：①大量的科学调研与考察；②进行系统和全面的客观分析与比较研究；③确定产业性质和功能定位；④确定其方向和目标体系；⑤确定发展思路与战略；⑥确定选址与规模；⑦提出各种可供选择的可行性研究报告。

（2）中期规划阶段。这一阶段工作包括：①制定出分期实施的近、中、远期发展总体规划；②制定出起步区控制性详细规划；③制定出开发区管理准则和投资指南；④项目招商；⑤论证详细具体的项目工程，并报请审批；⑥落实开发计划的财力、人力和物力；⑦根据项目对原规划进行进一步调整。

（3）后期实施阶段。这一阶段主要是实施批准的发展规划和项目工程计划，包括：①项目落实；②深入设计；③项目实施与项目管理。这些为开发区转入正常运作做好管理和服务工作。

根据以上所述的经济开发区所特定的开发程序，我们将产业区规划层次与相应的管理保障层次相互结合，共同形成一个网络系统。同时，这三个阶段是程序上的先后关系，执行起来又存在着时间和空间上的交叉，它们以土地开发为线索，共同组合成一个有机的统一系统。需要特别指出的是，产业区开发是一个持续的过程，随着时间的推移、内外因素的变化，任何阶段上的任何点都不会是一成不变的，甚至开发决策也有可能因为开发的深入进行而发生相应的调整。

20.1.5.3 城市边缘与乡村开发

1）土地利用开发模式

大城市地区土地非农开发怎样进行及其土地利用模式如何选择，长期以来是地理学、经济学、城市学的学者们共同关注的问题。早在 19 世纪 20 年代，德国经济学家杜能就提出了农业区位论，概括出了以城市为中心的农业孤立国同心圆土地利用模式（图 20-5），揭示出了距中心城市远近（市场距离）对于农业生产集约程度和土地利用类型的影响，明确了土地利用方式（或农业类型）存在着客观规律性和优势区位的相对性。自 20 世纪 60 年代以来，西方许多学者（如科曾、埃里克森、庞德和耶茨等）通过一些城市的郊区化过程对城市郊区（城市边缘）土地利用的影响分析，指出城市郊区土地利用的动态演替是城乡相互作用的结果，城市郊区土地非农开发由中心城市向农村地区扩张，具有有序性和阶段性。

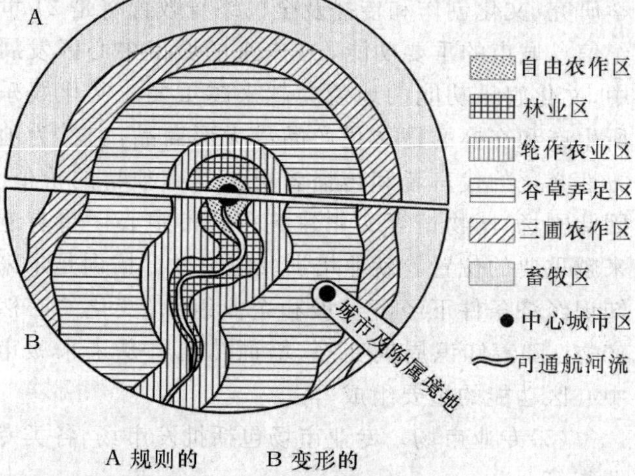

图 20-5 杜能农业区位模式图

在西方关于城市郊区土地利用演替的研究中，我们认为埃里克森的多核心结构模式（图 20-6）特别值得我国大城市郊区土地非农开发借鉴。埃里克森通过对美国 14 个特大城市 1920 年以来人口、产业等等的向外扩散情况研究，将城市郊区（城市边缘）土地利用空间与结构演变划分为三个阶段，即“外溢—专业化阶段”“分散—多样化阶段”和“填充—多核化阶段”。他认为，城市郊区土地利用空间与结构的演变，首先是城市各种功能向周围地区的溢出，在郊区农村形成非农的专业化生长点（如单功能的工业区、居住区等）；其次，由于交通运输条件的改善，城市人口与产业扩散不断加剧，使城市郊区土地非农开发趋向多样化，各种类型的功能区数量增加，形成了一系列多样化生长点。郊区产业结构中，农业地位相对下降，工业、居住、商业等等呈现相互结合态势，非农产业占主导地位。最后，在城市郊区的一些优势区位（如放射线和环形线道路的交叉点），通过进一步的空间集聚，吸引更多的人口与产业活动，使郊区土地非农开发出现了多核化，形成了次一级的中心城市——卫星城或边缘城市。

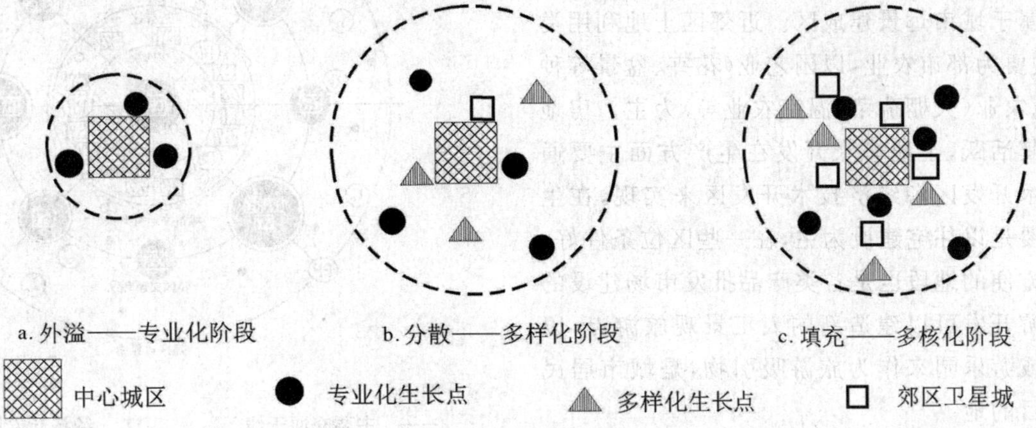

图 20-6　埃里克森的多核心结构模式

我国大城市郊区土地的非农开发与西方城市郊区化过程不同，其基本特征是大集中、小分散。也就是说，从全国城市化发展过程看，大城市地区的经济空间集聚过程仍是主要的。但是，从城市与郊区的关系看，中心城市人口和产业等向其郊区扩散的过程也已经开始。我国大城市郊区土地的非农开发，在改革开放以前，大城市卫星城的建设基本上可以和埃里克森所讲的专业化生长点阶段相对应。只是这些卫星城作为专业化生长点，不能简单地将其视为大城市的功能外溢，更多的是新的生产力的布局，是国家新建的先进工业企业，它们的建设很多是在填补我国产业结构的空白。改革开放以后，我国大城市更新工作加强，特别是土地使用制度改革后城市级差地租显化，大城市产业上实行“退二进三”，土地置换较为活跃。在城市郊区出现了接受大城市工业扩散的工业园区、城市旧城改造所需的拆迁安置居住小区和某些大学扩建用地置换形成的校园新区等等，基本上是属于大城市的功能外溢效应。而此时出现的一些经济技术开发区和高新技术开发区，很多也不应当视为大城市功能外溢，主要是新的生产力布局。至于我国大城市郊区乡镇企业园区和农民新城镇的建设，它是我国农村工业化的产物，具有明显的中国特色，在西方城市郊区并不多见。目前，我国大城市郊区土地非农开发.产业结构多样化趋势明显。大城市郊区作为其中心城市人口和产业扩散的空间、中心城市结构和功能完善的新区建设空间、中心城市生态环境建设相生态平衡保护的空间、农村工业化空间集聚重新布局空间和城乡人民生活质量提高后旅游业发展的空间，大城市郊区的居住、工业、商业、旅游、仓储和生态环境保护功能明显增强。我国大城市郊区非农产业在国民经济中的地位显著上升，农业地位相对降低。

2）土地利用开发模式的选择

我国大城市郊区土地非农开发利用模式的设计，应当从我国大城市郊区土地非农开发利用的实际出发，既考虑到中心城市对郊区的辐射作用，其影响在空间上存在的圈层分异；又要重视交通运输等基础设施建设对非农产业布局的诱导作用；还要重视郊区土地非农开发的自主性和独立性。我国大城市郊区土地非农开发应以非均衡的多核组团集中开发方式为主。先建设非农企业，后建设生活小区，最后形成城镇的郊区土地非农开发演替过程仍将是普遍的。我国大城市郊区土地非农开发及其土地合理利用的模式可以用图 20-7 概括。我国大城市郊区土地利用的总体结构，可以分为三个特征明显的不同地带：

(1)近郊外环带。它邻接中心城区，与中郊以城市交通外环线和城市绿带相分隔。它在城市规划中实际上是属于城市远景建成区。近郊区土地利用类型，农业主要为都市农业，以园艺业(花卉、盆景等种植)和设施农业(大棚蔬菜、温室农业等)为主。房地产市场极其活跃，土地非农开发在生产方面主要通过高新技术开发区和经济技术开发区来实现，在生活方面主要是以住宅建设为主，在一些区位条件好、交通特别方便的地段也是各类产品批发市场建设的场所。旅游开发可以建造新的人工景观旅游点，以人造景观或游乐园来作为旅游吸引物，是城市居民一日游的目的地。

(2)中郊产业带。它位于城市交通外环线和城市绿带的外侧，同远郊区以郊区交通环线分隔。它是城市工业的扩散基地，也是郊区农村工业化和城市化的空间集聚中心区域，在此建立卫星城或二级市，房地产开发以土地成片开发为主，各类产业园区(包括乡镇企业园区、市级工业园区、经济技术开发区和个私经济开发区等)的开发规模较大。市场网络建设以城镇商业中心区建设为主，结合地方实际兴办各类产品专业市场。农业是城市常年蔬菜基地的分布所在，是城市菜篮子工程的核心区域，郊区农业特色明显。旅游业的发展，重在做好名胜古迹保护与开发，发展观光农业，一般是城市居民1～3日游的目的地。

(3)远郊田园带。位于郊区交通环线外侧，是大城市郊区与乡村的过渡地带。其土地非农开发以农村中心城镇建设为主，乡镇企业集中为工业点。土地利用中农业用地占有绝对优势，耕地分布集中、农业规模化、现代化、产业化水平高，是城市肉、蛋、乳类供给基地，是城市郊区农业现代化示范农业和创汇农业的发展基地。商业主要为农村服务，有条件的地方可以建立城市批发市场。旅游业以建立旅游度假村为主，也可发展农村民俗风情游，是城市居民休假、休闲的目的地。在一些具有生物多样性的特殊地方，可建立自然保护区。

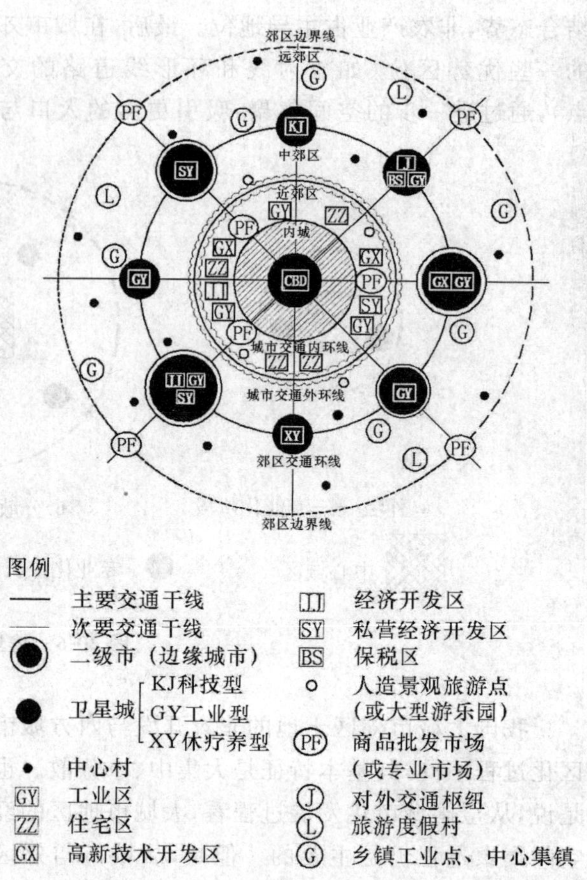

图 20-7　中国大城市郊区土地非农开发模式图

20.2　城乡开发的实施

20.2.1　城乡开发实施机构

城乡开发实施机构主要属于城乡开发管理机构的执行系统。这一系统将政府的决策予以具体组织实施，并在实施过程中加强管理与控制，以实现其职能，它包括以下机构：

(1)城乡建设委员会(部分城市设建设局)。它是在城市政府领导下实现城市规划、建设和管理的综合部门，其主要职责为：组织领导全市的规划、建设工作；研究制订规划、建设业法规并组织实施；编制年度建设与开发计划；统一负责城建资金的使用范围、计划下达；负责审批或审查项目立项、可行性研究；领导全市建设业的改革；负责对建设业的经营和管理等等。

(2)规划局。这是城市规划的编制和具体监督实施的职能部门。其主要职责为:编制、调整、实施城市总体规划;制定片区详细规划和地块规划;负责建设项目的定点、选址工作;编制或审批新区开发、旧城改造的规划;发放工程建设许可证等等。

(3)国土局。国土局是统一管理全市土地的职能部门。其主要职责为:贯彻执行国家有关土地的法律、法规和政策;主管全市土地的调查、登记和统计工作,组织有关部门编制土地利用总体规划;主管土地的征用、划拨和出让工作;负责征收土地使用费;负责检查、监督土地的利用情况;会同有关部门解决土地纠纷等等。

(4)房管局。房管局是作为市政府行使房地产行政管理的职能部门。其主要职责为:拟定地方性房地产管理法规、政策并组织实施;负责全市房地产权、产籍、产业管理;负责处理房地产纠纷;负责编制全市住宅建设发展战略规划;领导、规划全市住宅布局,指导和参与住宅小区规划等等。

(5)建筑工程管理局。它是具体负责建筑行业管理的职能部门。其主要职责是:负责施工许可证的发放工作;负责建安企业技术、施工管理、质量监督;负责施工队伍管理、招标投标管理和工程质量监督等等。

20.2.2　市场机制在城乡开发实施中的表现

1)市场机制对推动城乡开发具有重要作用

分析市场机制在典型市场中运行的规律,其市场效率的实现建立在如下假定基础上:许多生产者,许多消费者;自由进入和退出;充分的信息。然而城市综合开发由于其市场主体和产品特性不同,市场机制表现出复杂的调节过程。

单纯的市场机制,在城市综合开发市场中有局限性,价值调节作用弱化,不能达到资源配置优化和市场均衡的目的。因此,城市综合开发市场运行机制之中必然要嵌入计划机制,即计划机制渗入市场机制的运行,并调节市场机制,使市场机制内部各要素之间形成合乎计划目标的联系。这一点我们可以从城市综合开发概念中的前提——在城市建设总体规划和经济社会发展计划指导下,得到证明。故城市综合开发市场机制运行中的价格、供求、工资、利率等各种要素受到某种外力的影响。而价格、供求、工资、利率等各种要素在这种外力的影响下,按照市场运行的机理达到暂时的平衡。这种平衡是否稳定,是否最有效地配置资源,是否获最佳的效益,就要看这种外力是否合理,是否有效地纠正垄断市场的偏差,社会成本和企业财务成本的偏差。当政府干预不当,则会进一步扭曲已发生偏差的市场,使城市综合开发市场出现极大的不稳定,同时伴随着巨大的浪费或破坏。

虽然城市建设综合开发中市场机制受到计划机制的调控,但就此否定市场机制的调节作用,在理论上是错误的,在实践中是有害的,其结果只会造成城市建设的萎缩。我国过去城市建设单纯地由政府出钱,城建部门建设,产品无偿提交社会使用,造成政府能给多少钱,城建部门办多少事的被动局面,强制地压抑了居民对城市基础设施和住宅的需求,迫使消费结构畸形发展,资金流向不合理。由此导致结构的失衡,过剩的部门更加过剩,短缺的部门更加短缺,城市建设资金不足,根本原因之一就是否定了市场机制在城市建设中的作用。

城市开发的兴起,就是要改变过去传统城市建设的方式、方法,在规范的政府管理、正确的政策和计划指导下,充分发挥市场机制的积极作用,实现效益开发和开发效益最优化和最大化。使综合开发全过程体现经济效益原则。我国过去几年的改革实践,积极地把市场机制引入城市建设之中:如住宅商品化,土地和城市基础设施有偿使用,服务费用的合理提高,项目招标投标等改革,大大改变城市建设任务统一分配,开发产品的福利、半福利性质,使城市建设综合开发取得了长足的进步。

我国城市建设综合开发,是从开发房地产业、改革住房制度开始的,从目前有限的住宅商品化,到将来住宅完全商品化,市场机制都起着至关重要的作用。所谓住宅商品化就是把住宅视为商品,按价值规律进行生产、交换和消费。

在城市建设综合开发中,单纯的计划机制,没有市场机制的传导和缓冲,只能引起市场的萎缩。我们必须以"国家引导市场,市场调节企业"的思路,发挥市场机制的基础调节作用,才能使城市建设走向良性循环的轨道。因此,城市建设综合开发市场运行机制,应是在政府对综合开发工作实行以经济、法律手段为主的间接控制下,在宏观国民经济计划和城市规划的控制下,充分发挥市场机制的作用,大力培育城市建设综合开发市场。开发单位主要以承包商的身份出现,政府不直接干预企业的经营活动,而侧重于抓开发规划、计划,有关政策法规制定和落实,抓税收、信贷、商品房价格等"杠杆"的调节作用,实行间接管理。

2)市场机制在城乡开发中实现的条件

城市综合开发市场机制的运行,离不开一定的经济条件。如果条件不具备或不充分,市场机制的运行必然要受到限制。城市综合开发市场机制实现的条件主要体现下列 3 个方面。

(1)完善的市场体系。完善的市场体系是市场机制运行的前提条件,因为市场机制必须以相应的市场为依托。例如价格机制依托于商品市场,利率机制依托于资金市场,工资机制依托于劳动市场。在社会化的商品经济条件下,具有广泛联系的各类市场之间是协调统一的关系。它们在交换中相互关联、相互制约、相互作用,并由此形成有机组合的庞大系统。在这个庞大的系统中,各类市场都有自己的特点和作用。商品市场,特别是实物商品市场是市场体系的基础。它为其他市场提供物质技术条件,其他市场则围绕着商品市场运动。资金市场是市场体系的枢纽,它对生产资料和劳动力的结合,客观上起着"黏合剂"的作用。正因为有了这种"黏合剂",生产资料和劳动力才能在市场上活跃起来。劳动市场是市场体系的动力,它一方面推动着社会财富的形成,另一方面又推动着商品、资金等其他市场的加速动转。商品市场与各种生产要素市场之间有着不可分割的内在联系。如果各种市场发展不同步,或者市场体系残缺不全,便会出现各种生产要素之间反向流动的状况,影响市场机制功能的发挥。例如,我国商品市场放开,价格放开后,供不应求的商品价格上涨,按理说会调动资金和劳动力投入该生产部门,扩大该种商品的生产,但实际上并没有做到,其中一个重要原因是资金市场没有完全放开。资金流动滞缓、劳动力不能流动,致使城建部门的财力、人力,始终得不到保障。其中一个重要原因,就是生产要素市场不发达、不完善,从城市建设的角度看,完善的市场体系除了商品市场(生产资料市场,城市住宅市场),资金市场(短期、长期资金市场)和劳动市场(劳务市场,职业市场、人才市场)等基本市场外,还应包括土地市场(一级、二级、三级土地市场)和技术市场(技术咨询市场,技术招标市场)。

(2)产权规范的市场主体。城市综合开发企业由于牵涉面广、规模大、受政府的制约多,产权形式基本上是一元化国有企业。因为政府与国有企业经理有着千丝万缕的联系,从而一定程度上保证了政府对企业的影响力,也使企业处于垄断优势地位。但市场经济的最一般的特征,是社会经济生活中众多的企业以追求财产增值为目的而展开竞争。构成这种市场秩序的前提是:第一,产权主体多元化;第二,经济当事人具有完整独立的财产责任和财产利益。这样才能使价格变化后引导竞争,改变主体的利益结构,从而影响供求。实现市场主体的产权规范,就是按照市场经济要求,改造现有产权关系,建立多元化,有独立完整的法人资产责任和利益的产权制度,以塑造真正的市场主体。社会主义条件下多元产权主体有两方面内容:一是多种所有制经济成分并存。即以公有制为主体,又允许发展个体经济,私营经济,中外合资,独资企业。二是公有制内部按照多元化原则管理。产权约束迫使企业自负盈亏,自己承担经营管理的责任,彻底割断对国家的各种依赖,把企业生产经营活动都推入市场,使之与市场建立起内在的有机联系。

(3)配套和权威的规则体系。市场体系是一种社会关系体系。为了保持这种社会关系的经常性、稳定性和安全性,就要借助于法律手段使之制度化和规范化。如果没有一个直接调整市场关系的法律部门,没有一套完整的市场活动法律、规则,市场机制的形成和其效率的发挥是不可能的,特别是城市综合开发市场,政府介入和管理面大,更加需要配套、完善权威的法律基础。从国外市场经济的法律和我国立法现状来看,当前应该制定和完善以下几个方面的基本法律。

①规范市场主体的法律。主要是规范一切实施营利行为的个人和组织,明确取得实施营利行为的资格,明晰市场主体。其基本特征在于它们的独立性,不允许一方限制另一方权利,尤其主管部门不能享有特权。这类法律目前应包括:个体经济法、私营经济法、股份有限公司法、独资企业法、中外合资或合作企业法,国有企业法等。

②保障市场经济秩序的法律。它为各经济当事人提供进行日常交易活动所遵循的一般规范和准则,旨在保护当事人的经济权益不受他人侵犯、防止各种侵权行为,并对侵权行为规定各种惩罚。它具体规定了法定营利行为的范围或法定营利行为合法与违法的界限,避免营利组织非法牟利,保障市场经济有序运行。这类法律主要有:经济合同、票据法、保险法、银行法、社会保障法、制止不正当竞争法、房地产法、商标法、专利法等。

③规范政府介入和市场管理的法律。政府对市场经济的调控和管理必须在法律允许的范围内,通过法律规定的形式来实现,防止政府对市场活动的任意干扰。从总体经济来说,目前应制定计划法、中央银行法、各种税收实体法。从城市综合开发的角度,政府的宏观管理较强,必须完善法律法规。包括城市规划法,土地法等。同时要制定出详细的法规条例,包括制定所辖区域范围内城市建设综合开发的方针政策、规章制度、经济技术指标和标准的法规;审定具体的开发方案和监督开发方案的实施,进行设计审查的法规;对担负城市建设综合开发建设的企业进行开业资质审查和业务监督、指导的法规,管理商品房市场,控制商品房售价的法规。这里需要强调树立法律、法规的权威性,把行政机关的权力限定在法律、法规授权的限度内,一旦出现侵权,法律应能制止。另一方面政府也能依法管理,成为高效率的政府。

④涉外经济法律。如外贸法,外国投资法,外资银行管理法,反倾销法,确立国际商法及惯例等。这些是进一步改善投资和外贸环境、加速市场机制形成以及与国际市场顺利对接所必需的法律。

20.2.3 城乡开发企业的经营管理

经营同商品生产和商品交换相联系,是商品经济的产物。随着我国经济体制改革的不断深入和社会主义市场经济的发展,城乡开发的具体实施通过综合开发企业的具体经营行为落实。

综合开发企业是从事城市开发建设、自主经营、独立核算、自负盈亏,具有法人资格的经济实体。其开发经营活动与城市规划的实施、城市建设的规模、速度、城市景观的形成等具有密切的联系。因此,综合开发企业必须全面考虑开发的经济效益、社会效益和环境效益,正确地确定自己开发经营的目标。综合开发企业开发经营的目标,一般包括以下几方面的内容:

(1)生产目标。包括每年开工、复工、竣工、交用、完成投资等指标。

(2)质量目标。工程合格率、优良品率。

(3)工期目标。包括开工日期、建设周期、竣工率等指标。

(4)投资控制目标。包括投资总额、单方投资、预算投资降低率等指标。

(5)销售目标。包括预售数量、预售比重、销售数量、销售价格、销售收入等指标。

(6)利润目标。包括利润总额、投资利润率等指标。

(7)产品开发目标。包括开发房屋的种类、结构、地理环境、地理位置;新设计、新结构、新材料、新设备、新技术的采用等。

(8)信誉目标。包括合同履约率、优质价廉产品等。

(9)发展目标。包括生产增长、盈利增长、经营范围扩展、人员增加、智力开发、增强竞争力等。

制定目标之后,综合开发企业负责组织开发项目的进行。开发工程计划管理是城市建设综合开发管理的一个重要组成部分。它是城市综合开发企业为了完成城市综合开发产品的生产任务,从接受生产任务开始到工程交工验收为止的全过程中,根据国家生产计划和开发建设的业务需要围绕城市基础设施、民用住宅等各个方面的建设而进行的计划编制、组织、控制和调节等一系列管理工作。

开发工程计划管理的主要内容是：开发工程计划的制定、执行和完成情况的检查三个阶段的工作。

第一阶段，开发工程计划的制定主要包括以下内容：

(1)年度开发工程计划。它是在企业开发建设计划指导下，进行施工准备、组织施工，对全年生产任务进行安排。

(2)施工进度计划。它是依据基本建设计划要求和物资供应条件，以项目竣工投产形成综合生产、使用能力为目标，按照合理的施工顺序，采用先进的施工方法和最优化方法，对主体工程、辅助工程、服务工程、环境保护工程和外部协作配套工程的施工进度进行统一安排，并对这一工程项目从施工准备、组织施工、竣工调试到交工收尾做出统一部署。

(3)施工作业计划。它是为实现企业年、季度生产计划而制定的。具体实施计划，使施工计划按月(旬)具体落实到执行者。

第二阶段，开发工程计划的执行：

开发工程计划的贯彻执行是完成和超额完成企业计划的重要环节。编制计划，仅仅是计划管理工作的开始，更重要的是执行好计划，把计划变为现实。因此，贯彻执行计划必须做好以下几个方面的工作：

(1)要把各项计划指标分解，具体落实到执行者。把总的计划指标分解为若干具体指标。既能测定生产经营活动是否按统一计划进行，又能反映经营活动的具体效果。故必须分解落实到每个单位、个人作为奋斗目标和行动准则。

(2)加强执行中的检查调整，做好施工中的调度工作。这是保证计划顺利实现的重要条件。它是根据已定的计划要求，对进度、质量、成本、消耗和安全等方面的实际情况，进行检查、比较、分析、预测，及时发现问题，采取措施，加以调整，消除障碍。

(3)要始终抓紧平衡和协调工作。在计划执行过程中，施工条件的变化是经常发生的。因此，要不失时机地根据变化了的情况，进行反复平衡和协调。通过施工调度工作，使各单位在思想和行动上保持一致，在时间和空间上相互协作，步调一致，以保证计划任务的顺利完成。

(4)要对计划的执行情况进行考核，及时总结经验，找出差距，以便不断提高计划水平和生产水平。

第三阶段，质量保证检查：

城建综合开发质量保证检查环节是企业以保证和提高产品质量为目标，运用系统的观点及方法，把质量管理的各阶段、各环节的质量职能组织起来，形成一个既有明确的任务、职责和权限，又能相互协调、相互促进的质量管理网络。一般包括以下几方面的内容。

(1)制订明确的质量方针、质量目标和质量计划。质量目标是一定时期内企业开发质量工作需要达到的预期效果；质量计划是企业制定的实现质量目标的具体计划和措施。

(2)落实全面质量管理的基础工作。这就是要在设立专职质量管理机构基础上，建立严格的质量责任制，实行管理业务标准化和管理流程程序化，建立高效灵敏的质量信息反馈系统。

20.3 城乡开发的监督

20.3.1 城乡开发监督保障机构

要保证城建综合开发活动的有序性和合法性，维护各方权益，就必须建立起有效的监督和保障系统。主要包括以下机构：

(1)房地产审判庭。属市中级人民法院，负责审判房地产案件，调解房地产纠纷等等。

(2)地价事务所和房地产估价所(有的城市称作物业估价所)。其主要职责是：负责全市的房地价格管理工作；指导全市房地产估价行业的工作；制定并发布房地产估价指数、建安成本指数；提供房地产参考价格；为调解和仲裁房地产价值纠纷提供依据；为政府征用、补偿、出让房屋和土地提供价格基数等等。

(3)公证处。属市司法局。它为城市建设中所发生的买卖、租赁、预售、抵押等各项事务提供公证服务。

(4)地政建设监察大队。直属市国土局领导，负责查处违章占地、违章建筑、违章使用等行为，保证有关土地、城市规划和建设管理法规的施行。

20.3.2　城乡开发监督的作用和意义

城乡开发是市场参与度极高的行为。政府的参与是解决监督问题的有效途径。在实行联合开发过程中，委托人（公共部门）可能花费一定成本使代理人（开发经营部门）的行为被观察到，以使合约按照公共部门的意思被执行，实现其效用最大化。因此，综合开发过程中，所有权、控制权与监督权的合理设计是至关重要的（图 20-8）。

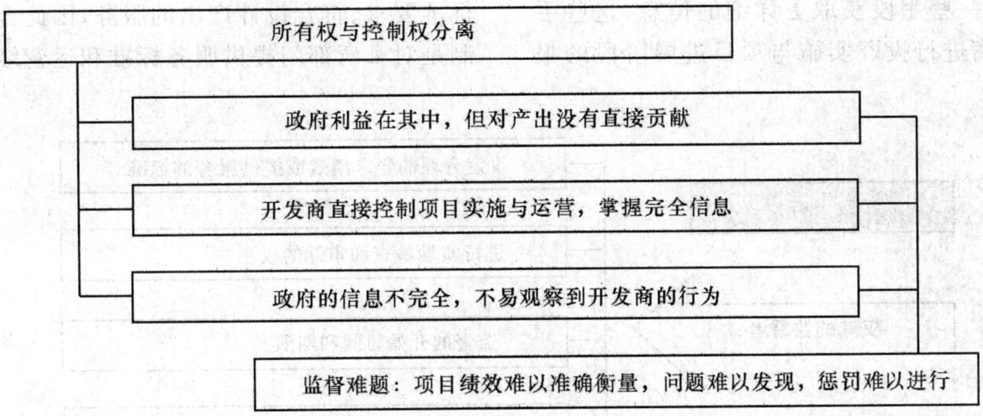

图 20-8　所有权与控制权

独立开发下，政府很难对开发商进行有效的监督。在开发商独立开发的情况下，政府虽然可以通过政策和行政法规对开发商的开发行为进行总体规范，但是由于政府无法掌握项目详细的信息，从而无法对项目的实施和影响情况进行监督。政府能采取的措施仅仅限于问题一旦暴露，危害到公共利益和政府利益的情况一旦出现，进行事后的处罚和补救。而此时的开发商和运营商已经处于无力清偿的状态，这种处罚又无济于事，补救措施更不能恢复到事前的状态。监督的缺乏使独立开发失败造成巨大的损失。

获得投资报酬和控制权是开发商的关注点。对于进行资金投入的开发商，他最关注的往往不是获得项目的所有权，而是足够的投资报酬和为获得报酬必需的控制权。双方同时对所有权的争夺必然影响到项目的顺利进行。但是如果项目期足够长，收益足够高，能保证投资方收回投资成本并获得合理的回报，投资方并不要求对项目的所有权。投资和所有权的分离使得公共部门一方面需要吸引资金投入公共项目，另一方面又需要保留所有权成为可能。

总之，所有权使政府在项目中存在利益，而控制权的丧失又使政府在其中的利益受到潜在的威胁，因此产生监督的需要。但是若所有权与控制权分离，政府和开发商对项目信息的掌握程度是严重不对称的。开发商直接控制项目实施与运营，掌握了项目的完全信息，而政府掌握的信息则是不完全的。由于信息掌握的缺陷，政府对开发商行为的监督出现困难。监督难题的出现，使开发商容易从事对自身有利而威胁到政府利益的行为，如变相改变规划、偷工减料影响项目质量等等，这些因素都会影响到城乡开发初衷的实现。

20.3.3　城乡开发监督的模式选择

“联合开发”（图 20-9）是针对政府的所有权与控制权分离而产生的开发模式。此模式强调政府和开发商的共同参与。政府通过共同参与到项目实施过程中，掌握更多的项目信息，为监督顺利进行提供了前提条件。

联合开发一个重要的特征是政府和开发商共担风险、共享利润。这个特征体现在双方的共同参与和对项目的共同控制中。虽然政府的控制不是体现在对项目具体实施细节的控制，而是表现在对项目执行过程、执行效果的掌握。

政府的参与控制使其能够及时掌握项目的有关信息，改善了信息不对称的状况，可以有效地对开发商执行的成果和危害因素进行判断，对可能造成问题的事件采取相应的监督措施。在参与控制之外，政府通过其他一些手段获取更详细的信息，这些手段包括：开发商进行投资实施与项目进展阶段的报告，进行不定期的实地检查验收和财务审计，使用者及相关利益方的投诉等。这些手段的目的在于充分掌握项目的相关信息，为有效地监督提供前提条件。

联合开发主要目的是针对监督环节，委托人（政府部门）的监督必须限于整体与宏观层面，严格限制政府部门对具体实施与执行的干涉，以避免最终又走上政企不分的老路。开发部门的责任是提供达到标准要求、符合设计产出的服务，因此合理的监督机制是对私营部门提供服务标准和运营绩效的监督。

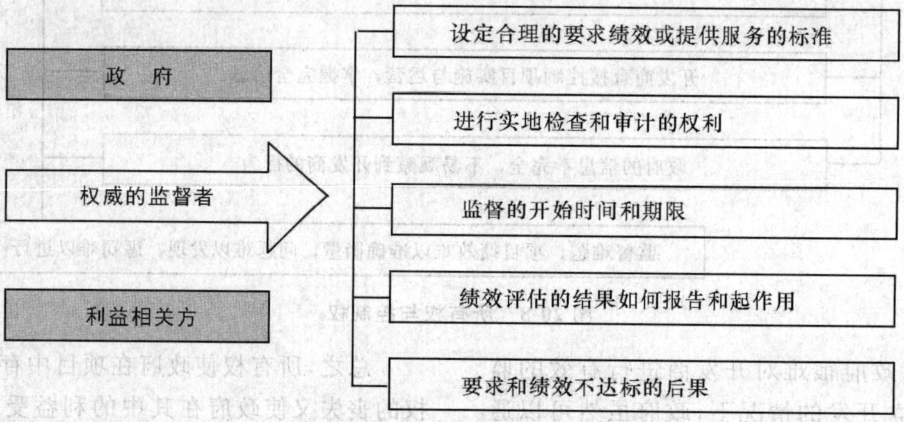

图 20-9　联合开发

这些监督要素必须注意兼顾到保障公众权利利益和私营部门合法的收益，保持私营商参与项目的积极性，充分发挥其运营和管理的效率优势。通常公共部门有限的监督方法和能力与私营运营商的丰富经验之间存在不平衡，这往往引起公共部门极大的关注，因此必须加强公共管理和监督能力的机制建设，以减轻这种不平衡状态，如加强立法体系建设。

在某些情形下，若开发企业不能连续地提供所要求的服务，政府部门可能保留完全介入的权利，即允许政府部门暂时接管实际控制权，亲自提供全部或部分的服务。这是一种解决问题的暂时行为，待开发企业不能连续提供服务的因素消失之后，政府必须退出。

必要介入的情况虽然不大可能出现，但确实可能存在，国外进行联合开发的过程中会对此做出保留。如出现对环境、公共卫生及居民和财产安全的实质威胁，政府出于公共利益的考虑，必须行使介入的权利，保障服务的提供和公共的权益。与介入不同，在合同完成之前，政府部门的终止和更换开发商的权利是一种彻底的方式，为了保障项目的连续性和有关各方的利益，终止和更换权必须更加谨慎地赋予并应受到严格限制。由于上述问题的出现，或者政府出于自身目的和利益的考虑，行使终止和更换权，必须考虑给予合同有关各方适当的补偿。不管是完全介入，还是终止和更换，都是一种特殊的监督形式。为了保障开发商的正当利益，政府的这类权力必须更加谨慎和严格地实施。

20.4　城乡开发的管理

城市的发展过程受城市内部活动需求及既定城市结构的影响，同时也受到城市所在地的自然条件及行政区划等其他因素的影响。城市空间的自然增长一般趋向于投入最小的地区，对旧城既定的社会和生态基础设施有相当的依赖性，因而其发展总是体现为非均衡的外溢增长。

城市结构演进的研究表明，以单一核心外溢增长形成的单中心城市往往拥有"主宰"城市影响力的核心，带有强烈的向心和聚集倾向，城市发展到一定规模，单中心城市容易受到既定城市结构容量极限的制约。单中心城市蔓延式增长的问题在于，周边区域各种活动对中心的绝对依赖导致城市功能下降。

城市的发展过程始终是一个"打破平衡，恢复平衡，再打破平衡"的动态过程。虽然，城市规模的自然增长取决于聚集经济效益，但是城市结构优化的关键却在于有意识的人为控制和引导。不可能依赖局部和单一项目内部经济性与外部经济性的自我协调。干预城市结构发展最有力的力量来自于城市政府有意识的控制和引导。

20.4.1　城乡开发的管理主体——政府

目前，我国城市建设综合开发管理体制尚未完全定型。住房与城乡建设部作为统一管理全国城建综合开发工作的主管部门。如何设立权威机构来协调中央各部、委、办之间以及部内各司之间的关系，是应认真研究的重大问题。作为地方来讲，做法也各异，大致分成三种形式。一是有的城市处于"统建办公室"阶段，把国家、地方投资捏在一起，实行局部统建或组织企事业单位集资统建；二是有的城市政府成立开发办公室，与开发公司两块牌子一套人马，政企不分；三是市人民政府成立城市建设综合开发领导小组，下设办公室，作为全市综合开发行业的归口管理部门。

作为城市开发活动的主要组织者，政府组织的城市开发活动是为了满足推进城市不断发展的需要。而在城市开发的过程中，不可避免的会产生一些偏离城市协调发展目标的问题与矛盾。例如，城市开发中的违章开发等。因此，作为城市管理者的政府的宏观调控作用就显得十分重要。

众所周知，中国许多城市都具有悠久的历史，但这些城市的历史街区都正面临着快速消失，尤其是在沿海和经济高速发展地区，大量的历史街区、传统民居、传统店面整片整片地消失，其中包括像北京的胡同、上海石库门、浙江定海古城，以及其他许多具有历史遗迹的街区都在快速消失。这是一个极其悲壮的态势。照此速度发展下去，现存的历史遗迹很可能会在未来 20 年内从城市中消失，城市会完全丧失它古老的历史风貌。

而现今多数人认为，出现大规模历史古迹文物的破坏，主要由于认识不够。故从提高全民认识、加强宣传、加强法制等方面下功夫。根据我国 20 年来的实践经验来看，这些年按照此思路来保护城市古迹的效果并不理想，当然，受经济利益的驱使是主要原因之一。

回眸中国城市发展历史可追溯到几百年前甚至上千年，在漫长的历史岁月里，城市平稳发展。北京、苏州、南京等，历史上它们的发展都较平稳，除了受战乱影响较大外，在通常情况下都随历史车轮的前进而不断发展。无论是新开发还是再开发，很大程度上都是对过去或周边建筑形式的复制和模仿。这样经过上百年的逐渐演变，城市在此进程中得到不断更新。在此过程中，城市形象的变化是城市开发活动不断积累的结果。这种更新方式就像人类的成长一样，每日身体的新陈代谢，几十年后，最初的细胞可能已完全被更新了，但仍能够保持其从前的特性，从今朝之容貌能依稀看到其昨日之风采。

当城市进入高速发展的阶段，局势就会有所变化。一般认为，如果没有特殊的地理条件限制，城市的扩张模式，是以城市中心为原点，向四周均衡扩散的单一核心模式。因为这种方式扩张开发的成本最低。而随着城市的快速发展，古城就会被包在城市中心，随着城市面积的扩大，城市中心区的地价会迅速攀升，这时会造成改造城市中心区压力巨大。我国内地的城市中拆迁条例赋予政府的权限极大，但在香港特别行政区，法律规定，其补偿条件必须得到 80％的住户同意后方可开始拆迁。因此在我国内地，发展商如若觉得市中心拆迁建房有利可图，就会游说政府拆迁建房。如果这种压力是在极其短的时间大面积出现，城市就会出现大规模的整片改造的现象,一个城市就不可避免地面临丧失其历史风貌的危险。我国城市经济从1990年开始进入高速发展阶段,特别是1999年房地产转热之后,很多城市出现大规模的整片改造,城市变化可用迅雷不及掩耳之势来形容。比如,北京故宫周围那些地块,虽然这些年来没什么基础设施建设,故宫也完全保持了原有的模样,但是随着城市的扩张,随着二环、三环、四环、五环的建设,相关地价的变化都会影响到中心区的地价,使得中心区地价快速飙升,这些地方的地价会变得让人瞠目结舌。

因此。在城市结构空间调控中,为了保护古城,避免单一中心大城市的种种弊端,必须有意打破单一核心的城市发展模式,建立新的城市核心。古城的保护从经济角度可能需要做出一定的牺牲,例如建设新城的周期相对较长,初期代价较大,一两届政府任期内很难完成。所以,城市空间调控的最大前提,是政府的决心和贯彻力度。

从以上内容我们可以体会城市需要政府的宏观调控作用,而政府在宏观调控中需不断改造自我,完善自我。这方面,欧洲的城市做得较好。例如罗马,墨索里尼时代修建了罗马大道,罗马的一些废墟、古迹遭到一些破坏,但很少有人知道墨索里尼时代还建立了新城,正是由于这个新城的建设大大地减少了工业化对于老城的压力。去过威尼斯的人都非常欣赏威尼斯的水城风貌,但是很少有人知道,其实威尼斯的大陆部分是相当大一片工业区,主城的其他功能也分布在大陆。因此,我国城市开发最佳出发点:提高政府的自我约束机制,通过权衡城市开发的经济价值增加值和由此造成的社会历史文化价值损失,努力寻找两者的最优结合点,实现城市开发综合效益最大化。

20.4.2 土地供应控制

土地供应控制不仅是政府调控城市空间发展的最有力措施,也是城市发展最主要的资金来源。

1)土地供应的法律限制

土地供应控制的法律依据《中华人民共和国土地管理法》第八条明确规定:城市市区的土地属于国家所有;农村和城市郊区的土地,除由法律规定属于国家所有的以外,属于农民集体所有;宅基地和自留地、自留山,属于农民集体所有。

据此政府对城市市区的土地拥有所有权。虽然,城市郊区的土地属于集体所有,但《中华人民共和国土地管理法》第四条又明确规定:国家实行土地用途管制制度。国家编制土地利用总体规划,规定土地用途,将土地分为农用地、建设用地和未利用地。严格限制农用地转为建设用地,控制建设用地总量,对耕地实行特殊保护。前款所称农用地是指直接用于农业生产的土地,包括耕地、林地、草地、农田水利用地、养殖水面等;建设用地是指建造建筑物、构筑物的土地,包括城乡住宅和公共设施用地、工矿用地、交通水利设施用地、旅游用地、军事设施用地等;未利用地是指农用地和建设用地以外的土地。使用土地的单位和个人必须严格按照土地利用总体规划确定的用途使用土地。照此说法,郊区的土地虽属于集体所有,但只能用于农业生产,要变为建设用地,必须经政府批准后方可变更土地用途。据此政府对建设用地有绝对的控制,也就是政府可以垄断土地的供应。

2)政府垄断土地供应

从1988年4月起,国有土地使用权开始转让。虽然有关法律法规规定了土地转让有三种形式,即协议、招投标、拍卖,并且转让土地的用途需符合城市总体规划。但事实上在很长一段时间里,协议转让一直占主导地位。由于协议转让这一行为带有明显的暗箱操作的成分,可塑性太强,在造成国有资产大量流失的同时,出现了“工程上马、领导下马”的现象。另外,许多转让土地在城郊接合部,这些土地还没有控制性详规,就由发展商自己做规划。例如,1997年以前浦东住宅业,由于实行土地协议转让,造成部分住宅和住宅小区建设的后遗症比较突出。主要表现在:①布局广,布点散,不连片。浦东新区的住宅散布在北至高桥,南至三林的黄浦江与杨高路之间的走廊内。在差不多100 km^2 的范围内,散布着数千个房地产项目。地块大小不一,水平差异悬殊。②部分住宅小区市政配套不够理想,环境质量和建筑质量不高。③住宅开发小区数量多,规模小。已经竣工或正在建设的住宅小区有几百个,但规模都不大，最大的金杨新村也只有 100 多万 m^2，小的只有数万或数千平方米。④部分小区设计缺乏理念和品位，住宅设计跟不上时代发展的需要。所以，前几年来浦东居住的人大多数是浦西的动迁户，主动到浦东来购房的浦西人和外地人很少。由此有人产生了“投资可以到浦东，办公可以在浦东，但居住不能在浦东”的概念。也就是说，协议转让通常是企业（或其所代表的“市场需求”）在推动政府，政府是被动的，政府制定的城市长期发展规划常常被突破，政府很难真正起到调控城市空间开发的作用。

因此，为了建设一个繁荣、高效、舒适、有序的城市，政府在土地使用权出让中，应变被动为主动。杭州市的做法多少为我们提供了一些宝贵经验。杭州市在 1997 年成立土地储备中心。市区范围内需要盘活的城市存量土地统一由储备中心收购，各个用地单位都不能自行招商、转让。

杭州市土地储备中心收购的土地为以下 10 类：

(1)市区范围内的无主地。

(2)为政府代征的土地。

(3)土地使用期限已经被依法收回的土地。

(4)被依法收回的荒芜、闲置的国有土地。

(5)依法没收的土地。

(6)因单位搬迁、解散、撤销、破产、产业结构调整或者其他原因调整出的原划拨的国有土地。

(7)以出让方式取得土地使用权后无力继续开发又不具备转让条件的土地。

(8)因实施城市规划和土地整理，市政府指令收购的土地。

(9)土地使用权人申请市土地储备中心收购的土地。

(10)其他需要进行储备的国有土地。

这样使政府掌握了土地的收购权和批发权。被收购的土地纳入政府的土地储备库后，按短缺规划的要求，完成房屋拆迁、居民安置等前期工作，然后以公开招标拍卖的方式推向市场，让市场决定开发商，决定地价。

杭州市政府垄断土地一级市场的主要目的是：使政府能够按照城市规划的要求，有计划地供应土地，增强政府调控城市空间发展的能力。同时把以前由发展商、个人、腐败分子侵吞的国家土地收益变为政府收入。

至于其资金，主要来源于政府先期投入的资本金和银行借款。这些资金依靠土地拍卖后的增值资金偿还。

从杭州市土地储备中心公开的资料看，至 2002 年初其收购土地的平均资金大概是每亩* 57 万元，加上土地运作成本，也不会超过每亩 100 万元。但这些收购进来的土地，经该中心根据规划的要求加工后，就迅速增值，每亩卖出时可以达到数百万元。因此，该中心认为，对于银行，其借贷资金也不存在风险。

从数据分析，目前杭州土地储备中心的经营仍是形势大好。据统计，从 1997 年 8 月份以来，杭州市土地储备中心共收购土地约 1 万亩，已向市场供应土地约 4 000 亩，已经收回的土地收购资金为 50 多亿元。通过土地收购储备制度，该中心上交杭州市财政的资金，每年以 56％的比例递增，从 1997 年的几个亿，上升到 2001 年的 40 多亿元。上交的比例是出让价的 55％，其余的 45％为土地的运作成本。因此，政府在垄断城市土地供应方面应充分发挥自身优势，有的放矢，使城市开发在有序中不断推进。

20.4.3　规划控制

虽然土地供应控制是城市空间调控的最有效手段，但城市规划与土地利用密不可分。土地使用权作为特殊商品，从一定意义上说，其使用价值是规划赋予的。一宗土地供应前，必须首先明确土地的用途和使用条件。规划决定着一宗土地是什么用途，有什么限制条件，周边乃至整个城市的环境如何，在这些前提下才能形成一宗土地价值的完整内涵和价格，投资商才能决定是否对它产生兴趣。就一个城市而言，有一个高起点的总体规划、分区规划、控制性详规和实施蓝图，并保证严格实施，就能营造城市

* 亩，1 亩≈666.7 m^2，后同。

的品牌形象，创造富于吸引力的投资环境，凝聚人气和资本，才能提升土地的价值和价格。因此，规划控制是搞好城市土地供应控制的先决条件。

加强控制性详规的编制力度并提高覆盖面，是开展城市土地经营的客观要求。只有规划先行，高度透明，才能形成竞争用地的条件，才能实施城市土地资产经营。过去在计划经济体制下，法律上通过土地使用者先办理项目选址意见书和建设用地规划许可证来确定一宗土地的用途，应当说这是与传统的基本建设管理制度相适应的。但是，随着市场经济的发展，新的城市用地制度对规划提出了更高的要求。国外城市大都建立了城市规划委员会，其规划管理普遍实行了分区规划(Zoning)技术，即对具体土地单元确定用地性质、道路定位以及建筑密度、容积率、绿化指标、公益服务等开发强度指标，并实行公示，吸纳公民参与知情，以反映社会公众利益，加强对规划的监督实施，同时为用地者提供透明的投资条件。我国一些城市引入这一技术，建立以法定图则或控制性详规为核心的规划管理体系，明确其法律地位，加大规划投入和编制力度，提高城市详规的覆盖面，做到了规划下乡、深入到每个村庄，规划先行、覆盖到每寸土地，极大地促进了城市规划水平的提高和土地资产经营。

城市规划是政府保护公众利益和社会长远利益的强制性手段。目前，我国大部分城市的规划执法仍停留在总体规划的水平上，其深度、透明度都难以适应城市空间发展的要求，也是影响土地供应控制的原因之一。要搞好城市土地供应控制和土地资产经营，必须把规划执法由总体规划延伸到控制性详规。编制城市详规的实施蓝图应当落实到具体地块，并严格落实详规确定的用地性质和使用条件，使规划实施成为使用者对政府、社会长期的契约承诺，从而切实解决好先取得土地使用权再做规划和未批先建、少批多建的问题。

规划是龙头。现在的问题是一些城市根本没有规划意识，“先繁荣，后市容；先流通，后交通；先污染，后治理”，一切都是被动应付，或是城市虽有规划，但立意和起点不高，缺乏超前意识和大手笔，修订的也不及时，城市功能不全，系统性和配套性差，特别是环境意识淡薄；或是规划有了，水平也是可以的，但执行力度不行，缺乏权威性和统一性，执法、监督队伍素质低，执行中往往走样，最终结果还是不理想。

不过现在有另一种倾向，有的城市对规划控制没有正确认识，有的城市政府一换届，新上任的领导首先就是调整规划，也不管原来的规划是否合理，推倒重来，“一任领导，一张规划”的现象较为普遍。不少城市不顾当地经济发展水平和实际需要，盲目提高城市建设标准。根据同济大学的调查，全国有182座城市提出要建国际化城市。城市规划本身是难以调控城市规模的，也不可能为城市功能进行终生定位，但是规划可以调控和影响城市未来的发展。有的城市近10年城市人口流入量几乎是零，机械人口增长数量很小，这样的城市如果也提出“一年一小变，三年一大变”，城市建成区要成倍扩张，就是空话。少数城市新设立的工业区面积，是1949年以来该市工业总用地面积的十几倍。人口净流入率等于零的城市，也盲目地描绘宏伟蓝图，这样，这个城市的发展就会适得其反。

在规划调控中，要注重规划各元素的互相配比，不要顾此失彼。规划控制主要有建筑控制、环境容量控制、配套设施控制、形体景观控制。

1）建筑控制

建筑控制的内容包括建筑类型、建筑高度、容积率、建筑密度等。

现在有些城市已经通过法律和行政手段限制高层建筑，例如上海。上海因大量建造高层建筑而引发的日照、环境、生态问题，已经引起很多市民的投诉。从1992年上海开始大规模旧区改造，上海就有大量高层建筑拔地而起。当时旧区土地转让都是通过协议转让方式。为了保证旧区改造的完成并让发展商有利可图，政府都以提高容积率，建大量高层建筑的方式进行旧区改造。到2002年为止，上海30 m以上的高层建筑数量已经超过3 000幢，为中国大陆地区之冠，100 m以上的超高层数量在整个亚洲也名列前茅。苏州河两岸也建有大量高层建筑，使得苏州河变为一峡谷。然而，大量高层建筑出现后也带来相应的负面效应——高层建筑背后的居民住宅日照量严重受损引发大量纠纷，高层建筑集中地带“热岛效应”引发一连串生活质量下降问题，高层建筑外立面材料引发“光污染”新问题。随着上海逐步把城市环境质量放到越来越重要的位置上，“高层建筑污染”已经成为上海城市空间结构发展致力解决的重要课题。

上海市城市规划管理局有关负责人表示，从2001 年开始，严格控制审批高层建筑项目，特别是30 层以上（包括 30 层）的高层住宅项目；在建筑保护地区、风貌保护地带、城市景观线路，以及高层建筑已经较密集地带，基本停止审批高层住宅项目；对经批准正在实施的高层住宅项目，规定要提交周围居民住宅日照分析材料和小区配套绿地面积资料，以争取把“高层建筑污染”减少到最低限度。

但是，如果从多层建筑、高层建筑的发展趋势看，不能得出中国不适合高层建筑的结论。从城市建筑的主体——住宅建筑来说，国内 1990 年以前的住宅绝大多数是多层住宅，主要是受建筑成本和运营成本控制。我国 1954 年编制的建筑设计规范中规定“居住房间在 5 层以上或最高层楼板高出地平线在 17 公尺以上时应有电梯设备。”而 1987 年修编的《住宅建筑设计规范》中规定 7 层（含 7 层）以上应设电梯，到 1999 年的规范修编中又重新明确这一规定，目的只是针对各地有逾高不设电梯的情况，再次加以严格限定。因此，发展商为了降低建设成本，不设电梯，只得建多层住宅。有电梯的住宅的设备运营成本也较高。居民随着收入的增加，已接受高层建筑的较高管理费用。在同样的容积率情况下，高层住宅比多层住宅有更高的绿化率，能提供更多的车位。而且高层住宅景观视线好，可提供安静的环境，空气清新。因此，在不影响自然人文景观和周围建筑的采光通风的情况下，我们没有必要限制高层建筑的建设。

在建筑控制中，最重要的是建筑密度控制。因为建筑密度过高，会造成人口密集，交通堵塞。对于人口密集的旧区改造，从成本核算上，不提高容积率，旧区改造肯定亏本。对于这些旧区的土地，政府的土地储备中心应该亏本收购。土地储备中心不是企业，不能要求每宗土地都赚钱，应服从城市的整体规划需要。现阶段城市的人均汽车拥有量也不高，如果过多规划车位会造成浪费。但汽车时代正快速向我们走来，将来的人均汽车拥有量会大幅提高，未来的车位需求会很大。为了平衡现在和将来，在建筑密度的控制上，要适当降低建筑密度，以备未来车位之需。

2）环境容量控制

环境容量控制的内容包括自然环境（即山、水、绿地）和人文环境（即历史、文化）。

在规划上主要调控的手段有人口密度、绿化率、空地率等。人口密度规定建设用地上的人口聚集量，绿地率和空地率表示公共绿地和开放空间在建设用地中所占的比例。

城市的许多资源是非常脆弱而且是不可再生的，如生态资源、土地资源、水资源、历史文化资源等。但是现在这些不可再生的脆弱资源正遭到三种力量的破坏。一是领导干部的无知和急功近利；二是利益集团的贪婪；三是某些专业部门的权力。这三种破坏力量使不可再生的历史文化和风景旅游资源屡遭破坏。如果说在大跃进时代，它的破坏仅仅局限于政府的盲目决策，而现在的破坏则是来自于三种力量的夹击。如果对此不加以有效的制止，这种破坏将比历史上任何时候都更具毁灭性，更加严重。因此，在规划调控中，根据所在区域的自然和人文情况，对人口密度、绿化率、空地率应做出适当限制。

3）配套设施控制

配套设施控制是指对建设用地上的公共设施和市政设施建设提出定量配置要求。

公共设施是指行政办公设施、商业金融设施、文化娱乐设施、体育设施、医疗卫生设施、教育科研设施及其他设施（包括文物古迹、宗教活动、社会福利院等设施）。市政公用设施是指水电气热供应设施、道路交通设施、邮电通信设施、环境卫生设施、在建工程及维修设施以及其他设施（如消防设施等）。在设施配套控制中，特别强调静态功能的公共场地的规划控制。世界各国在城市发展中，都非常重视具有静态功能的公共场地建设。在这方面，主要是由城市园林绿地、各类公共活动广场和各类停车场构成的“三种公共场地”。它们往往以单独或组合的形式，分布在城市之中，都是城市不可缺少的重要组成部分。

提高城市静态空间，增加“三种公共场地”的措施包括：

(1)制定一个建设发展纲要。“三种公共场地”除了少量有些经营收入外，基本都是公益事业，开发的难度很大，必须有一个规范性发展纲要予以引导和控制。

(2)纳入各项城市建设规划。《发展纲要》确定后，要尽快纳入到城市各项有关城市规划中去。对城市综合交通规划、分区分部详细规划、园林绿化规划、道路桥梁建设规划、静态停车场规划、开发区建设规划和商服网点建设规划等，进行调整完善。今后在城市建设审批中严格把关，该建“三种公共场地”的地方，绝不改作他用；该配建“三种公共场地”的项目，必须配建，否则不予审批；已定的“三种公共场地”工程要与联动项目同时设计，同时施工，同时交付使用。否则，不予验收，不准投入使用，并进行处罚。

(3)多方面开拓空间用地。能否把用地开拓出来，是落实规划的关键。除政府要有一定投入外，可以组织社会集资、企业冠名或经营投资、相关项目连带投资，以及城市开发效益补助等办法解决，逐年将开发任务纳入城市建设计划。加速开发建设城市公园、各类游园、各式绿地；分区域建设一些公共活动、休闲广场；在道路节点上，修建交通广场；在纪念建筑周围，修建纪念性广场；在火车站、港口码头、汽车大站、体育场、展览馆、博物馆、大型影剧院等处，修建集散广场；在新建小区，建小区广场；在商业中心，建商业广场；还要在主干路的侧街上，建设一些区域停车场、专用停车场和公用停车场地。使这些地方成为人流、车流的缓冲地带和城市亮点。

(4)制定政策，依法加强管理。“三种公共场地”的开发建设，涉及规划、建设、管理很多环节，要比搞几项大工程复杂得多，需要各方面加强配合，同心协力才能做好。为了推动开发，需要制定一些政策。在场地容量指针、场地辟建、场地使用管理，以及道路、交通、庭院管理等方面，还要制定一些具体法规，以便规范各种行为。随着“三种公共场地”建设，还要进一步控制中心区的建筑密度，逐步疏散市区内过密的城市人口；同时加强城市交通分流管理，降低中心区的车流密度；禁止车辆非法占压人行道、占据庭院，在道路两侧实行车辆停泊点的定位管理；对于市区内招引车流过大的单位，如水果、蔬菜、建材等批发市场，要动迁到城市边缘地区。今后对拟在市区内新建的项目和申报开业的企业，要由公安、交通部门参与审查，项目建成或企业开业后招引车流过大的，原则上不予审批和发照。

扩展静态功能公共空间，是一项系统性很强、难度很大的工作。需要加强领导，精心规划，强力组织，全力推动，才能如期完成既定的目标任务，从而尽快改变我国城市面貌，开创城市经济发展的新局面，使之尽早成为功能完善、布局合理的人性化空间。

4)形体景观控制

形体景观控制主要是通过城市设计的手段和方法，对开发活动从景观构成上提出要求，对建筑的风格、色彩、轮廓空间组合等方面进行控制。城市规划肩负的重要任务之一是形成良好的城市形象，它将通过城市设计这一手段来实现。城市规划正是通过城市设计这一工作的开展，将建筑、园林景观、市政和美术(雕塑)组织和团结起来，共同塑造城市形象。这是一个合作的过程，也是发挥城市规划综合功能的过程。城市设计是对城市体形和空间环境所做的整体构思和安排，贯穿于城市规划的全过程，在城市规划编制和实施过程中，要根据本城市的功能和特点，开展城市设计，把民族传统、地方特色和时代精神有机结合起来，精心塑造富有特色的城市形象。

城市形象的塑造一刻也不能离开功能，不能离开经济，而城市规划直接掌握和安排着城市各地段的功能和发展，包括各地段的性质、使用强度、建设强度、发展方向、交通安排等。因此，城市规划牵头进行城市设计，将保障形象立足于功能，并对经济、社会环境效益实行综合协调。城市规划将从城市总体上来观察和处理各地段形象建设，这样可以避免由于各个地段孤立地塑造形象而与城市整体形象脱节。

城市设计也是一种“控制性”设计。它对规划范围内(总体、地区和重点地段)新建改建的建筑物构筑物的体形、风格形象等等提出要求。城市设计不应也不能代替建筑设计,而是为建筑设计提供一个更加具体的形象方面的要求,以利于单体建筑在城市的成功。

在城市,建筑应主动融入群体,融入城市,强化整体意识,在城市空间形体环境的建设中,大多数建筑都无法充当主角,更多时候是充当配角。尊重总体形象要求,应是一般建筑的基本条件。贝聿铭先生设计的北京西单路口的中国银行总部,按规划控制在 45 m 高度,1 m 未超,国际大师为建筑尊重规划做出表率。关肇邺先生设计的清华图书馆,主动融入清华园的建筑氛围又富有新意,充分显示了建筑师高水平的整体理念和高度的规划素养。

20.4.4 建设过程管理

建设过程管理包括三个方面,即财税调控、政府投入控制和法制控制。

1)财税调控

财税调控是对城市开发控制的一个重要手段,对于发展急需项目采取鼓励政策,如减免税收、减少收费等方法,以促进城市合理开发。常用的方法有减税、退税、免税等。

财税调控对城市的房地产及工业的调控是很明显的。1992 年全国房地产热以后,上海房地产市场一蹶不振,房屋空置量全国第一。中房上海指数从 1994 年的 1 000 点跌到 1998 年的 600 多点。为了尽快复苏上海的房地产市场,上海市自 1998 年底起,率先尝试实行购买商品房住宅的购房者可享受个人所得税税基抵扣(即俗称的“买房退税”)政策,实行到 2003 年 5 月 31 日止。同时购房契税也降到 0.75%。从实施情况看,“买房退税”政策取得了很好的效果,受到了房地产商和购房者的欢迎。从 1999 年开始,上海的房产销售回暖。这当中,“买房退税”政策起到了积极作用。

这一政策,一是刺激了房地产市场的发展,使上海空置房面积大幅减少。1999 年,上海空置房面积达 1 300 万 m^2。到 2002 年,商品房空置面积已经降到 700 多万 m^2,减少了 40%。而同期全国商品房空置面积是增加的。同时,大批烂尾楼得以复工建设。二是不会因此减少地方财政收入。地方政府虽然放弃这一部分收入,但能够因促进了房地产市场的发展而得到另外的一块收入。三是带动了装修、家具等相关行业的发展。四是促进了税务管理的规范。退税要交税票,从而有利于对征税纳税的管理,增强了人们的纳税意识。

政府通过一定的税收优惠等方式来调控房地产市场,不但能直接帮助消费者提前实现买房梦想,同时还能间接地启动二手楼市,催化房地产市场的复苏步伐,对盘活空置房产、促进整体经济发展和增加国家税收等都有益处。

到 2002 年下半年,中房上海指数升到近 900 点,回升了 35%,政府的目标已达到。为了防止房地产过热,上海市政府宣布,2002 年 9 月 1 日起购房契税调高到 1.5%,购房退税政策按期结束,不再延长。

2)政府投入控制

政府制定的城市规划是城市发展的美好蓝图,要使之成为现实,仅仅依靠市场的自发力量是远远不够的,必须有政府投入。而政府投入主要表现在前期的投入,如前期规划(总体规划、分区规划、控制性详细规划等)、基础设施投资等。

以浙江省杭州湾精细化工园区为例可以说明政府投入亦非常重要。该园区自 1998 年创办以来,已投入污水处理、水电、道路、绿化等基础设施建设资金 15 亿元,实现了“九通一平”。政府作为该园区先期发展的主力军,引进欧美、日韩等国家(地区)及国内的投资项目近百个,实施国家“火炬计划”、“产业化示范工程”等高科技项目 20 余个,为实现目前国内建设规模最大、发展前景最好、企业进入最多的精细化工园区之一的目标奠定了坚实基础。而政府投资的主要形式是政府财政拨款、发行国债协助融资,引入合适的配套设施和项目等。

上海的张江高新技术开发区从 1992 开始的前五六年也很不景气,为此政府动用了各种资源对张江进行投入。为了解决交通问题,投资几个亿把地铁 2 号线延伸到张江;知识分子最看重子女的教育,为此，政府把上海市最好的中学华东师大二附中搬到张江，还在张江建了一所大学；为了吸引台湾的集成电路企业落户张江，不仅是地价税收空前优惠，政府还牵头帮助企业解决几亿美元的融资。由于大企业入驻张江，相关的配套企业相应跟进，使科技园运作逐渐进入良性循环，人气渐旺。

全国的高新技术产业开发区超过百家，但许多运作并不十分理想。由于有些经历，开发商对政府的规划并不会贸然跟进，政府如果先期没有实质性操作，他们会观望而行。但政府的财力是有限的，不可能面面俱到。政府在考虑政府投资去向时，一般按照投入产出法来确定投资的去向。在产出方面，主要考虑的是地价的上升、税收的增加及就业的扩大。因此，政府投入的力度，尤其是前期投入的力度对城市开发活动有着举足轻重的作用。

3)法制控制

法制是一种强制控制手段，是保证城市开发顺利进行的基本方法，一般有国家法规和地方法规两大类法制控制。它们的作用有三个：一是对违法建设、违法开发进行强制处理；二是规定了开发的方法和程序；三是对违法主体进行处罚。

在我国，有关城市规划建设方面的法律法规已基本齐全。通过多年实践，城市开发法律条例逐渐为广大群众接受，起到了明显效果，违法开发现象逐年减少，但是现在的问题是法律执行情况差。在执法方面，由于人们的法律意识还比较淡薄，执法中经常出现有法不依、随心所欲的现象。要达到法制手段调控城市空间发展的有效性，应加强执法方面的工作。

现以北京为例了解一下我国城市违法建设情况。

北京市规划委员会 2001 年公布的资料显示，从 1999 年 10 月至 2000 年 10 月，国土资源部利用卫星遥感监测执法检查，发现北京市 14 个区县新增建设用地 501 宗，而其中违法用地就达 233 宗，占了 46.5%，违法用地面积 0.92 万亩，其中耕地 0.59 万亩。北京市规划监察大队仅 2002 年 7 月 1 个月，就发现违法建设工程 11 处，总面积 5 511 m^2。

虽然北京市这几年下大力气整治违章建筑，每年拆除违章建筑达 100 多万 m^2，并且也处罚了一大批干部，但违章建筑仍大量出现，究其原因，一是法制观念淡薄，二是违法成本很低，大量违法建筑基本上是基层部门特别是权力部门所为。如果没有执法部门的撑腰，很难想象有哪一个企业或单位敢违法投资开发房地产项目。在一些不是建设用地的土地上，一些单位建了房子，卖了房子，这种情况让政府部门处理起来非常头疼。

另外还有一种情况，就是一些中央在京单位也有大量的违法建筑，北京市政府也很难处理。比方说，北京房改政策一出台，一些中央单位在京突击批地，要求建房，北京市规划委能不让这些单位建房吗？不少城市特别是一些大城市都存在着违法违章建筑，这些建筑严重影响一个城市的形象，影响着城市的可持续发展，必须花大力气去治理和规范。

总的说来，违法建筑产生的原因有三，一是巨额利润的诱惑。目前，北京近郊和远郊地区包括住宅在内的房地产市场需求仍然很大，违法占地建设别墅、公寓当作商品房出售可以获得巨大利润。二是一些乡镇村负责人从眼前利益出发，怂恿支持违法建设项目，给予越权审批，助长了违法建设的发生。三是规划法制意识淡薄，认为违反了规划法规顶多罚点款。

大多数城市的情况不会比北京好多少。因此依法建设是城市空间有序发展的根本保证，离开了这点，再好的规划也只能是空中楼阁。此外，法制控制的手段主要有以下两种：①根据相应的法律条款，采取行政强制执法手段，如我们通常所说的城市建设管理大队就是具体的执法者，一般在具体的执法过程中以检查、制止、拆除、罚款等形式来表现；②法律诉讼，对于在开发过程中无法用强制执法手段来解决的问题与矛盾，就需要采取法律诉讼的手段来解决，其中，违法者既可是建设部门，也可是规划管理部门。例如，我们在城市开发中关于日照、绿地等问题的争论与诉讼屡见不鲜，而且由于我国城市规划的公众参与性环节相对薄弱，作为弱势群体的公众往往是在不知情的前提下在城市开发过程中被侵犯了权益。广州市番禺区大石镇南浦岛的丽江花园事件就是一个很好的实例，从一个明星社区、国家级示范小区、全国优秀住宅社区环境特别金奖的社区突然由于政府规划的变化，在小区公众不知情的前提下加了 1 条 40 m 宽的市政路使小区整体环境陡然下降，房价也应声而落。虽然社区公众为此尽了极大的努力，并采取了法律诉讼的手段，仍然没能改变既定的局面。种种迹象表明，城市开发中法制控制方面我们需要完善的还很多，要求我们广大公众更应积极主动地参与到城市开发的活动中来，对政府和建设单位进行有力的监督和制约，才能有效地维护自身利益及城市开发行为的健康发展。

20.4.5　市场调节

房地产业作为城市空间开发的主要组成部分，其发展是在房地产市场主体(包括金融机构、中介服务机构和个人以及房地产商品的供需双方)共同作用的过程中实现的。

1)建立规范的土地市场

目前土地市场存在两方面问题，一是城市规划体系不够完善，实施不够严格，造成土地市场的供应被动地适应市场短期需求；二是土地市场运作不能完全按市场规律进行，土地市场的交易透明度低，不公平竞争现象严重。对此，须从以下几方面努力：

(1)建立健全土地有偿使用的政策法规，探索符合国际惯例的土地市场管理模式。

(2)加速土地使用制度改革，全面建立土地有偿使用制度。土地出让扩大招标、拍卖的范围。积极推行土地租赁制，将原行政划拨的存量土地逐步纳入有偿使用轨道，建立基准地价和各类用地标定地价定期公示制度，增加土地市场的透明度，实现城市土地使用权交易规范化。

(3)全面清理土地隐形市场，消除不公平竞争。

(4)增加规划储备，严格规划审批，保证规划实施，建立科学权威的规划体系。

(5)引进竞争机制，加强有关行业和政府部门工作人员的培训，提高规划建筑设计和管理水平。

2)完善房地产金融市场

发达的房地产金融市场是整个房地产市场充满活力、房地产业健康发展的关键。因此，应建立完善的房地产金融市场，当前主要措施有：

(1)制定相应的政策，规范竞争行为，逐步放开房地产金融市场。加入 WTO 后，国外金融机构、外资企业、外籍人士的进入，将使国内房地产金融市场主体复杂化、交易工具多元化。因此，我国房地产金融管理机构应制定法律、法规，规范房地产金融市场，使市场主体行为有章可循。

(2)建立房地产政策性金融机构。目前，我国房地产金融二级市场尚未建立，商业银行房地产抵押贷款的流动性风险较大。因此，应借鉴国外经验，结合自身实践，建立房地产政策性金融机构，可考虑在人行下设政策性房地产金融机构(类似住房公积金管理中心)，负责有关房地产金融方面一些具体规范的制定，为中低收入阶层提供按揭担保，负责住房公积金的总体管理，待条件成熟时，开放房地产金融二级市场。

(3)调整房地产贷款结构，完善住房消费信贷机制。国外住房抵押贷款一般占银行信贷总额的 30%左右，而我国目前才占 5%多一点，发展前景广阔。因此，完全可以在拓展住房消费信贷品种，实施还款方式和利率创新的同时，逐步推出等本等息还款方式、递增还款方式、全过程固定利率或分段固定利率还款方式，形成适应不同年龄、不同收入群体需要的贷款系列品种。

(4)推行住房抵押贷款证券化。将银行等金融机构发放的抵押贷款债权集中起来作为担保，依此发行证券，并通过二级抵押贷款市场转卖给投资者。

(5)建立以住房抵押贷款保险为主的房地产保险体系。除现有少量的房屋财产保险、房地产责任保险、房地产人身保险外，尤其要发展住房抵押贷款保险和房产质量保险。

3)培育和发展房地产中介服务市场和物业管理市场

(1)大力发展中介服务市场，组建大型中介企业。要实行产销分离，发展大型房地产销售企业和咨询、评估、经纪等中介机构，占领国内中介服务市场。

(2)组建“连锁式”中介服务企业，开展网络经营。

(3)规范中介服务，提高服务质量。科学设置企业的资质分类、分级和专业技术人员的执业资格注册体系，实施考核、专家评审和政府核准相结合的资质管理体制。

本章小结

本章通过四部分的介绍，全面介绍了城乡开发这一一线建设工作。第一部分通过对城乡开发的概念分析和历史研究，分析出城乡开发的主要主导力量为政府部门，根据不同规模的开发分为不同的工作模式进行操作；第二部分通过对实施机构的分析指出，城乡开发具体运作靠市场经济的引导和企业的多方参与；第三部分介绍了对实施情况进行监督反馈的重要意义和具体办法；第四部分遴选出开发活动涉及的主要控制要素，分别阐述这些要素对城乡开发过程的影响。本章按照开发活动的具体实现顺序的逻辑关系，系统介绍了开发活动实施全过程中涉及的各种要素。

思考题

1. 以具体实例为依据，分析该实例的开发组织体系构成模式并画出体系构成。

2. 联合开发过程，政府和企业可采用什么合作模式？

3. 试分析我国开发组织体系未来的发展趋势。

参考文献

Elliot,等. 电动自行车交通发展的主要趋势——近10年文献综述. 城市交通,2016,14(2):83-96.

B. Hillier,J. Hanson. The Social Logic of Space, Cambridge University Press,1984.

B. Hillier, S. Iida. Network and Psychological Effects in Urban Movement. Proceeding of Spatial Information Theory: International Conference,COSIT,2005.

B. Hillier, Space is the Machine. Cambridge University Press,1996.

B. Hillier,T. Yang,A. Turner. Advancing Depth Map to Advance our Understanding of Cities: comparing streets and cities, and streets to cities. Space Syntax Symposium,2012.

B. Hillier, A. Turner, T. Yang, etc. Metric and topo-geometric properties of urban street networks: some convergences,divergences and new results. Space Syntax Symposium,2007.

C. Mumtamayee. Rural ecology. New York:South Asia Books,1990:1-62.

阿瑟·奥沙利文. 城市经济学. 4 版. 北京:中信出版社,2003.

包志毅,陈波. 城市绿地系统建设与城市减灾防灾. 自然灾害学报,2004(4).

彼得·霍尔. 城市和区域规划. 邹德慈,等译. 北京:中国建筑工业出版社,2008.

毕宝德. 土地经济学. 3 版. 北京:中国人民大学出版社,1998.

卜卫东,刘云峰. 构建乡村环境景观体系问题的探讨. 科技信息,2014(8):140-141.

蔡军,等. 路网密度对城市公共汽车交通发展的影响. 城市交通,2016,14(2):1-9.

蔡美艳. 关于文化遗产旅游价值展示的研究. 大连:东北财经大学,2006.

曹春华. 乡村规划发展与机制建设探讨——统筹城乡发展背景下西部部分地区乡村规划建设考察报告. 规划师. 2010,26(01).

曹型荣,高毅存. 城市规划使用指南. 北京:机械工业出版社,2009.

车震宇. 民族文化旅游区的整合规划. 规划师,2003,19(8):42-45.

陈刚强,李郇,许学强. 中国城市人口的空间集聚特征与规律分析. 地理学报,2008,63(10):1045-1054.

陈国鹏. "互联网+交通"视角下缓解城市交通拥堵的私家车共享模式研究. 城市发展研究,2016,23(2):105-109.

陈辉. 巅峰智业:旅游规划先行,为世界遗产撑起不一样的“保护伞”. http://www.cajcd.cn/pub/wml.txt/980810-2.html,1998-08-16/1998-10-04.

陈劲松. 联合开发城市运营的出路. 北京:机械工业出版社,2004.

陈桔. 丽江的城市开发与遗产保护. 昆明:昆明理工大学,2006.

陈立民. 城市公共空间信息导向系统设计——与空间的交流. 重庆:西南师范大学出版社,2008.

陈丽华,苏新琴. 小城镇规划原理. 北京:中国环境出版社,2007.

陈良超,孙开敏,何兴富. 测绘地理大数据在城乡规划中的应用研究. 城市勘测,2015(03):5-8.

陈旻蕾. 基于绿色低碳理念的居住区规划研究. 长沙:中南大学,2011.

陈南京. 环鄱阳湖城市群与生态区发展战略. 北京:研究出版社,2008.

陈萍. 城市经济发展——理论与实践. 北京:经济管理出版社,2009 .

陈荣,吴明伟,宋启林. 准市场机制下的中国现代城市开发. 城市规划,1996(cs):24-27.

陈双,贺文. 城市规划概论. 北京:科学出版社,2009.

陈玮. 对我国山地城市概念的辨析. 华中建筑,2001,1(3):55-58.

陈肖飞,姚士谋,张落成. 新型城镇化背景下中国城乡统筹的理论与实践问题. 地理科学,2016(02):188-195.

陈旭光,李光灿,吕昭河. 关于城市人口的机械增长问题及其对策. 云南社会科学,1987(1):36-42.

陈雅薇,杰勒德·维格曼斯,贺璟寰. 荷兰城市开发过程管理及其对中国的启示. 国际城市规划,2011,26(3):1-8.

陈易. 我国建设生态居住社区的对策. 同济大学学报:自然科学版,2003,31(12):1410-1414.

陈泳,王全燕,奚文沁,等. 街区空间形态对居民步行通行的影响分析. 规划师,2017(2):74-80.

陈勇,陈国阶. 对乡村聚落生态研究中若干基本概念的认识. 农村生态环境,2002(01).

陈勇. 国内外乡村聚落生态研究. 生态与农村环境学报,2005,21(3):58-61.

陈友华. 中国人口性别年龄结构现状与前景分析. 人口与社会,2004,20(2):28-31.

陈有川,张军民,齐慧峰,等. 城市居住区规划设计规范图解. 北京:机械工业出版社,2009.

陈佑启. 论农村生态系统与经济的可持续发展. 中国软科学,2000(8):24-30.

陈渝. 城乡统筹视角下的历史文化名镇保护与发展研究. 重庆:重庆大学,2013.

成都市国土资源局. 2014 年成都市中心城区土地级别与基准地价图(2015-12-31). http://www.cdlr.gov.cn/detail.aspx? id=70586.

成都市房产住宅科学研究所,成都市住房保障中心. 公平、效率与社会和谐:从“成都模式”看城市再开发的利益整合与政府责任. 北京:红旗出版社,2005.

程国辉. 上海市中心城区人口疏散的机制研究. 上海:同济大学,2006.

程辉,茅明睿,喻文承,等. 城乡规划公众参与的网络技术研究与应用. 规划师,2015(11):83-88.

程永辉,等.“多规合一”下城市开发边界划定的若干问题探讨. 城市发展研究,2015,22(7):52-57.

崔功豪,魏清泉,刘科伟. 区域分析与区域规划. 北京:高等教育出版社,2006.

崔功豪,魏清泉,陈宗兴. 区域分析与规划. 北京:高等教育出版社,1999.

代欣召. 城乡规划与规划环评一体化实施机制思考. 规划师,2010(08).

戴宾. 统筹城乡经济社会发展的产业支撑体系研究. 成都行政学院学报,2007(06):3-6.

单霁翔. 城市文化遗产保护与文化城市建设. 城市规划,2007,No.233(5):9-23.

单霁翔. 城市文化遗产保护与文化城市建设. 城市规划,2007(05):9-23.

邓磊. 贵州少数民族地区山地人居浅析. 规划师,2005,21(1):101-103.

邓起东. 中国活动构造图 1:400 万. 北京:地震出版社,2007.

邓小艳. 符号消费背景下非物质文化遗产旅游开发的路径选择. 广西社会科学,2010(4):38-41.
邓智团,樊豪斌. 中国城市人口规模分布规律研究. 中国人口科学,2016(4):48-60.
迪特·福里克. 城市设计理论. 易鑫,译. 北京:中国建筑工业出版社,2015.
迪特·福利. 城市设计理论——城市的建筑空间组织. 易鑫,译. 北京:中国建筑工业出版社,2015.
丁国胜,宋彦. 智慧城市与"智慧规划"——智慧城市视野下城乡规划展开研究的概念框架与关键领域探讨. 城市规划,2013,20(08):34-39.
董卫. "新常态下的城乡遗产保护与城乡规划"学术座谈会发言摘要. 城市规划学刊,2015(5):1-11.
杜娟. 基于健康城市理念的旧居住区更新. 南京:东南大学,2006.
杜葵. 工程经济学. 重庆:重庆大学出版社,2001.
顿明明,赵民. 城乡文化遗产保护"行动主体"辨识及政策启示——"利益相关者"视角的探讨. 城市规划,2016,40(6):74-81.
樊友猛,谢彦君. 记忆、展示与凝视:乡村文化遗产保护与旅游发展协同研究. 旅游科学,2015(01):11-24+87.
范翰章,端然. 房地产市场学. 大连:大连理工大学出版社,1998.
范少言,陈宗兴. 试论乡村聚落空间结构的研究内容. 经济地理,1995,15(02).
费孝通. 乡土中国与乡土重建. 台北:风云时代出版公司,1993.
冯碧岳,董丽,张宇. 低影响开发启示下的乡村生态环境问题应对策略研究. 大连理工大学建筑与艺术学院.
冯骥才. 传统村落的困境与出路——兼谈传统村落类文化遗产. 人民日报,2012-12-07(24).
付晓东. 中国城市化与可持续发展. 北京:新华出版社,2005.
傅才武,陈庚. 当代中国文化遗产的保护与开发模式. 湖北大学学报(哲学社会科学版),2010(4):95-96.
高民杰,袁兴树. 企业危机、预警. 北京:中国经济出版社,2003.
高强,黄勇强. 浅谈城市绿地系统规划中的生物多样性保护. 北京联合大学学报,2006,20(2).
高晓芳,乔芳琦. 中国物质文化遗产的特点与传播研究. 社会科学战线,2015(8):260-263.
戈登·卡伦. 简明城镇景观设计. 北京:中国建筑工业出版社,2009.
葛丹东,华晨. 城乡统筹发展中的乡村规划新方向. 浙江大学学报(人文社会科学版). 2010,40(03).
耿毓修,黄均德. 城市规划行政与法制. 上海:上海科学技术文献出版社,2002.
顾朝林. 城市经济区理论与应用. 吉林:吉林科学技术出版社,1991.
顾朝林. 中国城镇体系. 北京:商务印书馆,1992.
顾翠红,魏清泉. 适应市场经济的城市开发规划控制思维的创新. 中国城市规划年会,2006.
顾媛媛. 慕尼黑公共交通系统特征研究. 规划师,2012,28(s2):33-36.
郭嵘,黄梦石. 存量规划视角下城市开发边界的划定方法. 规划师,2016,32(10):57-61.
郭文,黄震方. 基于场域理论的文化遗产旅游地多维空间生产研究——以江南水乡周庄古镇为例. 人文地理,2013(02).
郭文. 旅游空间生产. 北京:科学出版社,2015.
国家发展改革委. 关于印发成渝城市群发展规划的通知. (2016-04-27). http://zfxxgk. ndrc. gov. cn/PublicItemView. aspx? ItemID = {0a88bd6d-817e-48a3-837d-8a58599742b7}.
国家发展与改革委员会. 成渝经济区区域规划(2011—2020),2011.
国家统计局城市社会经济调查总队中国统计学会城市统计委员会. 2002年中国城市发展报告. 北京:中国统计出版社,2003.
国家质量技术监督局,中华人民共和国建设部. 城市规划基本术语标准(GB/T 50280—1998). 北京:中国建筑工业出版社,1999.
哈尔滨建筑大学深圳经济特区房地产(集团)股份有

限公司. 房地产管理信息系统. 北京：中国建筑工业出版社，1998.
海热提·涂尔逊. 城市生态环境规划——理论、方法与实践. 北京：化学工业出版社，2005.
韩京清. 中国人口年龄结构变化及其对社会经济的影响. 系统工程理论与实践，1999，19(12)：128-131.
何风云. 文化遗产的旅游价值评估及其开发策略——以湖北省三国文化遗产为例. 武汉：湖北大学，2007.11.
何杰. 新城市主义规划理念与我国西部边缘城镇的可持续发展研究 . 现代城市研究，2007.
何杰，张莉萌，秦美玉娜. SketchUp＋V Ray 设计师实战. 北京：清华大学出版社，2011.
何念鹏，周道玮，吴泠. 乡村生态学研究的尺度与等级特征. 干旱区资源与环境，2002，16(2).
何念鹏，周道玮. 乡村生态学的研究体系与研究趋向探讨. 东北师大学报(自然科学)，2001，33(3)：80-85.
何疏悦，王浩，陈晨. 慢行交通在城市核心景观区构建的可行性研究——以南京鸡鸣寺景观带为例. 现代城市研究，2014(10)：61-67.
何一民，曾进. 中国近代城市史研究的进展、存在问题与展望. 中华文化论坛，2000(04).
何玉宏. 城市交通的社会学分析. 社会科学家，2016(1)：34-40.
贺昌全. 成都旧城低收入社区渐进式更新模式探索. 成都：西南交通大学，2005.
贺静，唐燕，陈欣欣. 新旧街区互动式整体开发——我国大城市传统街区保护与更新的一种模式. 城市规划，2003(4)：57-60.
洪开荣. 城市开发问题的博弈分析. 生产力研究，2001(4)：50-53.
洪亮平，等. 产城融合视角下城市新区绿色交通规划策略——以呼和浩特市东部新城为例. 重庆建筑，2014(10)：35-40.
洪武. 对城乡空间开发管制规划的初探——以阜阳市为例. 当代建设，2003(5)：26-26.
洪音. 中国西部地区国家级开发区产业定位研究. 乌鲁木齐：新疆农业大学，2008.
侯健，车莉娜. 我国智能化小区的现状与展望. 黑龙江科技信息，2008(4)：225-225.
胡彬，制度变迁中的中国房地产——理论与政策. 上海：上海财经大学出版社，2002.
胡飞，何灵聪，杨昔. 规土合一、三线统筹、划管结合——武汉城市开发边界划定实践. 规划师，2016，32(6)：31-37.
胡开林，叶燎原，王云珊. 城镇基础设施工程规划. 重庆：重庆大学出版社，2004.
胡亮. 人性化的城市交通空间规划设计实践. 工程技术：引文版，2017(2)：00119-00119.
胡明星，李建. 空间信息技术在城镇体系规划中的应用研究. 南京：东南大学出版社，2009.
胡亚文. 区域规划文本及其编写技术. 系统工程，1998(5).
胡亦农. 高档智能化小区设计案例. 智能建筑，2008(4)：63-65.
华中科技大学建筑城规学院，等. 城市规划资料集. 北京：中国建筑工业出版社，2004.
黄光宇，陈勇. 论城市生态化与生态城市. 城市环境与城市生态，2012.
黄光宇，杨培峰. 城乡空间生态规划理论框架试析. 规划师，2002，18(4)：5-9.
黄光宇. 山地城市空间结构的生态学思考. 城市规划，2005(1)：57-63.
黄光宇. 山地城市学原理. 北京：中国建筑工业出版社，2006.
黄光宇. 山地城市主义. 重庆建筑，2005(01).
黄光宇. 山地人居环境的可持续发展. 时代建筑，1998，20(1)：70-71.
黄华. 遥感技术服务城乡规划应用实践. 测绘与空间地理信息，2013(07)：112-114.
黄军林，王柱，胡承飞，基于大数据的城市设计方法研究. 中国城市规划年会，2016.
黄维民. TOD 理念下城市交通可持续发展探究. 人民论坛，2016(5)：171-173.

黄杏元,马劲松. 地理信息系统概论. 3 版. 北京:高等教育出版社,2008.
黄亚平,汪进. 论小城镇特色的塑造. 城市问题,2006(3).
黄亚平. 城市土地开发及空间发展:以武汉市为例. 武汉:华中科技大学出版社,2011.
黄重光. 城市建设综合开发指南. 北京:中国建筑工业出版社,1990.
惠劼,张倩,王芳. 城市居住区规划设计概论. 北京:化学工业出版社, 2006.
惠西鲁,姜翠梅. 轨道交通站点与城市中心节点耦合规划设计研究. 规划师,2014(1):116-120.
纪昌品,臧玲. 乡村聚落生态环境存在的问题及对策建议. 资源与人居环境,2002(10):31-32.
贾滨洋,等."多规融合"下的城市开发边界与最小生态安全距离. 环境保护,2015,43(z1):23-26.
简•雅各布. 美国大城市的生与死. 金衡山,译. 南京:译林出版社,2005.
简新华,杨艳琳. 产业经济学. 2 版. 武汉:武汉大学出版社,2009.
江斌,黄波,陆锋. GIS 环境下的空间分析和地学视觉化. 北京:高等教育出版社,2002.
姜策. 国内外主要城市群交通一体化发展的比较与借鉴. 经济研究参考,2016(52):78-82.
姜淑君. GIS 在城市规划中的应用. 科技信息,2013(23):96.
姜洋,等. 机动化背景下的城市自行车交通复兴发展策略研究——以哥本哈根为例. 现代城市研究,2012(9):6-16.
姜允芳. 城市绿地系统规划理论与方法. 北京:中国建筑工业出版社,2006.
蒋宏扬,曾旭东. 基于互联网大数据分析的城市设计研究——以北京宣西地块用地功能优化研究为例. 城市地理,2015(12X):85-87.
金英红. 小城镇规划建设管理. 南京:东南大学出版社,2002.
金兆森,陆伟刚,等. 村镇规划. 3 版. 南京:东南大学出版社,2010(8):62,69-74.
凯文•林奇. 城市意象. 北京:华夏出版社,2001.
阚如良,等. 主题村落再造:非物质文化遗产旅游开发模式研究. 地域研究与开发,2014,33(6):108-112.
李伯华,等. 乡村人居环境研究进展与展望. 地理与地理信息科学,2008,24(5):70-74.
李德华. 城市规划原理. 3 版,北京:中国建筑工业出版社,2001.
李方正,李婉仪,李雄. 基于公交刷卡大数据分析的城市绿道规划研究——以北京市为例. 城市发展研究,2015.
李刚,高相铎. 大数据时代下的城市规划编制工作流程. 规划师,2014,30(08): 19-24.
李桂芹. 南京高新技术开发区发展动力因素研究. 南京:南京航空航天大学,2010.
李佳伶,吴越. 新形势下以人为本思想在旧城改造规划中的应用. 中外建筑,2008(09):90-93.
李金铮,吴建征. 中国乡村文化百年历程. 人民政协报,2014-04-28(10).
李丽萍. 城市人居环境. 北京:中国轻工业出版社,2001.
李敏. 城市绿地系统规划. 北京:中国建筑工业出版社,2008.
李其荣. 城市规划与历史文化保护. 南京:东南大学,2003.
李日欣. 我国世界遗产旅游开发研究. 商业经济,2011(09):54-55.
李惟科,王玉虎. 城乡统筹规划背景下的乡村环境行为研究——以赣州市储潭镇城乡统筹发展示范区为例. 现代城市研究,2013(08).
李惟科. 城乡规划中的解释——作为城乡规划方法论的完善. 城市发展研究,2014(04).
李伟伟,杨永春. 文化规划引入我国城市规划的机制及其层系构建. 规划师,2013,29(02).
李小建. 经济地理学. 北京:高等教育出版社,2006.
李雄华. 城市化进程中乡村环境建设与村落保护. 生态经济,2015,31(2).
李学龙;龚海刚. 大数据系统综述. 中国科学:信息科

学,2015-01-20.
李永辉,黄光宇. 山地城镇生态环境与空间结构统一规划——对湖南省绥宁县城总体规划的探索. 小城镇建设,2005(3):34-37.
李泽新,等. 山地城市人性化交通建设目标与措施. 规划师,2014(7):21-26.
梁蓓. 区域经济规划与投资环境分析. 北京:对外经济贸易大学出版社,2011.
林坚,刘乌兰. 论划定城市开发边界. 北京规划建设,2014(6):14-21.
林茂德. 城市群轨道交通的一体化发展. 城市轨道交通研究,2016,19(7).
林远. “三块地”改革顶层设计呼之欲出. 经济参考报,2014-12-03. http://dz. jjckb. cn/www/pages/webpage2009/html/2014-12/03/content _ 99356. htm? div=-1.
凌亢. 中国经济丛书——中国城市可持续发展评价理论与实践. 北京:中国财经经济出版社,1999.
刘安乐,等. 滇中城市群交通网络与旅游业耦合发展研究. 世界地理研究,2017,26(1):65-76.
刘冰. 城市开发与土地经济. 城市规划学刊,2012(1):120-122.
刘忱. 现代化进程中的乡村文化建设. (2016-02-15). http://blog. sina. com. cn/s/blog _ a3f177c70102wiog. html.
刘晨阳,傅鸿源,李莉萍. 关于云南山地乡村人居环境建设模式的思考. 土木建筑与环境工程,2005,27(2):15-18.
刘聪. 多元文化视角下的城市更新:当代中国台湾经验与启示. 南京:东南大学出版社,2014.
刘光盛,等. 新常态下基于双轨思维的城市开发边界体系探析. 城市发展研究,2015,22(11):80-86.
刘国光,王洛林,李京文. 2002 年中国经济形势分析与预测蓝皮. 北京:社会科学文献出版社,2002.
刘华领. 可作为文化遗产的古村落保护与旅游开发研究. 武汉:华中科技大学,2004.
刘华领. 可作为文化遗产的古村落保护与旅游开发研究. 武汉:华中科技大学,2004.
刘晶晶. 地震与中国人如影随形:解读中国地震带. 中国国家地理,2008,(06):122-129.
刘苗,等. 荷兰大型交通基础设施项目影响下的可持续城市设计与建设——以“码头模式”影响下的泽伊达斯为例. 现代城市研究,2014(1):26-33.
刘淑英. 小城镇可持续发展研究. 城市发展研究,2005(1).
刘颂,刘滨谊,温全平. 城市绿地系统规划. 中国建筑工业出版社,2011.
刘卫东,罗吕榕,陈武斌,等. 城市土地价格调查、评价及动态监测. 北京:科学出版社,2002.
刘卫东,彭俊. 城市化地区土地非农开发. 北京:科学出版社,1999.
刘文艳. 基于空间句法理论的中日传统民居室内空间组织特征比较研究. 安徽:合肥工业大学,2014.
刘亚臣,汤铭潭著. 小城镇规划管理与政策法规. 北京:中国建筑工业出版社,2004.
刘一获. 新型城镇化背景下城乡规划的转型思考. 居业,2016(04):149-150.
刘易斯·芒福德. 城市发展史——起源、演变和前景. 宋俊岭,倪文彦,译. 北京:中国建筑工业出版社,2005.
刘易斯·芒福德. 城市文化. 宋俊岭,译. 北京:中国建筑工业出版社,2009.
刘易斯·芒福德. 城市发展史——起源、演变和前景. 倪文彦,宋峻岭,译. 北京:中国建筑工业出版社,1989.
刘勇,邱乾. 基于城市交通承载力的用地开发强度确定研究. 规划师,2014(s2):163-168.
刘玉洁. 城市三维模型及其在城市规划中的应用. 天津:天津师范大学,2014.
刘云. 中国遗产旅游的可持续发展研究. 经济师,2012(07):226-227.
芦原义信. 外部空间设计. 尹培桐,译. 北京:中国建筑工业出版社,1985.
陆杰华,黄匡时. 关于构建人口均衡型社会的几点理论思考. 人口学刊,2010(5):3-10.
陆元鼎,杨新平. 乡土建筑遗产的研究与保护. 上海:同济大学出版社,2008.
吕家新. 城乡规划人口篇——人口发展与城市公共安全. 科技资讯,2007(15):146-146.
吕新华. 浅谈城市规划与地域文化的结合. 城市建设理论研究期刊,2013(39).
吕彦柯. "宜居重庆"视角下主城区公共租赁住房建设适宜度构建研究. 重庆:重庆大学,2012.
罗杰·特兰西. 找寻失落的空间——都市设计理论. 谢庆达,译. 北京:中国建筑工业出版社,1989.
罗涛. 现代化视野下的城市文化遗产. 东南文化,2011(6):21-28.
罗学明,孙广卫. 城镇体系规划与经济社会发展关系浅议. 黑龙江科技信息,2008(8).
罗雅元. 川西地区新农村住区环境的行为分析及设计策略研究. 成都:西南交通大学,2011.
马晖,王金营. 中国三大经济区中心城市流动人口特征及其成因//首都人口与发展论坛,2007.
马孔. 社会发展规律与中国社会的进程. 山西财经大学学报,1988(4):86-88.
马力. 2010 年上海世博会参观者行游轨迹及时空分布研究. 上海:同济大学,2006.
迈克尔. 竞争优势. 波特,陈小悦,译. 北京:华夏出版社,2003.
迈克尔·巴蒂,安德鲁·哈德逊. 城市设计中的可视化分析、智慧城市与大数据. 陈宇琳,译. 城市设计,2016.
迈克尔·荷夫. 城市与自然过程. 北京:中国建筑工业出版社,2012.
毛蒋兴,王辛宇,郑雄彬,等. 新型城镇化背景下人口老龄化的城乡规划转型应对. 规划师,2014(8):104-108.
毛燕翎,王芙蓉,孙玉婷,等. 明朝以后南京老城区用地结构变化与城市系统通达性关系的研究. 城市发展研究,2017,24(01):94-99.
梅安新,彭望琭,秦其明,等. 遥感导论. 北京:高等教育出版社,2001.
尼克·盖伦特,梅丽·云蒂,等. 乡村规划导论. 闫琳等,译. 北京:中国建筑工业出版社,2015.
倪鹏飞. 中国城市竞争力报告. 北京:社会科学文献出版社,2003.
倪书雯. 基于社会关系体系的农村社区公共空间研究. 杭州:浙江大学,2013.
宁艳,胡汉林. 城市居民行为模式与城市绿地结构. 中国园林,2006.
牛强. 城市规划 GIS 技术应用指南. 中国建筑工业出版社,2012.
欧文·休斯. 公共管理导论. 2 版. 北京:中国人民大学出版社,2001.
潘怀俊. 丹阳市农民集中居住区规划建设研究. 西安:西北大学,2013.
潘洁. 城乡一体化过程中产业发展研究. 成都:四川师范大学,2008.
攀枝花市住房和城乡规划建设局. 攀枝花市新型城镇化规划(2015—2020 年). (2016). http://www.panzhihua.gov.cn/zwgk/a/20160623/53027.shtml
彭震伟,张立. 中国城乡人口流动与和谐城市构建. 城乡规划,2013(2).
彭震伟,陈秉钊,李京生. 中国小城镇发展与规划回顾. 时代建筑,2002(4).
彭震伟,陆嘉. 基于城乡统筹的农村人居环境发展. 城市规划,2009,257(5):66-68.
彭震伟. 经济发达地区和欠发达地区农村人居环境体系比较. 城市规划学刊,2007(2):62-66.
彭震伟. 区域研究与区域规划. 上海:同济大学出版社,1998.
朴松爱,樊友猛. 文化空间理论与大遗址旅游资源保护开发——以曲阜片区大遗址为例. 旅游学刊,2012,27(4):39-47.
戚冬瑾,周剑云. 英国城乡规划的经验及启示——写在《英国城乡规划》第 14 版中文版出版之前. 城市问题,2011(7):83-90.
钱欣,王德,孙烨. 交叉影响分析在战略规划决策研究中的应用——以 TM 软件在南京战略规划研究应用为例. 城市规划学刊,2009(02):69-74.
秦战,杨心丽,王颖莹. 用"智慧规划"助推上海智慧城市建设刍议. 上海城市规划,2013(02):38-43.
全国科学技术名词审定委员会事务中心. 术语在线: 地理学名词(第二版). http://www.termonline.cn/list.htm?k=土地要素.
全国一级建造师执业资格考试用书编写委员会. 水利水电工程管理与实务. 3 版. 北京:中国建筑工业出版社,2011.
饶会林. 城市经济学(上、下卷). 大连:东北财经大学出版社,1999.
荣锦. 基于城乡统筹的四川省新农村规划研究. 成都:四川农业大学,2013.
上海东滩投资管理顾问有限公司. 区域产业规划指南. 上海:上海东滩投资管理顾问有限公司,2009.
邵波. 对城市人口规模问题的再研究. 城市规划,1995(5).
邵春福. 我国城市交通发展中的关键问题及对策建议. 北京交通大学学报,2016,40(4):32-36.
沈清基. 城市生态环境、原理、方法与优化. 北京:中国建筑工业出版社,2006.
盛强,刘星. 虚拟网络与真实交通系统中的超链接机制——以重庆地铁站点周边餐饮功能的空间句法分析为例. 西部人居环境学刊,2017(01).
施守愚,等. 山一村山地生态系统结构功能和系统调控. 生态与农村环境学报,1994,10(nc):76-79.
斯蒂格利茨. 经济学. 高鸿业,等译. 北京:中国人民大学出版社,1997.
斯塔夫里阿诺斯. 全球通史 · 1500 年以前的世界. 上海:上海社会科学出版社,1988.
四川省人大常委会. 四川省城乡规划条例. 2011-09-29.
四川省新农村建设示范片推进工作领导小组办公室. 四川省"幸福美丽新村"规划编制办法和技术导则,2014-11-19.
四川省住房和城乡建设厅. 四川省村庄整治规划编制办法,2014.
四川省住房和城乡建设厅. 四川省新农村综合体建设规划编制办法(试行),2012-06-07.
宋立中,谭申. 复合型文化遗产旅游产品开发路径分析——以福建马尾船政文化为例. 旅游学刊,2012,27(10):93-101.
宋彦,彭科. 城市空间分析 GIS 应用指南. 北京:中国建筑工业出版社,2015.
苏东水. 产业经济学. 北京:高等教育出版社,2010.
孙九霞,苏静. 旅游影响下传统社区空间变迁的理论探讨——基于空间生产理论的反思. 旅游学刊,2014,29(5):78-86.
孙君,廖星臣. 把农村建设得更像农村(理论篇). 北京:中国轻工业出版社,2014.
孙君,廖星臣. 农理:乡村建设实践与理论研究. 北京:中国轻工业出版社,2014.
孙君. 农道:没有捷径可走的新农村之路. 北京:中国轻工业出版社,2011.
孙荣,许洁. 政府经济学. 上海:复旦大学出版社,2001.
孙瑞峰,张义丰,党蓉. 我国山区乡村生态建设研究. 安徽农业科学,2009,37(25):12156-12158.
孙伟. 新型城镇化背景下城乡结合部经济开发区发展战略初探. 中国城市规划学会. 城市时代,协同规划——2013 年中国城市规划年会论文集(14-园区规划). 中国城市规划学会,2013:8.
孙文亮. 社会主义新农村建设的路径选择:基于乡村建设史的考察. 当代世界与社会主义,2010(02).
孙莹,王月琦,吴丹. "新常态下的城乡遗产保护与城乡规划"学术座谈会发言摘要. 城市规划学刊,2015(05):1-11.
谭永朝,过文魁. 用地驱动发展模式与城市交通共性问题——以杭州市为例. 城市交通,2016,14(4):46-50.
谭纵波. 城市规划. 北京:清华大学出版社,2006.
汤铭潭,宋劲松,刘仁根,等. 小城镇发展与规划概论. 北京:中国建筑工业出版社,2004.
汤铭潭. 小城镇规划. 北京:机械工业出版社,2009.

汤铭潭. 小城镇规划建设若干对策. 建设科技,2004(23).

唐鸣镝. 历史文化名城旅游协同思考——基于"历史性城镇景观"视角. 城市规划,2015,39(2):99-105.

唐子来,栾峰. 1990年代的上海城市开发与城市结构重组. 城市规划学刊,2000(4):32-37.

陶伟. 中国"世界遗产"的可持续旅游发展研究. 旅游学刊,2000(05):35-41.

田大洲,田娜. 我国职业结构现状——基于第六次人口普查数据的实证分析. 职业,2013(19):31-33.

田玲,等. 基于城乡统筹下的农村住区规划设计方法的探讨——以重庆市江津区为例. 重庆建筑,2011,10(1):27-30.

同济大学,重庆建筑工程学院. 区域规划概论. 北京:中国建筑工业出版社,1987.

同济大学城市规划系乡村规划教学研究课题组. 乡村规划—规划设计方法与2013年度同济大学教学实践. 北京:中国建筑工业出版社,2006.

同济大学建筑与城市规划学院. 城市资料集第七分册城市居住区规划. 北京:中国建筑工业出版社,2006.

土流网. 农村土地制度改革能否影响城市房价?(2016-09-30). http://www.tuliu.com/read-43276.html

汪光焘. 中国城市交通问题、对策与理论需求. 城市交通,2016,14(6):1-9.

王德. 城市规划新技术的发展动态. 国外城市规划,2003,18(05):1-2.

王放. 市镇设置标准及城镇人口统计口径对中国城市化发展的影响. 人口与发展,2011,17(2):82-87.

王广斌,范美燕,王捷,等. "智慧城市"背景下的城市规划创新. 上海城市规划,2013(02):11-14.

王浩野. 城区内外温差达8℃,成都"热岛"呈环状全国少见. 华西都市报,2010-05-23.

王建国. 城市设计. 南京:东南大学出版社,2004.

王建国. 现代城市设计理论和方法. 南京:东南大学出版社,2001.

王姣娥. 公交导向型城市开发机理及模式构建. 地理科学进展,2013,32(10):1470-1478.

王劲峰. 空间分析. 北京:科学出版社,2006.

王晶. 城市财政管理. 北京:经济科学出版社,2002.

王均. 基于智慧城市时空信息云平台的广州智慧城乡规划实施研究. 地理信息世界,2015,22(04).

王凯,张菁,徐泽,等. 立足统筹,面向转型的用地规划技术规章——《城市用地分类与规划建设用地标准(GB 50137—2011)》阐释. 城市规划,2012,36(04):44.

王录仓,李巍. 旅游影响下的城镇空间转向——以甘南州郎木寺为例. 旅游学刊,2013,28(12):34-45.

王璐瑶. 基于新型城镇化背景下的城乡规划转型思考. 建筑设计管理,2015(07):58-59,63.

王宁. 城镇规划与管理. 北京:中国物价出版社,2002.

王鹏,袁晓辉,李苗裔. 面向城市规划编制的大数据类型及应用方式研究. 规划师,2014,30(08):25-31.

王鹏. 大数据支持的城市规划方法初探. 海口:中国城市规划年会,2014.

王启魁. 产业园区规划思路及方法——基于国内外典型案例的经验研究. 中国投资咨询城镇化研究系列. 中国投资咨询有限责任公司,2013.

王双进,路剑. 产业经济学. 北京:电子工业出版社,2013.

王巍云.《城乡规划法》中公众参与制度的探讨. 法制与社会,2008(3).

王祥荣. 城市生态规划的理论、途径与案例研究. 中国科学院技术科学论坛学术报告会.

王新生. 浅谈风玫瑰图在城市规划中的应用. 武测科技,1994(03):36-37.

王印传,陈影,曲占波. 村庄规划的理论、方法与实践. 北京:中国农业出版社,2015.

王钊,季辉. 管理学原理. 北京:电子科技大学出版社,1993.

王智平,安萍. 村落生态系统的概念及特征. 生态学杂志. 1995,14(1).

王智平. 不同地区村落系统的生态分布特征. 应用生态学报,1993(04).

威廉·C. 惠顿. 城市经济学与房地产市场. 龙奋杰,等译. 上海:经济科学出版社,2002.

韦娜,王伟. 西部山地乡村景观环境生态设计研究. 生态经济(中文版),2015,31(6):195-199.

魏峰群. 对历史文化名城旅游开发的探索和思考. 旅游科学,2006,20(2):30-34.

魏农建. 产业经济学. 上海:上海大学出版社,2008.

温莹蕾. 文化空间理论视角下的乡村发展路径探索——以山东省章丘市朱家峪村为例. 城市发展研究,2016,23(2):64-70.

文国玮. 城市交通与道路系统规划(2013 年版). 北京:清华大学出版社,2013.

吴婧,等. 规划环境影响评价与城乡规划的整合. 环境污染与防治,2012(09).

吴一洲,陈前虎. 大数据时代城乡规划决策理念及应用途径. 规划师,2014,30(08):12-18.

吴正芳. 徽州传统村落社会——白杨源. 上海:复旦大学出版社,2011.

吴志强,李德华. 城市规划原理. 4 版. 北京:中国建筑工业出版社,2010.

武勇,刘丽,刘华领. 居住区规划设计指南及实例评析. 北京:机械工业出版社,2008.

约翰·奥姆斯比·西蒙兹. 大地景观——环境规划设计手册. 北京:中国水利水电出版社,2008.

西南交通大学建筑勘察设计研究院. 广元市利州区荣山镇总体规划(2008—2020 年),2008.

席广亮,甄峰. 过程还是结果. 大数据支撑下的城市规划创新探讨. 现代城市研究,2015(01):19-23.

夏海钧. 中国高新区发展之路. 北京:中信出版社,2001.

夏南凯,王耀武,等. 城市开发导论. 上海:同济大学出版社,2003.

夏南凯. 城市经济与城市开发. 北京:中国建筑工业出版社,2003.

鲜组德. 中国建制镇研究,北京:中国统计出版社,2002.

项智宇. 山地城市生态环境的思考. 重庆建筑,2004(s1):20-22.

肖建华. 智慧城市时空信息云平台及协同城乡规划研究. 规划师,2013,29(02):11-15.

谢朝武,郑向敏. 关于文化遗产旅游研究的若干思考. 桂林旅游高等专科学校学报,2003,14(02):27-31.

谢尔恩,丁冠华,王琳晔. 城乡规划中人口预测的常用方法. 城乡建设,2010(16).

谢惠芳,向俊波. 面向公共政策制定的区域规划:国外区域规划的编制对我们的启示. 经济地理,2005,25(5):604-606.

谢凝高. 关于风景区自然文化遗产的保护利用. 旅游学刊,2002(06):8-9.

谢文蕙,邓卫. 城市经济学. 北京:清华大学出版社,2001.

徐泰. 国土资源的两重性与集成化开发对策. 中国国土资源经济,2014(08):4-8.

徐文辉. 美丽乡村规划建设理论与实践. 北京:中国建筑工业出版社,2006.

徐循初,汤宇卿. 城市道路与交通规划(上册). 北京:中国建筑工业出版社,2005.

徐循初,黄建中. 城市道路与交通规划(下册). 北京:中国建筑工业出版社,2007.

徐雨霞. 老年住宅环境中通用设计的研究. 南京:南京林业大学,2013.

许骥. 徽州传统村落社会——许村. 上海:复旦大学出版社,2013.

许晓. 模糊综合评判在运输模式选择中的应用研究. 上海:上海交通大学,2012.

许泽宏,等. "反规划"理论在城乡环境保护中的应用. 资源节约与环保,2016(02).

薛希鹏. 中国流动人口特征及其对城市发展的影响. 现代经济:现代物业中旬刊,2011(12):147-149.

闫雷. 大数据在城市设计中的应用探索——基于城市公共安全视角. 建筑工程技术与设计,2016

(15):681-681.

闫丽丽,朱创业. 城市文化遗产保护和旅游开发模式研究——以西安曲江新区为例. 绿色科技,2012(9):234-236.

闫月红,等. 山地乡村居住景观规划研究——以迁西县青山口村为例. 安徽农业科学,2011,39(31):19267-19269.

严亚丹,等. 新加坡城市综合公共交通系统. 现代城市研究,2012(4):65-71.

阎小培,方远平. 全球化时代城镇体系规划理论与模式探新——以广东省阳江市为例. 城市规划,2002(6).

颜丽丽,萧磊. 我国世界遗产旅游开发的原则和模式初探. 商场现代化,2006(36):259-260.

阳建强. 基于城市发展机制的历史文化名城保护. 城市发展研究,2009,16(11):139-142.

阳建强. 基于文化生态及复杂系统的城乡文化遗产保护. 城市规划,2016,40(4):103-109.

杨欢. 青海海东地区城乡一体化的空间模式及规划策略研究. 西安:西安建筑科技大学,2014.

杨开忠. 论区域发展战略. 地理研究,1994(1).

杨立勋. 城市化与城市发展战略. 广州:广东高等教育出版社,1999.

杨利丹. 中国遗产旅游研究进展. 北京第二外国语学院学报,2007(01):9-14.

杨培峰,甄平,王兴平,等. 区域研究与区域规划. 北京:中国建筑工业出版社,2010.

杨素梅. 新型城镇化背景下的城乡均衡发展. 广东社会科学,2013(04):45-48.

杨香云. "3S"技术在城乡规划管理中的应用. 科技资讯,2009(27):125.

杨小波,吴庆书. 城市生态学. 北京:科学出版社,2006.

杨洋,李雅静,黄庆旭,等. 中国城市用地与人口规模分布时空动态比较——以环渤海地区为例. 地理研究,2016,35(9):1672-1686.

杨振之. 前台、帷幕、后台——民族文化保护与旅游开发的新模式探索. 民族研究,2006(2):39-46.

叶堂林. 小城镇建设的规划与管理. 北京:新华出版社,2004.

伊彩霞,冯岩. 路易斯·沃斯对城市概念的社会学建构——都市生活理论视角下的考察. 世纪桥,2016(12):88-89.

伊恩·伦诺克斯·麦克哈格. 设计结合自然. 天津:天津大学出版社,2008.

尹海伟,罗震东,耿磊. 城市与区域规划空间分析方法. 南京:东南大学出版社,2015.

应金华,樊丙庚. 四川历史文化名城. 北京:人民出版社,2000.

赢商网. 2015 年 1—4 月"土地出让金"占地方财政收入比重 32%. (2015-05-25). http://hb.winshang.com/news-482598.html.

余艳春,邵春福,董威,等. 情景分析法在交通规划中的应用研究. 武汉理工大学学报(交通科学与工程版),2007,31(2):304-307.

俞孔坚,李迪华,韩西丽. 论反规划. 城市规划,2005,29(9):64-69.

俞孔坚,李迪华. 城乡与区域规划的景观生态模式. 国外城市规划,1997(03).

俞孔坚,石颖,吴利英. 北京元大都城垣遗址公园(东段)国际竞赛获奖方案介绍. 中国园林,2003,19(11):14-16.

俞孔坚. 城市生态基础设施建设的十大景观战略. 住宅产业,2010(04).

俞孔坚. 基于生态基础设施的城市空间发展格局——"反规划"之台州案例. 城市规划,2005(09).

袁中金,王勇. 小城镇发展规划. 南京:东南大学出版社,2001.

云南省城乡规划设计研究院. 云南省沙溪历史文化名镇保护规划,2003.

曾怀正,许学强. 城市规划中的人口分类问题. 经济地理,1981(1).

甑峰,王波,秦萧,等. 基于大数据的城市研究与规划方法创新. 北京:中国建筑工业出版社,2015.

詹庆明. 城市规划中的空间地理信息与决策支持.

武汉:武汉大学出版社,2009.
张兵,等."城市开发边界"政策与国家的空间治理.城市规划学刊,2014(3).
张兵.城乡历史文化聚落——文化遗产区域整体保护的新类型.城市规划学刊,2015(6).
张兵.历史城镇整体保护中的"关联性"与"系统方法"对"历史性城市景观"概念的观察和思考.城市规划,2014,38(s2):42-48.
张朝枝,保继刚.国外遗产旅游与遗产管理研究——综述与启示.旅游科学,2004,18(04):7-16.
张京祥.城镇群体空间组合.南京:东南大学出版社,2000.
张立峰,鹿磊,孙滢悦.论文化遗产旅游开发与城市文化特色建设的协调发展.商业时代,2010(35):115-117.
张明.生态城市建设的原理和途径.上海:复旦大学出版社,2013.
张沛.区域规划概论.北京:化学工业出版社,2006.
张勤,等.杭州城市开发边界划定与实施研究.城市规划学刊,2016(1).
张炜.历史文化名城保护与旅游协同发展探索.重庆:重庆大学,2008.
张小林.乡村概念辨析.地理学报,1998(dl):365-371.
张晓,李朝阳,陈启宁.新加坡城市交通无障碍设计及启示.现代城市研究,2012(8):27-34.
张艳明,马永俊.现代乡村生态系统的功能及其保护研究.安徽农业科学,2008,36(6).
张燕,肖娟,张新兰.城市发展中流动人口的出行特征及城乡规划启示// 2014 年中国城市规划年会,2014.
张永桃.市政学.北京:高等教育出版社,2006.
张远索.新型城镇化背景下城乡土地市场统筹构建.中国土地科学,2013,27(11):39.
赵丹.新型城镇化背景下生态导向的城乡规划变革初探.城市发展研究,2016(07).
赵钢,朱直君.成都城乡统筹规划与实践.城市规划,2009(6).
赵民,陶小马.城市发展和城市规划的经济学原理.北京:高等教育出版社,2001.
赵万民.论山地城乡规划研究的科学内涵－中国城市规划学会 山地城乡规划学术委员会 启动会学术呈述.西部人居环境学刊,2014.
赵蔚,赵民.从居住区规划到社区规划.城市规划学刊,2002(6):68-71.
郑甲苏.论文化产业视角下的城市规划编制思路——以山西省为例.规划师,2010,26(10).
郑圣峰.重庆涪陵中心区交通改善思路与措施研究.规划师,2012,28(s2):17-21.
郑宇.城市计算概述.武汉大学学报(信息科学版),2015,40(01):1-13.
中国城市规划设计研究院.北川羌族自治县新县城灾后重建规划.2009.
中国城市规划设计研究院.小城镇规划标准研究.北京:中国建筑工业出版社,2002.
《中国大百科全书》编委会.中国大百科全书.2 版.北京:中国大百科全书出版社,2009,22:388,30:106.
中国大百科全书出版社编辑部,中国大百科全书总编辑委员会,《中国地理》编辑委员会.中国大百科全书.北京:中国大百科全书出版社,1988.
中华人民共和国国土资源部.2015 年中国国土资源公报.2016-04.http://www.mlr.gov.cn/sjpd/gtzygb/
中华人民共和国国土资源部.成都市国土资源局关于公布《成都市中心城区土地级别与基准地价》的通知.2012-04-27.http://www.mlr.gov.cn/tdsc/djxx/jzdj/201204/t20120427_1091034.htm.
中华人民共和国建设部,中华人民共和国国家质量监督检验检疫总局.镇规划标准:GB 50188—2007.北京:中国建筑工业出版社,2006.
中华人民共和国住房城乡建设部.村庄整治规划编制办法.2013-12-17.
中华人民共和国住房城乡建设部等.中国传统村落名录第四批.http://www.mohurd.gov.cn/

wjfb/201612/t20161222_230060. html.
中华人民共和国住房和城乡建设部. 城市用地分类与规划建设用地标准:GB 50137—2011. 北京:中国建筑工业出版社,2011.
中华人民共和国住房和城乡建设部. 村庄整治规划编制办法,2013-12-17.
中美联合编审委员会. 简明不列颠百科全书 . 北京:中国大百科全书出版社,1985.
钟世敏. 文化遗产型城市旅游发展途径与策略研究. 南昌:江西师范大学,2014.
周昂,何金云. 对当前我国城镇体系规划的思考. 城乡建设,2008(2).
周道玮,等. 乡村生态学概论. 应用生态学报,1999(03).
周道玮,盛连喜,吴正方,等. 乡村生态学概论. 应用生态学报,1999,10(3):369-372.
周辉宇. 中日高密度功能区与城市交通协调发展比较研究——以北京东京为例. 现代城市研究,2015(3):9-15.
周建高,蒋寅. 解决城市交通拥堵必须改善土地利用结构——以中国和日本比较研究为视角. 国家行政学院学报,2016(3):113-117.
周建中. 村落生态经济系统与村落生态经济学. 农业现代化研究,1990(01).
周沁. 现代农民新村规划建设研究. 成都:四川大学,2005.
周三多,陈传明,鲁明泓. 管理学——原理与方法. 上海:复旦大学出版社,2002.
周尚意,孔翔. 文化地理学. 北京:高等教育出版社,2004.
周献德. 高速城市化引发的农村生态问题浅析——基于传统乡村与现代乡村生态对比. 安徽农业科学,2011(26).
周雪帆,陈宏,管毓刚. 城市通风道规划设计方法研究——以贵阳市为例. 西部人居环境学刊,2015,30(06):13-18.
周英. 文化遗产旅游资源经济价值评价研究. 大连:大连理工大学,2014.
周曾,崔春龙. 重庆开县城市规划研究中的区域SWOT分析. 山西建筑,2001(6).
周志祥. 房地产金融. 北京:中国人民大学出版社,1996.
朱广堂,张家立. 基于BIM技术的城乡规划微环境管理平台研究和实践. 土木建筑工程信息技术,2012(01):76-81.
朱海玄. 大数据时代城乡规划学走向计量化的机遇与挑战. 城市发展研究,2016,23(02):1-7.
朱建达. 小城镇住宅区规划与居住环境设计. 南京:东南大学出版社,2001.
朱玮,王德,Timmermans H. 多代理人系统在商业街消费者行为模拟中的应用——以上海南京东路为例. 地理学报,2009,64(04):445-455.
朱玮,王德. 商业空间消费者行为模型研究综述. 地理科学进展,2010,29(12):1470-1478.
朱霞,倪敏东. 文化导向下的城市开发新思路. 华中建筑,2010,28(8):9-11.
住房和城乡建设部 全国城镇体系规划(2006—2020),2007.
住房和城乡建设部村镇建设司. 全国乡村规划推进工作电视电话培训材料汇编,2016.
卓健. 城市机动性视角下的城市交通人性化策略. 规划师,2014(7):5-12.
资源网. 市县乡级土地利用总体规划中的土地利用分区应用研究. 2010-05-06. http://www. mlr. gov. cn/tdsc/lltt/201005/t20100506_717913. htm.
邹德慈. 什么是城市规划. 城市规划,2005(11).
邹经宇,张晖. 适合高人口密度的城市生态住区研究——关于香港模式的思考. 新建筑,2004(4):51-54.
邹军,等. 城镇体系规划. 南京:东南大学出版社,2002.

后 记

一次偶然机会，中国西部建筑院校教育联盟会议在西南交通大学召开，有幸认识中国农业大学出版社编辑梁爱荣，闲聊之余谈起西部地区特色化城乡规划教材，受益颇多。没有想到几周后，我就接到梁编辑的电话，让我出任《城乡规划原理》教材主编，兴奋之余我倍感压力。吴良镛、吴志强等前辈们主编的教材一直是我收藏的宝贝，每每教学、工作中遇到问题，我首先想到的是从他们的教材中寻找答案，如何编辑一部代表中国西部地域特色的《城乡规划原理》教材？诚惶诚恐中不断收集国内外文献资料和优秀案例。幸运的是我结识了西部地区高校中优秀的老师，他们一直从事城乡规划相关教学，有着丰富的教学经验，多数人还有国外求学经历，是他们给我无穷的力量，才得以完成书稿编写工作。

本教材能够顺利完成编写，要感谢多年合作的单位和朋友提供资料支撑。四川省城乡规划院、成都市规划设计研究院提供了《成都市总体规划》(2016—2030)等资料；同济大学城市规划研究院西南所提供了《大连小瑶湾城市设计》；重庆大学城市规划研究院提供了《重庆市十八梯城市设计》；阿特金斯城市规划国际咨询机构提供了《济南市高铁站广场》。

本书编写过程中，得到成都理工大学人文地理与城乡规划专业研究生鲁林兴、石萧菲、高溶、项青、李玲梅、张瑶、朱均瑶等协助查阅文献；杨枭博士对第8章城乡规划技术与信息处理方法的资料收集与整理花费了大量心血。还有赵杨天祺、陈梓怡同学做了大量协助校稿和资料整理工作。还有太多朋友的支持，在此一并致谢！

主　编

2017年6月